PROBABILIDADE
Um curso moderno com aplicações

| R826p | Ross, Sheldon.
Probabilidade : um curso moderno com aplicações / Sheldon Ross ; tradutor: Alberto Resende De Conti. – 8. ed. – Porto Alegre : Bookman, 2010.
608 p. ; 25 cm.

ISBN 978-85-7780-621-8

1. Probabilidade. I. Título.

CDU 519.2 |

Catalogação na publicação: Renata de Souza Borges CRB-10/1922

SHELDON ROSS
University of Southern California

PROBABILIDADE
Um curso moderno com aplicações

8ª EDIÇÃO

Tradução:
Alberto Resende De Conti
Doutor em Engenharia Elétrica (CPDEE - UFMG)
Professor Adjunto do Departamento de Engenharia Elétrica da UFMG

Consultoria, supervisão e revisão técnica desta edição:
Antonio Pertence Júnior
Professor Titular de Matemática da Faculdade de Sabará (FACSAB/MG)
Professor Assistente de Engenharia da Universidade FUMEC/MG
Membro Efetivo da SBM (Sociedade Brasileira de Matemática)
Pós-Graduado em Processamento de Sinais pela Ryerson University (Toronto/Canadá)

2010

Obra originalmente publicada sob o título *A First Course in Probability*, 8th Edition.
ISBN 9780136033134

Authorized translation from the English language edition, entitled A FIRST COURSE IN PROBABILITY, 8th Edition by SHELDON ROSS, published by Pearson Education,Inc., publishing as Prentice Hall. Copyright © 2010. All rights reserved. No part of this book may be reproduced or transmitted in any form or by any means, electronic or mechanical, including photocopying, recording or by any information storage retrieval system, without permission from Pearson Education,Inc.

Portuguese language edition published by Bookman Companhia Editora Ltda, a Division of Artmed Editora SA, Copyright © 2010

Tradução autorizada a partir do original em língua inglesa da obra intitulada A FIRST COURSE IN PROBABILITY, 8ª Edição de autoria de SHELDON ROSS, publicado por Pearson Education, Inc., sob o selo Prentice Hall, Copyright © 2010. Todos os direitos reservados. Este livro não poderá ser reproduzido nem em parte nem na íntegra, nem ter partes ou sua íntegra armazenado em qualquer meio, seja mecânico ou eletrônico, inclusive fotorreprografação, sem permissão da Pearson Education,Inc.

A edição em língua portuguesa desta obra é publicada por Bookman Companhia Editora Ltda, uma divisão da Artmed Editora SA, Copyright © 2010

Capa: *Rogério Grilho*, arte sobre capa original

Leitura final: *Théo Amon*

Editora Sênior: *Arysinha Jacques Affonso*

Editora Pleno: *Denise Weber Nowaczyk*

Projeto e editoração: *Techbooks*

Reservados todos os direitos de publicação, em língua portuguesa, à
ARTMED® EDITORA S.A.
(BOOKMAN® COMPANHIA EDITORA é uma divisão da ARTMED® EDITORA S. A.)
Av. Jerônimo de Ornelas, 670 - Santana
90040-340 Porto Alegre RS
Fone (51) 3027-7000 Fax (51) 3027-7070

É proibida a duplicação ou reprodução deste volume, no todo ou em parte,
sob quaisquer formas ou por quaisquer meios (eletrônico, mecânico, gravação,
fotocópia, distribuição na Web e outros), sem permissão expressa da Editora.

São Paulo
Av. Embaixador Macedo Soares, 10.735 - Pavilhão 5 - Cond. Espace Center
Vila Anastácio 05095-035 São Paulo SP
Fone (11) 3665-1100 Fax (11) 3667-1333

SAC 0800 703-3444

IMPRESSO NO BRASIL
PRINTED IN BRAZIL

Para Rebecca

Prefácio

"Vemos que a teoria da probabilidade é no fundo somente o senso comum reduzido ao cálculo; ela nos faz apreciar com exatidão o que mentes pensantes percebem como que por instinto, muitas vezes sem se dar conta disso. (...) É extraordinário que esta ciência, que surgiu da análise dos jogos de azar, tenha se tornado o mais importante objeto do conhecimento humano. (...) As mais importantes questões da vida são na verdade, em sua grande maioria, apenas problemas de probabilidade." Assim disse o famoso matemático e astrônomo francês Pierre-Simon, Marquês de Laplace ("o Newton francês"). Embora muitas pessoas pensem que o famoso marquês, que também foi um dos que mais contribuiu para o desenvolvimento da probabilidade, possa ter exagerado um pouco, é no entanto verdade que a teoria da probabilidade se tornou uma ferramenta de importância fundamental para praticamente todos os pesquisadores, engenheiros, médicos, juristas e empresários. De fato, um indivíduo instruído em probabilidade aprende a não perguntar "É assim mesmo?" mas, em vez disso, "Qual é a probabilidade de ser assim?".

O propósito deste livro é servir como uma introdução elementar à teoria da probabilidade para estudantes dos cursos de matemática, estatística, engenharia e ciências (incluindo ciência da computação, biologia, ciências sociais e administração) que já tenham cursado uma disciplina de cálculo básico. Ele tenta apresentar não somente a matemática da teoria da probabilidade, mas também, por meio de numerosos exemplos, as muitas aplicações possíveis deste assunto.

O Capítulo 1 apresenta os princípios básicos da análise combinatória, que são muito úteis no cálculo de probabilidades.

O Capítulo 2 lida com os axiomas da teoria da probabilidade e mostra como eles podem ser aplicados no cálculo de várias probabilidades de interesse.

O Capítulo 3 lida com os assuntos extremamente importantes da probabilidade condicional e da independência de eventos. Por meio de uma série de exemplos, ilustramos como as probabilidades condicionais entram em jogo não somente quando dispomos de alguma informação parcial; quando não dispomos de tal informação, as probabilidades condicionais funcionam como uma ferramenta que nos permite calcular probabilidades mais facilmente. Essa técnica extremamente importante reaparece no Capítulo 7, no qual a utilizamos para obter esperanças.

O conceito de variáveis aleatórias é introduzido nos Capítulos 4, 5 e 6. Variáveis aleatórias discretas são discutidas no Capítulo 4, variáveis aleatórias contínuas no Capítulo 5 e variáveis aleatórias conjuntamente distribuídas no Capítulo 6. Os importantes conceitos de valor esperado e variância de uma variável aleatória são introduzidos nos Capítulos 4 e 5, e essas grandezas são então determinadas para muitos dos tipos comuns de variáveis aleatórias.

Propriedades adicionais do valor esperado são consideradas no Capítulo 1. Muitos exemplos ilustrando a utilidade do resultado de que o valor esperado de uma soma de variáveis aleatórias é igual à soma de seus valores esperados são apresentados. Seções referentes à esperança condicional, incluindo o seu uso em predições e funções geratrizes de momentos, estão contidas neste capítulo. Além disso, a seção final introduz a distribuição normal multivariada e apresenta uma demonstração simples relativa à distribuição conjunta da média e da variância amostrais de uma amostra de uma distribuição normal.

O Capítulo 8 apresenta os mais importantes resultados teóricos da teoria da probabilidade. Em particular, demonstramos a lei forte dos grandes números e o teorema do limite central. Nossa demonstração da lei forte dos grandes números é relativamente simples; ela supõe que as variáveis possuam um quarto momento finito. Nossa prova do teorema do limite central faz uso do teorema da continuidade de Levy. Esse capítulo também apresenta as desigualdades de Markov e Chebyshev, e os limites de Chernoff. A seção final do Capítulo 8 fornece um limite para o erro envolvido quando a probabilidade da soma de variáveis aleatórias de Bernoulli independentes é aproximada pela probabilidade de uma variável aleatória de Poisson com o mesmo valor esperado.

O Capítulo 9 apresenta alguns tópicos adicionais, como as cadeias de Markov, o processo de Poisson, e uma introdução à teoria da informação e da codificação. O Capítulo 10 trata de simulação.

Como na edição anterior, três conjuntos de exercícios são fornecidos no final de cada capítulo. Eles são chamados de **Problemas**, **Exercícios Teóricos** e **Problemas de Autoteste e Exercícios**. Este último conjunto de exercícios, cujas soluções completas aparecem nas Soluções para os Problemas de Autoteste e Exercícios, foi elaborado para ajudar os estudantes a testarem a sua compreensão e estudarem para as provas.

MUDANÇAS NA NOVA EDIÇÃO

A oitava edição continua a evolução e o ajuste do texto. Ela inclui novos problemas, exercícios e material teórico escolhidos por seu interesse inerente e por seu papel na consolidação da intuição do estudante em probabilidade. Ilustrações desses objetivos podem ser encontradas no Exemplo 5d do Capítulo 1, que trata de torneios mata-mata, e nos Exemplos 4k e 5i do Capítulo 7, que tratam do problema da ruína do jogador.

Uma mudança fundamental na edição atual traduz-se na apresentação, no Capítulo 4 (em vez do Capítulo 7, como ocorria nas edições anteriores), do importante resultado de que a esperança de uma soma de variáveis aleatórias é igual à soma das esperanças. Uma nova e elementar demonstração desse resultado é fornecida nesse capítulo para o caso particular de um experimento probabilístico com espaço amostral finito.

Outra mudança é a expansão da Seção 6.3, que trata da soma de variáveis aleatórias independentes. A Seção 6.3.1 é uma nova seção na qual deduzimos a distribuição da soma de variáveis aleatórias uniformes independentes e identicamente distribuídas e depois usamos os resultado obtidos para mostrar que o número esperado de números aleatórios que precisam ser somados para que a sua soma exceda 1 é igual a e. A Seção 6.3.5 é uma nova seção na qual deduzimos a distribuição de uma soma de variáveis aleatórias geométricas independentes com médias diferentes.

AGRADECIMENTOS

Agradeço pelo cuidadoso trabalho de revisão feito por Hossein Hamedain. Também agradeço o interesse das seguintes pessoas que entraram em contato comigo trazendo comentários que contribuíram para uma melhoria do texto: Amir Ardestani, Polytechnic University of Teheran; Joe Blitzstein, Harvard University; Peter Nuesch, University of Lausanne; Joseph Mitchell, SUNY, Stony Brook; Alan Chambless, atuário; Robert Kriner; Israel David, Ben-Gurion University; T. Lim, George Maso University; Wei Chen, Rutgers; D. Monrad, University of Illinois; W. Rosemberger, George Mason University; E. Ionides, University of Michigan; J. Corvino, Lafayette College; T. Seppalainen, University of Wisconsin.

Finalmente, gostaria de agradecer aos seguintes revisores por seus comentários de extrema utilidade. Os revisores da oitava edição estão marcados com um asterisco.

K. B. Athreya, Iowa State University
Richard Bass, University of Connecticut
Robert Bause, University of Illinois at Urbana-Champaign
Phillip Beckwith, Michigan Tech
Arthur Benjamim, Harvey Mudd College
Geoffrey Berresford, Long Island University
Baidurya Burd, University of Delaware
Howard Bird, St. Cloud State University
Shahar Boneh, Metropolitan State College of Denver
Jean Cader, State University at Stony Brook
Steven Chiappari, Santa Clara University
Nicolas Christou, University of California, Los Angeles

James Clay, University of Arizona at Tucson
Francis Conlan, University of Santa Clara
*Justin Corvino, Lafayette College
Jay De Core, California Polytechnic University, San Luis Obispo
Scott Emerson, University of Washington
Thomas R. Fischer, Texas A & M University
Anant Godbole, Michigan Technical University
Zakkula Govindarajuli, Iowa State University
Richard Groeneveld, Iowa State University
Mike Hardy, Massachussetts Institute of Technology

Bernard Harris, University of Wisconsin
Larry Harris, University of Cornell
Stephen Herschkorn, Rutgers University
Julia L. Higle, University of Arizona
Mark Huber, Duke University
*Edward Ionides, University of Michigan
Anastasia Ivanova, University of South California
Hamid Jafarkhani, University of California Irvine
Chuanshu Ji, University of North Carolina, Chapel Hill
Robert Keener, University of Michigan
Fred Leysieffer, Florida State University
Thomas Liggett, University of Californa, Los Angeles
Helmut Mayer, University of Georgia
Bill McCormick, University of Georgia
Ian McKeague, Florida State University
R. Miller, Stanford University
*Ditlev Monrad, University of Illinois
Robb J. Muirhead, University of Michigan
Joe Naus, Rutgers University
Nhu Nguyen, New Mexico State University
Ellen O'Brien, George Mason University
N. U. Prabhu, Cornell University
Kathryn Prewitt, Arizona State University
Jim Propp, University of Wisconsin
*Willian F. Rosemberger, George Mason University
Myra Samuels, Purdue University
I. R. Savage, Yale University
Art Schwartz, University of Michigan at Ann Arbor
Therese Shelton, Southwestern University
Malcolm Sherman, State University of New York at Albany
Murad Taqqu, Boston University
Eli Upfal, Brown University
Ed Wheeler, University of Tennessee
Allen Webster, Bradley University

S. R.
smross@usc.edu

Sumário

1. Análise combinatória   **15**
1.1 Introdução   15
1.2 O princípio básico da contagem   16
1.3 Permutações   17
1.4 Combinações   20
1.5 Coeficientes multinomiais   24
1.6 O número de soluções inteiras de equações   28
    Exercícios teóricos   34
    Problemas de autoteste e exercícios   36

2. Axiomas da probabilidade   **39**
2.1 Introdução   39
2.2 Espaço amostral e eventos   39
2.3 Axiomas da probabilidade   44
2.4 Algumas proposições simples   47
2.5 Espaços amostrais com resultados igualmente prováveis   52
2.6 Probabilidade como uma função contínua de um conjunto   64
2.7 Probabilidade como uma medida de crença   68
    Problemas   70
    Exercícios teóricos   76
    Problemas de autoteste e exercícios   78

3. Probabilidade condicional e independência   **81**
3.1 Introdução   81
3.2 Probabilidades condicionais   81
3.3 Fórmula de Bayes   89
3.4 Eventos independentes   106
3.5 $P(\cdot|f)$ é uma probabilidade   121
    Problemas   131
    Exercícios teóricos   143
    Problemas de autoteste e exercícios   147

4. Variáveis aleatórias   **151**
4.1 Variáveis aleatórias   151
4.2 Variáveis aleatórias discretas   157
4.3 Valor esperado   160

4.4 Esperança de uma função de uma variável aleatória 163
4.5 Variância 168
4.6 As variáveis aleatórias binomial e de Bernoulli 170
    4.6.1 Propriedades das variáveis aleatórias binomiais 175
    4.6.2 Calculando a função distribuição binomial 179
4.7 A variável aleatória de Poisson 181
    4.7.1 Calculando a função distribuição de Poisson 194
4.8 Outras distribuições de probabilidade discretas 195
    4.8.1 A variável aleatória geométrica 195
    4.8.2 A variável aleatória binomial negativa 197
    4.8.3 A variável aleatória hipergeométrica 200
    4.8.4 A distribuição zeta (ou Zipf) 204
4.9 Valor esperado de somas de variáveis aleatórias 205
4.10 Propriedades da função distribuição cumulativa 210
    Problemas 215
    Exercícios teóricos 224
    Problemas de autoteste e exercícios 228

5. Variáveis aleatórias contínuas **231**
5.1 Introdução 231
5.2 Esperança e variância de variáveis aleatórias contínuas 235
5.3 A variável aleatória uniforme 240
5.4 Variáveis aleatórias normais 244
    5.4.1 A aproximação normal para a distribuição binomial 251
5.5 Variáveis aleatórias exponenciais 256
    5.5.1 Funções taxa de risco 261
5.6 Outras distribuições contínuas 263
    5.6.1 A distribuição gama 263
    5.6.2 A distribuição de Weibull 265
    5.6.3 A distribuição de Cauchy 266
    5.6.4 A distribuição beta 267
5.7 A distribuição de uma função de uma variável aleatória 269
    Resumo 271
    Problemas 273
    Exercícios teóricos 277
    Problemas de autoteste e exercícios 280

6. Variáveis aleatórias conjuntamente distribuídas **283**
6.1 Funções conjuntamente distribuídas 283
6.2 Variáveis aleatórias independentes 292
6.3 Somas de variáveis aleatórias independentes 305
    6.3.1 Variáveis aleatórias uniformes identicamente distribuídas 306
    6.3.2 Variáveis aleatórias gama 308
    6.3.3 Variáveis aleatórias normais 310
    6.3.4 Variáveis aleatórias binomiais e de Poisson 313
    6.3.5 Variáveis aleatórias geométricas 315

6.4 Distribuições condicionais: caso discreto ... 317
6.5 Distribuições condicionais: caso contínuo ... 321
6.6 Estatísticas de ordem ... 326
6.7 Distribuição de probabilidade conjunta de funções de variáveis aleatórias ... 330
6.8 Variáveis aleatórias intercambiáveis ... 338
Problemas ... 344
Exercícios teóricos ... 348
Problemas de autoteste e exercícios ... 352

7. Propriedades da esperança ... 355
7.1 Introdução ... 355
7.2 Esperança de somas de variáveis aleatórias ... 356
    7.2.1 Obtendo limites de esperanças por meio do método probabilístico ... 371
    7.2.2 A identidade dos máximos e mínimos ... 373
7.3 Momentos do número de eventos ocorridos ... 376
7.4 Covariância, variância de somas e correlações ... 384
7.5 Esperança condicional ... 394
    7.5.1 Definições ... 394
    7.5.2 Calculando esperanças usando condições ... 397
    7.5.3 Calculando probabilidades usando condições ... 409
    7.5.4 Variância condicional ... 413
7.6 Esperança condicional e predição ... 415
7.7 Funções geratrizes de momentos ... 420
    7.7.1 Funções geratrizes de momentos conjuntas ... 430
7.8 Propriedades adicionais das variáveis aleatórias normais ... 432
    7.8.1 A distribuição normal multivariada ... 432
    7.8.2 A distribuição conjunta da média amostral e da variância amostral ... 435
7.9 Definição geral de esperança ... 436
Problemas ... 441
Exercícios teóricos ... 449
Problemas de autoteste e exercícios ... 455

8. Teoremas limites ... 459
8.1 Introdução ... 459
8.2 Desigualdade de Chebyshev e a lei fraca dos grandes números ... 459
8.3 O teorema do limite central ... 463
8.4 A lei forte dos grandes números ... 472
8.5 Outras desigualdades ... 477
8.6 Limitando a probabilidade de erro quando aproximamos uma soma de variáveis aleatórias de Bernoulli independentes por uma variável aleatória de Poisson ... 484
Problemas ... 487
Exercícios teóricos ... 489
Problemas de autoteste e exercícios ... 490

9. **Tópicos adicionais em probabilidade** — 493
   9.1 O processo de Poisson — 493
   9.2 Cadeias de Markov — 496
   9.3 Surpresa, incerteza e entropia — 501
   9.4 Teoria da codificação e entropia — 506
   Problemas e exercícios teóricos — 513
   Problemas de autoteste e exercícios — 515

10. **Simulação** — 517
    10.1 Introdução — 517
    10.2 Técnicas gerais para simular variáveis aleatórias contínuas — 520
       10.2.1 O método da transformação inversa — 520
       10.2.2 O método da rejeição — 521
    10.3 Simulações a partir de distribuições discretas — 527
    10.4 Técnicas de redução de variância — 530
       10.4.1 Uso de variáveis antitéticas — 530
       10.4.2 Redução da variância usando condições — 531
       10.4.3 Variáveis de controle — 533
    Problemas — 534
    Problemas de autoteste e exercícios — 536

Respostas para problemas selecionados — 537

Soluções para os problemas de autoteste e exercícios — 541

Índice — 599

Análise Combinatória

Capítulo 1

1.1 INTRODUÇÃO
1.2 O PRINCÍPIO BÁSICO DA CONTAGEM
1.3 PERMUTAÇÕES
1.4 COMBINAÇÕES
1.5 COEFICIENTES MULTINOMIAIS
1.6 O NÚMERO DE SOLUÇÕES INTEIRAS DE EQUAÇÕES

1.1 INTRODUÇÃO

Eis um típico problema envolvendo probabilidades: um sistema de comunicação formado por n antenas aparentemente idênticas que devem ser alinhadas em sequência. O sistema resultante será capaz de receber qualquer sinal — e será chamado de funcional — desde que duas antenas consecutivas não apresentem defeito. Se exatamente m das n antenas apresentarem defeito, qual será a probabilidade de que o sistema resultante seja funcional? Por exemplo, no caso especial onde $n = 4$ e $m = 2$, há seis configurações possíveis para o sistema, a saber,

$$\begin{array}{cccc} 0 & 1 & 1 & 0 \\ 0 & 1 & 0 & 1 \\ 1 & 0 & 1 & 0 \\ 0 & 0 & 1 & 1 \\ 1 & 0 & 0 & 1 \\ 1 & 1 & 0 & 0 \end{array}$$

onde 1 significa que a antena funciona e 0, que ela está com defeito. Como o sistema funciona nos três primeiros arranjos e não funciona nos três arranjos restantes, parece razoável tomar 3/6 = 1/2 como a probabilidade desejada. No caso de n e m quaisquer, poderíamos calcular, de forma similar, a probabilidade de que o sistema funcione. Isto é, poderíamos contar o número de configurações que resultam no funcionamento do sistema e dividir esse número pelo número total de configurações possíveis.

Da discussão anterior, percebemos que seria útil possuir um método eficaz para contar o número de maneiras pelas quais as coisas podem ocorrer.

De fato, muitos problemas na teoria da probabilidade podem ser resolvidos simplesmente contando-se o número de diferentes maneiras pelas quais certo evento pode ocorrer. A teoria matemática da contagem é formalmente conhecida como *análise combinatória*.

1.2 O PRINCÍPIO BÁSICO DA CONTAGEM

O princípio básico da contagem será fundamental para todo nosso trabalho. Dito de forma simples, ele diz que se um experimento pode levar a qualquer um de m possíveis resultados e se outro experimento pode resultar em qualquer um de n possíveis resultados, então os dois experimentos possuem mn resultados possíveis.

O princípio básico da contagem

Suponha a realização de dois experimentos. Se o experimento 1 pode gerar qualquer um de m resultados possíveis e se, para cada um dos resultados do experimento 1, houver n resultados possíveis para o experimento 2, então os dois experimentos possuem conjuntamente mn diferentes resultados possíveis.

Demonstração do princípio básico: O princípio básico pode ser demonstrado ao serem enumerados todos os possíveis resultados dos dois experimentos; isto é,

$$(1,1), (1,2), \ldots, (1,n)$$
$$(2,1), (2,2), \ldots, (2,n)$$
$$\vdots$$
$$(m,1), (m,2), \ldots, (m,n)$$

onde dizemos que o resultado é (i, j) se o experimento 1 levar ao seu i-ésimo resultado possível e o experimento 2 levar ao seu j-ésimo resultado possível. Portanto, o conjunto dos resultados possíveis consiste de m linhas, cada uma contendo n elementos. Isso demonstra o resultado.

Exemplo 2a

Uma pequena comunidade é composta por 10 mulheres, cada uma com 3 filhos. Se uma mulher e um de seus filhos devem ser escolhidos como mãe e filho do ano, quantas escolhas diferentes são possíveis?

Solução Supondo a escolha da mulher como o resultado do primeiro experimento, e a subsequente escolha de um de seus filhos como o resultado do segundo experimento, vemos a partir do princípio básico que há $10 \times 3 = 30$ escolhas possíveis. ∎

Quando há mais que dois experimentos a serem realizados, pode-se generalizar o princípio básico.

> **Generalização do princípio básico da contagem**
>
> Se r experimentos são tais que o primeiro experimento pode levar a qualquer um de n_1 resultados possíveis; e se, para cada um desses n_1 resultados houver n_2 resultados possíveis para o segundo experimento; e se, para cada um dos possíveis resultados dos dois primeiros experimentos houver n_3 resultados possíveis para o terceiro experimento; e se..., então haverá um total de $n_1 \cdot n_2 \cdots n_r$ resultados possíveis para os r experimentos.

Exemplo 2b

O grêmio de uma faculdade é formado por 3 calouros, 4 estudantes do segundo ano, 5 estudantes do terceiro ano e 2 formandos. Um subcomitê de 4 pessoas, formado por uma pessoa de cada ano, deve ser escolhido. Quantos subcomitês diferentes são possíveis?

Solução Podemos vislumbrar a escolha de um subcomitê como o resultado combinado dos quatro experimentos separados de escolha de um único representante de cada uma das classes. Daí segue, a partir da versão generalizada do princípio básico, que há $3 \times 4 \times 5 \times 2 = 120$ subcomitês possíveis. ■

Exemplo 2c

Quantas diferentes placas de automóvel com 7 caracteres são possíveis se os três primeiros campos forem ocupados por letras e os 4 campos finais por números?

Solução Pela versão generalizada do princípio básico, a resposta é $26 \cdot 26 \cdot 26 \cdot 10 \cdot 10 \cdot 10 \cdot 10 = 175.760.000$. ■

Exemplo 2d

Quantas funções definidas em n pontos são possíveis se cada valor da função for igual a 0 ou 1?

Solução Suponha que os pontos sejam $1, 2,..., n$. Como $f(i)$ deve ser igual a 0 ou 1 para cada $i = 1, 2,..., n$, tem-se 2^n funções possíveis. ■

Exemplo 2e

No Exemplo 2c, quantas placas de automóvel seriam possíveis se a repetição entre letras ou números fosse proibida?

Solução Neste caso, seriam $26 \cdot 25 \cdot 24 \cdot 10 \cdot 9 \cdot 8 \cdot 7 = 78.624.000$ placas de automóvel possíveis. ■

1.3 PERMUTAÇÕES

Quantos diferentes arranjos ordenados das letras a, b e c são possíveis? Por enumeração direta vemos que são 6, ou seja, *abc, acb, bac, bca, cab* e *cba*. Cada combinação é conhecida como uma permutação. Assim, vê-se que um conjunto de 3 objetos permite 6 permutações possíveis. Esse resultado poderia ser obtido a partir do princípio básico, já que o primeiro objeto da permutação pode ser qualquer um dos três, o segundo objeto da permutação pode então ser escolhido a partir dos dois restantes e o terceiro objeto da permutação é o objeto restante. Assim, há $3 \cdot 2 \cdot 1 = 6$ permutações possíveis.

Suponha agora que tenhamos n objetos. O emprego de um raciocínio similar àquele que acabamos de utilizar no caso das três letras mostra então que há

$$n(n-1)(n-2)\cdots 3 \cdot 2 \cdot 1 = n!$$

permutações diferentes dos n objetos.

Exemplo 3a
Quantas diferentes ordens de rebatedores são possíveis em um time de beisebol formado por 9 jogadores?

Solução Há $9! = 362.880$ ordens de rebatedores possíveis. ■

Exemplo 3b
Uma turma de teoria da probabilidade é formada por 6 homens e 4 mulheres. Aplica-se uma prova e os estudantes são classificados de acordo com o seu desempenho. Suponha que nenhum dos estudantes tenha tirado a mesma nota.

(a) Quantas diferentes classificações são possíveis?
(b) Se os homens forem classificados apenas entre si e as mulheres apenas entre si, quantas diferentes classificações são possíveis?

Solução (a) Como cada classificação corresponde a um arranjo particular das 10 pessoas, a resposta é $10! = 3.628.800$.

(b) Como há $6!$ possíveis classificações dos homens entre si e $4!$ classificações possíveis das mulheres entre si, segue do princípio básico que há $(6!)(4!) = (720)(24) = 17.280$ classificações possíveis neste caso. ■

Exemplo 3c
A Sra. Jones possui dez livros que pretende colocar em sua prateleira. Destes, quatro são de matemática, três são de química, dois são de história e um é um livro de línguas. A Sra. Jones deseja arranjá-los de forma que todos os livros que tratam do mesmo assunto permaneçam juntos na prateleira. Quantos diferentes arranjos são possíveis?

Solução Há $4!\ 3!\ 2!\ 1!$ arranjos referentes ao alinhamento dos livros de matemática, depois dos livros de química, história e de línguas. Similarmente, para cada ordem de assuntos possível, há $4!\ 3!\ 2!\ 1!$ arranjos. Portanto, como há $4!$ possíveis ordens de assuntos, a resposta desejada é $4!\ 4!\ 3!\ 2!\ 1! = 6912$. ■

Vamos agora determinar o número de permutações de um conjunto de n objetos quando não for possível distinguir certos objetos de outros. Para tornar essa situação um pouco mais clara, considere o exemplo a seguir.

Exemplo 3d
Quantos diferentes arranjos de letras podem ser formados a partir das letras *PEPPER*?

Solução Primeiro notamos que as letras $P_1E_1P_2P_3E_2R$ permitem 6! permutações quando os $3P$'s e os $2E$'s são diferentes uns dos outros. Entretanto, considere qualquer uma destas permutações – por exemplo, $P_1P_2E_1P_3E_2R$. Se agora permutarmos os P's e os E's entre si, então o arranjo resultante continuará a ser *PPEPER*. Isto é, todas as 3!2! permutações

$$P_1P_2E_1P_3E_2R \quad P_1P_2E_2P_3E_1R$$
$$P_1P_3E_1P_2E_2R \quad P_1P_3E_2P_2E_1R$$
$$P_2P_1E_1P_3E_2R \quad P_2P_1E_2P_3E_1R$$
$$P_2P_3E_1P_1E_2R \quad P_2P_3E_2P_1E_1R$$
$$P_3P_1E_1P_2E_2R \quad P_3P_1E_2P_2E_1R$$
$$P_3P_2E_1P_1E_2R \quad P_3P_2E_2P_1E_1R$$

são da forma *PPEPER*. Portanto, há 6!/(3! 2!) = 60 arranjos possíveis das letras PEPPER. ∎

Em geral, o mesmo raciocínio usado no Exemplo 3d mostra que há

$$\frac{n!}{n_1!\, n_2!\, \cdots\, n_r!}$$

permutações diferentes de n objetos, dos quais n_1 são parecidos, n_2 são parecidos,..., n_r são parecidos.

Exemplo 3e
Um torneio de xadrez tem dez competidores, dos quais quatro são russos, três são dos Estados Unidos, dois são da Grã-Bretanha e um é do Brasil. Se o resultado do torneio listar apenas a nacionalidade dos jogadores em sua ordem de colocação, quantos resultados serão possíveis?

Solução Há

$$\frac{10!}{4!\, 3!\, 2!\, 1!} = 12.600$$

resultados possíveis. ∎

Exemplo 3f
Quantos diferentes sinais, cada um deles formado por nove bandeiras alinhadas, podem ser feitos a partir de um conjunto de quatro bandeiras brancas, três bandeiras vermelhas e duas bandeiras azuis se todas as bandeiras de mesma cor forem idênticas?

Solução Há

$$\frac{9!}{4!\,3!\,2!} = 1260$$

sinais diferentes. ∎

1.4 COMBINAÇÕES

Estamos frequentemente interessados em determinar o número de grupos diferentes de *r* objetos que podem ser formados a partir de um total de *n* objetos. Por exemplo, quantos diferentes grupos de 3 podem ser selecionados dos 5 itens *A*, *B*, *C*, *D* e *E*? Para responder a essa questão, pense da seguinte forma: como há 5 maneiras diferentes de selecionar o item inicial, 4 maneiras de selecionar o item seguinte e 3 maneiras de selecionar o item final, há portanto $5 \cdot 4 \cdot 3$ maneiras de selecionar o grupo de 3 quando a ordem de seleção dos itens for relevante. Entretanto, como cada grupo de 3 – por exemplo, o grupo formado pelos itens *A*, *B* e *C* – será contado 6 vezes (isto é, todas as permutações *ABC*, *ACB*, *BAC*, *BCA*, *CAB* e *CBA* serão contadas quando a ordem da seleção for relevante), tem-se que o número total de grupos que podem ser formados é igual a

$$\frac{5 \cdot 4 \cdot 3}{3 \cdot 2 \cdot 1} = 10$$

Em geral, como $n(n-1) \cdots (n-r+1)$ representa o número de diferentes maneiras pelas quais um grupo de *r* itens pode ser selecionado a partir de *n* itens quando a ordem da seleção é relevante, e como cada grupo de *r* itens será contado *r*! vezes, tem-se que o número de grupos diferentes de *r* itens que podem ser formados a partir de um conjunto de *n* itens é

$$\frac{n(n-1)\cdots(n-r+1)}{r!} = \frac{n!}{(n-r)!\,r!}$$

Notação e terminologia

Definimos $\binom{n}{r}$, para $r \leq n$, como

$$\binom{n}{r} = \frac{n!}{(n-r)!\,r!}$$

E dizemos que $\binom{n}{r}$ representa o número de combinações possíveis de *n* objetos em grupos de *r* elementos de cada vez.*

---

* Por convenção, define-se $0! = 1$. Com isso, $\binom{n}{0} = \binom{n}{n} = 1$. Além disso, assume-se que $\binom{n}{i} = 0$ quando $i < 0$ ou $i > n$.

Assim, $\binom{n}{r}$ representa o número de grupos diferentes com r elementos que podem ser selecionados de um conjunto de n objetos quando a ordem da seleção não é considerada relevante.

Exemplo 4a

Um comitê de três pessoas deve ser formado a partir de um grupo de 20 pessoas. Quantos comitês diferentes são possíveis?

Solução Há $\binom{20}{3} = \dfrac{20 \cdot 19 \cdot 18}{3 \cdot 2 \cdot 1} = 1140$ comitês possíveis. ∎

Exemplo 4b

De um grupo de cinco mulheres e sete homens, quantos comitês diferentes formados por duas mulheres e três homens podem ser formados? E se dois dos homens estiverem brigados e se recusarem a trabalhar juntos?

Solução Como há $\binom{5}{2}$ grupos possíveis de duas mulheres e $\binom{7}{3}$ grupos possíveis de três homens, o princípio básico diz que há $\binom{5}{2}\binom{7}{3} = \left(\dfrac{5 \cdot 4}{2 \cdot 1}\right)\dfrac{7 \cdot 6 \cdot 5}{3 \cdot 2 \cdot 1} = 350$ comitês possíveis formados por duas mulheres e três homens.

Suponha agora que dois dos homens se recusem a trabalhar juntos. Como um total de $\binom{2}{2}\binom{5}{1} = 5$ dos $\binom{7}{3} = 35$ grupos possíveis de três homens contém os dois homens brigados, tem-se $35 - 5 = 30$ grupos não contendo ambos os homens brigados. Como há ainda $\binom{5}{2} = 10$ maneiras de escolher as duas mulheres, há $30 \cdot 10 = 300$ comitês possíveis neste caso. ∎

Exemplo 4c

Considere um conjunto de n antenas das quais m apresentam defeito e $n - m$ funcionam, e suponha que não seja possível distinguir as antenas defeituosas daquelas que funcionam. Quantos alinhamentos podem ser feitos sem que duas antenas com defeito sejam colocadas lado a lado?

Solução Imagine que as $n - m$ antenas que funcionam sejam alinhadas entre si. Agora, se não for permitido que duas antenas com defeito sejam colocadas lado a lado, então os espaços entre as antenas que funcionam devem conter no máximo uma antena defeituosa. Isto é, nas $n - m + 1$ posições possíveis – representadas na Figura 1.1 por acentos circunflexos – entre as $n - m$ antenas que funcionam, devemos selecionar m espaços onde colocar as antenas defeituosas.

```
∧ 1 ∧ 1 ∧ 1 ∧ 1 ... ∧ 1 ∧ 1 ∧

1 = funcional
∧ = lugar para no máximo uma antena defeituosa
```

Figura 1.1 Sem defeitos consecutivos.

Portanto, há $\binom{n - m + 1}{m}$ ordenações possíveis nas quais há pelo menos uma antena que funciona entre duas defeituosas. ■

A identidade a seguir é útil em análise combinatória:

$$\binom{n}{r} = \binom{n-1}{r-1} + \binom{n-1}{r} \quad 1 \le r \le n \tag{4.1}$$

A Equação (4.1) pode ser provada analiticamente ou com o seguinte argumento combinatório: considere um grupo de n objetos e fixe sua atenção em um deles – chame-o objeto 1. Agora, há $\binom{n-1}{r-1}$ grupos de tamanho r contendo o objeto 1 (pois cada grupo é formado selecionando-se $r-1$ dos $n-1$ objetos restantes). Além disso, há $\binom{n-1}{r}$ grupos de tamanho r que não contêm o objeto 1. Como há um total de $\binom{n}{r}$ grupos de tamanho r, tem-se como resultado a Equação (4.1).

Os valores $\binom{n}{r}$ são frequentemente chamados de *coeficientes binomiais* por causa de sua proeminência no teorema binomial.

O teorema binomial

$$(x + y)^n = \sum_{k=0}^{n} \binom{n}{k} x^k y^{n-k} \tag{4.2}$$

Vamos apresentar duas demonstrações do teorema binomial. A primeira é uma demonstração por indução matemática e a segunda baseia-se em considerações combinatórias.

Demonstração do teorema binomial por indução: Quando $n = 1$, a Equação (4.2) reduz-se a

$$x + y = \binom{1}{0} x^0 y^1 + \binom{1}{1} x^1 y^0 = y + x$$

Suponha a Equação (4.2) para $n-1$. Agora,

$$(x+y)^n = (x+y)(x+y)^{n-1}$$

$$= (x+y)\sum_{k=0}^{n-1}\binom{n-1}{k}x^k y^{n-1-k}$$

$$= \sum_{k=0}^{n-1}\binom{n-1}{k}x^{k+1}y^{n-1-k} + \sum_{k=0}^{n-1}\binom{n-1}{k}x^k y^{n-k}$$

Fazendo $i = k+1$ na primeira soma e $i = k$ na segunda soma, vemos que

$$(x+y)^n = \sum_{i=1}^{n}\binom{n-1}{i-1}x^i y^{n-i} + \sum_{i=0}^{n-1}\binom{n-1}{i}x^i y^{n-i}$$

$$= x^n + \sum_{i=1}^{n-1}\left[\binom{n-1}{i-1} + \binom{n-1}{i}\right]x^i y^{n-i} + y^n$$

$$= x^n + \sum_{i=1}^{n-1}\binom{n}{i}x^i y^{n-i} + y^n$$

$$= \sum_{i=0}^{n}\binom{n}{i}x^i y^{n-i}$$

onde a penúltima igualdade vem da Equação (4.1). Por indução, o teorema está agora demonstrado.

Demonstração combinatória do teorema binomial: Considere o produto

$$(x_1 + y_1)(x_2 + y_2)\cdots(x_n + y_n)$$

Sua expansão consiste na soma de 2^n termos, cada um deles sendo o produto de n fatores. Além disso, cada um dos 2^n termos da soma apresenta x_i ou y_i como fator para cada $i = 1, 2, ..., n$. Por exemplo,

$$(x_1 + y_1)(x_2 + y_2) = x_1 x_2 + x_1 y_2 + y_1 x_2 + y_1 y_2$$

Agora, quantos dos 2^n termos da soma vão ter k dos x_i's e $(n-k)$ dos y_i's como fatores? Como cada termo consistindo em k dos x_i's e $(n-k)$ dos y_i's corresponde a uma escolha de um grupo de k dos n valores $x_1, x_2, ..., x_n$, há $\binom{n}{k}$ termos como este. Assim, fazendo $x_i = x, y_i = y, i = 1, ..., n$, vemos que

$$(x+y)^n = \sum_{k=0}^{n}\binom{n}{k}x^k y^{n-k}$$

Exemplo 4d
Expanda $(x+y)^3$.

Solução

$$(x+y)^3 = \binom{3}{0}x^0y^3 + \binom{3}{1}x^1y^2 + \binom{3}{2}x^2y + \binom{3}{3}x^3y^0$$
$$= y^3 + 3xy^2 + 3x^2y + x^3$$

Exemplo 4e

Quantos subconjuntos existem em um conjunto de n elementos?

Solução Como há $\binom{n}{k}$ subconjuntos de tamanho k, a resposta desejada é

$$\sum_{k=0}^{n}\binom{n}{k} = (1+1)^n = 2^n$$

Esse resultado também poderia ter sido obtido atribuindo-se o número 0 ou o número 1 a cada elemento pertencente ao conjunto. A cada atribuição de números corresponderia, em uma relação um para um, um subconjunto formado por todos os elementos que receberam o valor 1. Como há 2^n atribuições possíveis, obter-se-ia dessa forma o resultado esperado.

Note que incluímos o conjunto de 0 elementos (isto é, o conjunto vazio) como um subconjunto do conjunto original. Portanto, o número de subconjuntos que contêm pelo menos um elemento é igual a $2^n - 1$.

1.5 COEFICIENTES MULTINOMIAIS

Nesta seção, consideramos o seguinte problema: um conjunto de n itens distintos deve ser dividido em r grupos distintos de tamanhos $n_1, n_2, ..., n_r$, respectivamente, onde $\sum_{i=1}^{r} n_i = n$. Quantas divisões diferentes são possíveis? Para responder a essa questão, notamos que há $\binom{n}{n_1}$ escolhas possíveis para o primeiro grupo; para cada escolha do primeiro grupo, há $\binom{n-n_1}{n_2}$ escolhas possíveis para o segundo grupo; para cada escolha dos dois primeiros grupos, há $\binom{n-n_1-n_2}{n_3}$ escolhas possíveis para o terceiro grupo, e assim por diante. Daí sucede da versão generalizada do princípio básico da contagem que existem

$$\binom{n}{n_1}\binom{n-n_1}{n_2}\cdots\binom{n-n_1-n_2-\cdots-n_{r-1}}{n_r}$$
$$= \frac{n!}{(n-n_1)!\,n_1!}\frac{(n-n_1)!}{(n-n_1-n_2)!\,n_2!}\cdots\frac{(n-n_1-n_2-\cdots-n_{r-1})!}{0!\,n_r!}$$
$$= \frac{n!}{n_1!\,n_2!\cdots n_r!}$$

divisões possíveis.

Outra maneira de visualizar esse resultado é considerar os n valores $1, 1,...,$ $1, 2,..., 2,..., r,..., r$, onde i aparece n_i vezes, para $i = 1,..., r$. Cada permutação desses valores corresponde a uma divisão dos n itens em r grupos da seguinte maneira: suponha que a permutação $i_1, i_2,..., i_n$ corresponda à atribuição do item 1 ao grupo i_1, do item 2 ao grupo i_2 e assim por diante. Por exemplo, se $n = 8$ e se $n_1=4, n_2 = 3$, e $n_3 = 1$, então a permutação $1, 1, 2, 3, 2, 1, 2, 1$ corresponde à atribuição dos itens 1, 2, 6, 8 ao primeiro grupo, dos itens 3, 5, 7 ao segundo grupo, e do item 4 ao terceiro grupo. Como cada permutação leva a uma divisão dos itens e toda divisão possível é resultado de alguma permutação, tem-se que o número de divisões de n itens em r grupos distintos de tamanhos $n_1, n_2,..., n_r$ é igual ao número de permutações de n itens dos quais n_1 são semelhantes, n_2 são semelhantes,..., e n_r são semelhantes, o que se mostrou na Seção 1.3 ser igual a $\frac{n!}{n_1! n_2! \cdots n_r!}$.

Notação

Se $n_1 + n_2 +... + n_r = n$, definimos $\binom{n}{n_1, n_2, \ldots, n_r}$ como

$$\binom{n}{n_1, n_2, \ldots, n_r} = \frac{n!}{n_1!\, n_2! \cdots n_r!}$$

Assim, $\binom{n}{n_1, n_2, \ldots, n_r}$ representa o número de divisões possíveis de n objetos distintos em r grupos distintos de tamanhos $n_1, n_2,..., n_r$, respectivamente.

Exemplo 5a
Um dos departamentos de polícia de um vilarejo é formado por 10 policiais. Se a política do departamento é a de possuir 5 dos policiais patrulhando as ruas, 2 deles trabalhando todo o tempo na delegacia e 3 deles de reserva, quantas divisões diferentes dos 10 policiais nos três grupos são possíveis?

Solução Há $\dfrac{10!}{5!\, 2!\, 3!} = 2520$ divisões possíveis. ■

Exemplo 5b
Dez crianças devem ser divididas em dois times A e B com 5 crianças cada. O time A joga em uma liga e o time B em outra. Quantas divisões diferentes são possíveis?

Solução Há $\dfrac{10!}{5!\, 5!} = 252$ divisões possíveis. ■

Exemplo 5c

Para jogar uma partida de basquete, 10 crianças dividem-se em dois times de 5 cada. Quantas divisões diferentes são possíveis?

Solução Note que este exemplo difere do Exemplo 5b porque agora a ordem dos dois times é irrelevante. Isto é, não há times A e B, mas apenas uma divisão que consiste em 2 grupos com 5 crianças cada. Portanto, a resposta desejada é

$$\frac{10!/(5!\,5!)}{2!} = 126 \qquad \blacksquare$$

A demonstração do teorema a seguir, que generaliza o teorema binomial, é deixada como exercício.

O teorema multinomial

$$(x_1 + x_2 + \cdots + x_r)^n = \sum_{\substack{(n_1,\ldots,n_r):\\ n_1 + \cdots + n_r = n}} \binom{n}{n_1, n_2, \ldots, n_r} x_1^{n_1} x_2^{n_2} \cdots x_r^{n_r}$$

Isto é, faz-se a soma de todos os vetores com valores inteiros não negativos $(n_1, n_2, \ldots, n_r)$ de forma que $n_1 + n_2 + \ldots + n_r = n$.

Os números $\binom{n}{n_1, n_2, \ldots, n_r}$ são conhecidos como *coeficientes multinomiais*.

Exemplo 5d

Na primeira rodada de um torneio de mata-mata envolvendo $n = 2^m$ jogadores, os n jogadores são divididos em $n/2$ pares, com cada um desses pares jogando uma partida. Os perdedores das partidas são eliminados e os vencedores disputam a próxima rodada, onde o processo é repetido até que apenas um jogador permaneça. Suponha que tenhamos um torneio de mata-mata com 8 jogadores.

(a) Quantos resultados possíveis existem para a rodada inicial? (Por exemplo, um resultado é 1 vence 2, 3 vence 4, 5 vence 6 e 7 vence 8.)

(b) Quantos resultados são possíveis para o torneio, supondo que um resultado forneça a informação completa de todas as rodadas?

Solução Uma maneira de determinar o número de resultados possíveis para a rodada inicial é primeiramente determinar o número de pares possíveis para essa rodada. Para isso, note que o número de maneiras de dividir os 8 jogadores em um *primeiro* par, um *segundo* par, um *terceiro* par e um *quarto* par é

$\binom{8}{2,2,2,2} = \frac{8!}{2^4}$. Assim, o número de pareamentos possíveis quando não há ordenação dos 4 pares é $\frac{8!}{2^4 4!}$. Para cada pareamento como esse, há 2 escolhas possíveis de cada par quanto ao vencedor daquele jogo, o que mostra que há $\frac{8! 2^4}{2^4 4!} = \frac{8!}{4!}$ resultados possíveis para a primeira rodada (outra maneira de ver isso é notar que há $\binom{8}{4}$ escolhas possíveis dos 4 vencedores e, para cada uma dessas escolhas, há 4! maneiras de se formar pares entre os 4 vencedores e os 4 perdedores, o que mostra que há $4!\binom{8}{4} = \frac{8!}{4!}$ resultados possíveis para a primeira rodada).

Similarmente, para cada resultado da primeira rodada, há $\frac{4!}{2!}$ resultados possíveis para a segunda rodada, e para cada um dos resultados das primeiras duas rodadas há $\frac{2!}{1!}$ resultados possíveis para a terceira rodada. Consequentemente, pela versão generalizada do princípio básico da contagem, o torneio tem $\frac{8!}{4!} \frac{4!}{2!} \frac{2!}{1!} = 8!$ resultados possíveis. De fato, o mesmo argumento pode ser usado para mostrar que um torneio de mata-mata de $n = 2^m$ jogadores tem $n!$ resultados possíveis.

Conhecendo o resultado anterior, não é difícil elaborar um argumento mais direto mostrando que existe uma correspondência um para um entre o conjunto de possíveis resultados do torneio e o conjunto das permutações de $1,...,n$. Para obter tal correspondência, classifique os jogadores da seguinte forma para cada resultado do torneio: atribua ao vencedor do torneio o número 1 e ao vice-campeão o número 2. Aos jogadores que perderam na semifinal, atribua o número 3 àquele que perdeu para o campeão e o número 4 àquele que perdeu para o vice-campeão. Aos quatro jogadores que perderam nas quartas de final, atribua o número 5 àquele que perdeu para o campeão, 6 àquele que perdeu para o vice-campeão, 7 àquele que perdeu para o terceiro colocado, e 8 àquele que perdeu para o quarto colocado. Continuando dessa maneira, acaba-se atribuindo um número a cada jogador (uma descrição mais sucinta é obtida ao atribuir-se ao campeão do torneio o número 1 e ao jogador que perdeu em uma rodada com 2^k partidas o número do jogador que o venceu mais 2^k, onde $k = 0,..., m-1$). Dessa maneira, o resultado do torneio pode ser representado por uma permutação $i_1, i_2,..., i_n$, onde i_j corresponde ao jogador ao qual atribuiu-se o número j. Como diferentes resultados do torneio dão origem a diferentes permutações e como existe um resultado diferente do torneio para cada permutação, tem-se o mesmo número de resultados possíveis para o torneiro quanto de permutações de $1,..., n$. ∎

Exemplo 5e

$$(x_1 + x_2 + x_3)^2 = \binom{2}{2,0,0} x_1^2 x_2^0 x_3^0 + \binom{2}{0,2,0} x_1^0 x_2^2 x_3^0$$
$$+ \binom{2}{0,0,2} x_1^0 x_2^0 x_3^2 + \binom{2}{1,1,0} x_1^1 x_2^1 x_3^0$$
$$+ \binom{2}{1,0,1} x_1^1 x_2^0 x_3^1 + \binom{2}{0,1,1} x_1^0 x_2^1 x_3^1$$
$$= x_1^2 + x_2^2 + x_3^2 + 2x_1 x_2 + 2x_1 x_3 + 2x_2 x_3 \quad \blacksquare$$

*1.6 O NÚMERO DE SOLUÇÕES INTEIRAS DE EQUAÇÕES

Existem r^n resultados possíveis quando n bolas diferentes são distribuídas em r urnas distintas. Isso ocorre porque cada bola pode ser colocada em cada uma das r urnas. No entanto, suponhamos agora que não seja possível distinguir as n bolas entre si. Nesse caso, quantos resultados diferentes são possíveis? Como não há diferença entre as bolas, tem-se que o resultado do experimento que envolve distribuir as n bolas entre as r urnas pode ser descrito por um vetor $(x_1, x_2,...,x_r)$, onde x_i indica o número de bolas depositadas na i-ésima urna. Portanto, o problema reduz-se a encontrar o número de vetores com valores inteiros não negativos $(x_1, x_2,...,x_r)$ tais que

$$x_1 + x_2 + ... + x_r = n$$

Para computar esse número, comecemos considerando o número de soluções inteiras positivas. Com esse objetivo, imagine que tenhamos n objetos idênticos alinhados e que queiramos dividi-los em r grupos não vazios. Para fazer isso, podemos selecionar $r - 1$ dos $n - 1$ espaços entre objetos adjacentes como nossos pontos divisórios (veja a Figura 1.2). Por exemplo, se tivermos $n = 8$ e $r = 3$, e escolhermos os dois divisores de forma a obter

$$\text{ooo|ooo|oo}$$

então o vetor resultante é $x_1 = 3, x_2 = 3, x_3 = 2$. Como há $\binom{n-1}{r-1}$ seleções possíveis, temos a seguinte proposição.

$0 \wedge 0 \wedge 0 \wedge ... \wedge 0 \wedge 0$

n objetos 0

Escolha $r - 1$ dos espaços $\wedge$.

Figura 1.2 Número de soluções positivas.

---

* Asteriscos indicam que o material é opcional.

Proposição 6.1 Existem $\binom{n-1}{r-1}$ vetores distintos com valores inteiros positivos $(x_1, x_2, \ldots, x_r)$ satisfazendo a equação

$$x_1 + x_2 + \cdots + x_r = n \quad x_i > 0, i = 1, \ldots, r$$

Para obter o número de soluções não negativas (em vez de positivas), note que o número de soluções não negativas de $x_1 + x_2 + \ldots + x_r = n$ é igual ao número de soluções positivas de $y_1 + y_2 + \ldots + y_r = n + r$ (o que se vê ao fazer $y_i = x_i + 1, i = 1, \ldots, r$). Portanto, da Proposição 6.1, obtemos a seguinte proposição.

Proposição 6.2 Existem $\binom{n+r-1}{r-1}$ vetores distintos com valores inteiros não negativos satisfazendo a equação

$$x_1 + x_2 + \ldots + x_r = n \tag{6.1}$$

Exemplo 6a
Quantas soluções com valores inteiros não negativos de $x_1 + x_2 = 3$ são possíveis?

Solução Há $\binom{3+2-1}{2-1} = 4$ soluções: $(0,3), (1,2), (2,1), (3,0)$. ∎

Exemplo 6b
Um investidor tem 20 mil reais para aplicar entre 4 investimentos possíveis. Cada aplicação deve ser feita em unidades de mil reais. Se o valor total de 20 mil for investido, quantas estratégias de aplicação diferentes são possíveis? E se nem todo o dinheiro for investido?

Solução Se fizermos com que x_i, $i = 1, 2, 3, 4$, represente o número de milhares de reais aplicados no investimento i, quando todo o montante tiver de ser investido, x_1, x_2, x_3, x_4 serão inteiros satisfazendo a equação

$$x_1 + x_2 + x_3 + x_4 = 20 \quad x_i \geq 0$$

Portanto, pela Proposição 6.2, há $\binom{23}{3} = 1771$ estratégias de investimento possíveis. Se nem todo o dinheiro precisar ser investido e se atribuirmos a x_5 o montante de dinheiro mantido em reserva, cada estratégia corresponderá a um vetor $(x_1, x_2, x_3, x_4, x_5)$ com valores inteiros não negativos satisfazendo a equação

$$x_1 + x_2 + x_3 + x_4 + x_5 = 20$$

Portanto, pela Proposição 6.2, existem $\binom{24}{4} = 10.626$ estratégias possíveis. ∎

Exemplo 6c
Quantos termos existem na expansão multinomial de $(x_1 + x_2 + \ldots + x_r)^n$?

Solução

$$(x_1 + x_2 + \cdots + x_r)^n = \sum \binom{n}{n_1, \ldots, n_r} x_1^{n_1} \cdots x_r^{n_r}$$

onde se faz a soma de todos os valores inteiros não negativos $(n_1, \ldots, n_r)$ de forma que $n_1 + \ldots + n_r = n$. Portanto, pela Proposição 6.2, existem $\binom{n + r - 1}{r - 1}$ termos como esse. ∎

Exemplo 6d

Consideremos novamente o Exemplo 4c, no qual tínhamos um conjunto de n itens, dos quais m são (indistinguíveis e) defeituosos e os restantes $n - m$ são funcionais (mas também indistinguíveis). Nosso objetivo é determinar o número de ordenações lineares nas quais não existam itens defeituosos em posições adjacentes. Para determinar esse número, imaginemos que os itens defeituosos estejam todos alinhados e que os funcionais devam agora ser posicionados. Chamemos de x_1 o número de itens funcionais à esquerda do primeiro item defeituoso, x_2 o número de itens funcionais entre os dois primeiros defeituosos, e assim por diante. Isto é, temos, esquematicamente,

$$x_1 \, 0 \, x_2 \, 0 \cdots x_m \, 0 \, x_{m+1}$$

Agora, haverá pelo menos um item funcional entre qualquer par de itens defeituosos desde que $x_i > 0$, $i = 2, \ldots, m$. Com isso, o número de resultados que satisfazem essa condição é o número de vetores $x_1, \ldots, x_{m+1}$ que satisfazem a equação

$$x_1 + \cdots + x_{m+1} = n - m \quad x_1 \geq 0, \, x_{m+1} \geq 0, \, x_i > 0, \, i = 2, \ldots, m$$

Mas, fazendo com que $y_1 = x_1 + 1$, $y_i = x_i$, $i = 2, \ldots, m$, $y_{m+1} = x_{m+1} + 1$, vemos que esse número é igual ao número de vetores positivos $(y_1, \ldots, y_{m+1})$ que satisfazem a equação

$$y_1 + y_2 + \cdots + y_{m+1} = n - m + 2$$

Com isso, pela Proposição 6.1, existem $\binom{n - m + 1}{m}$ resultados como esse, o que está de acordo com os resultados do Exemplo 4c.

Suponha agora que estejamos interessados no número de resultados nos quais cada par de itens defeituosos esteja separado por pelo menos dois itens que funcionam. Usando o mesmo raciocínio aplicado anteriormente, isso é igual ao número de vetores que satisfazem a equação

$$x_1 + \cdots + x_{m+1} = n - m \quad x_1 \geq 0, \, x_{m+1} \geq 0, \, x_i \geq 2, \, i = 2, \ldots, m$$

Ao fazer $y_1 = x_1 + 1$, $y_i = x_i - 1$, $i = 2, \ldots, m$, $y_{m+1} = x_{m+1} + 1$, vemos que esse resultado é igual ao número de soluções positivas da equação

$$y_1 + \cdots + y_{m+1} = n - 2m + 3$$

Portanto, da Proposição 6.1, existem $\binom{n - 2m + 2}{m}$ resultados como esse. ∎

RESUMO

O princípio básico da contagem diz que se um experimento constituído por duas fases for tal que existam n possíveis resultados na fase 1 e, para cada um desses n resultados, existam m possíveis resultados na fase 2, então o experimento terá nm resultados possíveis.

Existem $n! = n(n-1)\cdots 3 \cdot 2 \cdot 1$ ordenações lineares possíveis de n itens. A grandeza 0! é por definição igual a 1.

Seja

$$\binom{n}{i} = \frac{n!}{(n-i)!\, i!}$$

quando $0 \leq i \leq n$, e 0 do contrário. Essa grandeza representa o número de diferentes subgrupos de tamanho i que podem ser formados em um conjunto de tamanho n. Ela é frequentemente chamada de *coeficiente binomial* por causa de seu destaque no teorema binomial, que diz que

$$(x+y)^n = \sum_{i=0}^{n} \binom{n}{i} x^i y^{n-i}$$

Para inteiros não negativos $n_1,\ldots,n_r$ cuja soma é n,

$$\binom{n}{n_1, n_2, \ldots, n_r} = \frac{n!}{n_1!\, n_2! \cdots n_r!}$$

corresponde ao número de divisões de n itens em r subgrupos não superpostos de tamanhos $n_1, n_2, \ldots, n_r$.

PROBLEMAS

1.1 (a) Quantas placas de carro diferentes com 7 caracteres podem ser formadas se os dois primeiros campos da placa forem reservados para as letras e os outros cinco para os números?
(b) Repita a letra (a) supondo que nenhuma letra ou número possa ser repetido em uma mesma placa.

1.2 Quantas sequências de resultados são possíveis quando um dado é rolado quatro vezes, supondo, por exemplo, que 3, 4, 3, 1 é o resultado obtido se o primeiro dado lançado cair no 3, o segundo no 4, o terceiro no 3 e o quarto no 1?

1.3 Vinte trabalhadores serão alocados em vinte tarefas diferentes, um em cada tarefa. Quantas alocações diferentes são possíveis?

1.4 João, Júlio, Jonas e Jacques formaram uma banda com quatro instrumentos. Se cada um dos garotos é capaz de tocar todos os instrumentos, quantas diferentes combinações são possíveis? E se João e Júlio souberem tocar todos os quatro instrumentos, mas Jonas e Jacques souberem tocar cada um deles apenas o piano e a bateria?

1.5 Por muitos anos, os códigos telefônicos de área nos EUA e no Canadá eram formados por uma sequência de três algarismos. O primeiro algarismo era um inteiro entre 2 e 9, o segundo algarismo era 0 ou 1, e o terceiro digito era um inteiro entre 1 e 9. Quantos códigos de área eram possíveis? Quantos códigos de área começando com um 4 eram possíveis?

1.6 Uma famosa canção de ninar começa com os versos
"Quando ia para São Ives,
Encontrei um homem com 7 mulheres.
Cada mulher tinha 7 sacos.
Cada saco tinha 7 gatos.
Cada gato tinha 7 gatinhos..."
Quantos gatinhos o viajante encontrou?

1.7 (a) De quantas maneiras diferentes 3 garotos e 3 garotas podem sentar-se em fila?
(b) De quantas maneiras diferentes 3 garotos e 3 garotas podem sentar-se em fila se os garotos e as garotas sentarem-se juntos?
(c) E se apenas os garotos sentarem-se juntos?
(d) E se duas pessoas do mesmo sexo não puderem se sentar juntas?

1.8 Quantos arranjos de letras diferentes podem ser feitos a partir de
(a) Sorte?
(b) Propose?
(c) Mississippi?
(d) Arranjo?

1.9 Uma criança tem 12 blocos, dos quais 6 são pretos, 4 são vermelhos, 1 é branco e 1 é azul. Se a criança colocar os blocos em linha, quantos arranjos são possíveis?

1.10 De quantas maneiras 8 pessoas podem se sentar em fila se
(a) não houver restrições com relação à ordem dos assentos?
(b) as pessoas A e B tiverem que se sentar uma ao lado da outra?
(c) houver 4 homens e 4 mulheres e não for permitido que dois homens ou duas mulheres se sentem em posições adjacentes?
(d) houver 5 homens e for necessário que eles se sentem lado a lado?
(e) houver 4 casais e cada casal precisar sentar-se junto?

1.11 De quantas maneiras três romances, dois livros de matemática e um livro de química podem ser arranjados em uma prateleira se
(a) eles puderem ser colocados em qualquer ordem?
(b) for necessário que os livros de matemática fiquem juntos e os romances também?
(c) for necessário que os romances fiquem juntos, podendo os demais livros ser organizados de qualquer maneira?

1.12 Cinco prêmios diferentes (melhor desempenho escolar, melhores qualidades de liderança, e assim por diante) serão dados a estudantes selecionados de uma classe de trinta alunos. Quantos resultados diferentes são possíveis se
(a) um estudante puder receber qualquer número de prêmios?
(b) cada estudante puder receber no máximo um prêmio?

1.13 Considere um grupo de vinte pessoas. Se todos cumprimentarem uns aos outros com um aperto de mãos, quantos apertos de mão serão dados?

1.14 Quantas mãos de pôquer de cinco cartas existem?

1.15 Uma turma de dança é formada por 22 estudantes, dos quais 10 são mulheres e 12 são homens. Se 5 homens e 5 mulheres forem escolhidos para formar pares, quantas combinações diferentes serão possíveis?

1.16 Um estudante tem que vender 2 livros de uma coleção formada por 6 livros de matemática, 7 de ciências e 4 de economia. Quantas escolhas serão possíveis se
(a) ambos os livros devem tratar do mesmo assunto?
(b) os livros devem tratar de assuntos diferentes?

1.17 Sete presentes diferentes devem ser distribuídos entre 10 crianças. Quantos resultados diferentes são possíveis se nenhuma criança puder receber mais de um presente?

1.18 Um comitê de 7 pessoas, formado por 2 petistas, 2 democratas e 3 peemedebistas deve ser escolhido de um grupo de 5 petistas, 6 democratas e 4 peemedebistas. Quantos comitês são possíveis?

1.19 De um grupo de 8 mulheres e 6 homens, pretende-se formar um comitê formado por 3 homens e 3 mulheres. Quantos comitês diferentes são possíveis se
(a) 2 dos homens se recusarem a trabalhar juntos?

(b) 2 das mulheres se recusarem a trabalhar juntas?
(c) 1 homem e 1 mulher se recusarem a trabalhar juntos?

1.20 Uma pessoa tem 8 amigos, dos quais 5 serão convidados para uma festa.
(a) Quantas escolhas existem se dois dos amigos estiverem brigados e por esse motivo não puderem comparecer?
(b) Quantas escolhas existem se dois dos amigos puderem ir apenas se forem juntos?

1.21 Considere a malha de pontos mostrada a seguir. Suponha que, começando do ponto A, você possa ir um passo para cima ou para direita em cada movimento. Esse procedimento continua até que o ponto B seja atingido. Quantos caminhos possíveis existem entre A e B?
Dica: Note que, para atingir B a partir de A, você deve dar quatro passos à direita e três passos para cima.

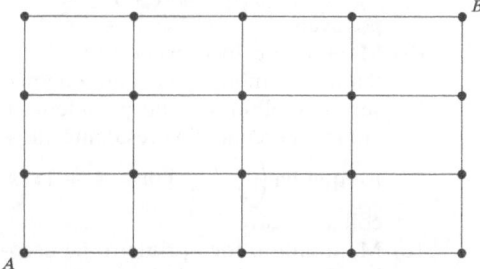

1.22 No Problema 21, quantos caminhos diferentes existem entre A e B que passam pelo ponto circulado mostrado na figura a seguir?

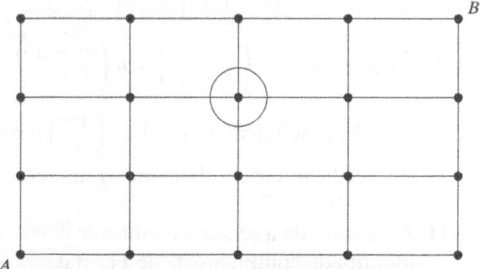

1.23 Um laboratório de psicologia dedicado a pesquisar os sonhos possui 3 quartos com 2 camas cada. Se 3 conjuntos de gêmeos idênticos forem colocados nessas 6 camas de forma que cada par de gêmeos durma em camas diferentes em um mesmo quarto, quantas diferentes combinações são possíveis?

1.24 Expanda $(3x^2 + y)^5$.

1.25 O jogo de bridge é jogado por 4 jogadores, cada um deles com 13 cartas. Quantas jogadas de bridge são possíveis?

1.26 Expanda $(x_1 + 2x_2 + 3x_3)^4$.

1.27 Se 12 pessoas vão ser divididas em 3 comitês de 3, 4 e 5 pessoas. Quantas divisões são possíveis?

1.28 Se 8 professores novatos tiverem que ser divididos entre 4 escolas, quantas divisões são possíveis? E se cada escola puder receber 2 professores?

1.29 Dez halterofilistas disputam uma competição de levantamento de peso por equipes. Destes, 3 são dos EUA, 4 da Rússia, 2 da China e 1 do Canadá. Se a soma de pontos considerar os países que os atletas representam, mas não as identidades desses atletas, quantos diferentes resultados são possíveis? Quantos resultados diferentes correspondem à situação em que os EUA possuem um atleta entre os três primeiros e 2 entre os três últimos?

1.30 Delegados de 10 países, incluindo Rússia, França, Inglaterra e os EUA, devem sentar-se lado a lado. Quantos arranjos de assentos diferentes são possíveis se os delegados franceses e ingleses tiverem que sentar-se lado a lado e os delegados da Rússia e dos EUA não puderem sentar-se lado a lado?

*1.31 Se 8 quadros-negros idênticos forem divididos entre quatro escolas, quantas divisões são possíveis? E se cada escola tiver que receber pelo menos um quadro-negro?

*1.32 Um elevador parte do subsolo com 8 pessoas (não incluindo o ascensorista) e as deixa todas juntas ao chegar no último piso, no sexto andar. De quantas maneiras poderia o ascensorista perceber as pessoas deixando o elevador se todas elas parecessem iguais para ele? E se as 8 pessoas correspondessem a 5 homens e 3 mulheres, e o ascensorista pudesse diferenciar um homem de uma mulher?

*1.33 Temos 20 mil reais que devem ser aplicados entre 4 carteiras diferentes. Cada aplicação deve ser feita em múltiplos de mil reais, e os investimentos mínimos que podem ser feitos são de 2, 2, 3 e 4 mil reais. Quantas estratégias de aplicação diferentes existem se
(a) uma aplicação tiver que ser feita em cada carteira?
(b) aplicações tiverem que ser feitas em pelo menos 3 das quatro carteiras?

EXERCÍCIOS TEÓRICOS

1.1 Demonstre a versão generalizada do princípio básico da contagem.

1.2 Dois experimentos serão realizados. O primeiro pode levar a qualquer um dos m resultados possíveis. Se o primeiro experimento levar ao resultado i, então o segundo experimento pode levar a qualquer um dos n_i resultados possíveis, com $i = 1, 2,..., m$. Qual é o número de resultados possíveis para os dois experimentos?

1.3 De quantas maneiras podem r objetos ser selecionados de um conjunto de n objetos se a ordem de seleção for considerada relevante?

1.4 Existem $\binom{n}{r}$ arranjos lineares diferentes de n bolas, das quais r são pretas e $n - r$ são brancas. Dê uma explicação combinatória para este fato.

1.5 Determine o número de vetores $(x_1,...,x_n)$ de forma que cada x_i seja igual a 0 ou 1 e
$$\sum_{i=1}^{n} x_i \geq k$$

1.6 Quantos vetores $x_1,..., x_k$ existem para os quais cada x_i é um inteiro positivo tal que $1 \leq x_i \leq n$ e $x_1 < x_2 <...< x_k$?

1.7 Demonstre analiticamente a Equação (4.1).

1.8 Demonstre que
$$\binom{n+m}{r} = \binom{n}{0}\binom{m}{r} + \binom{n}{1}\binom{m}{r-1}$$
$$+ \cdots + \binom{n}{r}\binom{m}{0}$$

Dica: Considere um grupo de n homens e m mulheres. Quantos grupos de tamanho r são possíveis?

1.9 Use o Exercício Teórico 1.8 para demonstrar que
$$\binom{2n}{n} = \sum_{k=0}^{n} \binom{n}{k}^2$$

1.10 De um grupo de n pessoas, suponha que queiramos escolher um comitê de $k, k \leq n$, das quais uma será designada a presidente.
(a) Mantendo o foco primeiro na escolha do comitê e então na escolha do presidente, mostre que há $\binom{n}{k}k$ escolhas possíveis.
(b) Mantendo o foco primeiro na escolha dos membros do comitê que não serão escolhidos como presidente e então na escolha do presidente, mostre que há $\binom{n}{k-1}(n - k + 1)$ escolhas possíveis.
(c) Mantendo o foco primeiro na escolha do presidente e então na escolha dos demais membros do comitê, mostre que há $n\binom{n-1}{k-1}$ escolhas possíveis.
(d) Conclua das letras (a), (b) e (c) que
$$k\binom{n}{k} = (n-k+1)\binom{n}{k-1} = n\binom{n-1}{k-1}$$
(e) Use a definição fatorial de $\binom{m}{r}$ para verificar a identidade mostrada na letra (d).

1.11 A identidade a seguir é conhecida como a identidade combinatória de Fermat.
$$\binom{n}{k} = \sum_{i=k}^{n} \binom{i-1}{k-1} \quad n \geq k$$

Forneça um argumento combinatório (cálculos não são necessários) para estabelecer essa identidade.
Dica: Considere o conjunto de números 1 até n. Quantos subconjuntos de tamanho k possuem i como o seu membro de maior número?

1.12 Considere a identidade combinatória a seguir:

$$\sum_{k=1}^{n} k \binom{n}{k} = n \cdot 2^{n-1}$$

(a) Apresente um argumento combinatório para essa identidade considerando um conjunto de n pessoas e determinando, de duas maneiras, o número de possíveis seleções de um comitê de qualquer tamanho e de um presidente para o comitê.
Dica:
  (i) Existem quantas seleções possíveis para um comitê de tamanho k e seu presidente?
  (ii) Existem quantas seleções possíveis para um presidente e os demais membros do comitê?
(b) Verifique a identidade a seguir para $n = 1, 2, 3, 4, 5$:

$$\sum_{k=1}^{n} \binom{n}{k} k^2 = 2^{n-2} n(n+1)$$

Para uma demonstração combinatória da identidade anterior, considere um conjunto de n pessoas e mostre que ambos os lados da identidade representam o número de seleções diferentes de um comitê, seu presidente e seu secretário (que possivelmente acumula a função de presidente).
Dica:
  (i) Quantas seleções diferentes resultam em um comitê contendo exatamente k pessoas?
  (ii) Existem quantas seleções diferentes nas quais o presidente e o secretário são os mesmos? (Resposta: $n2^{n-1}$.)
  (iii) Quantas seleções diferentes resultam no presidente e no secretário sendo pessoas diferentes?

(c) Mostre agora que

$$\sum_{k=1}^{n} \binom{n}{k} k^3 = 2^{n-3} n^2 (n+3)$$

1.13 Mostre que, para $n > 0$,

$$\sum_{i=0}^{n} (-1)^i \binom{n}{i} = 0$$

Dica: Use o teorema binomial.

1.14 De um grupo de n pessoas, deve-se escolher um comitê de tamanho j. Deste comitê, também será escolhido um subcomitê de tamanho i, $i \leq j$.
(a) Deduza uma identidade combinatória para calcular, de duas maneiras, o número de escolhas possíveis para o comitê e o subcomitê – inicialmente supondo que o comitê seja escolhido antes do subcomitê, e depois supondo que o subcomitê seja escolhido antes do comitê.
(b) Use a letra (a) para demonstrar a seguinte identidade combinatória:

$$\sum_{j=i}^{n} \binom{n}{j} \binom{j}{i} = \binom{n}{i} 2^{n-i} \quad i \leq n$$

(c) Use a letra (a) e o Exercício Teórico 1.13 para mostrar que

$$\sum_{j=i}^{n} \binom{n}{j} \binom{j}{i} (-1)^{n-j} = 0 \quad i < n$$

1.15 Seja $H_k(n)$ o número de vetores $x_1, \ldots, x_k$ para os quais cada x_i é um inteiro positivo satisfazendo $1 \leq x_i \leq n$ e $x_1 \leq x_2 \leq \cdots \leq x_k$.
(a) Sem quaisquer cálculos, mostre que

$$H_1(n) = n$$

$$H_k(n) = \sum_{j=1}^{n} H_{k-1}(j) \quad k > 1$$

Dica: Existem quantos vetores nos quais $x_k = j$?
(b) Use a recursão anterior para calcular $H_3(5)$.
Dica: Primeiro calcule $H_2(n)$ para $n = 1, 2, 3, 4, 5$.

1.16 Considere um torneio com n competidores no qual o resultado é uma ordenação desses competidores, sendo permitidos empates. Isto é, o resultado divide os jogadores em grupos, com o primeiro grupo sendo formado por aqueles que empataram em primeiro lugar, o grupo seguinte sendo formado por aqueles que empataram em segundo lugar, e assim por diante. Faça $N(n)$ representar o número de diferentes resultados possíveis. Por exemplo, $N(2) = 3$, pois, em um torneio com 2 competidores, o jogador 1 poderia ser unicamente o primeiro, o jogador 2 poderia ser unicamente o primeiro, ou eles poderiam empatar em primeiro.

(a) Liste todos os resultados possíveis quando $n = 3$.
(b) Com $N(0)$ definido como igual a 1, mostre, sem realizar nenhum cálculo, que

$$N(n) = \sum_{i=1}^{n} \binom{n}{i} N(n - i)$$

Dica: Existem quantos resultados nos quais i jogadores empatam em último lugar?

(c) Mostre que a fórmula da letra (b) é equivalente a

$$N(n) = \sum_{i=0}^{n-1} \binom{n}{i} N(i)$$

(d) Use a recursão para determinar $N(3)$ e $N(4)$.

1.17 Apresente uma explicação combinatória para

$$\binom{n}{r} = \binom{n}{r, n-r}.$$

1.18 Mostre que

$$\binom{n}{n_1, n_2, \ldots, n_r} = \binom{n-1}{n_1 - 1, n_2, \ldots, n_r}$$
$$+ \binom{n-1}{n_1, n_2 - 1, \ldots, n_r} + \cdots$$
$$+ \binom{n-1}{n_1, n_2, \ldots, n_r - 1}$$

Dica: Use um argumento similar àquele empregado para estabelecer a Equação (4.1).

1.19 Demonstre o teorema multinomial.

*****1.20** De quantas maneiras n bolas idênticas podem ser distribuídas em r urnas de forma que a i-ésima urna contenha pelo menos m_i bolas, para cada $i = 1, \ldots, r$? Suponha que $n \geq \sum_{i=1}^{r} m_i$.

*****1.21** Mostre que existem exatamente $\binom{r}{k} \binom{n-1}{n-r+k}$ soluções de
$$x_1 + x_2 + \cdots + x_r = n$$
para as quais exatamente k dos x_i são iguais a 0.

*****1.22** Considere uma função $f(x_1, \ldots, x_n)$ de n variáveis. Quantas derivadas parciais de ordem r a função f possui?

*****1.23** Determine o número de vetores $(x_1, \ldots, x_n)$ tais que cada um seja um inteiro não negativo e
$$\sum_{i=1}^{n} x_i \leq k$$

PROBLEMAS DE AUTOTESTE E EXERCÍCIOS

1.1 Existem quantos arranjos lineares diferentes das letras A, B, C, D, E, F para os quais
(a) A e B estão uma ao lado do outra?
(b) A está antes de B?
(c) A está antes de B e B antes de C?
(d) A está antes de B e C antes de D?
(e) A e B estão uma ao lado da outra e C e D também estão uma ao lado da outra?
(f) E não está na última linha?

1.2 Se quatro americanos, 3 franceses e três britânicos devem sentar-se lado a lado, quantos arranjos de assentos são possíveis quando for necessário que pessoas da mesma nacionalidade se sentem em posições adjacentes?

1.3 Um presidente, um tesoureiro e um secretário, todos diferentes, serão escolhidos de um clube formado por 10 pessoas. Quantas escolhas diferentes são possíveis se
(a) não houver restrições?
(b) *A* e *B* não trabalharem juntos?
(c) *C* e *D* trabalharem juntos, senão não trabalharão em hipótese alguma?
(d) *E* necessariamente ocupar um cargo?

(e) *F* ocupar um cargo apenas se for presidente?
1.4 Uma estudante precisa responder a 7 questões de 10 em um exame. Quantas escolhas ela tem? E se ela precisar responder a 3 das primeiras 5 questões?
1.5 De quantas maneiras diferentes pode um homem dividir 7 presentes entre seus três filhos se o mais velho tiver que receber 3 presentes e os demais 2 presentes cada?
1.6 Quantas placas de carro diferentes com 7 caracteres são possíveis quando três das posições forem letras e 4 forem algarismos? Suponha que a repetição das letras e dos números seja possível e que não exista restrição quanto ao seu posicionamento.
1.7 Dê uma explicação combinatória para a identidade

$$\binom{n}{r} = \binom{n}{n-r}$$

1.8 Considere números de *n* algarismos onde cada um deles é um dos 10 inteiros 0, 1,..., 9. Quantos números existem para os quais
(a) não há algarismos consecutivos iguais?
(b) 0 aparece como um algarismo um total de *i* vezes, $i = 0,...,n$?
1.9 Considere três classes, cada uma dela formada por *n* estudantes. Deste grupo de 3*n* estudantes, deve-se escolher um grupo de 3 estudantes.
(a) Quantas escolhas são possíveis?
(b) Existem quantas escolhas nas quais todos os 3 estudantes vêm da mesma classe?
(c) Existem quantas escolhas nas quais 2 dos 3 estudantes estão na mesma classe e o outro está em uma classe diferente?
(d) Existem quantas escolhas nas quais todos os 3 estudantes estão em classes diferentes?
(e) Usando os resultados das letras (a) a (d), escreva uma identidade combinatória.
1.10 Quantos números de 5 algarismos podem ser formados a partir dos inteiros 1, 2,..., 9 se nenhum algarismo puder aparecer mais de duas vezes? (Por exemplo, 41434 não é permitido.)

1.11 De 10 casais, queremos selecionar um grupo de 6 pessoas no qual a presença de um casal não é permitida.
(a) Existem quantas escolhas possíveis?
(b) Existem quantas escolhas possíveis se o grupo também tiver que ser formado por 3 homens e 3 mulheres?
1.12 Deve-se escolher um comitê de 6 pessoas a partir de um grupo formado por 7 homens e 8 mulheres. Se o comitê tiver que ser formado por pelo menos 3 mulheres e pelo menos 2 homens, é possível formar quantos comitês diferentes?
*__1.13__ Uma coleção de artes formada por 4 Dalis, 5 Van Goghs e 6 Picassos foi leiloada. No leilão havia 5 colecionadores de arte. Se um repórter tivesse anotado apenas o número de Dalis, Van Goghs e Picassos adquiridos por cada colecionador, quantos resultados diferentes poderiam ter sido registrados se todos os trabalhos tivessem sido vendidos?
*__1.14__ Determine o número de vetores $(x_1,...,x_n)$ tais que cada x_i é um inteiro positivo e

$$\sum_{i=1}^{n} x_i \leq k$$

onde $k \geq n$.
1.15 Um total de *n* estudantes está matriculado em um curso de probabilidade. Os resultados dos exames vão listar os nomes dos alunos aprovados em ordem decrescente de notas. Por exemplo, o resultado será "Bruno, Carlos" se Bruno e Carlos forem os únicos a terem sido aprovados, com Bruno recebendo a maior nota. Supondo que todas as notas sejam diferentes (sem empates), quantos resultados serão possíveis?
1.16 Quantos subconjuntos de tamanho 4 do conjunto $S = \{1, 2,..., 20\}$ contêm pelo menos um dos elementos 1, 2, 3, 4, 5?
1.17 Verifique analiticamente a igualdade a seguir:

$$\binom{n}{2} = \binom{k}{2} + k(n-k) + \binom{n-k}{2}, \quad 1 \leq k \leq n$$

Agora, forneça um argumento combinatório para esta identidade.
1.18 Em certa comunidade, há 3 famílias formadas por um único pai e um filho, 3 fa-

mílias formadas por um único pai e 2 filhos, 5 famílias formadas por 2 pais e um filho único, 7 famílias formadas por 2 pais e 2 filhos, e 6 famílias formadas por 2 pais e 3 filhos. Se um pai e um filho de cada família tiverem que ser escolhidos, existem quantas possibilidades de escolha?

1.19 Se não houver restrições quanto ao posicionamento dos números e das letras, quantas placas de carro com 8 caracteres formadas por 5 letras e três números serão possíveis se não for permitida a repetição de letras ou números? E se os 3 números tiverem que ser consecutivos?

Axiomas da Probabilidade

Capítulo 2

2.1 INTRODUÇÃO
2.2 ESPAÇO AMOSTRAL E EVENTOS
2.3 AXIOMAS DA PROBABILIDADE
2.4 ALGUMAS PROPOSIÇÕES SIMPLES
2.5 ESPAÇOS AMOSTRAIS COM RESULTADOS IGUALMENTE PROVÁVEIS
2.6 PROBABILIDADE COMO UMA FUNÇÃO CONTÍNUA DE UM CONJUNTO
2.7 PROBABILIDADE COMO UMA MEDIDA DE CRENÇA

2.1 INTRODUÇÃO

Neste capítulo, introduzimos o conceito de probabilidade de um evento e em seguida mostramos como probabilidades podem ser calculadas em certas situações. Antes disso, no entanto, necessitamos dos conceitos de espaço amostral e de eventos de um experimento.

2.2 ESPAÇO AMOSTRAL E EVENTOS

Considere um experimento cujo resultado não se pode prever com certeza. Entretanto, embora o resultado do experimento não seja conhecido antecipadamente, vamos supor que o conjunto de todos os resultados possíveis seja conhecido. Esse conjunto é conhecido como o *espaço amostral* do experimento e é representado pela letra S. A seguir, temos alguns exemplos:

1. Se o resultado de um experimento consiste na determinação do sexo de um bebê recém-nascido, então

$$S = \{g, b\}$$

onde o resultado g significa que o bebê é menina e b que o bebê é menino.

2. Se o resultado de um experimento é a ordem de chegada de uma corrida entre 7 cavalos numerados de 1 a 7, então

$$S = \{\text{todas as 7! permutações de } (1,2,3,4,5,6,7)\}$$

O resultado $(2,3,1,6,5,4,7)$ significa, por exemplo, que o cavalo número 2 chegou em primeiro lugar, depois o cavalo número 3, depois o número 1, e assim por diante.

3. Se o experimento consiste em jogar duas moedas, então o espaço amostral é formado pelos quatro pontos a seguir:

$$S = \{(H,H),(H,T),(T,H),(T,T)\}$$

O resultado será (H,H) se ambas as moedas derem cara, (H,T) se a primeira moeda der cara e a segunda der coroa, (T,H) se a primeira der coroa e a segunda der cara, e (T,T) se ambas derem coroa.

4. Se o experimento consiste em jogar dois dados, então o espaço amostral é formado por 36 pontos

$$S = \{(i,j): i,j = 1,2,3,4,5,6\}$$

onde o resultado (i,j) ocorre se i é o número que aparece no dado da esquerda e j é o número que aparece no outro dado.

5. Se o experimento consiste em medir (em horas) o tempo de vida de um transistor, então o espaço amostral é formado por todos os números reais não negativos; isto é:

$$S = \{x: 0 \leq x < \infty\}$$

Qualquer subconjunto E do espaço amostral é conhecido como um *evento*. Em outras palavras, um evento é um conjunto formado pelos possíveis resultados do experimento. Se o resultado do experimento estiver contido em E, então dizemos que E ocorreu. A seguir listamos alguns exemplos de eventos.

No Exemplo 1 anterior, se $E = \{g\}$, então E é o evento em que o bebê é uma menina. Similarmente, se $F = \{b\}$, então F é o evento em que o bebê é um menino.

No Exemplo 2, se

$$E = \{\text{todos os resultados em } S \text{ começando com um 3}\}$$

então E é o evento em que o cavalo 3 vence a corrida.

No Exemplo 3, se $E = \{(H,H),(H,T)\}$, então E é o evento em que a primeira moeda lançada dá cara.

No Exemplo 4, se $E = \{(1,6),(2,5),(3,4),(4,3),(5,2),(6,1)\}$, então E é o evento em que a soma dos dados é igual a 7.

No Exemplo 5, se $E = \{x: 0 \leq x \leq 5\}$, então E é o evento em que o transistor não funciona mais que 5 horas.

Para quaisquer dois eventos E e F de um espaço amostral S, definimos o novo evento $E \cup F$ como sendo formado por todos os resultados que pertencem a E ou F ou a E e F simultaneamente. Isto é, o evento $E \cup F$ ocorrerá se E *ou* F ocorrer. Por exemplo, no Exemplo 1, se o evento $E = \{g\}$ e $F = \{b\}$, então

$$E \cup F = \{g,b\}$$

Isto é, $E \cup F$ corresponde a todo o espaço amostral S. No Exemplo 3, se $E = \{(H,H),(H,T)\}$ e $F = \{T,H)\}$, então

$$E \cup F = \{(H,H),(H,T),(T,H)\}$$

Assim, $E \cup F$ ocorreria se desse cara em qualquer uma das duas moedas.

O evento $E \cup F$ é chamado de *união* dos eventos E e F.

De forma similar, para quaisquer dois eventos E e F, também podemos definir o novo evento EF, chamado de *interseção* de E e F, como sendo formado por todos os resultados que estão tanto em E quanto em F. Isto é, o evento EF (às vezes escrito $E \cap F$) ocorre apenas se E e F ocorrerem. Por exemplo, no Exemplo 3, se $E = \{(H,H),(H,T),(T,H)\}$ é o evento em que pelo menos uma cara aparece nas duas moedas e $F = \{(H,T),(T,H),(T,T)\}$ é o evento em que pelo menos uma coroa aparece, então

$$E \cap F = \{(H,T),(T,H)\}$$

é o evento em que exatamente uma cara e uma coroa aparecem. No Exemplo 4, se $E = \{(1,6),(2,5),(3,4),(4,3),(5,2),(6,1)\}$ é o evento em que a soma dos dados é igual a 7 e $F = \{(1,5),(2,4),(3,3),(4,2),(5,1)\}$ é o evento em que a soma dos dados é igual a 6, então o evento EF não contém quaisquer resultados e portanto não poderia ocorrer. Tal evento é chamado de evento vazio e é representado pelo símbolo $\emptyset$ (isto é, $\emptyset$ se refere ao evento formado por nenhum resultado). Se $EF = \emptyset$, então se diz que E e F são *mutuamente exclusivos*.

Definimos uniões e interseções de mais de dois eventos de forma similar. Se $E_1, E_2,...$ são eventos, então a união desses eventos, representada como $\bigcup_{n=1}^{\infty} E_n$, é definida como o evento formado por todos os resultados que aparecem em E_n para pelo menos um valor de $n = 1, 2,...$. Similarmente, a interseção dos eventos E_n, representada como $\bigcap_{n=1}^{\infty} E_n$, é definida como o evento formado pelos resultados que aparecem em todos os eventos $E_n, n = 1, 2,...$.

Finalmente, para qualquer evento E, definimos o novo evento E^c, chamado de complemento de E, como o evento formado por todos os resultados do espaço amostral que não estão contidos em E. Isto é, E^c ocorrerá se e somente se E não ocorrer. No Exemplo 4, se o evento $E = \{(1,6),(2,5),(3,4),(4,3),(5,2),(6,1)\}$, então E^c ocorre quando a soma dos dados não for igual a 7. Note que, como o experimento deve levar a algum resultado, tem-se que $S^c = \emptyset$.

Para quaisquer dois eventos E e F, se todos os resultados em E também estiverem em F, dizemos que E está *contido* em F, ou que E é um *subconjunto* de F, e escrevemos $E \subset F$ (ou, de forma equivalente, $F \supset E$, quando às vezes F é chamado de *superconjunto* de E). Assim, se $E \subset F$, então a ocorrência de E implica a ocorrência de F. Se $E \subset F$ e $F \subset E$, dizemos que E e F são iguais e escrevemos $E = F$.

Uma representação gráfica que ajuda na ilustração das relações lógicas entre eventos é o diagrama de Venn. O espaço amostral S é representado como um grande retângulo e os eventos $E, F, G,...$ são representados como todos os resultados presentes no interior de círculos colocados dentro desse retângulo. Eventos de interesse podem então ser indicados sombreando-se as regiões

(a) Região sombreada: $E \cup F$

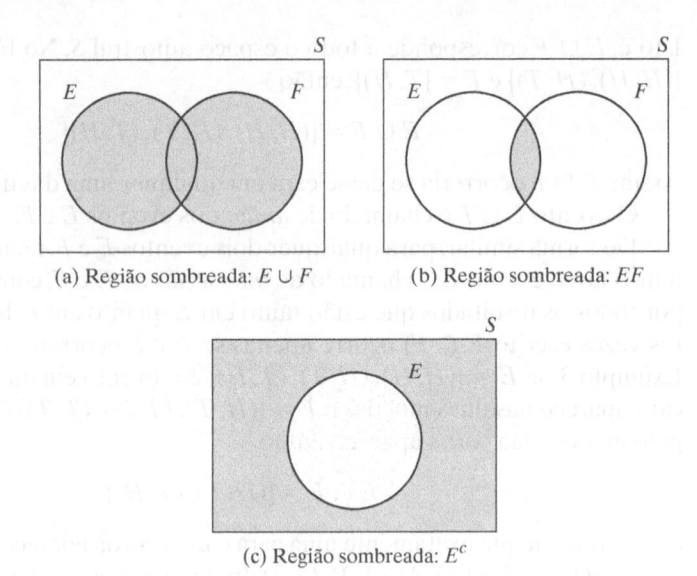

(b) Região sombreada: EF

(c) Região sombreada: E^c

Figura 2.1 Diagramas de Venn.

apropriadas do diagrama. Por exemplo, nos três diagramas de Venn mostrados na Figura 2.1, as áreas sombreadas representam, respectivamente, os eventos $E \cup F$, EF e E^c. O diagrama de Venn na Figura 2.2 indica que $E \subset F$.

As operações de formação de uniões, interseções e complementos de eventos obedecem a certas regras similares às regras de álgebra. Listamos algumas destas regras:

Leis comutativas $\quad E \cup F = F \cup E \qquad\qquad EF = FE$
Leis associativas $\quad (E \cup F) \cup G = E \cup (F \cup G) \quad (EF)G = E(FG)$
Leis distributivas $\quad (E \cup F)G = EG \cup FG \qquad EF \cup G = (E \cup G)(F \cup G)$

Essas relações são verificadas mostrando-se que qualquer resultado que está contido no evento no lado esquerdo da igualdade também está contido no seu lado direito, e vice-versa. Uma maneira de mostrar isso é utilizar diagramas de Venn. Por exemplo, a lei distributiva pode ser verificada pela sequência de diagramas mostrada na Figura 2.3.

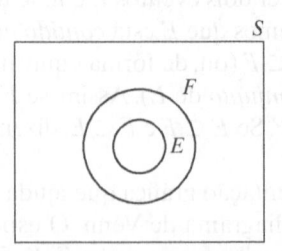

Figura 2.2 $E \subset F$.

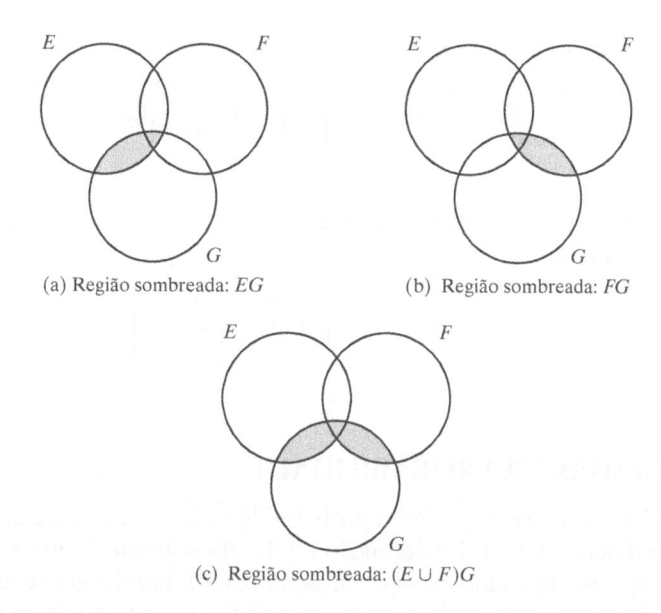

(a) Região sombreada: EG
(b) Região sombreada: FG
(c) Região sombreada: $(E \cup F)G$

Figura 2.3 $(E \cup F)G = EG \cup FG$.

As expressões a seguir, que são bastante úteis e relacionam as três operações básicas de formação de uniões, interseções e complementos, são conhecidas como *leis de DeMorgan*:

$$\left(\bigcup_{i=1}^{n} E_i\right)^c = \bigcap_{i=1}^{n} E_i^c$$

$$\left(\bigcap_{i=1}^{n} E_i\right)^c = \bigcup_{i=1}^{n} E_i^c$$

Para provar as leis de DeMorgan, suponha primeiro que x seja um resultado de $\left(\bigcup_{i=1}^{n} E_i\right)^c$. Então x não está contido em $\bigcup_{i=1}^{n} E_i$, o que significa que x não está contido em nenhum dos eventos $E_i, i = 1, 2,..., n$. Isso implica que x está contido em E_i^c para todo $i = 1, 2,..., n$ e que portanto está contido em $\bigcap_{i=1}^{n} E_i^c$. Indo por outro caminho, suponha que x seja um resultado de $\bigcap_{i=1}^{n} E_i^c$. Então x está contido em E_i^c para todo $i = 1, 2,..., n$, o que significa que x não está contido em E_i para nenhum $i = 1, 2,..., n$, o que implica que x não está contido em $\bigcup_{i}^{n} E_i$. Por sua vez, isso implica que x está contido em $\left(\bigcup_{1}^{n} E_i\right)^c$. Isso demonstra a primeira das leis de DeMorgan.

Para provar a segunda lei de DeMorgan, usamos a primeira lei para obter

$$\left(\bigcup_{i=1}^{n} E_i^c\right)^c = \bigcap_{i=1}^{n} (E_i^c)^c$$

que, já que $(E^c)^c = E$, é equivalente a

$$\left(\bigcup_1^n E_i^c\right)^c = \bigcap_1^n E_i$$

Calculando os complementos de ambos os lados da equação anterior, obtemos o resultado esperado, isto é,

$$\bigcup_1^n E_i^c = \left(\bigcap_1^n E_i\right)^c$$

2.3 AXIOMAS DA PROBABILIDADE

Uma maneira de definir a probabilidade de um evento é em termos de sua frequência relativa. Tal definição é feita da seguinte forma: suponhamos que um experimento, cujo espaço amostral é S, seja realizado repetidamente em condições exatamente iguais. Para cada evento E do espaço amostral S, definimos $n(E)$ como o número de vezes que o evento E ocorre nas n primeiras repetições do experimento. Então, $P(E)$, a probabilidade do evento E, é definida como

$$P(E) = \lim_{n \to \infty} \frac{n(E)}{n}$$

Isto é, $P(E)$ é definida como a proporção (limite) de tempo em que E ocorre. Ela é também a frequência limite de E.

Embora a definição anterior seja intuitivamente agradável e deva estar sempre na mente do leitor, ela possui um sério inconveniente: como saberemos que $n(E)/n$ convergirá para algum valor limite constante que será o mesmo para cada possível sequência de repetições do experimento? Por exemplo, suponha que o experimento a ser realizado repetidamente consista em jogar uma moeda. Como saberemos que a proporção de caras obtidas nas n primeiras jogadas convergirá para algum valor à medida que n aumenta? Além disso, mesmo se essa proporção convergir para algum valor, como saberemos se, caso o experimento seja realizado uma segunda vez, obteremos a mesma proporção limite de caras?

Proponentes da definição da probabilidade por meio da frequência relativa usualmente respondem a essa objeção dizendo que a convergência de $n(E)/n$ para um valor limite constante é uma suposição, ou um *axioma*, do sistema. Entretanto, supor que $n(E)/n$ necessariamente convergirá para algum valor constante parece ser uma suposição extraordinariamente complicada. Pois, embora realmente esperemos que tal frequência limite exista, não parece, *a priori*, de forma alguma evidente que este seja necessariamente o caso. De fato, não seria mais razoável supor um conjunto de axiomas simples e autoevidentes para a probabilidade e então provar que tal frequência limite constante existe de alguma maneira? Esta é a abordagem axiomática moderna da teoria da probabilidade que adotamos neste texto. Em particular, vamos assumir que, para cada evento E no espaço amostral S, existe um valor $P(E)$ chamado de probabilidade de E. Vamos então supor que todas as probabilidades satisfazem certo conjunto de axiomas, os quais, esperamos que o leitor concorde, estão de acordo com nossa noção intuitiva de probabilidade.

Considere um experimento cujo espaço amostral é S. Para cada evento E do espaço amostral S, assumimos que um número $P(E)$ seja definido e satisfaça os três axiomas a seguir:

Axioma 1

$$0 \leq P(E) \leq 1$$

Axioma 2

$$P(S) = 1$$

Axioma 3

Para cada sequência de eventos mutuamente exclusivos $E_1, E_2,...$ (isto é, eventos para os quais $E_i E_j = \emptyset$ quando $i \neq j$),

$$P\left(\bigcup_{i=1}^{\infty} E_i\right) = \sum_{i=1}^{\infty} P(E_i)$$

Referimo-nos a $P(E)$ como a probabilidade do evento E.

Assim, o Axioma 1 diz que a probabilidade de o resultado do experimento ser o resultado de E é igual a algum número entre 0 e 1. O Axioma 2 diz, com probabilidade 1, que o resultado será um ponto contido no espaço amostral S. O Axioma 3 diz que, para qualquer sequência de eventos mutuamente exclusivos, a probabilidade de pelo menos um desses eventos ocorrer é justamente a soma de suas respectivas probabilidades.

Se considerarmos a sequência de eventos $E_1, E_2,...$, onde $E_1 = S$ e $E_i = \emptyset$ para $i > 1$, então, como os eventos são mutuamente exclusivos e $S = \bigcup_{i=1}^{\infty} E_i$, teremos, do Axioma 3,

$$P(S) = \sum_{i=1}^{\infty} P(E_i) = P(S) + \sum_{i=2}^{\infty} P(\emptyset)$$

o que implica que

$$P(\emptyset) = 0$$

Isto é, o evento vazio tem probabilidade nula.

Note que daí segue que, para qualquer sequência de eventos mutuamente exclusivos $E_1, E_2,..., E_n$,

$$P\left(\bigcup_{1}^{n} E_i\right) = \sum_{i=1}^{n} P(E_i) \tag{3.1}$$

Essa equação pode ser obtida do Axioma 3 com a definição de E_i como o evento vazio para todos os valores de i maiores que n. O Axioma 3 é equivalente à Equação (3.1) quando o espaço amostral é finito (por quê?). Entretanto, a generalidade do Axioma 3 é necessária quando o espaço amostral consiste em um número infinito de pontos.

Exemplo 3a

Se nosso experimento corresponde ao lançamento de uma moeda e se supomos que a probabilidade de dar cara é igual à de dar coroa, então temos

$$P(\{H\}) = P(\{T\}) = \frac{1}{2}$$

Por outro lado, se a moeda tivesse sido adulterada e identificássemos a sua probabilidade de dar cara como sendo duas vezes maior do que a de dar coroa, então teríamos

$$P(\{H\}) = \frac{2}{3} \quad P(\{T\}) = \frac{1}{3}$$ ∎

Exemplo 3b

Se um dado é jogado e supormos que seus seis lados tenham a mesma probabilidade de aparecer, então teremos $P(\{1\}) = P(\{2\}) = P(\{3\}) = P(\{4\}) = P(\{5\}) = P(\{6\}) = 1/6$. Do Axioma 3, tem-se que a probabilidade de sair um número par é igual a

$$P(\{2,4,6\}) = P(\{2\}) + P(\{4\}) + P(\{6\}) = \frac{1}{2}$$ ∎

A suposição da existência de uma função conjunto P, que é definida para os eventos de um espaço amostral S e satisfaz aos Axiomas 1, 2 e 3, constitui a abordagem matemática moderna para a teoria da probabilidade. Esperamos que o leitor concorde que os axiomas são naturais e que estão de acordo com o nosso conceito intuitivo de probabilidade, que está relacionado ao acaso e à aleatoriedade. Além disso, usando esses axiomas poderemos provar que, se um experimento é repetido várias vezes, então, com probabilidade 1, a proporção de tempo durante o qual qualquer evento E específico ocorre é igual a $P(E)$. Esse resultado, conhecido como a lei forte dos grandes números, é apresentado no Capítulo 8. Além disso, apresentamos outra interpretação possível da probabilidade – como sendo uma medida de crença – na Seção 2.7.

Observação técnica: Temos considerado $P(E)$ como sendo definida para todos os eventos do espaço amostral. Na realidade, quando o espaço amostral é um conjunto infinito, $P(E)$ é definida apenas para uma classe de eventos chamados mensuráveis. Entretanto, essa restrição, embora necessária, não nos preocupa, já que todos os eventos com qualquer interesse prático são mensuráveis.

2.4 ALGUMAS PROPOSIÇÕES SIMPLES

Nesta seção, provamos algumas proposições simples envolvendo probabilidades. Primeiro notamos que, como E e E^c são sempre mutuamente exclusivos e como $E \cup E^c = S$, temos, pelos Axiomas 2 e 3,

$$1 = P(S) = P(E \cup E^c) = P(E) + P(E^c)$$

ou, equivalentemente, temos a Proposição 4.1.

Proposição 4.1.

$$P(E^c) = 1 - P(E)$$

Colocando em palavras, a Proposição 4.1 diz que a probabilidade de um evento não ocorrer é igual a 1 menos a probabilidade de ele ocorrer. Por exemplo, se a probabilidade de dar cara ao lançar-se uma moeda é igual a 3/8, então a probabilidade de dar coroa deve ser igual a 5/8.

Nossa segunda proposição diz que, se o evento E está contido no evento F, então a probabilidade de E não é maior que a probabilidade de F.

Proposição 4.2. Se $E \subset F$, então $P(E) \leq P(F)$.

Demonstração   Como $E \subset F$, podemos expressar F como

$$F = E \cup E^c F$$

Portanto, como E e $E^c F$ são mutuamente exclusivos, obtemos, do Axioma 3,

$$P(F) = P(E) + P(E^c F)$$

o que prova o resultado, já que $P(E^c F) \geq 0$.   □

A Proposição 4.2 nos diz, por exemplo, que a probabilidade de sair 1 em um dado é menor do que a de sair um número ímpar.

A próxima proposição fornece a relação entre a probabilidade da união de dois eventos, expressa em termos das probabilidades individuais e da probabilidade de interseção dos eventos.

Proposição 4.3.

$$P(E \cup F) = P(E) + P(F) - P(EF)$$

Demonstração   Para deduzir uma fórmula para $P(E \cup F)$, primeiro notamos que $E \cup F$ pode ser escrito como a união dos dois eventos disjuntos E e $E^c F$. Assim, do Axioma 3, obtemos

$$P(E \cup F) = P(E \cup E^c F)$$
$$= P(E) + P(E^c F)$$

Além disso, como $F = EF \cup E^c F$, obtemos novamente do Axioma 3

$$P(F) = P(EF) + P(E^c F)$$

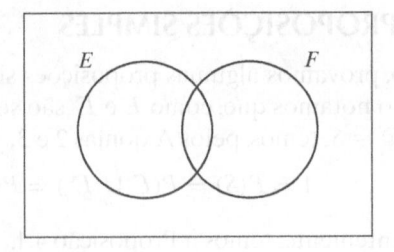

Figura 2.4 Diagrama de Venn.

ou, equivalentemente,

$$P(E^c F) = P(F) - P(EF)$$

o que completa a demonstração. □

A Proposição 4.3 também poderia ter sido provada por meio do diagrama de Venn da Figura 2.4.

Vamos dividir $E \cup F$ em três seções mutuamente exclusivas, conforme mostrado na Figura 2.5. Colocando em palavras, a seção I representa todos os pontos em E que não estão em F (isto é, EF^c), a seção II representa todos os pontos simultaneamente em E e em F (isto é, EF) e a seção III representa todos os pontos em F que não estão em E (isto é, $E^c F$).

Da Figura 2.5, vemos que

$$E \cup F = \text{I} \cup \text{II} \cup \text{III}$$
$$E = \text{I} \cup \text{II}$$
$$F = \text{II} \cup \text{III}$$

Como I, II e III são mutuamente exclusivos, tem-se do Axioma 3 que

$$P(E \cup F) = P(\text{I}) + P(\text{II}) + P(\text{III})$$
$$P(E) = P(\text{I}) + P(\text{II})$$
$$P(F) = P(\text{II}) + P(\text{III})$$

o que mostra que

$$P(E \cup F) = P(E) + P(F) - P(\text{II})$$

e com isso a Proposição 4.3 está provada, já que II = EF.

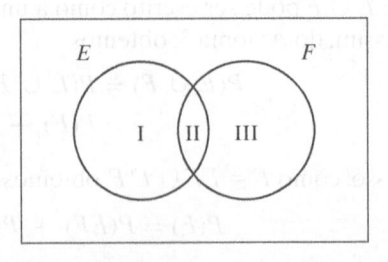

Figura 2.5 Diagrama de Venn em seções.

Exemplo 4a

J. leva dois livros para ler durante as férias. A probabilidade de ela gostar do primeiro livro é de 0,5, de gostar do segundo livro é de 0,4 e de gostar de ambos os livros é de 0,3. Qual é a probabilidade de que ela não goste de nenhum dos livros?

Solução Seja B_i o evento "J. gosta do livro i", $i = 1, 2$. Então a probabilidade de J. gostar de pelo menos um dos livros é

$$P(B_1 \cup B_2) = P(B_1) + P(B_2) - P(B_1 B_2) = 0{,}5 + 0{,}4 - 0{,}3 = 0{,}6$$

Como o evento "J. não gosta de nenhum dos livros" é o complemento do evento em que ela gosta de pelo menos um deles, obtemos o resultado

$$P(B_1^c B_2^c) = P\big((B_1 \cup B_2)^c\big) = 1 - P(B_1 \cup B_2) = 0{,}4 \qquad \blacksquare$$

Também podemos calcular a probabilidade de ocorrência de qualquer um dos três eventos E, F e G, isto é,

$$P(E \cup F \cup G) = P[(E \cup F) \cup G]$$

que, pela Proposição 4.3, é igual a

$$P(E \cup F) + P(G) - P[(E \cup F)G]$$

Agora, resulta da lei distributiva que os eventos $(E \cup F)G$ e $EG \cup FG$ são equivalentes; portanto, das equações anteriores, obtemos

$P(E \cup F \cup G)$
$= P(E) + P(F) - P(EF) + P(G) - P(EG \cup FG)$
$= P(E) + P(F) - P(EF) + P(G) - P(EG) - P(FG) + P(EGFG)$
$= P(E) + P(F) + P(G) - P(EF) - P(EG) - P(FG) + P(EFG)$

De fato, a proposição a seguir, conhecida como *identidade da inclusão-exclusão*, pode ser demonstrada por indução matemática:

Proposição 4.4.

$$P(E_1 \cup E_2 \cup \cdots \cup E_n) = \sum_{i=1}^{n} P(E_i) - \sum_{i_1 < i_2} P(E_{i_1} E_{i_2}) + \cdots$$
$$+ (-1)^{r+1} \sum_{i_1 < i_2 < \cdots < i_r} P(E_{i_1} E_{i_2} \cdots E_{i_r})$$
$$+ \cdots + (-1)^{n+1} P(E_1 E_2 \cdots E_n)$$

A soma $\sum_{i_1 < i_2 < \cdots < i_r} P(E_{i_1} E_{i_2} \cdots E_{i_r})$ é feita ao longo de todos os $\binom{n}{r}$ subconjuntos possíveis de tamanho r do conjunto $\{1, 2, \ldots, n\}$.

Colocando em palavras, a Proposição 4.4 diz que a probabilidade da união de n eventos é igual à soma das probabilidades individuais desses eventos, menos a soma das probabilidades desses eventos dois a dois, mais a soma das probabilidades desses eventos três a três, e assim por diante.

Observações: 1. Para uma demonstração não indutiva da Proposição 4.4, note primeiro que se o resultado de um espaço amostral não pertencer a nenhum dos conjuntos E_i, então sua probabilidade não contribuirá de forma alguma para nenhum dos lados da igualdade. Agora, suponha que um resultado apareça em exatamente m dos eventos E_i, onde $m > 0$. Então, como o resultado aparece em $\bigcup_i E_i$, sua probabilidade é contada uma vez em $P\left(\bigcup_i E_i\right)$; além disso, como esse resultado está contido em $\binom{m}{k}$ subconjuntos do tipo $E_{i_1} E_{i_2} \cdots E_{i_k}$, sua probabilidade é contada

$$\binom{m}{1} - \binom{m}{2} + \binom{m}{3} - \cdots \pm \binom{m}{m}$$

vezes no lado direito do sinal de igualdade da Proposição 4.4. Assim, para $m > 0$, devemos mostrar que

$$1 = \binom{m}{1} - \binom{m}{2} + \binom{m}{3} - \cdots \pm \binom{m}{m}$$

Entretanto, como $1 = \binom{m}{0}$, a equação anterior é equivalente a

$$\sum_{i=0}^{m} \binom{m}{i} (-1)^i = 0$$

e a última equação é consequência do teorema binomial, já que

$$0 = (-1 + 1)^m = \sum_{i=0}^{m} \binom{m}{i} (-1)^i (1)^{m-i}$$

2. A equação a seguir é uma forma sucinta de se escrever a identidade da inclusão-exclusão:

$$P(\cup_{i=1}^{n} E_i) = \sum_{r=1}^{n} (-1)^{r+1} \sum_{i_1 < \cdots < i_r} P(E_{i_1} \cdots E_{i_r})$$

3. Na identidade da inclusão-exclusão, a saída de um termo resulta em um limite superior para a probabilidade da união, a saída de dois termos resulta em um limite inferior para a probabilidade, a saída de três termos resulta em um limite superior para a probabilidade, a saída de quatro termos resulta em um limite inferior, e assim por diante. Isto é, para eventos $E_1, \ldots, E_n$, temos

$$P(\cup_{i=1}^{n} E_i) \leq \sum_{i=1}^{n} P(E_i) \qquad (4.1)$$

$$P(\cup_{i=1}^{n} E_i) \geq \sum_{i=1}^{n} P(E_i) - \sum_{j<i} P(E_i E_j) \qquad (4.2)$$

$$P(\cup_{i=1}^{n} E_i) \le \sum_{i=1}^{n} P(E_i) - \sum_{j<i} P(E_i E_j) + \sum_{k<j<i} P(E_i E_j E_k) \qquad (4.3)$$

e assim por diante. Para provar a validade desses limites, note a identidade

$$\cup_{i=1}^{n} E_i = E_1 \cup E_1^c E_2 \cup E_1^c E_2^c E_3 \cup \cdots \cup E_1^c \cdots E_{n-1}^c E_n$$

Isto é, pelo menos um dos eventos E_i ocorre se E_1 ocorrer, ou se E_1 não ocorrer mas E_2 ocorrer, ou se E_1 e E_2 não ocorrerem mas E_3 ocorrer, e assim por diante. Como o lado direito é a união de eventos disjuntos, obtemos

$$P(\cup_{i=1}^{n} E_i) = P(E_1) + P(E_1^c E_2) + P(E_1^c E_2^c E_3) + \ldots + P(E_1^c \cdots E_{n-1}^c E_n)$$

$$= P(E_1) + \sum_{i=2}^{n} P(E_1^c \cdots E_{i-1}^c E_i) \qquad (4.4)$$

Agora, seja $B_i = E_1^c \cdots E_{i-1}^c = (\cup_{j<i} E_j)^c$ o evento em que nenhum dos primeiros $i-1$ eventos ocorrem. A aplicação da identidade

$$P(E_i) = P(B_i E_i) + P(B_i^c E_i)$$

mostra que

$$P(E_i) = P(E_1^c \cdots E_{i-1}^c E_i) + P(E_i \cup_{j<i} E_j)$$

ou, equivalentemente,

$$P(E_1^c \cdots E_{i-1}^c E_i) = P(E_i) - P(\cup_{j<i} E_i E_j)$$

A substituição dessa equação em (4.4) resulta em

$$P(\cup_{i=1}^{n} E_i) = \sum_{i} P(E_i) - \sum_{i} P(\cup_{j<i} E_i E_j) \qquad (4.5)$$

Como probabilidades são sempre não negativas, a Desigualdade (4.1) resulta diretamente da Equação (4.5). Agora, fixando i e aplicando a Desigualdade (4.1) em $P(U_{j<i} E_i E_j)$, obtém-se

$$P(\cup_{j<i} E_i E_j) \le \sum_{j<i} P(E_i E_j)$$

que, pela Equação (4.5), fornece a Desigualdade (4.2). Similarmente, fixando i e aplicando a Desigualdade (4.2) em $P(U_{j<i} E_i E_j)$, obtém-se

$$P(\cup_{j<i} E_i E_j) \ge \sum_{j<i} P(E_i E_j) - \sum_{k<j<i} P(E_i E_j E_i E_k)$$

$$= \sum_{j<i} P(E_i E_j) - \sum_{k<j<i} P(E_i E_j E_k)$$

que, pela Equação (4.5), fornece a Desigualdade (4.3). A próxima desigualdade inclusão-exclusão pode agora ser obtida fixando-se i e aplicando-se a Desigualdade (4.3) a $P(U_{j<i} E_i E_j)$, e assim por diante.

2.5 ESPAÇOS AMOSTRAIS COM RESULTADOS IGUALMENTE PROVÁVEIS

Em muitos experimentos, é natural supor que todos os resultados presentes no espaço amostral sejam igualmente prováveis. Por exemplo, considere um experimento cujo espaço amostral S é um conjunto finito, digamos, $S = \{1, 2,..., N\}$. Nesse caso, é muitas vezes natural supor que

$$P(\{1\}) = P(\{2\}) = ... = P(\{N\})$$

O que implica, dos Axiomas 2 e 3 (por quê?), que

$$P(\{i\}) = \frac{1}{N} \quad i = 1, 2, \ldots, N$$

Dessa equação, resulta do Axioma 3 que, para cada evento E,

$$P(E) = \frac{\text{número de resultados em } E}{\text{número de resultados em } S}$$

Colocando em palavras, se supomos que todos os resultados de um experimento são igualmente prováveis, então a probabilidade de qualquer evento E é igual à proporção de resultados no espaço amostral que estão contidos em E.

Exemplo 5a
Se dois dados são lançados, qual é a probabilidade de que a soma das faces de cima seja igual a 7?

Solução Vamos resolver este problema supondo que todos os 36 resultados possíveis sejam igualmente prováveis. Como há 6 resultados possíveis – isto é, $(1, 6), (2, 5), (3, 4), (4, 3), (5, 2)$ e $(6, 1)$ – que resultam na soma dos dados ser igual a 7, a probabilidade desejada é igual a $\frac{6}{36} = \frac{1}{6}$. ∎

Exemplo 5b
Se três bolas são "retiradas aleatoriamente" de um recipiente contendo 6 bolas brancas e 5 bolas pretas, qual é a probabilidade de que uma das bolas seja branca e as outras duas sejam pretas?

Solução Se considerarmos a ordem de seleção das bolas como sendo relevante, então o espaço amostral é formado por $11 \cdot 10 \cdot 9 = 990$ resultados. Além disso, existem $6 \cdot 5 \cdot 4 = 120$ resultados nos quais a primeira bola selecionada é branca e as outras duas são pretas; $5 \cdot 6 \cdot 4 = 120$ resultados nos quais a primeira bola é preta, a segunda é branca e a terceira é preta; e $5 \cdot 4 \cdot 6 = 120$ resultados nos quais as primeiras duas bolas são pretas e a terceira é branca. Portanto, supondo que "retiradas aleatoriamente" signifique que cada evento do espaço amostral seja igualmente provável, vemos que a probabilidade desejada é igual a

$$\frac{120 + 120 + 120}{990} = \frac{4}{11}$$

Este problema também poderia ter sido resolvido considerando-se o resultado do experimento como sendo o conjunto desordenado de bolas retiradas. Por este ponto de vista, existem $\binom{11}{3} = 165$ resultados no espaço amostral. Nesse caso, cada conjunto de 3 bolas corresponde a 3! resultados quando a ordem da seleção é levada em consideração. Como consequência, se for considerado que todos os resultados são igualmente prováveis quando a ordem da seleção é importante, tem-se que estes continuam igualmente prováveis quando o resultado considerado é um conjunto desordenado de bolas selecionadas. Dessa forma, usando esta última representação do experimento, vemos que a probabilidade desejada é

$$\frac{\binom{6}{1}\binom{5}{2}}{\binom{11}{3}} = \frac{4}{11}$$

o que, naturalmente, concorda com a resposta obtida previamente.

Quando o experimento consiste em uma seleção aleatória de k itens de um conjunto de n itens, temos a flexibilidade de deixar que o resultado do experimento seja a seleção ordenada dos k itens ou que seja o conjunto desordenado de itens selecionados. No primeiro caso, suporíamos que cada nova seleção teria probabilidade igual à de todos os itens ainda não selecionados do conjunto, e no último caso suporíamos que todos os $\binom{n}{k}$ subconjuntos possíveis de k itens teriam a mesma probabilidade de serem selecionados. Por exemplo, suponha que 5 pessoas devam ser selecionadas aleatoriamente de um grupo de 20 indivíduos formados por 10 casais, e que queiramos determinar $P(N)$, a probabilidade de que os 5 escolhidos não estejam relacionados (isto é, que nenhum par de pessoas selecionadas seja um casal). Se considerarmos o espaço amostral como sendo o conjunto de 5 pessoas escolhidas, então há $\binom{20}{5}$ resultados igualmente prováveis. Um resultado que não contém um casal pode ser pensado como a saída de um experimento de seis estágios: no primeiro estágio, 5 dos 10 casais que terão um membro no grupo são escolhidos; nos 5 estágios seguintes, seleciona-se 1 dos 2 membros de cada um desses casais. Assim, há $\binom{10}{5}2^5$ resultados possíveis nos quais os 5 membros selecionados não estão relacionados, o que leva à probabilidade desejada de

$$P(N) = \frac{\binom{10}{5}2^5}{\binom{20}{5}}$$

Em contraste, poderíamos considerar o resultado do experimento como sendo a seleção *ordenada* dos 5 indivíduos. Neste caso, haveria $20 \cdot 19 \cdot 18 \cdot 17 \cdot 16$ resultados igualmente prováveis, dos quais $20 \cdot 18 \cdot 16 \cdot 14 \cdot 12$ casos resultariam em um grupo de 5 indivíduos não relacionados. Como resultado, teríamos

$$P(N) = \frac{20 \cdot 18 \cdot 16 \cdot 14 \cdot 12}{20 \cdot 19 \cdot 18 \cdot 17 \cdot 16}$$

Deixamos para o leitor a verificação de que as duas respostas são idênticas. ∎

Exemplo 5c
Um comitê de 5 pessoas deve ser selecionado de um grupo de 6 homens e 9 mulheres. Se a seleção for feita aleatoriamente, qual é a probabilidade de que o comitê seja formado por 3 homens e 2 mulheres?

Solução Como cada um dos $\binom{15}{5}$ comitês possíveis tem a mesma probabilidade de ser selecionado, a probabilidade desejada é

$$\frac{\binom{6}{3}\binom{9}{2}}{\binom{15}{5}} = \frac{240}{1001}$$ ∎

Exemplo 5d
Uma urna contém n bolas, uma das quais é especial. Se k dessas bolas são retiradas uma de cada vez, e se todas as bolas na urna têm a mesma a probabilidade de serem retiradas, qual é a probabilidade de a bola especial ser escolhida?

Solução Como todas as bolas são tratadas da mesma maneira, tem-se que o conjunto de k bolas pode ser qualquer um dos $\binom{n}{k}$ conjuntos de k bolas. Portanto,

$$P\{\text{seleção de bola especial}\} = \frac{\binom{1}{1}\binom{n-1}{k-1}}{\binom{n}{k}} = \frac{k}{n}$$

Também poderíamos ter obtido esse resultado fazendo com que A_i denotasse o evento em que a bola especial é a i-ésima bola a ser escolhida, $i = 1,...,k$. Então, como cada uma das n bolas teria a mesma probabilidade de ser a i-ésima bola escolhida, obteríamos $P(A_i) = 1/n$. Como esses eventos são claramente mutuamente exclusivos, temos

$$P\{\text{seleção de bola especial}\} = P\left(\bigcup_{i=1}^{k} A_i\right) = \sum_{i=1}^{k} P(A_i) = \frac{k}{n}$$

Também poderíamos ter mostrado que $P(A_i) = 1/n$ notando que há $n(n-1)...(n-k+1) = n!/(n-k)!$ resultados igualmente prováveis no experimento, dos quais $(n-1)(n-2)\cdots(n-i+1)(1)(n-i)\cdots(n-k+1) = (n-1)!/(n-k)!$ culminam na escolha da i-ésima bola como sendo a bola especial. Seguindo esse raciocínio, tem-se que

$$P(A_i) = \frac{(n-1)!}{n!} = \frac{1}{n}$$ ∎

Exemplo 5e

Suponha que $n + m$ bolas, das quais n são vermelhas e m são azuis, sejam arranjadas em uma sequência linear de forma que todas as $(n + m)!$ sequências possíveis sejam igualmente prováveis. Se gravarmos o resultado deste experimento listando apenas as cores das bolas sucessivas, mostre que todos os resultados possíveis permanecem igualmente prováveis.

Solução Considere qualquer uma das $(n + m)!$ sequências possíveis e note que qualquer permutação das bolas vermelhas entre si e das bolas azuis entre si não muda a sequência das cores. Como resultado, cada sequência de cores corresponde a $n!m!$ diferentes sequências das $n + m$ bolas, de forma que cada sequência de cores tem probabilidade de ocorrência igual a $n!m!/(n + m)!$.

Por exemplo, suponha que há 2 bolas vermelhas, numeradas como v_1, v_2, e 2 bolas azuis, numeradas como a_1, a_2. Então, das quatro possíveis sequências, 2! 2! delas resultarão em qualquer combinação de cores especificada. Por exemplo, as ordenações a seguir resultam na alternância de cores em bolas adjacentes, com uma bola vermelha na frente:

$$v_1, a_1, v_2, a_2 \quad v_1, a_2, v_2, a_1 \quad v_2, a_1, v_1, a_2 \quad v_2, a_2, v_1, a_1$$

Portanto, cada uma das possíveis sequências de cores tem probabilidade $\frac{4}{24} = \frac{1}{6}$ de ocorrer. ∎

Exemplo 5f

Uma mão de pôquer consiste em 5 cartas. Se as cartas tiverem valores consecutivos distintos e não forem todas do mesmo naipe, dizemos que a mão é um *straight*. Por exemplo, uma mão com cinco de espadas, seis de espadas, sete de espadas, oito de espadas e nove de copas é um *straight*. Qual é a probabilidade de que alguém saia com um *straight*?

Solução Começamos supondo que todas as $\binom{52}{5}$ mãos de pôquer possíveis sejam igualmente prováveis. Para determinar o número de eventos que correspondem a um *straight*, vamos primeiro determinar o número de resultados nos quais a mão de pôquer é formada por um ás, um dois, um três, um quatro e um cinco (com os naipes irrelevantes). Como o ás pode ser qualquer um dos ases possíveis, o mesmo ocorrendo com o dois, o três, o quatro e o cinco, existem 4^5 eventos que levam exatamente a uma sequência como essa. Como em 4 desses eventos todas a cartas possuirão o mesmo naipe (tal mão é chamada de *flush*), conclui-se que existem $4^5 - 4$ mãos que resultam em um *straight* na forma de ás, dois, três, quatro e cinco. Similarmente, há $4^5 - 4$ mãos que resultam em um *straight* na forma de dez, valete, dama, rei e ás. Assim, há $10(4^5 - 4)$ mãos que são *straights*, e, como consequência, a probabilidade desejada é

$$\frac{10(4^5 - 4)}{\binom{52}{5}} \approx 0,0039$$

∎

Exemplo 5g

Numa mão de pôquer de cinco cartas, o *full house* ocorre quando alguém sai com três cartas de mesmo valor e duas outras cartas de mesmo valor (que é naturalmente diferente do primeiro). Assim, um *full house* é formado por uma trinca mais um par. Qual é a probabilidade de alguém sair com um *full house*?

Solução Novamente, supomos que todas as $\binom{52}{5}$ mãos possíveis têm a mesma probabilidade de ocorrer. Para determinar o número de *full houses*, primeiramente notamos que há $\binom{4}{2}\binom{4}{3}$ combinações diferentes de, digamos, 2 setes e 3 valetes. Como existem 13 diferentes escolhas para o valor do par e, após a escolha do par, 12 outras escolhas para o valor das 3 cartas restantes, tem-se que a probabilidade de um *full house* é

$$\frac{13 \cdot 12 \cdot \binom{4}{2}\binom{4}{3}}{\binom{52}{5}} \approx 0{,}0014$$

Exemplo 5h

No jogo de *bridge*, o baralho de 52 cartas é inteiramente distribuído entre 4 jogadores. Qual é a probabilidade de

(a) um dos jogadores receber todas as treze cartas do naipe de espadas?
(b) cada jogador receber um ás?

Solução (a) Chamando de E_i o evento em que a mão i tem todas as cartas de espadas, então

$$P(E_i) = \frac{1}{\binom{52}{13}}, \quad i = 1, 2, 3, 4$$

Como os eventos $E_i, i = 1, 2, 3, 4$, são mutuamente exclusivos, a probabilidade de uma mão sair com todas as cartas de espadas é

$$P(\cup_{i=1}^{4} E_i) = \sum_{i=1}^{4} P(E_i) = 4/\binom{52}{13} \approx 6{,}3 \times 10^{-12}$$

(b) Para determinar o número de eventos nos quais cada um dos jogadores pode receber exatamente um ás, deixe os ases de lado e observe que há $\binom{48}{12, 12, 12, 12}$ divisões possíveis das outras 48 cartas quando cada jogador receber 12 delas. Como há 4! maneiras de dividir os quatro ases de forma que cada um receba um deles, vemos que o número de eventos possíveis nos quais cada jogador recebe exatamente um ás é igual a $4!\binom{48}{12,12,12,12}$.

Como existem $\binom{52}{13,13,13,13}$ mãos possíveis, a probabilidade desejada é então

$$\frac{4!\binom{48}{12,12,12,12}}{\binom{52}{13,13,13,13}} \approx 0{,}1055$$ ■

Alguns resultados em probabilidade são bastante surpreendentes. Os próximos dois exemplos ilustram esse fenômeno.

Exemplo 5i
Se n pessoas se encontram no interior de uma sala, qual é a probabilidade de que duas pessoas não celebrem aniversário no mesmo dia do ano? Quão grande precisa ser n para que essa probabilidade seja menor que 1/2?

Solução Como cada pessoa pode celebrar seu aniversário em qualquer um dos 365 dias, há um total de $(365)^n$ resultados possíveis (ignoramos aqui a possibilidade de alguém ter nascido no dia 29 de fevereiro). Supondo que cada resultado seja igualmente provável, vemos que a probabilidade desejada é igual a $(365)(364)(363)\ldots(365 - n +1)/ = (365)^n$. É bastante surpreendente o fato de que quando $n \geq 23$, essa probabilidade é menor que 1/2. Isto é, se há 23 pessoas ou mais em uma sala, então a probabilidade de que pelo menos duas delas façam aniversário no mesmo dia é maior que 1/2. Muitas pessoas inicialmente se surpreendem com esse resultado, pois 23 parece ser muito pequeno em relação a 365, o número de dias em um ano. Entretanto, cada par de indivíduos tem probabilidade $\frac{365}{(365)^2} = \frac{1}{365}$ de fazer aniversário no mesmo dia, e em um grupo de 23 pessoas existem $\binom{23}{2} = 253$ diferentes pares de indivíduos. Visto dessa maneira, o resultado deixa de ser tão surpreendente.

Quando há 50 pessoas na sala, a probabilidade de que pelo menos dois tenham nascido no mesmo dia é de aproximadamente 0,970, e, com 100 pessoas na sala, as chances são maiores que 3.000.000:1 (isto é, a probabilidade é maior que $\frac{3 \times 10^6}{3 \times 10^6 + 1}$ de que pelo menos duas pessoas façam aniversário no mesmo dia). ■

Exemplo 5j
Um baralho de 52 cartas é embaralhado e as cartas são viradas uma de cada vez até que o primeiro ás apareça. É mais provável que a próxima carta – isto é, a carta retirada logo após o primeiro ás – seja o ás de espadas ou o dois de paus?

Solução Para determinar a probabilidade de que a carta retirada após o primeiro ás seja o ás de espadas, precisamos calcular quantas das (52)! possíveis sequências de cartas apresentam o ás de espadas sucedendo imediatamente o primeiro ás. Para começar, note que cada sequência de 52 cartas pode ser obtida inicialmente ordenando-se as 51 cartas sem o ás de espadas e depois inserindo-se o ás de espadas. Além disso, para cada uma das (51)! sequências das outras cartas, existe apenas um lugar onde o ás de espadas pode ser colocado para que ele saia logo após o primeiro ás. Por exemplo, se a sequência das 51 cartas for

$$4p, 6c, Jo, 5e, Ap, 7o, ..., Kc$$

então a única inserção do ás de espadas que resulta em seu aparecimento logo após o primeiro ás é

$$4p, 6c, Jo, 5e, Ap, Ae, 7o, ..., Kc$$

Portanto, existem (51)! sequências que resultam no aparecimento do ás de espadas logo após o primeiro ás. Com isso,

$$P\{\text{ás de espadas vir logo após o primeiro ás}\} = \frac{(51)!}{(52)!} = \frac{1}{52}$$

De fato, usando exatamente o mesmo argumento, tem-se que a probabilidade de que o dois de paus (ou qualquer outra carta específica) venha logo após o primeiro ás também é de 1/52. Em outras palavras, cada uma das 52 cartas do baralho tem probabilidade igual de sair logo após o primeiro ás!

Muitas pessoas consideram esse resultado bastante surpreendente. Realmente, é uma reação comum supor de início que o dois de paus tenha uma maior probabilidade de sair logo após o primeiro ás (em vez do ás de espadas), já que o primeiro ás poderia ser ele próprio o ás de espadas. Essa reação é frequentemente seguida da percepção de que o dois de paus também poderia aparecer antes do primeiro ás, o que cancelaria a chance de ele sair logo após o primeiro ás. Entretanto, como há uma chance em quatro de que o ás de espadas seja o primeiro ás (pois os 4 ases têm a mesma probabilidade de aparecer primeiro) e uma chance em cinco de que o dois de paus apareça antes do primeiro ás (porque cada um dos conjuntos de 5 cartas formados pelo dois de paus e os 4 ases tem a mesma probabilidade de ser o primeiro no conjunto a aparecer), novamente parece que a probabilidade de o dois de paus sair é maior. Entretanto, não é este o caso, e uma análise mais completa mostra que a probabilidade é realmente a mesma. ∎

Exemplo 5k

Um time de futebol americano é formado por 20 atacantes e 20 defensores. Os jogadores devem formar pares com o propósito de definir aqueles que vão dividir o mesmo quarto. Se a formação dos pares é feita de forma aleatória, qual é a probabilidade de que um atacante e um defensor não sejam colegas de quarto? Qual é a probabilidade de haver $2i$ pares de atacantes e defensores em um mesmo quarto, com $i = 1, 2, ..., 10$?

Solução Existem

$$\binom{40}{2,2,\ldots,2} = \frac{(40)!}{(2!)^{20}}$$

maneiras de dividir os 40 jogadores em 20 pares *ordenados* (isto é, há $(40)!/2^{20}$ maneiras de dividir os jogadores em um primeiro *par*, um *segundo* par, e assim por diante). Portanto, há $(40)!/2^{20}(20)!$ maneiras de dividir os jogadores em pares desordenados. Além disso, como a divisão resultará em pares que não são formados por um atacante e um defensor caso os atacantes (e defensores) formem pares entre si, tem-se que existem $[(20)!/2^{10}(10)!]^2$ divisões como essa. Portanto, a probabilidade de que um atacante e um defensor não sejam colegas de quarto, chamada de P_0, é dada por

$$P_0 = \frac{\left(\frac{(20)!}{2^{10}(10)!}\right)^2}{\frac{(40)!}{2^{20}(20)!}} = \frac{[(20)!]^3}{[(10)!]^2(40)!}$$

Para determinar P_{2i}, a probabilidade de formar $2i$ pares de atacantes e defensores em um mesmo quarto, primeiro notamos que existem $\binom{20}{2i}^2$ maneiras de selecionar os $2i$ atacantes e os $2i$ defensores que devem formar os pares. Esses $4i$ jogadores podem então ser organizados em $(2i)!$ possíveis pares de defensores e atacantes (isso ocorre porque o primeiro atacante pode formar um par com qualquer um dos $2i$ defensores, o segundo atacante pode formar um par com qualquer um dos $2i - 1$ defensores restantes, e assim por diante). Como os $20 - 2i$ atacantes (e defensores) restantes devem formar pares entre si, existem

$$\binom{20}{2i}^2 (2i)! \left[\frac{(20 - 2i)!}{2^{10-i}(10 - i)!}\right]^2$$

divisões que levam a $2i$ pares com um atacante e um defensor. Portanto,

$$P_{2i} = \frac{\binom{20}{2i}^2 (2i)! \left[\frac{(20 - 2i)!}{2^{10-i}(10 - i)!}\right]^2}{\frac{(40)!}{2^{20}(20)!}} \qquad i = 0, 1, \ldots, 10$$

A probabilidade P_{2i}, $i = 0, 1, \ldots, 10$ pode agora ser computada ou aproximada com o emprego de um resultado obtido por Stirling que mostra que $n!$ é aproximadamente igual a $n^{n+1/2}e^{-n}\sqrt{2\pi}$. Por exemplo, obtemos

$$P_0 \approx 1{,}3403 \times 10^{-6}$$
$$P_{10} \approx 0{,}345861$$
$$P_{20} \approx 7{,}6068 \times 10^{-6}$$

Nossos próximos três exemplos ilustram a utilidade da Proposição 4.4. No Exemplo 5l, o emprego da teoria da probabilidade permite a obtenção de uma resposta rápida para um problema de contagem.

Exemplo 5l
Um total de 36 sócios de um clube joga tênis, 28 jogam *squash* e 18 jogam boliche. Além disso, 22 dos sócios jogam tênis e *squash*, 12 jogam tênis e boliche, 9 jogam *squash* e boliche, e 4 jogam todos os três esportes. Quantos sócios desse clube jogam pelo menos um dos três esportes?

Solução Seja N o número de sócios do clube. Vamos utilizar os conceitos de probabilidade supondo que um sócio do clube seja selecionado aleatoriamente. Se, para qualquer subconjunto C formado por sócios do clube, fizermos com que $P(C)$ caracterize a probabilidade de que o sócio selecionado esteja contido em C, então

$$P(C) = \frac{\text{número de sócios em } C}{N}$$

Agora, sendo T o número de sócios que jogam tênis, S o número de sócios que jogam *squash* e B o número de sócios que jogam boliche, temos, da Proposição 4.4

$$\begin{aligned} P(T \cup S \cup B) &= P(T) + P(S) + P(B) - P(TS) - P(TB) - P(SB) + P(TSB) \\ &= \frac{36 + 28 + 18 - 22 - 12 - 9 + 4}{N} \\ &= \frac{43}{N} \end{aligned}$$

Com isso, podemos concluir que 43 sócios jogam pelo menos um dos esportes. ∎

O próximo exemplo desta seção possui não apenas a virtude de dar origem a uma resposta relativamente surpreendente; ele também é de interesse teórico.

Exemplo 5m O problema do pareamento
Suponha que cada um dos N homens presentes em uma festa atire seu chapéu para o centro da sala. Os chapéus são primeiramente misturados, e então cada homem seleciona aleatoriamente um deles. Qual é a probabilidade de que nenhum dos homens selecione o seu próprio chapéu?

Solução Primeiro calculamos a probabilidade complementar de pelo menos um homem selecionar o seu próprio chapéu. Chamemos de E_i, $i = 1, 2, ..., N$ o evento em que o i-ésimo homem seleciona seu próprio chapéu. Agora, pela

Proposição 4.4, $P\left(\bigcup_{i=1}^{N} E_i\right)$, a probabilidade de que pelo menos um dos homens selecione o seu próprio chapéu é dada por

$$P\left(\bigcup_{i=1}^{N} E_i\right) = \sum_{i=1}^{N} P(E_i) - \sum_{i_1 < i_2} P(E_{i_1} E_{i_2}) + \cdots$$
$$+ (-1)^{n+1} \sum_{i_1 < i_2 \cdots < i_n} P(E_{i_1} E_{i_2} \cdots E_{i_n})$$
$$+ \cdots + (-1)^{N+1} P(E_1 E_2 \cdots E_N)$$

Se interpretarmos o resultado desse experimento como um vetor de N números, onde o i-ésimo elemento corresponde ao número do chapéu jogado pelo i-ésimo homem, então existem $N!$ resultados possíveis [o resultado (1, 2, 3,..., N) significa, por exemplo, que cada homem selecionou o seu próprio chapéu]. Além disso, $E_{i_1} E_{i_2} \ldots E_{i_n}$, o evento em que cada um dos n homens $i_1, i_2, \ldots, i_n$ seleciona o seu próprio chapéu pode ocorrer de qualquer uma das $(N-n)(N-n-1) \ldots 3 \cdot 2 \cdot 1 = (N-n)!$ maneiras possíveis; pois, dos $N-n$ homens restantes, o primeiro pode selecionar qualquer um dos $N-n$ chapéus, o segundo pode selecionar qualquer um dos $N-n-1$ chapéus, e assim por diante. Assim, supondo que todos os $N!$ resultados possíveis sejam igualmente prováveis, vemos que

$$P(E_{i_1} E_{i_2} \cdots E_{i_n}) = \frac{(N-n)!}{N!}$$

Além disso, como existem $\binom{N}{n}$ termos em $\sum_{i_1 < i_2 \cdots < i_n} P(E_{i_1} E_{i_2} \cdots E_{i_n})$, tem-se que

$$\sum_{i_1 < i_2 \cdots < i_n} P(E_{i_1} E_{i_2} \cdots E_{i_n}) = \frac{N!(N-n)!}{(N-n)!n!N!} = \frac{1}{n!}$$

Logo,

$$P\left(\bigcup_{i=1}^{N} E_i\right) = 1 - \frac{1}{2!} + \frac{1}{3!} - \cdots + (-1)^{N+1} \frac{1}{N!}$$

Portanto, a probabilidade de que nenhum dos homens selecione seu próprio chapéu é

$$1 - 1 + \frac{1}{2!} - \frac{1}{3!} + \cdots + \frac{(-1)^N}{N!}$$

que é aproximadamente igual a $e^{-1} \approx 0{,}36788$ para N grande. Em outras palavras, para N grande, a probabilidade de que nenhum dos homens selecione o seu próprio chapéu é de aproximadamente 0,37 (quantos leitores pensaram incorretamente que essa probabilidade tenderia a 1 à medida que $N \to \infty$?). ■

Para mais uma ilustração da utilidade da Proposição 4.4, considere o exemplo a seguir.

Exemplo 5n
Compute a probabilidade de que, com 10 casais sentados de forma aleatória em uma mesa redonda, nenhuma mulher se sente ao lado de seu marido.

Solução Se E_i, $i = 1, 2,\ldots, 10$ caracterizar o evento em que o i-ésimo casal se senta junto, então a probabilidade desejada é igual a $1 - P\left(\bigcup_{i=1}^{10} E_i\right)$. Agora, da Proposição 4.4,

$$P\left(\bigcup_{1}^{10} E_i\right) = \sum_{1}^{10} P(E_i) - \cdots + (-1)^{n+1} \sum_{i_1 < i_2 < \cdots < i_n} P(E_{i_1} E_{i_2} \cdots E_{i_n}) + \cdots - P(E_1 E_2 \cdots E_{10})$$

Para computar $P(E_{i_1} E_{i_2} \cdots E_{i_n})$, primeiro notamos que existem 19! maneiras de arranjar 20 pessoas sentadas em uma mesa redonda (por quê?). O número de arranjos que resultam em um conjunto específico de n homens sentados ao lado de suas esposas pode ser obtido mais facilmente se pensarmos primeiramente em cada um dos n casais como sendo entidades únicas. Se este fosse o caso, então precisaríamos arranjar $20 - n$ entidades em torno de uma mesa redonda, e existiriam claramente $(20 - n - 1)!$ arranjos como esse. Finalmente, como cada um dos n casais pode ser arranjado ao lado do outro em uma de duas possíveis maneiras, existem portanto $2^n(20 - n - 1)!$ arranjos que resultam em um conjunto específico de n homens sentados ao lado de suas esposas. Portanto,

$$P(E_{i_1} E_{i_2} \cdots E_{i_n}) = \frac{2^n(19 - n)!}{(19)!}$$

Assim, da Proposição 4.4, obtemos que a probabilidade de pelo menos um casal sentar-se junto é igual a

$$\binom{10}{1} 2^1 \frac{(18)!}{(19)!} - \binom{10}{2} 2^2 \frac{(17)!}{(19)!} + \binom{10}{3} 2^3 \frac{(16)!}{(19)!} - \cdots - \binom{10}{10} 2^{10} \frac{9!}{(19)!} \approx 0{,}6605$$

e a probabilidade desejada é igual a 0,3395. ■

*Exemplo 5o   Séries
Considere um time de atletismo que terminou a temporada com uma campanha de n vitórias e m derrotas. Examinando as sequências de vitórias e derrotas, esperamos determinar se o time teve disputas nas quais seria mais provável que ele vencesse. Uma maneira de analisar essa questão em maior profundidade é contar o número de séries de vitórias e então ver quão provável esse resultado seria se supuséssemos que todas as $(n + m)!/(n!m!)$ ordenações das n vitórias e m derrotas fossem igualmente prováveis. Como série de vitórias, queremos dizer uma sequência consecutiva de vitórias. Por exemplo, se $n = 10$, $m = 6$ e a

sequência de resultados fosse *VVDDVVVDVDDDVVVV*, então haveria quatro séries de vitórias – a primeira delas de tamanho 2, a segunda de tamanho 3, a terceira de tamanho 1 e a quarta de tamanho 4.

Suponha agora que um time tenha n vitórias e m derrotas. Supondo que todas as $(n!\, m!) = \binom{n+m}{n}$ ordenações sejam igualmente prováveis, vamos determinar a probabilidade de que existam exatamente r séries de vitórias. Para fazer isso, considere primeiro qualquer vetor de inteiros positivos $x_1, x_2, \ldots, x_r$, com $x_1 + \cdots + x_r = n$, e então vejamos quantos resultados levam a r séries de vitórias nas quais a i-ésima série tem tamanho x_i, $i = 1, \ldots, r$. Para qualquer resultado como esse, se fizermos com que y_1 caracterize o número de derrotas anteriores à primeira série de vitórias, y_2 o número de derrotas entre as 2 primeiras séries de vitórias,..., y_{r+1} o número de derrotas após a última série de vitórias, então y_i satisfaz

$$y_1 + y_2 + \cdots + y_{r+1} = m \qquad y_1 \geq 0, y_{r+1} \geq 0, y_i > 0, i = 2, \ldots, r$$

e o resultado pode ser representado esquematicamente como

$$\underbrace{DD\ldots D}_{y_1} \underbrace{VV\ldots V}_{x_1} \underbrace{D\ldots D}_{y_2} \underbrace{VV\ldots V}_{x_2} \cdots \underbrace{VV}_{x_r} \underbrace{D\ldots D}_{y_{r+1}}$$

Portanto, o número de resultados que levam a r séries de vitórias – a i-ésima delas com tamanho x_i, $i = 1, \ldots, r$ – é igual ao número de inteiros $y_1, \ldots, y_{r+1}$ que satisfazem a equação anterior, ou, de forma equivalente, ao número de inteiros positivos

$$\bar{y}_1 = y_1 + 1 \quad \bar{y}_i = y_i, i = 2, \ldots, r, \ \bar{y}_{r+1} = y_{r+1} + 1$$

que satisfazem

$$\bar{y}_1 + \bar{y}_2 + \cdots + \bar{y}_{r+1} = m + 2$$

Pela Proposição 6.1 do Capítulo 1, existem $\binom{m+1}{r}$ resultados como esse. Com isso, o número total de resultados que levam a r séries de vitórias é igual a $\binom{m+1}{r}$, multiplicado pelo número de soluções integrais de $x_1 + \cdots + x_r = n$. Assim, novamente da Proposição 6.1, existem $\binom{m+1}{r}\binom{n-1}{r-1}$ resultados levando a r séries de vitórias. Como existem $\binom{n+m}{n}$ resultados igualmente prováveis, tem-se como consequência que

$$P(\{r \text{ séries de vitórias}\}) = \frac{\binom{m+1}{r}\binom{n-1}{r-1}}{\binom{m+n}{n}} \quad r \geq 1$$

Por exemplo, se $n = 8$ e $m = 6$, então a probabilidade de 7 séries de vitórias é igual a $\binom{7}{7}\binom{7}{6}/\binom{14}{8} = 1/429$ se todos os $\binom{14}{8}$ resultados forem igualmente prováveis. Portanto, se o resultado tivesse sido $VDVDVDVDVVDVDV$, então poderíamos suspeitar que a probabilidade de vitória do time estivesse mudando ao longo do tempo (em particular, a probabilidade de que o time vença parece ser bastante alta quanto ele perde o último jogo e bastante baixa quando ele ganha o último jogo). No outro extremo, se o resultado tivesse sido $VVVVVVVDDDDDDD$, então teria havido apenas uma série de vitórias, e como $P(\{1 \text{ série}\}) = \binom{7}{1}\binom{7}{0} / \binom{14}{8} = 1/429$, pareceria-nos novamente improvável que a probabilidade do time vencer tivesse permanecido a mesma durante seus 14 jogos. ∎

*2.6 PROBABILIDADE COMO UMA FUNÇÃO CONTÍNUA DE UM CONJUNTO

Uma sequência de eventos $\{E_n, n \geq 1\}$ é chamada de sequência crescente se

$$E_1 \subset E_2 \subset \cdots \subset E_n \subset E_{n+1} \subset \cdots$$

e é chamada de sequência decrescente se

$$E_1 \supset E_2 \supset \cdots \supset E_n \supset E_{n+1} \supset \cdots$$

Se $\{E_n, n \geq 1\}$ é uma sequência crescente de eventos, então definimos um novo evento, representado por $\lim_{n \to \infty} E_n$, como

$$\lim_{n \to \infty} E_n = \bigcup_{i=1}^{\infty} E_i$$

Similarmente, se $\{E_n, n \geq 1\}$ é uma sequência decrescente de eventos, definimos $\lim_n E_n$ como

$$\lim_{n \to \infty} E_n = \bigcap_{i=1}^{\infty} E_i$$

Demonstramos agora a proposição a seguir:

Proposição 6.1.
Se $\{E_n, n \geq 1\}$ é uma sequência crescente ou decrescente de eventos, então

$$\lim_{n \to \infty} P(E_n) = P(\lim_{n \to \infty} E_n)$$

Demonstração Suponha, primeiro, que $\{E_n, n \geq 1\}$ seja uma sequência crescente, e defina os eventos $F_n, n \geq 1$, como

$$F_1 = E_1$$

$$F_n = E_n \left(\bigcup_{1}^{n-1} E_i \right)^c = E_n E_{n-1}^c \quad n > 1$$

onde usamos o fato de que $\bigcup_{1}^{n-1} E_i = E_{n-1}$, pois os eventos são crescentes. Colocando em palavras, F_n corresponde aos resultados de E_n que não estão em nenhum dos eventos E_i anteriores, $i < n$. É fácil verificar que F_n são eventos mutuamente exclusivos, tais que

$$\bigcup_{i=1}^{\infty} F_i = \bigcup_{i=1}^{\infty} E_i \quad \text{e} \quad \bigcup_{i=1}^{n} F_i = \bigcup_{i=1}^{n} E_i \quad \text{para todo } n \geq 1$$

Assim,

$$P\left(\bigcup_{1}^{\infty} E_i\right) = P\left(\bigcup_{1}^{\infty} F_i\right)$$

$$= \sum_{1}^{\infty} P(F_i) \quad \text{(pelo Axioma 3)}$$

$$= \lim_{n \to \infty} \sum_{1}^{n} P(F_i)$$

$$= \lim_{n \to \infty} P\left(\bigcup_{1}^{n} F_i\right)$$

$$= \lim_{n \to \infty} P\left(\bigcup_{1}^{n} E_i\right)$$

$$= \lim_{n \to \infty} P(E_n)$$

o que prova o resultado quando $\{E_n, n \geq 1\}$ é crescente.

Se $\{E_n, n \geq 1\}$ é uma sequência decrescente, então $\{E_n^c, n \geq 1\}$ é uma sequência crescente; portanto, das equações anteriores,

$$P\left(\bigcup_{1}^{\infty} E_i^c\right) = \lim_{n \to \infty} P(E_n^c)$$

Entretanto, como $\bigcup_{1}^{\infty} E_i^c = \left(\bigcap_{1}^{\infty} E_i\right)^c$, tem-se que

$$P\left(\left(\bigcap_{1}^{\infty} E_i\right)^c\right) = \lim_{n \to \infty} P(E_n^c)$$

ou, de forma equivalente,

$$1 - P\left(\bigcap_{1}^{\infty} E_i\right) = \lim_{n \to \infty} [1 - P(E_n)] = 1 - \lim_{n \to \infty} P(E_n)$$

ou

$$P\left(\bigcap_1^\infty E_i\right) = \lim_{n\to\infty} P(E_n)$$

o que demonstra o resultado. □

Exemplo 6a Probabilidade e um paradoxo

Suponha que possuamos uma urna infinitamente grande e uma coleção infinita de bolas marcadas com os números 1, 2, 3, e assim por diante. Considere um experimento realizado como se segue: um minuto antes do meio-dia, as bolas numeradas de 1 a 10 são colocadas na urna e a bola número 10 é sacada (suponha que a retirada seja feita de forma instantânea). Meio minuto antes do meio-dia, as bolas 11 a 20 são colocadas na urna e a bola número 20 é retirada. Um quarto de minuto antes do meio-dia, as bolas 21 a 30 são colocadas na urna e a bola número 30 é sacada. Um oitavo de minuto antes do meio dia..., e assim por diante. A questão de interesse é: quantas bolas estão na urna ao meio-dia?

A resposta para essa questão é claramente que existe um número infinito de bolas na urna ao meio-dia, já que qualquer bola cujo número não seja da forma $10n, n \geq 1$, terá sido colocada na urna e não terá sido retirada antes do meio-dia. Portanto, o problema é resolvido quando o experimento é realizado conforme descrito.

Entretanto, vamos agora mudar o experimento e supor que um minuto antes do meio-dia as bolas 1 a 10 sejam colocadas na urna e a bola 1 seja então retirada; meio minuto antes do meio-dia, as bolas 11 a 20 sejam colocadas na urna e a bola 2 seja sacada. Um quarto de minuto antes do meio-dia, as bolas 21 a 30 sejam colocadas na urna e a bola 3 seja sacada; um oitavo de minuto antes do meio-dia, as bolas 31 a 40 sejam colocadas na urna e a bola número 4 seja retirada, e assim por diante. Neste novo experimento, quantas bolas estarão na urna ao meio-dia?

Surpreendentemente, a resposta agora é que urna estará *vazia* ao meio-dia. Pois bem, considere qualquer bola – digamos, a bola n. Em algum instante anterior ao meio-dia [em particular, $\left(\frac{1}{2}\right)^{n-1}$ minutos antes do meio dia], essa bola terá sido retirada da urna. Com isso, para cada n, a bola número n não estará na urna ao meio-dia; portanto, a urna deve estar vazia neste horário.

Vemos então, da discussão anterior, que a maneira pela qual as bolas são retiradas faz toda a diferença. Isso porque, no primeiro caso, apenas as bolas de número $10n, n \geq 1$, são retiradas, enquanto no segundo caso todas as bolas acabam sendo retiradas. Vamos agora supor que sempre que uma bola seja retirada, ela seja aleatoriamente selecionada dentre aquelas presentes. Isto é, suponha que um minuto antes do meio-dia as bolas de 1 a 10 sejam colocadas na urna e que uma bola seja aleatoriamente selecionada e retirada, e assim por diante. Neste caso, quantas bolas estarão na urna ao meio-dia?

Solução Vamos mostra que, com probabilidade 1, a urna estará vazia ao meio-dia. Vamos primeiro considerar a bola número 1. Defina E_n como o evento em que a bola número 1 ainda esteja na urna após as n primeiras retiradas. Claramente,

$$P(E_n) = \frac{9 \cdot 18 \cdot 27 \cdots (9n)}{10 \cdot 19 \cdot 28 \cdots (9n+1)}$$

(Para entender essa equação, note apenas que se a bola número 1 ainda estiver na urna após as primeiras n retiradas, a primeira bola sacada da urna pode ser qualquer uma de 9, a segunda pode ser qualquer uma de 18 [há 19 bolas na urna no momento da segunda retirada, uma das quais deve ser a bola 1], e assim por diante. O denominador é obtido de maneira similar).

Agora, o evento "bola 1 está na urna ao meio-dia" é simplesmente o evento $\bigcap_{n=1}^{\infty} E_n$. Como os eventos E_n são eventos decrescentes, $n \geq 1$, tem-se da Proposição 6.1 que

$$P\{\text{bola 1 está na urna ao meio-dia}\}$$
$$= P\left(\bigcap_{n=1}^{\infty} E_n\right)$$
$$= \lim_{n \to \infty} P(E_n)$$
$$= \prod_{n=1}^{\infty} \left(\frac{9n}{9n+1}\right)$$

Agora mostramos que

$$\prod_{n=1}^{\infty} \frac{9n}{9n+1} = 0$$

Já que

$$\prod_{n=1}^{\infty} \left(\frac{9n}{9n+1}\right) = \left[\prod_{n=1}^{\infty} \left(\frac{9n+1}{9n}\right)\right]^{-1}$$

isso é equivalente a mostrar que

$$\prod_{n=1}^{\infty} \left(1 + \frac{1}{9n}\right) = \infty$$

Agora, para todo $m \geq 1$,

$$\prod_{n=1}^{\infty}\left(1 + \frac{1}{9n}\right) \geq \prod_{n=1}^{m}\left(1 + \frac{1}{9n}\right)$$
$$= \left(1 + \frac{1}{9}\right)\left(1 + \frac{1}{18}\right)\left(1 + \frac{1}{27}\right)\cdots\left(1 + \frac{1}{9m}\right)$$
$$> \frac{1}{9} + \frac{1}{18} + \frac{1}{27} + \cdots + \frac{1}{9m}$$
$$= \frac{1}{9}\sum_{i=1}^{m}\frac{1}{i}$$

Com isso, fazendo $m \to \infty$ e usando o fato de que $\sum_{i=1}^{\infty} 1/i = \infty$, temos

$$\prod_{n=1}^{\infty}\left(1 + \frac{1}{9n}\right) = \infty$$

Assim, fazendo com que F_i represente o evento "bola i está na urna ao meio-dia", mostramos que $P(F_1) = 0$. Similarmente, podemos mostrar que $P(F_i) = 0$ para todo i.

(Por exemplo, o mesmo raciocínio mostra que $P(F_i) = \prod_{n=2}^{\infty}[9n/(9n+1)]$ para $i = 11, 12,\ldots, 20$.) Portanto, a probabilidade de que a urna não esteja vazia ao meio-dia, $P\left(\bigcup_{1}^{\infty} F_i\right)$, satisfaz

$$P\left(\bigcup_{1}^{\infty} F_i\right) \leq \sum_{1}^{\infty} P(F_i) = 0$$

pela desigualdade de Boole (Exercício de Autoteste 2.14)

Assim, com probabilidade 1, a urna estará vazia ao meio-dia. ■

2.7 PROBABILIDADE COMO UMA MEDIDA DE CRENÇA

Até agora interpretamos a probabilidade de um evento de certo experimento como sendo uma medida da frequência de ocorrência desse evento quando o experimento é repetido continuamente. Entretanto, existem também outros usos para o termo *probabilidade*. Por exemplo, todos nós já ouvimos algo como "a probabilidade de que Shakespeare tenha realmente escrito *Hamlet* é de 90%", ou "A probabilidade de que Lee Harvey Oswald tenha agido sozinho no assassinato de Kennedy é de 0,8". Como podemos interpretar essas frases?

A interpretação mais simples e natural é a que as probabilidades citadas são medidas da crença de um indivíduo. Em outras palavras, o indivíduo que diz as frases acima está bem certo de que Lee Harvey Oswald agiu sozinho e ainda mais certo de que Shakespeare escreveu *Hamlet*. Essa interpretação da probabilidade como sendo uma medida de crença é chamada de visão *pessoal* ou *subjetiva* da probabilidade.

Parece lógico supor que "uma medida de crença" deva satisfazer todos os axiomas da probabilidade. Por exemplo, se temos 70% de certeza de que Shakespeare escreveu *Júlio César* e 10% de certeza de que foi na realidade Marlowe quem escreveu essa peça, então é lógico supor que temos 80% de certeza de que foi Shakespeare ou Marlowe quem a escreveu. Com isso, seja com a interpretação da probabilidade como uma medida de crença ou como uma frequência de ocorrência em uma longa sequência de experimentos, suas propriedades matemáticas permanecem inalteradas.

Exemplo 7a
Suponha que, em uma corrida de 7 cavalos, você sinta que cada um dos 2 primeiros cavalos tem 20% de chance de vencer, os cavalos 3 e 4 têm uma chance de 15%, e os três cavalos restantes têm uma chance de 10% cada. Seria melhor para você apostar, podendo ganhar o mesmo que apostou, na vitória dos três primeiros cavalos ou na vitória dos cavalos 1, 5, 6 e 7?

Solução Com base em suas probabilidades pessoais a respeito do resultado da corrida, a probabilidade de você vencer a primeira aposta é de 0,2 + 0,2 +0,15 = 0,55, enquanto a de vencer a segunda aposta é de 0,2 + 0,1 + 0,1 + 0,1 = 0,5. Com isso, a primeira aposta é mais atraente. ■

Note que, ao supormos que as probabilidades subjetivas de uma pessoa são sempre consistentes com os axiomas da probabilidade, estamos tratando de uma pessoa idealizada e não de uma pessoa de verdade. Por exemplo, se fôssemos perguntar a alguém quais seriam, em sua opinião, as chances de

(a) chover hoje,
(b) chover amanhã,
(c) chover hoje e amanhã,
(d) chover hoje ou amanhã,

é bem possível que, após pensar um pouco, esse alguém desse 30%, 40%, 20% e 60% como respostas. Infelizmente, tais respostas (ou tais probabilidade subjetivas) não são consistentes com os axiomas da probabilidade (por que não?). Naturalmente, esperaríamos que, depois que tal objeção fosse colocada à pessoa consultada, ela mudasse as suas respostas (por exemplo, poderíamos aceitar 30%, 40%, 10% e 60%).

RESUMO

Seja S o conjunto de todos os possíveis resultados de um experimento. S é chamado de espaço amostral do experimento. Um evento é um subconjunto de S. Se A_i são eventos, com $i = 1,..., n$, então o conjunto $\bigcup_{i=1}^{n} A_i$, chamado de *união* desse eventos, é formado por todos os resultados que aparecem em pelo menos um dos eventos A_i, $i = 1,..., n$. Similarmente, o conjunto $\bigcap_{i=1}^{n} A_i$, às vezes escrito como $A_1 \cdots A_n$, é chamado de *interseção* dos eventos A_i e é formado por todos os resultados que aparecem em todos os eventos $A_i, i = 1,..., n$.

Para cada evento A, definimos A^c como sendo correspondente a todos os resultados no espaço amostral que não estão em A. Chamamos A^c de *complemento* do evento A. O evento S^c, que não possui resultados, é representado pelo símbolo $\emptyset$ e é chamado de conjunto *vazio*. Se $AB = \emptyset$, então dizemos que A e B são *mutuamente exclusivos*.

Para cada evento A do espaço amostral S, supomos que o número $P(A)$, chamado de probabilidade de A, seja definido de forma que

(i) $0 \leq P(A) \leq 1$
(ii) $P(S) = 1$
(iii) Para eventos A_i mutuamente exclusivos, $i \geq 1$,

$$P\left(\bigcup_{i=1}^{\infty} A_i\right) = \sum_{i=1}^{\infty} P(A_i)$$

$P(A)$ representa a probabilidade de que o resultado do experimento esteja em A.

Pode-se mostrar que

$$P(A^c) = 1 - P(A)$$

Um resultado útil é dado pela equação a seguir,

$$P(A \cup B) = P(A) + P(B) - P(AB)$$

que pode ser generalizada para fornecer

$$P\left(\bigcup_{i=1}^{n} A_i\right) = \sum_{i=1}^{n} P(A_i) - \sum\sum_{i<j} P(A_i A_j) + \sum\sum\sum_{i<j<k} P(A_i A_j A_k) + \cdots + (-1)^{n+1} P(A_1 \cdots A_n)$$

Se S é finito e se supõe que cada um dos pontos do conjunto tenha a mesma probabilidade de ocorrer, então

$$P(A) = \frac{|A|}{|S|}$$

onde $|A|$ representa o número de resultados no evento A.

A probabilidade $P(A)$ pode ser interpretada como uma frequência relativa de ocorrência em uma longa sequência de experimentos ou como uma medida de crença.

PROBLEMAS

2.1 Uma caixa contém 3 bolas de gude: 1 vermelha, 1 verde e uma azul. Considere um experimento que consiste em retirar uma bola de gude da caixa, colocar outra em seu lugar e então retirar uma segunda bola da caixa. Descreva o espaço amostral. Repita considerando que a segunda bola seja retirada sem que a primeira seja substituída.

2.2 Em um experimento, um dado é rolado continuamente até que um 6 apareça, momento em que o experimento é interrompido. Qual é o espaço amostral do experimento? Chame de E_n o evento em que o dado é rolado n vezes para que o experimento seja finalizado. Que pontos do espaço amostral estão contidos em E_n? O que é $\left(\bigcup_1^\infty E_n\right)^c$?

2.3 Dois dados são lançados. Seja E o evento em que a soma dos dados é ímpar, F o evento em que o número 1 sai em pelo menos um dos dados, e G o evento em que a soma dos dados é igual a 5. Descreva os eventos EF, $E \cup F$, FG, EF^c e EFG.

2.4 A, B e C se alternam jogando uma moeda. O primeiro a tirar cara vence. O espaço amostral deste experimento pode ser definido como

$$S = \begin{cases} 1, 01, 001, 0001, \ldots, \\ 0000 \cdots \end{cases}$$

(a) Interprete o espaço amostral
(b) Defina os eventos a seguir em termos de S:
  (i) A vence $= A$
  (ii) B vence $= B$
  (iii) $(A \cup B)^c$.
  Suponha que A jogue a moeda primeiro, então B, então C, então A, e assim por diante.

2.5 Um sistema é formado por 5 componentes; cada um deles ou está funcionando ou está estragado. Considere um experimento que consiste em observar a condição de cada componente e represente o resultado do experimento como o vetor $(x_1, x_2, x_3, x_4, x_5)$, onde x_i é igual a 1 se o componente i estiver funcionando e igual a 0 se o componente i estiver estragado.
(a) Existem quantos resultados no espaço amostral deste experimento?
(b) Suponha que o sistema irá funcionar se os componentes 1 e 2 estiverem funcionando, ou se os componentes 3 e 4 estiverem funcionando, ou se os componentes 1, 3 e 5 estiverem funcionando. Seja W o evento em que o sistema irá funcionar. Especifique todos os resultados em W.
(c) Seja A o evento em que os componentes 4 e 5 estão estragados. Quantos resultados estão contidos no evento A?
(d) Escreva todos os resultados no evento AW.

2.6 O administrador de um hospital codifica os pacientes baleados atendidos no pronto-socorro de acordo com o fato de eles terem ou não plano de saúde (1 se tiverem e 0 se não tiverem) e de acordo com a sua condição, que é classificada como boa (b), razoável (r) ou séria (s). Considere o experimento que consiste em codificar um paciente baleado.
(a) Forneça o espaço amostral deste experimento.
(b) Seja A o evento em que o paciente está em uma condição séria. Especifique os resultados de A.
(c) Seja B o evento em que o paciente não possui seguro. Especifique os resultados em B.
(d) Forneça todos os resultados do evento $B^c \cup A$.

2.7 Considere um experimento que consiste em determinar o tipo de trabalho – braçal ou não – e a afiliação política – republicano, democrata ou independente – dos 15 jogadores de um time de futebol. Quantos resultados existem no espaço amostral?
(b) no evento em que pelo menos um jogadores é um trabalhador braçal?
(c) no evento em que nenhum dos jogadores se considera independente?

2.8 Suponha que A e B sejam eventos mutuamente exclusivos para os quais $P(A) = 0,3$ e $P(B) = 0,5$. Qual é a probabilidade de que:
(a) A ou B ocorra?
(b) A ocorra mas B não ocorra?
(c) A e B ocorram?

2.9 Uma loja aceita cartões de crédito American Express ou Visa. Um total de 24% de seus consumidores possui um cartão da American Express, 61% possuem um cartão Visa e 11% possuem ambos. Que percentual desses consumidores possui um cartão aceito pelo estabelecimento?

2.10 Sessenta por cento dos estudantes de certa escola não usam nem anel nem co-

lar. Vinte por cento usam um anel e 30% usam um colar. Se um dos estudantes for escolhido aleatoriamente, qual é a probabilidade de que este estudante esteja usando:
(a) um anel ou um colar?
(b) um anel e um colar?

2.11 Um total de 28% dos homens americanos fuma cigarros, 7% fumam charutos e 5% fumam cigarros e charutos.
(a) Que percentual de homens é não fumante?
(b) Que percentual fuma charutos mas não cigarros?

2.12 Uma escola fundamental oferece três cursos de línguas: um de espanhol, um de francês e outro de alemão. As classes estão abertas para todos os 100 estudantes da escola. Há 28 estudantes na classe de espanhol, 26 na classe de francês e 16 na classe de alemão. Há 12 estudantes que fazem aulas de espanhol e francês, 4 que fazem aulas de espanhol e alemão, e 6 que fazem aulas de francês e alemão. Além disso, há 2 estudantes fazendo os três cursos.
(a) Se um estudante é escolhido aleatoriamente, qual é a probabilidade de que ele ou ela não esteja matriculado(a) em nenhum dos cursos?
(b) Se um estudante é escolhido aleatoriamente, qual é a probabilidade de que ele ou ela esteja fazendo exatamente um curso de línguas?
(c) Se dois estudantes são escolhidos aleatoriamente, qual é a probabilidade de que pelo menos um deles esteja fazendo um curso de línguas?

2.13 Certa cidade com uma população de 100.000 habitantes possui 3 jornais: I, II e III. As proporções de moradores que leem esses jornais são as seguintes:
I: 10%   I e II: 8%   I e II e III: 1%
II: 30%   I e III: 2%
III: 5%   II e III: 4%
(Essa lista nos diz, por exemplo, que 8.000 pessoas leem os jornais I e II.)
(a) Determine o número de pessoas que leem apenas um jornal.
(b) Quantas pessoas leem pelo menos dois jornais?
(c) Se I e III são jornais matutinos e II é um jornal vespertino, quantas pessoas leem pelo menos um jornal matutino mais um jornal vespertino?
(d) Quantas pessoas não leem nenhum jornal?
(e) Quantas pessoas leem apenas um jornal matutino e um jornal vespertino?

2.14 Os dados a seguir foram obtidos com a pesquisa de um grupo de 1000 assinantes de uma revista: avaliando-se trabalho, estado civil e instrução, verificou-se que havia 312 pessoas empregadas, 470 pessoas casadas, 525 pessoas formadas em universidades, 42 pessoas formadas em escolas técnicas, 147 pessoas formadas em universidades e casadas, 86 pessoas com emprego e casadas, e 25 pessoas com emprego formadas em universidades e casadas. Mostre que os números apontados por esse estudo estão incorretos.
Dica: Suponha que C, E e U representem, respectivamente, o conjunto de pessoas casadas, de pessoas com emprego e de pessoas formadas em universidades. Suponha que uma das 1000 pessoas seja escolhida aleatoriamente e se use a Proposição 4.4 para mostrar que, se os números fornecidos estiverem corretos, então $P(C \cup E \cup U) > 1$.

2.15 Se é assumido que todas as $\binom{52}{5}$ mãos de pôquer são igualmente prováveis, qual é a probabilidade de alguém sair com
(a) um *flush* (uma mão é chamada de *flush* se todas as 5 cartas são do mesmo naipe)?
(b) um par (que ocorre quando as cartas são do tipo a, a, b, c, d, onde a, b, c e d são cartas distintas)?
(c) dois pares (que ocorre quando as cartas são do tipo a, a, b, b, c, onde a, b e c são cartas distintas)?
(d) trinca (que ocorre quando as cartas são do tipo a, a, a, b, c, onde a, b e c são cartas distintas)?
(e) quadra (que ocorre quando as cartas são do tipo a, a, a, a, b, onde a e b são cartas distintas)?

2.16 Pôquer com dados é jogado com o lançamento simultâneo de 5 dados. Mostre que:
(a) $P\{\text{nenhum dado de mesmo valor}\} = 0{,}0926$

(b) $P\{\text{um par}\} = 0{,}4630$
(c) $P\{\text{dois pares}\} = 0{,}2315$
(d) $P\{\text{trinca}\} = 0{,}1543$
(e) $P\{\text{uma trinca e um par}\} = 0{,}0386$
(f) $P\{\text{quadro dados iguais}\} = 0{,}0193$
(g) $P\{\text{cinco dados iguais}\} = 0{,}0008$

2.17 Se 8 torres são colocadas aleatoriamente em um tabuleiro de xadrez, calcule a probabilidade de que nenhuma das torres possa capturar qualquer uma das demais. Isto é, compute a probabilidade de que nenhuma linha contenha mais que uma torre.

2.18 Duas cartas são selecionadas aleatoriamente de um baralho comum. Qual é a probabilidade de que elas formem um vinte e um? Isto é, qual é a probabilidade de que um das cartas seja um ás e a outra seja ou um dez, um valete, uma dama ou um rei?

2.19 Dois dados simétricos têm dois de seus lados pintados de vermelho, dois de preto, um de amarelo e o outro de branco. Quando esse par de dados é rolado, qual é a probabilidade de que ambos os dados saiam com uma face de mesma cor para cima?

2.20 Suponha que você esteja jogando vinte e um contra um crupiê. Em um baralho que acabou de ser embaralhado, qual é a probabilidade de que nem você nem o crupiê saiam com um vinte e um (ás mais um dez, um valete, uma dama ou rei)?

2.21 Uma pequena organização comunitária é formada por 20 famílias, das quais 4 têm uma criança, 8 têm duas crianças, 5 têm três crianças, 2 têm quatro crianças e 1 tem 5 crianças.
 (a) Se uma dessas famílias é escolhida aleatoriamente, qual é a probabilidade de que ela tenha i crianças, $i = 1, 2, 3, 4, 5$?
 (b) Se uma das crianças é escolhida aleatoriamente, qual é a probabilidade de que a criança venha de uma família com i crianças, $i = 1, 2, 3, 4, 5$?

2.22 Considere a seguinte técnica para embaralhar um baralho de n cartas: para qualquer ordem inicial das cartas, percorra o baralho tirando uma carta de cada vez e, para cada carta, jogue uma moeda. Se der cara, então deixe a carta onde está; se der coroa, então ponha a carta no fim do baralho. Após ter jogado a moeda n vezes, considere que uma rodada tenha sido completada. Por exemplo, se $n = 4$ e a ordem inicial for 1, 2, 3, 4, se a moeda der cara, coroa, coroa, cara, então a ordem das cartas no final da rodada será 1, 4, 2, 3. Supondo que todos os resultados possíveis da sequência de n jogadas de moeda sejam igualmente prováveis, qual é a probabilidade de que a ordem das cartas após uma rodada seja igual à ordem inicial?

2.23 Rola-se um par de dados honestos. Qual é a probabilidade de o segundo dado sair com um valor maior do que o primeiro?

2.24 Se dois dados são rolados, qual é a probabilidade de que a soma das faces para cima seja igual a i? Determine essa probabilidade para $i = 2, 3, ..., 11, 12$.

2.25 Um par de dados é rolado até que saia uma soma igual a 5 ou 7. Determine a probabilidade de que um resultado igual a 5 ocorra primeiro. *Dica*: Suponha que E_n represente o evento em que um resultado igual 5 ocorra na n-ésima rodada e que um resultado igual a 5 ou 7 não ocorra nas primeiras $n - 1$ rodadas. Compute $P(E_n)$ e mostre que $\sum_{n=1}^{\infty} P(E_n)$ é a probabilidade desejada.

2.26 Um popular jogo de dados é jogado da seguinte maneira: um jogador rola dois dados. Se a soma dos dados é igual a 2, 3 ou 12, o jogador perde; se a soma é igual a 7 ou 11, ele vence. Para qualquer resultado diferente, o jogador continua a rolar os dados até que o resultado inicial saia novamente ou que saia um 7. Se o 7 aparecer primeiro, o jogador perde; se o resultado inicial for repetido antes que o 7 apareça, o jogador vence. Calcule a probabilidade de um jogador vencer neste jogo de dados.
Dica: Suponha que E_i represente o evento em que a saída inicial é i e o jogador vence. A probabilidade desejada é igual a $\sum_{i=2}^{12} P(E_i)$. Para computar $P(E_i)$, defina os eventos $E_{i,n}$ como aqueles em que a soma inicial é i e o jogador vence na n-ésima rodada. Mostre que $P(E_i) = \sum_{n=1}^{\infty} P(E_{i,n})$.

2.27 Uma urna contém 3 bolas vermelhas e 7 bolas pretas. Os jogadores A e B retiram bolas da urna alternadamente até que uma bola vermelha seja selecionada. Determine a probabilidade de A selecionar uma bola vermelha. (A tira a primeira bola, depois B, e assim por diante. Não há devolução das bolas retiradas.)

2.28 Uma urna contém 5 bolas vermelhas, 6 bolas azuis e 8 bolas verdes. Se um conjunto de 3 bolas é selecionado aleatoriamente, qual é a probabilidade de que cada uma das bolas seja (a) da mesma cor? (b) de cores diferentes? Repita esse problema considerando que, sempre que uma bola seja selecionada, sua cor seja anotada e ela seja recolocada na urna antes da próxima seleção. Esse experimento é conhecido como *amostragem com devolução*.

2.29 Uma urna contém n bolas brancas e m bolas pretas, onde n e m são números positivos.
(a) Se duas bolas são retiradas da urna aleatoriamente, qual é a probabilidade de que elas sejam da mesma cor?
(b) Se uma bola é retirada da urna aleatoriamente e então recolocada antes que a segunda bola seja retirada, qual é a probabilidade de que as bolas sacadas sejam da mesma cor?
(c) Mostre que a probabilidade calculada na letra (b) é sempre maior do que aquela calculada na letra (a)?

2.30 Os clubes de xadrez de duas escolas são formados por 8 e 9 jogadores, respectivamente. Quatro membros de cada um dos clubes são selecionados aleatoriamente para participar de uma competição entre as duas escolas. Os jogadores escolhidos de um time então formam pares com aqueles do outro time, e cada um dos pares jogam uma partida de xadrez entre si. Suponha que Rebeca e sua irmã Elisa pertençam aos clubes de xadrez, mas joguem por escolas diferentes. Qual é a probabilidade de que
(a) Rebeca e Elisa joguem uma partida?
(b) Rebeca e Elisa sejam escolhidas para representar as suas escolas mas não joguem uma contra a outra?
(c) Rebeca ou Elisa sejam escolhidas para representar suas escolas?

2.31 Um time de basquete de 3 pessoas é formado por um defensor, um atacante e um central.
(a) Se uma pessoa é escolhida aleatoriamente de cada um de três times com uma formação igual a essa, qual é a probabilidade de um time completo ser selecionado?
(b) Qual é a probabilidade de que os 3 jogadores selecionados joguem na mesma posição?

2.32 Um grupo de indivíduos contendo m meninos e g garotas é alinhado de forma aleatória; isto é, supõe-se que cada uma das $(m + g)!$ permutações seja igualmente provável. Qual é a probabilidade de que a pessoa na i-ésima posição, $1 \leq i \leq m + g$, seja uma garota?

2.33 Em uma floresta vivem 20 renas, das quais 5 são capturadas, marcadas e então soltas. Certo tempo depois, 4 das renas são capturadas. Qual é a probabilidade de que 2 dessas 4 renas tenham sido marcadas? Que suposições você está fazendo?

2.34 Diz-se que o segundo conde de Yarborough teria apostado com chances de 1000 para 1 que uma mão de bridge com 13 cartas conteria pelo menos uma carta maior ou igual a dez (ou seja, uma carta igual a um dez, um valete, uma dama, um rei ou um ás). Hoje em dia, chamamos de *Yarborough* uma mão que não possua cartas maiores que 9. Qual é a probabilidade de que uma mão de bridge selecionada aleatoriamente seja um Yarborough?

2.35 Sete bolas são retiradas aleatoriamente de uma urna que contém 12 bolas vermelhas, 16 bolas azuis e 18 bolas verdes. Determine a probabilidade de que
(a) 3 bolas vermelhas, 2 bolas azuis e 2 bolas verdes sejam sacadas;
(b) pelo menos duas bolas vermelhas sejam sacadas;
(c) todas as bolas sacadas sejam de mesma cor;
(d) exatamente 3 bolas vermelhas ou exatamente 3 bolas azuis sejam sacadas.

2.36 Duas cartas são escolhidas aleatoriamente de um baralho de 52 cartas. Qual é a probabilidade de
(a) ambas serem ases?
(b) ambas terem o mesmo valor?

2.37 Um instrutor propõe para a classe um conjunto de 10 problemas com a informação de que o exame final será formado por uma seleção aleatória de 5 deles. Se um estudante tiver descoberto como resolver 7 dos problemas, qual é a probabilidade de que ele ou ela venha a responder corretamente:
  (a) todos os 5 problemas?
  (b) pelo menos 4 dos problemas?

2.38 Existem n meias em uma gaveta, 3 das quais são vermelhas. Qual é o valor de n se a probabilidade de que duas meias vermelhas sejam retiradas aleatoriamente da gaveta é igual a 1/2?

2.39 Existem 5 hotéis em certa cidade. Se, em um dia, 3 pessoas fizerem registro nesses hotéis, qual é a probabilidade de que elas se registrem em hotéis diferentes? Que suposições você está fazendo?

2.40 Uma cidade contém 4 pessoas que consertam televisões. Se 4 aparelhos estiverem estragados, qual é a probabilidade de que exatamente i dos técnicos sejam chamados? Que suposições você está fazendo?

2.41 Se um dado é rolado 4 vezes, qual é a probabilidade de que o 6 saia pelo menos uma vez?

2.42 Dois dados são jogados n vezes em sequência. Compute a probabilidade de que um duplo 6 apareça pelo menos uma vez. Quão grande deve ser n para que essa probabilidade seja pelo menos igual a 1/2?

2.43 (a) Se N pessoas, incluindo A e B, são dispostas aleatoriamente em linha, qual é a probabilidade de que A e B estejam uma ao lado da outra?
  (b) E se as pessoas tivessem sido dispostas aleatoriamente em círculo?

2.44 Cinco pessoas, designadas como A, B, C, D, E, são arranjadas em uma sequência linear. Supondo que cada uma das ordenações possíveis seja igualmente provável, qual é a probabilidade de que:
  (a) exista exatamente uma pessoa entre A e B?
  (b) existam exatamente duas pessoas entre A e B?
  (c) existam três pessoas entre A e B?

2.45 Uma mulher tem n chaves, das quais uma abre a sua porta.
  (a) Se ela tentar usar as chaves aleatoriamente, descartando aquelas que não funcionam, qual é a probabilidade de ela abrir a porta em sua k-ésima tentativa?
  (b) E se ela não descartar as chaves já utilizadas?

2.46 Quantas pessoas têm de estar em uma sala para que a probabilidade de que pelo menos duas delas celebrem aniversário no mesmo mês seja igual a 1/2? Suponha que todos os possíveis resultados mensais sejam igualmente prováveis.

2.47 Se há 12 estranhos em uma sala, qual é a probabilidade de que nenhum deles celebre aniversário no mesmo dia?

2.48 Dadas 20 pessoas, qual é a probabilidade de que, entre os 12 meses do ano, existam 4 meses contendo exatamente 2 aniversários e 4 contendo exatamente 3 aniversários?

2.49 Um grupo de 6 homens e 6 mulheres é dividido aleatoriamente em 2 grupos de 6 pessoas cada. Qual é a probabilidade de que ambos os grupos possuam o mesmo número de homens?

2.50 Em uma mão de bridge (13 cartas) determine a probabilidade de que você tenha 5 cartas de espadas e seu parceiro tenha as 8 cartas de espadas restantes?

2.51 Suponha que n bolas sejam aleatoriamente distribuídas entre N compartimentos. Determine a probabilidade de que m bolas caiam no primeiro compartimento. Suponha que todos os N^n arranjos sejam igualmente prováveis.

2.52 Um armário contém 10 pares de sapatos. Se 8 sapatos são selecionados aleatoriamente, qual é a probabilidade de
  (a) nenhum par completo ser formado?
  (b) ser formado exatamente 1 par completo?

2.53 Se quatro casais estão dispostos em linha, determine a probabilidade de nenhum marido se sentar ao lado de sua esposa.

2.54 Compute a probabilidade de que uma mão de bridge esteja vazia em pelo menos uma sequência. Note que a resposta não é

$$\frac{\binom{4}{1}\binom{39}{13}}{\binom{52}{13}}$$

(Por que não?)
Dica: Use a Proposição 4.4

2.55 Compute a probabilidade de que uma mão de 13 cartas contenha:
(a) o ás e o rei de pelo menos um naipe;
(b) todos os naipes de pelo menos uma das 13 cartas diferentes.

2.56 Dois jogadores jogam o seguinte jogo: o jogador A escolhe uma das três roletas desenhadas na Figura 2.6 e então o jogador B escolhe uma das duas roletas restantes. Então, ambos os jogadores giram suas roletas e aquele cuja roleta sair com o maior número é declarado vencedor. Supondo que cada uma das 3 regiões desenhadas em cada uma das roletas tenha a mesma probabilidade de sair, você preferiria ser o jogador A ou B? Explique a sua resposta!

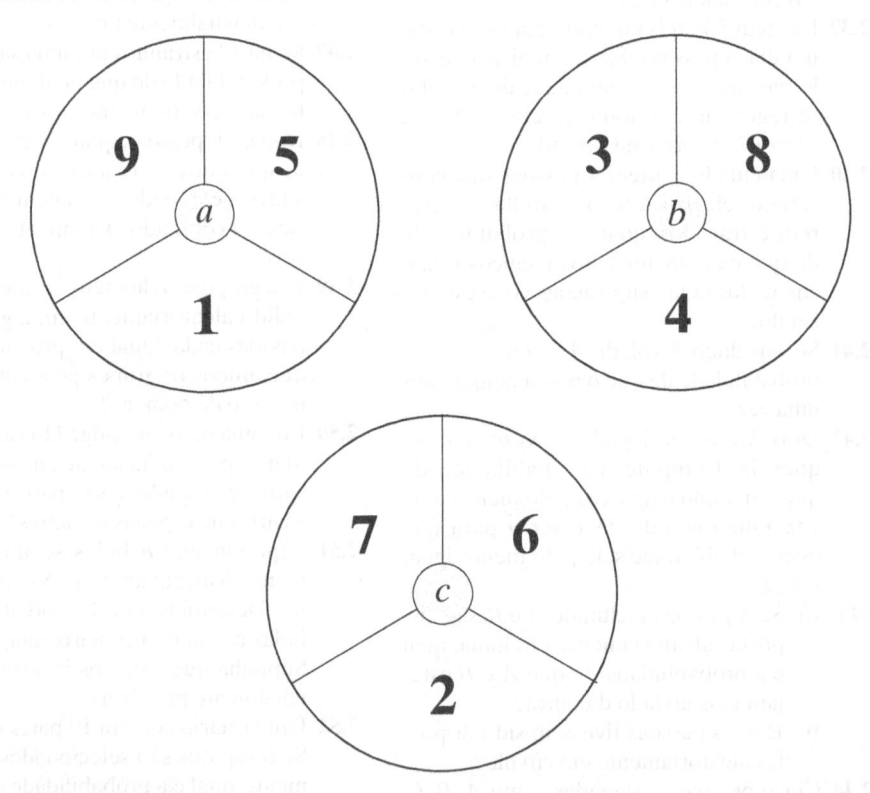

Figura 2.6 Roletas.

EXERCÍCIOS TEÓRICOS

Prove as seguintes relações:
2.1 $EF \subset E \subset E \cup F$
2.2 Se $E \subset F$, então $F^c \subset E^c$.
2.3 $F = FE \cup FE^c$ e $E \cup F = E \cup E^c F$.

2.4 $\left(\bigcup_1^\infty E_i\right) F = \bigcup_1^\infty E_i F$ e

$\left(\bigcap_1^\infty E_i\right) \cup F = \bigcap_1^\infty (E_i \cup F)$.

2.5 Para qualquer sequência de eventos E_1, $E_2,...$, defina uma nova sequência $F_1, F_2,...$ de eventos disjuntos (isto é, eventos tais que $F_iF_j = \emptyset$ sempre que $i \neq j$) de forma que, para todo $n \geq 1$,

$$\bigcup_1^n F_i = \bigcup_1^n E_i$$

2.6 Sejam três eventos E, F e G. Determine expressões para esses eventos de forma que, de E, F e G,
(a) apenas E ocorra;
(b) E e G ocorram, mas não F;
(c) pelo menos um dos eventos ocorra;
(d) pelo menos dois dos eventos ocorram;
(e) todos os três eventos ocorram;
(f) nenhum dos eventos ocorra;
(g) no máximo um dos eventos ocorra;
(h) no máximo dois dos eventos ocorram;
(j) no máximo três dos eventos ocorram.

2.7 Determine a expressão mais simples para os seguintes eventos:
(a) $(E \cup F)(E \cup F^c)$;
(b) $(E \cup F)(E^c \cup F)(E \cup F^c)$;
(c) $(E \cup F)(F \cup G)$.

2.8 Seja S um dado conjunto. Se, para algum $k > 0$, $S_1, S_2,..., S_k$ são subconjuntos de S não nulos e mutuamente exclusivos de forma que $\bigcup_{i=1}^{k} S_i = S$, então chamamos o conjunto $\{S_1, S_2,..., S_k\}$ uma *partição* de S. Suponha que T_n represente o número de diferentes partições de $\{1, 2,..., n\}$. Assim, $T_1 = 1$ (a única partição é $S_1 = \{1\}$) e $T_2 = 2$ (as duas partições são $\{\{1,2\}\},\{\{1\},\{2\}\}$).
(a) Mostre, calculando todas as partições, que $T_3 = 5$, $T_4 = 15$.
(b) Mostre que

$$T_{n+1} = 1 + \sum_{k=1}^{n} \binom{n}{k} T_k$$

e use essa equação para computar T_{10}.
Dica: Uma maneira de escolher uma partição de $n + 1$ itens é chamar um dos itens de *especial*. Então, obtemos diferentes partições primeiramente escolhendo $k, k = 0, 1,..., n$, depois um subconjunto de tamanho $n - k$ dos itens que não são especiais, então qualquer uma das T_k partições dos itens não especiais restantes. Acrescentando o item especial ao subconjunto de tamanho $n - k$, podemos obter uma partição de todos os $n + 1$ itens.

2.9 Suponha que um experimento seja realizado n vezes. Para qualquer evento E do espaço amostral, suponha que $n(E)$ represente o número de vezes em que o evento E ocorre e defina $f(E) = n(E)/n$. Mostre que $f(\cdot)$ satisfaz os Axiomas 1, 2 e 3.

2.10 Demonstre que $P(E \cup F \cup G) = P(E) + P(F) + P(G) - P(E^cFG) - P(EF^cG) - P(EFG^c) - 2P(EFG)$

2.11 Se $P(E) = 0,9$ e $P(F) = 0,8$, mostre que $P(EF) \geq 0,7$. De forma geral, demonstre a desigualdade de Bonferroni, isto é

$$P(EF) \geq P(E) + P(F) - 1$$

2.12 Mostre que a probabilidade de que exatamente um dos eventos E ou F ocorra é igual a $P(E) + P(F) - 2P(EF)$.

2.13 Demonstre que $P(EF^c) = P(E) - P(EF)$.

2.14 Demonstre a Proposição 4.4 por indução matemática.

2.15 Uma urna contém M bolas brancas e N bolas pretas. Se uma amostra aleatória de tamanho r é escolhida, qual é a probabilidade de que ela contenha exatamente k bolas brancas?

2.16 Use a indução para generalizar a desigualdade de Bonferroni para n eventos. Isto é, mostre que

$$P(E_1E_2... E_n) \geq P(E_1) +... + P(E_n) - (n-1)$$

2.17 Considere o problema do pareamento, visto no Exemplo 5m, e defina A_N como o número de maneiras pelas quais N homens podem selecionar seus chapéus de forma que nenhum deles selecione o seu próprio chapéu. Mostre que

$$A_N = (N-1)(A_{N-1} + A_{N-2})$$

Essa fórmula, juntamente com as condições de contorno $A_1 = 0$, $A_2 = 1$, pode então ser resolvida para A_N, e a probabilidade desejada de que não ocorram pareamentos seria $A_N/N!$.
Dica: Após o primeiro homem selecionar um chapéu que não é o seu, haverá ainda $N - 1$ homens para selecionar um chapéu

de um conjunto de $N-1$ chapéus. Note que esse conjunto não contém o chapéu de um desses homens. Assim, há um homem extra e um chapéu extra. Mostre que podemos obter a condição de ausência de pareamento seja com o homem extra selecionando o chapéu extra ou com o homem extra não selecionando o chapéu extra.

2.18 Suponha que f_n represente o número de maneiras de jogar uma moeda n vezes de forma que nunca saiam caras sucessivas. Mostre que

$$f_n = f_{n-1} + f_{n-2} \quad n \geq 2, \text{ onde } f_0 \equiv 1, f_1 \equiv 2$$

Dica: Existem quantos resultados que começam com uma cara e quantos que começam com uma coroa? Se P_n representa a probabilidade de que caras sucessivas nunca apareçam quando uma moeda é jogada n vezes, determine P_n (em termos de f_n) quando todos os resultados possíveis das n jogadas forem igualmente prováveis. Compute P_{10}.

2.19 Uma urna contém n bolas vermelhas e m bolas azuis. Elas são retiradas uma de cada vez até que um total de r, $r \leq n$, bolas vermelhas tenha sido retirado. Determine a probabilidade de que um total de k bolas seja retirado.

Dica: Um total de k bolas será retirado se houver $r-1$ bolas vermelhas nas primeiras $k-1$ retiradas e se a k-ésima bola retirada for vermelha.

2.20 Considere um experimento cujo espaço amostral é formado por um número infinito porém contável de pontos. Mostre que nem todos os pontos podem ser igualmente prováveis. Todos os pontos podem ter uma probabilidade de ocorrência positiva?

*2.21 Considere o Exemplo 5o, que lida com o número de séries de vitórias obtidas quando n vitórias e m derrotas são permutadas aleatoriamente. Agora, considere o número total de séries – isto é, séries de vitórias mais séries de derrotas – e mostre que

$$P\{2k \text{ séries}\} = 2 \frac{\binom{m-1}{k-1}\binom{n-1}{k-1}}{\binom{m+n}{n}}$$

$$P\{2k+1 \text{ séries}\} = \frac{\binom{m-1}{k-1}\binom{n-1}{k} + \binom{m-1}{k}\binom{n-1}{k-1}}{\binom{m+n}{n}}$$

PROBLEMAS DE AUTOTESTE E EXERCÍCIOS

2.1 Uma cantina oferece um menu de três pratos composto por uma entrada, uma guarnição e uma sobremesa. As opções possíveis são dadas na tabela a seguir:

Refeição	Opções
Entrada	Galinha ou bife grelhado
Guarnição	Massa ou arroz ou batata
Sobremesa	Sorvete ou gelatina ou torta de maçã ou uma pera

Uma pessoa deve escolher um prato de cada categoria.
(a) Há quantos resultados no espaço amostral?
(b) Seja A o evento em que o sorvete é escolhido. Há quantos resultados em A?
(c) Seja B o evento em que a galinha é escolhida. Há quantos resultados em B?
(d) Liste todos os resultados do evento AB.
(e) Seja C o evento em que o arroz é escolhido. Há quantos resultados em C?
(f) Liste todos os resultados no evento ABC.

2.2 Um cliente que visita o departamento de ternos de um loja tem probabilidade 0,22 de comprar um terno, 0,30 de comprar uma camisa e 0,28 de comprar uma gravata. O cliente tem probabilidade 0,11 de comprar um terno e uma camisa, 0,14 de comprar um terno e uma gravata, e 0,10 de comprar uma camisa e uma gravata. Ele tem probabilidade 0,06 de comprar

todos os três itens. Qual é a probabilidade de o cliente comprar
(a) nenhum desses itens?
(b) exatamente 1 desses itens?

2.3 Um baralho de cartas é distribuído. Qual é a probabilidade de que a décima quarta carta seja um ás? Qual é a probabilidade de o primeiro ás ocorrer na décima quarta carta?

2.4 Seja A o evento em que a temperatura no centro de Los Angeles é de 21°C e B o evento em que a temperatura no centro de Nova York é de 21°C. Além disso, suponha que C represente o evento em que o máximo das temperaturas no centro de Nova York e Los Angeles é de 21°C. Se $P(A) = 0{,}3$, $P(B) = 0{,}4$ e $P(C) = 0{,}2$, determine a probabilidade de que a temperatura mínima no centro das duas cidades seja de 21°C.

2.5 Embaralha-se um baralho comum de 52 cartas. Qual é a probabilidade de que as quatro cartas de cima tenham
(a) denominações diferentes?
(b) naipes diferentes?

2.6 A urna A contém 3 bolas vermelhas e 3 bolas pretas, enquanto a urna B contém 4 bolas vermelhas e 6 bolas pretas. Se uma bola é sorteada de cada uma das urnas, qual é a probabilidade de que as bolas sejam de mesma cor?

2.7 Em uma loteria, um jogador deve escolher 8 números entre 1 e 40. A comissão da loteria então realiza um sorteio em que 8 desses 40 números são selecionados. Supondo que o resultado do sorteio tenha a mesma probabilidade de ser igual a qualquer uma das $\binom{40}{8}$ combinações possíveis, qual é a probabilidade de que um jogador tenha
(a) todos os 8 números sorteados na loteria?
(b) 7 dos números sorteados na loteria?
(c) pelo menos 6 dos números sorteados na loteria?

2.8 De um grupo de 3 calouros, 4 alunos do segundo ano, 4 alunos do terceiro ano e 3 formandos, forma-se aleatoriamente um comitê de 4 pessoas. Determine a probabilidade de que o comitê seja formado por

(a) 1 aluno de cada classe;
(b) 2 alunos do segundo ano e 2 alunos do terceiro ano.
(c) apenas alunos do segundo ou terceiro ano.

2.9 Em um conjunto finito A, suponha que $N(A)$ represente o número de elementos em A.
(a) Mostre que
$$N(A \cup B) = N(A) + N(B) - N(AB)$$
(b) De forma mais geral, mostre que
$$N\left(\bigcup_{i=1}^{n} A_i\right) = \sum_i N(A_i) - \sum\sum_{i<j} N(A_i A_j)$$
$$+ \cdots + (-1)^{n+1} N(A_1 \cdots A_n)$$

2.10 Considere um experimento que consiste na corrida de seis cavalos numerados de 1 a 6, e suponha que o espaço amostral seja formado pelas 6! ordens de chegada possíveis. Seja A o evento em que o cavalo de número 1 está entre os três primeiros classificados e B o evento em que o cavalo de número 2 chega em segundo. Quantos resultados estão contidos no evento $A \cup B$?

2.11 Uma mão de cinco cartas é distribuída de um baralho de 52 cartas bem embaralhado. Qual é a probabilidade de que a mão tenha pelo menos uma carta de cada um dos quatro naipes?

2.12 Uma equipe de basquete é formada por 6 atacantes e 4 defensores. Se os jogadores são divididos em pares de forma aleatória, qual é a probabilidade de que existam exatamente dois pares formados por um defensor e um atacante?

2.13 Suponha que uma pessoa escolha aleatoriamente uma letra de R E S E R V E e depois uma letra de V E R T I C A L. Qual é a probabilidade de que a mesma letra seja escolhida?

2.14 Demonstre a desigualdade de Boole:
$$P\left(\bigcup_{i=1}^{\infty} A_i\right) \leq \sum_{i=1}^{\infty} P(A_i)$$

2.15 Mostre que se $P(A_i) = 1$ para todo $i \geq 1$, então $P\left(\bigcap_{i=1}^{\infty} A_i\right) = 1$.

2.16 Suponha que $T_k(n)$ represente o número de partições do conjunto $\{1,..., n\}$ em k subconjuntos não vazios, onde $1 \leq k \leq n$ (veja o Exercício Teórico 2.8 para a definição de uma partição). Mostre que

$$T_k(n) = kT_k(n-1) + T_{k-1}(n-1)$$

Dica: Em quantas partições $\{1\}$ é um subconjunto e em quantas partições 1 é um elemento de um subconjunto que contém outros elementos?

2.17 Cinco bolas são escolhidas aleatoriamente, sem devolução, de uma urna que contém 5 bolas vermelhas, 6 brancas e 7 azuis. Determine a probabilidade de que pelo menos uma bola de cada cor seja escolhida.

2.18 Quatro bolas vermelhas, 8 azuis e 5 verdes são alinhadas aleatoriamente.
  (a) Qual é a probabilidade de que as primeiras 5 bolas sejam azuis?
  (b) Qual é a probabilidade de que nenhuma das primeiras 5 bolas seja azul?
  (c) Qual é a probabilidade de que as três últimas bolas tenham cores diferentes?
  (d) Qual é a probabilidade de que todas as bolas vermelhas estejam juntas?

2.19 Dez cartas são escolhidas aleatoriamente de um baralho de 52 cartas formado por 13 cartas de cada um dos naipes diferentes. Cada uma das cartas selecionadas é colocada em uma de 4 pilhas, dependendo de seu naipe.
  (a) Qual é a probabilidade de que a maior pilha tenha 4 cartas, a segunda maior tenha 3 cartas, a terceira maior tenha 2 cartas, e a menor pilha tenha 1 carta?
  (b) Qual é a probabilidade de que duas das pilhas tenham 3 cartas, uma tenha 4 cartas, e uma não tenha cartas?

2.20 Bolas são removidas aleatoriamente de uma urna que contém inicialmente 20 bolas vermelhas e 10 bolas azuis. Qual é a probabilidade de que todas as bolas vermelhas sejam retiradas antes que todas as bolas azuis?

Probabilidade Condicional e Independência

Capítulo 3

3.1 INTRODUÇÃO
3.2 PROBABILIDADES CONDICIONAIS
3.3 FÓRMULA DE BAYES
3.4 EVENTOS INDEPENDENTES
3.5 $P(\cdot|F)$ É UMA PROBABILIDADE

3.1 INTRODUÇÃO

Neste capítulo, introduzimos um dos conceitos mais importantes da teoria da probabilidade. A importância desse conceito é dupla. Em primeiro lugar, estamos frequentemente interessados em calcular probabilidades quando temos alguma informação parcial a respeito do resultado de um experimento; em tal situação, as probabilidades desejadas são condicionais. Em segundo lugar, mesmo quando não temos nenhuma informação parcial sobre o resultado de um experimento, as probabilidades condicionais podem ser frequentemente utilizadas para computar mais facilmente as probabilidades desejadas.

3.2 PROBABILIDADES CONDICIONAIS

Suponha que lancemos dois dados. Suponha também que cada um dos 36 resultados possíveis seja igualmente provável e que portanto tenha probabilidade 1/36. Além disso, digamos que o primeiro dado seja um 3. Então, dada essa informação, qual é a probabilidade de que a soma dos 2 dados seja igual a 8? Para calcular essa probabilidade, pensamos da seguinte maneira: sabendo que saiu um 3 no dado inicial, existirão no máximo 6 resultados possíveis para o nosso experimento, isto é, (3, 1), (3, 2), (3, 3), (3, 4), (3, 5) e (3, 6). Como cada um desse resultados tinha originalmente a mesma probabilidade de ocorrência, os resultados deveriam continuar a ter probabilidades iguais. Isto é, dado que o primeiro dado é um 3, a probabilidade (condicional) de cada um dos resultados (3, 1), (3, 2), (3, 3), (3, 4), (3, 5) e (3, 6) é 1/6, enquanto a probabilidade (condicional) dos outros 30 pontos no espaço amostral é 0. Com isso, a probabilidade desejada será igual a 1/6.

Se E e F representarem, respectivamente, o evento em que a soma dos dados é igual a 8 e o evento em que o primeiro dado é um 3, então a probabilidade que acabamos de obter é chamada de *probabilidade condicional de que E ocorra dado que F ocorreu* e é representada por

$$P(E|F)$$

Uma fórmula geral para $P(E|F)$ que seja válida para todos os eventos E e F é deduzida da mesma maneira: se o evento F ocorrer, então, para que E ocorra, é necessário que a ocorrência real seja um ponto tanto em E quanto em F; isto é, ela deve estar em EF. Agora, como sabemos que F ocorreu, tem-se que F se torna nosso novo, ou reduzido, espaço amostral; com isso, a probabilidade de que o evento EF ocorra será igual à probabilidade de EF relativa à probabilidade de F. Isto é, temos a seguinte definição.

Definição

Se $P(F) > 0$, então

$$P(E|F) = \frac{P(EF)}{P(F)} \qquad (2.1)$$

Exemplo 2a

Um estudante faz um teste com uma hora de duração. Suponha que a probabilidade de que o estudante finalize o teste em menos que x horas seja igual a $x/2$, para todo $0 \leq x \leq 1$. Então, dado que o estudante continua a trabalhar após 0,75 horas, qual é a probabilidade condicional de que a hora completa seja utilizada?

Solução Seja L_x o evento em que o estudante finaliza o teste em menos que x horas, $0 \leq x \leq 1$, e F o evento em que o estudante usa a hora completa. Como F é o evento em que o estudante não finalizou o teste em menos que 1 hora,

$$P(F) = P(L_1^c) = 1 - P(L_1) = 0{,}5$$

Agora, o evento em que o estudante ainda está trabalhando no horário de 0,75 horas é o complemento do evento $L_{0,75}$, então a probabilidade desejada é obtida de

$$\begin{aligned} P(F|L_{0,75}^c) &= \frac{P(FL_{0,75}^c)}{P(L_{0,75}^c)} \\ &= \frac{P(F)}{1 - P(L_{0,75})} \\ &= \frac{0{,}5}{0{,}625} = 0{,}8 \end{aligned}$$

■

Se cada resultado de um espaço amostral finito S é igualmente provável, então, tendo como condição o evento em que o resultado está contido no subconjunto $F \subset S$, todos os resultados em F se tornam igualmente prováveis. Em tais casos, é muitas vezes conveniente computar probabilidades condicionais da forma $P(E|F)$ usando F como o espaço amostral. De fato, trabalhar com esse espaço amostral reduzido frequentemente resulta em uma solução mais fácil e mais bem compreendida. Nossos próximos exemplos ilustram esse ponto.

Exemplo 2b

Uma moeda é jogada duas vezes. Supondo que todos os quatro pontos no espaço amostral $S = \{(h,h), (h,t), (t,h), (t,t)\}$ sejam igualmente prováveis, onde h representa cara e t representa coroa, qual é a probabilidade condicional de que dê cara em ambas as jogadas, dado que (a) dê cara na primeira jogada? (b) dê cara em pelo menos uma das jogadas?

Solução Seja $B = \{(h,h)\}$ o evento em que ambas as jogadas dão cara; $F\{(h,h), (h,t)\}$ o evento em que dá cara na primeira moeda, e $A = \{(h,h), (h,t), (t,h)\}$ o evento em dá cara em pelo menos uma jogada. A probabilidade referente à letra (a) pode ser obtida de

$$P(B|F) = \frac{P(BF)}{P(F)}$$
$$= \frac{P(\{(h,h)\})}{P(\{(h,h), (h,t)\})}$$
$$= \frac{1/4}{2/4} = 1/2$$

Para a letra (b), temos

$$P(B|A) = \frac{P(BA)}{P(A)}$$
$$= \frac{P(\{(h,h)\})}{P(\{(h,h), (h,t), (t,h)\})}$$
$$= \frac{1/4}{3/4} = 1/3$$

Assim, a probabilidade de que dê cara em ambas as jogadas dado que a primeira jogada tenha dado cara é igual a 1/2, enquanto a probabilidade condicional de que dê cara em ambas as moedas dado que pelo menos uma delas tenha dado cara é igual a 1/3. Muitos estudantes inicialmente acham esse último resultado surpreendente. Eles pensam que, dado que pelos menos uma moeda dê cara, existem dois resultados possíveis: ou dá cara em ambas as moedas ou dá cara em apenas uma. Seu engano, no entanto, está em supor que essas duas possibilidades são igualmente prováveis. Pois, inicialmente, existem 4 resultados igualmente prováveis. Como a informação de que pelo menos uma das jogadas dá cara é equivalente à informação de que o resultado não é (t,t), ficamos com os três resultados igualmente prováveis $(h,h), (h,t), (t,h)$, apenas um deles resultando em cara em ambas as moedas. ∎

Exemplo 2c
No jogo de bridge, as 52 cartas do baralho são distribuídas igualmente entre 4 jogadores – chamados leste, oeste, norte e sul. Se norte e sul têm um total de 8 espadas, qual é a probabilidade de que leste tenha as 5 cartas de espadas restantes?

Solução Provavelmente, o jeito mais fácil de calcular a probabilidade desejada é trabalhar com o espaço amostral reduzido. Isto é, dado que norte e sul têm um total de 8 espadas entre suas 26 cartas, resta um total de 26 cartas, onde exatamente 5 delas são espadas, a serem distribuídas entre as mãos leste-oeste. Como cada distribuição é igualmente provável, tem-se que a probabilidade condicional de que leste tenha exatamente 3 espadas entre suas 13 cartas é igual a

$$\frac{\binom{5}{3}\binom{21}{10}}{\binom{26}{13}} \approx 0{,}339$$

∎

Exemplo 2d
Um total de n bolas é sequencial e aleatoriamente escolhido, sem devolução, de uma urna contendo r bolas vermelhas e b bolas azuis ($n \leq r + b$). Dado que k das n bolas são azuis, qual é a probabilidade condicional de que a primeira bola escolhida seja azul?

Solução Se imaginarmos que as bolas são numeradas, com as bolas azuis recebendo os números de 1 a b e as bolas vermelhas recebendo os números de $b + 1$ até $b + r$, então o resultado do experimento de selecionar n bolas sem promover a sua devolução é um vetor de inteiros distintos $x_1,...,x_n$, onde cada x_i está entre 1 e $r + b$. Além disso, cada um desses vetores tem a mesma probabilidade de ser o resultado. Assim, dado que o vetor contém k bolas azuis (isto é, ele contém k valores entre 1 e b), tem-se que cada um desses resultados é igualmente provável. Mas como a primeira bola escolhida tem, portanto, a mesma probabilidade de ser qualquer uma das n bolas escolhidas, das quais k são azuis, tem-se que a probabilidade é igual a k/n.

Se não tivéssemos escolhido trabalhar com o espaço amostral reduzido, poderíamos ter resolvido o problema supondo que B fosse o evento em que a primeira bola escolhida é azul e B_k o evento em que um total de k bolas azuis é escolhido. Então

$$P(B|B_k) = \frac{P(BB_k)}{P(B_k)}$$
$$= \frac{P(B_k|B)P(B)}{P(B_k)}$$

Agora, $P(B_k|B)$ é a probabilidade de que a escolha aleatória de $n-1$ bolas de uma urna contendo r bolas vermelhas e $b-1$ bolas azuis resulte na escolha de um total de $k-1$ bolas azuis; consequentemente,

$$P(B_k|B) = \frac{\binom{b-1}{k-1}\binom{r}{n-k}}{\binom{r+b-1}{n-1}}$$

Usando a fórmula anterior juntamente com

$$P(B) = \frac{b}{r+b}$$

e a probabilidade hipergeométrica

$$P(B_k) = \frac{\binom{b}{k}\binom{r}{n-k}}{\binom{r+b}{n}}$$

novamente obtém-se o resultado

$$P(B|B_k) = \frac{k}{n}$$ ∎

Multiplicando ambos os lados da Equação (2.1) por $P(F)$, obtemos

$$P(EF) = P(F)P(E|F) \qquad (2.2)$$

Colocando em palavras, a Equação (2.2) diz que a probabilidade de que E e F ocorram é igual à probabilidade de que F ocorra multiplicada pela probabilidade condicional de E dado que F tenha ocorrido. A Equação (2.2) é muitas vezes útil no cálculo da probabilidade da interseção de eventos.

Exemplo 2e
Celina está indecisa quanto a fazer uma disciplina de francês ou de química. Ela estima que sua probabilidade de conseguir um conceito A seria de 1/2 em uma disciplina de francês e de 2/3 em uma disciplina de química. Se Celina decide basear a sua escolha no lançamento de uma moeda honesta, qual é a probabilidade de que ela obtenha um A em química?

Solução (a) Suponha que C seja o evento em que Celina faz o curso de química e A o evento em que ela que ela tira A independentemente do curso que fizer. Então a probabilidade desejada é $P(CA)$, que é calculada usando-se a Equação (2.2) como se segue

$$P(CA) = P(C)P(A|C)$$
$$= \left(\frac{1}{2}\right)\left(\frac{2}{3}\right) = \frac{1}{3}$$ ∎

Exemplo 2f
Suponha que uma urna contenha 8 bolas vermelhas e 4 bolas brancas. Retiramos 2 bolas da urna e não as repomos. (a) Se supomos que em cada retira-

da cada bola na urna tenha a mesma probabilidade de ser escolhida, qual é a probabilidade de que ambas as bolas retiradas sejam vermelhas? (b) Suponha agora que as bolas tenham pesos diferentes, com cada bola vermelha tendo um peso r e cada bola branca tendo um peso w. Suponha que a probabilidade de que a próxima bola a ser retirada da urna seja igual ao peso da bola dividido pela soma dos pesos de todas as bolas na urna naquele momento. Qual é a probabilidade de que ambas as bolas sejam vermelhas?

Solução Suponha que R_1 e R_2 representem, respectivamente, os eventos em que a primeira e a segunda bola sacadas são vermelhas. Agora, dado que a primeira bola selecionada é vermelha, existem 7 bolas vermelhas e 4 bolas brancas restantes, de forma que $P(R_2|R_1) = 7/11$. Como $P(R_1)$ é claramente 8/12, a probabilidade desejada é

$$P(R_1 R_2) = P(R_1)P(R_2|R_1)$$
$$= \left(\frac{2}{3}\right)\left(\frac{7}{11}\right) = \frac{14}{33}$$

Naturalmente, essa probabilidade poderia ter sido computada por $P(R_1 R_2) = \binom{8}{2}/\binom{12}{2}$.

Para resolver a letra (b), novamente supomos que R_i seja o evento em que a i-ésima bola escolhida é vermelha e usamos

$$P(R_1 R_2) = P(R_1)P(R_2|R_1)$$

Agora, numere as bolas vermelhas e suponha que B_i, $i = 1,..., 8$, seja o evento em que a primeira bola retirada é uma bola vermelha de número i. Então,

$$P(R_1) = P(\cup_{i=1}^{8} B_i) = \sum_{i=1}^{8} P(B_i) = 8 \frac{r}{8r + 4w}$$

Além disso, se a primeira bola é vermelha, a urna passa a conter 7 bolas vermelhas e 4 bolas brancas. Assim, por um argumento similar ao precedente,

$$P(R_2|R_1) = \frac{7r}{7r + 4w}$$

Com isso, a probabilidade de que ambas as bolas sejam vermelhas é

$$P(R_1 R_2) = \frac{8r}{8r + 4w} \frac{7r}{7r + 4w}$$ ∎

Uma generalização da Equação (2.2), a qual fornece uma expressão para a probabilidade de interseção de um número arbitrário de eventos, é às vezes chamada de *regra da multiplicação*.

A regra da multiplicação

$$P(E_1 E_2 E_3 \cdots E_n) = P(E_1)P(E_2|E_1)P(E_3|E_1 E_2) \cdots P(E_n|E_1 \cdots E_{n-1})$$

Para provar a regra da multiplicação, basta aplicar a definição de probabilidade condicional ao lado direito da expressão acima, o que resulta em

$$P(E_1)\frac{P(E_1E_2)}{P(E_1)}\frac{P(E_1E_2E_3)}{P(E_1E_2)}\cdots\frac{P(E_1E_2\cdots E_n)}{P(E_1E_2\cdots E_{n-1})} = P(E_1E_2\cdots E_n)$$

Exemplo 2g

No problema de pareamento discutido no Exemplo 5m do Capítulo 2, mostrou-se que P_N, a probabilidade de não haver pareamentos quando N pessoas selecionam aleatoriamente chapéus dentre o conjunto formado por seus N chapéus, é dada por

$$P_N = \sum_{i=0}^{N}(-1)^i/i!$$

Qual é a probabilidade de que exatamente k das N pessoas encontrem seus chapéus?

Solução Vamos fixar nossa atenção em um conjunto particular de k pessoas e determinar a probabilidade de que esses k indivíduos encontrem os seus chapéus e ninguém mais. Supondo que E represente o evento em que todos neste conjunto encontrem os seus chapéus e que G represente o evento em que nenhuma das outras $N - k$ pessoas encontre o seu chapéu, temos

$$P(GE) = P(E)P(G|E)$$

Agora, suponha que $F_i, i = 1,..., k$, seja o evento em que o i-ésimo membro do conjunto encontre o seu chapéu. Então

$$\begin{aligned}P(E) &= P(F_1F_2\cdots F_k)\\&= P(F_1)P(F_2|F_1)P(F_3|F_1F_2)\cdots P(F_k|F_1\cdots F_{k-1})\\&= \frac{1}{N}\frac{1}{N-1}\frac{1}{N-2}\cdots\frac{1}{N-k+1}\\&= \frac{(N-k)!}{N!}\end{aligned}$$

Dado que todos no conjunto de k encontraram os seus chapéus, as outras $N - k$ pessoas estarão aleatoriamente escolhendo dentre os seus próprios $N - k$ chapéus. Assim, a probabilidade de que nenhum deles encontre o seu chapéu é igual à probabilidade de ninguém encontrar seu chapéu em um problema tendo $N - k$ pessoas escolhendo dentre seus próprios $N - k$ chapéus. Portanto,

$$P(G|E) = P_{N-k} = \sum_{i=0}^{N-k}(-1)^i/i!$$

o que mostra que a probabilidade de um conjunto especificado de k pessoas encontrar os seus chapéus e ninguém mais é igual a

$$P(EG) = \frac{(N-k)!}{N!}P_{N-k}$$

Como existirão exatamente k pareamentos se a equação anterior for verdadeira para qualquer um dos $\binom{N}{k}$ conjuntos de k indivíduos, a probabilidade desejada é

$$P(\text{exatamente } k \text{ pareamentos}) = P_{N-k}/k!$$
$$\approx e^{-1}/k! \quad \text{quando } N \text{ é grande} \quad \blacksquare$$

Vamos agora empregar a regra da multiplicação para obter uma segunda abordagem de solução para o Exemplo 5h(b) do Capítulo 2.

Exemplo 2h

Um baralho comum de 52 cartas é dividido aleatoriamente em 4 pilhas de 13 cartas cada. Calcule a probabilidade de que cada pilha tenha exatamente um ás.

Solução Defina os eventos E_i, $i = 1, 2, 3, 4$, como se segue:

$E_1 = \{$o ás de espadas está em qualquer uma das pilhas$\}$
$E_2 = \{$o ás de espadas e o ás de copas estão em pilhas diferentes$\}$
$E_3 = \{$os ases de espadas, copas e ouros estão em pilhas diferentes$\}$
$E_4 = \{$todos os 4 ases estão em pilhas diferentes$\}$

A probabilidade desejada é $P(E_1 E_2 E_3 E_4)$, e, pela regra da multiplicação,

$$P(E_1 E_2 E_3 E_4) = P(E_1)P(E_2|E_1)P(E_3|E_1 E_2)P(E_4|E_1 E_2 E_3)$$

Agora,

$$P(E_1) = 1$$

já que E_1 é o espaço amostral S. Também,

$$P(E_2|E_1) = \frac{39}{51}$$

já que a pilha contendo o ás de espadas irá receber 12 das 51 cartas restantes, e

$$P(E_3|E_1 E_2) = \frac{26}{50}$$

já que as pilhas contendo os ases de espadas e copas irão receber 24 das 50 cartas restantes. Finalmente,

$$P(E_4|E_1 E_2 E_3) = \frac{13}{49}$$

Portanto, a probabilidade de que cada pilha receba exatamente 1 ás é

$$P(E_1 E_2 E_3 E_4) = \frac{39 \cdot 26 \cdot 13}{51 \cdot 50 \cdot 49} \approx 0{,}105$$

Isto é, existe uma chance de aproximadamente 10,5% de que cada pilha contenha um ás (o Problema 3.13 fornece uma outra maneira de usar a regra da multiplicação para resolver este problema). $\blacksquare$

Observações: Nossa definição de $P(E|F)$ é consistente com a interpretação de probabilidade como sendo uma frequência relativa em uma longa sequência de experimentos. Para ver isso, suponha que n repetições do experimento devam ser realizadas, para n grande. Afirmamos que se considerarmos apenas os experimentos em que F ocorre, então $P(E|F)$ será, em uma longa sequência de experimentos, igual à proporção na qual E também ocorrerá. Para verificar essa afirmação, note que, como $P(F)$ é a proporção de experimentos nos quais F ocorre a longo prazo, tem-se que, nas n repetições do experimento, F ocorrerá $nP(F)$ vezes. Similarmente, em aproximadamente $nP(EF)$ desses experimentos, tanto E quanto F irão ocorrer. Com isso, de aproximadamente $nP(F)$ experimentos em que F ocorre, a proporção de experimentos em que E também ocorre é aproximadamente igual a

$$\frac{nP(EF)}{nP(F)} = \frac{P(EF)}{P(F)}$$

Como essa aproximação se torna exata à medida que n cresce mais e mais, temos a definição apropriada de $P(E|F)$.

3.3 FÓRMULA DE BAYES

Suponha os eventos E e F. Podemos expressar E como

$$E = EF \cup EF^c$$

pois, para que um resultado esteja em E, ele deve estar em E e F ou em E mas não em F (veja a Figura 3.1). Como é claro que EF e EF^c são mutuamente exclusivos, temos, pelo Axioma 3,

$$\boxed{\begin{aligned} P(E) &= P(EF) + P(EF^c) \\ &= P(E|F)P(F) + P(E|F^c)P(F^c) \\ &= P(E|F)P(F) + P(E|F^c)[1 - P(F)] \end{aligned}} \qquad (3.1)$$

A Equação (3.1) diz que a probabilidade do evento E é uma média ponderada da probabilidade condicional de E dado que F ocorreu e da probabilidade condicional de E dado que F não ocorreu – com cada probabilidade condicional recebendo um maior peso quanto mais provável for a ocorrência do evento ao qual está relacionada. Esta fórmula é extremamente útil porque seu uso muitas vezes nos permite determinar a probabilidade de um evento

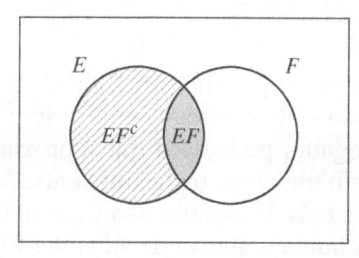

Figura 3.1 $E = EF \cup EF^c$. $EF =$ Área sombreada; $AF^c =$ Área tracejada.

com base na condição de ocorrência ou não de um segundo evento. Isto é, há muitos casos nos quais é difícil calcular diretamente a probabilidade de um evento, mas esse cálculo se torna simples se conhecermos a probabilidade de ocorrência ou não de um segundo evento. Ilustramos essa ideia com alguns exemplos.

Exemplo 3a (parte 1)

Uma companhia de seguros acredita que pessoas possam ser divididas em duas classes: aquelas que são propensas a acidentes e aquelas que não são. A estatística da companhia mostra que uma pessoa propensa a acidentes tem probabilidade de 0,4 de sofrer um acidente dentro de um período fixo de 1 ano, enquanto essa probabilidade cai para 0,2 no caso de uma pessoa não propensa a acidentes. Se supomos que 30% da população é propensa a acidentes, qual é a probabilidade de que um novo segurado sofra um acidente no período de um ano posterior à compra de sua apólice?

Solução Vamos obter a probabilidade desejada primeiro analisando a condição que diz se o segurado é propenso a acidentes ou não. Suponha que A_1 represente o evento em que o segurado sofrerá um acidente no período de um ano após a compra de sua apólice, e que A represente o evento em que o segurado é propenso a acidentes. Com isso, a probabilidade desejada é dada por

$$P(A_1) = P(A_1|A)P(A) + P(A_1|A^c)P(A^c)$$
$$= (0,4)(0,3) + (0,2)(0,7) = 0,26 \quad \blacksquare$$

Exemplo 3a (parte 2)

Suponha que um novo segurado sofra um acidente em menos de um ano após a compra da apólice. Qual é a probabilidade de que ele seja propenso a acidentes?

Solução A probabilidade desejada é

$$P(A|A_1) = \frac{P(AA_1)}{P(A_1)}$$
$$= \frac{P(A)P(A_1|A)}{P(A_1)}$$
$$= \frac{(0,3)(0,4)}{0,26} = \frac{6}{13} \quad \blacksquare$$

Exemplo 3b

Considere o seguinte jogo de cartas jogado com um baralho comum de 52 cartas: as cartas são embaralhadas e então viradas uma de cada vez. Em qualquer momento, o jogador pode dizer que a próxima carta a ser virada será o ás de espadas; se ela o for, então o jogador vence. Além disso, o jogador é considerado vencedor se o ás de espadas não tiver aparecido e restar apenas uma carta, desde que nenhuma tentativa de adivinhá-lo tenha sido feita. Qual seria uma boa estratégia? Qual seria uma estratégia ruim?

Solução Cada estratégia tem uma probabilidade de 1/52 de vencer! Para mostrar isso, usaremos a indução para provar o resultado mais forte de que, para um baralho com n cartas, uma daquelas cartas é o ás de espadas, e que a probabilidade de vitória é de $1/n$ não importando qual seja a estratégia empregada. Como isso é claramente verdade para $n = 1$, suponha que também o seja para um baralho com $n - 1$ cartas, e agora considere um baralho de n cartas. Fixe qualquer estratégia e suponha que p represente a probabilidade de que a estratégia adivinhe que a primeira carta é o ás de espadas. Dado que ocorra o acerto, a probabilidade de o jogador vencer é de $1/n$. Se, no entanto, a estratégia não adivinhar que a primeira carta é o ás de espadas, então a probabilidade de que o jogador vença é igual à probabilidade de que a primeira carta não seja o ás de espadas, isto é, $(n - 1)/n$, multiplicada pela probabilidade condicional de vitória dado que a primeira carta não seja o ás de espadas. Mas esta última probabilidade condicional é igual à probabilidade de vitória quando se utiliza um baralho com $n - 1$ cartas contendo um único ás de espadas; assim, ela é, pela hipótese de indução, igual a $1/(n -1)$. Com isso, dado que a estratégia não adivinhe a primeira carta, a probabilidade de vitória é

$$\frac{n-1}{n} \frac{1}{n-1} = \frac{1}{n}$$

Assim, supondo que G seja o evento em que a primeira carta é adivinhada, obtemos

$$P\{\text{vitória}\} = P\{\text{vitória}|G\}P(G) + P\{\text{vitória}|G^c\}(1 - P(G)) = \frac{1}{n}p + \frac{1}{n}(1 - p)$$
$$= \frac{1}{n}$$

∎

Exemplo 3c

Ao responder uma questão em uma prova de múltipla escolha, um estudante sabe a resposta ou a "chuta". Seja p a probabilidade de que o estudante saiba a resposta e $1 - p$ a probabilidade de que ele chute. Suponha que um estudante que chuta a resposta tem probabilidade de acerto de $1/m$, onde m é o número de alternativas em cada questão de múltipla escolha. Qual é a probabilidade condicional de que o estudante saiba a resposta de uma questão dado que ele ou ela a tenha respondido corretamente?

Solução Suponha que C e K representem, respectivamente, o evento em que o estudante responde à questão corretamente e o evento em que ele ou ela realmente saiba a resposta. Agora,

$$P(K|C) = \frac{P(KC)}{P(C)}$$
$$= \frac{P(C|K)P(K)}{P(C|K)P(K) + P(C|K^c)P(K^c)}$$
$$= \frac{p}{p + (1/m)(1 - p)}$$
$$= \frac{mp}{1 + (m - 1)p}$$

Por exemplo, se $m = 5, p = \frac{1}{2}$, então a probabilidade de que o estudante saiba a resposta de uma questão que ele ou ela respondeu corretamente é de $\frac{5}{6}$. ∎

Exemplo 3d

Um exame de sangue feito por um laboratório tem eficiência de 95% na detecção de certa doença quando ela está de fato presente. Entretanto, o teste também leva a um resultado "falso positivo" em 1% das pessoas saudáveis testadas (isto é, se uma pessoa testada for saudável, então, com probabilidade 0,01, o teste indicará que ele ou ela tem a doença). Se 0,5% da população realmente têm a doença, qual é a probabilidade de que uma pessoa tenha a doença dado que o resultado do teste é positivo?

Solução Suponha que D seja o evento em que a pessoa testada tem a doença e E o evento em que o resultado do teste é positivo. A probabilidade desejada é então

$$P(D|E) = \frac{P(DE)}{P(E)}$$
$$= \frac{P(E|D)P(D)}{P(E|D)P(D) + P(E|D^c)P(D^c)}$$
$$= \frac{(0,95)(0,005)}{(0,95)(0,005) + (0,01)(0,995)}$$
$$= \frac{95}{294} \approx 0,323$$

Assim, apenas 32% das pessoas cujos exames dão positivo têm de fato a doença. Muitos estudantes ficam frequentemente surpresos com esse resultado (eles esperam que a porcentagem sejam muito maior, já que o exame de sangue parece ser de boa qualidade), então é provavelmente válido apresentar um segundo argumento que, embora seja menos rigoroso que o anterior, é possivelmente mais revelador. Faremos isso agora.

Como 0,5% da população têm de fato a doença, tem-se como consequência que, em média, 1 pessoa em cada uma das 200 testadas estará infectada. O teste confirmará que essa pessoa tem a doença com uma probabilidade de 0,95. Assim, na média, de cada 200 pessoas testadas, o teste confirmará corretamente que 0,95 pessoas têm a doença. Por outro lado, contudo, das (em média) 199 pessoas saudáveis, o teste dirá incorretamente que (199)(0,01) dessas pessoas têm a doença. Com isso, para cada 0,95 pessoas doentes que o teste corretamente apontar como doente, existirão (em média) um total de (199)(0,01) pessoas saudáveis que o teste incorretamente declarará como doentes. Assim, a proporção de vezes em que o resultado está correto ao declarar a pessoa como doente é de

$$\frac{0,95}{0,95 + (199)(0,01)} = \frac{95}{294} \approx 0,323 \qquad ∎$$

A Equação (3.1) também é útil quando alguém precisa reavaliar suas probabilidades pessoais à luz de informações adicionais. Por exemplo, considere os exemplos a seguir.

Exemplo 3e

Considere um médico residente ponderando acerca do seguinte dilema: "Se estou pelo menos 80% certo de que meu paciente tem essa doença, então sempre recomendo cirurgia. Do contrário, se não estiver tão certo, recomendo testes adicionais que são caros e às vezes dolorosos. Como inicialmente eu tinha apenas 60% de certeza de que Jonas estava doente, eu pedi o teste tipo A, que sempre dá um resultado positivo quando o paciente tem a doença e quase nunca dá falso positivo. O resultado do teste foi positivo e eu estava prestes a recomendar a cirurgia quando Jonas me informou, pela primeira vez, que era diabético. A informação complica a questão porque, embora não altere a minha estimativa inicial de 60% de chances de ele ter a doença em questão, o diabetes altera a interpretação dos resultados do teste A. Isso ocorre porque o teste A, embora quase nunca leve a um resultado falso positivo, infelizmente dá positivo em 30% dos casos quando o paciente é diabético e não sofre da doença em questão. O que faço agora? Mais testes ou cirurgia imediata?".

Solução Para decidir entre recomendar ou não a cirurgia, o médico deve primeiro calcular a probabilidade atualizada de que Jonas tenha a doença dado que o resultado do teste A tenha sido positivo. Suponha que D represente o evento em que Jonas tem a doença e E o evento em que o resultado do teste A é positivo. A probabilidade condicional desejada é então

$$P(D|E) = \frac{P(DE)}{P(E)}$$

$$= \frac{P(D)P(E|D)}{P(E|D)P(D) + P(E|D^c)P(D^c)}$$

$$= \frac{(0,6)1}{1(0,6) + (0,3)(0,4)}$$

$$= 0,833$$

Note que calculamos a probabilidade de um resultado de teste positivo primeiro usando a condição de que Jonas tem ou não a doença e depois o fato de que, como Jonas é diabético, sua probabilidade condicional de receber um falso positivo, $P(E|D^c)$, é igual a 0,3. Com isso, como o médico tem agora uma certeza maior que 80% de que Jonas tem a doença, ele deve recomendar a cirurgia. ■

Exemplo 3f

Em certo estágio de uma investigação criminal, o inspetor encarregado está 60% convencido da culpa de certo suspeito. Suponha, no entanto, que uma *nova* prova que mostre que o criminoso tinha certa característica (como o fato de ser canhoto, careca, ou ter cabelo castanho) apareça. Se 20% da população possuem essa característica, quão certo da culpa do suspeito o inspetor estará agora se o suspeito apresentar a caraterística em questão?

Solução Supondo que G represente o evento em que o suspeito é culpado e C o evento em que ele possui a característica do criminoso, temos

$$P(G|C) = \frac{P(GC)}{P(C)}$$
$$= \frac{P(C|G)P(G)}{P(C|G)P(G) + P(C|G^c)P(G^c)}$$
$$= \frac{1(0,6)}{1(0,6) + (0,2)(0,4)}$$
$$\approx 0,882$$

onde supomos que a probabilidade de o suspeito ter a característica em questão mesmo sendo inocente é igual a 0,2, isto é, o percentual da população que possui tal característica. ∎

Exemplo 3g

No campeonato mundial de bridge que ocorreu em Buenos Aires em maio de 1965, os famosos parceiros de bridge Terrence Reese e Boris Schapiro foram acusados de trapacear utilizando um sistema de sinais com os dedos que poderia indicar o número de cartas do naipe de copas que eles tinham. Reese e Schapiro negaram a acusação e o caso acabou em uma audiência realizada pela liga inglesa de Bridge. A audiência foi feita na forma de um julgamento com grupos de acusação e defesa, ambos com o poder de chamar e arguir as testemunhas. Durante o procedimento em curso, o promotor examinou mãos específicas jogadas por Reese e Schapiro e afirmou que suas jogadas eram consistentes com a hipótese de eles terem tido conhecimento ilícito acerca das cartas do naipe de copas. Neste ponto, o advogado de defesa disse que as jogadas que eles fizeram eram consistentes com a sua linha de jogo usual. Entretanto, o promotor afirmou em seguida que, desde que suas jogadas fossem consistentes com a hipótese de culpa, isso deveria ser contado como evidência em direção a essa hipótese. O que você pensa do raciocínio da acusação?

Solução O problema consiste basicamente em determinar como a introdução de uma nova evidência (no exemplo anterior, a jogada da mão de copas) pode afetar a probabilidade de uma hipótese em particular. Se supomos que H representa uma hipótese particular (como a hipótese de que Reese e Schapiro são culpados) e E a nova evidência, então

$$P(H|E) = \frac{P(HE)}{P(E)}$$
$$= \frac{P(E|H)P(H)}{P(E|H)P(H) + P(E|H^c)[1 - P(H)]} \quad (3.2)$$

onde $P(H)$ é nossa avaliação da probabilidade da hipótese da acusação estar certa antes da introdução da nova evidência. A nova evidência reforçará a hipótese sempre que tornar a hipótese mais provável – isto é, sempre que $P(H|E) \geq P(H)$. Da Equação (3.2), este será o caso sempre que

$$P(E|H) \geq P(E|H)P(H) + P(E|H^c)[1 - P(H)]$$

ou, equivalentemente, quando

$$P(E|H) \geq P(E|H^c)$$

Em outras palavras, qualquer nova evidência pode ser considerada uma ajuda para uma hipótese em particular apenas se a sua ocorrência for mais provável quando a hipótese for verdadeira do que quando ela for falsa. De fato, a nova probabilidade da hipótese depende de sua probabilidade inicial e da relação entre essas probabilidades condicionais, já que, da Equação (3.2),

$$P(H|E) = \frac{P(H)}{P(H) + [1 - P(H)]\frac{P(E|H^c)}{P(E|H)}}$$

Com isso, no problema em consideração, a jogada realizada pode ser considerada um reforço para a hipótese de culpa apenas se ela for mais provável caso a dupla tenha trapaceado do que do contrário. Como o promotor nunca fez essa afirmação, sua declaração de que esta evidência estaria em suporte da hipótese de culpa é inválida. ∎

Quando o autor deste texto bebe chá gelado em uma cafeteria, ele pede um copo de água e um copo de chá de mesmo tamanho. À medida que ele bebe o chá, ele preenche continuamente o copo de chá com água. Supondo uma mistura perfeita de água e chá, ele pensou a respeito da probabilidade de seu último gole ser de chá. Esse pensamento levou à letra (a) do problema a seguir e a uma resposta muito interessante.

Exemplo 3h

A urna 1 tem inicialmente n moléculas vermelhas e a urna 2 tem n moléculas azuis. Moléculas são removidas aleatoriamente da urna 1 da seguinte maneira: após cada retirada da urna 1, uma molécula é retirada da urna 2 (se a urna 2 ainda tiver moléculas) e colocada na urna 1. O processo continua até que todas as moléculas tenham sido removidas (assim, existem ao todo $2n$ retiradas).

(a) Determine $P(R)$, onde R é o evento em que a última molécula retirada da urna 1 é vermelha.
(b) Repita o problema quando a urna 1 tiver inicialmente r_1 moléculas vermelhas e b_1 moléculas azuis e a urna 2 tiver r_2 moléculas vermelhas e b_2 moléculas azuis.

Solução (a) Fixe sua atenção em qualquer molécula vermelha em particular e suponha que F seja o evento em que essa molécula é a última selecionada. Agora, para que F ocorra, a molécula em questão ainda deve estar na urna após a remoção das primeiras n moléculas (quando a urna 2 estará vazia). Assim, supondo que N_i seja o evento em que essa molécula não seja a i-ésima molécula a ser removida, temos

$$P(F) = P(N_1 \cdots N_n F)$$
$$= P(N_1)P(N_2|N_1) \cdots P(N_n|N_1 \cdots N_{n-1})P(F|N_1 \cdots N_n)$$
$$= \left(1 - \frac{1}{n}\right) \cdots \left(1 - \frac{1}{n}\right)\frac{1}{n}$$

onde a fórmula anterior usa o fato de que a probabilidade condicional de que a molécula em consideração é a última molécula a ser removida, dado que ela ainda está na urna 1 quando restam apenas n moléculas, é, por simetria, $1/n$.

Portanto, se numerarmos as n moléculas vermelhas e fizermos com que R_j represente o evento em que a molécula vermelha de número j é a última molécula removida, então tem-se como consequência da fórmula anterior que

$$P(R_j) = \left(1 - \frac{1}{n}\right)^n \frac{1}{n}$$

Como os eventos R_j são mutuamente exclusivos, obtemos

$$P(R) = P\left(\bigcup_{j=1}^{n} R_j\right) = \sum_{j=1}^{n} P(R_j) = (1 - \frac{1}{n})^n \approx e^{-1}$$

(b) Suponha agora que a urna i tenha inicialmente r_i moléculas vermelhas e b_i moléculas azuis, para $i = 1, 2$. Para determinar $P(R)$, a probabilidade de que a última molécula removida seja vermelha, fixe sua atenção em qualquer molécula que esteja inicialmente na urna 1. Como na letra (a), tem-se que a probabilidade de que esta molécula seja a última a ser removida é

$$p = \left(1 - \frac{1}{r_1 + b_1}\right)^{r_2+b_2} \frac{1}{r_1 + b_1}$$

Isto é, $\left(1 - \frac{1}{r_1+b_1}\right)^{r_2+b_2}$ é a probabilidade de que a molécula em consideração ainda esteja na urna 1 quando a urna 2 se esvaziar, e $\frac{1}{r_1+b_1}$ é a probabilidade condicional, dado o evento anterior, de que a molécula em consideração seja a última molécula removida. Com isso, se O é o evento em que a última molécula removida é uma das moléculas originalmente na urna 1, então

$$P(O) = (r_1 + b_1)p = \left(1 - \frac{1}{r_1 + b_1}\right)^{r_2+b_2}$$

Para determinar $P(R)$, usamos a condição de ocorrência de O para obter

$$P(R) = P(R|O)P(O) + P(R|O^c)P(O^c)$$

$$= \frac{r_1}{r_1 + b_1}\left(1 - \frac{1}{r_1 + b_1}\right)^{r_2+b_2} + \frac{r_2}{r_2 + b_2}\left(1 - \left(1 - \frac{1}{r_1 + b_1}\right)^{r_2+b_2}\right)$$

Se $r_1 + b_1 = r_2 + b_2 = n$, de modo que ambas as urnas tenham n moléculas, então, quando n é grande,

$$P(L) \approx \frac{r_1}{r_1 + b_1}e^{-1} + \frac{r_2}{r_2 + b_2}(1 - e^{-1}) \qquad \blacksquare$$

A mudança na probabilidade de uma hipótese quando uma nova evidência é introduzida pode ser expressa de forma compacta em termos da mudança na *chance* de ocorrência daquela hipótese; o conceito de chance é definido a seguir.

Definição

A chance de ocorrência de um evento A é definida como

$$\frac{P(A)}{P(A^c)} = \frac{P(A)}{1 - P(A)}$$

Isto é, a chance de um evento A diz quão mais provável é a ocorrência desse evento do que a sua não ocorrência. Por exemplo, se $P(A) = 2/3$, então $P(A) = 2P(A^c)$; com isso, a chance de ocorrência de A é igual a 2. Se a chance de ocorrência é igual a α, então é comum dizer que a chance é de "α para 1" a favor da hipótese.

Considere agora uma hipótese H que é verdadeira com probabilidade $P(H)$ e suponha que a nova evidência E seja introduzida. Então, as probabilidades condicionais, dada a evidência E, de que a hipótese H seja verdadeira ou de que essa hipótese H não seja verdadeira, são dadas respectivamente por

$$P(H|E) = \frac{P(E|H)P(H)}{P(E)} \qquad P(H^c|E) = \frac{P(E|H^c)P(H^c)}{P(E)}$$

Portanto, a nova chance de ocorrência de H após a introdução da evidência E é dada por

$$\boxed{\frac{P(H|E)}{P(H^c|E)} = \frac{P(H)}{P(H^c)}\frac{P(E|H)}{P(E|H^c)}} \qquad (3.3)$$

Isto é, o novo valor da chance de ocorrência de H é igual ao valor antigo multiplicado pela relação entre a probabilidade condicional da nova evidência dado que a hipótese H é verdadeira e a probabilidade condicional dado que a hipótese H não é verdadeira. Assim, a Equação (3.3) verifica o resultado do Exemplo 3f. Isto porque a chance de ocorrência de H e por conseguinte a sua probabilidade de ocorrência aumentam sempre que a nova evidência for mais provável quando a hipótese H for verdadeira do que do contrário. Similarmente, as chances diminuem sempre que a nova evidência for mais provável quando H for falso do que do contrário.

Exemplo 3i
Uma urna contém duas moedas do tipo A e uma moeda do tipo B. Quando uma moeda A é lançada, ela tem probabilidade de 1/4 de dar cara. Por outro lado, quando uma moeda B é lançada, ela tem probabilidade de 3/4 de dar cara. Uma moeda é sorteada aleatoriamente e lançada. Dado que a moeda deu cara, qual é a probabilidade de que a moeda seja do tipo A?

Solução Suponha que A seja o evento correspondente ao lançamento de uma moeda de tipo A, e que $B = A^c$ seja o evento correspondente ao lançamento de uma moeda de tipo B. Queremos calcular $P(A|\text{cara})$, onde cara corresponde ao evento em que a moeda lançada dá cara. Da Equação (3.3), vemos que

$$\frac{P(A|\text{cara})}{P(A^c|\text{cara})} = \frac{P(A)}{P(B)} \frac{P(\text{cara}|A)}{P(\text{cara}|B)}$$
$$= \frac{2/3}{1/3} \frac{1/4}{3/4}$$
$$= 2/3$$

Portanto, as chances são de 2/3 : 1, ou, equivalentemente, a probabilidade de que uma moeda do tipo A tenha sido jogada é de 2/5. ∎

A Equação (3.1) pode ser generalizada da seguinte maneira: suponha que $F_1, F_2, ..., F_n$ sejam eventos mutuamente exclusivos tais que

$$\bigcup_{i=1}^{n} F_i = S$$

Em outras palavras, exatamente um dos eventos $F_1, F_2, ..., F_n$ deve ocorrer. Escrevendo

$$E = \bigcup_{i=1}^{n} EF_i$$

e usando o fato de que os eventos $EF_i, i = 1, ..., n$, são mutuamente exclusivos, obtemos

$$P(E) = \sum_{i=1}^{n} P(EF_i)$$
$$= \sum_{i=1}^{n} P(E|F_i)P(F_i) \qquad (3.4)$$

Assim, a Equação (3.4) mostra, para dados eventos $F_1, F_2, ..., F_n$, dos quais um e apenas um deve ocorrer, como podemos calcular $P(E)$ primeiro analisando as condições em que F_i ocorre. Isto é, a Equação (3.4) diz que $P(E)$ é igual à média ponderada de $P(E|F_i)$, com cada termo sendo ponderado pela probabilidade do evento ao qual está condicionado.

Exemplo 3j

No Exemplo 5j do Capítulo 2, analisamos a probabilidade de, em um baralho embaralhado aleatoriamente, a carta retirada logo após o primeiro ás ser alguma carta específica. Além disso, fornecemos um argumento baseado em análise combinatória para mostrar que essa probabilidade é de 1/52. Temos agora um argumento probabilístico baseado na análise condicional: seja E o evento em que a carta logo após o primeiro ás é alguma carta específica, digamos, a carta x. Para calcular $P(E)$, ignoramos a carta x e analisamos as condições referentes à ordenação relativa das outras 51 cartas no baralho. Supondo que $\mathbf{O}$ represente a ordenação, temos

$$P(E) = \sum_{\mathbf{O}} P(E|\mathbf{O})P(\mathbf{O})$$

Agora, dado $\mathbf{O}$, existem 52 possíveis ordenações para as cartas correspondendo a ter a carta x como a i-ésima carta do baralho, $i = 1, 2,..., 52$. Mas, como todas as 52! ordenações possíveis eram de início igualmente prováveis, tem-se como consequência que, tendo $\mathbf{O}$ como condição, cada uma das 52 ordenações remanescentes são igualmente prováveis. Como a carta x virá logo após o primeiro ás em apenas uma dessas ordenações, temos $P(E|\mathbf{O}) = 1/52$, o que implica $P(E) = 1/52$. ■

Novamente, suponha que $F_1, F_2,..., F_n$ seja um conjunto de eventos mutuamente exclusivos e exaustivos (o que significa que exatamente um desses eventos deve ocorrer).

Suponha também que E tenha ocorrido e que estejamos interessados em determinar qual dos F_j eventos ocorreu. Então, pela Equação (3.4), temos a proposição a seguir.

Proposição 3.1

$$P(F_j|E) = \frac{P(EF_j)}{P(E)}$$

$$= \frac{P(E|F_j)P(F_j)}{\sum_{i=1}^{n} P(E|F_i)P(F_i)} \quad (3.5)$$

A Equação (3.5) é conhecida como fórmula de Bayes, em homenagem ao filósofo inglês Thomas Bayes. Se pensarmos nos eventos F_i como sendo "hipóteses" possíveis sobre algo, então a fórmula de Bayes pode ser interpretada como se mostrasse como as opiniões que se tinha a respeito dessas hipóteses antes da realização do experimento [isto é, $P(F_i)$] deveriam ser modificadas pela evidência produzida pelo experimento.

Exemplo 3k

Um avião desapareceu e presume-se que seja igualmente provável que ele tenha caído em qualquer uma de 3 regiões possíveis. Suponha que $1 - \beta_i$, $i = 1, 2, 3$, represente a probabilidade de que o avião seja encontrado após uma busca na *i*-ésima região quando o avião está de fato naquela região (as constantes β_i são chamadas de *probabilidades de negligência*, porque elas representam a probabilidade de não se encontrar o avião; elas são em geral atribuídas às condições geográficas e ambientais da região). Qual é a probabilidade condicional de que o avião esteja na *i*-ésima região dado que a busca na região 1 tenha sido malsucedida?

Solução Suponha que R_i, $i = 1, 2, 3$ seja o evento em que o avião está na região *i* e *E* o evento em que a busca na região 1 é malsucedida. Da fórmula de Bayes, obtemos

$$P(R_1|E) = \frac{P(ER_1)}{P(E)}$$

$$= \frac{P(E|R_1)P(R_1)}{\sum_{i=1}^{3} P(E|R_i)P(R_i)}$$

$$= \frac{(\beta_1)\frac{1}{3}}{(\beta_1)\frac{1}{3} + (1)\frac{1}{3} + (1)\frac{1}{3}}$$

$$= \frac{\beta_1}{\beta_1 + 2}$$

Para $j = 2, 3$,

$$P(R_j|E) = \frac{P(E|R_j)P(R_j)}{P(E)}$$

$$= \frac{(1)\frac{1}{3}}{(\beta_1)\frac{1}{3} + \frac{1}{3} + \frac{1}{3}}$$

$$= \frac{1}{\beta_1 + 2} \quad j = 2, 3$$

Note que a probabilidade atualizada (isto é, a probabilidade condicional) de o avião estar na região *j*, dada a informação de que a busca na região 1 não o encontrou, é maior que a probabilidade inicial de que ele estivesse na região *j* quando $j \neq 1$ e menor que a probabilidade quando $j = 1$. Essa afirmação é certamente intuitiva, já que não encontrar o avião na região 1 pareceria diminuir as chances de o avião estar naquela região e aumentar as chances de ele estar em outra região. Além disso, a probabilidade condicional de o avião estar na região 1 dada a busca malsucedida naquela região é uma função crescente da probabilidade de negligência β_1. Essa afirmação também é intuitiva, já que, quanto maior β_1, mais razoável é atribuir o fracasso da busca à "má sorte" do que à possibilidade de o avião não estar lá. Similarmente, $P(R_j|E), j \neq 1$, é uma função decrescente de β_1. ∎

O próximo exemplo tem sido utilizado com frequência por estudantes de probabilidade inescrupulosos para ganhar dinheiro de seus amigos menos espertos.

Exemplo 3l

Suponha que tenhamos 3 cartas idênticas, exceto que ambos os lados da primeira carta são vermelhos, ambos os lados da segunda carta são pretos e um dos lados da terceira carta é vermelho enquanto o outro lado é preto. As três cartas são misturadas no interior de um boné; uma carta é selecionada aleatoriamente e colocada no chão. Se o lado de cima da carta escolhida é vermelho, qual é a probabilidade de que o outro lado seja preto?

Solução Suponha que RR, BB e RB representem, respectivamente, os eventos em que a carta escolhida é toda vermelha, toda preta ou vermelha e preta. Além disso, suponha que R seja o evento em que o lado de cima da carta sorteada tem cor vermelha. Então, a probabilidade desejada é obtida por

$$P(RB|R) = \frac{P(RB \cap R)}{P(R)}$$

$$= \frac{P(R|RB)P(RB)}{P(R|RR)P(RR) + P(R|RB)P(RB) + P(R|BB)P(BB)}$$

$$= \frac{\left(\frac{1}{2}\right)\left(\frac{1}{3}\right)}{(1)\left(\frac{1}{3}\right) + \left(\frac{1}{2}\right)\left(\frac{1}{3}\right) + 0\left(\frac{1}{3}\right)} = \frac{1}{3}$$

Portanto, a resposta é 1/3. Alguns estudantes acham que 1/2 é a resposta porque pensam incorretamente que, dado que um lado vermelho apareça, haverá duas possibilidades igualmente prováveis: de que a carta seja toda vermelha ou que seja vermelha e preta. Seu erro, contudo, está em supor que essas duas possibilidades sejam igualmente prováveis. Pois, se pensarmos em cada carta como sendo formada por dois lados distintos, então veremos que existem 6 resultados igualmente prováveis para o experimento – isto é, $R_1, R_2, B_1, B_2, R_3, B_3$ – onde o resultado é igual a R_1 se o primeiro lado da carta vermelha for virado para cima, R_2 se o segundo lado da carta vermelha for virado para cima, R_3 se o lado vermelho da carta vermelha e preta for virado para cima, e assim por diante. Como o outro lado da carta com lado vermelho virado para cima será preto somente se o resultado for R_3, vemos que a probabilidade desejada é a probabilidade condicional de R_3 dado que R_1 ou R_2 ou R_3 tenham ocorrido, o que é obviamente igual a 1/3. ■

Exemplo 3m

Um novo casal, que tem duas crianças, acabou de se mudar para a cidade. Suponha que a mãe seja vista caminhando com uma de suas crianças. Se esta criança é uma menina, qual é a probabilidade de que ambas as crianças sejam meninas?

Solução Comecemos definindo os seguintes eventos:

G_1: a primeira criança (isto é, a criança mais velha) é uma menina.
G_2: a segunda criança é uma menina.
G: a criança vista com a mãe é uma menina.

Além disso, suponha que B_1, B_2 e B representem eventos similares, exceto que agora o substantivo "menina" seja trocado por "menino". Agora, a probabilidade desejada é $P(G_1G_2|G)$, o que pode ser escrito como se segue

$$P(G_1G_2|G) = \frac{P(G_1G_2G)}{P(G)}$$
$$= \frac{P(G_1G_2)}{P(G)}$$

Também,

$$P(G) = P(G|G_1G_2)P(G_1G_2) + P(G|G_1B_2)P(G_1B_2)$$
$$+ P(G|B_1G_2)P(B_1G_2) + P(G|B_1B_2)P(B_1B_2)$$
$$= P(G_1G_2) + P(G|G_1B_2)P(G_1B_2) + P(G|B_1G_2)P(B_1G_2)$$

onde a última equação fez uso dos resultados $P(G|G_1G_2) = 1$ e $P(G|B_1B_2) = 0$. Se agora fazemos a suposição usual de que as quatro possibilidades de gênero são igualmente prováveis, então vemos que

$$P(G_1G_2|G) = \frac{\frac{1}{4}}{\frac{1}{4} + P(G|G_1B_2)/4 + P(G|B_1G_2)/4}$$
$$= \frac{1}{1 + P(G|G_1B_2) + P(G|B_1G_2)}$$

Assim, a resposta depende das suposições que queremos fazer a respeito das probabilidades condicionais de que a criança vista com a mãe é uma menina dado o evento G_1B_2 e de que a criança vista com a mãe é uma menina dado o evento G_2B_1. Por exemplo, se quisermos supor, por um lado, que, independentemente do sexo das crianças, a criança caminhando ao lado da mãe é a mais velha com certa probabilidade p, então teremos que

$$P(G|G_1B_2) = p = 1 - P(G|B_1G_2)$$

o que implica, neste cenário, que

$$P(G_1G_2|G) = \frac{1}{2}$$

Se, por outro lado, supormos que, se as crianças tiverem sexos diferentes, então a mãe escolheria caminhar com a menina com probabilidade q, independentemente da ordem do nascimento das crianças, então teríamos

$$P(G|G_1B_2) = P(G|B_1G_2) = q$$

o que implica

$$P(G_1G_2|G) = \frac{1}{1 + 2q}$$

Por exemplo, se fizermos $q = 1$, significando que a mãe devesse sempre escolher caminhar com uma filha, então a probabilidade condicional de que ela tivesse duas filhas seria igual a 1/3, o que está de acordo com o Exemplo 2b porque ver a mãe com uma filha é agora equivalente ao evento em que ela tem pelo menos uma filha.

Com isso, como se vê, é impossível obter uma solução para esse problema. De fato, mesmo quando a suposição usual de que as crianças tenham a mesma probabilidade de ser menino ou menina é feita, precisamos ainda realizar suposições adicionais antes que uma solução possa ser dada. Isso ocorre porque o espaço amostral de nosso experimento é formado por vetores na forma s_1, s_2, i, onde s_1 é sexo da criança mais velha, s_2 é o sexo da criança mais nova, e i identifica a ordem de nascimento da criança vista com a mãe. Como resultado, para especificar as probabilidades dos eventos do espaço amostral, não é suficiente fazer suposições apenas sobre o sexo das crianças; também é necessário supor algo sobre as probabilidades condicionais a respeito de qual criança está com a mãe dado o sexo das crianças.

Exemplo 3n

Uma caixa contém 3 tipos de lanternas descartáveis. A probabilidade de que uma lanterna do tipo 1 funcione por mais de 100 horas é igual a 0,7, e as probabilidades referentes às lanternas de tipo 2 e 3 correspondem, respectivamente, a 0,4 e 0,3. Suponha que 20% das lanternas na caixa sejam do tipo 1, 30% sejam do tipo 2, e 50% sejam do tipo 3.

(a) Qual é a probabilidade de que uma lanterna aleatoriamente escolhida funcione mais que 100 horas?

(b) Dado que uma lanterna tenha durado mais de 100 horas, qual é a probabilidade condicional de que ela seja uma lanterna do tipo $j, j = 1, 2, 3$?

Solução (a) Suponha que A represente o evento em que a lanterna escolhida funcione mais de 100 horas, e F_j o evento em que uma lanterna do tipo j seja escolhida, $j = 1, 2, 3$. Para calcular $P(A)$, analisamos a condição referente ao tipo da lanterna e obtemos

$$P(A) = P(A|F_1)P(F_1) + P(A|F_2)P(F_2) + P(A|F_3)P(F_3)$$
$$= (0,7)(0,2) + (0,4)(0,3) + (0,3)(0,5) = 0,41$$

Há 41% de chance de a lanterna funcionar por mais de 100 horas.

(b) A probabilidade é obtida usando-se a fórmula de Bayes

$$P(F_j|A) = \frac{P(AF_j)}{P(A)}$$
$$= \frac{P(A|F_j)P(F_j)}{0,41}$$

Assim,

$$P(F_1|A) = (0,7)(0,2)/0,41 = 14/41$$
$$P(F_2|A) = (0,4)(0,3)/0,41 = 12/41$$
$$P(F_3|A) = (0,3)(0,5)/0,41 = 15/41$$

Por exemplo, enquanto a probabilidade de uma lanterna do tipo 1 ser escolhida é de apenas 0,2, a informação de que a lanterna funcionou por mais de 100 horas aumenta a probabilidade desse evento para $14/41 \approx 0{,}341$. ∎

Exemplo 3o

Um crime foi cometido por um único indivíduo, que deixou algumas amostras de seu DNA na cena do crime. Peritos que estudaram o DNA recuperado notaram que apenas 5 cadeias puderam ser identificadas, e que uma pessoa inocente teria uma probabilidade de 10^{-5} de ter seu DNA compatível com todas as cadeias recuperadas. O promotor do distrito imagina que o criminoso pode ser qualquer um dos 1 milhão de habitantes da cidade. Dez mil desses residentes foram libertados da prisão ao longo dos últimos 10 anos; consequentemente, tem-se arquivada uma amostra de seu DNA. Antes de verificar os arquivos de DNA, o promotor do distrito acha que cada um dos dez mil ex-criminosos tem probabilidade α de ter cometido o novo crime, enquanto cada um dos 990.000 moradores restantes tem probabilidade β, onde $\alpha = c\beta$ (isto é, o promotor supõe que cada condenado recém-libertado é c vezes mais propenso a cometer um crime do que um morador da cidade que não seja um condenado recém-libertado). Quando o DNA analisado é comparado com a base de dados dos dez mil ex-condenados, descobre-se que A. J. Jones é o único cujo DNA é compatível com a amostra coletada. Supondo que a estimativa entre α e β feita pelo promotor da cidade seja precisa, qual é a probabilidade de que A. J. seja o culpado?

Solução Para começar, como a soma das probabilidades deve ser igual a 1, temos

$$1 = 10.000\alpha + 990.000\beta = (10.000c + 990.000)\beta$$

Assim,

$$\beta = \frac{1}{10.000c + 990.000}, \quad \alpha = \frac{c}{10.000c + 990.000}$$

Agora, suponha que G seja o evento em que A. J. é culpado, e M o evento em que A. J. é o único entre as dez mil pessoas no arquivo a ter o DNA compatível com os vestígios encontrados no local do crime. Então

$$P(G|M) = \frac{P(GM)}{P(M)}$$
$$= \frac{P(G)P(M|G)}{P(M|G)P(G) + P(M|G^c)P(G^c)}$$

Por outro lado, se A. J. é o culpado, então ele será o único a ter seu DNA compatível se nenhum dos outros no arquivo tiver seu DNA compatível. Portanto

$$P(M|G) = (1 - 10^{-5})^{9999}$$

Por outro lado, se A. J. é inocente, então, para que ele seja o único com o DNA compatível, seu DNA deve ser compatível (o que ocorrerá com probabilidade

10^{-5}), todos os outros na base de dados devem ser inocentes, e nenhum destes outros pode ter DNA compatível com os vestígios encontrados no local do crime. Agora, dado que A. J. é inocente, a probabilidade condicional de que todos os outros na base de dados também sejam inocentes é

$$P(\text{todos os demais inocentes}|A.\,J.\,\text{inocente}) = \frac{P(\text{todos na base de dados inocentes})}{P(A.\,J.\,\text{inocente})}$$
$$= \frac{1 - 10.000\alpha}{1 - \alpha}$$

Além disso, a probabilidade condicional de que nenhum dos outros na base de dados tenha DNA compatível com os vestígios encontrados, dada a sua inocência, é de $(1 - 10^{-5})^{9999}$. Portanto,

$$P(M|G^c) = 10^{-5} \left(\frac{1 - 10.000\alpha}{1 - \alpha} \right) (1 - 10^{-5})^{9999}$$

Como $P(G) = \alpha$, a fórmula anterior resulta em

$$P(G|M) = \frac{\alpha}{\alpha + 10^{-5}(1 - 10.000\alpha)} = \frac{1}{0,9 + \frac{10^{-5}}{\alpha}}$$

Assim, se a impressão inicial do promotor do distrito fosse de que qualquer ex-condenado tivesse probabilidade 100 vezes maior de cometer o crime do que um não condenado (isto é, $c = 100$), então $\alpha = 1/19.900$ e

$$P(G|M) = \frac{1}{1,099} \approx 0,9099$$

Se o promotor do distrito tivesse imaginado inicialmente que a relação apropriada seria $c = 10$, então $\alpha = 1/109.000$ e

$$P(G|M) = \frac{1}{1,99} \approx 0,5025$$

Se o promotor do distrito tivesse imaginado inicialmente que o criminoso pudesse, com a mesma probabilidade, ser qualquer um dos moradores da cidade ($c = 1$), então $\alpha = 10^{-6}$ e

$$P(G|M) = \frac{1}{10,9} \approx 0,0917$$

Assim, a probabilidade varia de aproximadamente 9%, quando a suposição inicial do promotor do distrito é a de que todos os membros da população têm a mesma chance de ser o criminoso, até 91%, quando ele supõe que cada ex-condenado tem probabilidade 100 vezes maior de ser o criminoso do que uma pessoa que não tenha sido condenada anteriormente. ■

3.4 EVENTOS INDEPENDENTES

Os exemplos anteriores deste capítulo mostram que $P(E|F)$, a probabilidade condicional de E dado F, não é geralmente igual a $P(E)$, a probabilidade incondicional de E. Em outras palavras, o conhecimento de que F ocorreu geralmente muda a chance de ocorrência de E. Nos casos especiais em que $P(E|F)$ é de fato igual a $P(E)$, dizemos que E é independente de F. Isto é, E é independente de F se o conhecimento de que F ocorreu não mudar a probabilidade de ocorrência de E.

Como $P(E|F) = P(EF)/P(F)$, tem-se a condição em que E é independente de F se

$$P(EF) = P(E)P(F) \tag{4.1}$$

O fato de a Equação (4.4) ser simétrica em E e F mostra que sempre que E for independente de F, F também será independente de E. Temos portanto a definição a seguir.

Definição

Dois eventos E e F são chamados de *independentes* se a Equação (4.1) for verdadeira.
Dois eventos E e F que não são independentes são chamados de *dependentes*.

Exemplo 4a

Uma carta é selecionada aleatoriamente de um baralho comum de 52 cartas. Se E é o evento em que a carta selecionada é um ás e F é o evento em que a carta selecionada é do naipe de espadas, então E e F são independentes. Isso ocorre porque $P(EF) = 1/52$, enquanto $P(E) = 4/52$ e $P(F) = 13/52$. ∎

Exemplo 4b

Duas moedas são lançadas e supõe-se que os 4 resultados possíveis sejam igualmente prováveis. Se E é o evento em que a primeira moeda dá cara e F o evento em que a segunda moeda dá coroa, então E e F são independentes, pois $P(EF) = P(\{(cara, coroa)\}) = 1/4$, enquanto $P(E) = P(\{(cara, cara), (cara, coroa)\}) = 1/2$ e $P(F) = P(\{(cara, coroa), (coroa, coroa)\}) = 1/2$. ∎

Exemplo 4c

Suponha que joguemos 2 dados honestos. Seja E_1 o evento em que a suma dos dados é igual a 6 e F o evento em que o primeiro dado é igual a 4. Então,

$$P(E_1 F) = P(\{(4, 2)\}) = \frac{1}{36}$$

enquanto que

$$P(E_1)P(F) = \left(\frac{5}{36}\right)\left(\frac{1}{6}\right) = \frac{5}{216}$$

Com isso, E_1 e F não são independentes. Intuitivamente, a razão para isso é clara. Isto porque, se estamos interessados na probabilidade de obter um 6 (com 2 dados), devemos ficar bastante contentes se o primeiro dado cair no 4 (ou, de fato, em qualquer um dos números 1, 2, 3, 4 e 5), pois com isso ainda teremos a probabilidade de conseguir um total de 6. Se, no entanto, o primeiro dado cair no 6, ficaremos tristes porque perderíamos a chance de conseguir um total de 6 com os dois dados. Em outras palavras, nossa chance de obter um total de 6 depende do resultado do primeiro dado; assim, E_1 e F não podem ser independentes.

Agora, suponha que E_2 seja o evento em que a soma dos dados é igual a 7. E_2 e F são independentes? A resposta é sim, já que

$$P(E_2F) = P(\{(4,3)\}) = \frac{1}{36}$$

enquanto que

$$P(E_2)P(F) = \left(\frac{1}{6}\right)\left(\frac{1}{6}\right) = \left(\frac{1}{36}\right)$$

Deixamos para o leitor a apresentação do argumento intuitivo do porquê do evento em que a soma dos dados é igual a 7 ser independente do resultado do primeiro dado. ∎

Exemplo 4d

Se E representar o evento em que o próximo presidente dos EUA é republicano e F o evento em que um grande terremoto ocorrerá no período de um ano, então a maioria das pessoas provavelmente tenderia a supor que E e F são independentes. Entretanto, possivelmente haveria alguma controvérsia se E fosse considerado independente de G, onde G é o evento que representa a ocorrência de recessão no período de dois anos após a eleição. ∎

Mostramos agora que, se E é independente de F, então E também é independente de F^c.

Proposição 4.1 Se E e F são independentes, então E e F^c também o são.

Demonstração Suponha que E e F sejam independentes. Como $E = EF \cup EF^c$, e é óbvio que EF e EF^c são mutuamente exclusivos, temos

$$P(E) = P(EF) + P(EF^c)$$
$$= P(E)P(F) + P(EF^c)$$

ou, equivalentemente,

$$P(EF^c) = P(E)[1 - P(F)]$$
$$= P(E)P(F^c)$$

e o resultado está provado. □

Assim, se E é independente de F, a probabilidade da ocorrência de E não muda se F tiver ocorrido ou não.

Suponha agora que E seja independente de F e também de G. O evento E é nesse caso necessariamente independente de FG? A resposta, de certo modo surpreendente, é não, como demonstra o exemplo a seguir.

Exemplo 4e
Dois dados honestos são lançados. Seja E o evento em que a soma dos dados é igual a 7, F o evento em que o primeiro dado é igual a 4 e G o evento em que o segundo dado é igual a 3. Do Exemplo 4c, sabemos que E é independente de F, e a aplicação do mesmo raciocínio aqui mostra que E também é independente de G; mas, claramente, E não é independente de FG [já que $P(E|FG) = 1$]. ∎

Parece uma consequência do Exemplo 4e o fato de uma definição apropriada da independência de três eventos E, F e G ter que ir além da mera suposição de que todos os $\binom{3}{2}$ pares de eventos sejam independentes. Somos assim levados à seguinte definição.

Definição

Três eventos E, F e G são ditos independentes se
$$P(EFG) = P(E)P(F)P(G)$$
$$P(EF) = P(E)P(F)$$
$$P(EG) = P(E)P(G)$$
$$P(FG) = P(F)P(G)$$

Note que, se E, F e G são independentes, então E será independente de qualquer evento formado a partir de F e G. Por exemplo, E é independente de $F \cup G$, já que
$$\begin{aligned} P[E(F \cup G)] &= P(EF \cup EG) \\ &= P(EF) + P(EG) - P(EFG) \\ &= P(E)P(F) + P(E)P(G) - P(E)P(FG) \\ &= P(E)[P(F) + P(G) - P(FG)] \\ &= P(E)P(F \cup G) \end{aligned}$$

Naturalmente, também podemos estender a definição de independência a mais de três eventos. Os eventos $E_1, E_2, \ldots, E_n$ são ditos independentes se, para cada subconjunto $E_{1'}, E_{2'}, \ldots, E_{r'}$ desses eventos, $r \leq n$,
$$P(E_{1'}E_{2'} \cdots E_{r'}) = P(E_{1'})P(E_{2'}) \cdots P(E_{r'})$$

Finalmente, definimos um conjunto infinito de eventos como sendo independente se cada subconjunto finito desses eventos for independente.

Às vezes, um experimento de probabilidade consiste em realizar uma sequência de subexperimentos. Por exemplo, se um experimento consiste em lançar uma moeda continuamente, podemos pensar em cada lançamento como sendo um subexperimento. Em muitos casos, é razoável supor que os resultados de qualquer grupo de subexperimentos não tenham efeito nas probabilidades associadas aos resultados dos outros experimentos. Se esse é o caso, dizemos que os subexperimentos são independentes. Mais formalmente, dizemos que os subexperimentos são independentes se $E_1, E_2,..., E_n,...$ é necessariamente uma sequência independente de eventos sempre que E_i for um evento cuja ocorrência é completamente determinada pelo resultado do i-ésimo subexperimento.

Se cada subexperimento tem o mesmo conjunto de resultados possíveis, então os subexperimentos são frequentemente chamados de *tentativas*.

Exemplo 4f

Deve-se realizar uma sequência infinita de tentativas independentes. Cada tentativa tem probabilidade de sucesso p e probabilidade de fracasso $1 - p$. Qual é a probabilidade de que

(a) pelo menos 1 sucesso ocorra nas primeiras n tentativas;
(b) exatamente k sucessos ocorram nas primeiras n tentativas;
(c) todas as tentativas resultem em sucessos?

Solução Para determinar a probabilidade de pelo menos 1 sucesso nas primeiras n tentativas, é mais fácil calcular primeiro a probabilidade do evento complementar de que nenhum sucesso ocorra nas primeiras n tentativas. Se E_i representar o evento fracasso na i-ésima tentativa, então a probabilidade de não haver eventos bem-sucedidos é, por independência,

$$P(E_1 E_2 \cdots E_n) = P(E_1)P(E_2) \cdots P(E_n) = (1 - p)^n$$

Portanto, a resposta da letra (a) é $1 - (1-p)^n$.

Para computar a resposta da letra (b), considere qualquer sequência particular em que os primeiros n resultados contenham k sucessos e $n - k$ fracassos. Cada uma dessas sequências, pela hipótese de independência das tentativas, irá ocorrer com probabilidade $p^k(1 - p)^{n-k}$. Como existem $\binom{n}{k}$ sequências como essa [há $n!/k!(n - k)!$ permutações de k sucessos e $n - k$ fracassos], a probabilidade desejada na letra (b) é

$$P\{\text{exatamente } k \text{ sucessos}\} = \binom{n}{k} p^k (1 - p)^{n-k}$$

Para responder à letra (c), notamos, pela letra (a), que a probabilidade de que as primeiras n tentativas resultem em sucesso é dada por

$$P(E_1^c E_2^c \cdots E_n^c) = p^n$$

Assim, usando a propriedade da continuidade das probabilidades (Seção 2.6), vemos que a probabilidade desejada é dada por

$$P\left(\bigcap_{i=1}^{\infty} E_i^c\right) = P\left(\lim_{n\to\infty} \bigcap_{i=1}^{n} E_i^c\right)$$

$$= \lim_{n\to\infty} P\left(\bigcap_{i=1}^{n} E_i^c\right)$$

$$= \lim_n p^n = \begin{cases} 0 \text{ se } p < 1 \\ 1 \text{ se } p = 1 \end{cases}$$ ∎

Exemplo 4g

Um sistema formado por n diferentes componentes é chamado de sistema paralelo se ele funcionar quando pelo menos um dos componentes estiver funcionando (veja Figura 3.2). Em um sistema como esse, se o componente i, que é independente dos demais componentes, funcionar com probabilidade p_i, $i = 1,\ldots, n$, qual é a probabilidade do sistema funcionar?

Solução Seja A_i o evento em que o componente i funciona. Então

$$P\{\text{sistema funciona}\} = 1 - P\{\text{sistema não funciona}\}$$
$$= 1 - P\{\text{nenhum componente funciona}\}$$
$$= 1 - P\left(\bigcap_i A_i^c\right)$$
$$= 1 - \prod_{i=1}^{n}(1 - p_i) \quad \text{por independência}$$ ∎

Exemplo 4h

Realizam-se tentativas independentes que consistem no lançamento de um par de dados honestos. Qual é a probabilidade de que um resultado igual a 5 apareça antes de um resultado igual a 7 quando o resultado de uma jogada é igual à soma dos dados?

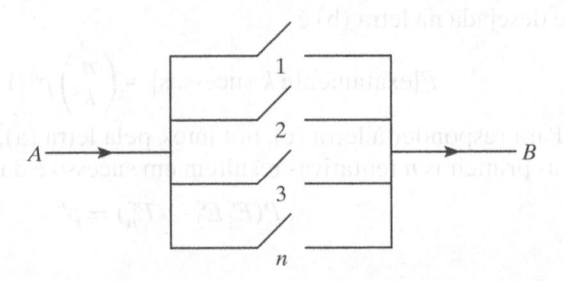

Figura 3.2 Sistema paralelo: funciona se a corrente fluir de A para B.

Solução Se E_n representar o evento em que o 5 ou o 7 não aparecem nas primeiras $n-1$ tentativas e um 5 aparece na n-ésima tentativa, então a probabilidade desejada é

$$P\left(\bigcup_{n=1}^{\infty} E_n\right) = \sum_{n=1}^{\infty} P(E_n)$$

Agora, como $P\{5$ em qualquer tentativa$\} = 4/36$ e $P\{7$ em qualquer tentativa$\} = 6/36$, obtemos, pela independência das tentativas,

$$P(E_n) = \left(1 - \frac{10}{36}\right)^{n-1} \frac{4}{36}$$

Assim,

$$P\left(\bigcup_{n=1}^{\infty} E_n\right) = \frac{1}{9}\sum_{n=1}^{\infty}\left(\frac{13}{18}\right)^{n-1}$$

$$= \frac{1}{9}\frac{1}{1-\frac{13}{18}}$$

$$= \frac{2}{5}$$

Esse resultado também poderia ter sido obtido pelo uso das probabilidades condicionais. Se E for o evento em que um 5 ocorre antes de um 7, então podemos obter a probabilidade desejada, $P(E)$, impondo uma condição em relação ao resultado da primeira tentativa. Isso é feito da seguinte maneira: suponha que E seja o evento em que a primeira tentativa resulta em um 5, G o evento em que a primeira tentativa resulta em um 7 e H o evento em que a primeira, tentativa não resulta nem em um 5, nem em um 7. Então, condicionando em qual desses eventos ocorre, temos

$$P(E) = P(E|F)P(F) + P(E|G)P(G) + P(E|H)P(H)$$

Entretanto,

$$P(E|F) = 1$$
$$P(E|G) = 0$$
$$P(E|H) = P(E)$$

As duas primeiras igualdades são óbvias. A terceira ocorre porque se o primeiro resultado não levar nem a um 5 nem a um 7, então naquele ponto a situação será exatamente igual àquela que se tinha no início do problema – isto é, a pessoa responsável pelo experimento continuará a rolar um par de dados honestos até que um 5 ou um 7 apareça. Além disso, as tentativas são independentes; portanto, o resultado da primeira tentativa não terá efeito em lançamentos subsequentes dos dados. Como $P(F) = 4/36$, $P(G) = 6/36$ e $P(H) = 26/36$, tem-se que

$$P(E) = \frac{1}{9} + P(E)\frac{13}{18}$$

ou

$$P(E) = \frac{2}{5}$$

O leitor deve notar que a resposta é bastante intuitiva. Isto é, como um 5 tem probabilidade de 4/36 de aparecer em cada jogada, e um 7 tem probabilidade de 6/36, parece intuitivo que a chance de um 5 aparecer antes de um 7 seja de 4 para 6. A probabilidade deve então ser 4/10, como de fato o é.

O mesmo argumento mostra que, se E e F são eventos mutuamente exclusivos de um experimento, então, quando tentativas independentes do experimento forem realizadas, o evento E ocorrerá antes do evento F com probabilidade

$$\frac{P(E)}{P(E) + P(F)}$$ ■

Exemplo 4i

Há cupons de desconto de n tipos, e cada novo cupom é recolhido com probabilidade p_i, $\sum_{i=1}^{n} p_i = 1$, independentemente de seu tipo i. Suponha que k cupons devam ser recolhidos. Se A_i é o evento em que há pelo menos um cupom de tipo i entre aqueles recolhidos, então, para $i \neq j$, determine

(a) $P(A_i)$
(b) $P(A_i \cup A_j)$
(c) $P(A_i|A_j)$

Solução

$$P(A_i) = 1 - P(A_i^c)$$
$$= 1 - P\{\text{nenhum cupom é do tipo } i\}$$
$$= 1 - (1 - p_i)^k$$

onde o desenvolvimento anterior usou o fato de cada cupom não ser do tipo i com probabilidade $1 - p_i$. Similarmente,

$$P(A_i \cup A_j) = 1 - P((A_i \cup A_j)^c)$$
$$= 1 - P\{\text{nenhum cupom é do tipo } i \text{ ou } j\}$$
$$= 1 - (1 - p_i - p_j)^k$$

onde o desenvolvimento anterior usou o fato de cada cupom não ser nem do tipo i, nem do tipo j com probabilidade $1 - p_i - p_j$.

Para determinar $P(A_i|A_j)$, vamos usar a identidade

$$P(A_i \cup A_j) = P(A_i) + P(A_j) - P(A_i A_j)$$

que, juntamente com as letras (a) e (b), resulta em

$$P(A_i A_j) = 1 - (1 - p_i)^k + 1 - (1 - p_j)^k - [1 - (1 - p_i - p_j)^k]$$
$$= 1 - (1 - p_i)^k - (1 - p_j)^k + (1 - p_i - p_j)^k$$

Consequentemente,

$$P(A_i|A_j) = \frac{P(A_iA_j)}{P(A_j)} = \frac{1 - (1-p_i)^k - (1-p_j)^k + (1-p_i-p_j)^k}{1-(1-p_j)^k} \quad \blacksquare$$

O exemplo a seguir apresenta um problema que ocupa um lugar honrado na história da teoria da probabilidade. Este é o famoso *problema dos pontos*. Em termos gerais, o problema é este: dois jogadores fazem uma aposta e disputam um jogo, com a aposta indo para o vencedor da disputa. Algo requer que eles interrompam o jogo antes que alguém o tenha vencido, mas no momento da interrupção cada um dos jogadores já tinha algum tipo de "pontuação parcial". Como deveria ser dividida a aposta?

Esse problema foi proposto ao matemático francês Blaise Pascal em 1654 pelo Chevalier de Méré, que era um jogador profissional naquela época. Ao atacar o problema, Pascal introduziu a importante idéia de que a proporção do prêmio merecida pelos competidores deveria depender de suas respectivas probabilidades de vencer o jogo caso o jogo fosse recomeçado a partir daquele ponto. Pascal obteve alguns casos especiais e, mais importantemente, iniciou uma correspondência com o famoso francês Pierre de Fermat, que tinha uma grande reputação como matemático. A troca de cartas subsequente não apenas levou a uma solução completa para o problema dos pontos mas também lançou a base para a solução de muitos outros problemas relacionados aos jogos de azar. Esta célebre correspondência, tida como muitos como a data de nascimento da teoria da probabilidade, foi importante por ter estimulado entre os matemáticos da Europa o interesse pela probabilidade. Isto porque Pascal e Fermat já eram reconhecidos como dois dos grandes matemáticos daquela época. Por exemplo, pouco tempo depois da troca de correspondência entre ambos, o jovem matemático holandês Christiaan Huygens foi a Paris discutir tais problemas e soluções, e o interesse e a atividade neste novo campo cresceu rapidamente.

Exemplo 4j O problema dos pontos

Realizam-se tentativas independentes que têm probabilidade de sucesso p e probabilidade de fracasso $1-p$. Qual é a probabilidade de que n sucessos ocorram antes de m fracassos? Se pensarmos que A e B estão jogando um jogo tal que A ganha 1 ponto no caso de um sucesso e B ganha 1 ponto no caso de um fracasso, então a probabilidade desejada é a probabilidade de que A seja o vencedor caso o jogo tenha que ser recomeçado de uma posição onde A precisasse de n pontos para vencer e B precisasse de m pontos para vencer.

Solução Vamos apresentar duas soluções. A primeira solução foi obtida por Pascal e a segunda por Fermat.

Vamos chamar de $P_{n,m}$ a probabilidade de que n sucessos ocorram antes de m fracassos. Condicionando no resultado da primeira tentativa, obtemos

$$P_{n,m} = pP_{n-1,m} + (1-p)P_{n,m-1} \quad n \geq 1, m \geq 1$$

(Por quê? Pense a respeito.) Usando as óbvias condições de contorno $P_{n,0} = 0$, $P_{0,m} = 1$, podemos resolver essas equações para $P_{n,m}$. Contudo, em vez seguir todos os detalhes tediosos dessa solução, vamos considerar a solução de Fermat.

Fermat ponderou que, para que n sucessos ocorram antes de m fracassos, é necessário e suficiente que existam pelo menos n sucessos nas primeiras $m + n - 1$ tentativas (mesmo se o jogo tivesse que terminar antes que um total de $m + n - 1$ tentativas tivesse sido completado, poderíamos ainda assim imaginar que as tentativas adicionais necessárias pudessem ser realizadas). Isso é verdade, pois se ocorrem pelo menos n sucessos nas primeiras $m + n - 1$ tentativas, poderia haver no máximo $m - 1$ fracassos naquelas mesmas $m + n - 1$ tentativas; assim, n sucessos ocorreriam antes de m fracassos. Se, no entanto, ocorressem menos que n sucessos nas primeiras $m + n - 1$ tentativas, deveriam ocorrer pelo menos m fracassos no mesmo número de tentativas; logo, n sucessos não ocorreriam antes de m fracassos.

Com isso, já que a probabilidade de exatos k sucessos nas $m + n - 1$ tentativas é igual a $\binom{m+n-1}{k} p^k (1-p)^{m+n-1-k}$, conforme mostrado no Exemplo 4f, tem-se que a probabilidade desejada de que ocorram n sucessos antes de m fracassos é

$$P_{n,m} = \sum_{k=n}^{m+n-1} \binom{m+n-1}{k} p^k (1-p)^{m+n-1-k}$$ ■

Nossos próximos dois exemplos lidam com problemas de jogos, onde o primeiro possui uma análise surpreendentemente elegante.*

Exemplo 4k

Suponha que existam inicialmente r jogadores, com o jogador i possuindo n_i unidades, $n_i > 0, i = 1,..., r$. Em cada rodada, dois dos jogadores são escolhidos para jogar uma partida, com o vencedor recebendo 1 unidade do perdedor. Qualquer jogador cuja fortuna cair para 0 é eliminado; isso continua até que apenas um único jogador possua todas as $n \equiv \sum_{i=1}^{r} n_i$ unidades, sendo esse jogador declarado o vencedor. Supondo que os resultados das partidas sucessivas sejam independentes e que cada partida tenha a mesma probabilidade de ser vencida por qualquer um de seus dois jogadores, determine P_i, a probabilidade de que o i-ésimo jogador seja o vencedor.

Solução Para começar, suponha que há n jogadores, cada um deles possuindo inicialmente 1 unidade. Considere a jogadora i. Em cada rodada que ela jogar, ela terá a mesma probabilidade de vencer ou perder uma unidade, sendo os resultados de cada rodada independentes. Além disso, ela continuará a jogar até que sua fortuna se torne ou 0, ou n. Como o mesmo ocorrerá com todos os demais n jogadores, tem-se que cada jogador tem a mesma chance de ser o grande vencedor, o que implica que cada um deles tem probabilidade $1/n$ de ser o grande vencedor. Agora, suponha que n jogadores sejam divididos em r times,

---
* O restante desta seção deve ser considerado opcional.

com o time i contendo n_i jogadores, $i = 1,..., r$. Então, a probabilidade de que o grande vencedor faça parte do time i é n_i/n. Mas como

(a) o time i tem inicialmente uma fortuna total de n_i unidades, $i = 1,..., r$, e
(b) cada partida jogada por componentes de times diferentes tem a mesma probabilidade de ser vencida por qualquer um dos jogadores e resulta no incremento de 1 unidade na fortuna dos componentes do time vencedor e no decremento de 1 unidade na fortuna dos componentes do time perdedor,

é fácil ver que a probabilidade de que o grande vencedor seja do time i é exatamente a probabilidade que desejamos. Assim, $P_i = n_i/n$. Interessantemente, nosso argumento mostra que esse resultado *não* depende da maneira pela qual os jogadores de cada estágio são escolhidos. ■

No *problema da ruína do jogador*, há apenas 2 jogadores, mas não se supõe que eles sejam igualmente habilidosos.

Exemplo 4l O problema da ruína do jogador

Dois jogadores, A e B, apostam nos resultados de sucessivas jogadas de moedas. Em cada jogada, se a moeda der cara, A ganha 1 unidade de B; se a moeda der coroa, A paga 1 unidade para B. Eles continuam a fazer isso até um deles ficar sem dinheiro. Se cada uma das jogadas de moeda é tida como um evento independente e cada jogada tem probabilidade p de dar cara, qual é a probabilidade de que A termine com todo o dinheiro se ele começar com i unidades e B começar com $N - i$ unidades?

Solução Suponha que E represente o evento em que A termina com todo o dinheiro, considerando que ele e B comecem com i unidades e $N - i$ unidades, respectivamente. Além disso, para deixar clara a dependência da fortuna inicial de A, suponha que $P_i = P(E)$. Vamos obter uma expressão para $P(E)$ condicionada ao lançamento da primeira moeda da forma como se segue: seja H o evento em que a primeira moeda dá cara; então

$$P_i = P(E) = P(E|H)P(H) + P(E|H^c)P(H^c)$$
$$= pP(E|H) + (1 - p)P(E|H^c)$$

Agora, dado que a primeira moeda dá cara, a situação após a primeira aposta é que A tem $i + 1$ unidades e B tem $N - (i + 1)$. Como se supõe que as jogadas sucessivas são independentes com uma probabilidade comum p de dar cara, tem-se que, deste ponto em diante, a probabilidade de A ganhar todo o dinheiro é exatamente igual àquela que teria caso o jogo começasse agora com A tendo uma fortuna inicial de $i + 1$ e B tendo uma fortuna de $N - (i + 1)$. Portanto,

$$P(E|H) = P_{i+1}$$

e, de forma similar,

$$P(E|H^c) = P_{i-1}$$

Com isso, fazendo com que $q = 1 - p$, obtemos

$$P_i = pP_{i+1} + qP_{i-1} \qquad i = 1, 2, \ldots, N - 1 \qquad (4.2)$$

Usando as óbvias condições de contorno $P_0 = 0$ e $P_N = 1$, vamos agora resolver a Equação (4.2). Como $p + q = 1$, essas equações são equivalentes a

$$pP_i + qP_i = pP_{i+1} + qP_{i-1}$$

ou

$$P_{i+1} - P_i = \frac{q}{p}(P_i - P_{i-1}) \qquad i = 1, 2, \ldots, N - 1 \qquad (4.3)$$

Com isso, como $P_0 = 0$, obtemos, da Equação (4.3),

$$P_2 - P_1 = \frac{q}{p}(P_1 - P_0) = \frac{q}{p}P_1$$

$$P_3 - P_2 = \frac{q}{p}(P_2 - P_1) = \left(\frac{q}{p}\right)^2 P_1$$

$$\vdots$$

$$P_i - P_{i-1} = \frac{q}{p}(P_{i-1} - P_{i-2}) = \left(\frac{q}{p}\right)^{i-1} P_1 \qquad (4.4)$$

$$\vdots$$

$$P_N - P_{N-1} = \frac{q}{p}(P_{N-1} - P_{N-2}) = \left(\frac{q}{p}\right)^{N-1} P_1$$

A soma das primeiras $i - 1$ equações de (4.4) resulta em

$$P_i - P_1 = P_1 \left[\left(\frac{q}{p}\right) + \left(\frac{q}{p}\right)^2 + \cdots + \left(\frac{q}{p}\right)^{i-1} \right]$$

ou

$$P_i = \begin{cases} \dfrac{1 - (q/p)^i}{1 - (q/p)} P_1 & \text{se } \dfrac{q}{p} \neq 1 \\ iP_1 & \text{se } \dfrac{q}{p} = 1 \end{cases}$$

Usando o fato de que $P_N = 1$, obtemos

$$P_1 = \begin{cases} \dfrac{1 - (q/p)}{1 - (q/p)^N} & \text{se } p \neq \tfrac{1}{2} \\ \dfrac{1}{N} & \text{se } p = \tfrac{1}{2} \end{cases}$$

Com isso,

$$P_i = \begin{cases} \dfrac{1 - (q/p)^i}{1 - (q/p)^N} & \text{se } p \neq \tfrac{1}{2} \\ \dfrac{i}{N} & \text{se } p = \tfrac{1}{2} \end{cases} \quad (4.5)$$

Suponha que Q_i represente a probabilidade de que B termine com todo o dinheiro quando A começa com i e B começa com $N - i$. Então, por simetria com a situação descrita, e trocando p por q e i por $N - i$, tem-se que

$$Q_i = \begin{cases} \dfrac{1 - (p/q)^{N-i}}{1 - (p/q)^N} & \text{se } q \neq \tfrac{1}{2} \\ \dfrac{N - i}{N} & \text{se } q = \tfrac{1}{2} \end{cases}$$

Além disso, como $q = 1/2$ é equivalente a $p = 1/2$, temos, quando $q \neq 1/2$,

$$\begin{aligned} P_i + Q_i &= \frac{1 - (q/p)^i}{1 - (q/p)^N} + \frac{1 - (p/q)^{N-i}}{1 - (p/q)^N} \\ &= \frac{p^N - p^N(q/p)^i}{p^N - q^N} + \frac{q^N - q^N(p/q)^{N-i}}{q^N - p^N} \\ &= \frac{p^N - p^{N-i}q^i - q^N + q^i p^{N-i}}{p^N - q^N} \\ &= 1 \end{aligned}$$

Esse resultado também é verdadeiro quando $p = q = 1/2$, então

$$P_i + Q_i = 1$$

Colocando em palavras, essa equação diz que, com probabilidade 1, ou A ou B terminará com todo o dinheiro; em outras palavras, a probabilidade de que o jogo continue indefinidamente com a fortuna de A estando sempre entre 1 e $N - 1$ é zero (o leitor deve ter cuidado porque, *a priori*, existem três resultados possíveis nesse jogo de apostas, não dois: ou A vence, ou B vence, ou o jogo continua para sempre sem que ninguém vença. Acabamos de mostrar que esse último evento tem probabilidade 0).

Como uma ilustração numérica desse resultado, se A começar com 5 unidades e B com 10, então a probabilidade de A vencer seria de 1/3 caso p fosse 1/2, enquanto ela saltaria para

$$\frac{1 - \left(\tfrac{2}{3}\right)^5}{1 - \left(\tfrac{2}{3}\right)^{15}} \approx 0{,}87$$

se p fosse 0,6.

Um caso especial do problema da ruína do jogador, que também é conhecido como o *problema da duração do jogo*, foi proposto a Huygens por Fermat em 1657. A versão que Huygens propôs, que ele mesmo resolveu, considerava que A e B

tinham 12 moedas cada. Eles disputavam essas moedas em um jogo de 3 dados da seguinte maneira: sempre que saísse um 11 (independentemente de quem jogasse os dados), A daria uma moeda a B. Sempre que saísse um 14, B daria uma moeda a A. Como $P\{\text{dar } 11\} = 27/216$ e $P\{\text{dar } 14\} = 15/216$, vemos do Exemplo 4h que, para A, este é tão somente o problema da ruína do jogador com $p = 15/42$, com $i = 12$ e $N = 24$. A forma geral do problema da ruína do jogador foi resolvida pelo matemático James Bernoulli e publicada 8 anos após a sua morte em 1713.

Para uma aplicação do problema da ruína do jogador no teste de medicamentos, suponha que duas drogas tenham sido desenvolvidas para tratar determinada doença. A droga i tem uma taxa de cura P_i, $i = 1, 2$, no sentido de que cada paciente tratado com essa droga será curado com probabilidade P_i. Essas taxas de cura, no entanto, não são conhecidas, e estamos interessados em determinar um método para decidir se $P_1 > P_2$ ou $P_2 > P_1$. Para decidir entre uma dessas duas alternativas, considere o teste a seguir: pares de pacientes serão tratados sequencialmente, com uma das pessoas recebendo a droga 1 e a outra a droga 2. Os resultados são determinados para cada um dos pares, e o teste para quando o número cumulativo de curas obtidas com o emprego de uma das drogas exceder o número de curas obtidas com o emprego da outra droga de acordo com um número fixo, predeterminado. Mais formalmente, suponha que

$$X_j = \begin{cases} 1 & \text{se o paciente no } j\text{-ésimo par que receber a droga 1 for curado} \\ 0 & \text{caso contrário} \end{cases}$$

$$Y_j = \begin{cases} 1 & \text{se o paciente no } j\text{-ésimo par que receber a droga 2 for curado} \\ 0 & \text{caso contrário} \end{cases}$$

Para um inteiro M positivo predeterminado, o teste é interrompido após a realização dos testes no par N, onde N é o primeiro valor de n tal que

$$X_1 + \ldots + X_n - (Y_1 + \ldots + Y_n) = M$$

ou

$$X_1 + \ldots + X_n - (Y_1 + \ldots + Y_n) = -M$$

No primeiro caso, verificamos que $P_1 > P_2$ e, no segundo caso, que $P_2 > P_1$.

De forma a verificar se o teste acima é bom ou não, gostaríamos de conhecer a probabilidade de ele levar a uma decisão incorreta. Isto é, para dados P_1 e P_2, onde $P_1 > P_2$, qual é a probabilidade de que o teste indique incorretamente que $P_2 > P_1$? Para determinar essa probabilidade, note que, após verificarmos cada um dos pares, a diferença cumulativa de curas usando a droga 1 versus a droga 2 crescerá 1 unidade com probabilidade $P_1(1 - P_2)$ – pois esta é a probabilidade de que a droga 1 leve à cura e que 2 não – ou decrescerá 1 unidade com probabilidade $(1 - P_1)P_2$, ou permanecerá a mesma com probabilidade $P_1P_2 + (1 - P_1)(1 - P_2)$. Com isso, se considerarmos apenas os pares nos quais a diferença cumulativa se alterar, então a diferença aumentará 1 unidade com probabilidade

$$P = P\{\text{aumentar } 1 | \text{aumentar 1 ou diminuir 1}\}$$
$$= \frac{P_1(1 - P_2)}{P_1(1 - P_2) + (1 - P_1)P_2}$$

e diminuirá 1 unidade com probabilidade

$$1 - P = \frac{P_2(1 - P_1)}{P_1(1 - P_2) + (1 - P_1)P_2}$$

Assim, a probabilidade de o teste confirmar que $P_2 > P_1$ é igual à probabilidade de que um apostador que vença cada uma das apostas de 1 unidade com probabilidade P vá cair M antes de subir M. Mas a Equação (4.5), com $i = M, N = 2M$, mostra que essa probabilidade é dada por

$$P\{\text{teste confirmar que } P_2 > P_1\}$$

$$= 1 - \frac{1 - \left(\frac{1-P}{P}\right)^M}{1 - \left(\frac{1-P}{P}\right)^{2M}}$$

$$= 1 - \frac{1}{1 + \left(\frac{1-P}{P}\right)^M}$$

$$= \frac{1}{1 + \gamma^M}$$

onde

$$\gamma = \frac{P}{1 - P} = \frac{P_1(1 - P_2)}{P_2(1 - P_1)}$$

Por exemplo, se $P_1 = 0{,}6$ e $P_2 = 0{,}4$, então a probabilidade de uma decisão incorreta é de 0,017 quando $M = 5$. Essa probabilidade cai para 0,0003 quando $M = 10$. ∎

Suponha que nos seja dado um conjunto de elementos e queiramos determinar se pelo menos um dos componentes do conjunto possui certa propriedade. Podemos atacar essa questão em termos probabilísticos escolhendo um elemento do conjunto de forma tal que cada elemento tenha uma probabilidade positiva de ser selecionado. Então a questão original pode ser respondida considerando-se a probabilidade de que o elemento aleatoriamente selecionado não possua a propriedade de interesse. Se essa probabilidade é igual a 1, então nenhum dos elementos do conjunto tem a propriedade desejada; se for menor do que 1, então pelo menos um elemento do conjunto tem essa propriedade.

O exemplo final desta seção ilustra essa técnica.

Exemplo 4m

Um grafo completo de n vértices é definido como um conjunto de n pontos (chamados vértices) localizados em um plano e $\binom{n}{2}$ linhas (chamadas de bordas) conectando cada par de vértices. O grafo completo de 3 vértices é mostrado na Figura 3.3. Suponha agora que cada borda de um grafo completo de n vértices deva ser colorida de vermelho ou azul. Para um inteiro fixo k, uma

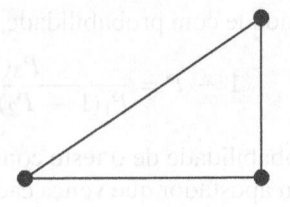

Figura 3.3

questão de interesse é: existe uma maneira de colorir as bordas de forma que nenhum conjunto de k vértices tenha todas as suas $\binom{k}{2}$ bordas da mesma cor? Pode-se mostrar com um argumento probabilístico que, se n não é muito grande, então a resposta é sim.

O argumento é o seguinte: suponha que a probabilidade de cada borda ser colorida de vermelho ou azul seja igual, e que cada evento seja independente. Em outras palavras, cada borda é vermelha com probabilidade 1/2. Numere os $\binom{n}{k}$ conjuntos de k vértices e defina os eventos $E_i, i = 1, \ldots, \binom{n}{k}$ da seguinte maneira:

$E_i = \{$todas as bordas do i-ésimo conjunto de k vértices são da mesma cor$\}$

Agora, como cada uma das $\binom{k}{2}$ bordas de conexão de um conjunto de k vértices tem a mesma probabilidade de ser vermelho ou azul, tem-se que a probabilidade de que todas elas tenham a mesma cor é

$$P(E_i) = 2\left(\frac{1}{2}\right)^{k(k-1)/2}$$

Portanto, como

$$P\left(\bigcup_i E_i\right) \leq \sum_i P(E_i) \quad \text{(desigualdade de Boole)}$$

vemos que $P\left(\bigcup_i E_i\right)$, a probabilidade de que exista um conjunto de k vértices cujas bordas de conexão sejam similarmente coloridas, satisfaz

$$P\left(\bigcup_i E_i\right) \leq \binom{n}{k}\left(\frac{1}{2}\right)^{k(k-1)/2-1}$$

Com isso, se

$$\binom{n}{k}\left(\frac{1}{2}\right)^{k(k-1)/2-1} < 1$$

ou, equivalentemente, se

$$\binom{n}{k} < 2^{k(k-1)/2-1}$$

então a probabilidade de que pelo menos um dos $\binom{n}{k}$ conjuntos de k vértices tenha todos as bordas de conexão de mesma cor é menor que 1. Consequentemente, levando em consideração a condição anterior em n e k, tem-se que existe uma probabilidade positiva de que nenhum conjunto de n vértices tenha todas as suas bordas de conexão da mesma cor. Mas essa conclusão implica que existe pelo menos uma maneira de colorir as bordas na qual nenhum conjunto de k vértices tem todas as suas bordas de conexão da mesma cor. ∎

Observações: (a) Enquanto o argumento anterior estabelece uma condição em n e k que garante a existência de um esquema de cores que satisfaça a propriedade desejada, ele não fornece qualquer informação a respeito de como obter tal esquema (embora uma possibilidade fosse simplesmente escolher as cores aleatoriamente, verificar se o esquema de cores obtido satisfaz ou não a propriedade desejada e repetir o procedimento até que o faça).

(b) O método de introduzir a probabilidade em um problema cujo enunciado é puramente determinístico é chamado de *método probabilístico**. Outros exemplos desse método são dados no Exercício Teórico 24 deste capítulo e nos Exemplos 2t e 2u do Capítulo 7.

3.5 $P(\cdot \mid F)$ É UMA PROBABILIDADE

Probabilidades condicionais satisfazem todas as propriedades das probabilidades comuns, o que é demonstrado pela Proposição 5.1, que mostra que $P(E|F)$ satisfaz os três axiomas de uma probabilidade.

Proposição 5.1

(a) $0 \leq P(E|F) \leq 1$
(b) $P(S|F) = 1$
(c) Se $E_i, i = 1, 2, \ldots$, *são eventos mutuamente exclusivos*, então

$$P\left(\bigcup_{1}^{\infty} E_i \mid F\right) = \sum_{1}^{\infty} P(E_i|F)$$

Demonstração Para demonstrar a letra (a), devemos mostrar que $0 \leq P(EF)/P(F) \leq 1$. O lado esquerdo da desigualdade é óbvio, enquanto o lado direito resulta de $EF \subset F$, o que implica $P(EF) \leq P(F)$. A letra (b) é verdade porque

$$P(S|F) = \frac{P(SF)}{P(F)} = \frac{P(F)}{P(F)} = 1$$

---

* Veja N. Alon, J. Spencer, and P. Erdos, *The Probabilistic Method* (New York: John Wiley & Sons, Inc., 1992).

A letra (c) resulta de

$$P\left(\bigcup_{i=1}^{\infty} E_i \mid F\right) = \frac{P\left(\left(\bigcup_{i=1}^{\infty} E_i\right) F\right)}{P(F)}$$

$$= \frac{P\left(\bigcup_{1}^{\infty} E_i F\right)}{P(F)} \quad \text{já que} \quad \left(\bigcup_{1}^{\infty} E_i\right) F = \bigcup_{1}^{\infty} E_i F$$

$$= \frac{\sum_{1}^{\infty} P(E_i F)}{P(F)}$$

$$= \sum_{1}^{\infty} P(E_i \mid F)$$

onde se obtém a penúltima igualdade porque $E_i E_j = \emptyset$ implica $E_i F E_j F = \emptyset$. $\square$

Se definirmos $Q(E) = P(E|F)$, então, da Proposição 5.1, $Q(E)$ pode ser vista como uma função probabilidade dos eventos de S. Portanto, todas as proposições previamente provadas para as probabilidades se aplicam a $Q(E)$. Por exemplo, temos

$$Q(E_1 \cup E_2) = Q(E_1) + Q(E_2) - Q(E_1 E_2)$$

ou, equivalentemente,

$$P(E_1 \cup E_2 | F) = P(E_1|F) + P(E_2|F) - P(E_1 E_2|F)$$

Também, se definirmos a probabilidade condicional $Q(E_1|E_2)$ como $Q(E_1|E_2) = Q(E_1 E_2)/Q(E_2)$, então, da Equação (3.1), temos

$$Q(E_1) = Q(E_1|E_2)Q(E_2) + Q(E_1|E_2^c)Q(E_2^c) \tag{5.1}$$

Como

$$Q(E_1|E_2) = \frac{Q(E_1 E_2)}{Q(E_2)}$$

$$= \frac{P(E_1 E_2|F)}{P(E_2|F)}$$

$$= \frac{\frac{P(E_1 E_2 F)}{P(F)}}{\frac{P(E_2 F)}{P(F)}}$$

$$= P(E_1|E_2 F)$$

A Equação (5.1) é equivalente a

$$P(E_1|F) = P(E_1|E_2 F)P(E_2|F) + P(E_1|E_2^c F)P(E_2^c|F)$$

Exemplo 5a

Considere o Exemplo 3a, que trata de uma companhia de seguros que acredita que as pessoas podem ser divididas em duas classes distintas: aquelas que são propensas a sofrer acidentes e aquelas que não o são. Durante um ano, uma pessoa propensa a acidentes terá uma probabilidade de 0,4 de sofrer um acidente, enquanto o valor correspondente a uma pessoa não propensa a acidentes é de 0,2. Qual é a probabilidade condicional de que um novo segurado sofra um acidente em seu segundo ano de contrato, dado que ele ou ela tenha sofrido um acidente no primeiro ano?

Solução Seja A o evento em que o segurado é propenso a sofrer acidentes, e A_i, $i = 1, 2$, o evento em que ele ou ela tenha sofrido um acidente no i-ésimo ano. Então, a probabilidade desejada, $P(A_2|A_1)$, pode ser obtida colocando-se uma condição na propensão ou não de o segurado sofrer acidentes, da forma a seguir

$$P(A_2|A_1) = P(A_2|AA_1)P(A|A_1) + P(A_2|A^c A_1)P(A^c|A_1)$$

Agora,

$$P(A|A_1) = \frac{P(A_1 A)}{P(A_1)} = \frac{P(A_1|A)P(A)}{P(A_1)}$$

Entretanto, assume-se que $P(A)$ seja igual a 3/10, e foi mostrado no Exemplo 3a que $P(A_1) = 0{,}26$. Com isso,

$$P(A|A_1) = \frac{(0{,}4)(0{,}3)}{0{,}26} = \frac{6}{13}$$

Assim,

$$P(A^c|A_1) = 1 - P(A|A_1) = \frac{7}{13}$$

Como $P(A_2|AA_1) = 0{,}4$ e $P(A_2|A^c A_1) = 0{,}2$, tem-se que

$$P(A_2|A_1) = (0{,}4)\frac{6}{13} + (0{,}2)\frac{7}{13} \approx 0{,}29$$ ■

Exemplo 5b

Um chimpanzé fêmea deu à luz. Não se tem certeza, contudo, de qual dos dois chimpanzés machos é o pai. Antes da realização de qualquer análise genética, tinha-se a impressão de que a probabilidade de o macho número 1 ser o pai era p; da mesma forma, imaginava-se que a probabilidade de o macho número 2 ser o pai era $1 - p$. O DNA recolhido da mãe, do macho número 1 e do macho número 2 indicou que, em uma localização específica do genoma, a mãe tem o par de genes (A, A), o macho número 1 tem o par de genes (a, a), e o macho número 2 tem o par de genes (A, a). Se o teste de DNA mostra que o chimpanzé filhote tem o par de genes (A, a), qual é a probabilidade de que o macho número 1 seja o pai?

Solução Suponha que todas as probabilidades sejam condicionadas no evento em que a mãe tem o par de genes (A, A), o macho número 1 tem o par de genes (a, a), e o macho número 2 tem o par de genes (A, a). Agora, seja M_i o evento em que o macho número $i, i = 1, 2$, é o pai, e $B_{A,a}$ o evento em que o chimpanzé filhote tem o par genético (A, a). Então, $P(M_1|B_{A,a})$ é obtido da maneira a seguir:

$$P(M_1|B_{A,a}) = \frac{P(M_1 B_{A,a})}{P(B_{A,a})}$$

$$= \frac{P(B_{A,a}|M_1)P(M_1)}{P(B_{A,a}|M_1)P(M_1) + P(B_{A,a}|M_2)P(M_2)}$$

$$= \frac{1 \cdot p}{1 \cdot p + (1/2)(1-p)}$$

$$= \frac{2p}{1+p}$$

Como $\frac{2p}{1+p} > p$ quando $p < 1$, a informação de que o par de genes do bebê é (A, a) aumenta a probabilidade de o macho número 1 ser o pai. Esse resultado é intuitivo porque é mais provável que o bebê tenha um par de genes (A, a) se M_1 for verdade do que se M_2 for verdade (sendo as respectivas probabilidades condicionais iguais a 1 e 1/2). ∎

O próximo exemplo trata de um problema da teoria das séries.

Exemplo 5c

Realizam-se tentativas independentes, cada uma com probabilidade de sucesso p e probabilidade de fracasso $q = 1 - p$. Estamos interessados em computar a probabilidade de que uma série de n sucessos consecutivos ocorra antes de uma série de m fracassos consecutivos.

Solução Seja E o evento em que uma série de n sucessos consecutivos ocorre antes de uma série de m fracassos consecutivos. Para obter $P(E)$, começamos condicionando no resultado da primeira tentativa. Isto é, fazendo com que H represente o evento em que a primeira tentativa resulta em um sucesso, obtemos

$$P(E) = pP(E|H) + qP(E|H^c) \qquad (5.2)$$

Agora, se a primeira tentativa tiver sido bem-sucedida, uma das maneiras pelas quais podemos obter uma série de n sucessos antes de uma série de m fracassos seria obter sucessos nas $n-1$ tentativas seguintes. Então, vamos condicionar na ocorrência ou não de tal série. Isto é, supondo que F seja o evento em que as tentativas 2 a n resultam em sucessos, obtemos

$$P(E|H) = P(E|FH)P(F|H) + P(E|F^c H)P(F^c|H) \qquad (5.3)$$

Por um lado, claramente $P(E|FH) = 1$; por outro lado, se o evento $F^c H$ ocorrer, então a primeira tentativa resultaria em um sucesso, mas haveria algum fracasso durante as primeiras $n-1$ tentativas. Entretanto, quando esse fracasso ocorrer, ele vai fazer com que todos os sucessos anteriores sejam desconsi-

derados, e a situação seria como se começássemos de novo com um fracasso. Com isso,
$$P(E|F^cH) = P(E|H^c)$$
Como a independência das tentativas implica a independência de F e H, e como $P(F) = p^{n-1}$, tem-se da Equação (5.3) que
$$P(E|H) = p^{n-1} + (1 - p^{n-1})P(E|H^c) \qquad (5.4)$$
Vamos agora obter uma expressão para $P(E|H^c)$ de maneira similar. Isto é, supomos que G represente o evento em que todas as tentativas 2 a m são *fracassos*. Então,
$$P(E|H^c) = P(E|GH^c)P(G|H^c) + P(E|G^cH^c)P(G^c|H^c) \qquad (5.5)$$
Agora, GH^c é o evento em que as primeiras tentativas resultam em fracassos, de forma que $P(E|GH^c) = 0$. Também, se G^cH^c ocorrer, a primeira tentativa será um fracasso, mas ocorrerá pelo menos um sucesso nas $m-1$ tentativas seguintes. Como este sucesso faz com que todos os fracassos anteriores sejam desconsiderados, vemos que
$$P(E|G^cH^c) = P(E|H)$$
Assim, como $P(E|G^cH^c) = P(G^c) = 1 - q^{m-1}$, obtemos, de (5.5),
$$P(E|H^c) = (1 - q^{m-1})P(E|H) \qquad (5.6)$$
Resolvendo as Equações (5.4) e (5.6), temos
$$P(E|H) = \frac{p^{n-1}}{p^{n-1} + q^{m-1} - p^{n-1}q^{m-1}}$$
e
$$P(E|H^c) = \frac{(1 - q^{m-1})p^{n-1}}{p^{n-1} + q^{m-1} - p^{n-1}q^{m-1}}$$
Assim,
$$P(E) = pP(E|H) + qP(E|H^c)$$
$$= \frac{p^n + qp^{n-1}(1 - q^{m-1})}{p^{n-1} + q^{m-1} - p^{n-1}q^{m-1}}$$
$$= \frac{p^{n-1}(1 - q^m)}{p^{n-1} + q^{m-1} - p^{n-1}q^{m-1}} \qquad (5.7)$$
É interessante notar que, pela simetria do problema, a probabilidade de se obter uma série de m sucessos antes de uma série de n sucessos seria dada pela Equação (5.7) com p e q trocados, e n e m também trocados. Com isso, essa probabilidade seria igual a

$P\{$série de m fracassos antes de uma série de n sucessos$\}$
$$= \frac{q^{m-1}(1 - p^n)}{q^{m-1} + p^{n-1} - q^{m-1}p^{n-1}} \qquad (5.8)$$

Como a soma das Equações (5.7) e (5.8) é igual a 1, tem-se que, com probabilidade 1, ou uma série de n sucessos ou uma série de m fracassos acabará ocorrendo.

Como um exemplo da Equação (5.7), notamos que, ao jogar uma moeda honesta, a probabilidade de que uma série de duas caras preceda uma série de 3 coroas é igual a 7/10. Para duas caras consecutivas antes de 4 coroas consecutivas, a probabilidade aumenta para 5/6. ■

Em nosso próximo exemplo, voltamos ao problema do pareamento (Exemplo 5m, Capítulo 2), e desta vez obtemos uma solução usando probabilidades condicionais.

Exemplo 5d

Em uma festa, n homens tiram os seus chapéus. Os chapéus são então misturados e cada homem seleciona um chapéu aleatoriamente. Dizemos que um pareamento ocorre quando um homem seleciona o seu próprio chapéu. Qual é a probabilidade de que

(a) não ocorram pareamentos?
(b) ocorram exatos k pareamentos?

Solução (a) Seja E o evento em que nenhum pareamento ocorre e, para deixar explícita a dependência em relação a n, escreva $P_n = P(E)$. Começamos condicionando no ato do homem pegar ou não o seu próprio chapéu – chame esses eventos de M e M^c, respectivamente. Então,

$$P_n = P(E) = P(E|M)P(M) + P(E|M^c)P(M^c)$$

Claramente, $P(E|M) = 0$, então

$$P_n = P(E|M^c)\frac{n-1}{n} \qquad (5.9)$$

Agora, $P(E|M^c)$ é a probabilidade de que não ocorram pareamentos quando $n-1$ homens selecionam de um conjunto de $n-1$ chapéus que não contém o chapéu de um daqueles homens. Isso pode acontecer de qualquer uma de duas maneiras mutuamente exclusivas: ou não ocorrem pareamentos e o homem extra não seleciona o chapéu extra (sendo este o chapéu do homem que escolheu primeiro), ou não ocorrem pareamentos e o homem extra seleciona o chapéu extra. A probabilidade do primeiro desses eventos é simplesmente P_{n-1}, o que é visto ao considerar-se o chapéu extra como se "pertencesse" ao homem extra. Como o segundo evento tem probabilidade $[1/(n-1)]P_{n-2}$, temos

$$P(E|M^c) = P_{n-1} + \frac{1}{n-1}P_{n-2}$$

Assim, da Equação (5.9)

$$P_n = \frac{n-1}{n}P_{n-1} + \frac{1}{n}P_{n-2}$$

ou, de forma equivalente,

$$P_n - P_{n-1} = -\frac{1}{n}(P_{n-1} - P_{n-2}) \qquad (5.10)$$

Entretanto, como P_n é a probabilidade de que não ocorram pareamentos quando n homens selecionam entre os seus próprios chapéus, temos

$$P_1 = 0 \qquad P_2 = \frac{1}{2}$$

Assim, da Equação (5.10),

$$P_3 - P_2 = -\frac{(P_2 - P_1)}{3} = -\frac{1}{3!} \quad \text{ou} \quad P_3 = \frac{1}{2!} - \frac{1}{3!}$$

$$P_4 - P_3 = -\frac{(P_3 - P_2)}{4} = \frac{1}{4!} \quad \text{ou} \quad P_4 = \frac{1}{2!} - \frac{1}{3!} + \frac{1}{4!}$$

e, em geral,

$$P_n = \frac{1}{2!} - \frac{1}{3!} + \frac{1}{4!} - \cdots + \frac{(-1)^n}{n!}$$

(b) Para obter a probabilidade de exatamente k pareamentos, consideramos qualquer grupo fixo de k homens. A probabilidade de que eles, e apenas eles, selecionem os seus próprios chapéus é dada por

$$\frac{1}{n}\frac{1}{n-1}\cdots\frac{1}{n-(k-1)}P_{n-k} = \frac{(n-k)!}{n!}P_{n-k}$$

onde P_{n-k} é a probabilidade condicional de que os outros $n-k$ homens, selecionando entre os seus próprios chapéus, não obtenham pareamentos. Como existem $\binom{n}{k}$ escolhas possíveis para um conjunto de k homens, a probabilidade desejada de exatamente k pareamentos é

$$\frac{P_{n-k}}{k!} = \frac{\frac{1}{2!} - \frac{1}{3!} + \cdots + \frac{(-1)^{n-k}}{(n-k)!}}{k!} \qquad \blacksquare$$

Um importante conceito na teoria da probabilidade é o da independência condicional de eventos. Dizemos que os eventos E_1 e E_2 são *condicionalmente independentes* dado F se, dado que F ocorreu, a probabilidade condicional de E_1

ocorrer não seja afetada pela informação de que E_2 tenha ocorrido ou não. Mais formalmente, E_1 e E_2 são ditos condicionalmente independentes dado F se

$$P(E_1|E_2F) = P(E_1|F) \tag{5.11}$$

ou, equivalentemente,

$$P(E_1E_2|F) = P(E_1|F)\,P(E_2|F) \tag{5.12}$$

A noção de independência condicional pode ser facilmente estendida para mais de dois eventos, e isso é deixado como exercício.

O leitor deve notar que o conceito de independência condicional foi implicitamente empregado no Exemplo 5a, onde se supôs que os eventos em que um segurado sofre um acidente em seu i-ésimo ano, $i = 1, 2,...$, fossem condicionalmente independentes dado que a pessoa fosse ou não fosse propensa a sofrer acidentes. O exemplo a seguir, que é às vezes chamado de regra de sucessão de Laplace, ilustra um pouco melhor o conceito de independência condicional.

Exemplo 5e   Regra de sucessão de Laplace

Há $k + 1$ moedas em uma caixa. Quando jogada, a i-ésima moeda dará cara com probabilidade i/k, $i = 0, 1,..., k$. Uma moeda é aleatoriamente retirada da caixa e então jogada repetidamente. Se as primeiras n jogadas resultarem todas elas em caras, qual é a probabilidade condicional de que também dê cara na ($n + 1$)-ésima jogada?

Solução Seja C_i o evento em que a i-ésima moeda, $i = 0, 1,..., k$, é inicialmente selecionada, F_n o evento em que as primeiras n jogadas dão cara, e H o evento em que a $(n + 1)$-ésima jogada dá cara. A probabilidade desejada, $P(H|F_n)$, é obtida como a seguir:

$$P(H|F_n) = \sum_{i=0}^{k} P(H|F_nC_i)P(C_i|F_n)$$

Agora, assim que a i-ésima moeda for selecionada, é razoável supor que os resultados serão condicionalmente independentes, cada um deles dando cara com probabilidade i/k. Com isso,

$$P(H|F_nC_i) = P(H|C_i) = \frac{i}{k}$$

Também,

$$P(C_i|F_n) = \frac{P(C_iF_n)}{P(F_n)} = \frac{P(F_n|C_i)P(C_i)}{\sum_{j=0}^{k} P(F_n|C_j)P(C_j)} = \frac{(i/k)^n[1/(k+1)]}{\sum_{j=0}^{k}(j/k)^n[1/(k+1)]}$$

Assim,

$$P(H|F_n) = \frac{\sum_{i=0}^{k}(i/k)^{n+1}}{\sum_{j=0}^{k}(j/k)^n}$$

Mas se k é grande, podemos usar as seguintes aproximações integrais

$$\frac{1}{k}\sum_{i=0}^{k}\left(\frac{i}{k}\right)^{n+1} \approx \int_0^1 x^{n+1}dx = \frac{1}{n+2}$$

$$\frac{1}{k}\sum_{j=0}^{k}\left(\frac{j}{k}\right)^{n} \approx \int_0^1 x^n dx = \frac{1}{n+1}$$

Portanto, para k grande,

$$P(H|F_n) \approx \frac{n+1}{n+2} \qquad \blacksquare$$

Exemplo 5f Atualizando informações sequencialmente

Suponha que existam n hipóteses mutuamente exclusivas e exaustivamente possíveis, com probabilidades iniciais (às vezes chamadas de *prévias*) $P(H_i)$, $\sum_{i=1}^{n} P(H_i) = 1$. Agora, se a informação de que o evento E ocorreu for recebida, então a probabilidade condicional de que H_i seja a hipótese verdadeira (às vezes chamada de probabilidade *atualizada* ou *posterior* de H_i) é

$$P(H_i|E) = \frac{P(E|H_i)P(H_i)}{\sum_j P(E|H_j)P(H_j)} \qquad (5.13)$$

Suponha agora que saibamos de início que E_1 ocorreu e depois que E_2 ocorreu. Então, dada apenas a primeira informação, a probabilidade condicional de que H_i seja a hipótese verdadeira é

$$P(H_i|E_1) = \frac{P(E_1|H_i)P(H_i)}{P(E_1)} = \frac{P(E_1|H_i)P(H_i)}{\sum_j P(E_1|H_j)P(H_j)}$$

enquanto que, dadas ambas as informações acima, a probabilidade condicional de que H_i seja a hipótese verdadeira é $P(H_i|E_1E_2)$, o que pode ser computado por

$$P(H_i|E_1E_2) = \frac{P(E_1E_2|H_i)P(H_i)}{\sum_j P(E_1E_2|H_j)P(H_j)}$$

Alguém poderia pensar, no entanto, em quando seria possível calcular $P(H_i|E_1E_2)$ usando o lado direito da Equação (5.13) com $E = E_2$ e $P(H_j)$ trocado por $P(H_j|E_1)$, $j = 1,...,n$. Isto é, quando seria legítimo pensar em $P(H_j|E_1)$, $j \geq 1$, como as probabilidades prévias e então usar (5.13) para calcular as probabilidades posteriores?

Solução A indagação anterior é legítima desde que, para cada $j = 1,\ldots,n$, os eventos E_1 e E_2 sejam condicionalmente independentes dado H_j. Pois se este for o caso, então

$$P(E_1 E_2 | H_j) = P(E_2 | H_j) P(E_1 | H_j), \quad j = 1, \ldots, n$$

Portanto,

$$\begin{aligned}P(H_i | E_1 E_2) &= \frac{P(E_2 | H_i) P(E_1 | H_i) P(H_i)}{P(E_1 E_2)} \\ &= \frac{P(E_2 | H_i) P(E_1 H_i)}{P(E_1 E_2)} \\ &= \frac{P(E_2 | H_i) P(H_i | E_1) P(E_1)}{P(E_1 E_2)} \\ &= \frac{P(E_2 | H_i) P(H_i | E_1)}{Q(1,2)}\end{aligned}$$

onde $Q(1,2) = \frac{P(E_1 E_2)}{P(E_1)}$. Como a equação anterior é válida para todo i, obtemos, realizando uma soma,

$$1 = \sum_{i=1}^{n} P(H_i | E_1 E_2) = \sum_{i=1}^{n} \frac{P(E_2 | H_i) P(H_i | E_1)}{Q(1,2)}$$

o que mostra que

$$Q(1,2) = \sum_{i=1}^{n} P(E_2 | H_i) P(H_i | E_1)$$

e leva ao resultado

$$P(H_i | E_1 E_2) = \frac{P(E_2 | H_i) P(H_i | E_1)}{\sum_{i=1}^{n} P(E_2 | H_i) P(H_i | E_1)}$$

Por exemplo, suponha que uma de duas moedas seja escolhida para ser jogada. Seja H_i for o evento em que a moeda i, $i = 1, 2$, é escolhida, e suponha que quando a moeda i é jogada, ela tenha probabilidade p_i, $i = 1, 2$, de dar cara. Então as equações anteriores mostram que, para atualizar sequencialmente a probabilidade de que a moeda 1 seja aquela sendo jogada, dados os resultados das jogadas anteriores, tudo o que precisa ser mantido após cada nova jogada é a probabilidade condicional de que a moeda 1 seja aquela sendo utilizada. Isto é, não é necessário registrar todos os resultados anteriores. ∎

RESUMO

Para os eventos E e F, a probabilidade condicional de E dado que F ocorreu é representada por $P(E|F)$ e definida como

$$P(E|F) = \frac{P(EF)}{P(F)}$$

A identidade

$$P(E_1 E_2 \cdots E_n) = P(E_1) P(E_2 | E_1) \cdots P(E_n | E_1 \cdots E_{n-1})$$

é conhecida como a *regra da multiplicação* da probabilidade.

Uma identidade valiosa é

$$P(E) = P(E|F)P(F) + P(E|F^c)P(F^c)$$

que pode ser usada para computar $P(E)$ "condicionando" na ocorrência ou não de F.

$P(H)/P(H^c)$ é chamada de *chance* do evento H. A identidade

$$\frac{P(H|E)}{P(H^c|E)} = \frac{P(H)}{P(H^c)} \frac{P(E|H)}{P(E|H^c)}$$

mostra que, quando se obtém uma nova evidência E, o valor da chance de H se torna o seu antigo valor multiplicado pela relação entre a probabilidade condicional da nova evidência quando H é verdadeiro e a probabilidade condicional quando H não é verdadeiro.

Suponha que F_i, $i = 1,..., n$, sejam eventos mutuamente exclusivos cuja união é todo o espaço amostral. A identidade

$$P(F_j|E) = \frac{P(E|F_j)P(F_j)}{\sum_{i=1}^{n} P(E|F_i)P(F_i)}$$

é conhecida como *fórmula de Bayes*. Se os eventos F_i, $i = 1,..., n$, são hipóteses concorrentes, então a fórmula de Bayes mostra como calcular as probabilidades condicionais dessas hipóteses quando a evidência adicional E se torna disponível.

Se $P(EF) = P(E)P(F)$, dizemos que os eventos E e F são *independentes*. Essa condição é equivalente a $P(E|F) = P(E)$ e $P(F|E) = P(F)$. Assim, os eventos E e F são independentes se o conhecimento da ocorrência de um deles não afetar a probabilidade do outro.

Os eventos $E_1,..., E_n$ são ditos independentes se, para cada um de seus subconjuntos $E_{i_1},..., E_{i_r}$,

$$P(E_{i_1} \cdots E_{i_r}) = P(E_{i_1}) \cdots P(E_{i_r})$$

Para um evento fixo F, $P(E|F)$ pode ser considerada uma função probabilidade dos eventos E do espaço amostral.

PROBLEMAS

3.1 Dois dados honestos são rolados. Qual é a probabilidade condicional de que pelo menos um deles caia no 6 se os dados caírem em números diferentes?

3.2 Se dois dados honestos são rolados, qual é a probabilidade condicional de que o primeiro caia no 6 se a soma dos dados é i? Calcule essa probabilidade para todos os valores de i entre 2 e 12.

3.3 Use a Equação (2.1) para calcular, em uma mão de bridge, a probabilidade condicional de que Leste tenha 3 espadas dado que Norte e Sul tenham um total combinado de 8 espadas.

3.4 Qual é a probabilidade de que pelo menos um de um par de dados honestos caia no 6, dado que a soma dos dados seja i, $i = 2, 3,..., 12$?

3.5 Uma urna contém 6 bolas brancas e 9 bolas pretas. Se 4 bolas devem ser selecionadas aleatoriamente sem devolução, qual é a probabilidade de que as 2 primeiras bolas selecionadas sejam brancas e as 2 últimas sejam pretas?

3.6 Considere uma urna contendo 12 bolas, das quais 8 são brancas. Uma amostra de 4 bolas deve ser retirada com devolução (sem devolução). Qual é a probabilidade condicional (em cada um dos casos) de que a primeira e a terceira bolas sacadas sejam brancas dado que a amostra sacada contenha exatamente 3 bolas brancas?

3.7 O rei vem de uma família de 2 crianças. Qual é a probabilidade de que a outra criança seja a sua irmã?

3.8 Um casal tem duas crianças. Qual é a probabilidade de que ambas sejam meninas se a mais velha das duas crianças for uma menina?

3.9 Considere 3 urnas. A urna A contém 2 bolas brancas e 4 bolas vermelhas, a urna B contém 8 bolas brancas e 4 bolas vermelhas, e a urna C contém 1 bola branca e 4 bolas vermelhas. Se 1 bola é selecionada de cada urna, qual é a probabilidade de que a bola escolhida da urna A seja branca dado que exatamente 2 bolas brancas tenham sido selecionadas?

3.10 Três cartas são aleatoriamente selecionadas sem devolução de um baralho comum de 52 cartas. Suponha que B seja o evento em que ambas as cartas são ases, A_s o evento em que o ás de espadas é escolhido, e A o evento em que pelo menos um ás é escolhido. Determine
(a) $P(B|A_s)$
(b) $P(B|A)$

3.12 Uma recém-formada planeja realizar as primeiras três provas em atuária no próximo verão. Ela fará a primeira prova em dezembro, depois a segunda prova em janeiro e, se ela passar em ambas, fará a terceira prova em fevereiro. Se ela for reprovada em alguma prova, então não poderá fazer nenhuma das outras. A probabilidade de ela passar na primeira prova é de 0,9. Se ela passar na primeira prova, então a probabilidade condicional de ela passar na segunda prova é de 0,8. Finalmente, se ela passar tanto na primeira quanto na segunda prova, então a probabilidade condicional de ela passar na terceira prova é de 0,7.
(a) Qual é a probabilidade de ela passar em todas as três provas?
(b) Dado que ela não tenha passado em todas as três provas, qual é a probabilidade condicional de ela ter sido reprovada na segunda prova?

3.13 Suponha que um baralho comum de 52 cartas (que contém 4 ases) seja dividido aleatoriamente em 4 mãos de 13 cartas cada. Estamos interessados em determinar p, a probabilidade de que cada mão tenha um ás. Seja E_i o evento em que a i-ésima mão tem exatamente 1 ás. Determine $p = P(E_1 E_2 E_3 E_4)$ usando a regra da multiplicação.

3.14 Uma urna contém inicialmente 5 bolas brancas e 7 bolas pretas. Cada vez que uma bola é selecionada, sua cor é anotada e ela é recolocada na urna juntamente com 2 outras bolas da mesma cor. Calcule a probabilidade de que
(a) as primeiras 2 bolas selecionadas sejam pretas e as 2 bolas seguintes sejam brancas;
(b) das 4 primeiras bolas selecionadas, exatamente 2 sejam pretas.

3.15 Uma gravidez ectópica é duas vezes mais provável em mulheres fumantes do que em mulheres não fumantes. Se 32% das mulheres na idade reprodutiva são fumantes, que percentual de mulheres com gravidez ectópica são fumantes?

3.16 Noventa e oito por cento de todas as crianças sobrevivem ao parto. Entretanto, 15% de todos os nascimentos envolvem cesarianas (C), e quando uma cesariana é feita os bebês sobrevivem em 96% dos casos. Se uma gestante aleatoriamente selecionada não fez uma cesariana, qual é a probabilidade de que seu bebê sobreviva?

3.17 Em certa comunidade, 36% das famílias têm um cão e 22% das famílias que possuem um cão também possuem um gato. Além disso, 30% das famílias têm um gato. Qual é
(a) a probabilidade de que uma família aleatoriamente selecionada tenha tanto um cão quanto um gato?
(b) a probabilidade condicional de que uma família aleatoriamente selecio-

nada tenha um cão dado que ela também tenha um gato?

3.18 Um total de 46% dos eleitores de uma certa cidade classifica a si mesmo como petista, enquanto 30% se classificam como tucanos e 24% se classificam como democratas. Em uma eleição local recente, 35% dos petistas, 62% dos tucanos e 58% dos democratas votaram. Um eleitor é escolhido aleatoriamente. Dado que essa pessoa tenha votado na eleição local, qual é a probabilidade de que ele ou ela seja
(a) petista?
(b) tucana?
(c) democrata?
(d) Que fração dos eleitores participou da eleição local?

3.19 Um total de 48% das mulheres e 37% dos homens que fizeram um curso para largar o cigarro seguiu sem fumar por pelo menos um ano após o final do curso. Essas pessoas frequentaram uma festa de comemoração no final do ano. Se 62% da turma original era de homens,
(a) que percentual daqueles que foram à festa era de mulheres?
(b) que percentual da turma original foi à festa?

3.20 Cinquenta e dois por cento dos estudantes de certa faculdade são mulheres. Cinco por cento dos estudantes desta faculdade estão se formando em ciência da computação. Dois por cento dos estudantes são de mulheres se formado em ciência da computação. Se um estudante é selecionado aleatoriamente, determine a probabilidade condicional de que
(a) ele seja mulher dado que ele está se formando em ciência da computação
(b) ele esteja se formando em ciência da computação dado que ele é uma mulher.

3.21 Um total de 500 casais que trabalham participaram de uma pesquisa sobre os seus salários anuais, tendo-se como resultado:

| | Marido | |
Esposa	Menos que R$25.000	Mais que R$25.000
Menos que R$25.000	212	198
Mais que R$25.000	36	54

Por exemplo, em 36 dos casais, a mulher ganhava mais que R$25.000 e o marido menos do que essa quantia. Se um dos casais é escolhido aleatoriamente, qual é
(a) a probabilidade de o marido ganhar menos que R$25.000?
(b) a probabilidade condicional de a mulher ganhar mais que R$25.000 dado que o seu marido ganha mais do que essa quantia?
(c) a probabilidade condicional de a mulher ganhar mais que R$25.000 dado que o marido ganha menos do que essa quantia?

3.22 Um dado vermelho, um azul e um amarelo (todos com seis lados) são rolados. Estamos interessados na probabilidade de que o número que sair no dado azul seja menor do que aquele que sair no dado amarelo, e que este seja menor do que aquele que sair no dado vermelho. Isto é, com B, Y e R representando, respectivamente, os números que aparecem nos dados azul, amarelo e vermelho, estamos interessados em $P(B < Y < R)$.
(a) Qual é a probabilidade de que um mesmo número não saia em dois dados?
(b) Dado que um mesmo número não saia em dois dos dados, qual é a probabilidade condicional de que $B < Y < R$?
(c) O que é $P(B < Y < R)$?

3.23 A urna I contém 2 bolas brancas e 4 bolas vermelhas, enquanto a urna II contém 1 bola branca e 1 bola vermelha. Uma bola é aleatoriamente escolhida da urna I e colocada na urna II, e então uma bola é selecionada aleatoriamente da urna II. Qual é
(a) a probabilidade de que a bola selecionada da urna II seja branca?
(b) a probabilidade condicional de que a bola transferida seja branca dado que uma bola branca tenha sido selecionada da urna II?

3.24 Cada uma de duas bolas é pintada de preto ou dourado e então colocada em uma urna. Suponha que cada bola seja colorida de preto com probabilidade 1/2 e que esses eventos sejam independentes.
(a) Suponha que você tenha a informação de que a tinta dourada tenha sido utilizada (e que portanto pelo menos

uma das bolas tenha sido pintada de dourado). Calcule a probabilidade condicional de que ambas as bolas tenham sido pintadas de dourado.

(b) Suponha agora que a urna tenha virado e que 1 bola tenha caído. Ela tem a cor dourada. Qual é a probabilidade de que ambas as bolas sejam douradas neste caso?

3.25 O seguinte método foi proposto para se estimar o número de pessoas com idade acima de 50 anos que moram em uma cidade com população conhecida de 100.000: "À medida que você caminhar pela rua, mantenha uma contagem contínua do percentual de pessoas que você encontrar com idade acima de 50 anos. Faça isso por alguns dias; então multiplique o percentual obtido por 100.000 para obter a estimativa desejada". Comente esse método.

Dica: Seja p a proporção de pessoas na cidade que tem idade acima de 50 anos. Além disso, suponha que α_1 represente a proporção de tempo que uma pessoa com idade abaixo de 50 anos passa nas ruas, e que α_2 seja o valor correspondente para aqueles com idade acima de 50 anos. Que tipo de grandeza estima o método sugerido? Quando é que a estimativa é aproximadamente igual a p?

3.26 Suponha que 5% dos homens e 0,25% das mulheres sejam daltônicos. Uma pessoa daltônica é escolhida aleatoriamente. Qual é a probabilidade dessa pessoa ser um homem? Suponha que exista um mesmo número de homens e mulheres. E se a população consistisse em duas vezes mais homens do que mulheres?

3.27 Todos os trabalhadores de uma certa empresa vão dirigindo para o trabalho e estacionam no pátio da empresa. A empresa está interessada em estimar o número médio de trabalhadores transportados em um carro. Qual dos métodos a seguir vai permitir que a empresa estime esse número? Explique a sua resposta.

1. Escolha aleatoriamente n trabalhadores, descubra quantos vieram em um mesmo carro e calcule a média dos n valores.

2. Escolha aleatoriamente n carros parados no pátio, descubra quantas pessoas vieram naqueles carros e calcule a média dos n valores.

3.28 Suponha que um baralho comum de 52 cartas seja embaralhado e que suas cartas sejam então viradas uma a uma até que o primeiro ás apareça. Dado que o primeiro ás é a vigésima carta a aparecer, qual é a probabilidade condicional de que a carta seguinte seja o
(a) ás de espadas?
(b) dois de paus?

3.29 Há 15 bolas de tênis em uma caixa, das quais 9 nunca foram usadas anteriormente. Três das bolas são escolhidas aleatoriamente, utilizadas em uma partida, e então devolvidas para a caixa. Mais tarde, outras três bolas são retiradas aleatoriamente da caixa. Determine a probabilidade de que nenhuma dessas bolas nunca tenha sido usada.

3.30 Considere duas caixas, uma contendo 1 bola de gude branca e 1 branca, e a outra contendo 2 bolas de gude brancas e 1 branca. Uma caixa é selecionada aleatoriamente e uma bola de gude é retirada de forma aleatória. Qual é a probabilidade de que a bola de gude seja preta? Qual é a probabilidade de que a primeira caixa tenha sido selecionada dado que a bola de gude é branca?

3.31 Dona Aquina acabou de fazer uma biópsia para verificar a existência de um tumor cancerígeno. Evitando estragar um evento de família no final de semana, ela não quer ouvir nenhuma má notícia nos próximos dias. Mas se ela disser ao médico para telefonar-lhe somente se as notícias forem boas, então, se o médico não ligar, Dona Aquina pode concluir que as notícias não são boas. Assim, sendo uma estudante de probabilidade, Dona Aquina instrui o médico a jogar uma moeda, Se der cara, o doutor deverá telefonar-lhe se as novidades forem boas e não telefonar-lhe se elas forem más. Se a moeda der coroa, o médico não deverá telefonar-lhe. Dessa maneira, mesmo se o médico não telefonar-lhe, as notícias não serão necessariamente más. Seja α a probabilidade

de que o tumor seja cancerígeno e β a probabilidade condicional de que o tumor seja cancerígeno dado que o médico não faça o telefonema.
(a) Qual probabilidade é maior, α ou β?
(b) Determine β em termos de α e demonstre a sua resposta da letra (a).

3.32 Uma família tem j crianças com probabilidade p_j, onde $p_1 = 0,1$, $p_2 = 0,25$, $p_3 = 0,35$, $p_4 = 0,3$. Uma criança desta família é escolhida aleatoriamente. Dado que ela é a primogênita, determine a probabilidade condicional de que a família tenha:
(a) apenas 1 criança;
(b) 4 crianças.
Repita as letras (a) e (b) quando a criança selecionada aleatoriamente for a caçula.

3.33 Em dias chuvosos, Joe chega atrasado ao trabalho com probabilidade 0,3; em dias não chuvosos, ele chega atrasado com probabilidade 0,1. Com probabilidade 0,7, choverá amanhã.
(a) Determine a probabilidade de Joe chegar cedo amanhã.
(b) Dado que Joe tenha chegado cedo, qual é a probabilidade condicional de que tenha chovido?

3.34 No Exemplo 3f, suponha que a nova evidência esteja sujeita a possíveis interpretações e de fato mostre que é apenas 90% provável que o criminoso possua a característica em questão. Neste caso, qual seria a probabilidade de o suspeito ser culpado (supondo, como antes, que ele tenha a característica procurada)?

3.35 Com probabilidade 0,6, o presente foi escondido pela mãe; com probabilidade 0,4, foi escondido pelo pai. Quando a mãe esconde o presente, ela o esconde, em 70% das vezes, no segundo andar, e em 30% das vezes no primeiro andar. É igualmente provável que o pai esconda o presente no primeiro ou no segundo andar.
(a) Qual é a probabilidade de o presente estar no segundo andar?
(b) Dado que ele está no primeiro andar, qual é a probabilidade de que ele tenha sido escondido pelo pai?

3.36 As lojas A, B e C tem 50, 75 e 100 empregados, respectivamente, e 50, 60 e 70% deles são mulheres, respectivamente. Pedidos de demissão ocorrem de forma igualmente provável entre todos os empregados, independentemente do sexo. Uma empregada pede demissão. Qual é a probabilidade de que ela trabalhe na loja C?

3.37 (a) Um jogador tem uma moeda honesta e uma moeda com duas caras em seu bolso. Ele seleciona uma das moedas aleatoriamente; quando ele a joga, ela dá cara. Qual é a probabilidade de esta moeda ser a honesta?
(b) Suponha que ele jogue a mesma moeda uma segunda vez e, novamente, dê cara. Agora, qual é a probabilidade de esta moeda ser a honesta?
(c) Suponha que ele jogue a mesma moeda uma terceira vez e que agora dê coroa. Agora, qual é a probabilidade de esta moeda ser a honesta?

3.38 A urna A tem 5 bolas brancas e 7 bolas pretas. A urna B em 3 bolas brancas e 12 bolas pretas. Jogamos uma moeda honesta; se der cara, retiramos uma bola da urna A. Se der coroa, retiramos uma bola da urna B. Suponha que uma bola branca seja selecionada. Qual é a probabilidade de que tenha dado coroa na moeda?

3.39 No Exemplo 3a, qual é a probabilidade de que alguém sofra um acidente no segundo ano dado que ele ou ela não tenha sofrido acidentes no primeiro ano?

3.40 Considere uma amostra de 3 bolas retirada da seguinte maneira: começamos com uma urna contendo 5 bolas brancas e 7 bolas vermelhas. Em cada rodada, uma bola é retirada da urna e sua é cor anotada. A bola é então devolvida para a urna, juntamente com uma bola adicional de mesma cor. Determine a probabilidade da amostra conter exatamente
(a) 0 bolas brancas;
(b) 1 bola branca;
(c) 3 bolas brancas;
(d) 2 bolas brancas.

3.41 Um baralho de 52 cartas é embaralhado e então dividido em dois maços de 26 cartas cada. Uma carta é retirada de um dos maços; ela é um ás. O ás é então colocado no segundo maço. Este maço é então embaralhado e uma carta é retirada dele. Calcule a probabilidade de que a carta retirada seja um ás. *Dica:* Condicione na possibilidade da carta retirada ser aquela que foi trocada.

3.42 Três cozinheiros, A, B e C, assam um tipo especial de bolo e, com respectivas probabilidades 0,02, 0,03 e 0,05, esse bolo não cresce. No restaurante onde trabalham, A cozinha 50%, B cozinha 30% e C cozinha 20% desses bolos. Que proporção de "fracassos" é causada por A?

3.43 Há 3 moedas em uma caixa. Uma delas tem duas caras, outra é honesta e a terceira é uma moeda viciada que dá cara em 75% das vezes. Quando uma das 3 moedas é selecionada aleatoriamente e jogada, ela dá cara. Qual é a probabilidade de ela ser a moeda com duas caras?

3.44 Três prisioneiros são informados pelo vigia de que um deles foi escolhido aleatoriamente para ser executado e os outros dois serão libertados. O prisioneiro A pede ao vigia para que ele lhe conte reservadamente qual de seus companheiros de prisão será libertado, dizendo que não haveria dano em divulgar esta informação porque ele já sabe que pelo menos um dos dois será libertado. O vigia recusa-se a responder a essa questão, dizendo que se A soubesse qual de seus colegas prisioneiros seria libertado, então a probabilidade de que ele mesmo viesse a ser executado aumentaria de 1/3 para 1/2. O que você pensa do raciocínio do vigia?

3.45 Suponha que tenhamos 10 moedas tais que, se a i-ésima moeda for jogada, a probabilidade de ela dar cara é igual a $i/10$, $i = 1, 2, ..., 10$. Quando uma das moedas é selecionada aleatoriamente e jogada, ela dá cara. Qual é a probabilidade condicional de que tenha sido a quinta moeda?

3.46 Em um ano qualquer, um homem usará o seu seguro de carro com probabilidade p_m e uma mulher terá probabilidade p_f de usar o seu seguro de carro, onde $p_f \neq p_m$. A fração de segurados homens é igual a α, $0 < \alpha < 1$. Um segurado é escolhido aleatoriamente. Se A_i representar o evento em que este segurado fará uso de seu seguro em um ano, mostre que

$$P(A_2|A_1) > P(A_1)$$

Dê uma explicação intuitiva do porquê da desigualdade anterior ser verdade.

3.47 Uma urna contém 5 bolas brancas e 10 bolas pretas. Um dado honesto é rolado e um certo número de bolas é retirado da urna aleatoriamente de acordo com o número que saiu no dado. Qual é a probabilidade de que todas as bolas selecionadas sejam brancas? Qual é a probabilidade condicional de que tenha saído um 3 no dado se todas as bolas selecionadas forem brancas?

3.48 Cada um de dois criados-mudos com aparência idêntica tem duas gavetas. O criado-mudo A contém uma moeda de prata em cada gaveta, e o criado-mudo B contém uma moeda de prata em uma de suas gavetas e uma moeda de ouro na outra. Um criado-mudo é selecionado aleatoriamente, uma de suas gavetas é aberta e uma moeda de prata é encontrada. Qual é a probabilidade de que exista uma moeda de prata na outra gaveta?

3.49 O câncer de próstata é o tipo de câncer mais comum entre os homens. Para verificar se alguém tem câncer de próstata, os médicos realizam com frequência um teste que mede o nível de PSA produzido pela próstata. Embora altos níveis de PSA sejam indicativos de câncer, o teste é notoriamente pouco confiável. De fato, a probabilidade de que um homem que não tenha câncer apresente níveis elevados de PSA é de aproximadamente 0,135, valor que cresce para aproximadamente 0,268 se o homem tiver câncer. Se, com base em outros fatores, um fisiologista tiver 70% de certeza de que um homem tem câncer de próstata, qual é a probabilidade condicional de que ele tenha câncer dado que
(a) o teste tenha indicado um nível elevado de PSA?
(b) o teste não tenha indicado um nível elevado de PSA?

Repita os cálculos anteriores, dessa vez supondo que o fisiologista acredite inicialmente que existam 30% de chance de que o homem em questão tenha câncer de próstata.

3.50 Suponha que uma companhia de seguros classifique as pessoas em uma de três classes: risco baixo, risco médio e risco elevado. Os registros da companhia indicam que as probabilidades de que pessoas com riscos baixo, médio e elevado estejam envolvidas em acidentes ao longo do período de um ano são de 0,05, 0,15 e 0,30. Se 20% da população são classificados como de risco baixo, 50% de risco médio e 30% de risco elevado, que proporção de pessoas sofre acidentes ao longo de um ano? Se o segurado A não sofreu acidentes em 1997, qual é a probabilidade de que ele ou ela seja uma pessoa de risco baixo ou médio?

3.51 Uma trabalhadora pediu ao seu supervisor uma carta de recomendação para um novo emprego. Ela estima que existam 80% de chances de ela conseguir o emprego se ela receber uma boa recomendação, 40% de chances se ela receber uma recomendação moderadamente boa, e 10% de chances se ela receber uma recomendação fraca. Ela ainda estima que as probabilidades de ela receber recomendações boas, moderadas e fracas são de 0,7, 0,2 e 0,1, respectivamente.
(a) Quão certa ela está de receber a nova oferta de trabalho?
(b) Dado que ela receba a oferta, na opinião dela qual terá sido a probabilidade de ela ter recebido uma boa recomendação? Uma recomendação moderada? Uma recomendação fraca?
(c) Dado que ela não receba a oferta, na opinião dela qual terá sido a probabilidade de ela ter recebido uma boa recomendação? Uma recomendação moderada? Uma recomendação fraca?

3.52 Uma estudante de segundo grau aguarda ansiosamente o recebimento de uma carta dizendo se ela foi aceita ou não em determinada faculdade. Ela estima que as probabilidades condicionais de receber a carta de notificação em cada um dos dias da próxima semana, dado que ela tenha sido aceita ou rejeitada, sejam as seguintes:

Dia	P(carta | aceita)	P(carta | rejeitada)
Segunda-feira	0,15	0,05
Terça-feira	0,20	0,10
Quarta-feira	0,25	0,10
Quinta-feira	0,15	0,15
Sexta-feira	0,10	0,20

Ela estima que sua probabilidade de ser aceita seja de 0,6.
(a) Qual é a probabilidade de que ela receba a carta na segunda?
(b) Qual é a probabilidade de que ela receba a carta na terça dado que ela não tenha recebido uma carta na segunda?
(c) Se nenhuma carta chegar até a quarta-feira, qual é a probabilidade condicional de que ela tenha sido aceita?
(d) Qual é a probabilidade condicional de que ela seja aceita se a carta chegar na quinta?
(e) Qual é a probabilidade condicional de que ela seja aceita se nenhuma carta chegar naquela semana?

3.53 Um sistema paralelo funciona sempre que pelo menos um de seus componentes funcione. Considere um sistema paralelo de n componentes, e suponha que cada componente trabalhe independentemente com probabilidade 1/2. Determine a probabilidade condicional de que o componente 1 funcione dado que o sistema está funcionando.

3.54 Se você tivesse que construir um modelo matemático para os eventos E e F descritos nas letras (a) até (e) a seguir, você os consideraria eventos independentes? Explique o seu raciocínio.
(a) E é o evento em que uma mulher de negócios tem olhos azuis, F é o evento em que sua secretária tem olhos azuis.
(b) E é o evento em que um professor tem um carro, F é o evento em que seu nome está na lista telefônica.
(c) E é o evento em que um homem tem menos de 1,80 m de altura, F é o evento em que ele pesa mais de 90 kg.
(d) E é o evento em que uma mulher vive nos EUA, F é o evento em que ela vive no hemisfério ocidental.
(e) E é o evento em que choverá amanhã, F é o evento em que choverá depois de amanhã.

3.55 Em uma turma, há 4 calouros, 6 calouras e 6 veteranos homens. Quantas veteranas devem estar presentes se sexo e turma devem ser independentes quando um estudante é selecionado aleatoriamente?

3.56 Suponha que você colecione cupons e que existam cupons de m tipos diferentes. Suponha também que cada vez que um novo cupom é recolhido, ele seja do tipo i com probabilidade p_i, $i = 1,..., m$. Suponha que você tenha conseguido seu n-ésimo cupom. Qual é a probabilidade de que ele seja de um novo tipo?
Dica: Condicione no tipo deste cupom.

3.57 Um modelo simplificado para a variação do preço de uma ação supõe que em cada dia o preço da ação suba 1 unidade com probabilidade p ou caia 1 unidade com probabilidade $1 - p$. Supõe-se que as variações nos diferentes dias sejam independentes.
(a) Qual é a probabilidade de que após 2 dias o preço da ação esteja em seu valor original?
(b) Qual é a probabilidade de que após 3 dias o preço da ação tenha subido uma 1 unidade?
(c) Dado que após 3 dias o preço da ação tenha subido 1 unidade, qual é a probabilidade de que ele tenha subido no primeiro dia?

3.58 Suponha que queiramos gerar o resultado da jogada de uma moeda honesta, mas que tudo o que tenhamos à nossa disposição seja uma moeda viciada que dá cara com alguma probabilidade desconhecida p diferente de 1/2. Considere o seguinte procedimento para realizar nossa tarefa:
 1. Jogue a moeda.
 2. Jogue a moeda de novo.
 3. Se ambas as jogadas resultarem em duas caras ou duas coroas, volte para o passo 1.
 4. Deixe que o resultado da última jogada seja o resultado do experimento.
(a) Mostre que o resultado tem a mesma probabilidade de dar cara ou coroa.
(b) Poderíamos usar um procedimento mais simples no qual continuamos a lançar a moeda até que as duas últimas jogadas sejam diferentes e então deixamos com que o resultado seja aquele obtido na última jogada?

3.59 Realizam-se jogadas independentes de uma moeda que dá cara com probabilidade de p. Supondo que H e T representem os eventos "cara" e "coroa", qual é a probabilidade de que os primeiros quatro resultados sejam
(a) H, H, H, H?
(b) T, H, H, H?
(c) Qual é a probabilidade de que o padrão T, H, H, H ocorra antes do padrão H, H, H, H?
Dica para a letra (c): Como pode o padrão H, H, H, H ocorrer primeiro?

3.60 A cor dos olhos de uma pessoa é determinada por um único par de genes. Se eles forem ambos genes de olhos azuis, então a pessoa terá olhos azuis; se eles forem ambos genes de olhos castanhos, então a pessoa terá olhos castanhos; e se um deles for um gene de olhos castanhos e o outro de olhos azuis, então a pessoa terá olhos castanhos (por causa disso, dizemos que o gene de olhos castanhos é dominante em relação ao de olhos azuis). Uma criança recém-nascida recebe independentemente um gene de olhos de cada um de seus pais, e o gene que ele recebe tem a mesma probabilidade de ser de qualquer um dos tipos de gene daquele pai. Suponha que João e seus pais tenham olhos castanhos, mas que sua irmã tenha olhos azuis.
(a) Qual é a probabilidade de que João possua um gene de olhos azuis?
(b) Suponha que a esposa de João tenha olhos azuis. Qual é a probabilidade de que seu primeiro filho tenha olhos azuis?
(c) Se seu primeiro filho tiver olhos castanhos, qual é a probabilidade de que seu próximo filho também tenha olhos castanhos?

3.61 Genes relacionados ao albinismo são chamados de A e a. Apenas aqueles que recebem o gene a de ambos os pais são albinos. Pessoas com o par de genes (A, a) têm aparência normal e, como eles podem passar o traço para os seus descendentes, são chamados de portadores. Suponha que um casal normal tenha duas crianças, com uma delas sendo albina. Suponha que a criança não albina se case com uma pessoa que se sabe ser portadora.
(a) Qual é a probabilidade de que seu primeiro descendente seja albino?
(b) Qual é a probabilidade condicional de que seu segundo descendente seja

albino dado que seu primogênito não o seja?

3.62 Bárbara e Diana vão praticar tiro ao alvo. Suponha que cada um dos tiros de Bárbara acerte o pato de madeira utilizado como alvo com probabilidade p_1, enquanto cada tiro de Diana o acerte com probabilidade p_2. Suponha que elas atirem simultaneamente no mesmo alvo. Se o pato de madeira é derrubado (indicando que foi acertado), qual é a probabilidade de que
(a) ambos os tiros tenham acertado o pato?
(b) o tiro de Bárbara tenha acertado o pato?

3.63 A e B estão envolvidos em um duelo. As regras do duelo rezam que eles devem sacar suas armas e atirar um no outro simultaneamente. Se um ou ambos são atingidos, o duelo é encerrado; se ambos os tiros erram os alvos, então repete-se o processo. Suponha que os resultados dos tiros sejam independentes e que cada tiro de A atinja B com probabilidade p_A, e que cada tiro de B atinja A com probabilidade p_B. Qual é
(a) a probabilidade de que A não seja atingido?
(b) a probabilidade de que ambos os duelistas sejam atingidos?
(c) a probabilidade de que o duelo termine após a n-ésima rodada de tiros?
(d) a probabilidade condicional de que o duelo termine após a n-ésima rodada de tiros dado que A não tenha sido atingido.
(e) a probabilidade condicional de que o duelo termine após a n-ésima rodada de tiros dado que ambos os duelistas tenham sido atingidos?

3.64 Uma questão de verdadeiro ou falso é colocada para um time formado por um marido e sua esposa em um jogo de perguntas e respostas. Tanto o homem quanto a mulher darão, de forma independente, a resposta correta com probabilidade p. Qual das estratégias seguintes é a melhor para o casal?
(a) Escolher um deles e deixar que a pessoa escolhida responda a questão.
(b) Ambos pensarem na questão e darem a resposta comum se estiverem de acordo ou, se não estiverem de acordo, jogar uma moeda para determinar que resposta devem dar.

3.65 No problema anterior, se $p = 0{,}6$ e o casal usar a estratégia da letra (b), qual é a probabilidade condicional de que o casal dê a resposta correta dado que marido e sua esposa (a) estejam de acordo? (b) não estejam de acordo?

3.66 A probabilidade de fechamento do i-ésimo relé nos circuitos mostrados na Figura 3.4 é p_i, $i = 1, 2, 3, 4, 5$. Se todos os relés

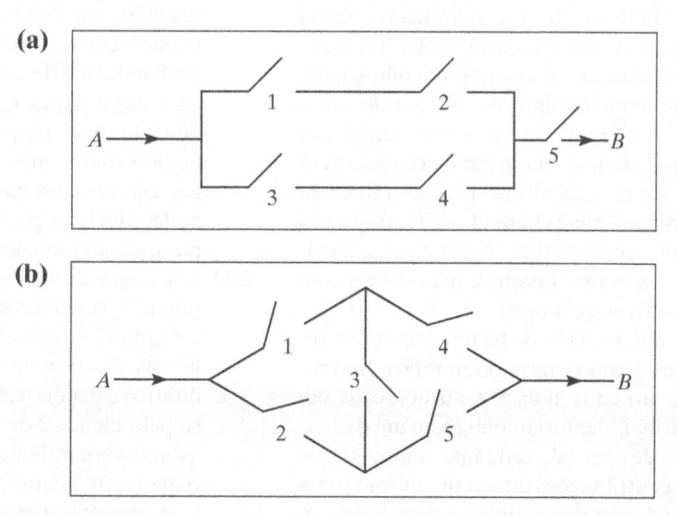

Figura 3.4 Circuitos para o Problema 3.66.

funcionam independentemente, qual é a probabilidade de que uma corrente flua entre A e B nos respectivos circuitos?
Dica para o circuito da letra (b): Condicione no fechamento ou não do relé 3.

3.67 Um sistema de engenharia formado por n componentes é chamado de "sistema k de n" ($k \leq n$) se ele funcionar se e somente se pelo menos k de n componentes estiverem funcionando. Suponha que todos os componentes funcionem de forma independente.
(a) Se o i-ésimo componente funcionar com probabilidade $P_i, i = 1, 2, 3, 4$, calcule a probabilidade de que um sistema "2 de 4" funcione.
(b) Repita a letra (a) para um sistema "3 de 5".
(c) Repita para um sistema "k de n" quando todos as probabilidades P_i são iguais a p (isto é, $P_i, 1 = 1, 2, ..., n$).

3.68 No Problema 3.66a, determine a probabilidade condicional de que os relés 1 e 2 estejam ambos fechados dado que uma corrente circule de A para B.

3.69 Certo organismo possui um par de cada um de 5 genes diferentes (que designaremos pelas 5 primeiras letras do alfabeto). Cada gene aparece de duas formas (que designaremos pelas letras maiúscula e minúscula). Supõe-se que a letra maiúscula represente o gene dominante; nesse caso, se um organismo possui o par de genes xX, então ele terá a aparência externa do gene X. Por exemplo, se X representa olhos castanhos e x representa olhos azuis, então um indivíduo com um par de genes XX ou xX terá olhos castanhos, enquanto um indivíduo com um par de genes xx terá olhos azuis. A aparência característica de um organismo é chamada de fenótipo, enquanto sua constituição genética é chamada de genótipo (assim, 2 organismos com respectivos genótipos aA, bB, cc, dD, ee e AA, BB, cc, DD, ee teriam genótipos diferentes mas o mesmo fenótipo). No cruzamento entre dois organismos, cada um contribui, aleatoriamente, com um de seus pares de genes de cada tipo. Supõe-se que as 5 contribuições de um organismo (uma de cada um dos 5 tipos) sejam independentes entre si e também das contribuições de seu companheiro. No cruzamento entre organismos com genótipos aA, bB, cC, dD, eE e aa, bB, cc, Dd, ee, qual é a probabilidade de que a prole tenha (i) fenótipo ou (ii) genótipo parecido com
(a) o primeiro de seus genitores?
(b) o segundo de seus genitores?
(c) ambos os seus genitores?
(d) nenhum de seus genitores?

3.70 Há uma chance de 50-50 de que a rainha seja portadora do gene da hemofilia. Se ela é portadora, então cada um dos príncipes tem uma chance de 50-50 de ter hemofilia. Se a rainha tiver tido três príncipes sadios, qual é a probabilidade de ela ser portadora? Se houver um quarto príncipe, qual é a probabilidade de que ele venha a desenvolver a hemofilia?

3.71 Na manhã de 30 de setembro de 1982, as campanhas dos três times de beisebol na divisão oeste da liga nacional dos EUA eram as seguintes:

Time	Vitórias	Derrotas
Atlanta Braves	87	72
San Francisco Giants	86	73
Los Angeles Dodgers	86	73

Cada time tinha 3 jogos a fazer. Os três jogos dos Giants eram contra os Dodgers, e os 3 jogos restantes dos Braves eram contra o San Diego Padres. Suponha que os resultados dos jogos restantes sejam independentes e que cada jogo tenha a mesma probabilidade de ser vencido por qualquer uma das equipes. Qual é a probabilidade de cada time conquistar o título da liga? Se dois times empatarem em primeiro lugar, eles devem jogar uma partida final que pode, com igual probabilidade, ser vencida por qualquer um dos times.

3.72 A câmara de vereadores de uma cidade possui 7 vereadores, 3 dos quais formam um comitê diretivo. Novas propostas legislativas vão primeiramente para o comitê diretivo e depois para o restante da câmara se pelo menos 2 de 3 membros do comitê as aprovarem. Uma vez na câmara, a lei requer voto majoritário para ser aprovada. Considere uma nova lei e suponha que cada membro da câmara irá aprová-la, independentemente, com probabilidade p. Qual é a probabilidade de que o voto de certo membro do comitê diretivo seja decisivo no sentido de que se o voto daquela pessoa for invertido então o destino final da nova lei será invertido? Qual seria a probabilidade correspondente para um vereador que não pertença ao comitê diretivo?

3.73 Suponha que cada filho de um casal tenha a mesma probabilidade de ser menino ou menina, independentemente do sexo das demais crianças da família. Para um casal com 5 crianças, calcule as probabilidades dos seguintes eventos:
(a) todas as crianças têm o mesmo sexo;
(b) os 3 filhos mais velhos são meninos e as crianças restantes são meninas;
(c) exatamente 3 são meninos;
(d) as duas crianças mais velhas são meninas;
(e) há pelo menos uma menina.

3.74 A e B se alternam no lançamento de um par de dados, parando quando A obtém uma soma igual a 9 ou quando B obtém uma soma igual a 6. Supondo que A role o dado primeiro, determine a probabilidade de que a última jogada seja feita por A.

3.75 Em certa aldeia, é tradicional que o filho mais velho e sua esposa cuidem dos pais dele em sua velhice. Nos últimos anos, no entanto, as mulheres desta aldeia, não querendo assumir responsabilidades, têm preferido não se casar com os filhos mais velhos de uma família.
(a) Se cada família da aldeia tem duas crianças, qual é a proporção de filhos mais velhos?
(b) Se cada família da aldeia tem três crianças, qual é a proporção de filhos mais velhos?
Suponha que cada criança tenha a mesma probabilidade de ser menino ou menina.

3.76 Suponha que E e F sejam eventos mutuamente exclusivos de um experimento. Mostre que, se tentativas independentes desse experimento forem realizadas, então E ocorrerá antes de F com probabilidade $P(E)/[P(E) + P(F)]$.

3.77 Considere uma sequência interminável de eventos independentes, onde cada tentativa tem a mesma probabilidade de levar a qualquer um dos resultados 1, 2 ou 3. Dado que 3 é o último dos resultados a ocorrer, determine a probabilidade condicional de que
(a) a primeira tentativa leve ao resultado 1;
(b) as duas primeiras tentativas levem ao resultado 1.

3.78 A e B jogam uma série de partidas. Cada partida é independentemente vencida por A com probabilidade p e por B com probabilidade $1 - p$. Eles param quando o número total de vitórias de um jogador é duas vezes maior do que o número de vitórias do outro jogador. Aquele com o maior número de vitórias completas é declarado o vencedor da série.
(a) Determine a probabilidade de que um total de 4 partidas seja jogado.
(b) Determine a probabilidade de que A vença a série.

3.79 Em jogadas sucessivas de um par de dados honestos, qual é a probabilidade de que saiam 2 setes antes de 6 números pares?

3.80 Em certa competição, os jogadores têm a mesma habilidade, e a probabilidade de que um entre dois participantes seja vitorioso é de 1/2. Em um grupo de 2^n jogadores, os jogadores formam pares uns com os outros de forma aleatória. Os 2^{n-1} vencedores formam novos pares aleatoriamente, e assim por diante, até que reste um único vencedor. Considere dois participantes específicos, A e B, e defina os eventos A_i, $i \leq n$, e E como

A_i: A participa de exatamente i disputas;
E: A e B nunca jogam um contra o outro.

(a) Determine $P(A_i)$, $i = 1,...,n$
(b) Determine $P(E)$
(c) Seja $P_n = P(E)$. Mostre que
$$P_n = \frac{1}{2^n - 1} + \frac{2^n - 2}{2^n - 1}\left(\frac{1}{2}\right)^2 P_{n-1}$$
e use essa fórmula para verificar a resposta que você obteve na letra (b).
Dica: Determine $P(E)$ colocando uma condição na ocorrência de cada um dos eventos A_i, $i = 1,..., n$. Ao simplificar a sua resposta, use a identidade algébrica
$$\sum_{i=1}^{n-1} ix^{i-1} = \frac{1 - nx^{n-1} + (n-1)x^n}{(1-x)^2}$$

Para uma outra abordagem de solução para este problema, note que há um total de $2^n - 1$ partidas jogadas.

(d) Explique por que $2^n - 1$ partidas são jogadas.

Numere essas partidas e suponha que B_i represente o evento em que A e B jogam entre si a i-ésima partida, $i = 1,...,2^n - 1$.

(e) Determine $P(B_i)$.

(f) Use a letra (e) para determinar $P(E)$.

3.81 Uma investidora tem participação em uma ação cujo valor atual é igual a 25. Ela decidiu que deve vender sua ação se ela chegar a 10 ou 40. Se cada mudança de preço de 1 unidade para cima ou para baixo ocorrer com probabilidades de 0,55 e 0,45, respectivamente, e se as variações sucessivas são independentes, qual é a probabilidade de que a investidora tenha lucro?

3.82 A e B lançam moedas. A começa e continua a jogar a moeda até que dê coroa, instante no qual B passa a jogar a moeda até que também dê coroa. Em seguida, A assume novamente o jogo e assim por diante. Suponha que P_1 seja a probabilidade de dar cara com A jogando a moeda e P_2 seja a probabilidade de dar cara com B jogando a moeda. O vencedor da partida é o primeiro a obter
(a) uma sequência de 2 caras;
(b) um total de 2 caras;
(c) uma sequência de 3 caras;
(d) um total de 3 caras.

Em cada caso, determine a probabilidade de A vencer a partida.

3.83 O dado A tem 4 faces vermelhas e 2 brancas, enquanto o dado B tem duas faces vermelhas e 4 brancas. Uma moeda honesta é lançada uma vez. Se ela der cara, o jogo continua com o dado A; se ela der coroa, então o dado B deve ser usado.

(a) Mostre que a probabilidade de cair uma face vermelha em cada jogada é de 1/2.

(b) Se as primeiras duas jogadas resultarem em vermelho, qual é a probabilidade de que dê vermelho na terceira jogada?

(c) Se o vermelho aparecer nas duas primeiras jogadas, qual é a probabilidade de que o dado A esteja sendo utilizado?

3.84 Uma urna contém 12 bolas, das quais 4 são brancas. Três jogadores – A, B e C – tiram bolas da urna sucessivamente: primeiro A, depois B, depois C, depois A de novo e assim por diante. O vencedor é o primeiro a tirar uma bola branca. Determine a probabilidade de vitória de cada jogador se:
(a) cada bola for recolocada na urna após ser retirada.
(b) as bolas retiradas não forem recolocadas na urna.

3.85 Repita o Problema 3.84 quando cada um dos 3 jogadores selecionar bolas de sua própria urna. Isto é, suponha que existam 3 urnas diferentes com 12 bolas, cada uma contendo 4 bolas brancas.

3.86 Seja $S = \{1, 2,..., n\}$ e suponha que A e B tenham, independentemente, a mesma probabilidade de formar qualquer um dos 2^n subconjuntos (incluindo o conjunto vazio e o próprio espaço amostral S) de S. Mostre que

$$P\{A \subset B\} = \left(\frac{3}{4}\right)^n$$

Dica: Suponha que $N(B)$ represente o número de elementos em B. Use

$$P\{A \subset B\} = \sum_{i=0}^{n} P\{A \subset B | N(B) = i\} P\{N(B) = i\}$$

Mostre que $P\{AB = \emptyset\} = \left(\frac{3}{4}\right)^n$.

3.87 No Exemplo 5e, qual é a probabilidade condicional de que a i-ésima moeda seja selecionada dado que as n primeiras tentativas tenham dado cara?

3.88 Na regra de sucessão de Laplace (Exemplo 5e), os resultados das jogadas sucessivas de moedas são independentes? Explique.

3.89 Um réu julgado por três juízes é declarado culpado se pelo menos 2 dos juízes o condenarem. Suponha que, se o réu for de fato culpado, cada juiz terá probabilidade de 0,7 de condená-lo, de forma independente. Por outro lado, se o réu for de fato inocente, essa probabilidade cai para 0,2. Se 70% dos réus são culpados, calcule a probabilidade condicional de

o juiz número 3 condenar um réu dado que:
(a) os juízes 1 e 2 o tenham condenado;
(b) um dos juízes 1 e 2 o tenha considerado culpado e o outro o tenha considerado inocente;
(c) os juízes 1 e 2 o tenham considerado inocente.

Suponha que $E_i, i = 1, 2, 3$ represente o evento em que o juiz i considera o réu culpado. Esses eventos são independentes ou condicionalmente independentes? Explique.

3.90 Suponha que n tentativas independentes sejam realizadas, com cada uma delas levando a qualquer um dos resultados 0, 1 ou 2 com respectivas probabilidades p_0, p_1 e $p_2, \sum_{i=0}^{2} p_i = 1$. Determine a probabilidade de que os resultados 1 e 2 ocorram pelo menos uma vez.

EXERCÍCIOS TEÓRICOS

3.1 Mostre que se $P(A) > 0$, então
$$P(AB|A) \geq P(AB|A \cup B)$$

3.2 Seja $A \subset B$. Expresse as seguintes probabilidades da forma mais simples possível:
$$P(A|B), P(A|B^c), P(B|A), P(B|A^c)$$

3.3 Considere uma comunidade escolar de m famílias, com n_i delas possuindo i crianças, $i = 1, \ldots, k, \sum_{i=1}^{k} n_i = m$. Considere os dois métodos a seguir para selecionar uma criança:
1. Escolha uma das m famílias aleatoriamente e então selecione aleatoriamente uma criança daquela família.
2. Escolha uma das $\sum_{i=1}^{k} i n_i$ crianças aleatoriamente.

Mostre que o método 1 tem probabilidade maior do que o método 2 de resultar na escolha de um filho primogênito.

Dica: Ao resolver o problema, você precisará mostrar que
$$\sum_{i=1}^{k} i n_i \sum_{j=1}^{k} \frac{n_j}{j} \geq \sum_{i=1}^{k} n_i \sum_{j=1}^{k} n_j$$

Para fazer isso, multiplique as somas e mostre que, para todos os pares i, j, o coeficiente do termo $n_i n_j$ é maior na expressão à esquerda do que aquele à direita.

3.4 Uma bola pode estar em qualquer uma de n caixas e tem probabilidade P_i de estar na i-ésima caixa. Se a bola estiver na caixa i, uma busca naquela caixa tem probabilidade α_i de encontrá-la. Mostre que a probabilidade condicional de que a bola esteja na caixa j, dado que a busca pela bola na caixa i não tenha sido bem sucedida, é

$$\frac{P_j}{1 - \alpha_i P_i} \quad \text{se } j \neq i$$

$$\frac{(1 - \alpha_i) P_i}{1 - \alpha_i P_i} \quad \text{se } j = i$$

3.5 Diz-se que o evento F carrega informações negativas a respeito do evento E, e escrevemos $F \searrow E$, se
$$P(E|F) \leq P(E)$$
Demonstre ou dê contraexemplos para as seguintes afirmativas:
(a) Se $F \searrow E$, então $E \searrow F$.
(b) Se $F \searrow E$ e $E \searrow G$, então $F \searrow G$.
(c) Se $F \searrow E$ e $G \searrow E$, então $FG \searrow E$.

Repita as letras (a), (b) e (c) se $\searrow$ for trocado por $\nearrow$. Dizemos que F carrega informação positiva a respeito de E, e escrevemos $F \nearrow E$, quando $P(E|F) \geq P(E)$.

3.6 Demonstre que, se $E_1, E_2, \ldots, E_n$ são eventos independentes, então
$$P(E_1 \cup E_2 \cup \cdots \cup E_n) = 1 - \prod_{i=1}^{n}[1 - P(E_i)]$$

3.7 (a) Uma urna contém n bolas brancas e m bolas pretas. As bolas são retiradas uma de cada vez até que somente aquelas de mesma cor sejam deixadas. Mostre que, com probabilidade $n/(n + m)$, todas elas são brancas.

Dica: Imagine que o experimento continue até que todas as bolas sejam removidas, e considere a última bola sacada.

(b) Um lago contém 3 espécies distintas de peixes, que chamaremos de R, B e G. Há r peixes R, b peixes B e g peixes G. Suponha que os peixes sejam retirados do lago em uma sequência aleatória (isto é, em cada seleção tem-se a mesma probabilidade de retirar-se qualquer um dos peixes restantes). Qual é a probabilidade de que os peixes do tipo R correspondam à primeira espécie a ser extinta no lago?
Dica: Escreva $P\{R\} = P\{RBG\} + P\{RGB\}$ e calcule as probabilidades no lado direito da igualdade primeiro condicionando nas últimas espécies a serem removidas.

3.8 Sejam A, B e C eventos relacionados ao experimento "rolar um par de dados".
(a) Se
$$P(A|C) > P(B|C) \text{ e } P(A|C^c) > P(B|C^c)$$
demonstre que $P(A) > P(B)$ ou dê um contraexemplo definindo os eventos A, B e C para os quais tal relação não seja verdadeira.
(b) Se
$$P(A|C) > P(A|C^c) \text{ e } P(B|C) > P(B|C^c)$$
demonstre que $P(AB|C) > P(AB|C^c)$ ou dê um contraexemplo definindo os eventos A, B e C para os quais tal relação não seja verdadeira.
Dica: Suponha que C seja o evento em que a soma de um par de dados é igual a 10, que A seja o evento em que o primeiro dado cai no 6, e que B seja o evento em que o segundo dado cai no 6.

3.9 Considere duas jogadas independentes de uma moeda honesta. Suponha que A seja o evento em que a primeira jogada dá cara, B o evento em que a segunda jogada dá cara e C o evento em que ambas as jogadas da moeda caem no mesmo lado. Mostre que os eventos A, B e C são independentes por pares – isto é, A e B são independentes, A e C são independentes, e B e C são independentes – mas não totalmente independentes.

3.10 Considere um grupo de n indivíduos. Suponha que a data de aniversário de cada pessoa tenha a mesma probabilidade de cair em qualquer um dos 365 dias do ano e também que os aniversários sejam eventos independentes. Suponha que $A_{i,j}$, $i \neq j$, represente o evento em que as pessoas i e j têm a mesma data de aniversário. Mostre que esses eventos são independentes por pares, mas não independentes. Isto é, mostre que $A_{i,j}$ e $A_{r,s}$ são independentes, mas os $\binom{n}{2}$ eventos $A_{i,j}$, $i \neq j$ não são independentes.

3.11 Em cada uma das n jogadas independentes de uma moeda, obtém-se cara com uma probabilidade p. Quão grande precisa ser n para que a probabilidade de se obter pelo menos uma cara seja de pelo menos 1/2?

3.12 Mostre que, se $0 \leq a_i \leq 1$, $i = 1, 2, \ldots$, então
$$\sum_{i=1}^{\infty} \left[a_i \prod_{j=1}^{i-1} (1 - a_j) \right] + \prod_{i=1}^{\infty} (1 - a_i) = 1$$
Dica: Suponha que um número infinito de moedas seja jogado, que a_i seja a probabilidade de que a i-ésima moeda dê cara, e considere a ocorrência da primeira cara.

3.13 A probabilidade de se obter cara em uma única jogada de moeda é igual a p. Suponha que A comece e continue a jogar a moeda até que dê coroa, instante a partir do qual passa a vez para B. Depois, B continua a jogar a moeda até que dê coroa, instante a partir do qual passa a vez para A e assim por diante. Seja $P_{n,m}$ a probabilidade de que A acumule um total de n caras antes que B acumule m caras. Mostre que
$$P_{n,m} = p P_{n-1,m} + (1-p)(1 - P_{m,n})$$

***3.14** Suponha que você esteja jogando contra um adversário infinitamente rico e que em cada rodada você ganhe ou perca 1 unidade com respectivas probabilidades p e $1 - p$. Mostre que a probabilidade de que você termine falido é
$$1 \text{ se } p \leq 1/2$$
$$(q/p)^i \text{ se } p > 1/2$$
onde $q = 1 - p$ e i representa a sua fortuna inicial.

3.15 Tentativas independentes com probabilidade de sucesso p são realizadas até que um total de r sucessos seja obtido. Mostre que a probabilidade de que exatamente n tentativas são necessárias é

$$\binom{n-1}{r-1} p^r (1-p)^{n-r}$$

Use esse resultado para resolver o problema dos pontos (Exemplo 4j).

Dica: Para que n tentativas sejam necessárias para a obtenção de r sucessos, quantos sucessos devem ocorrer nas primeiras $n-1$ tentativas?

3.16 Tentativas independentes com probabilidade de sucesso p e probabilidade de fracasso $1-p$ são chamadas de *tentativas de Bernoulli*. Seja P_n a probabilidade de que n tentativas de Bernoulli resultem em um número par de sucessos (0 é considerado um número par). Mostre que

$$P_n = p(1 - P_{n-1}) + (1-p)P_{n-1} \quad n \geq 1$$

e use essa fórmula para demonstrar (por indução) que

$$P_n = \frac{1 + (1 - 2p)^n}{2}$$

3.17 Suponha que n tentativas independentes sejam realizadas, com a tentativa i sendo bem-sucedida com probabilidade $1/(2i+1)$. Seja P_n a probabilidade de que o número total de sucessos seja um número ímpar.
(a) Determine P_n para $n = 1, 2, 3, 4, 5$.
(b) Obtenha uma fórmula geral para P_n.
(c) Deduza uma fórmula para P_n em termos de P_{n-1}.
(d) Verifique que fórmula obtida na letra (b) satisfaz à fórmula recursiva na letra (c). Como a fórmula recursiva tem solução única, isso prova que você estava correto.

3.18 Seja Q_n a probabilidade de que nenhuma série de 3 caras consecutivas apareça em n jogadas de uma moeda honesta. Mostre que

$$Q_n = \frac{1}{2}Q_{n-1} + \frac{1}{4}Q_{n-2} + \frac{1}{8}Q_{n-3}$$
$$Q_0 = Q_1 = Q_2 = 1$$

Determine Q_8.
Dica: Condicione na primeira coroa.

3.19 Considere o problema da ruína do jogador, com a exceção de que A e B concordem a jogar no máximo n partidas. Seja $P_{n,i}$ a probabilidade de que A termine com todo o dinheiro quando A começar com i e B começar com $N-i$. Deduza uma equação para $P_{n,i}$ em termos de $P_{n-1,\,i+1}$ e $P_{n-1,\,i-1}$, e calcule $P_{7,3}$, $N = 5$.

3.20 Considere duas urnas, cada uma contendo bolas brancas e pretas. As probabilidades de se retirarem bolas brancas da primeira e da segunda urnas são, respectivamente, p e p'. Bolas são retiradas sequencialmente das urnas e em seguida recolocadas de acordo com o seguinte esquema: com probabilidade α, retira-se inicialmente uma bola da primeira urna, e, com probabilidade $1 - \alpha$, retira-se uma bola da segunda urna. As escolhas subsequentes são então realizadas de acordo com a regra de que sempre que uma bola branca for sacada (e recolocada), a próxima bola é retirada da mesma urna, mas quando uma bola preta é sacada, a próxima bola é retirada da outra urna. Seja α_n a probabilidade de que a n-ésima bola seja escolhida da primeira urna. Mostre que

$$\alpha_{n+1} = \alpha_n(p + p' - 1) + 1 - p' \quad n \geq 1$$

e use essa fórmula para provar que

$$\alpha_n = \frac{1 - p'}{2 - p - p'} + \left(\alpha - \frac{1 - p'}{2 - p - p'}\right)$$
$$\times (p + p' - 1)^{n-1}$$

Seja P_n a probabilidade de que a n-ésima bola selecionada seja branca. Determine P_n. Além disso, calcule $\lim_{n\to\infty} \alpha_n$ e $\lim_{n\to\infty} P_n$.

3.21 *O Problema da Eleição.* Em uma eleição, o candidato A recebe n votos e o candidato B recebe m votos, onde $n > m$. Assumindo que todas as $(n+m)!/n!m!$ ordens de votos sejam igualmente prováveis, suponha que $P_{n,m}$ represente a probabilidade de que A sempre esteja à frente na contagem dos votos.
(a) Calcule $P_{2,1}, P_{3,1}, P_{3,2}, P_{4,1}, P_{4,2}, P_{4,3}$.
(b) Determine $P_{n,1}, P_{n,2}$.
(c) Com base nos resultados que você obteve nas letras (a) e (b), faça conjecturas a respeito do valor de $P_{n,m}$.

(d) Deduza uma fórmula recursiva para $P_{n,m}$ em termos de $P_{n-1,m}$ e $P_{n,m-1}$ condicionando em quem recebe o último voto.

(e) Use a letra (d) para verificar sua conjectura da letra (c) usando uma prova de indução em $n + m$.

3.22 Como um modelo simplificado de previsão do tempo, suponha que o tempo amanhã (seco ou úmido) será o mesmo de hoje com probabilidade p. Mostre que, se o tempo está seco em 1º de janeiro, então P_n, a probabilidade de que ele esteja seco n dias depois, satisfaz

$$P_n = (2p - 1)P_{n-1} + (1 - p) \quad n \geq 1$$
$$P_0 = 1$$

Demonstre que

$$P_n = \frac{1}{2} + \frac{1}{2}(2p - 1)^n \quad n \geq 0$$

3.23 Uma sacola contém a bolas brancas e b bolas pretas. Bolas são tiradas da sacola de acordo com o seguinte método:
1. Uma bola é escolhida aleatoriamente e descartada.
2. Escolhe-se em seguida uma segunda bola. Se sua cor é diferente da bola anterior, ela é recolocada na sacola e o processo é repetido a partir do início. Se sua cor é a mesma, ela é descartada e começamos do passo 2.

Em outras palavras, bolas são amostradas e descartadas até que uma mudança de cor ocorra, momento no qual a última bola é devolvida para a urna e o processo começa de novo. Seja $P_{a,b}$ a probabilidade de a última bola na sacola ser branca. Demonstre que

$$P_{a,b} = \frac{1}{2}$$

Dica: Use indução em $k \equiv a + b$.

*3.24 Disputa-se um torneio com n competidores em que cada um dos $\binom{n}{2}$ pares de competidores joga entre si exatamente uma vez, com o resultado de cada partida sendo a vitória de um dos competidores e a derrota do outro. Para um inteiro fixo k, $k < n$, uma questão de interesse é saber se é possível que o resultado do torneio seja tal que, para cada conjunto de k jogadores, exista um jogador que vença cada membro do conjunto. Mostre que se

$$\binom{n}{k}\left[1 - \left(\frac{1}{2}\right)^k\right]^{n-k} < 1$$

então tal resultado é possível.

Dica: Suponha que os resultados das partidas sejam independentes entre si e que cada partida tenha a mesma probabilidade de ser vencida por cada um dos competidores. Numere os $\binom{n}{k}$ conjuntos de k competidores e faça com que B_i represente o evento em que nenhum competidor derrota todos os k jogadores no i-ésimo conjunto. Então use a desigualdade de Boole para limitar $P\left(\bigcup_i B_i\right)$.

3.25 Demonstre diretamente que

$$P(E|F) = P(E|FG)P(G|F) + P(E|FG^c)P(G^c|F)$$

3.26 Demonstre a equivalência das Equações (5.11) e (5.12).

3.27 Estenda a definição da independência condicional a mais de 2 eventos.

3.28 Demonstre ou dê um contraexemplo. Se E_1 e E_2 são eventos independentes, então eles são condicionalmente independentes dado F.

3.29 Na regra de sucessão de Laplace (Exemplo 5e), mostre que se as primeiras n jogadas dão cara, então a probabilidade condicional de que as próximas m jogadas também deem cara é igual a $(n + 1)/(n + m + 1)$.

3.30 Na regra de sucessão de Laplace (Exemplo 5e), suponha que as n primeiras jogadas resultem em r caras e $n - r$ coroas. Mostre que a probabilidade de que a $(n + 1)$-ésima jogada dê cara é $(r + 1)/(n + 2)$. Para fazer isso, você terá que demonstrar e usar a identidade

$$\int_0^1 y^n(1 - y)^m dy = \frac{n!m!}{(n + m + 1)!}$$

Dica: Para demonstrar a identidade, considere $C(n,m) = \int_0^1 y^n(1 - y)^m dy$. Integrando por partes, obtém-se

$$C(n,m) = \frac{m}{n+1}C(n + 1, m - 1)$$

Começando com $C(n,0) = 1/(n + 1)$, demonstre essa identidade por indução em m.

3.31 Suponha que um amigo seu com mente não matemática, porém filosófica, afirme que a regra de sucessão de Laplace deve estar incorreta porque ela pode levar a conclusões ridículas. "Por exemplo", ele diz, "a regra diz que se um garoto tem 10 anos de idade, tendo ele vivido 10 anos, tem probabilidade de 11/12 de viver mais um ano. Por outro lado, se o garoto tem um avô com 80 anos de idade, então, pela regra de Laplace, o avô tem probabilidade de 81/82 de viver um ano a mais. Entretanto, isso é ridículo. Claramente, o garoto tem mais chances de viver um ano a mais do que o seu avô". Como você responderia ao seu amigo?

PROBLEMAS DE AUTOTESTE E EXERCÍCIOS

3.1 Em um jogo de bridge, Oeste não tem ases. Qual é a probabilidade de que seu parceiro (a) não tenha ases? (b) tenha 2 ou mais ases? (c) Quais seriam as probabilidades se Oeste tivesse exatamente 1 ás?

3.2 A probabilidade de que uma bateria de carro nova funcione por mais de 10.000 km é de 0,8, de que ela funcione por mais de 20.000 km é de 0,4, e de que ela funcione por mais de 30.000 km é de 0,1. Se uma bateria de carro nova ainda está funcionando após 10.000 km, qual é a probabilidade de que
(a) sua vida total exceda 20.000 km?
(b) sua vida adicional exceda 20.000 km?

3.3 Como podem 20 bolas, sendo 10 brancas e 10 pretas, serem colocadas em duas urnas de forma a maximizar a probabilidade de que uma bola branca seja sorteada se uma das urnas for selecionada aleatoriamente e depois uma bola for sorteada dessa urna?

3.4 A urna A contém duas bolas brancas e uma bola preta, enquanto a urna B contém uma bola branca e 5 bolas pretas. Uma bola é aleatoriamente retirada da urna A e colocada na urna B. Uma bola é então sorteada da urna B. Essa bola tem cor branca. Qual é a probabilidade de a bola transferida ser branca?

3.5 Uma urna tem r bolas vermelhas e w bolas brancas que são sorteadas uma de cada vez. Seja r_i o evento em que a i-ésima bola retirada é vermelha. Determine
(a) $P(R_i)$
(b) $P(R_5|R_3)$
(c) $P(R_3|R_5)$

3.6 Uma urna contém b bolas pretas e r bolas vermelhas. Uma das bolas é sorteada, mas quando ela é colocada de volta na urna, c bolas adicionais da mesma cor são colocadas juntamente com ela. Agora, suponha que sorteemos outra bola. Mostre que a probabilidade de que a primeira bola tenha cor preta, dado que a segunda bola sorteada seja vermelha, é $b/(b + r + c)$.

3.7 Um amigo escolhe 2 cartas aleatoriamente, sem repô-las, de um baralho comum de 52 cartas. Em cada uma das situações seguintes, determine a probabilidade condicional de que ambas as cartas sejam ases.
(a) Você pergunta ao seu amigo se uma das cartas é o ás de espadas e seu amigo responde afirmativamente.
(b) Você pergunta ao seu amigo se a primeira carta selecionada é um ás e seu amigo responde afirmativamente.
(c) Você pergunta ao seu amigo se a segunda carta selecionada é um ás e seu amigo responde afirmativamente.
(d) Você pergunta ao seu amigo se uma das cartas selecionadas é um ás e seu amigo responde afirmativamente.

3.8 Mostre que
$$\frac{P(H|E)}{P(G|E)} = \frac{P(H)}{P(G)} \frac{P(E|H)}{P(E|G)}$$

Suponha que, antes que uma nova evidência seja observada, a hipótese H tenha probabilidade três vezes maior do que a hipótese G de ser verdade. Se a nova evidência é duas vezes mais provável quando G é verdade do que quando H é verdade, qual hipótese é mais provável após a observação da nova evidência?

3.9 Você pede ao seu vizinho para ele regar uma planta enquanto você está de férias. Sem água, a planta morrerá com probabili-

dade 0,8; com água, morrerá com probabilidade 0,15. Você tem 90% de certeza de que seu vizinho se lembrará de regar a planta.
(a) Qual é a probabilidade da planta estar viva quando você voltar?
(b) Se a planta estiver morta quando você voltar, qual é a probabilidade de que seu vizinho tenha se esquecido de regá-la?

3.10 Seis bolas são sorteadas de uma urna que contém 8 bolas vermelhas, 10 bolas verdes e 12 bolas azuis.
(a) Qual é a probabilidade de que pelo menos uma bola vermelha seja sorteada?
(b) Dado que nenhuma bola vermelha tenha sido sorteada, qual é a probabilidade de que existam exatamente 2 bolas verdes entre as 6 escolhidas?

3.11 Uma pilha do tipo C está em condição de trabalho com probabilidade 0,7, enquanto uma pilha do tipo D está em condição de trabalho com probabilidade 0,4. Uma pilha é selecionada aleatoriamente de um cesto com 8 pilhas do tipo C e 6 do tipo D.
(a) Qual é a probabilidade de a pilha funcionar?
(b) Dado que a pilha não funcione, qual é a probabilidade condicional de que ela seja do tipo C?

3.12 Maria levará dois livros consigo em uma viagem. Suponha que a probabilidade de ela gostar do livro 1 seja de 0,6, a probabilidade de ela gostar do livro 2 seja de 0,5, e a probabilidade de ela gostar de ambos os livros seja de 0,4. Determine a probabilidade condicional de ela gostar do livro 2 dado que ela não tenha gostado do livro 1.

3.13 Sorteiam-se bolas de uma urna que contém inicialmente 20 bolas vermelhas e 10 bolas azuis.
(a) Qual é a probabilidade de que todas as bolas vermelhas sejam retiradas antes de todas as azuis?
Agora suponha que a urna contenha inicialmente 20 bolas vermelhas, 10 bolas azuis e 8 bolas verdes.
(b) Agora, qual é a probabilidade de que todas as bolas vermelhas sejam retiradas antes das bolas azuis?
(c) Qual é a probabilidade de que as cores se esgotem na ordem azul, vermelho e verde?

(d) Qual é a probabilidade de que o grupo de bolas azuis seja o primeiro dos três grupos a ser removido?

3.14 Joga-se uma moeda que tem probabilidade de 0,8 de dar cara. A observa o resultado – cara ou coroa – e se apressa a contá-lo para B. Entretanto, com probabilidade 0,4, A já terá esquecido o resultado quando ele se encontrar com B. Se A tiver esquecido o resultado, então, em vez de admitir isso para B, ele dirá, com probabilidade 0,5, que a moeda deu cara ou coroa. (Se ele se lembrar, então ele dirá a B o resultado correto.)
(a) Qual é a probabilidade de que B receba a informação de que a moeda tenha dado cara?
(b) Qual é a probabilidade de que B receba como informação o resultado correto?
(c) Dado que B tenha recebido a informação de que a moeda deu cara, qual é a probabilidade de que ela de fato tenha dado cara?

3.15 Em certas espécies de ratos, os de cor preta são dominantes em relação aos de cor marrom. Suponha que um rato preto com dois pais pretos tenha tido uma cria marrom.
(a) Qual é a probabilidade de que este rato seja um rato preto puro (em vez de ser um rato híbrido com um gene preto e outro marrom)?
(b) Suponha que, quando o rato preto cruzar com um rato marrom, todas as suas 5 crias sejam pretas. Agora, qual é a probabilidade de que o rato preto seja puro?

3.16 (a) No Problema 3.66(b), determine a probabilidade de que uma corrente flua de A para B, condicionando no fechamento do relé 1.
(b) Determine a probabilidade condicional de que o relé 3 esteja fechado dado que uma corrente flua de A para B.

3.17 Para o sistema k de n descrito no Problema 3.67, suponha que cada componente funcione independentemente com probabilidade 1/2. Determine a probabilidade condicional de que o componente 1 esteja funcionando, dado que o sistema funcione, quando
(a) $k = 1, n = 2$;
(b) $k = 2, n = 3$.

3.18 O Sr. Jonas bolou um sistema de apostas para vencer na roleta. Quando ele joga, ele aposta no vermelho, mas ele faz essa aposta somente após as 10 rodadas anteriores terem dado números pretos. Ele pensa que a sua chance de vencer é bastante elevada porque a probabilidade de ocorrerem 11 rodadas consecutivas dando preto é bastante pequena. O que você pensa desse sistema?

3.19 Três jogadores jogam moedas ao mesmo tempo. A moeda jogada por $A(B)[C]$ dá cara com probabilidades $P_1(P_2)[P_3]$. Se uma pessoa obtém um resultado diferente dos outros dois, então ele sai da disputa. Se ninguém sair, os jogadores jogam as moedas de novo até que alguém saia. Qual é a probabilidade de que A saia do jogo?

3.20 Suponha que existam n resultados possíveis para uma tentativa, com o resultado i sendo obtido com probabilidade p_i, $i = 1,...,n$, $\sum_{i=1}^{n} p_i = 1$. Se duas tentativas independentes forem observadas, qual é a probabilidade de que o resultado da segunda tentativa seja maior do que o da primeira?

3.21 Se A joga $n + 1$ e B joga n moedas honestas, mostre que a probabilidade de que A obtenha mais caras do que B é de 1/2.
Dica: Condicione em qual jogador terá o maior número de caras após n moedas terem sido jogadas (há três possibilidades).

3.22 Demonstre ou dê um contraexemplo para as três afirmativas a seguir:
(a) Se E é independente de F, e E é independente de G, então E é independente de $F \cup G$.
(b) Se E é independente de F, E é independente de G, e $FG = \emptyset$, então E é independente de $F \cup G$.
(c) Se E é independente de F, F é independente de G e E é independente de FG, então G é independente de EF.

3.23 Suponha que A e B sejam eventos com probabilidades positivas. Diga se as afirmativas a seguir são (i) necessariamente verdadeiras, (ii) necessariamente falsas ou (iii) possivelmente verdadeiras.
(a) Se A e B são mutuamente exclusivos, então eles são independentes.
(b) Se A e B são independentes, então eles são mutuamente exclusivos.
(c) $P(A) = P(B) = 0{,}6$, e A e B são mutuamente exclusivos.
(d) $P(A) = P(B) = 0{,}6$, e A e B são independentes.

3.24 Ordene as alternativas a seguir da mais provável à menos provável:
1. Uma moeda honesta dá cara.
2. Três tentativas independentes, cada uma das quais bem-sucedida com probabilidade 0,8, resultam em sucessos.
3. Sete tentativas independentes, cada uma das quais bem sucedida com probabilidade 0,9, resultam em sucessos.

3.25 Duas fábricas locais, A e B, produzem rádios. Cada rádio produzido pela fábrica A tem probabilidade de 0,05 de apresentar defeitos, enquanto cada rádio produzido pela fábrica B tem probabilidade de 0,01 de apresentar defeitos. Suponha que você compre dois rádios que tenham sido produzidos pela mesma fábrica, que tem a mesma probabilidade de ser a fábrica A ou a fábrica B. Se o primeiro rádio que você verificou está com defeito, qual é a probabilidade condicional de que o outro também esteja com defeito?

3.26 Mostre que, se $P(A|B) = 1$, então $P(B^c|A^c) = 1$.

3.27 Uma urna contém inicialmente 1 bola vermelha e 1 bola azul. Em cada rodada, uma bola é retirada aleatoriamente e substituída por duas outra bolas de mesma cor (por exemplo, se a bola vermelha é a primeira a ser escolhida, então haverá 2 bolas vermelhas e 1 bola azul na urna quando ocorrer a próxima seleção). Mostre por indução matemática que a probabilidade de que existam exatamente i bolas vermelhas na urna após n rodadas é de $1/(n + 1)$, $1 \le i \le n + 1$.

3.28 Um total de $2n$ cartas, das quais 2 são ases, deve ser dividido entre 2 jogadores, com cada um dos jogadores recebendo n cartas. Cada jogador deve então declarar, em sequência, se ele recebeu algum ás. Qual é a probabilidade condicional de que o segundo jogador não tenha ases, dado que o primeiro jogador declare afirmativamente que tenha algum ás, quando (a) $n = 2$? (b) $n = 10$? (c) $n = 100$? Para que valor converge a probabilidade quando n tende a infinito? Por quê?

3.29 Existem n tipos diferentes de cupons de desconto. Cada cupom obtido é, independentemente dos tipos já recolhidos, do tipo i com probabilidade $\sum_{i=1}^{n} p_i = 1$.

(a) Se n cupons são recolhidos, qual é a probabilidade de que se consiga um de cada tipo?

(b) Suponha agora que $p_1 = p_2 = \ldots = p_n = 1/n$. Seja E_i o evento em que não há cupons de tipo i entre os n cupons selecionados. Aplique em $P(\cup_i E_i)$ a identidade inclusão-exclusão para a probabilidade da união dos eventos para demonstrar a identidade

$$n! = \sum_{k=0}^{n} (-1)^k \binom{n}{k} (n-k)^n$$

3.30 Mostre que, para quaisquer eventos E e F,

$$P(E|E \cup F) \geq P(E|F)$$

Dica: Calcule $P(E|E \cup F)$ condicionando na ocorrência de F.

Variáveis Aleatórias

Capítulo

4

4.1 VARIÁVEIS ALEATÓRIAS
4.2 VARIÁVEIS ALEATÓRIAS DISCRETAS
4.3 VALOR ESPERADO
4.4 ESPERANÇA DE UMA FUNÇÃO DE UMA VARIÁVEL ALEATÓRIA
4.5 VARIÂNCIA
4.6 AS VARIÁVEIS ALEATÓRIAS BINOMIAL E DE BERNOULLI
4.7 A VARIÁVEL ALEATÓRIA DE POISSON
4.8 OUTRAS DISTRIBUIÇÕES DE PROBABILIDADE DISCRETAS
4.9 VALOR ESPERADO DE SOMAS DE VARIÁVEIS ALEATÓRIAS
4.10 PROPRIEDADES DA FUNÇÃO DISTRIBUIÇÃO CUMULATIVA

4.1 VARIÁVEIS ALEATÓRIAS

Frequentemente, quando realizamos um experimento, estamos interessados principalmente em alguma função do resultado e não no resultado em si. Por exemplo, ao jogarmos dados, estamos muitas vezes interessados na soma dos dois dados, e não em seus valores individuais. Isto é, podemos estar interessados em saber se a soma dos dados é igual 7, mas podemos não estar preocupados em saber se o resultado real foi (1, 6), (2, 5), (3, 4), (4, 3), (5, 2) ou (6, 1). Também, ao jogarmos uma moeda, podemos estar interessados no número de caras que vão aparecer, e não na sequência de caras e coroas que teremos como resultado. Essas grandezas de interesse, ou, mais formalmente, essas funções reais definidas no espaço amostral, são conhecidas como *variáveis aleatórias*.

Como o valor da variável aleatória é determinado pelo resultado do experimento, podemos atribuir probabilidades aos possíveis valores da variável aleatória.

Exemplo 1a

Suponha que nosso experimento consista em jogar 3 moedas honestas, com H simbolizando cara e T simbolizando coroa. Se Y representar o número de caras que aparecerem, então Y é uma variável aleatória que pode ter um dos valores 0, 1, 2 e 3 com respectivas probabilidades

$$P\{Y = 0\} = P\{(T, T, T)\} = \frac{1}{8}$$

$$P\{Y = 1\} = P\{(T, T, H), (T, H, T), (H, T, T)\} = \frac{3}{8}$$

$$P\{Y = 2\} = P\{(T, H, H), (H, T, H), (H, H, T)\} = \frac{3}{8}$$

$$P\{Y = 3\} = P\{(H, H, H)\} = \frac{1}{8}$$

Como Y deve receber um dos valores de 0 a 3, devemos ter

$$1 = P\left(\bigcup_{i=0}^{3} \{Y = i\}\right) = \sum_{i=0}^{3} P\{Y = i\}$$

o que, naturalmente, está de acordo com as probabilidades anteriores. ■

Exemplo 1b

Três bolas são selecionadas aleatoriamente e sem devolução de uma urna contendo 20 bolas numeradas de 1 a 20. Se apostamos que pelo menos uma das bolas selecionadas tem um numero maior ou igual a 17, qual é a probabilidade de vencermos a aposta?

Solução Seja X o maior número selecionado. Então X é uma variável aleatória que pode ter qualquer um dos valores 3, 4,..., 20. Além disso, se supomos que cada uma das $\binom{20}{3}$ seleções possíveis tem a mesma probabilidade de ocorrer, então

$$P\{X = i\} = \frac{\binom{i-1}{2}}{\binom{20}{3}} \quad i = 3,\ldots, 20 \tag{1.1}$$

Obtém-se a Equação (1.1) porque o número de seleções que resultam no evento $\{X = i\}$ é tão somente o número de seleções que resultam na escolha da bola de número i e de duas das bolas de números 1 a $i - 1$. Como há claramente $\binom{1}{1}$ $\binom{i-1}{2}$ seleções como essa, obtemos as probabilidades expressas na Equação (1.1), da qual vemos que

$$P\{X = 20\} = \frac{\binom{19}{2}}{\binom{20}{3}} = \frac{3}{20} = 0{,}150$$

$$P\{X = 19\} = \frac{\binom{18}{2}}{\binom{20}{3}} = \frac{51}{380} \approx 0{,}134$$

$$P\{X = 18\} = \frac{\binom{17}{2}}{\binom{20}{3}} = \frac{34}{285} \approx 0{,}119$$

$$P\{X = 17\} = \frac{\binom{16}{2}}{\binom{20}{3}} = \frac{2}{19} \approx 0{,}105$$

Portanto, como o evento $\{X \geq 17\}$ é a união dos eventos disjuntos $\{X = i\}$, $i = 17$, 18, 19, 20, a probabilidade de vencermos a aposta é

$$P\{X \geq 17\} \approx 0{,}105 + 0{,}119 + 0{,}134 + 0{,}150 = 0{,}508$$ ∎

Exemplo 1c

Tentativas independentes que consistem em jogar uma moeda com probabilidade p de dar cara são realizadas continuamente até que dê cara ou que um total de n jogadas tenha sido realizado. Se X representa o numero de vezes que a moeda é jogada, H simboliza cara e T simboliza coroa, então X é uma variável aleatória que pode ter qualquer valor 1, 2, 3,..., n com respectivas probabilidades

$$P\{X = 1\} = P\{H\} = p$$

$$P\{X = 2\} = P\{(T, H)\} = (1 - p)p$$

$$P\{X = 3\} = P\{(T, T, H)\} = (1 - p)^2 p$$

$$\vdots$$

$$P\{X = n - 1\} = P\{(\underbrace{T, T, \ldots, T}_{n-2}, H)\} = (1 - p)^{n-2} p$$

$$P\{X = n\} = P\{(\underbrace{T, T, \ldots, T}_{n-1}, T), (\underbrace{T, T, \ldots, T}_{n-1}, H)\} = (1 - p)^{n-1}$$

Como verificação, note que

$$P\left(\bigcup_{i=1}^{n}\{X=i\}\right) = \sum_{i=1}^{n} P\{X=i\}$$

$$= \sum_{i=1}^{n-1} p(1-p)^{i-1} + (1-p)^{n-1}$$

$$= p\left[\frac{1-(1-p)^{n-1}}{1-(1-p)}\right] + (1-p)^{n-1}$$

$$= 1 - (1-p)^{n-1} + (1-p)^{n-1}$$

$$= 1$$

Exemplo 1d

Três bolas são sorteadas de uma urna contendo 3 bolas brancas, 3 bolas vermelhas e 5 bolas pretas. Suponha que ganhemos R$ 1,00 por cada bola branca sorteada e percamos R$ 1,00 para cada bola vermelha sorteada. Se R representa nosso total de vitórias no experimento, então X é uma variável aleatória que pode ter valores $0, \pm 1, \pm 2, \pm 3$ com respectivas probabilidades

$$P\{X=0\} = \frac{\binom{5}{3} + \binom{3}{1}\binom{3}{1}\binom{5}{1}}{\binom{11}{3}} = \frac{55}{165}$$

$$P\{X=1\} = P\{X=-1\} = \frac{\binom{3}{1}\binom{5}{2} + \binom{3}{2}\binom{3}{1}}{\binom{11}{3}} = \frac{39}{165}$$

$$P\{X=2\} = P\{X=-2\} = \frac{\binom{3}{2}\binom{5}{1}}{\binom{11}{3}} = \frac{15}{165}$$

$$P\{X=3\} = P\{X=-3\} = \frac{\binom{3}{3}}{\binom{11}{3}} = \frac{1}{165}$$

Essas probabilidades são obtidas, por exemplo, notando-se que para que X seja igual a 0, ou todas as 3 bolas selecionadas devem ser pretas, ou 1 bola de cada cor deve ser selecionada. Similarmente, o evento $\{X = 1\}$ ocorre se 1 bola branca e 2 pretas forem selecionadas ou se 2 bolas brancas e 1 vermelha forem selecionadas. Como verificação, notamos que

$$\sum_{i=0}^{3} P\{X = i\} + \sum_{i=1}^{3} P\{X = -i\} = \frac{55 + 39 + 15 + 1 + 39 + 15 + 1}{165} = 1$$

A probabilidade de ganharmos algum dinheiro é dada por

$$\sum_{i=1}^{3} P\{X = i\} = \frac{55}{165} = \frac{1}{3}$$

∎

Exemplo 1e

Suponha que existam N tipos distintos de cupons de desconto e que, cada vez que alguém pegue um cupom, este tenha, independentemente das seleções anteriores, a mesma probabilidade de ser de qualquer um dos N tipos. Uma variável aleatória de interesse é T, o número de cupons que precisam ser recolhidos até que alguém obtenha um conjunto completo de pelo menos um de cada tipo. Em vez de deduzir $P\{T = n\}$ diretamente, comecemos considerando a probabilidade de T ser maior que n. Para fazer isso, fixe n e defina os eventos $A_1, A_2,...,$ A_N da seguinte maneira: A_j é o evento em que nenhum cupom do tipo j está contido nos primeiros n cupons recolhidos, $j = 1,..., N$. Com isso,

$$P\{T > n\} = P\left(\bigcup_{j=1}^{N} A_j\right)$$
$$= \sum_{j} P(A_j) - \sum\sum_{j_1 < j_2} P(A_{j_1} A_{j_2}) + \cdots$$
$$+ (-1)^{k+1} \sum\sum_{j_1 < j_2 < \cdots < j_k} \sum P(A_{j_1} A_{j_2} \cdots A_{j_k}) \cdots$$
$$+ (-1)^{N+1} P(A_1 A_2 \cdots A_N)$$

Agora, A_j ocorrerá se cada um dos cupons recolhidos não for do tipo j. Como cada um dos cupons não será do tipo j com probabilidade $(N-1)/N$, temos, pela independência assumida dos tipos de cupons sucessivos,

$$P(A_j) = \left(\frac{N - 1}{N}\right)^n$$

Também, o evento $A_{j_1} A_{j_2}$ ocorre se nenhum dos n primeiros cupons recolhidos for do tipo j_1 ou j_2. Assim, novamente usando independência, vemos que

$$P(A_{j_1} A_{j_2}) = \left(\frac{N - 2}{N}\right)^n$$

O mesmo raciocínio leva a

$$P(A_{j_1}A_{j_2}\cdots A_{j_k}) = \left(\frac{N-k}{N}\right)^n$$

e vemos que, para $n > 0$,

$$P\{T > n\} = N\left(\frac{N-1}{N}\right)^n - \binom{N}{2}\left(\frac{N-2}{N}\right)^n + \binom{N}{3}\left(\frac{N-3}{N}\right)^n - \cdots$$
$$+ (-1)^N \binom{N}{N-1}\left(\frac{1}{N}\right)^n$$
$$= \sum_{i=1}^{N-1} \binom{N}{i}\left(\frac{N-i}{N}\right)^n (-1)^{i+1} \qquad (1.2)$$

A probabilidade de T ser igual a n pode agora ser obtida da fórmula anterior pelo uso de

$$P\{T > n-1\} = P\{T = n\} + P\{T > n\}$$

ou, de forma equivalente,

$$P\{T = n\} = P\{T > n-1\} - P\{T > n\}$$

Outra variável aleatória de interesse é o número de cupons de tipos distintos contidos nas n primeiras seleções – chame essa variável aleatória de D_n. Para calcular $P\{D_n = k\}$, comecemos fixando a nossa atenção em um conjunto particular de k tipos distintos e determinemos a probabilidade de que esse conjunto constitua o conjunto de tipos distintos obtidos nas primeiras n seleções. Agora, para que esta seja a situação, é necessário e suficiente que, dos n primeiros cupons obtidos,

A: cada um é um desse k tipos
B: cada um desses k tipos é representado

Agora, cada cupom selecionado será um dos k tipos com probabilidade k/N, então a probabilidade de que A seja válido é $(k/N)^n$. Também, dado que um cupom é um dos k tipos em consideração, é fácil ver que ele tem a mesma probabilidade de ser de qualquer um desses k tipos. Com isso, a probabilidade condicional de B dado que A ocorra é igual à probabilidade de que um conjunto de n cupons, cada um com mesma probabilidade de ser de qualquer um dos k tipos possíveis, contenha um conjunto completo de todos os k tipos. Mas essa é tão somente a probabilidade de que o número necessário para se acumular um conjunto completo, quando se escolhe entre os k tipos, é menor ou igual a n. Essa probabilidade pode ser obtida a partir da Equação (1.2) com k no lugar de N. Assim, temos

$$P(A) = \left(\frac{k}{N}\right)^n$$

$$P(B|A) = 1 - \sum_{i=1}^{k-1} \binom{k}{i}\left(\frac{k-i}{k}\right)^n (-1)^{i+1}$$

Finalmente, como há $\binom{N}{k}$ escolhas possíveis para o conjunto de k tipos, chegamos a

$$P\{D_n = k\} = \binom{N}{k} P(AB)$$

$$= \binom{N}{k}\left(\frac{k}{N}\right)^n \left[1 - \sum_{i=1}^{k-1}\binom{k}{i}\left(\frac{k-i}{k}\right)^n (-1)^{i+1}\right]$$

Observação: Como alguém deve juntar pelo menos N cupons para obter um conjunto completo, tem-se que $P\{T > n\} = 1$ se $n < N$. Portanto, da Equação (1.2), obtemos a interessante identidade combinatorial de que, para inteiros $1 \leq n < N$,

$$\sum_{i=1}^{N-1}\binom{N}{i}\left(\frac{N-i}{N}\right)^n (-1)^{i+1} = 1$$

que pode ser escrita como

$$\sum_{i=0}^{N-1}\binom{N}{i}\left(\frac{N-i}{N}\right)^n (-1)^{i+1} = 0$$

ou, multiplicando-se por $(-1)^N N^n$ e fazendo-se $j = N - i$,

$$\sum_{j=1}^{N}\binom{N}{j} j^n (-1)^{j-1} = 0 \qquad 1 \leq n < N$$ ■

Para uma variável aleatória X, a função F definida por

$$F(x) = P\{X \leq x\} \qquad -\infty < x < \infty$$

é chamada de *função distribuição cumulativa*, ou, mais simplesmente, de *função distribuição* de X. Assim, a função distribuição especifica, para todos os valores reais de x, a probabilidade da variável aleatória ser menor ou igual a x.

Agora, suponha que $a \leq b$. Então, como o evento $\{X \leq a\}$ está contido no evento $\{X \leq b\}$, tem-se que $F(a)$, a probabilidade do primeiro, é menor ou igual do que $F(b)$, a probabilidade do segundo. Em outras palavras, $F(x)$ é uma função não decrescente de x. Outras propriedades especiais da função distribuição são dadas na Seção 4.10.

4.2 VARIÁVEIS ALEATÓRIAS DISCRETAS

Uma variável aleatória que pode assumir no máximo um número contável de valores possíveis é chamada de *variável discreta*. Para uma variável discreta X, definimos a *função discreta de probabilidade* (ou simplesmente *função de probabilidade*) $p(a)$ de X como

$$p(a) = P\{X = a\}$$

A função discreta de probabilidade $p(a)$ é positiva para no máximo um número contável de valores de a. Isto é, se X deve assumir um dos valores $x_1, x_2,...$, então

$$p(x_i) \geq 0 \quad \text{para } i = 1, 2,...$$
$$p(x) = 0 \quad \text{para todos os demais valores de } x$$

Como X deve receber um dos valores x_i, temos

$$\sum_{i=1}^{\infty} p(x_i) = 1$$

É frequentemente instrutivo apresentar a função de probabilidade em formato gráfico desenhando $p(x_i)$ no eixo y em função de x_i no eixo x. Por exemplo, se a função de probabilidade de X é

$$p(0) = \frac{1}{4} \quad p(1) = \frac{1}{2} \quad p(2) = \frac{1}{4}$$

podemos representar essa função graficamente conforme mostrado na Figura 4.1. Da mesma forma, um gráfico da função de probabilidade da variável aleatória que representa a soma dos resultados obtidos quando dois dados são rolados é ilustrado na Figura 4.2.

Exemplo 2a

A função de probabilidade de uma variável X é dada por $p(i) = c\lambda^i/i!$, $i = 0, 1, 2,...$, onde λ é algum valor positivo. Determine (a) $P\{X = 0\}$ e (b) $P\{X > 2\}$.

Solução Como $\sum_{i=0}^{\infty} p(i) = 1$, temos

$$c \sum_{i=0}^{\infty} \frac{\lambda^i}{i!} = 1$$

o que, como $e^x = \sum_{i=0}^{\infty} x^i/i!$, implica

$$ce^\lambda = 1 \text{ ou } c = e^{-\lambda}$$

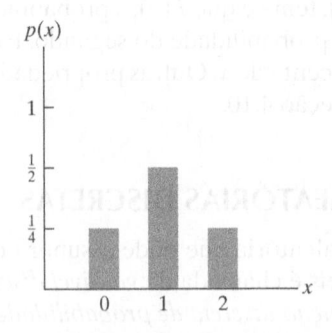

Figura 4.1

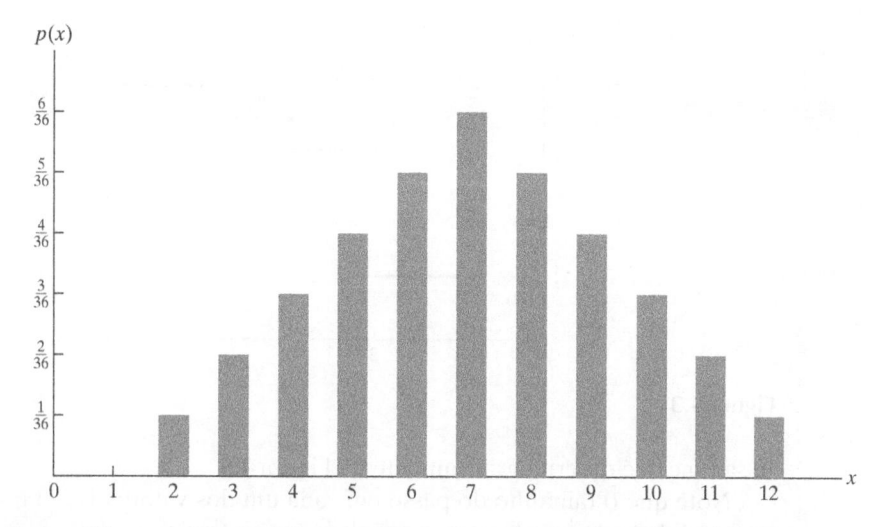

Figura 4.2

Com isso,

(a) $P\{X = 0\} = e^{-\lambda}\lambda^0/0! = e^{-\lambda}$
(b) $P\{X > 2\} = 1 - P\{X \leq 2\} = 1 - P\{X = 0\} - P\{X = 1\}$
$- P\{X = 2\}$
$= 1 - e^{-\lambda} - \lambda e^{-\lambda} - \dfrac{\lambda^2 e^{-\lambda}}{2}$

A função distribuição cumulativa F pode ser expressa em termos de $p(a)$ como

$$F(a) = \sum_{\text{todo } x \leq a} p(x)$$

Se X é uma variável aleatória discreta cujos valores possíveis são $x_1, x_2, x_3,...$, onde $x_1 < x_2 < x_3 <...$, então a função distribuição F de X é uma função degrau. Isto é, o valor de F é constante em intervalos $[x_{i-1}, x_i)$ e então dá um passo (ou salto) de tamanho $p(x_i)$ em x_i. Por exemplo, se X tem uma função de probabilidade dada por

$$p(1) = \frac{1}{4} \quad p(2) = \frac{1}{2} \quad p(3) = \frac{1}{8} \quad p(4) = \frac{1}{8}$$

então sua função distribuição cumulativa é

$$F(a) = \begin{cases} 0 & a < 1 \\ \frac{1}{4} & 1 \leq a < 2 \\ \frac{3}{4} & 2 \leq a < 3 \\ \frac{7}{8} & 3 \leq a < 4 \\ 1 & 4 \leq a \end{cases}$$

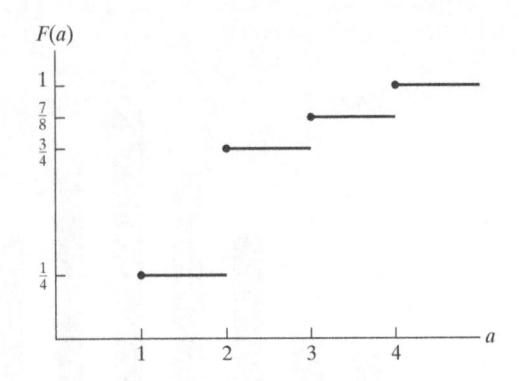

Figura 4.3

Essa função é descrita graficamente na Figura 4.3.

Note que o tamanho do passo em cada um dos valores 1, 2, 3 e 4 é igual à probabilidade de que X assuma aquele valor particular.

4.3 VALOR ESPERADO

Um dos conceitos mais importantes na teoria da probabilidade é aquele do valor esperado de uma variável aleatória. Se X é uma variável aleatória com função de probabilidade $p(x)$, então a *esperança*, ou o *valor esperado*, de X, representada por $E[X]$, é definida por

$$E[X] = \sum_{x:p(x)>0} xp(x)$$

Colocando em palavras, o valor esperado de X é uma média ponderada dos possíveis valores que X pode receber, com cada valor sendo ponderado pela probabilidade de que X seja igual a esse valor. Por exemplo, se a função de probabilidade de X é dada por

$$p(0) = \frac{1}{2} = p(1)$$

então

$$E[X] = 0\left(\frac{1}{2}\right) + 1\left(\frac{1}{2}\right) = \frac{1}{2}$$

é tão somente a média ordinária dos dois valores possíveis, 0 e 1, que X pode assumir. Por outro lado, se

$$p(0) = \frac{1}{3} \quad p(1) = \frac{2}{3}$$

então

$$E[X] = 0\left(\frac{1}{3}\right) + 1\left(\frac{2}{3}\right) = \frac{2}{3}$$

é uma média ponderada dos dois valores possíveis, 0 e 1, onde ao valor 1 se dá duas vezes mais peso do que ao valor 0, já que $p(1) = 2p(0)$.

Outra motivação da definição de esperança é fornecida pela interpretação da probabilidade por meio de frequências. Essa interpretação (que é parcialmente justificada pela lei forte dos grandes números, a ser apresentada no Capítulo 8), supõe que, se uma sequência infinita de repetições independentes de um experimento é realizada, então, para qualquer evento E, a proporção de vezes que E ocorre será $P(E)$. Agora, considere uma variável aleatória que deve receber um dos valores $x_1, x_2, ..., x_n$ com respectivas probabilidades $p(x_1), p(x_2), ..., p(x_n)$, e pense em X como se representasse nossas vitórias em um único jogo de azar. Isto é, com probabilidade $p(x_i)$ vamos vencer x_i unidades $i = 1, 2, ..., n$. Pela interpretação de frequência, se jogarmos esse jogo continuamente, então a proporção de vezes na qual ganhamos x_i será $p(x_i)$. Como isso é verdadeiro para todo $i, i = 1, 2, ..., n$, o valor médio de nossas vitórias por jogo será

$$\sum_{i=1}^{n} x_i p(x_i) = E[X]$$

Exemplo 3a
Determine $E[X]$, onde X é o resultado que obtemos quando rolamos um dado honesto.

Solução Como $p(1) = p(2) = p(3) = p(4) = p(5) = p(6) = \frac{1}{6}$, obtemos

$$E[X] = 1\left(\frac{1}{6}\right) + 2\left(\frac{1}{6}\right) + 3\left(\frac{1}{6}\right) + 4\left(\frac{1}{6}\right) + 5\left(\frac{1}{6}\right) + 6\left(\frac{1}{6}\right) = \frac{7}{2} \quad \blacksquare$$

Exemplo 3b
Dizemos que I é uma variável indicadora do evento A se

$$I = \begin{cases} 1 & \text{se } A \text{ ocorre} \\ 0 & \text{se } A^c \text{ ocorre} \end{cases}$$

Determine $E[I]$.

Solução Como $p(1) = P(A), p(0) = 1 - P(A)$, temos

$$E[I] = P(A)$$

Isto é, o valor esperado da variável indicadora do evento A é igual à probabilidade de ocorrência de A. $\quad \blacksquare$

Exemplo 3c
Um competidor em um jogo de perguntas e respostas recebe duas questões, 1 e 2, às quais tentará responder na ordem que preferir. Se ele decidir tentar a questão i primeiro, então ele poderá passar à questão $j, j \neq i$, somente se a sua resposta para a questão i estiver correta. Se a sua resposta inicial estiver incorreta, ele não poderá responder à outra questão. O competidor receberá V_i reais

se responder à questão i corretamente, $i = 1, 2$. Por exemplo, ele irá receber $V_1 + V_2$ reais se responder a ambas as questões corretamente. Se a probabilidade de que ele saiba a resposta da questão i é $P_i, i = 1, 2$, que questão ele deveria tentar responder primeiro de forma a maximizar sua esperança de vitórias? Suponha que os eventos $E_i, i = 1, 2$, em que ele conheça a resposta para a questão i sejam independentes.

Solução Por um lado, se ele tentar responder à questão 1 primeiro, ele ganhará

$$
\begin{array}{ll}
0 & \text{com probabilidade } 1 - P_1 \\
V_1 & \text{com probabilidade } P_1(1 - P_2) \\
V_1 + V_2 & \text{com probabilidade } P_1 P_2
\end{array}
$$

Assim, sua esperança de vitória é, nesse caso,

$$V_1 P_1 (1 - P_2) + (V_1 + V_2) P_1 P_2$$

Por outro lado, se ele tentar responder à questão 2 primeiro, sua esperança de vitórias será

$$V_2 P_2 (1 - P_1) + (V_1 + V_2) P_1 P_2$$

Portanto, é melhor tentar responder à questão 1 primeiro se

$$V_1 P_1 (1 - P_2) \geq V_2 P_2 (1 - P_1)$$

ou, equivalentemente, se

$$\frac{V_1 P_1}{1 - P_1} \geq \frac{V_2 P_2}{1 - P_2}$$

Por exemplo, se ele está 60% certo de responder corretamente à questão 1, que vale R$200, e 80% certo de responder corretamente à questão 2, que vale R$100, então ele deve tentar responder à questão 2 primeiro porque

$$400 = \frac{(100)(0,8)}{0,2} > \frac{(200)(0,6)}{0,4} = 300$$

■

Exemplo 3d

Uma turma com 120 estudantes é levada em 3 ônibus para a apresentação de uma orquestra sinfônica. Há 36 estudantes em um dos ônibus, 40 no outro e 44 no terceiro ônibus. Quando os ônibus chegam, um dos 120 estudantes é escolhido aleatoriamente. Suponha que X represente o número de estudantes que vieram no mesmo ônibus do estudante escolhido e determine $E[X]$.

Solução Como o estudante escolhido aleatoriamente pode ser, com mesma probabilidade, qualquer um dos 120 estudantes, tem-se que

$$P\{X = 36\} = \frac{36}{120} \qquad P\{X = 40\} = \frac{40}{120} \qquad P\{X = 44\} = \frac{44}{120}$$

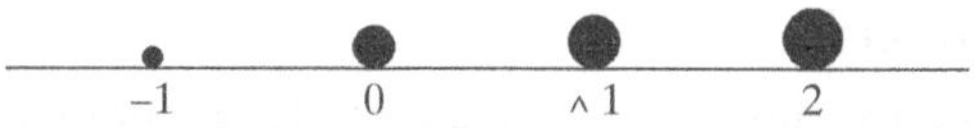

$$p(-1) = 0{,}10,\ p(0) = 0{,}25,\ p(1) = 0{,}30,\ p(2) = 0{,}35$$

∧ = centro de gravidade = 0,9

Figura 4.4

Com isso,

$$E[X] = 36\left(\frac{3}{10}\right) + 40\left(\frac{1}{3}\right) + 44\left(\frac{11}{30}\right) = \frac{1208}{30} = 40{,}2667$$

Entretanto, o número médio de estudantes em um ônibus é 120/3 = 40, o que mostra que o número esperado de estudantes no ônibus de onde foi escolhido aleatoriamente um estudante é maior do que o número médio de estudantes em um ônibus. Este é um fenômeno geral, que ocorre porque, quanto mais estudantes houver dentro de um ônibus, mais provável é que um estudante escolhido aleatoriamente esteja naquele ônibus. Como resultado, ônibus com muitos estudantes recebem um peso maior do que aqueles com menos estudantes (veja Problema de Autoteste 4.4). ∎

Observação: O conceito de esperança na probabilidade é análogo ao conceito físico de *centro de gravidade* de uma distribuição de massas. Considere uma variável aleatória discreta X com função de probabilidade $p(x_i), i \geq 1$. Se agora imaginamos uma haste sem peso na qual pesos com massa $p(x_i), i \geq 1$, estejam localizados nos pontos $x_i, i \geq 1$ (veja Figura 4.4), então o ponto no qual a haste estaria em equilíbrio é conhecido como centro de gravidade. Para os leitores familiarizados com estatística elementar, agora é simples mostrar que este ponto está em $E[X]$.* ∎

4.4 ESPERANÇA DE UMA FUNÇÃO DE UMA VARIÁVEL ALEATÓRIA

Suponha que conheçamos uma variável aleatória discreta e sua função de probabilidade e que queiramos calcular o valor esperado de alguma função de X, digamos, $g(X)$. Como podemos fazer isso? Uma maneira é a seguinte: como $g(X)$ é ela mesmo uma variável aleatória discreta, ela tem uma função de probabilidade, que pode ser determinada a partir da função de probabilidade de X. Uma vez que tenhamos determinado a função de probabilidade de $g(X)$, podemos calcular $E[g(x)]$ usando a definição de valor esperado.

---

* Para provar isso, devemos mostrar que a soma dos torques tendendo a fazer a haste girar em torno de $E[X]$ é igual a 0. Isto é, devemos mostrar que $0 = \sum_i (x_i - E[X])p(x_i)$, o que é imediato.

Exemplo 4a
Seja X uma variável aleatória que pode receber os valores $-1, 0$ e 1 com respectivas probabilidades

$$P\{X = -1\} = 0{,}2 \quad P\{X = 0\} = 0{,}5 \quad P\{X = 1\} = 0{,}3$$

Calcule $E[X^2]$.

Solução Seja $Y = X^2$. Então a função de probabilidade de Y é dada por

$$P\{Y = 1\} = P\{X = -1\} + P\{X = 1\} = 0{,}5$$
$$P\{Y = 0\} = P\{X = 0\} = 0{,}5$$

Logo,

$$E[X^2] = E[Y] = 1(0{,}5) + 0(0{,}5) = 0{,}5$$

Observe que

$$0{,}5 = E[X^2] \neq (E[X])^2 = 0{,}01 \qquad \blacksquare$$

Embora o procedimento anterior sempre nos permita calcular o valor esperado de qualquer função de X a partir do conhecimento da função de probabilidade de X, há uma outra maneira de raciocinar sobre $E[g(X)]$: já que $g(X)$ será igual a $g(x)$ sempre que X for igual a x, parece razoável que $E[g(X)]$ deva ser uma média ponderada dos valores $g(x)$, com $g(x)$ sendo ponderado pela probabilidade de que X seja igual a x. Isto é, o resultado a seguir é bastante intuitivo:

Proposição 4.1
Se X é uma variável aleatória discreta que pode receber os valores $x_i, i \geq 1$, com respectivas probabilidades $p(x_i)$, então, para qualquer função real g,

$$E[g(X)] = \sum_i g(x_i)p(x_i)$$

Antes de demonstrar essa proposição, vamos verificar se ela está de acordo com os resultados do Exemplo 4a. Aplicando-a naquele exemplo, temos

$$E\{X^2\} = (-1)^2(0{,}2) + 0^2(0{,}5) + 1^2(0{,}3)$$
$$= 1(0{,}2 + 0{,}3) + 0(0{,}5)$$
$$= 0{,}5$$

o que está de acordo com o resultado dado no Exemplo 4a.

Demonstração da Proposição 4.1: A demonstração da Proposição 4.1 prossegue, assim como na verificação anterior, com o agrupamento de todos os termos em $\sum_i g(x_i)p(x_i)$ com o mesmo valor de $g(x_i)$. Especificamente, suponha que y_j,

$j \geq 1$, represente os diferentes valores de $g(x_i)$, $i \geq 1$. Então, o agrupamento de todos os $g(x_i)$ com valores iguais resulta em

$$\sum_i g(x_i)p(x_i) = \sum_j \sum_{i:g(x_i)=y_j} g(x_i)p(x_i)$$

$$= \sum_j \sum_{i:g(x_i)=y_j} y_j p(x_i)$$

$$= \sum_j y_j \sum_{i:g(x_i)=y_j} p(x_i)$$

$$= \sum_j y_j P\{g(X) = y_j\}$$

$$= E[g(X)]$$ □

Exemplo 4b

Um produto que é vendido sazonalmente resulta em um ganho líquido de b reais para cada unidade vendida e em uma perda líquida de ℓ reais para cada unidade que não tenha sido vendida no final da temporada. O número de unidades do produto pedido em uma loja de departamentos específica durante qualquer estação do ano é uma variável aleatória que tem função de probabilidade $p(i)$, $i \geq 0$. Se a loja deve estocar esse produto com antecedência, determine o número de unidades que a loja deveria estocar para maximizar seu lucro esperado.

Solução Seja X o número de unidades pedidas. Se s unidades são estocadas, então o lucro – chame-o de $P(s)$ – pode ser representado como

$$P(s) = bX - (s - X)\ell \quad \text{se } X \leq s$$
$$= sb \quad \text{se } X > s$$

Assim, o lucro esperado é igual a

$$E[P(s)] = \sum_{i=0}^{s}[bi - (s - i)\ell]p(i) + \sum_{i=s+1}^{\infty} sbp(i)$$

$$= (b + \ell)\sum_{i=0}^{s} ip(i) - s\ell\sum_{i=0}^{s} p(i) + sb\left[1 - \sum_{i=0}^{s} p(i)\right]$$

$$= (b + \ell)\sum_{i=0}^{s} ip(i) - (b + \ell)s\sum_{i=0}^{s} p(i) + sb$$

$$= sb + (b + \ell)\sum_{i=0}^{s}(i - s)p(i)$$

Para determinar o valor ótimo de s, investiguemos o que acontece com o lucro quando aumentamos s em 1 unidade. Por substituição, vemos que o lucro esperado é neste caso dado por

$$E[P(s+1)] = b(s+1) + (b+\ell)\sum_{i=0}^{s+1}(i-s-1)p(i)$$

$$= b(s+1) + (b+\ell)\sum_{i=0}^{s}(i-s-1)p(i)$$

Portanto,

$$E[P(s+1)] - E[P(s)] = b - (b+\ell)\sum_{i=0}^{s}p(i)$$

Assim, estocar $s+1$ unidades será melhor que estocar s unidades sempre que

$$\sum_{i=0}^{s} p(i) < \frac{b}{b+\ell} \quad (4.1)$$

Como o lado esquerdo da Equação (4.1) aumenta com s enquanto o lado direito é constante, a desigualdade será satisfeita para todos os valores de $s \le s^*$, onde s^* é o maior valor de s satisfazendo a Equação (5.1). Como

$$E[P(0)] < \cdots < E[P(s^*)] < E[P(s^*+1)] > E[P(s^*+2)] > \cdots$$

tem-se que estocar $s^* + 1$ itens levará ao lucro máximo esperado. ■

Exemplo 4c Utilidade

Suponha que você deva escolher uma dentre duas ações possíveis, cada uma delas podendo levar a qualquer uma de n consequências, representadas por $C_1,\ldots,C_n$. Suponha que, se a primeira ação for escolhida, então tenhamos a consequência C_i com probabilidade p_i, $i = 1,\ldots,n$. Por outro lado, se a segunda ação for escolhida, teremos a consequência C_i com probabilidade q_i, $i = 1,\ldots,n$, onde $\sum_{i=1}^{n} p_i = \sum_{i=1}^{n} q_i = 1$. A abordagem a seguir pode ser usada para determinar qual ação devemos escolher: comece atribuindo valores numéricos para as diferentes consequências da seguinte maneira: primeiro, identifique as consequências mais e menos desejadas – chame-as de C e c, respectivamente; dê à consequência c o valor 0 e à consequência C o valor 1. Agora, considere qualquer uma das demais $n - 2$ consequências, digamos, C_i. Para dar um valor a essa consequência, imagine que você tenha a opção de receber C_i ou de participar de um experimento aleatório que lhe dá a consequência C com probabilidade u ou a consequência c com probabilidade $1 - u$. Claramente, sua escolha dependerá do valor de u. Por outro lado, se $u = 1$, então o experimento certamente resultará na consequência C, e como C é a consequência mais desejável, você preferirá participar do experimento a receber C_i. Por outro lado, se $u = 0$, então o experimento irá resultar na consequência menos desejável – isto é, c – então neste caso você preferirá a consequência C_i a participar do experimento. Agora, como u decresce de 1 a 0, parece razoável que sua escolha, em algum ponto, mude de participar do experimento para obter C_i em retorno, e que neste ponto crítico de transição você fique indiferente entre as duas alternativas. Tome a probabilidade de indiferença u como o valor da consequência C_i. Em outras palavras, o valor de C_i é a probabilidade u de que lhe seja indiferente receber a consequência C_i ou participar de um experimento que retorne a consequência C com probabilidade u ou a consequência c com probabilidade $1 - u$. Chamamos esta probabilidade de indiferença de *utilidade* da consequência C_i e a designamos $u(C_i)$.

Para determinar qual das ações é superior, precisamos avaliar cada uma delas. Considere a primeira ação, que resulta na consequência C_i com probabilidade p_i, $i = 1,..., n$. Podemos pensar no resultado desta ação como sendo determinado por um experimento em duas etapas. Na primeira etapa, um dos valores $1,..., n$ é escolhido de acordo com as probabilidades $p_1,..., p_n$; se o valor i for escolhido, você recebe a consequência C_i. Entretanto, como C_i é equivalente a obter a consequência C com probabilidade $u(C_i)$ ou a consequência c com probabilidade $1 - u(C_i)$, tem-se que o resultado do experimento de duas etapas é equivalente a um experimento no qual se obtêm as consequências C ou c, com C sendo obtido com probabilidade

$$\sum_{i=1}^{n} p_i u(C_i)$$

Da mesma maneira, o resultado de escolher a segunda ação é equivalente a participar de um experimento no qual se obtêm as consequências C ou c, com C sendo obtido com probabilidade

$$\sum_{i=1}^{n} q_i u(C_i)$$

Como C é preferível a c, segue-se que a primeira ação é preferível à segunda ação se

$$\sum_{i=1}^{n} p_i u(C_i) > \sum_{i=1}^{n} q_i u(C_i)$$

Em outras palavras, o benefício de uma ação pode ser medido pelo valor esperado da utilidade de sua consequência, e a ação com a maior utilidade esperada é a mais preferível. ∎

Uma consequência lógica simples da Proposição 4.1 é o Corolário 4.1.

Corolário 4.1 Se a e b são constantes, então

$$E[aX + b] = aE[X] + b$$

Demonstração

$$E[aX + b] = \sum_{x:p(x)>0} (ax + b)p(x)$$

$$= a \sum_{x:p(x)>0} xp(x) + b \sum_{x:p(x)>0} p(x)$$

$$= aE[X] + b \qquad \square$$

O valor esperado de uma variável aleatória X, $E[X]$, também é chamado de *média* ou *primeiro momento de X*. A grandeza $E[X^n]$, $n \geq 1$, é chamada de n-ésimo momento de X. Pela Proposição 4.1, observamos que

$$E[X^n] = \sum_{x:p(x)>0} x^n p(x)$$

4.5 VARIÂNCIA

Dada uma variável aleatória X e sua função distribuição F, seria extremamente útil se pudéssemos resumir as propriedades essenciais de F em certas medidas convenientemente definidas. Uma dessas medidas seria $E[X]$, o valor esperado de X. Entretanto, embora $E[X]$ forneça a média ponderada dos valores possíveis de X, ela não nos diz nada sobre a variação, ou dispersão, desses valores. Por exemplo, embora as variáveis aleatórias W, Y e Z com funções discretas de probabilidade determinadas por

$$W = 0 \quad \text{com probabilidade 1}$$

$$Y = \begin{cases} -1 & \text{com probabilidade } \frac{1}{2} \\ +1 & \text{com probabilidade } \frac{1}{2} \end{cases}$$

$$Z = \begin{cases} -100 & \text{com probabilidade } \frac{1}{2} \\ +100 & \text{com probabilidade } \frac{1}{2} \end{cases}$$

tenham todas a mesma esperança – que é igual a 0 – existe uma dispersão muito maior nos valores possíveis de Y do que naqueles de W (que é uma constante) e nos valores possíveis de Z do que naqueles de Y.

Como esperamos que X assuma valores em torno de sua média $E[X]$, parece razoável que uma maneira de medir a possível variação de X seja ver, em média, quão distante X estaria de sua média. Uma possível maneira de se medir essa variação seria considerar a grandeza $E[|X - \mu|]$, onde $\mu = E[X]$. Entretanto, a manipulação dessa grandeza seria matematicamente inconveniente. Por esse motivo, uma grandeza mais tratável é usualmente considerada – esta é a esperança do quadrado da diferença entre X e sua média. Temos assim a definição a seguir.

> **Definição**
>
> Se X é uma variável aleatória com média μ, então a variância de X, representada por Var(X), é definida como
>
> $$\text{Var}(X) = E[(X - \mu)^2]$$

Uma fórmula alternativa para Var(X) é deduzida a seguir:

$$\begin{aligned}
\text{Var}(X) &= E[(X - \mu)^2] \\
&= \sum_x (x - \mu)^2 p(x) \\
&= \sum_x (x^2 - 2\mu x + \mu^2) p(x) \\
&= \sum_x x^2 p(x) - 2\mu \sum_x x p(x) + \mu^2 \sum_x p(x) \\
&= E[X^2] - 2\mu^2 + \mu^2 \\
&= E[X^2] - \mu^2
\end{aligned}$$

Isto é,

$$\boxed{\text{Var}(X) = E[X^2] - (E[X])^2}$$

Colocando em palavras, a variância de X é igual ao valor esperado de X^2 menos o quadrado de seu valor esperado. Na prática, esta fórmula frequentemente oferece a maneira mais fácil de calcular Var(X).

Exemplo 5a

Calcule Var(X) se X representa o resultado de um dado honesto.

Solução Foi mostrado no Exemplo 3a que $E[X] = \frac{7}{2}$. Também,

$$E[X^2] = 1^2 \left(\frac{1}{6}\right) + 2^2 \left(\frac{1}{6}\right) + 3^2 \left(\frac{1}{6}\right) + 4^2 \left(\frac{1}{6}\right) + 5^2 \left(\frac{1}{6}\right) + 6^2 \left(\frac{1}{6}\right)$$

$$= \left(\frac{1}{6}\right)(91)$$

Com isso,

$$\text{Var}(X) = \frac{91}{6} - \left(\frac{7}{2}\right)^2 = \frac{35}{12}$$

Uma identidade útil é que, para quaisquer constantes a e b,

$$\text{Var}(aX + b) = a^2 \text{Var}(X)$$

Para provar essa igualdade, considere $\mu = E[X]$, e observe do Corolário 4.1 que $E[aX + b] = a\mu + b$. Portanto,

$$\begin{aligned}
\operatorname{Var}(aX + b) &= E[(aX + b - a\mu - b)^2] \\
&= E[a^2(X - \mu)^2] \\
&= a^2 E[(X - \mu)^2] \\
&= a^2 \operatorname{Var}(X)
\end{aligned}$$

Observações: (a) Assim como a média é análoga ao centro de gravidade de uma distribuição de massas, a variância representa, na terminologia da mecânica, o momento de inércia.

(b) A raiz quadrada de $\operatorname{Var}(X)$ é chamada de *desvio padrão* de X, representado por $\operatorname{SD}(X)$, que é uma abreviatura do inglês *standard deviation*. Isto é,

$$\operatorname{SD}(X) = \sqrt{\operatorname{Var}(X)}$$

Variáveis aleatórias discretas são frequentemente classificadas de acordo com suas funções de probabilidade. Nas próximas seções, consideramos alguns dos tipos mais comuns.

4.6 AS VARIÁVEIS ALEATÓRIAS BINOMIAL E DE BERNOULLI

Suponha que um experimento ou tentativa cujo resultado possa ser classificado como um *sucesso* ou um *fracasso* seja realizado. Se $X = 1$ quando o resultado é um sucesso e $X = 0$ quando é um fracasso, então a função de probabilidade de X é dada por

$$\begin{aligned}
p(0) &= P\{X = 0\} = 1 - p \\
p(1) &= P\{X = 1\} = p
\end{aligned} \tag{6.1}$$

onde p, $0 \leq p \leq 1$, é a probabilidade de que a tentativa seja um sucesso.

Uma variável aleatória X é chamada de *variável aleatória de Bernoulli* (em homenagem ao matemático suíço James Bernoulli) se sua função de probabilidade for dada pelas Equações (6.1) para algum $p \in (0,1)$.

Suponha agora que n tentativas independentes, cada uma das quais com probabilidade de sucesso p e probabilidade de fracasso $1 - p$, sejam realizadas. Se X representa o número de sucessos que ocorrem nas n tentativas, então diz-se que X é uma *variável aleatória binomial* com parâmetros (n, p). Assim, uma variável aleatória de Bernoulli é tão somente uma variável aleatória binomial com parâmetros $(1, p)$.

A função de probabilidade de uma variável aleatória binomial com parâmetros (n, p) é dada por

$$p(i) = \binom{n}{i} p^i (1 - p)^{n-i} \qquad i = 0, 1, \ldots, n \tag{6.2}$$

A validade da Equação (6.2) pode ser verificada primeiro notando-se que a probabilidade de qualquer sequência particular de n resultados contendo i sucessos e $n - i$ fracassos é, pela independência que se supõe para as tentativas, $p^i(1-p)^{n-i}$. Tem-se então como resultado a Equação (6.2), já que há $\binom{n}{i}$ diferentes sequências de n resultados levando a i sucessos e $n - i$ fracassos. Isso talvez possa ser visto mais facilmente notando-se que há $\binom{n}{i}$ diferentes escolhas de i tentativas que resultam em sucessos. Por exemplo, se $n = 4, i = 2$, então há $\binom{4}{2} = 6$ maneiras pelas quais as quatro tentativas podem resultar em dois sucessos, isto é, qualquer um dos resultados (s, s, f, f), (s, f, s, f), (s, f, f, s), (f, s, s, f), (f, s, f, s) e (f, f, s, s), onde o resultado (s, s, f, f) significa, por exemplo, que as primeiras duas tentativas são sucessos e as duas últimas, fracassos. Como cada um desses resultados tem probabilidade $p^2(1-p)^2$ de ocorrer, a probabilidade desejada de dois sucessos nas quatro tentativas é $\binom{4}{2}p^2(1-p)^2$.

Note que, pelo teorema binomial, a soma das probabilidades é igual a 1; isto é,

$$\sum_{i=0}^{\infty} p(i) = \sum_{i=0}^{n} \binom{n}{i} p^i(1-p)^{n-i} = [p + (1-p)]^n = 1$$

Exemplo 6a
Cinco moedas honestas são jogadas. Se os resultados são por hipótese independentes, determine a função de probabilidade do número de caras obtido.

Solução Se X é igual ao número de caras (sucessos) que aparecem, então X é uma variável aleatória binomial, com parâmetros $(n = 5, p = 1/2)$. Portanto, pela Equação (6.2),

$$P\{X = 0\} = \binom{5}{0}\left(\frac{1}{2}\right)^0\left(\frac{1}{2}\right)^5 = \frac{1}{32}$$

$$P\{X = 1\} = \binom{5}{1}\left(\frac{1}{2}\right)^1\left(\frac{1}{2}\right)^4 = \frac{5}{32}$$

$$P\{X = 2\} = \binom{5}{2}\left(\frac{1}{2}\right)^2\left(\frac{1}{2}\right)^3 = \frac{10}{32}$$

$$P\{X = 3\} = \binom{5}{3}\left(\frac{1}{2}\right)^3\left(\frac{1}{2}\right)^2 = \frac{10}{32}$$

$$P\{X = 4\} = \binom{5}{4}\left(\frac{1}{2}\right)^4\left(\frac{1}{2}\right)^1 = \frac{5}{32}$$

$$P\{X = 5\} = \binom{5}{5}\left(\frac{1}{2}\right)^5\left(\frac{1}{2}\right)^0 = \frac{1}{32}$$

Exemplo 6b
Sabe-se que os parafusos produzidos por certa empresa têm probabilidade de 0,01 de apresentar defeitos, independentemente uns dos outros. A empresa vende os parafusos em pacotes com 10 e oferece uma garantia de devolução de dinheiro se mais de 1 parafuso em 10 apresentar defeito. Que proporção de pacotes vendidos a empresa deve trocar?

Solução Se X é o número de parafusos defeituosos em um pacote, então X é uma variável aleatória binomial com parâmetros $(10, 0,01)$. Portanto, a probabilidade de que um pacote deva ser trocado é de

$$1 - P\{X = 0\} - P\{X = 1\} = 1 - \binom{10}{0}(0,01)^0(0,99)^{10} - \binom{10}{1}(0,01)^1(0,99)^9$$
$$\approx 0,004$$

Assim, apenas 0,4% dos pacotes devem ser trocados. ∎

Exemplo 6c
O jogo de azar descrito a seguir, conhecido como roda da fortuna, é bastante popular em muitos parques de diversões e cassinos. Um jogador aposta em um número de 1 a 6. Três dados são então lançados, e se o número apostado sair i vezes, $i = 1, 2, 3$, então o jogador ganha i unidades; se o número apostado não sair em nenhum dos dados, então o jogador perde 1 unidade. Este jogo é justo para o jogador? (Na realidade, o jogo é jogado girando-se uma roleta que cai em um número de 1 a 6, mas essa variante é matematicamente equivalente à versão dos dados.)

Solução Se consideramos que os dados são justos e que agem independentemente uns dos outros, então o número de vezes que o número apostado aparece é uma variável aleatória binomial com parâmetros $\left(3, \frac{1}{6}\right)$. Portanto, se X representa o número de vitórias do jogador neste jogo, temos

$$P\{X = -1\} = \binom{3}{0}\left(\frac{1}{6}\right)^0\left(\frac{5}{6}\right)^3 = \frac{125}{216}$$
$$P\{X = 1\} = \binom{3}{1}\left(\frac{1}{6}\right)^1\left(\frac{5}{6}\right)^2 = \frac{75}{216}$$
$$P\{X = 2\} = \binom{3}{2}\left(\frac{1}{6}\right)^2\left(\frac{5}{6}\right)^1 = \frac{15}{216}$$
$$P\{X = 3\} = \binom{3}{3}\left(\frac{1}{6}\right)^3\left(\frac{5}{6}\right)^0 = \frac{1}{216}$$

Para determinar se este jogo é justo ou não para o jogador, vamos calcular $E[X]$. Das probabilidades anteriores, obtemos

$$E[X] = \frac{-125 + 75 + 30 + 3}{216}$$
$$= \frac{-17}{216}$$

Com isso, a longo prazo, o jogador perderá 17 unidades a cada 216 jogos que jogar. ∎

No próximo exemplo, consideramos a forma mais simples da teoria da herança desenvolvida por Gregor Mendel (1822-1884).

Exemplo 6d

Suponha que um determinado traço (como a cor do olho ou a habilidade com a mão esquerda) de uma pessoa seja classificada com base em um par de genes, e suponha também que d represente um gene dominante e r um gene recessivo. Assim, uma pessoa com dd genes é puramente dominante, uma com rr é puramente recessiva e uma com rd é híbrida. Os indivíduos puramente dominantes e os indivíduos híbridos têm a mesma aparência. Filhos recebem 1 gene de cada pai. Se, com respeito a um traço em particular, 2 pais híbridos têm um total de 4 filhos, qual é a probabilidade de que 3 dos 4 filhos tenham a aparência do gene dominante?

Solução Se consideramos a hipótese de que cada filhos tem a mesma probabilidade de herdar um dos 2 genes de cada pai, as probabilidades de que os filhos de 2 pais híbridos tenham dd, rr e rd pares de genes são, respectivamente, de $\frac{1}{4}, \frac{1}{4}$ e $\frac{1}{2}$. Com isso, como um filho terá a aparência externa do gene dominante se seu par de genes for dd ou rd, tem-se que o número de filhos com essas características é distribuído binomialmente com parâmetros $\left(4, \frac{3}{4}\right)$. Assim, a probabilidade desejada é

$$\binom{4}{3}\left(\frac{3}{4}\right)^3\left(\frac{1}{4}\right)^1 = \frac{27}{64}$$

∎

Exemplo 6e

Considere um julgamento em que são necessários 8 dos 12 jurados para que o réu seja condenado; isto é, para que o réu seja condenado, pelo menos 8 dos 12 jurados devem votar em sua culpa. Se supomos que os jurados ajam independentemente e que, sendo o réu culpado ou não, cada um tome a decisão correta com probabilidade θ, qual é a probabilidade de que o júri acerte em sua decisão?

Solução O problema, conforme enunciado, não tem solução, pois ainda não há informações suficientes. Por exemplo, se o réu é inocente, a probabilidade de os jurados tomarem a decisão correta é

$$\sum_{i=5}^{12}\binom{12}{i}\theta^i(1-\theta)^{12-i}$$

Por outro lado, se ele for culpado, a probabilidade de uma decisão correta é

$$\sum_{i=8}^{12}\binom{12}{i}\theta^i(1-\theta)^{12-i}$$

Portanto, se α representa a probabilidade de o réu ser culpado, então, condicionando no fato de ele ser culpado ou não, obtemos a probabilidade de que o júri tome uma decisão correta:

$$\alpha \sum_{i=8}^{12} \binom{12}{i} \theta^i (1-\theta)^{12-i} + (1-\alpha) \sum_{i=5}^{12} \binom{12}{i} \theta^i (1-\theta)^{12-i} \quad \blacksquare$$

Exemplo 6f
Um sistema de comunicação é formado por n componentes, cada um dos quais irá, independentemente, funcionar com probabilidade p. O sistema total funciona de forma efetiva se pelo menos metade de seus componentes também funcionar.

(a) Para que valores de p um sistema com 5 componentes tem maior probabilidade de funcionar corretamente do que um valor de 3 componentes?

(b) Em geral, quando um sistema de $(2k + 1)$ componentes é melhor do que um sistema com $(2k - 1)$ componentes?

Solução (a) Como o número de componentes em funcionamento é uma variável aleatória binomial com parâmetros (n, p), tem-se que a probabilidade de que um sistema de 5 componentes seja efetivo é

$$\binom{5}{3} p^3 (1-p)^2 + \binom{5}{4} p^4 (1-p) + p^5$$

enquanto a probabilidade correspondente para um sistema de 3 componentes é

$$\binom{3}{2} p^2 (1-p) + p^3$$

Portanto, o sistema de 5 componentes é melhor se

$$10p^3(1-p)^2 + 5p^4(1-p) + p^5 > 3p^2(1-p) + p^3$$

que se reduz para

$$3(p-1)^2(2p-1) > 0$$

ou

$$p > \frac{1}{2}$$

(b) Em geral, um sistema com $2k + 1$ componentes será melhor do que um com $2k - 1$ componentes se (e somente se) $p > \frac{1}{2}$. Para demonstrar isso, considere um sistema com $2k + 1$ componentes e suponha que X represente o número dos primeiros $2k-1$ componentes que funcionam. Então,

$$P_{2k+1}(\text{efetivos}) = P\{X \geq k+1\} + P\{X = k\}(1-(1-p)^2) + P\{X = k-1\}p^2$$

o que procede porque um sistema com $(2k+1)$ componentes será efetivo se

(i) $X \geq k+1$;
(ii) $X = k$ e pelo menos um dos 2 componentes restantes funcionar; ou
(iii) $X = k-1$ e os 2 próximos componentes funcionarem.

Já que

$$P_{2k-1}(\text{efetivos}) = P\{X \geq k\}$$
$$= P\{X = k\} + P\{X \geq k+1\}$$

obtemos

$$P_{2k+1}(\text{efetivos}) - P_{2k-1}(\text{efetivos})$$
$$= P\{X = k-1\}p^2 - (1-p)^2 P\{X = k\}$$
$$= \binom{2k-1}{k-1} p^{k-1}(1-p)^k p^2 - (1-p)^2 \binom{2k-1}{k} p^k (1-p)^{k-1}$$
$$= \binom{2k-1}{k} p^k (1-p)^k [p - (1-p)] \text{ já que } \binom{2k-1}{k-1} = \binom{2k-1}{k}$$
$$> 0 \Leftrightarrow p > \frac{1}{2}$$

■

4.6.1 Propriedades das variáveis aleatórias binomiais

Vamos agora examinar as propriedades de uma variável aleatória binomial com parâmetros n e p. Para começar, vamos calcular o seu valor esperado e sua variância. Então,

$$E[X^k] = \sum_{i=0}^{n} i^k \binom{n}{i} p^i (1-p)^{n-i}$$
$$= \sum_{i=1}^{n} i^k \binom{n}{i} p^i (1-p)^{n-i}$$

Usando a identidade

$$i\binom{n}{i} = n\binom{n-1}{i-1}$$

temos

$$E[X^k] = np \sum_{i=1}^{n} i^{k-1} \binom{n-1}{i-1} p^{i-1}(1-p)^{n-i}$$

$$= np \sum_{j=0}^{n-1} (j+1)^{k-1} \binom{n-1}{j} p^j (1-p)^{n-1-j} \quad \begin{array}{l}\text{fazendo-se}\\ j = i - 1\end{array}$$

$$= npE[(Y+1)^{k-1}]$$

onde Y é uma variável aleatória binomial com parâmetros $n-1, p$. Fazendo $k = 1$ na equação anterior, temos

$$E[X] = np$$

Isto é, o número esperado de sucessos que ocorrem em n tentativas independentes, quando cada uma dessas tentativas tem probabilidade de sucesso p, é igual a np. Fazendo $k = 2$ na equação anterior e usando a fórmula precedente para o valor esperado de uma variável aleatória binomial, temos

$$E[X^2] = npE[Y+1]$$
$$= np[(n-1)p + 1]$$

Como $E[X] = np$, obtemos

$$\text{Var}(X) = E[X^2] - (E[X])^2$$
$$= np[(n-1)p + 1] - (np)^2$$
$$= np(1-p)$$

Em resumo, mostramos o seguinte:

Se X é uma variável aleatória binomial com parâmetros n e p, então

$$E[X] = np$$
$$\text{Var}(X) = np(1-p)$$

A proposição a seguir detalha como a função de probabilidade binomial primeiro cresce e depois decresce.

Proposição 6.1 Se X é uma variável aleatória binomial com parâmetros (n, p), onde $0 < p < 1$, então à medida que k varia de 0 a n, $P\{X = k\}$ primeiro cresce monotonicamente e depois decresce monotonicamente, atingindo seu maior valor quando k é o maior inteiro menor ou igual a $(n+1)p$.

Demonstração Demonstramos a proposição considerando $P\{X = k\}/P\{X = k - 1\}$ e determinando para que valores de k essa expressão é maior ou menor que 1. Então,

$$\frac{P\{X = k\}}{P\{X = k - 1\}} = \frac{\frac{n!}{(n - k)!k!}p^k(1 - p)^{n-k}}{\frac{n!}{(n - k + 1)!(k - 1)!}p^{k-1}(1 - p)^{n-k+1}}$$

$$= \frac{(n - k + 1)p}{k(1 - p)}$$

Portanto, $P\{X = k\} \geq P\{X = k-1\}$ se e somente se

$$(n - k + 1)p \geq k(1 - p)$$

ou, equivalentemente, se e somente se

$$k \leq (n + 1)p$$

e a proposição está demonstrada. ■

Como uma ilustração da Proposição 6.1, considere a Figura 4.5, que corresponde ao gráfico da função de probabilidade de uma variável aleatória binomial com parâmetros $(10, \frac{1}{2})$.

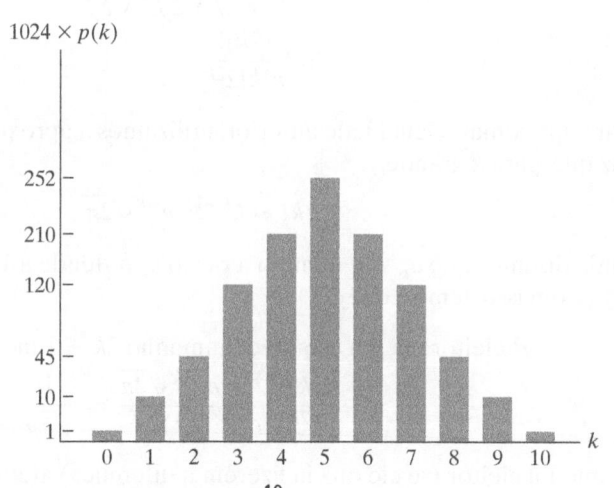

Figura 4.5 Gráfico de $p(k) = \binom{10}{k}\left(\frac{1}{2}\right)^{10}$.

Exemplo 6g

Em uma eleição presidencial nos EUA, o candidato que ganha o maior número de votos em um estado é premiado com o número total de votos do colégio eleitoral daquele estado. O número de votos do colégio eleitoral de um determinado estado é proporcional à população daquele estado – isto é, um estado com população n tem aproximadamente nc votos no colégio eleitoral (na realidade, esse número é mais próximo de $nc + 2$, já que cada estado tem direito a um voto para cada um de seus membros na Casa dos Representantes, com o número desses representantes sendo aproximadamente proporcional à população do estado, e um voto no colégio eleitoral para cada um de seus senadores). Vamos determinar o poder médio de um cidadão americano em um estado de tamanho n na proximidade de uma eleição presidencial, onde, por *poder médio na proximidade de uma eleição*, queremos dizer que um eleitor em um estado de tamanho $n = 2k + 1$ será decisivo se os outros $n - 1$ eleitores dividirem seus votos igualmente entre os dois candidatos (supomos aqui que n seja ímpar, mas o caso em que n é par é bastante similar). Como a eleição está próxima, vamos supor que cada um dos outros $n - 1 = 2k$ eleitores aja independentemente, e que possa, com mesma probabilidade, votar em qualquer um dos candidatos. Com isso, a probabilidade de que um eleitor em um estado de tamanho $n = 2k + 1$ faça a diferença no resultado é igual à probabilidade de que $2k$ jogadas de uma moeda honesta resultem em cara e coroa um mesmo número de vezes. Isto é,

$$P\{\text{eleitor em um estado de tamanho } 2k + 1 \text{ faça a diferença}\}$$
$$= \binom{2k}{k}\left(\frac{1}{2}\right)^k\left(\frac{1}{2}\right)^k$$
$$= \frac{(2k)!}{k!k!2^{2k}}$$

Para aproximar a igualdade anterior, utilizamos a aproximação de Stirling, que diz que, para k grande,

$$k! \sim k^{k+1/2}e^{-k}\sqrt{2\pi}$$

onde dizemos que $a_k \sim b_k$ quando a razão a_k/b_k tende a 1 à medida que k tende a ∞. Com isso, tem-se que

$$P\{\text{eleitor em um estado de tamanho } 2k + 1 \text{ faça a diferença}\}$$
$$\sim \frac{(2k)^{2k+1/2}e^{-2k}\sqrt{2\pi}}{k^{2k+1}e^{-2k}(2\pi)2^{2k}} = \frac{1}{\sqrt{k\pi}}$$

Como tal eleitor (se ele ou ela fizerem a diferença) afetará nc votos do colégio eleitoral, o número esperado de votos que um eleitor em um estado de tamanho n poderá afetar – ou o poder médio do eleitor – é dado por

$$\text{poder médio} = ncP\{\text{fazer a diferença}\}$$
$$\sim \frac{nc}{\sqrt{n\pi/2}}$$
$$= c\sqrt{2n/\pi}$$

Assim, o poder médio de um eleitor em um estado de tamanho n é proporcional à raiz quadrada de n, o que mostra que, em eleições presidenciais, eleitores em estados maiores têm maior poder do que aqueles em estados menores. ∎

4.6.2 Calculando a função distribuição binomial

Suponha que X seja binomial com parâmetros (n, p). A chave para calcular a sua função distribuição

$$P\{X \leq i\} = \sum_{k=0}^{i} \binom{n}{k} p^k (1-p)^{n-k} \qquad i = 0, 1, \ldots, n$$

é utilizar a seguinte relação entre $P\{X = k+1\}$ e $P\{X = k\}$, que foi estabelecida na demonstração da Proposição 6.1:

$$P\{X = k+1\} = \frac{p}{1-p} \frac{n-k}{k+1} P\{X = k\} \qquad (6.3)$$

Exemplo 6h

Seja X uma variável aleatória binomial com parâmetros $n = 6, p = 0{,}4$. Então, começando com $P\{X = 0\} = (0{,}6)^6$ e empregando recursivamente a Equação (6.3), obtemos

$$P\{X = 0\} = (0{,}6)^6 \approx 0{,}0467$$

$$P\{X = 1\} = \frac{4}{6}\frac{6}{1} P\{X = 0\} \approx 0{,}1866$$

$$P\{X = 2\} = \frac{4}{6}\frac{5}{2} P\{X = 1\} \approx 0{,}3110$$

$$P\{X = 3\} = \frac{4}{6}\frac{4}{3} P\{X = 2\} \approx 0{,}2765$$

$$P\{X = 4\} = \frac{4}{6}\frac{3}{4} P\{X = 3\} \approx 0{,}1382$$

$$P\{X = 5\} = \frac{4}{6}\frac{2}{5} P\{X = 4\} \approx 0{,}0369$$

$$P\{X = 6\} = \frac{4}{6}\frac{1}{6} P\{X = 5\} \approx 0{,}0041$$

∎

Pode-se escrever facilmente um programa de computador utilizando a fórmula recursiva (6.3) para calcular a função distribuição de probabilidade binomial. Para calcular $P\{X \leq i\}$, o programa deve primeiro calcular $P\{X = i\}$ e então usar a fórmula recursiva para calcular sucessivamente $P\{X = i-1\}$, $P\{X = i-2\}$, e assim por diante.

> **Nota histórica**
>
> Tentativas independentes com uma mesma probabilidade de sucesso p foram estudadas pela primeira vez pelo matemático suíço Jacques Bernoulli (1654-1705). Em seu livro *Ars Conjectandi* (*A Arte da Conjectura*), publicado por seu sobrinho Nicholas oito anos depois de sua morte em 1713, Bernoulli mostrou que se o número de tais tentativas fosse grande, então a proporção de tentativas bem-sucedidas se aproximaria de p com uma probabilidade próxima de 1.
>
> Jacques Bernoulli foi da primeira geração da mais famosa família de matemáticos de todos os tempos. Juntos, existiram entre 8 e 12 Bernoullis, espalhados em três gerações, que fizeram contribuições fundamentais para a probabilidade, a estatística e a matemática. A dificuldade em determinar-se o número exato de Bernoullis que existiram está no fato de que vários deles tiveram nomes iguais (por exemplo, dois dos filhos do irmão de Jacques, Jean, ganharam os nomes de Jacques e Jean). Outra dificuldade é que vários dos Bernoullis eram conhecidos por nomes diferentes em diferentes lugares. Nosso Jacques (às vezes escrito como Jaques) era, por exemplo, conhecido como Jakob (às vezes escrito como Jacob) e como James Bernoulli. Mas o número de Bernoullis não importa. Sua influência e os resultados que obtiveram foram prodigiosos. Como os Bach na música, os Bernoullis formaram na matemática uma família eterna!

Exemplo 6i

Se X é uma variável aleatória binomial com parâmetros $n = 100$ e $p = 0{,}75$, determine $P\{X = 70\}$ e $P\{X \leq 70\}$.

Solução A resposta é mostrada na Figura 4.6.

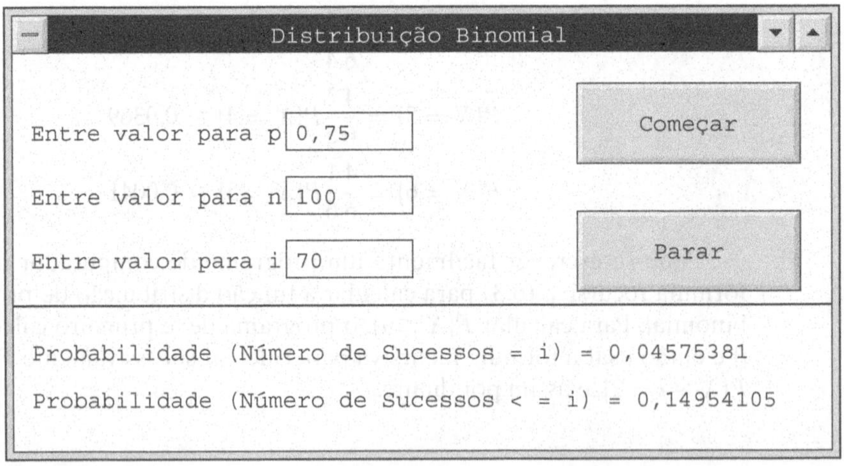

```
─                    Distribuição Binomial                    ▼ ▲

    Entre valor para p │0,75     │              Começar

    Entre valor para n │100      │

    Entre valor para i │70       │              Parar


    Probabilidade (Número de Sucessos = i) = 0,04575381
    Probabilidade (Número de Sucessos < = i) = 0,14954105
```

Figura 4.6

4.7 A VARIÁVEL ALEATÓRIA DE POISSON

Uma variável aleatória X que pode assumir qualquer um dos valores $0, 1, 2,...$ é chamada de variável aleatória de *Poisson* com parâmetro λ se, para algum $\lambda > 0$,

$$p(i) = P\{X = i\} = e^{-\lambda}\frac{\lambda^i}{i!} \quad i = 0, 1, 2, \ldots \tag{7.1}$$

A Equação (7.1) define uma função de probabilidade, já que

$$\sum_{i=0}^{\infty} p(i) = e^{-\lambda} \sum_{i=0}^{\infty} \frac{\lambda^i}{i!} = e^{-\lambda}e^{\lambda} = 1$$

A distribuição de probabilidades de Poisson foi introduzida por Siméon Denis Poisson em um livro que escreveu a respeito da aplicação da teoria da probabilidade a processos, julgamentos criminais e similares. O título do livro, publicado em 1837, era *Recherches sur la probabilité de jugements en matière criminelle et en matière civile* (*Investigações sobre a probabilidade de veredictos em matérias criminal e civil*).

A variável aleatória de Poisson encontra uma tremenda faixa de aplicações em diversas áreas porque pode ser usada como uma aproximação para a variável aleatória binomial com parâmetros (n, p) no caso particular de n grande e p suficientemente pequeno para que np tenha tamanho moderado. Para ver isto, suponha que X seja uma variável aleatória binomial com parâmetros (n, p), e suponha que $\lambda = np$. Então,

$$P\{X = i\} = \frac{n!}{(n-i)!i!}p^i(1-p)^{n-i}$$

$$= \frac{n!}{(n-i)!i!}\left(\frac{\lambda}{n}\right)^i\left(1 - \frac{\lambda}{n}\right)^{n-i}$$

$$= \frac{n(n-1)\cdots(n-i+1)}{n^i}\frac{\lambda^i}{i!}\frac{(1-\lambda/n)^n}{(1-\lambda/n)^i}$$

Agora, para n grande e λ moderado,

$$\left(1 - \frac{\lambda}{n}\right)^n \approx e^{-\lambda} \quad \frac{n(n-1)\cdots(n-i+1)}{n^i} \approx 1 \quad \left(1 - \frac{\lambda}{n}\right)^i \approx 1$$

Portanto, para n grande e λ moderado,

$$P\{X = i\} \approx e^{-\lambda}\frac{\lambda^i}{i!}$$

Em outras palavras, se n tentativas independentes são realizadas, cada uma com probabilidade de sucesso p, então quando n é grande e p é pequeno o suficiente para fazer np moderado, o número de sucessos que ocorrem é aproximadamente uma variável aleatória de Poisson com parâmetro $\lambda = np$. Este valor λ (que mais tarde mostraremos ser igual ao número esperado de sucessos) será normalmente determinado de forma empírica.

Alguns exemplos de variáveis aleatórias que geralmente obedecem à lei de probabilidades de Poisson [isto é, que obedecem à Equação (7.1)] são dados a seguir:

1. O número de erros de impressão em uma página (ou em um grupo de páginas de um livro)
2. O número de pessoas em uma comunidade que vivem mais de 100 anos
3. O número de números de telefone discados incorretamente em um dia
4. O número de pacotes de biscoitos caninos vendidos em uma determinada loja em um dia
5. O número de clientes que entram em uma agência dos correios em um dia
6. O número de vacâncias que ocorrem durante um ano no sistema judicial federal
7. O número de partículas α descarregadas por um material radioativo em um período de tempo fixo

Cada uma das variáveis aleatórias acima, e inúmeras outras, são aproximadas pela distribuição de Poisson pela mesma razão – isto é, por causa da aproximação de Poisson para a distribuição binomial. Por exemplo, podemos supor que exista uma pequena probabilidade p de que cada letra escrita em uma página contenha um erro de impressão. Com isso, o número de erros de impressão em uma página será aproximadamente uma distribuição de Poisson com $\lambda = np$, onde n é o número de letras em uma página. Similarmente, podemos supor que cada pessoa em uma comunidade tenha alguma pequena probabilidade de atingir a idade de 100 anos. Também, pode-se pensar que cada pessoa que entra em uma loja tem uma pequena probabilidade de comprar um pacote de biscoitos caninos, e assim por diante.

Exemplo 7a

Suponha que o número de erros tipográficos em uma única página deste livro tenha uma distribuição de Poisson com $\lambda = \frac{1}{2}$. Calcule a probabilidade de que exista pelo menos um erro nesta página.

Solução Se X representa o número de erros nesta página, temos

$$P\{X \geq 1\} = 1 - P\{X = 0\} = 1 - e^{-1/2} \approx 0{,}393$$ ■

Exemplo 7b

Suponha que a probabilidade de que um item produzido por certa máquina apresente defeito seja de 0,1. Determine a probabilidade de que uma amostra de 10 itens contenha no máximo 1 item defeituoso.

Solução A probabilidade desejada é $\binom{10}{0}(0{,}1)^0(0{,}9)^{10} + \binom{10}{1}(0{,}1)^1(0{,}9)^9 =$ 0,7361, enquanto a aproximação de Poisson resulta em $e^{-1} + e^{-1} \approx 0{,}7358$. ■

Exemplo 7c

Considere um experimento que consiste em contar o número de partículas α perdidas em um intervalo de 1 segundo por 1 grama de material radioativo. Se sabemos de experiências anteriores que, em média, 3,2 partículas como essa são perdidas, qual é uma boa aproximação para a probabilidade de que não mais que 2 partículas α apareçam?

Solução Se pensarmos em um grama do material radioativo como sendo formado por um grande número n de átomos, cada um dos quais com probabilidade $3{,}2/n$ de se desintegrar e perder uma partícula α durante o segundo considerado, então vemos que, como uma boa aproximação, o número de partículas α perdidas será uma variável aleatória de Poisson com parâmetro $\lambda = 3{,}2$. Portanto, a probabilidade desejada é

$$P\{X \leq 2\} = e^{-3{,}2} + 3{,}2 e^{-3{,}2} + \frac{(3{,}2)^2}{2} e^{-3{,}2}$$
$$\approx 0{,}3799 \quad ■$$

Antes de calcular o valor esperado e a variância de uma variável aleatória de Poisson com parâmetro λ, lembre-se de que esta variável aleatória é uma aproximação para a variável aleatória binomial com parâmetros n e p quando n é grande, p é pequeno e $\lambda = np$. Como tal variável aleatória binomial tem valor esperado $np = \lambda$ e variância $np(1-p) = \lambda(1-p) \approx \lambda$ (já que p é pequeno), parece-nos que tanto o valor esperado quanto a variância de uma variável aleatória de Poisson são iguais a esse parâmetro λ. Verificamos agora esse resultado:

$$E[X] = \sum_{i=0}^{\infty} \frac{i e^{-\lambda} \lambda^i}{i!}$$
$$= \lambda \sum_{i=1}^{\infty} \frac{e^{-\lambda} \lambda^{i-1}}{(i-1)!}$$
$$= \lambda e^{-\lambda} \sum_{j=0}^{\infty} \frac{\lambda^j}{j!} \quad \text{fazendo-se } j = i - 1$$
$$= \lambda \quad \text{já que } \sum_{j=0}^{\infty} \frac{\lambda^j}{j!} = e^{\lambda}$$

Assim, o valor esperado de uma variável aleatória de Poisson X é de fato igual a seu parâmetro λ. Para determinar sua variância, primeiro calculamos $E[X^2]$:

$$E[X^2] = \sum_{i=0}^{\infty} \frac{i^2 e^{-\lambda} \lambda^i}{i!}$$

$$= \lambda \sum_{i=1}^{\infty} \frac{i e^{-\lambda} \lambda^{i-1}}{(i-1)!}$$

$$= \lambda \sum_{j=0}^{\infty} \frac{(j+1) e^{-\lambda} \lambda^j}{j!} \quad \text{fazendo-se } j = i - 1$$

$$= \lambda \left[\sum_{j=0}^{\infty} \frac{j e^{-\lambda} \lambda^j}{j!} + \sum_{j=0}^{\infty} \frac{e^{-\lambda} \lambda^j}{j!} \right]$$

$$= \lambda(\lambda + 1)$$

onde obtém-se a igualdade final porque a primeira soma é o valor esperado de uma variável aleatória de Poisson com parâmetro λ e o segundo termo é a soma das probabilidades dessa variável aleatória. Portanto, como mostramos que $E[X] = \lambda$, obtemos

$$\text{Var}(X) = E[X^2] - (E[X])^2$$
$$= \lambda$$

Com isso, o valor esperado e a variância de uma variável aleatória de Poisson são iguais ao seu parâmetro λ.

Mostramos que a distribuição de Poisson com parâmetro np é uma aproximação muito boa para a distribuição do número de sucessos em n tentativas independentes quando cada tentativa tem probabilidade de sucesso p desde que n seja grande e p pequeno. De fato, ela permanece uma boa aproximação mesmo quando as tentativas não são independentes, desde que a dependência seja fraca. Como exemplo, lembre-se do problema do pareamento (Exemplo 5m do Capítulo 2), no qual n homens selecionavam seus chapéus aleatoriamente de um conjunto formado por um chapéu de cada pessoa. Do ponto de vista do número de homens que pode selecionar o seu próprio chapéu, podemos visualizar a seleção aleatória como o resultado de n tentativas onde dizemos que a tentativa i é um sucesso se a pessoa i selecionar seu próprio chapéu, $i = 1,...,n$. Definindo-se os eventos $E_i, i = 1,...,n$, como

$$E_i = \{\text{a tentativa } i \text{ é um sucesso}\}$$

é fácil ver que

$$P\{E_i\} = \frac{1}{n} \quad \text{e} \quad P\{E_i|E_j\} = \frac{1}{n-1}, \quad j \neq i$$

Assim, vemos que, embora os eventos $E_i, i = 1,...,n$, não sejam independentes, sua dependência, para n grande, parece ser fraca. Por causa disso, parece razoável esperar que o número de sucessos tenha aproximadamente uma distribuição de Poisson com parâmetro $n \times 1/n = 1$, e de fato isso é verificado no Exemplo 5m do Capítulo 2.

Para uma segunda ilustração da força da aproximação de Poisson quando as tentativas são fracamente dependentes, vamos considerar novamente o problema do aniversário apresentado no Exemplo 5i do Capítulo 2. Neste exemplo, supomos que cada uma das n pessoas tenha a mesma probabilidade de ter nascido em qualquer um dos 365 dias do ano, e o problema é determinar a probabilidade de que, em um conjunto de n pessoas independentes, ninguém faça aniversário no mesmo dia. Um argumento combinatório foi usado para determinar essa probabilidade, que se mostrou ser menor que 0,5 quando $n = 23$.

Podemos aproximar a probabilidade anterior utilizando a aproximação de Poisson da forma a seguir: imagine que tenhamos uma tentativa para cada um dos $\binom{n}{2}$ pares de indivíduos i e j, $i \neq j$, e digamos que a tentativa i,j é bem-sucedida se as pessoas i e j fizerem aniversário no mesmo dia. Se E_{ij} representar o evento em que a tentativa i,j é um sucesso, então, embora os $\binom{n}{2}$ eventos E_{ij}, $1 \leq i < j \leq n$, não sejam independentes (veja o Exercício Teórico 4.21), sua dependência parece ser relativamente fraca (de fato, esses eventos são *independentes por pares*, em que quaisquer 2 dos eventos E_{ij} e E_{kl} são independentes – novamente, veja o Exercício Teórico 4.1 21). Como $P(E_{ij}) = 1/365$, é razoável supor que o número de sucessos tenha aproximadamente uma distribuição de Poisson com média $\binom{n}{2}/365 = n(n-1)/730$. Portanto,

$$P\{2 \text{ pessoas não fazerem aniversário no mesmo dia}\} = P\{0 \text{ sucessos}\}$$
$$\approx \exp\left\{\frac{-n(n-1)}{730}\right\}$$

Para determinar o menor inteiro n para o qual essa probabilidade é menor que $\frac{1}{2}$, observe que

$$\exp\left\{\frac{-n(n-1)}{730}\right\} \leq \frac{1}{2}$$

é equivalente a

$$\exp\left\{\frac{n(n-1)}{730}\right\} \geq 2$$

Calculando o logaritmo de ambos os lados, obtemos

$$n(n-1) \geq 730\log 2$$
$$\approx 505{,}997$$

que leva à solução $n = 23$, em concordância com o resultado do Exemplo 5i do Capítulo 2.

Suponha agora que queiramos a probabilidade de que, entre n pessoas, 3 delas não façam aniversário no mesmo dia. Embora este seja agora um difícil problema combinatório, é simples obter-lhe uma boa aproximação. Para começar, imagine que tenhamos uma tentativa para cada uma das $\binom{n}{3}$ trincas i, j, k, onde $1 \leq i < j < k \leq n$, e chamemos a tentativa i, j, k de sucesso se as pessoas i, j e k fizerem aniversário no mesmo dia. Como antes, podemos concluir que o número de sucessos é aproximadamente uma variável aleatória de Poisson com parâmetro

$$\binom{n}{3} P\{i, j, k \text{ fazerem aniversário no mesmo dia}\} = \binom{n}{3}\left(\frac{1}{365}\right)^2$$

$$= \frac{n(n-1)(n-2)}{6 \times (365)^2}$$

Com isso,

$$P\{3 \text{ pessoas não fazerem aniversário no mesmo dia}\} \approx \exp\left\{\frac{-n(n-1)(n-2)}{799350}\right\}$$

Essa probabilidade é menor do que $\frac{1}{2}$ quando n é tal que

$$n(n-1)(n-2) \geq 799350 \log 2 \approx 554067{,}1$$

o que é equivalente a $n \geq 84$. Assim, a probabilidade aproximada de que pelo menos 3 pessoas em um grupo de 84 ou mais pessoas façam aniversário no mesmo dia é maior que $\frac{1}{2}$.

Para que os eventos que ocorrem tenham aproximadamente uma distribuição de Poisson, não é essencial que todos os eventos tenham a mesma probabilidade de ocorrência, mas apenas que todas essas probabilidades sejam pequenas. A seguir temos o *paradigma de Poisson*.

Paradigma de Poisson Considere n eventos, com p_i correspondendo à probabilidade de ocorrência do evento $i, i = 1,\ldots, n$. Se todas as probabilidades p_i são "pequenas" e as tentativas são independentes ou pelo menos "fracamente dependentes", então os eventos que ocorrem têm aproximadamente uma distribuição de Poisson com média $\sum_{i=1}^{n} p_i$.

Nosso próximo exemplo não somente faz uso do paradigma de Poisson, mas também ilustra a variedade das técnicas que estudamos até agora.

Exemplo 7d Extensão da maior série

Uma moeda é jogada n vezes. Supondo que as jogadas sejam independentes, com cada uma delas dando cara com probabilidade p, qual é a probabilidade de que ocorra uma série com k caras consecutivas?

Solução Vamos primeiramente usar o paradigma de Poisson para calcular essa probabilidade de forma aproximada. Assim, se para $i = 1,\ldots, n - k + 1$, supusermos que H_i represente o evento em que $i, i + 1,\ldots, i + k - 1$ jogadas dão cara, então a probabilidade desejada é de que pelo menos um dos eventos H_i ocorra. Como H_i é o evento em que, começando com a jogada i, todas as k jogadas seguintes dão cara, tem-se que $P(H_i) = p^k$. Assim, quando p^k é pequeno, podemos pensar que os eventos H_i que ocorrem devem ter aproximadamente uma distribuição de Poisson. Entretanto, este não é o caso, porque, embora todos os eventos tenham probabilidades pequenas, algumas de suas dependências são grandes demais para a que distribuição de Poisson seja uma boa aproximação. Por exemplo, como a probabilidade condicional de que dê cara nas jogadas $2,\ldots, k + 1$ dado que as jogadas $1,\ldots, k$ também deem cara é igual à probabilidade de que a jogada $k + 1$ dê cara, tem-se que

$$P(H_2|H_1) = p$$

que é muito maior que a probabilidade incondicional de H_2.

O truque que nos permite usar uma aproximação de Poisson neste problema é notar que uma série de k caras consecutivas só ocorrerá se houver uma série como essa imediatamente sucedida por uma coroa ou se todas as k jogadas finais derem cara. Consequentemente, para $i = 1,\ldots, n - k$, suponha que E_i seja o evento em que todas as jogadas $i,\ldots, i + k - 1$ dão cara e que a jogada $i + k$ dê coroa; também, suponha que E_{n-k+1} seja o evento em que todas as jogadas $n - k + 1,\ldots, n$ dão cara. Observe que

$$P(E_i) = p^k(1 - p), \quad i \le n - k$$
$$P(E_{n-k+1}) = p^k$$

Assim, quando p^k é pequeno, cada um dos eventos E_i tem uma pequena probabilidade de ocorrer. Além disso, para $i \ne j$, se os eventos E_i e E_j se referirem a sequências não superpostas de jogadas, então $P(E_i|E_j) = P(E_i)$; se eles se referirem a sequências que se superpõem, então $P(E_i|E_j) = 0$. Com isso, em ambos os casos, as probabilidades condicionais se aproximam das probabilidades incondicionais, o que indica que N, o número de eventos E_i que ocorrem, deve ser aproximadamente uma distribuição de Poisson com média

$$E[N] = \sum_{i=1}^{n-k+1} P(E_i) = (n - k)p^k(1 - p) + p^k$$

Como uma série de k caras não ocorre se (e somente se) $N = 0$, então a equação anterior fornece

$P(\text{não ocorrerem séries de caras com extensão } k) = P(N = 0) \approx \exp\{-(n-k)$
$p^k(1-p) - p^k\}$

Se L_n representar o maior número de caras consecutivas nas n jogadas, então, como L_n será menor do que k se (e somente se) não ocorrerem séries de caras com extensão k, a equação anterior pode ser escrita como

$$P\{L_n < k\} \approx \exp\{-(n-k)p^k(1-p) - p^k\}$$

Vamos agora supor que a moeda que jogamos seja honesta; isto é, suponha que $p = 1/2$. Então o desenvolvimento anterior leva a

$$P\{L_n < k\} \approx \exp\left\{-\frac{n - k + 2}{2^{k+1}}\right\} \approx \exp\left\{-\frac{n}{2^{k+1}}\right\}$$

onde a aproximação final supõe que $e^{\frac{k-2}{2^{k+1}}} \approx 1$ (isto é, que $\frac{k-2}{2^{k+1}} \approx 0$). Considere $j = \log_2 n$ e suponha que j é um inteiro. Para $k = j + i$,

$$\frac{n}{2^{k+1}} = \frac{n}{2^j 2^{i+1}} = \frac{1}{2^{i+1}}$$

Consequentemente,

$$P\{L_n < j + i\} \approx \exp\{-(1/2)^{i+1}\}$$

o que implica

$$P\{L_n = j + i\} = P\{L_n < j + i + 1\} - P\{L_n < j + i\}$$
$$\approx \exp\{-(1/2)^{i+2}\} - \exp\{-(1/2)^{i+1}\}$$

Por exemplo,

$$P\{L_n < j - 3\} \approx e^{-4} \approx 0{,}0183$$
$$P\{L_n = j - 3\} \approx e^{-2} - e^{-4} \approx 0{,}1170$$
$$P\{L_n = j - 2\} \approx e^{-1} - e^{-2} \approx 0{,}2325$$
$$P\{L_n = j - 1\} \approx e^{-1/2} - e^{-1} \approx 0{,}2387$$
$$P\{L_n = j\} \approx e^{-1/4} - e^{-1/2} \approx 0{,}1723$$
$$P\{L_n = j + 1\} \approx e^{-1/8} - e^{-1/4} \approx 0{,}1037$$
$$P\{L_n = j + 2\} \approx e^{-1/16} - e^{-1/8} \approx 0{,}0569$$
$$P\{L_n = j + 3\} \approx e^{-1/32} - e^{-1/16} \approx 0{,}0298$$
$$P\{L_n \geq j + 4\} \approx 1 - e^{-1/32} \approx 0{,}0308$$

Assim, observando o fato bastante interessante de que não importa quão grande seja n, a extensão da série mais longa de caras em uma sequência de n jogadas de uma moeda honesta estará a uma distância de 2 de $\log_2(n) - 1$ com uma probabilidade igual a 0,86.

Deduzimos agora uma expressão exata para a probabilidade de ocorrência de uma série de k caras consecutivas quando uma moeda que tem probabilidade p de dar cara é jogada n vezes. Com os eventos E_i definidos como antes, com $i = 1,\ldots, n - k + 1$, e L_n representando, também como antes, o comprimento da série mais longa de caras,

$$P(L_n \geq k) = P(\text{haver uma série de } k \text{ caras consecutivas}) = P(\cup_{i=1}^{n-k+1} E_i)$$

A identidade de inclusão-exclusão para a probabilidade de uma união pode ser escrita como

$$P(\cup_{i=1}^{n-k+1} E_i) = \sum_{r=1}^{n-k+1} (-1)^{r+1} \sum_{i_1 < \cdots < i_r} P(E_{i_1} \cdots E_{i_r})$$

Vamos supor que S_i represente o conjunto de números de jogadas às quais o evento E_i se refere (então, por exemplo, $S_1 = \{1,\ldots, k + 1\}$). Agora, considere uma das r probabilidades de interseção que não incluem o evento E_{n-k+1}. Isto é, considere $P(E_{i_1},\cdots,E_{i_r})$, onde $i_1 <\cdots< i_r < n - k + 1$. Por um lado, se houver qualquer superposição nos conjuntos $S_{i_1},\ldots,S_{i_r}$, então essa probabilidade é igual a 0. Por outro lado, se não houver superposição, os eventos $E_{i_1},\ldots, E_{i_r}$ são independentes. Portanto

$$P(E_{i_1}\cdots E_{i_r}) = \begin{cases} 0, & \text{se houver qualquer superposição em } S_{i_1},\ldots, S_{i_r} \\ p^{rk}(1-p)^r, & \text{se não houver superposição} \end{cases}$$

Devemos agora determinar o número de escolhas diferentes de $i_1 <\cdots< i_r < n - k + 1$ para as quais não existe superposição nos conjuntos $S_{i_1},\ldots,S_{i_r}$. Para fazer isso, note primeiro que cada um dos conjuntos $S_{i_j}, j = 1,\ldots,r$, se refere a $k + 1$ jogadas, então, sem qualquer superposição, eles se referem conjuntamente a $r(k + 1)$ jogadas. Considere agora qualquer permutação de r letras a idênticas (uma para cada um dos conjuntos $S_{i_1},\ldots, S_{i_{r-1}}$) e de $n - r(k + 1)$ letras b idênticas (uma para cada uma das tentativas que não faz parte de qualquer um dos $S_{i_1},\ldots, S_{i_{r-1}}, S_{n-k+1}$ conjuntos). Interprete o número de b's antes da primeira letra a como sendo o número de jogadas antes de S_{i_1}, o número de b's antes da primeira e da segunda letra a como o número de jogadas entre S_{i_1} e S_{i_2}, e assim por diante, com o número de b's após a última letra a representando o número de jogadas após S_{i_r}. Como existem $\binom{n-rk}{r}$ permutações de r letras a e de $n - r(k + 1)$ letras b, com cada permutação como essa correspondendo (em uma relação um para um) a uma diferente escolha sem superposição, tem-se que

$$\sum_{i_1<\cdots<i_r<n-k+1} P(E_{i_1}\cdots E_{i_r}) = \binom{n-rk}{r} p^{rk}(1-p)^r$$

Devemos agora considerar as probabilidades de interseção de r maneiras da forma

$$P(E_{i_1}\cdots E_{i_{r-1}}E_{n-k+1}),$$

onde $i_1 <\cdots< i_{r-1} < n - k + 1$. Agora, essa probabilidade será igual a 0 se houver qualquer superposição em $S_{i_1},\ldots, S_{i_{r-1}}, S_{n-k}$; se não houver superposição, então os eventos da interseção serão independentes. Assim,

$$P(E_{i_1}\cdots E_{i_{r-1}}E_{n-k+1}) = [p^k(1-p)]^{r-1} p^k = p^{kr}(1-p)^{r-1}$$

Usando um argumento similar, o número de conjuntos $S_{i_1},\ldots,S_{i_{r-1}}, S_{n-k}$ que não se superpõem será igual ao número de permutações de $r - 1$ letras a (uma para cada um dos conjuntos $S_{i_1},\ldots, S_{i_{r-1}}$) e de $n - (r - 1)(k + 1) - k = n - rk - (r - 1)$ letras b (uma para cada uma das tentativas que não é parte de qualquer um dos conjuntos $S_{i_1},\ldots,S_{i_{r-1}}, S_{n-k+1}$). Como existem $\binom{n-rk}{r-1}$ permutações de $r - 1$ letras a e de $n - rk - (r - 1)$ letras b, temos

$$\sum_{i_1<\ldots<i_{r-1}<n-k+1} P(E_{i_1}\cdots E_{i_{r-1}}E_{n-k+1}) = \binom{n-rk}{r-1} p^{kr}(1-p)^{r-1}$$

Colocando tudo junto, obtemos a expressão exata, isto é,

$$P(L_n \geq k) = \sum_{r=1}^{n-k+1} (-1)^{r+1} \left[\binom{n-rk}{r} + \frac{1}{p}\binom{n-rk}{r-1} \right] p^{kr}(1-p)^r$$

onde utilizamos a convenção de que $\binom{m}{j} = 0$ se $m < j$.

Do ponto de vista computacional, um método mais eficiente para o cálculo da probabilidade desejada do que o uso da última identidade envolve a dedução de um conjunto de equações recursivas. Para fazer isso, suponha que A_n seja o evento em que há um conjunto de k caras consecutivas em uma sequência de n jogadas de uma moeda honesta, e considere $P_n = P(A_n)$. Vamos deduzir um conjunto de equações recursivas para P_n colocando uma condição no aparecimento da primeira coroa. Para $j = 1,...,k$, suponha que F_j seja o evento em que a primeira cara aparece na jogada j, e suponha que H seja o evento em que todas as primeiras k jogadas dão cara. Como os eventos $F_1,...,F_k, H$ são mutuamente exclusivos e exaustivos (isto é, exatamente um desses eventos deve ocorrer), temos

$$P(A_n) = \sum_{j=1}^{k} P(A_n|F_j)P(F_j) + P(A_n|H)P(H)$$

Agora, dado que a primeira coroa aparece na jogada j, onde $j < k$, tem-se que estas j jogadas são perdidas no que se refere à obtenção de uma série de k caras em sequência; assim, a probabilidade condicional deste evento é a probabilidade de que tal série ocorra entre as $n - j$ jogadas restantes. Portanto

$$P(A_n|F_j) = P_{n-j}$$

Como $P(A_n|H) = 1$, a equação anterior resulta em

$$P_n = P(A_n)$$
$$= \sum_{j=1}^{k} P_{n-j} P(F_j) + P(H)$$
$$= \sum_{j=1}^{k} P_{n-j} p^{j-1}(1-p) + p^k$$

Começando com $P_j = 0, j < k$, e $P_k = p^k$, podemos usar a última fórmula para computar recursivamente P_{k+1}, P_{k+2}, e assim por diante, até P_n. Por exemplo, suponha que queiramos determinar a probabilidade de ocorrência de uma série de 2 caras consecutivas quando uma moeda honesta é jogada 4 vezes. Então, com $k = 2$, temos $P_1 = 0, P_2 = (1/2)^2$. Já que, quando $p = 1/2$, a fórmula recursiva se torna

$$P_n = \sum_{j=1}^{k} P_{n-j}(1/2)^j + (1/2)^k$$

obtemos

$$P_3 = P_2(1/2) + P_1(1/2)^2 + (1/2)^2 = 3/8$$

e

$$P_4 = P_3(1/2) + P_2(1/2)^2 + (1/2)^2 = 1/2$$

o que é claramente verdade porque existem 8 resultados que levam a uma série de 2 caras consecutivas: *hhhh, hhht, hhth, hthh, thhh, hhtt, thht* e *tthh* (sendo *h* cara e *t* coroa). Cada um desses resultados ocorre com probabilidade 1/16. ■

Outro uso da distribuição de probabilidades de Poisson aparece em situações em que "eventos" ocorrem em certos instantes de tempo. Um exemplo é a consideração de um terremoto como um evento; outro possível evento é a entrada de pessoas em determinado estabelecimento (bancos, agências de correio, postos de gasolina, e assim por diante), e uma terceira possibilidade seria a de chamar de evento o início de uma guerra. Vamos supor que eventos estejam de fato ocorrendo em certos instantes (aleatórios) de tempo, e que, para alguma constante positiva λ, as seguintes hipóteses sejam verdadeiras:

1. A probabilidade de que exatamente 1 evento ocorra em um dado intervalo com extensão h é igual a $\lambda h + o(h)$, onde $o(h)$ representa qualquer função $f(h)$ para a qual $\lim_{h \to 0} f(h)/h = 0$ [por exemplo, $f(h) = h^2$ é $o(h)$, enquanto que $f(h) = h$ não é].
2. A probabilidade de que 2 ou mais eventos ocorram em um intervalo de extensão h é igual a $o(h)$.
3. Para quaisquer inteiros $n, j_1, j_2, ..., j_n$ e quaisquer conjuntos de intervalos que não se superpõem, se definirmos E_i como o evento em que exatamente j_i dos eventos em consideração ocorrem no i-ésimo desses intervalos, então os eventos $E_1, E_2, ..., E_n$ são independentes.

Analisando informalmente, as hipóteses 1 e 2 dizem que, para valores pequenos de h, a probabilidade de que exatamente 1 evento ocorra em um intervalo de extensão h é igual a λh mais algo que é pequeno em comparação com h, enquanto que a probabilidade de que 2 ou mais eventos ocorram é pequena em comparação com h. A hipótese 3 diz que algo que ocorre em certo intervalo não tem efeito (em termos de probabilidade) nos demais intervalos não superpostos a este.

Agora mostramos que, de acordo com as hipóteses 1, 2 e 3, o número de eventos que ocorrem em qualquer intervalo de extensão t é uma variável aleatória de Poisson com parâmetro λt. Para sermos precisos, consideremos o intervalo $[0, t]$ e representemos o número de eventos que ocorrem neste intervalo por $N(t)$. Para obter uma expressão para $P\{N(t) = k\}$, começamos quebrando o intervalo em pequenos intervalos não superpostos, cada um com tamanho t/n (Figura 4.7).

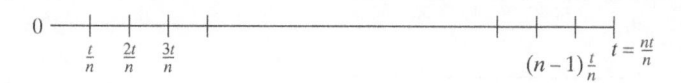

Figura 4.7

Agora,

$P\{N(t) = k\} = P\{k$ dos n subintervalos contenham exatamente 1 evento

e os outros $n - k$ subintervalos contenham 0 eventos$\}$ (7.2)

$+ P\{N(t) = k$ e pelo menos 1 subintervalo

contenha 2 ou mais eventos$\}$

A equação anterior é verdadeira porque o evento representado no lado esquerdo, isto é, $\{N(t) = k\}$, é claramente igual à união dos dois eventos mutuamente exclusivos no lado direito da equação. Supondo que A e B representem os dois eventos mutuamente exclusivos no lado direito da Equação (7.2), temos

$P(B) \leq P\{$pelo menos um subintervalo contenha 2 ou mais eventos$\}$

$$= P\left(\bigcup_{i=1}^{n}\{i\text{-ésimo subintervalo contenha 2 ou mais eventos}\}\right)$$

$\leq \sum_{i=1}^{n} P\{i$-ésimo subintervalo contenha 2 ou mais eventos$\}$ pela desigualdade de Boole

$= \sum_{i=1}^{n} o\left(\dfrac{t}{n}\right)$ pela hipótese 2

$= no\left(\dfrac{t}{n}\right)$

$= t\left[\dfrac{o(t/n)}{t/n}\right]$

Além disso, para cada t, $t/n \to 0$ se $n \to \infty$; assim, pela definição de $o(h)$, $o(t/n)/(t/n) \to 0$ se $n \to \infty$. Com isso,

$$P(B) \to 0 \text{ se } n \to \infty \qquad (7.3)$$

Além do mais, como as hipóteses 1 e 2 implicam que[*]

$P\{0$ eventos ocorram em um intervalo $h\}$
$= 1 - [\lambda h + o(h) + o(h)] = 1 - \lambda h - o(h)$

vemos da hipótese de independência (número 3) que

$P(A) = P\{k$ dos subintervalos contenham exatamente 1 evento e os demais
$n - k$ intervalos contenham 0 eventos$\}$

$$= \binom{n}{k}\left[\dfrac{\lambda t}{n} + o\left(\dfrac{t}{n}\right)\right]^{k}\left[1 - \left(\dfrac{\lambda t}{n}\right) - o\left(\dfrac{t}{n}\right)\right]^{n-k}$$

---

[*] A soma de duas funções, ambas do tipo $o(h)$, também é $o(h)$. Isto ocorre porque se $\lim_{h \to 0} f(h)/h = \lim_{h \to 0} g(h)/h = 0$, então $\lim_{h \to 0} [f(h) + g(h)]/h = 0$.

Entretanto, como

$$n\left[\frac{\lambda t}{n} + o\left(\frac{t}{n}\right)\right] = \lambda t + t\left[\frac{o(t/n)}{t/n}\right] \to \lambda t \quad \text{se} \quad n \to \infty$$

tem-se, pelo mesmo argumento que verificou a aproximação de Poisson para a distribuição binomial, que

$$P(A) \to e^{-\lambda t}\frac{(\lambda t)^k}{k!} \quad \text{se} \quad n \to \infty \tag{7.4}$$

Assim, das Equações (7.2), (7.3) e (7.4), e fazendo $n \to \infty$, obtemos

$$P\{N(t) = k\} = e^{-\lambda t}\frac{(\lambda t)^k}{k!} \quad k = 0, 1, \ldots \tag{7.5}$$

Com isso, se as hipóteses 1, 2 e 3 são satisfeitas, então o número de eventos que ocorrem em qualquer intervalo fixo t é uma variável aleatória de Poisson com média λt, e dizemos que os eventos ocorrem em concordância com um processo de Poisson com taxa λ. O valor λ, o qual se pode mostrar como sendo igual à taxa por unidade de tempo na qual os eventos ocorrem, é uma constante que precisa ser determinada empiricamente.

A discussão anterior explica por que uma variável aleatória de Poisson é usualmente uma boa aproximação para fenômenos tão diversos quanto os seguintes:

1. O número de terremotos que ocorrem durante um intervalo de tempo fixo
2. O número de guerras por ano
3. O número de elétrons emitidos por um catodo aquecido durante um intervalo de tempo fixo
4. O número de mortes, em dado período de tempo, de segurados de uma companhia que vende seguros de vida

Exemplo 7e

Suponha que terremotos ocorram na região oeste dos EUA de acordo com as hipóteses 1, 2 e 3, com $\lambda = 2$ e tendo como unidade de tempo o intervalo de 1 semana (isto é, terremotos ocorrem de acordo com as três hipóteses em uma taxa de 2 por semana).

(a) Determine a probabilidade de que pelo menos 3 terremotos ocorram durante as próximas 2 semanas.
(b) Determine a distribuição de probabilidade do tempo, começando de agora, até a ocorrência do próximo terremoto.

Solução (a) Da Equação (7.5), temos

$$P\{N(2) \geq 3\} = 1 - P\{N(2) = 0\} - P\{N(2) = 1\} - P\{N(2) = 2\}$$
$$= 1 - e^{-4} - 4e^{-4} - \frac{4^2}{2}e^{-4}$$
$$= 1 - 13e^{-4}$$

(b) Suponha que X represente a quantidade de tempo (em semanas) até que ocorra o próximo terremoto. Como X será maior que t se e somente se nenhum evento ocorrer nas próximas t unidades de tempo, temos, da Equação (7.5),

$$P\{X > t\} = P\{N(t) = 0\} = e^{-\lambda t}$$

então a função distribuição de probabilidade F da variável aleatória X é dada por

$$F(t) = P\{X \le t\} = 1 - P\{X > t\} = 1 - e^{-\lambda t}$$
$$= 1 - e^{-2t}$$
■

4.7.1 Calculando a função distribuição de Poisson

Se X é uma variável aleatória de Poisson com parâmetro λ, então

$$\frac{P\{X = i + 1\}}{P\{X = i\}} = \frac{e^{-\lambda}\lambda^{i+1}/(i+1)!}{e^{-\lambda}\lambda^{i}/i!} = \frac{\lambda}{i+1} \quad (7.6)$$

Começando com $P\{X = 0\} = e^{-\lambda}$, podemos usar a Equação (7.6) para fazer cálculos sucessivos

$$P\{X = 1\} = \lambda P\{X = 0\}$$

$$P\{X = 2\} = \frac{\lambda}{2} P\{X = 1\}$$

$$\vdots$$

$$P\{X = i + 1\} = \frac{\lambda}{i + 1} P\{X = i\}$$

A página deste livro na Internet inclui um programa que usa a Equação (7.6) para calcular probabilidades de Poisson.

Exemplo 7f

(a) Determine $P\{X \le 90\}$ quando X é uma variável aleatória de Poisson com média 100.
(b) Determine $P\{X \le 1075\}$ quando Y é uma variável aleatória de Poisson com média 1000.

Solução A partir da página deste livro na Internet, obtemos as soluções:

(a) $P\{X \le 90\} \approx 0{,}1714$
(b) $P\{Y \le 1075\} \approx 0{,}9894$ ■

4.8 OUTRAS DISTRIBUIÇÕES DE PROBABILIDADE DISCRETAS

4.8.1 A variável aleatória geométrica

Suponha que tentativas independentes, cada uma delas com probabilidade de sucesso p, $0 < p < 1$, sejam realizadas até que ocorra um sucesso. Seja X o número de tentativas necessárias. Então

$$P\{X = n\} = (1-p)^{n-1}p \qquad n = 1, 2, \ldots \qquad (8.1)$$

Obtemos a Equação (8.1) porque, para que X seja igual a n, é necessário e suficiente que as primeiras $n - 1$ tentativas sejam fracassos e que a n-ésima tentativa seja um sucesso. Tem-se portanto a Equação (8.1), já que se supõe a independência dos resultados das tentativas sucessivas.

Como

$$\sum_{n=1}^{\infty} P\{X = n\} = p \sum_{n=1}^{\infty}(1-p)^{n-1} = \frac{p}{1-(1-p)} = 1$$

tem-se que, com probabilidade 1, um sucesso acabará ocorrendo. Qualquer variável aleatória X cuja função de probabilidade seja dada pela Equação (8.1) é chamada de variável aleatória *geométrica* com parâmetro p.

Exemplo 8a

Uma urna contém N bolas brancas e M bolas pretas. A bolas são selecionadas aleatoriamente, uma de cada vez, até que saia uma bola preta. Se supormos que cada bola selecionada seja substituída antes que a próxima bola seja retirada, qual é a probabilidade de que

(a) sejam necessárias exatamente n retiradas?
(b) sejam necessárias pelo menos k retiradas?

Solução Se X representar o número de retiradas necessárias até que se selecione uma bola preta, então X satisfaz a Equação (8.1) com $p = M/(M + N)$. Portanto,

(a)
$$P\{X = n\} = \left(\frac{N}{M+N}\right)^{n-1} \frac{M}{M+N} = \frac{MN^{n-1}}{(M+N)^n}$$

(b)
$$P\{X \geq k\} = \frac{M}{M+N} \sum_{n=k}^{\infty}\left(\frac{N}{M+N}\right)^{n-1}$$

$$= \left(\frac{M}{M+N}\right)\left(\frac{N}{M+N}\right)^{k-1} \Bigg/ \left[1 - \frac{N}{M+N}\right]$$

$$= \left(\frac{N}{M+N}\right)^{k-1}$$

Naturalmente, a letra (b) poderia ter sido obtida diretamente, pois a probabilidade de que sejam necessárias pelo menos k tentativas para que se obtenha um sucesso é igual à probabilidade de que só ocorram fracassos nas primeiras $k - 1$ tentativas. Isto é, para uma variável aleatória geométrica,

$$P\{X \geq k\} = (1-p)^{k-1}$$

Exemplo 8b
Determine o valor esperado de uma variável aleatória geométrica.

Solução   Com $q = 1 - p$, temos

$$\begin{aligned}
E[X] &= \sum_{i=1}^{\infty} i q^{i-1} p \\
&= \sum_{i=1}^{\infty} (i - 1 + 1) q^{i-1} p \\
&= \sum_{i=1}^{\infty} (i - 1) q^{i-1} p + \sum_{i=1}^{\infty} q^{i-1} p \\
&= \sum_{j=0}^{\infty} j q^{j} p + 1 \\
&= q \sum_{j=1}^{\infty} j q^{j-1} p + 1 \\
&= q E[X] + 1
\end{aligned}$$

Portanto,

$$pE[X] = 1$$

o que resulta em

$$E[X] = \frac{1}{p}$$

Em outras palavras, se tentativas independentes com mesma probabilidade p de sucesso são realizadas até que o primeiro sucesso ocorra, então o número esperado de tentativas necessárias é igual a $1/p$. Por exemplo, o número esperado de jogadas necessárias para que saia 1 em um dado honesto é igual a 6.

Exemplo 8c
Determine a variância de uma variável aleatória geométrica.

Solução Para determinar Var(X), vamos primeiro calcular $E[X^2]$. Com $q = 1 - p$, temos

$$E[X^2] = \sum_{i=1}^{\infty} i^2 q^{i-1} p$$

$$= \sum_{i=1}^{\infty} (i - 1 + 1)^2 q^{i-1} p$$

$$= \sum_{i=1}^{\infty} (i - 1)^2 q^{i-1} p + \sum_{i=1}^{\infty} 2(i - 1) q^{i-1} p + \sum_{i=1}^{\infty} q^{i-1} p$$

$$= \sum_{j=0}^{\infty} j^2 q^j p + 2 \sum_{j=1}^{\infty} j q^j p + 1$$

$$= qE[X^2] + 2qE[X] + 1$$

Usando $E[X] = 1/p$, a equação para $E[X^2]$ resulta em

$$pE[X^2] = \frac{2q}{p} + 1$$

Portanto,

$$E[X^2] = \frac{2q + p}{p^2} = \frac{q + 1}{p^2}$$

o que dá o resultado

$$\text{Var}(X) = \frac{q + 1}{p^2} - \frac{1}{p^2} = \frac{q}{p^2} = \frac{1 - p}{p^2} \qquad \blacksquare$$

4.8.2 A variável aleatória binomial negativa

Suponha que tentativas independentes com mesma probabilidade de sucesso p, $0 < p < 1$, sejam realizadas até que se acumule um total de r sucessos. Se X for igual ao número de tentativas necessárias, então

$$P\{X = n\} = \binom{n - 1}{r - 1} p^r (1 - p)^{n-r} \quad n = r, r + 1, \ldots \qquad (8.2)$$

A Equação (8.2) é obtida porque, para que o r-ésimo sucesso ocorra na n-ésima tentativa, devem ocorrer $r - 1$ sucessos nas primeiras $n - 1$ tentativas e a n-ésima tentativa deve ser um sucesso. A probabilidade do primeiro evento é

$$\binom{n - 1}{r - 1} p^{r-1} (1 - p)^{n-r}$$

e a probabilidade do segundo evento é p; assim, pela independência, estabelece-se a Equação (8.2). Para verificar que no final um total de r sucessos acaba sendo acumulado, ou provamos analiticamente que

$$\sum_{n=r}^{\infty} P\{X = n\} = \sum_{n=r}^{\infty} \binom{n-1}{r-1} p^r (1-p)^{n-r} = 1 \qquad (8.3)$$

ou damos o argumento probabilístico a seguir: o número de tentativas necessárias para que se obtenham r sucessos pode ser representado como $Y_1 + Y_2 + \ldots + Y_r$, onde Y_1 é o número de tentativas necessárias para o primeiro sucesso, Y_2 é o número de tentativas adicionais feitas até que ocorra o segundo sucesso, Y_3 é o número de tentativas adicionais até que ocorra o terceiro sucesso e assim por diante. Tem-se que $Y_1, Y_2, \ldots, Y_r$ são todas variáveis aleatórias geométricas. Portanto, cada uma delas é finita com probabilidade 1, e então $\sum_{i=1}^{r} Y_i$ também deve ser finita, o que estabelece a Equação (8.3).

Qualquer variável aleatória X cuja função de probabilidade seja dada pela Equação (8.2) é chamada de variável aleatória *binomial negativa* com parâmetros (r, p). Observe que uma variável aleatória geométrica é simplesmente uma variável binomial negativa com parâmetros $(1, p)$.

No próximo exemplo, usamos uma variável aleatória binomial negativa para obter uma solução para o problema dos pontos.

Exemplo 8d
Se tentativas independentes, cada uma delas resultando em um sucesso com probabilidade p, são realizadas, qual é a probabilidade de que r sucessos ocorram antes de m fracassos?

Solução A solução é obtida notando-se que ocorrem r sucessos antes de m fracassos se e somente se o r-ésimo sucesso ocorrer até a $(r + m - 1)$-ésima tentativa. Tem-se esse resultado porque, se o r-ésimo sucesso tiver ocorrido antes da ou na $(r + m - 1)$-ésima tentativa, então ele deve ter ocorrido antes do m-ésimo fracasso, e vice-versa. Portanto, da Equação (8.2), a probabilidade desejada é

$$\sum_{n=r}^{r+m-1} \binom{n-1}{r-1} p^r (1-p)^{n-r}$$

■

Exemplo 8e O problema de pareamento de Banach
Um matemático que fuma cachimbos sempre carrega consigo duas caixas de fósforos – uma no seu bolso esquerdo e a outra no seu bolso direito. Cada vez que precisa de um fósforo, ele o retira de um bolso ou de outro com mesma probabilidade. Considere o momento em que o matemático descobre que uma de suas caixas de fósforo está vazia. Se se supõe que ambas as caixas de fósforos continham inicialmente N fósforos, qual é a probabilidade de que existam exatamente k fósforos, $k = 0, 1, \ldots, N$, na outra caixa?

Solução Seja E o evento em que o matemático descobre que a caixa de fósforos do bolso direito está vazia e que existem k fósforos na caixa do bolso esquerdo naquele exato momento. Agora, este evento ocorrerá se e somente se a $(N+1)$-ésima escolha da caixa do bolso direito for feita na $(N+1+N-k)$-ésima tentativa. Portanto, da Equação (8.2) (com $p = 1/2, r = N+1$, e $n = 2N - k + 1$), vemos que

$$P(E) = \binom{2N-k}{N} \left(\frac{1}{2}\right)^{2N-k+1}$$

Como há uma mesma probabilidade de que a caixa em seu bolso esquerdo se esvazie primeiro e que existam k fósforos na caixa em seu bolso direito neste exato momento, o resultado desejado é

$$2P(E) = \binom{2N-k}{N} \left(\frac{1}{2}\right)^{2N-k}$$

■

Exemplo 8f

Calcule o valor esperado e a variância de uma variável aleatória binomial negativa com parâmetros r e p.

Solução Temos

$$\begin{aligned}
E[X^k] &= \sum_{n=r}^{\infty} n^k \binom{n-1}{r-1} p^r (1-p)^{n-r} \\
&= \frac{r}{p} \sum_{n=r}^{\infty} n^{k-1} \binom{n}{r} p^{r+1} (1-p)^{n-r} \quad \text{já que} \quad n\binom{n-1}{r-1} = r\binom{n}{r} \\
&= \frac{r}{p} \sum_{m=r+1}^{\infty} (m-1)^{k-1} \binom{m-1}{r} p^{r+1} (1-p)^{m-(r+1)} \quad \begin{array}{l}\text{fazendo-se}\\ m = n+1\end{array} \\
&= \frac{r}{p} E[(Y-1)^{k-1}]
\end{aligned}$$

onde Y é uma variável aleatória binomial negativa com parâmetros $r+1, p$. Fazendo $k = 1$ na equação anterior, obtemos

$$E[X] = \frac{r}{p}$$

Fazendo $k = 2$ na equação de $E[X^k]$ e usando a fórmula para o valor esperado de uma variável aleatória binomial negativa, obtemos

$$\begin{aligned}
E[X^2] &= \frac{r}{p} E[Y-1] \\
&= \frac{r}{p} \left(\frac{r+1}{p} - 1\right)
\end{aligned}$$

Portanto,

$$\text{Var}(X) = \frac{r}{p}\left(\frac{r+1}{p} - 1\right) - \left(\frac{r}{p}\right)^2$$

$$= \frac{r(1-p)}{p^2}$$

∎

Assim, do Exemplo 8f, se tentativas independentes, cada uma das quais com probabilidade de sucesso p, são realizadas, então o valor esperado e a variância do número de tentativas necessárias para que r sucessos sejam acumulados são r/p e $r(1-p)/p^2$, respectivamente.

Como uma variável aleatória geométrica é tão somente uma variável aleatória binomial negativa com parâmetro $r = 1$, vemos do exemplo anterior que a variância de uma variável aleatória geométrica com parâmetro p é igual a $(1-p)/p^2$, o que concorda com o resultado do Exemplo 8c.

Exemplo 8g
Determine o valor esperado e a variância do número de vezes que alguém deve lançar um dado até dar 1 quatro vezes.

Solução Como a variável aleatória de interesse é uma variável aleatória binomial negativa com parâmetros $r = 4$ e $p = \frac{1}{6}$, tem-se que

$$E[X] = 24$$

$$\text{Var}(X) = \frac{4\left(\frac{5}{6}\right)}{\left(\frac{1}{6}\right)^2} = 120$$

∎

4.8.3 A variável aleatória hipergeométrica

Suponha que uma amostra de tamanho n seja escolhida aleatoriamente (sem devolução) de uma urna contendo N bolas, das quais m são brancas e $N-m$ são pretas. Se X representa o número de bolas brancas selecionadas, então

$$P\{X = i\} = \frac{\binom{m}{i}\binom{N-m}{n-i}}{\binom{N}{n}} \quad i = 0, 1, \ldots, n \tag{8.4}$$

Uma variável aleatória X cuja função de probabilidade é dada pela Equação (8.4) para alguns valores de n, N e m é chamada de variável aleatória *hipergeométrica*.

Observação: Embora tenhamos escrito a função de probabilidade hipergeométrica com i variando de 0 a n, $P\{X = i\}$ será na realidade igual a 0 a menos que i satisfaça as desigualdades $n - (N-m) \leq i \leq \min(n, m)$. Entretanto, a Equação (8.4) é sempre válida graças à nossa convenção de que $\binom{r}{k} = 0$ se $k < 0$ ou $r < k$.

∎

Exemplo 8h

Um número desconhecido, digamos N, de animais habita certa região. Para obter alguma informação sobre o tamanho da população, ecologistas realizam com frequência o seguinte experimento: primeiro, eles capturam um número, digamos, m, desses animais, marcam-nos de alguma maneira e os soltam. Após dar aos animais marcados tempo suficiente para se dispersarem na região, uma nova captura de n animais é feita. Seja X o número de animais marcados pegos nesta segunda captura. Se supormos que a população de animais na região não tenha mudado no intervalo de tempo entre as duas capturas e que cada animal tenha a mesma probabilidade de ser capturado, então X é uma variável aleatória hipergeométrica tal que

$$P\{X = i\} = \frac{\binom{m}{i}\binom{N-m}{n-i}}{\binom{N}{n}} \equiv P_i(N)$$

Suponha agora que se tenha observado que X é igual a i. Então, como $P_i(N)$ representa a probabilidade do evento observado quando há na realidade N animais presentes na região, parece que uma estimativa razoável de N seria o valor dessa variável que maximiza $P_i(N)$. Tal estimativa é chamada de estimativa de *máxima verossimilhança* (veja os Exercícios Teóricos 4.13 e 4.18 para outros exemplos deste tipo de procedimento de estimação).

A maximização de $P_i(N)$ pode ser feita muito facilmente primeiro notando-se que

$$\frac{P_i(N)}{P_i(N-1)} = \frac{(N-m)(N-n)}{N(N-m-n+i)}$$

Agora, a razão anterior é maior que 1 se e somente se

$$(N-m)(N-n) \geq N(N-m-n+i)$$

ou, equivalentemente, se e somente se

$$N \leq \frac{mn}{i}$$

Assim, $P_i(N)$ primeiro aumenta e depois diminui, atingindo um máximo no maior número inteiro menor que mn/i. Esse valor é a estimativa de máxima verossimilhança de N. Por exemplo, suponha que a captura inicial consista em $m = 50$ animais, que são marcados e então soltos. Se uma captura subsequente consiste em $n = 40$ animais dos quais $i = 4$ são marcados, então estimaríamos a existência de aproximadamente 500 animais na região (note que a estimativa anterior poderia ter sido obtida se considerássemos que a proporção de animais marcados na região, m/N, é aproximadamente igual à proporção de animais marcados em nossa segunda captura, i/n). ■

Exemplo 8i

Um comprador de componentes elétricos os compra em lotes de 10. É sua política inspecionar 3 componentes de um lote aleatoriamente e aceitar o lote se todos os 3 itens inspecionados não apresentarem defeito. Se 30% dos lotes têm 4 componentes defeituosos e 70% têm apenas 1 componente defeituoso, que proporção de lotes é rejeitada pelo comprador?

Solução Seja A o evento em que o comprador aceita o lote. Então,

$$P(A) = P(A|\text{lote tenha quatro itens com defeito})\frac{3}{10} + P(A|\text{lote tenha 1 item com defeito})\frac{7}{10}$$

$$= \frac{\binom{4}{0}\binom{6}{3}}{\binom{10}{3}}\left(\frac{3}{10}\right) + \frac{\binom{1}{0}\binom{9}{3}}{\binom{10}{3}}\left(\frac{7}{10}\right)$$

$$= \frac{54}{100}$$

Portanto, 46% dos lotes são rejeitados. ∎

Se n bolas são escolhidas aleatoriamente e sem devolução de um conjunto de N bolas das quais a fração $p = m/N$ é branca, então o número de bolas brancas selecionadas é uma variável aleatória hipergeométrica. Parece agora que, quando m e N são grandes em relação a n, não importa muito se a seleção é feita com ou sem devolução, porque, independentemente de quantas bolas tenham sido selecionadas anteriormente, quando m e N são grandes, cada seleção adicional terá probabilidade aproximadamente igual a p de ser branca. Em outras palavras, parece intuitivo que quando m e N são grandes em relação a n, a função de probabilidade de X deva se aproximar da função de probabilidade de uma variável aleatória binomial com parâmetros n e p. Para verificar essa intuição, note que se X é uma variável aleatória hipergeométrica, então, para $i \leq n$,

$$P\{X = i\} = \frac{\binom{m}{i}\binom{N-m}{n-i}}{\binom{N}{n}}$$

$$= \frac{m!}{(m-i)!\,i!} \frac{(N-m)!}{(N-m-n+i)!\,(n-i)!} \frac{(N-n)!\,n!}{N!}$$

$$= \binom{n}{i}\frac{m}{N}\frac{m-1}{N-1}\cdots\frac{m-i+1}{N-i+1}\frac{N-m}{N-i}\frac{N-m-1}{N-i-1}$$

$$\cdots\frac{N-m-(n-i-1)}{N-i-(n-i-1)}$$

$$\approx \binom{n}{i}p^i(1-p)^{n-i} \quad \text{quando } p = m/N, m \text{ e } N \text{ são grandes em relação a } n \text{ e } i$$

Exemplo 8j
Determine o valor esperado e a variância de X, uma variável aleatória hipergeométrica com parâmetros n, N e m.

Solução

$$E[X^k] = \sum_{i=0}^{n} i^k P\{X = i\}$$

$$= \sum_{i=1}^{n} i^k \binom{m}{i}\binom{N-m}{n-i} \bigg/ \binom{N}{n}$$

Usando as identidades

$$i\binom{m}{i} = m\binom{m-1}{i-1} \quad \text{e} \quad n\binom{N}{n} = N\binom{N-1}{n-1}$$

obtemos

$$E[X^k] = \frac{nm}{N} \sum_{i=1}^{n} i^{k-1} \binom{m-1}{i-1}\binom{N-m}{n-i} \bigg/ \binom{N-1}{n-1}$$

$$= \frac{nm}{N} \sum_{j=0}^{n-1} (j+1)^{k-1} \binom{m-1}{j}\binom{N-m}{n-1-j} \bigg/ \binom{N-1}{n-1}$$

$$= \frac{nm}{N} E[(Y+1)^{k-1}]$$

onde Y é uma variável aleatória hipergeométrica com parâmetros $n-1$, $N-1$ e $m-1$. Com isso, fazendo $k = 1$, temos

$$E[X] = \frac{nm}{N}$$

Colocando em palavras, se n bolas são selecionadas aleatoriamente de um conjunto de N bolas, das quais m são brancas, então o número esperado de bolas brancas selecionadas é igual a nm/N.

Fazendo $k = 2$ na equação para $E[X^k]$, obtemos

$$E[X^2] = \frac{nm}{N} E[Y + 1]$$

$$= \frac{nm}{N} \left[\frac{(n-1)(m-1)}{N-1} + 1 \right]$$

onde a última igualdade usa o resultado que obtemos para o cálculo do valor esperado da variável aleatória hipergeométrica Y.

Como $E[X] = nm/N$, podemos concluir que

$$\text{Var}(X) = \frac{nm}{N} \left[\frac{(n-1)(m-1)}{N-1} + 1 - \frac{nm}{N} \right]$$

Fazendo $p = m/N$ e usando a identidade

$$\frac{m-1}{N-1} = \frac{Np-1}{N-1} = p - \frac{1-p}{N-1}$$

obtemos

$$\text{Var}(X) = np[(n-1)p - (n-1)\frac{1-p}{N-1} + 1 - np]$$

$$= np(1-p)(1 - \frac{n-1}{N-1})$$

∎

Observação: Mostramos no Exemplo 8j que se n bolas são selecionadas aleatoriamente e sem devolução de um conjunto de N bolas, das quais a fração p é branca, então o número esperado de bolas brancas escolhidas é np. Além disso, se N é grande em relação a n [de forma que $(N-n)/(N-1)$ seja aproximadamente igual a 1], então

$$\text{Var}(X) \approx np(1-p)$$

Em outras palavras, $E[X]$ é o mesmo quando a seleção das bolas é feita com devolução (de forma que o número de bolas brancas seja binomial com parâmetros n e p); e se o conjunto total de bolas for grande, então $\text{Var}(X)$ é aproximadamente igual ao valor que teria caso a seleção fosse feita sem devolução. Graças ao nosso resultado anterior que diz que quando o número de bolas em uma urna é grande, o número de bolas escolhidas tem aproximadamente a função de probabilidade de uma variável aleatória binomial, o resultado obtido é exatamente o que teríamos imaginado. ∎

4.8.4 A distribuição zeta (ou Zipf)

Uma variável aleatória tem uma distribuição zeta (às vezes chamada de Zipf) se sua função de probabilidade é dada por

$$P\{X = k\} = \frac{C}{k^{\alpha+1}} \quad k = 1, 2, \ldots$$

para algum valor de $\alpha > 0$. Como a soma das probabilidades anteriores deve ser igual a 1, tem-se que

$$C = \left[\sum_{k=1}^{\infty} \left(\frac{1}{k}\right)^{\alpha+1}\right]^{-1}$$

A distribuição zeta deve seu nome ao fato da função

$$\zeta(s) = 1 + \left(\frac{1}{2}\right)^s + \left(\frac{1}{3}\right)^s + \cdots + \left(\frac{1}{k}\right)^s + \cdots$$

ser conhecida em disciplinas da matemática como a função zeta de Riemann (em homenagem ao matemático alemão G. F. B. Riemann).

A distribuição zeta foi usada pelo economista italiano V. Pareto para descrever a distribuição dos rendimentos das famílias de um dado país. Entretanto, foi G. K. Zipf quem aplicou a distribuição zeta em uma ampla variedade de problemas em diferentes áreas e, ao fazer isso, popularizou o seu uso.

4.9 VALOR ESPERADO DE SOMAS DE VARIÁVEIS ALEATÓRIAS

Uma propriedade muito importante das esperanças é a de que o valor esperado de uma soma de variáveis aleatórias é igual à soma de suas esperanças. Nesta seção, vamos demonstrar esse resultado supondo que o conjunto de valores possíveis do experimento probabilístico – isto é, o espaço amostral S – seja finito ou contavelmente infinito. Embora o resultado seja verdadeiro independentemente dessa hipótese (e uma demonstração é esboçada nos exercícios teóricos), essa hipótese não somente simplifica o argumento mas também resulta em uma prova esclarecedora que agregará conhecimento à intuição que temos sobre as esperanças. Assim, no restante desta seção, suponha que o espaço amostral S seja um conjunto finito ou contavelmente infinito.

Para uma variável aleatória X, suponha que $X(s)$ represente o valor de X quando $s \in S$ é o resultado do experimento. Agora, se X e Y são ambas variáveis aleatórias, então sua soma também o é. Isto é, $Z = X + Y$ também é uma variável aleatória. Além disso, $Z(s) = X(s) + Y(s)$.

Exemplo 9a

Suponha que o experimento consista em jogar uma moeda 5 vezes, sendo o resultado a sequência obtida de caras e coroas. Suponha que X seja o número de caras que saem nas primeiras 3 jogadas e Y o número de caras que saem nas 2 últimas jogadas. Seja $Z = X + Y$. Então, por exemplo, para o resultado $s = (h, t, h, t, h)$ onde h é cara e t é coroa,

$$X(s) = 2$$
$$Y(s) = 1$$
$$Z(s) = X(s) + Y(s) = 3$$

o que significa que o resultado (h, t, h, t, h) resulta em 2 caras nas primeiras três jogadas, 1 cara nas últimas duas jogadas, e em um total de 3 caras nas cinco jogadas. ∎

Seja $p(s) = P(\{s\})$ a probabilidade de que s seja o resultado do experimento. Como podemos escrever qualquer evento A como a união finita ou contavelmente infinita dos eventos mutuamente exclusivos $\{s\}, s \in A$, tem-se pelos axiomas da probabilidade que

$$P(A) = \sum_{s \in A} p(s)$$

Quando $A = S$, a última equação resulta em

$$1 = \sum_{s \in S} p(s)$$

Agora, suponha que X seja uma variável aleatória e considere $E[X]$. Como $X(s)$ é o valor de X quando s é o resultado do experimento, parece intuitivo que $E[X]$ – a média ponderada dos valores possíveis de X, com cada valor sendo ponderado pela probabilidade de que X assuma aquele valor – deva ser igual à média ponderada dos valores $X(s), s \in S$, com $X(s)$ sendo ponderado pela probabilidade de que s seja o resultado do experimento. Demonstramos agora essa intuição.

Proposição 9.1

$$E[X] = \sum_{s \in S} X(s) p(s)$$

Demonstração Suponha que os valores distintos de X sejam $x_i, i \geq 1$. Para cada i, suponha que S_i seja o evento em que X é igual a x_i. Isto é, $S_i = \{s: X(s) = x_i\}$. Então,

$$\begin{aligned}
E[X] &= \sum_i x_i P\{X = x_i\} \\
&= \sum_i x_i P(S_i) \\
&= \sum_i x_i \sum_{s \in S_i} p(s) \\
&= \sum_i \sum_{s \in S_i} x_i p(s) \\
&= \sum_i \sum_{s \in S_i} X(s) p(s) \\
&= \sum_{s \in S} X(s) p(s)
\end{aligned}$$

onde se obtém a igualdade final porque $S_1, S_2,...$ são eventos mutuamente exclusivos cuja união é S. □

Exemplo 9b

Suponha que duas jogadas independentes de uma moeda que dá cara com probabilidade p sejam feitas, e suponha que X represente o número obtido de caras. Como

$$\begin{aligned}
P(X = 0) &= P(t,t) = (1 - p)^2, \\
P(X = 1) &= P(h,t) + P(t,h) = 2p(1 - p) \\
P(X = 2) &= P(h,h) = p^2
\end{aligned}$$

tem-se da definição do valor esperado que

$$E[X] = 0 \cdot (1-p)^2 + 1 \cdot 2p(1-p) + 2 \cdot p^2 = 2p$$

o que concorda com

$$E[X] = X(h,h)p^2 + X(h,t)p(1-p) + X(t,h)(1-p)p + X(t,t)(1-p)^2$$
$$= 2p^2 + p(1-p) + (1-p)p$$
$$= 2p \qquad \blacksquare$$

Demonstramos agora o útil e importante resultado de que o valor esperado de uma soma de variáveis aleatórias é igual à soma de suas esperanças.

Corolário 9.2 Para as variáveis aleatórias $X_1, X_2, ..., X_n$,

$$E\left[\sum_{i=1}^{n} X_i\right] = \sum_{i=1}^{n} E[X_i]$$

Demonstração Seja $Z = \sum_{i=1}^{n} X_i$. Então, pela Proposição 9.1,

$$E[Z] = \sum_{s \in S} Z(s)p(s)$$
$$= \sum_{s \in S} \left(X_1(s) + X_2(s) + ... + X_n(s)\right) p(s)$$
$$= \sum_{s \in S} X_1(s)p(s) + \sum_{s \in S} X_2(s)p(s) + ... + \sum_{s \in S} X_n(s)p(s)$$
$$= E[X_1] + E[X_2] + ... + E[X_n] \qquad \blacksquare$$

Exemplo 9c

Determine o valor esperado da soma obtida quando n dados honestos são rolados.

Solução Seja X a soma. Vamos computar $E[X]$ usando a representação

$$X = \sum_{i=1}^{n} X_i$$

onde X_i é o valor do dado i. Como X_i tem a mesma probabilidade de ser qualquer um dos valores de 1 a 6, obtém-se

$$E[X_i] = \sum_{i=1}^{6} i(1/6) = 21/6 = 7/2$$

o que leva ao resultado

$$E[X] = E\left[\sum_{i=1}^{n} X_i\right] = \sum_{i=1}^{n} E[X_i] = 3{,}5n$$

$\blacksquare$

Exemplo 9d

Determine o número esperado de sucessos que resultam de n tentativas quando a tentativa i tem probabilidade de sucesso p_i, $i = 1,...,n$.

Solução Fazendo

$$X_i = \begin{cases} 1, & \text{se a tentativa } i \text{ é um sucesso} \\ 0, & \text{se a tentativa } i \text{ é um insucesso} \end{cases}$$

temos a representação

$$X = \sum_{i=1}^{n} X_i$$

Consequentemente,

$$E[X] = \sum_{i=1}^{n} E[X_i] = \sum_{i=1}^{n} p_i$$

Observe que esse resultado não requer que as tentativas sejam independentes. Ele inclui como caso especial o valor esperado de uma variável aleatória binomial, que assume tentativas independentes e que todas as probabilidades p_i sejam iguais a p, tendo portanto média np. Ele também fornece o valor esperado de uma variável aleatória hipergeométrica que representa o número de bolas brancas selecionadas, sem devolução, de uma urna com N bolas das quais m são brancas. Podemos interpretar a variável aleatória hipergeométrica como se representasse o número de sucessos em n tentativas, onde a tentativa i é chamada de sucesso se a i-ésima bola selecionada é branca. Como a i-ésima bola selecionada pode, com mesma probabilidade, ser qualquer uma das N bolas, tendo portanto probabilidade m/N de ser branca, tem-se que a variável aleatória hipergeométrica corresponde ao número de sucessos em n tentativas nas quais cada tentativa tem probabilidade de sucesso $p = m/N$. Portanto, embora essas tentativas hipergeométricas sejam independentes, tem-se como resultado do Exemplo 9d que o valor esperado de uma variável aleatória hipergeométrica é $np = nm/N$. ■

Exemplo 9e

Deduza uma expressão para a variância do número de tentativas no Exemplo 9d que resultam em sucessos, e aplique-a para obter a variância de uma variável aleatória binomial com parâmetros n e p. Aplique-a também para obter a variância de uma variável aleatória hipergeométrica igual ao número de bolas brancas escolhidas quando n bolas são escolhidas aleatoriamente de uma urna contento N bolas das quais m são brancas.

Solução Supondo que X represente o número de tentativas bem-sucedidas e usando a mesma representação de X – isto é, $X = \sum_{i=1}^{n} X_i$ – que utilizamos no exemplo anterior, temos

$$E[X^2] = E\left[\left(\sum_{i=1}^{n} X_i\right)\left(\sum_{j=1}^{n} X_j\right)\right]$$

$$= E\left[\sum_{i=1}^{n} X_i \left(X_i + \sum_{j \neq i} X_j\right)\right]$$

$$= E\left[\sum_{i=1}^{n} X_i^2 + \sum_{i=1}^{n}\sum_{j \neq i} X_i X_j\right]$$

$$= \sum_{i=1}^{n} E[X_i^2] + \sum_{i=1}^{n}\sum_{j \neq i} E[X_i X_j]$$

$$= \sum_{i} p_i + \sum_{i=1}^{n}\sum_{j \neq i} E[X_i X_j] \qquad (9.1)$$

onde a equação final usou a igualdade $X_i^2 = X_i$. Entretanto, como os valores possíveis de X_i e X_j são iguais a 0 ou 1, tem-se que

$$X_i X_j = \begin{cases} 1, & \text{se } X_i = 1, X_j = 1 \\ 0, & \text{caso contrário} \end{cases}$$

Portanto,

$$E[X_i X_j] = P\{X_i = 1, X_j = 1\} = P(\text{tentativas } i \text{ e } j \text{ sejam sucessos})$$

Agora, por um lado, se X é binomial, então, para $i \neq j$, os resultados da tentativas i e j são independentes, com cada uma tendo probabilidade de sucesso p. Portanto,

$$E[X_i X_j] = p^2, i \neq j$$

Juntamente com a Equação (9.1), a equação anterior mostra, para uma variável aleatória binomial X,

$$E[X^2] = np + n(n-1)p^2$$

implicando que

$$\text{Var}(X) = E[X^2] - (E[X])^2 = np + n(n-1)p^2 - n^2p^2 = np(1-p)$$

Por outro lado, se a variável aleatória X é hipergeométrica, então, dado que uma bola branca seja escolhida na tentativa i, cada uma das outras $N-1$ bolas, das quais $m-1$ são brancas, têm a mesma probabilidade de ser a j-ésima bola escolhida, para $j \neq i$. Consequentemente, para $j \neq i$,

$$P\{X_i = 1, X_j = 1\} = P\{X_i = 1\}P\{X_j = 1 | X_i = 1\} = \frac{m}{N}\frac{m-1}{N-1}$$

Usando $p_i = m/N$, obtemos agora, da Equação (9.1),

$$E[X^2] = \frac{nm}{N} + n(n-1)\frac{m}{N}\frac{m-1}{N-1}$$

Consequentemente,

$$\mathrm{Var}(X) = \frac{nm}{N} + n(n-1)\frac{m}{N}\frac{m-1}{N-1} - \left(\frac{nm}{N}\right)^2$$

o que, conforme mostrado no Exemplo 8j, pode ser simplificado para

$$\mathrm{Var}(X) = np(1-p)\left(1 - \frac{n-1}{N-1}\right)$$

onde $p = m/N$. ∎

4.10 PROPRIEDADES DA FUNÇÃO DISTRIBUIÇÃO CUMULATIVA

Lembre que, para a função distribuição F de X, $F(b)$ representa a probabilidade de que a variável aleatória X assuma um valor menor ou igual a b. A seguir temos algumas propriedades da função distribuição cumulativa (f.d.c.) F:

1. F é uma função não decrescente; isto é, se $a < b$, então $F(a) \leq F(b)$.
2. $\lim_{b \to \infty} F(b) = 1$
3. $\lim_{b \to -\infty} F(b) = 0$
4. F é contínua à direita. Isto é, para qualquer b e qualquer sequência decrescente $b_n, n \geq 1$, que convirja para b, $\lim_{n \to \infty} F(b_n) = F(b)$.

Obtém-se a Propriedade 1 porque, conforme notado na Seção 4.1, para $a < b$, o evento $\{X \leq a\}$ está contido no evento $\{X \leq b\}$ e portanto não pode ter uma probabilidade maior. As propriedades 2, 3 e 4 resultam da propriedade da continuidade de probabilidades (Seção 2.6). Por exemplo, para provar a propriedade 2, observamos que se b_n tende a ∞, então os eventos $\{X \leq b_n\}, n \geq 1$, são eventos crescentes cuja união é o evento $\{X < \infty\}$. Portanto, pela propriedade da continuidade de probabilidades,

$$\lim_{n \to \infty} P\{X \leq b_n\} = P\{X < \infty\} = 1$$

o que prova a propriedade 2.

A prova da propriedade 3 é similar e por isso é deixada como exercício. Para provar a propriedade 4, observamos que se b_n decresce em direção a b, então $\{X \leq b_n\}, n \geq 1$, são eventos decrescentes cuja interseção é $\{X \leq b\}$. A propriedade da continuidade então determina que

$$\lim_n P\{X \leq b_n\} = P\{X \leq b\}$$

o que verifica a propriedade 4.

Tudo o que se deseja saber a respeito de X pode ser obtido a partir de sua função distribuição cumulativa, F. Por exemplo,

$$P\{a < X \leq b\} = F(b) - F(a) \text{ para todo } a < b \tag{8.1}$$

A validade desta equação pode ser vista com mais clareza se escrevermos o evento $\{X \leq b\}$ como sendo a união dos eventos mutuamente exclusivos $\{X \leq a\}$ e $\{a < X \leq b\}$. Isto é,

$$\{X \leq b\} = \{X \leq a\} \cup \{a < X \leq b\}$$

então

$$P\{X \leq b\} = P\{X \leq a\} + P\{a < X \leq b\}$$

o que estabelece a Equação (9.1).

Se quisermos calcular a probabilidade de que X seja estritamente menor que b, podemos novamente aplicar a propriedade da continuidade para obter

$$P\{X < b\} = P\left(\lim_{n\to\infty}\left\{X \leq b - \frac{1}{n}\right\}\right)$$

$$= \lim_{n\to\infty} P\left(X \leq b - \frac{1}{n}\right)$$

$$= \lim_{n\to\infty} F\left(b - \frac{1}{n}\right)$$

Note que $P\{X < b\}$ não é necessariamente igual a $F(b)$, já que $F(b)$ também inclui a probabilidade de que X seja igual a b.

Exemplo 10a

A função distribuição da variável aleatória X é dada por

$$F(x) = \begin{cases} 0 & x < 0 \\ \dfrac{x}{2} & 0 \leq x < 1 \\ \dfrac{2}{3} & 1 \leq x < 2 \\ \dfrac{11}{12} & 2 \leq x < 3 \\ 1 & 3 \leq x \end{cases}$$

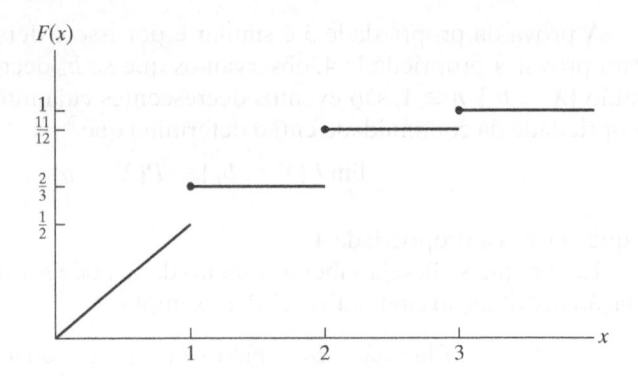

Figura 4.8 Gráfico de F(x).

Um gráfico de $F(x)$ é apresentado na Figura 4.8. Calcule (a) $P\{X < 3\}$, (b) $P\{X = 1\}$, (c) $P\{X > \frac{1}{2}\}$ e (d) $P\{2 < X \leq 4\}$.

Solução (a) $P\{X < 3\} = \lim_n P\left\{X \leq 3 - \frac{1}{n}\right\} = \lim_n F\left(3 - \frac{1}{n}\right) = \frac{11}{12}$

(b)
$$P\{X = 1\} = P\{X \leq 1\} - P\{X < 1\}$$
$$= F(1) - \lim_n F\left(1 - \frac{1}{n}\right) = \frac{2}{3} - \frac{1}{2} = \frac{1}{6}$$

(c)
$$P\left\{X > \frac{1}{2}\right\} = 1 - P\left\{X \leq \frac{1}{2}\right\}$$
$$= 1 - F\left(\frac{1}{2}\right) = \frac{3}{4}$$

(d)
$$P\{2 < X \leq 4\} = F(4) - F(2)$$
$$= \frac{1}{12}$$

RESUMO

Uma função real definida a partir do resultado de um experimento probabilístico é chamada de *variável aleatória*.

Se X é uma variável aleatória, então a função $F(x)$ definida como

$$F(x) = P\{X \leq x\}$$

é chamada de *função distribuição* de X. Todas as probabilidades relacionadas a X podem ser escritas em termos de F.

Uma variável aleatória cujo conjunto de valores possíveis é finito ou contavelmente finito é chamada de *discreta*. Se X é uma variável aleatória discreta, então a função

$$p(x) = P\{X = x\}$$

é chamada de *função discreta de probabilidade* (ou simplesmente *função de probabilidade*) de X. Além disso, a grandeza $E[X]$ definida como

$$E[X] = \sum_{x:p(x)>0} xp(x)$$

é chamada de *valor esperado* de X. $E[X]$ é comumente chamada de *média* ou *esperança* de X.

Uma útil identidade mostra que, para uma função g,

$$E[g(X)] = \sum_{x:p(x)>0} g(x)p(x)$$

A *variância* de uma variável aleatória X, escrita $\text{Var}(X)$, é definida por

$$\text{Var}(X) = E[(X - E[X])^2]$$

A variância, que é igual ao valor esperado do quadrado da diferença entre X e seu valor esperado, é uma medida da dispersão dos possíveis valores de X. Uma identidade útil é a seguinte

$$\text{Var}(X) = E[X^2] - (E[X])^2$$

A grandeza $\sqrt{\text{Var}(X)}$ é chamada de *desvio padrão* de X.

Agora discutimos alguns tipos comuns de variáveis aleatórias discretas. A variável aleatória cuja função de probabilidade é dada por

$$p(i) = \binom{n}{i} p^i (1-p)^{n-i} \quad i = 0, \ldots, n$$

é chamada de variável aleatória binomial com parâmetros n e p. Tal variável aleatória pode ser interpretada como sendo o número de sucessos que ocorrem quando n tentativas independentes, cada uma das quais com probabilidade de sucesso p, são realizadas. Sua média e variância são dadas por

$$E[X] = np \quad \text{Var}(X) = np(1-p)$$

A variável aleatória X cuja função de probabilidade é dada por

$$p(i) = \frac{e^{-\lambda}\lambda^i}{i!} \quad i \geq 0$$

é chamada de variável aleatória de Poisson com parâmetro λ. Se um grande número de tentativas independentes (ou aproximadamente independentes) são realizadas, cada uma com pequena probabilidade de sucesso, então o número de tentativas bem-sucedidas que se tem como resultado tem uma distribuição que é aproximadamente igual àquela de uma variável aleatória de Poisson. A média e a variância de uma variável aleatória de Poisson são ambas iguais ao parâmetro λ. Isto é,

$$E[X] = \text{Var}(X) = \lambda$$

A variável aleatória X cuja função de probabilidade é dada por

$$p(i) = p(1-p)^{i-1} \quad i = 1, 2, \ldots$$

é chamada de variável aleatória *geométrica* com parâmetro p. Tal variável aleatória representa o número da tentativa que levou ao primeiro sucesso quando cada tentativa tem probabilidade de sucesso p e é independente. Sua média e variância são dadas por

$$E[X] = \frac{1}{p} \quad \text{Var}(X) = \frac{1-p}{p^2}$$

A variável aleatória X cuja função de probabilidade é dada por

$$p(i) = \binom{i-1}{r-1} p^r (1-p)^{i-r} \quad i \geq r$$

é chamada de variável aleatória *binomial negativa* com parâmetros r e p. Essa variável aleatória representa o número da tentativa do i-ésimo sucesso quando cada tentativa tem probabilidade de sucesso p e é independente. Sua média e variância são dadas por

$$E[X] = \frac{r}{p} \quad \text{Var}(X) = \frac{r(1-p)}{p^2}$$

Uma variável aleatória *hipergeométrica* X com parâmetros n, N e m representa o número de bolas brancas selecionadas quando n bolas são escolhidas aleatoriamente de uma urna que contém N bolas das quais m são brancas. A função de probabilidade dessa variável aleatória é dada por

$$p(i) = \frac{\binom{m}{i}\binom{N-m}{n-i}}{\binom{N}{n}} \quad i = 0, \ldots, m$$

Com $p = m/N$, sua média e variância são

$$E[X] = np \quad \text{Var}(X) = \frac{N-n}{N-1} np(1-p)$$

Uma propriedade importante do valor esperado é a de que o valor esperado de uma soma de variáveis aleatórias é igual à soma de seus respectivos valores esperados. Isto é,

$$E\left[\sum_{i=1}^{n} X_i\right] = \sum_{i=1}^{n} E[X_i]$$

PROBLEMAS

4.1 Duas bolas são escolhidas aleatoriamente de uma urna que contém 8 bolas brancas, 4 pretas e 2 laranjas. Suponha que ganhemos R$2,00 para cada bola preta selecionada e percamos R$1,00 para cada bola branca selecionada. Suponha que X represente nossas vitórias. Qual são os valores possíveis de X e quais são as probabilidades associadas a cada valor?

4.2 Dois dados honestos são rolados. Seja X igual ao produto dos dois dados. Calcule $P\{X = i\}$ para $i = 1,..., 36$.

4.3 Três dados são rolados. Supondo que cada um dos $6^3 = 216$ resultados possíveis seja igualmente provável, determine as probabilidades associadas aos valores possíveis que X pode assumir, onde X é a soma dos 3 dados.

4.4 Cinco homens e 5 mulheres são classificados de acordo com suas notas em uma prova. Suponha que não existam notas iguais e que todas as 10! classificações possíveis sejam igualmente prováveis. Faça X representar a melhor classificação obtida por uma mulher (por exemplo, $X = 1$ se a pessoa mais bem classificada for uma mulher). Determine $P\{X = i\}, i = 1, 2, 3,..., 8, 9, 10$.

4.5 Suponha que X represente a diferença entre o número de caras e coroas obtido quando uma moeda é jogada n vezes. Quais são os possíveis valores de X?

4.6 No Problema 4.5, para $n = 3$, se a moeda é honesta, quais são as probabilidades associadas aos valores que X pode assumir?

4.7 Suponha que um dado seja rolado duas vezes. Quais são os possíveis valores que as seguintes variáveis aleatórias podem assumir?:
(a) o máximo valor que aparece nas duas vezes que o dado é jogado.
(b) o mínimo valor que aparece nas duas vezes que o dado é jogado.
(c) a soma das duas jogadas.
(d) o valor da primeira jogada menos o valor da segunda jogada.

4.8 Se o dado do Problema 4.7 é honesto, calcule as probabilidades associadas às variáveis aleatórias nas letras (a) a (d).

4.9 Repita o Exemplo 1b quando as bolas são selecionadas com devolução.

4.10 No Exemplo 1d, calcule a probabilidade condicional de que ganhemos i reais, dado que ganhemos algo; calcule-a para $i = 1, 2, 3$.

4.11 (a) Um inteiro N é selecionado aleatoriamente de $\{1, 2,..., (10)^3\}$, onde cada um dos números tem a mesma probabilidade de ser selecionado. Qual é a probabilidade de que N seja divisível por 3? por 5? por 7? por 15? por 105? Como sua resposta mudaria se $(10)^3$ fosse trocado por $(10)^k$ à medida que k se tornasse cada vez maior?

(b) Uma importante função na teoria dos números – cujas propriedades estão relacionadas àquele que é considerado um dos mais importantes problemas não resolvidos da matemática, a hipótese de Riemann – é a função Möbius $\mu(n)$, definida para todos os valores n inteiros positivos da forma a seguir: fatore n em seus fatores primos. Se houver um fator primo repetido, como em $12 = 2 \cdot 2 \cdot 3$ ou $49 = 7 \cdot 7$, então $\mu(n)$ é igual a 0, por definição. Considere que N seja agora escolhido aleatoriamente a partir de $\{1, 2,... (10)^k\}$, onde k é grande. Determine $P\{\mu(N) = 0\}$ à medida que $k \to \infty$.

Dica: Para calcular $P\{\mu(N) \neq 0\}$, use a identidade

$$\prod_{i=1}^{\infty} \frac{P_i^2 - 1}{P_i^2} = \left(\frac{3}{4}\right)\left(\frac{8}{9}\right)\left(\frac{24}{25}\right)\left(\frac{48}{49}\right) \cdots = \frac{6}{\pi^2}$$

onde P_i é o i-ésimo menor fator primo. (O número 1 não é um fator primo.)

4.12 No jogo de Morra Dois Dedos, 2 jogadores mostram 1 ou 2 dedos e dizem simultaneamente o número de dedos que o seu oponente irá mostrar. Se apenas um dos jogadores acertar, ele recebe uma quantidade (em reais) igual à soma dos dedos mostrados por ele e por seu oponente. Se ambos os jogadores acertarem ou se ambos errarem, então ninguém ganha nada. Considere um jogador específico e chame de X a quantidade de di-

nheiro que ele ganha em um único jogo de Morra Dois Dedos.
(a) Se cada jogador age independentemente do outro, e se cada um deles faz a escolha do número de dedos que ele e seu oponente vão mostrar de forma tal que cada uma das possibilidades seja igualmente provável, quais são os valores possíveis de X e quais são as suas probabilidades associadas?
(b) Suponha que cada jogador aja independentemente do outro. Se cada um dos jogadores decide mostrar o mesmo número de dedos que ele imagina que seu oponente irá mostrar, e se cada jogador tem a mesma probabilidade de mostrar 1 ou 2 dedos, quais são os valores possíveis de X e suas probabilidades associadas?

4.13 Um vendedor agendou duas visitas para vender enciclopédias. Sua primeira visita resultará em venda com probabilidade de 0,3, e sua segunda visita resultará em venda com probabilidade de 0,6, sendo ambas as probabilidades de venda independentes. Qualquer venda realizada tem a mesma probabilidade de ser do modelo luxo, que custa R$ 1000,00, ou do modelo padrão, que custa R$ 500,00. Determine a função de probabilidade de X, o valor total das vendas em reais.

4.14 Cinco números distintos são aleatoriamente distribuídos entre jogadores numerados de 1 a 5. Sempre que dois jogadores comparam os seus números, aquele com o maior número é declarado vencedor. Inicialmente, os jogadores 1 e 2 comparam os seus números. O vencedor então compara o seu número com aquele do jogador 3, e assim por diante. Suponha que X represente o número de vezes em que o jogador 1 é o vencedor. Determine $P\{X = i\}, i = 0, 1, 2, 3, 4$.

4.15 A loteria de novatos da Associação Nacional de Basquete (NBA) envolve os 11 times que tiveram a pior campanha durante o ano. Um total de 66 bolas é colocado em uma urna. Cada uma dessas bolas tem estampado o nome de um time: 11 tem o nome do time com a pior campanha, 10 tem o nome do time com a segunda pior campanha, 9 tem o nome do time com a terceira pior campanha, e assim por diante (com a bola 1 tendo o nome do time que teve a décima primeira pior campanha). Uma bola é sorteada e o time que tiver o seu nome estampado nesta bola tem a chance de fazer a primeira escolha dentre um grupo de jogadores novatos que vão fazer a sua estreia na liga. Outra bola é então sorteada, e se ela "pertencer" a um time diferente daquele que recebeu a chance da primeira escolha, então o time à qual ela pertence tem a chance de fazer a segunda escolha dentre os jogadores novatos (se a bola pertencer ao time que recebeu a chance da primeira escolha, ela é então descartada e outra bola é escolhida; isso continua até que bola de um time diferente seja escolhida). Finalmente, mais uma bola é escolhida, e o time com o nome estampado nessa bola (desde que este seja diferente dos dois primeiros times) recebe a chance de fazer a terceira escolha. As escolhas 4 a 11 remanescentes são então dadas como prêmio para os 8 times que "não ganharam na loteria" em ordem inversa à de suas campanhas. Por exemplo, se o time com a pior campanha não recebeu a chance de fazer qualquer uma das 3 escolhas, então esse time recebe a quarta escolha. Se X representar a chance de escolha do time com a pior campanha, determine a função de probabilidade de X.

4.16 No Problema 4.15, chame de time 1 o time com a pior campanha, time 2 aquele com a segunda pior campanha, e assim por diante. Suponha que Y_i represente o time que tenha a i-ésima chance de escolher um novato (assim, $Y_1 = 3$ se a primeira bola sorteada pertencer ao número 3). Determine a função de probabilidade de
(a) Y_1, (b) Y_2 e (c) Y_3.

4.17 Suponha que a função distribuição de X seja dada por

$$F(b) = \begin{cases} 0 & b < 0 \\ \dfrac{b}{4} & 0 \leq b < 1 \\ \dfrac{1}{2} + \dfrac{b-1}{4} & 1 \leq b < 2 \\ \dfrac{11}{12} & 2 \leq b < 3 \\ 1 & 3 \leq b \end{cases}$$

(a) Determine $P\{X = i\}, i = 1, 2, 3$.
(b) Determine $P\{\frac{1}{2} < X < \frac{3}{2}\}$.

4.18 Quatro jogadas independentes de uma moeda honesta são feitas. Seja X o número obtido de caras. Esboce a função de probabilidade da variável aleatória $X - 2$.

4.19 Se a função distribuição de X é dada por

$$F(b) = \begin{cases} 0 & b < 0 \\ \frac{1}{2} & 0 \leq b < 1 \\ \frac{3}{5} & 1 \leq b < 2 \\ \frac{4}{5} & 2 \leq b < 3 \\ \frac{9}{10} & 3 \leq b < 3,5 \\ 1 & b \geq 3,5 \end{cases}$$

calcule a função de probabilidade de X.

4.20 Um livro de jogos de azar recomenda a seguinte "estratégia de vitória" para o jogo de roleta: aposte R$ 1,00 no vermelho. Se der vermelho (o que tem probabilidade de $\frac{18}{38}$ de ocorrer), pegue o lucro de R$1,00 e desista. Se o vermelho não aparecer e você perder a aposta (o que tem probabilidade de $\frac{20}{38}$ de ocorrer), faça apostas adicionais de R$ 1,00 no vermelho em cada um dos próximos dois giros da roleta e então desista. Se X representa seu lucro quando você sair da mesa,
(a) determine $P\{X > 0\}$
(b) você está convencido de que a estratégia é de fato uma "estratégia de vitória"? Explique a sua resposta.
(c) calcule $E[X]$.

4.21 Quatro ônibus levando 148 estudantes da mesma escola chegam a um estádio de futebol. Os ônibus levam, respectivamente, 40, 33, 25 e 50 estudantes. Um dos estudantes é selecionado aleatoriamente. Suponha que X represente o número de estudantes que estavam no ônibus que levava o estudante selecionado. Um dos 4 motoristas dos ônibus também é selecionado aleatoriamente. Seja Y o número de estudantes no ônibus do motorista selecionado.
(a) Qual valor esperado você pensa ser maior, $E[X]$ ou $E[Y]$?
(b) Calcule $E[X]$ e $E[Y]$.

4.22 Suponha que dois times joguem uma série de partidas que termina quando um deles tiver ganhado i partidas. Suponha que cada partida jogada seja, independentemente, vencida pelo time A com probabilidade p. Determine o número esperado de partidas jogadas quando (a) $i = 2$ e (b) $i = 3$. Também, mostre em ambos os casos que este número é maximizado quando $p = \frac{1}{2}$.

4.23 Você tem R$1000,00, e certa mercadoria é vendida atualmente por R$2,00 o quilo. Suponha que uma semana depois a mercadoria passe a ser vendida por R$1,00 ou R$4,00 o quilo, com essas duas possibilidades sendo igualmente prováveis.
(a) Se o seu objetivo é maximizar a quantidade esperada de dinheiro que você possuirá no final da semana, que estratégia você deve empregar?
(b) Se o seu objetivo é maximizar a quantidade esperada de mercadoria que você possuirá no final da semana, que estratégia você deve empregar?

4.24 A e B jogam o seguinte jogo: A escreve o número 1 ou o número 2, e B deve adivinhar que número foi escrito. Se o número que A escreveu é i e B o adivinha, B recebe i unidades de A. Se B erra sua tentativa, B paga 3/4 de unidade a A. Se B torna a sua escolha aleatória arriscando 1 com probabilidade p e 2 com probabilidade $1 - p$, determine seu ganho esperado se (a) A escreveu o número 1 e (b) se A escreveu o número 2.

Que valor de p maximiza o valor mínimo possível do ganho esperado de B, e qual é este valor? (Observe que o valor esperado do ganho de B não depende somente de p, mas também do que faz A.)

Considere agora o jogador A. Suponha que ele também torne a sua decisão aleatória, escrevendo o número 1 com probabilidade q. Qual é a perda esperada de A se (c) B escolher o número 1 e (d) B escolher o número 2?

Que valor de q minimiza a máxima perda esperada de A? Mostre que o mínimo da perda máxima esperada de A é igual ao máximo do mínimo ganho esperado de B. Este resultado, conhecido como o Teorema Minimax, foi estabelecido pelo matemático John von Neumann e é o resultado fundamental da disciplina da matemática conhecida como teoria dos jogos. O valor comum é chamado de valor do jogo para o jogador B.

4.25 Jogam-se duas moedas. A primeira moeda dá cara com probabilidade 0,6, e a segunda, com probabilidade 0,7. Suponha que os resultados das jogadas sejam independentes e que X seja igual ao número total de caras que saem.
   (a) Determine $P\{X = 1\}$.
   (b) Determine $E[X]$.

4.26 Escolhe-se aleatoriamente um número de 1 a 10. Você deve adivinhar que número foi escolhido perguntado questões com respostas do tipo "sim ou não". Calcule o número esperado de perguntas que você precisará perguntar em cada um dos casos a seguir:
   (a) Sua i-ésima questão é do tipo "Foi o número i que saiu?", com $i = 1, 2, 3, 4, 5, 6, 7, 8, 9, 10$.
   (b) Com cada pergunta você tenta eliminar metade dos números restantes, na medida do possível.

4.27 Uma companhia de seguros vende uma apólice dizendo que uma quantidade A de dinheiro deve ser paga se algum evento E ocorrer em um ano. Se a companhia estima que E tem probabilidade p de ocorrer em um ano, que preço deve o cliente pagar pela apólice se o lucro esperado pela companhia é de 10%?

4.28 Uma amostra de 3 itens é selecionada aleatoriamente de uma caixa contendo 20 itens, dos quais 4 são defeituosos. Determine o número esperado de itens defeituosos na amostra.

4.29 Existem duas causas possíveis para a quebra de certa máquina. Verificar a primeira possibilidade custa C_1 reais, e, se aquela tiver sido de fato a causa da quebra, o problema pode ser reparado ao custo de R_1 reais. Similarmente, existem os custos C_2 e R_2 associados à segunda possibilidade. Suponha que p e $1 - p$ representem, respectivamente, as probabilidades de que a quebra seja causada pela primeira e pela segunda possibilidades. Em quais condições de p, C_i, e R_i, $i = 1, 2$, devemos verificar inicialmente a primeira causa possível de defeito e depois a segunda, em vez de inverter a ordem de verificação, de forma a minimizarmos o custo envolvido na manutenção da máquina?
Nota: Se a primeira verificação for negativa, devemos ainda assim verificar a segunda possibilidade.

4.30 Uma pessoa joga uma moeda honesta até que dê coroa pela primeira vez. Se a coroa aparece na n-ésima jogada, a pessoa ganha 2^n reais. Seja X o número de vitórias do jogador. Mostre que $E[X] = +\infty$. Este problema é conhecido como o paradoxo de São Petesburgo.
   (a) Você pagaria R$ 1 milhão para jogar este jogo uma única vez?
   (b) Você pagaria R$ 1 milhão por cada jogo caso você pudesse jogar o tanto de partidas que quisesse e tivesse que pagar somente depois que parasse de jogar?

4.31 A cada noite diferentes meteorologistas nos dão a probabilidade de chuva no dia seguinte. Para julgar quão boa é a previsão do tempo feita por essas pessoas, vamos classificá-las da forma a seguir: se um meteorologista diz que choverá com probabilidade p, então ele ou ela receberá uma nota de

$$1 - (1 - p)^2 \text{ se chover}$$
$$1 - p^2 \text{ se não chover}$$

Vamos então anotar as notas ao longo de um determinado período de tempo e concluir que o meteorologista com a maior nota média é aquele que melhor prevê o tempo. Suponha agora que certo meteorologista esteja ciente de nosso mecanismo de notas e queira maximizar sua nota esperada. Se essa pessoa acredita verdadeiramente que choverá amanhã com probabilidade p^*, que valor de p ele ou ela deve declarar de forma a maximizar a nota esperada?

4.32 Cem pessoas terão seu sangue examinado para determinar se possuem ou não determinada doença. Entretanto, em vez de testar cada indivíduo separadamente, decidiu-se primeiro colocar as pessoas em grupos de 10. As amostras de sangue das

10 pessoas de cada grupo serão analisadas em conjunto. Se o teste der negativo, apenas um teste será suficiente para as 10 pessoas. Por outro lado, se o teste der positivo, cada uma das demais pessoas também será examinada e, no total, 11 testes serão feitos no grupo em questão. Suponha que a probabilidade de se ter a doença seja de 0,1 para qualquer pessoa, de forma independente, e calcule o número esperado de testes necessários para cada grupo (observe que supomos que o teste conjunto dará positivo se pelo menos uma pessoa no conjunto tiver a doença).

4.33 Um jornaleiro compra jornais por 10 centavos e vende-os por 15 centavos. Entretanto, ele não pode retornar os jornais que não tiver vendido. Se sua demanda diária for uma variável aleatória binomial com $n = 10$, $p = 1/3$, aproximadamente quantos jornais ele deve comprar de forma a maximizar o seu lucro esperado?

4.34 No Exemplo 4b, suponha que a loja de departamentos embuta um custo adicional c por cada unidade de demanda não atingida (esse tipo de custo é frequentemente chamado de custo *goodwill* porque a loja perde a boa vontade dos consumidores cuja demanda ela não foi capaz de suprir). Calcule o lucro esperado quando a loja armazena s unidades, e determine o valor de s que maximiza o lucro esperado.

4.35 Uma caixa contém 5 bolas de gude vermelhas e 5 azuis. Duas bolas de gude são retiradas aleatoriamente. Se elas tiverem a mesma cor, você ganha R$1,10; se elas tiverem cores diferentes, você ganha −R$1,00 (isto é, você perde R$1,00). Calcule
(a) o valor esperado da quantia que você ganha;
(b) a variância da quantia que você ganha.

4.36 Considere o Problema 4.22 com $i = 2$. Determine a variância do número de partidas jogadas e mostre que este número é maximizado quando $p = \frac{1}{2}$.

4.37 Determine Var(X) e Var(Y) para X e Y dados no Problema 21.

4.38 Se $E[X] = 1$ e Var(X) = 5, determine
(a) $E[(2 + X^2)]$
(b) Var($4 + 3X$).

4.39 Uma bola é sorteada de uma urna que contém 3 bolas brancas e 3 bolas pretas. Após o seu sorteio, ela é recolocada na urna e então outra bola é sorteada. Esse processo segue indefinidamente. Qual é a probabilidade de que, das primeiras 4 bolas sorteadas, exatamente 2 sejam brancas?

4.40 Em um teste de múltipla escolha com 3 respostas possíveis para cada uma das 5 questões, qual é a probabilidade de que um estudante acerte 4 questões ou mais apenas chutando?

4.41 Um homem diz ter percepção extrassensorial. Como um teste, uma moeda honesta é jogada 10 vezes e pede-se ao homem que preveja o resultado. Ele acerta 7 vezes em 10. Qual é a probabilidade de que ele consiga o mesmo índice de acertos mesmo não tendo percepção extrassensorial?

4.42 Suponha que, durante o voo, de forma independente, os motores de um avião tenham probabilidade $1-p$ de falharem. Se um avião precisa da maioria de seus motores operando para completar um voo de forma bem-sucedida, para que valores de p um avião com 5 motores é preferível em relação ao um avião de 3 motores?

4.43 Um canal de comunicações transmite os algarismos 0 e 1. Entretanto, devido à interferência estática, um algarismo transmitido tem probabilidade 0,2 de ser incorretamente recebido. Suponha que queiramos transmitir uma mensagem importante formada por um único algarismo binário. Para reduzir as chances de erro, transmitimos 00000 em vez de 0 e 11111 em vez de 1. Se o receptor da mensagem usa um decodificador de "maioria", qual é a probabilidade de que a mensagem não esteja correta quando decodificada?

4.44 Um sistema de satélite é formado por n componentes e funciona em qualquer dia se pelo menos k dos n componentes funcionarem naquele dia. Em um dia chuvoso, cada um dos componentes funciona independentemente com probabilidade p_1, enquanto em um dia seco eles funcionam com probabilidade p_2. Se a probabilidade de chuva para amanhã é igual a α, qual é a probabilidade de que o sistema de satélite funcione?

4.45 Um estudante se prepara para fazer uma importante prova oral e está preocupado com a possibilidade de estar em um dia "bom" ou em um dia "ruim". Ele pensa que se estiver em um dia bom, então cada um de seus examinadores irá aprová-lo, independentemente uns dos outros, com probabilidade 0,8. Por outro lado, se estiver em um dia ruim, essa probabilidade cairá para 0,4. Suponha que o estudante seja aprovado caso a maioria dos examinadores o aprove. Se o estudante pensa que tem duas vezes mais chance de estar em um dia ruim do que em um dia bom, é melhor que ele faça a prova com 3 ou 5 examinadores?

4.46 Suponha que sejam necessários pelo menos 9 votos de um júri formado por 12 jurados para que um réu seja condenado. Suponha também que a probabilidade de que um jurado vote na inocência de uma pessoa culpada seja de 0,2, enquanto a probabilidade de que o jurado vote na culpa de uma pessoa inocente seja de 0,1. Se cada jurado age independentemente e se 65% dos réus são culpados, determine a probabilidade de que o júri chegue à conclusão correta. Que percentual de réus é condenado?

4.47 Em algumas cortes militares, 9 juízes são nomeados. Entretanto, tanto os advogados de acusação quanto os de defesa têm o direito de contestar qualquer juiz, e nesse caso o juiz contestado é removido do caso sem ser substituído. Um réu é declarado culpado se a maioria dos juízes o considerar culpado. Do contrário, ele ou ela é declarado inocente. Suponha que quando o réu for de fato culpado, cada juiz irá (independentemente) condená-lo com probabilidade 0,7. Se em vez disso o réu for de fato inocente, essa probabilidade cai para 0,3.
   (a) Qual é a probabilidade de que um réu de fato culpado seja declarado culpado quando há (i) 9, (ii) 8, (iii) 7 juízes?
   (b) Repita a letra (a) para um réu inocente.
   (c) Se o advogado de acusação não exercer o seu direito de contestar um juiz, e se a defesa tem direito a um máximo de duas contestações, quantas contestações deve fazer o advogado de defesa se ele ou ela tiver 60% de certeza de que o cliente é culpado?

4.48 Sabe-se que os disquetes produzidos por certa companhia têm probabilidade de defeito igual a 0,01, independentemente uns do outros. A companhia vende os disquetes em embalagens com 10 e oferece uma garantia de devolução se mais que 1 disquete em uma embalagem com 10 disquetes apresentar defeito. Se alguém compra 3 embalagens, qual é a probabilidade de que ele ou ela devolva exatamente 1 delas?

4.49 A moeda 1 dá cara com probabilidade 0,4; a moeda 2 tem probabilidade 0,7 de dar cara. Uma dessas moedas é escolhida aleatoriamente e jogada 10 vezes.
   (a) Qual é a probabilidade de que a moeda dê cara em exatamente 7 das 10 jogadas?
   (b) Dado que a primeira dessas 10 jogadas dê cara, qual é a probabilidade condicional de que exatamente 7 das 10 jogadas deem cara?

4.50 Suponha que uma moeda viciada que dê cara com probabilidade p seja jogada 10 vezes. Dado que um total de 6 caras tenha saído, determine a probabilidade condicional de que os 3 primeiros resultados sejam
   (a) h, t, t (significando que o primeiro resultado tenha sido cara, o segundo coroa, e o terceiro coroa)
   (b) t, h, t.

4.51 O número esperado de erros tipográficos em uma página de certa revista é igual a 0,2. Qual é a probabilidade de que a próxima página que você leia contenha (a) 0 e (b) 2 ou mais erros tipográficos? Explique o seu raciocínio!

4.52 O número médio mensal de acidentes aéreos envolvendo aviões comerciais em todo o mundo é igual a 3,5. Qual é a probabilidade de que
   (a) ocorram pelo menos 2 acidentes desse tipo no próximo mês?
   (b) ocorra no máximo 1 acidente no próximo mês?
   Explique o seu raciocínio!

4.53 Aproximadamente 80.000 casamentos foram celebrados no estado de Nova York

no ano passado. Estime a probabilidade de que, em pelo menos um desses casais,
(a) ambos os parceiros tenham nascido no dia 30 de abril?
(b) ambos os parceiros celebrem seu aniversário no mesmo dia do ano?
Explique suas hipóteses!

4.54 Suponha que o número médio de carros abandonados semanalmente em certa autoestrada seja igual a 2,2. Obtenha uma aproximação para a probabilidade de que
(a) nenhum carro seja abandonado na semana que vem.
(b) pelo menos 2 carros sejam abandonados na semana que vem.

4.55 Certa agência de digitação emprega dois digitadores. O número médio de erros por artigo é de 3 quando este é digitado pelo primeiro digitador e 4,2 quando digitado pelo segundo. Se o seu artigo tem a mesma probabilidade de ser digitado por qualquer um dos digitadores, obtenha uma aproximação para a probabilidade de que ele não tenha erros.

4.56 Quantas pessoas são necessárias para que a probabilidade de que pelo menos uma delas faça aniversário no mesmo dia que você seja maior que $\frac{1}{2}$?

4.57 Suponha que o número de acidentes que ocorrem em uma autoestrada em cada dia seja uma variável aleatória de Poisson com parâmetro $\lambda = 3$.
(a) Determine a probabilidade de que 3 ou mais acidentes ocorram hoje.
(b) Repita a letra (a) supondo que pelo menos 1 acidente ocorra hoje.

4.58 Compare a aproximação de Poisson com a probabilidade binomial correta para os seguintes casos:
(a) $P\{X = 2\}$ quando $n = 8, p = 0,1$.
(b) $P\{X = 9\}$ quando $n = 10, p = 0,95$.
(c) $P\{X = 0\}$ quando $n = 10, p = 0,1$.
(d) $P\{X = 4\}$ quando $n = 9, p = 0,2$.

4.59 Se você compra um bilhete de loteria que concorre em 50 sorteios, em cada um dos quais sua chance de ganhar é de $\frac{1}{100}$, qual é a probabilidade (aproximada) de que você ganhe um prêmio
(a) pelo menos uma vez?
(b) exatamente uma vez?
(c) pelo menos duas vezes?

4.60 O número de vezes em que uma pessoa contrai um resfriado em um dado ano é uma variável aleatória de Poisson com parâmetro $\lambda = 5$. Suponha que a propaganda de uma nova droga (baseada em grandes quantidades de vitamina C) diga que essa droga reduz os parâmetros da distribuição de Poisson para $\lambda = 3$ em 75% da população. Nos 25% restantes, a droga não tem um efeito apreciável nos resfriados. Se um indivíduo experimentar a droga por um ano e tiver 2 resfriados naquele período, qual é a probabilidade de que a droga tenha trazido algum benefício para ele ou ela?

4.61 A probabilidade de sair com um full house em uma mão de pôquer é de aproximadamente 0,0014. Determine uma aproximação para a probabilidade de que, em 1000 mãos de pôquer, você receba pelo menos 2 full houses.

4.62 Considere n tentativas independentes, cada uma das quais levando aos resultados $1,..., k$ com respectivas probabilidades $p_1,..., p_k, \sum_{i=1}^{k} p_i = 1$. Mostre que, se todas as probabilidades p_i forem pequenas, então a probabilidade de que nenhum dos resultados das tentativas ocorra mais que uma vez é aproximadamente igual a $\exp(-n(n-1)\sum_i p_i^2/2)$.

4.63 Pessoas entram em um cassino a uma taxa de 1 a cada 2 minutos.
(a) Qual é a probabilidade de que ninguém entre 12:00 e 12:05?
(b) Qual é a probabilidade de que pelo menos 4 pessoas entrem no cassino durante esse tempo?

4.64 A taxa de suicídios em certo estado é de 1 suicídio por 100.000 habitantes por mês.
(a) Determine a probabilidade de que, em uma cidade de 400.000 habitantes localizada no interior deste estado, ocorram 8 suicídios ou mais em um dado mês.
(b) Qual é a probabilidade de que em pelo menos 2 meses durante o ano ocorram 8 suicídios ou mais?
(c) Contando o mês atual como se fosse o mês número 1, qual é a probabilidade de que o primeiro mês tendo 8 suicídios ou mais seja o mês de número $i, i \geq 1$?
Que hipóteses você está pressupondo?

4.65 Cada um dos 500 soldados de uma companhia do exército tem probabilidade de $1/10^3$ ter certa doença, independentemente uns dos outros. Essa doença é diagnosticada por meio de um exame de sangue, e para facilitar o procedimento, amostras de sangue de todos os 500 soldados são coletadas e testadas.
(a) Qual é a probabilidade (aproximada) de que o exame de sangue dê positivo (isto é, de que pelo menos uma pessoa tenha a doença).
Suponha agora que o exame de sangue dê um resultado positivo.
(b) Qual é a probabilidade, nessa circunstância, de que mais de uma pessoa tenha a doença?
Uma das 500 pessoas é João, que sabe que tem a doença.
(c) Qual é, na opinião de João, a probabilidade de que mais de uma pessoa tenha a doença?
Como o teste em grupo deu positivo, as autoridades decidiram testar cada indivíduo separadamente. Os primeiros $i-1$ desses testes deram negativo, e o i-ésimo teste, que é o de João, deu positivo.
(d) Dado o cenário anterior, qual é a probabilidade, em função de i, de que qualquer uma das pessoas restantes tenham a doença?

4.66 Um total de $2n$ pessoas consistindo de n casais senta-se aleatoriamente em uma mesa redonda, com cada uma das disposições de assento sendo igualmente provável. Suponha que C_i represente o evento em que os membros do casal i estejam sentados um ao lado do outro, $i = 1,...,n$.
(a) Determine $P(C_i)$.
(b) Para $j \neq i$, determine $P(C_j|C_i)$.
(c) Obtenha um valor aproximado para a probabilidade, com n grande, de que nenhum casal se sente ao lado de outro.

4.67 Repita o problema anterior quando a disposição das pessoas na mesa é aleatória mas sujeita à restrição de que homens e mulheres devam estar sentados alternadamente.

4.68 Em resposta ao ataque de 10 mísseis, 500 mísseis antiaéreos são lançados. Os alvos dos mísseis antiaéreos são independentes, e cada míssil antiaéreo pode ter, com igual probabilidade, qualquer um dos 10 mísseis como alvo. Se cada míssil antiaéreo atinge o seu alvo independentemente com probabilidade 0,1, use o paradigma de Poisson para obter um valor aproximado para a probabilidade de que todos os mísseis sejam atingidos.

4.69 Uma moeda honesta é jogada 10 vezes. Determine a probabilidade de ocorrência de uma série de 4 caras consecutivas
(a) usando a fórmula deduzida no texto;
(b) usando as equações recursivas deduzidas no texto.
(c) Compare a sua resposta com aquela dada pela aproximação de Poisson.

4.70 No instante de tempo 0, uma moeda que dá cara com probabilidade p é jogada e cai no chão. Em instantes de tempo escolhidos de acordo com um processo de Poisson com taxa λ, a moeda é recolhida e jogada novamente (entre esses instantes de tempo a moeda permanece no chão). Qual é a probabilidade de que a moeda esteja mostrando cara no instante de tempo t?
Dica: Qual seria a probabilidade condicional se não houvesse jogadas adicionais a partir de t, e qual seria essa probabilidade caso houvesse jogadas adicionais a partir de t?

4.71 Considere uma roleta de 38 números com números de 1 a 36, um 0 e um duplo 0. Se João sempre aposta que o resultado seja um dos números de 1 a 12, qual é a probabilidade de que
(a) João perca suas 5 primeiras apostas;
(b) sua primeira vitória ocorra em sua quarta aposta?

4.72 Duas equipes de atletismo jogam uma série de partidas; a primeira a ganhar 4 partidas é declarada vencedora. Suponha que uma das equipes seja mais forte do que a outra e que vença cada partida com probabilidade 0,6, independentemente dos resultados das demais partidas. Determine a probabilidade, para $i = 4, 5, 6, 7$, de que a equipe mais forte vença a série em exatamente i partidas. Compare a probabilidade de vitória da equipe mais forte com a probabilidade dela vencer 2 partidas em uma série de 3.

4.73 Suponha no Problema 4.72 que os dois times tenham o mesmo nível e que portanto tenham probabilidade $\frac{1}{2}$ de vencer cada partida. Determine o número esperado de partidas jogadas.

4.74 Uma entrevistadora tem consigo uma lista de pessoas que pode entrevistar. Se ela precisa entrevistar 5 pessoas, e se cada pessoa concorda (independentemente) em ser entrevistada com probabilidade $\frac{2}{3}$, qual é a probabilidade de que a sua lista permita que ela consiga obter o número necessário de entrevistas se ela contiver (a) 5 pessoas e (b) 8 pessoas? Na letra (b), qual é a probabilidade de que a entrevistadora fale com exatamente (c) 6 pessoas e (d) 7 pessoas da lista?

4.75 Uma moeda honesta é jogada continuamente até que dê cara pela décima vez. Seja X o número de coroas que aparecem. Calcule a função de probabilidade de X.

4.56 Resolva o problema de pareamento de Banach (Exemplo 8e) se a caixa de fósforos no bolso esquerdo contiver originalmente N_1 fósforos e a caixa no bolso direito contiver originalmente N_2 fósforos.

4.77 No problema da caixa de fósforos de Banach, determine a probabilidade de que, no momento em que a primeira caixa for esvaziada (em vez de ser encontrada vazia), a outra caixa contenha k fósforos.

4.78 Uma urna contém 4 bolas brancas e 4 bolas pretas. Escolhemos aleatoriamente 4 bolas. Se 2 delas são brancas e 2 são pretas, paramos. Do contrário, colocamos de volta as bolas na urna e novamente selecionamos 4 bolas de forma aleatória. Isso continua até que 2 das quatro bolas sejam brancas. Qual é a probabilidade de que façamos exatamente n seleções?

4.79 Suponha que um conjunto de 100 itens contenha 6 itens defeituosos e 94 que funcionem normalmente. Se X é o número de itens defeituosos em uma amostra de 10 itens escolhidos aleatoriamente do conjunto, determine $P\{X = 0\}$ e (b) $P\{X > 2\}$.

4.80 Um jogo popular nos cassinos de Nevada é o Keno, que é jogado da seguinte maneira: 20 números de 1 a 80 são sorteados aleatoriamente pelo cassino. Um apostador pode selecionar de 1 a 15 números; ele ganha se alguma fração dos números que escolheu for igual a qualquer um dos 20 números sorteados pela casa. O prêmio é função do número de elementos selecionados pelo apostador e do número de acertos obtido. Por exemplo, se o apostador selecionar apenas 1 número, então ele ou ela vence se este número estiver entre o conjunto de 20 números sorteados, e o prêmio é de R$2,20 para cada real apostado (como a probabilidade de o apostador ganhar é nesse caso igual a $\frac{1}{4}$, é claro que o prêmio "justo" deveria ser R$3,00 para cada real apostado). Quando o jogador seleciona 2 números, um prêmio de R$12,00 é dado para cada real apostado se ambos os números estiverem entre os 20.

(a) Qual seria o prêmio justo neste caso? Suponha que $P_{n,k}$ represente a probabilidade de que exatamente k dos n números escolhidos pelo apostador estejam entre os 20 selecionados pela casa.

(b) Calcule $P_{n,k}$.

(c) A aposta mais comum no Keno consiste na seleção de 10 números. Para tal aposta, o cassino distribui prêmios de acordo com a tabela a seguir. Calcule o prêmio esperado:

Premiação no Keno para apostas de 10 números	
Número de acertos	Reais ganhos para cada real apostado
0-4	-1
5	1
6	17
7	179
8	1.299
9	2.599
10	24.999

4.81 No Exemplo 8i, que percentual de i lotes defeituosos é rejeitado pelo comprador? Determine esse percentual para $i = 1, 4$. Dado que o lote é rejeitado, qual é a probabilidade condicional de que ele contenha 4 componentes defeituosos?

4.82 Um comprador de transistores os compra em lotes de 20. É usual que ele inspecione aleatoriamente 4 componentes de um lote e que aceite este lote apenas se nenhum dos 4 apresentar defeitos. Se cada componente de um lote é, independentemente dos demais, defeituoso com probabilidade 0,1, qual é a proporção de lotes rejeitados?

4.83 Há três autoestradas em um país. O número de acidentes que ocorrem diariamente nessas autoestradas é uma variável aleatória de Poisson com respectivos parâmetros 0,3, 0,5 e 0,7. Determine o número esperado de acidentes que vão acontecer hoje em qualquer uma dessas autoestradas.

4.84 Suponha que 10 bolas sejam colocadas em 5 caixas, com cada uma das bolas sendo independentemente colocada na caixa i com probabilidade p_i, $\sum_{i=1}^{5} p_i = 1$.

(a) Determine o número esperado de caixas sem nenhuma bola.
(b) Determine o número esperado de caixas com exatamente 1 bola.

4.85 Existem cupons de desconto de n tipos. Independentemente dos tipos de cupons recolhidos previamente, cada novo cupom recolhido tem probabilidade p_i, $\sum_{i=1}^{k} p_i = 1$, de ser do tipo i. Se n cupons são recolhidos, determine o número esperado de tipos distintos neste conjunto (isto é, determine o número esperado de tipos de cupons que aparecem pelo menos uma vez no conjunto de n cupons).

EXERCÍCIOS TEÓRICOS

4.1 Existem N tipos distintos de cupons de desconto, e cada vez que um deles é recolhido, ele tem probabilidade P_i, $i = 1,..., N$, de ser de qualquer tipo, independentemente das escolhas anteriores. Suponha que T represente o número de cupons que alguém precise selecionar para obter pelo menos um cupom de cada tipo. Calcule $P\{T = n\}$.
Dica: Use um argumento similar àquele usado no Exemplo 1e.

4.2 Se X tem função distribuição F, qual é a função distribuição de e^X?

4.3 Se X tem função distribuição F, qual é a função distribuição da variável aleatória $\alpha X + \beta$, onde α e β são constantes, $\alpha \neq 0$.

4.4 Para uma variável aleatória inteira não negativa N, mostre que

$$E[N] = \sum_{i=1}^{\infty} P\{N \geq i\}$$

Dica: $\sum_{i=1}^{\infty} P\{N \geq i\} = \sum_{i=1}^{\infty} \sum_{k=i}^{\infty} P\{N = k\}$. Agora troque a ordem da soma.

4.5 Para uma variável aleatória inteira não negativa N, mostre que

$$\sum_{i=0}^{\infty} iP\{N > i\} = \frac{1}{2}(E[N^2] - E[N])$$

Dica: $\sum_{i=0}^{\infty} iP\{N > i\} = \sum_{i=0}^{\infty} i \sum_{k=i+1}^{\infty} P\{N = k\}$.
Agora troque a ordem da soma.

4.6 Se X tal que

$$P\{X = 1\} = p = 1 - P\{X = -1\}$$

determine $c \neq 1$ tal que $E[c^X] = 1$.

4.7 Seja X uma variável aleatória com valor esperado μ e variância σ^2. Determine o valor esperado de

$$Y = \frac{X - \mu}{\sigma}$$

4.8 Determine Var(X) se

$$P(X = a) = p = 1 - P(X = b)$$

4.9 Mostre como a dedução das probabilidades binomiais

$$P\{X = i\} = \binom{n}{i} p^i (1-p)^{n-i}, \quad i = 0,\ldots,n$$

leva a uma demonstração do teorema binomial

$$(x + y)^n = \sum_{i=0}^{n} \binom{n}{i} x^i y^{n-i}$$

quando x e y são não negativos.
Dica: Suponha $p = \frac{x}{x+y}$.

4.10 Suponha que X seja uma variável aleatória binomial com parâmetros n e p. Mostre que

$$E\left[\frac{1}{X+1}\right] = \frac{1 - (1-p)^{n+1}}{(n+1)p}$$

4.11 Considere n tentativas independentes, cada uma das quais com probabilidade de sucesso p. Se há um total de k sucessos, mostre que cada um dos $n!/[k!(n-k)!]$ arranjos possíveis dos k sucessos e dos $n-k$ fracassos é igualmente provável.

4.12 Há n componentes alinhados em um arranjo linear. Suponha que cada componente funcione, independentemente dos demais, com probabilidade p. Qual é a probabilidade de que 2 componentes instalados lado a lado não apresentem defeito?
Dica: Condicione no número de componentes defeituosos e use os resultados do Exemplo 4c do Capítulo 1.

4.13 Seja X uma variável aleatória binomial com parâmetros (n,p). Que valor de p maximiza $P\{X = k\}, k = 0, 1,..., n$? Este é um exemplo de método estatístico usado para estimar p quando uma variável aleatória binomial (n,p) tem valor k. Se assumimos que n é conhecido, então estimamos p escolhendo o valor de p que maximiza $P\{X = k\}$. Este é conhecido como o *método de estimação por máxima verossimilhança*.

4.14 Uma família tem n filhos com probabilidade $\alpha p^n, n \geq 1$, onde $\alpha \leq (1-p)/p$.
(a) Que proporção de famílias não tem filhos?
(b) Se cada filho tem a mesma probabilidade de ser um menino ou uma menina (independentemente um do outro), que proporção de famílias é formada por k meninos (e qualquer número de meninas)?

4.15 Suponha que n jogadas independentes de uma moeda que tem probabilidade p de dar cara sejam feitas. Mostre que a probabilidade de sair um número par de caras é de $\frac{1}{2}[1 + (q-p)^n]$, onde $q = 1-p$. Faça isso demonstrando e então utilizando a identidade

$$\sum_{i=0}^{[n/2]} \binom{n}{2i} p^{2i} q^{n-2i} = \frac{1}{2}[(p+q)^n + (q-p)^n]$$

onde $[n/2]$ é o maior número inteiro menor ou igual a $n/2$. Compare este exercício com o Exercício Teórico 3.5 do Capítulo 3.

4.16 Seja X uma variável aleatória de Poisson com parâmetro λ. Mostre que $P\{X = i\}$ cresce monotonicamente e então decresce monotonicamente à medida que i cresce, atingindo o seu máximo quando i é o maior inteiro não excedendo λ.
Dica: Considere $P\{X = i\}/P\{X = i-1\}$.

4.17 Seja X uma variável aleatória de Poisson com parâmetro λ.
(a) Mostre que

$$P\{X \text{ é par}\} = \frac{1}{2}\left[1 + e^{-2\lambda}\right]$$

usando o resultado do Exercício Teórico 4.15 e a relação entre as variáveis aleatórias binomial e de Poisson.
(b) Verifique a fórmula da letra (a) fazendo uso direto da expansão de $e^{-\lambda} + e^\lambda$.

4.18 Seja X uma variável aleatória de Poisson com parâmetro λ. Que valor de λ maximiza $P\{X = k\}, k \geq 0$?

4.19 Mostre que, se X é uma variável aleatória de Poisson com parâmetro λ, então

$$E[X^n] = \lambda E[(X+1)^{n-1}]$$

Agora use esse resultado para calcular $E[X^3]$.

4.20 Considere n moedas, cada uma das quais com probabilidade independente p de dar cara. Suponha que n seja grande e p pequeno, e considere $\lambda = np$. Suponha que todas as n moedas sejam jogadas; se pelo menos uma delas der cara, o experimento termina; do contrário, jogamos novamente as n moedas, e assim por diante. Isto é, paramos assim que uma das n moedas der cara pela primeira vez. Seja X o número total de caras que aparecem. Qual dos raciocínios a seguir relacionados com a aproximação $P\{X = 1\}$ está correto (em todos os casos, Y é uma variável aleatória de Poisson com parâmetro λ)?
(a) Como o número total de caras que saem quando n moedas são jogadas é aproximadamente uma variável aleatória de Poisson com parâmetro λ,

$$P\{X = 1\} \approx P\{Y = 1\} = \lambda e^{-\lambda}$$

(b) Como o número total de caras que saem quando n moedas são jogadas é aproximadamente uma variável aleatória de Poisson com parâmetro λ, e como paramos quando esse número é positivo,

$$P\{X = 1\} \approx P\{Y = 1 | Y > 0\} = \frac{\lambda e^{-\lambda}}{1 - e^{-\lambda}}$$

(c) Como pelo menos uma moeda dá cara, X será igual a 1 se nenhuma das demais $n-1$ moedas der cara. Como o número de caras que resulta dessas $n-1$ moedas é aproximadamente uma variável aleatória de Poisson com média $(n-1)p \approx \lambda$,

$$P\{X=1\} \approx P\{Y=0\} = e^{-\lambda}$$

4.21 De um conjunto de n pessoas escolhidas aleatoriamente, suponha que E_{ij} represente o evento em que as pessoas i e j fazem aniversário no mesmo dia. Suponha que cada pessoa tenha a mesma probabilidade de fazer aniversário em qualquer um dos 365 dias do ano. Determine
(a) $P(E_{3,4}|E_{1,2})$;
(b) $P(E_{1,3}|E_{1,2})$;
(c) $P(E_{2,3}|E_{1,2} \cap E_{1,3})$.
O que pode você concluir de suas respostas paras as letras (a)-(c) sobre a independência dos $\binom{n}{2}$ eventos E_{ij}?

4.22 Uma urna contém $2n$ bolas, das quais 2 recebem o número 1, 2 recebem o número 2,..., e 2 recebem o número n. Bolas são retiradas duas a duas de cada vez sem serem devolvidas. Seja T a primeira seleção na qual as bolas retiradas têm o mesmo número (e faça com que ela seja igual a infinito se nenhum dos pares sacados tiver o mesmo número). Queremos mostrar que, para $0 < \alpha < 1$,

$$\lim_n P\{T > \alpha n\} = e^{-\alpha/2}$$

Para verificarmos a fórmula anterior, suponha que M_k represente o número de pares retirados nas primeiras k seleções, $k=1,...,n$.
(a) Mostre que, quando n é grande, M_k pode ser considerado o número de sucessos em k tentativas (aproximadamente) independentes.
(b) Obtenha uma aproximação para $P\{M_k = 0\}$ quando n é grande.
(c) Escreva o evento $\{T > \alpha n\}$ em termos do valor de uma das variáveis M_k.
(d) Verifique a probabilidade limite dada para $P\{T > \alpha n\}$

4.23 Considere um conjunto aleatório de n indivíduos. Ao obter uma aproximação para o evento em que 3 desses indivíduos não fazem aniversário no mesmo dia, uma aproximação de Poisson melhor do que aquela obtida no texto (pelo menos para valores de n entre 80 e 90) é obtida supondo-se que E_i seja o evento em que ocorrem pelo menos 3 aniversários no dia $i, i = 1,..., 365$.
(a) Determine $P(E_i)$.
(b) Obtenha uma aproximação para a probabilidade de que 3 indivíduos não compartilhem a mesma data de aniversário.
(c) Avalie a aproximação anterior quando $n = 88$ (o que pode ser demonstrado ser o menor valor de n para o qual a probabilidade é maior que 0,5).

4.24 Eis outra maneira de se obter um conjunto de equações recursivas para determinar P_n, a probabilidade de que apareça uma série de k caras consecutivas em uma sequência de n jogadas de uma moeda honesta que dê cara com probabilidade p:
(a) Mostre que, para $k < n$, haverá uma série de k caras consecutivas em uma das condições a seguir:
  1. uma série de k caras consecutivas aparece nas primeiras $n-1$ jogadas, ou
  2. não há série de k caras consecutivas nas primeiras $n-k-1$ jogadas, a jogada $n-k$ dá coroa, e as jogadas $n-k+1,..., n$ dão cara.
(b) Usando as condições anteriores, relacione P_n a P_{n-1}. Começando com $P_k = p^k$, a fórmula recursiva pode ser usada para obter P_{k+1}, depois P_{k+2}, e assim por diante, até P_n.

4.25 Suponha que o número de eventos que ocorrem em um tempo especificado é uma variável aleatória de Poisson com parâmetro λ. Se cada evento é contado com probabilidade p, independentemente de qualquer outro evento, mostre que o número de eventos contados é uma variável aleatória de Poisson com parâmetro λp. Além disso, forneça um argumento intuitivo para justificar essa hipótese. Como uma aplicação do resultado anterior, suponha que o número de depósitos de urânio distintos em uma determinada área seja uma variável aleatória de Poisson com parâmetro $\lambda = 10$. Se, em um período de tempo fixo, cada depósito for descoberto de forma independente com probabilidade $\frac{1}{50}$, determine a probabilidade de que (a) exatamente 1, (b) pelo menos 1 e (c) no máximo 1 depósito seja descoberto durante aquele tempo.

4.26 Demonstre que

$$\sum_{i=0}^{n} e^{-\lambda}\frac{\lambda^i}{i!} = \frac{1}{n!}\int_{\lambda}^{\infty} e^{-x}x^n dx$$

Dica: Use integração por partes.

4.27 Se X é uma variável aleatória geométrica, mostre analiticamente que

$$P\{X = n + k | X > n\} = P\{X = k\}$$

Usando a interpretação da variável aleatória geométrica, forneça um argumento verbal para o porquê da equação anterior ser verdade.

4.28 Seja X uma variável aleatória binomial negativa com parâmetros r e p, e Y uma variável aleatória binomial com parâmetros n e p. Mostre que

$$P\{X > n\} = P\{Y < r\}$$

Dica: Pode-se tentar uma demonstração analítica para a equação anterior, o que é equivalente a provar a identidade

$$\sum_{i=n+1}^{\infty} \binom{i-1}{r-1} p^r(1-p)^{i-r} = \sum_{i=0}^{r-1} \binom{n}{i} \times p^i(1-p)^{n-i}$$

ou tentar uma demonstração que use a interpretação probabilística dessas variáveis aleatórias. Isto é, no último caso, comece considerando uma sequência de tentativas independentes com mesma probabilidade de sucesso p. Depois, tente expressar os eventos $\{X > n\}$ e $\{Y < r\}$ em termos dos resultados dessa sequência.

4.29 Para uma variável aleatória hipergeométrica, determine

$$P\{X = k + 1\}/P\{X = k\}$$

4.30 Uma urna contém bolas numeradas de 1 a N. Suponha que $n, n \leq N$, dessas bolas sejam selecionadas sem devolução. Suponha que Y represente o maior número selecionado.
  (a) Determine a função de probabilidade de Y.
  (b) Deduza uma expressão para $E[Y]$ e então use a identidade combinatória de Fermat (veja o Exercício Teórico 1.11) para simplificá-la.

4.31 Um pote contém $m + n$ pedras, numeradas $1, 2, ..., n + m$. Um conjunto de tamanho n é retirado do pote. Se X representar o número retirado de pedras cujo número é maior do que cada um dos números das pedras restantes, calcule a função de probabilidade de X.

4.32 Um pote contém n pedras. Suponha que um garoto tire uma pedra do pote sucessivamente, recolocando a pedra retirada antes de tirar a próxima. O processo continua até que o garoto retire pela segunda vez uma pedra já retirada. Suponha que X represente o número de vezes que o menino retira uma pedra, e calcule a sua função de probabilidade.

4.33 Mostre que a Equação (8.6) pode ser deduzida da Equação (8.5).

4.34 De um conjunto de n elementos, escolhe-se aleatoriamente um subconjunto não nulo (cada um dos subconjuntos não nulos tem a mesma probabilidade de ser escolhido). Seja X o número de elementos do subconjunto escolhido. Usando as identidades dadas no Exercício Teórico 1.12, mostre que

$$E[X] = \frac{n}{2 - \left(\frac{1}{2}\right)^{n-1}}$$

$$\text{Var}(X) = \frac{n \cdot 2^{2n-2} - n(n+1)2^{n-2}}{(2^n - 1)^2}$$

Mostre também que, para n grande,

$$\text{Var}(X) \sim \frac{n}{4}$$

seguindo o raciocínio de que a razão entre $\text{Var}(X)$ e $n/4$ tende a 1 à medida que n tende a infinito. Compare esta fórmula com a forma limite de $\text{Var}(Y)$ quando $P\{Y = i\} = 1/n, i = 1,...,n$.

4.35 Uma urna contém inicialmente uma bola vermelha e uma bola azul. Em cada rodada, uma bola é sorteada e então substituída por outra de mesma cor. Suponha que X represente o número da seleção da primeira bola azul. Por exemplo, se a primeira bola selecionada

é vermelha e a segunda é azul, então X é igual a 2.
(a) Determine $P\{X > i\}, i \geq 1$.
(b) Mostre que, com probabilidade 1, uma bola azul acabará sendo escolhida (isto é, mostre que $P\{X < \infty\} = 1$).
(c) Determine $E[X]$.

4.36 Suponha que os possíveis valores de X sejam $[x_i]$, os possíveis valores de Y sejam $[y_i]$, e os possíveis valores de $X + Y$ sejam $[z_k]$. Suponha que A_k represente o conjunto de todos os pares de índices (i, j) tais que $x_i + y_j = z_k$; isto é, $A_k = \{(i,j): x_i + y_j = z_k\}$.
(a) Mostre que
$$P\{X + Y = z_k\} = \sum_{(i,j) \in A_k} P\{X = x_i, Y = y_j\}$$
(b) Mostre que
$$E[X + Y] = \sum_k \sum_{(i,j) \in A_k} (x_i + y_j) P\{X = x_i, Y = y_j\}$$
(c) Usando a fórmula da letra (b), mostre que
$$E[X + Y] = \sum_i \sum_j (x_i + y_j) P\{X = x_i, Y = y_j\}$$
(d) Mostre que
$$P(X = x_i) = \sum_j P(X = x_i, Y = y_j),$$
$$P(Y = y_j) = \sum_i P\{X = x_i, Y = y_j\}$$
(e) Demonstre que
$$E[X + Y] = E[X] + E[Y]$$

PROBLEMAS DE AUTOTESTE E EXERCÍCIOS

4.1 Suponha que a variável aleatória X seja igual ao número de acertos obtidos por certo jogador de beisebol nas suas três chances como rebatedor. Se $P\{X = 1\} = 0,3$, $P\{X = 2\} = 0,2$ e $P\{X = 0\} = 3P\{X = 3\}$, determine $E[X]$.

4.2 Suponha que X assuma um dos valores 0, 1, e 2. Se para alguma constante c, $P\{X = i\} = cP\{X = i - 1\}, i = 1, 2$, determine $E[X]$.

4.3 Uma moeda com probabilidade p de dar cara é jogada até que dê cara ou coroa duas vezes. Determine o número esperado de jogadas.

4.4 Certa comunidade é composta por m famílias, n_i das quais têm i filhos, $\sum_{i=1}^{r} n_i = m$. Se uma das famílias for escolhida aleatoriamente, suponha que X represente o número de filhos daquela família. Se um dos $\sum_{i=1}^{r} i n_i$ filhos for escolhido aleatoriamente, suponha que Y seja o número total de filhos da família daquela criança. Mostre que $E[Y] \geq E[X]$.

4.5 Suponha que $P\{X = 0\} = 1 - P\{X = 1\}$. Se $E[X] = 3\text{Var}(X)$, determine $P\{X = 0\}$.

4.6 Há duas moedas em uma lata. Uma delas tem probabilidade de 0,6 de dar cara; a outra tem probabilidade de 0,3 de dar cara. Uma dessas moedas é escolhida aleatoriamente e depois jogada. Sem saber qual moeda foi escolhida, você pode apostar qualquer quantia até 10 reais, ganhando se der cara e perdendo se der coroa. Suponha, contudo, que alguém queira vender para você, por uma quantia C, a informação de qual moeda foi selecionada. Quanto você espera ganhar se comprar essa informação? Note que se você comprá-la e então apostar x, você ganhará $x - C$ ou $-x - C$ (isto é, perderá $x + C$ no último caso). Além disso, para que valores de C valeria a pena comprar a informação?

4.7 Um filantropo escreve um número positivo x em um pedaço de papel vermelho, mostra o papel a um observador imparcial, e então o coloca sobre a mesa com a face escrita para baixo. O observador então joga uma moeda honesta. Se der cara, ele escreve o valor $2x$ em um pedaço de papel azul, que é então colocado sobre a mesa com a face escrita para baixo. Se der coroa, ele escreve o valor $x/2$ neste mesmo papel. Sem saber o valor de x ou se a moeda deu cara ou coroa, você tem a opção de virar para cima o papel vermelho ou o azul.

Após fazer isso e observar o número escrito no papel, você deve escolher entre receber como prêmio aquela quantia ou a quantia (desconhecida) escrita no outro pedaço de papel. Por exemplo, se você escolher virar o papel azul e observar o valor de 100, então você pode escolher entre aceitar 100 como seu prêmio ou assumir o valor escrito no papel vermelho, que pode ser de 200 ou 50. Suponha que você queira que sua recompensa esperada seja grande.

(a) Mostre que não há motivo para virar o papel vermelho primeiro, porque, se você fizer isso, então não importará o valor que você observar. Em outras palavras, mostre que será sempre melhor optar pelo papel azul.

(b) Suponha que y seja um valor não negativo fixo e considere a seguinte estratégia: vire o papel azul e, se o valor escrito for pelo menos igual a y, então aceite aquela quantia. Se for menor que y, então troque pelo papel vermelho. Suponha que $R_y(x)$ represente a recompensa obtida se o filantropo escrever a quantia x e você empregar a estratégia descrita. Obtenha $E[R_y(x)]$. Observe que $E[R_0(x)]$ é a recompensa esperada se o filantropo escrever a quantia x quando você empregar a estratégia de sempre escolher o papel azul.

4.8 Suponha que $B(n,p)$ represente uma variável aleatória binomial com parâmetros n e p. Mostre que

$$P\{B(n,p) \leq i\} = 1 - P\{B(n, 1-p) \leq n-i-1\}$$

Dica: O número de sucessos menor ou igual a i é equivalente a que informação a respeito do número de fracassos?

4.9 Se X é uma variável aleatória binomial com valor esperado 6 e variância 2,4, determine $P\{X = 5\}$.

4.10 Uma urna contém n bolas numeradas de 1 a n. Se você retira m bolas aleatoriamente e em sequência, cada vez recolocando a bola selecionada de volta na urna, determine $P\{X = k\}, k = 1,...,m$, onde X é o número máximo dos m números escolhidos.
Dica: Primeiro obtenha $P\{X \leq k\}$.

4.11 Os times A e B jogam uma série de partidas. O time vencedor é aquele que ganhar primeiro 3 partidas. Suponha que o time A vença cada partida, independentemente, com probabilidade p. Determine a probabilidade condicional de que o time A vença
(a) a série dado que ele tenha ganho a primeira partida;
(b) a primeira partida dado que ele vença a série.

4.12 Um time local de futebol ainda precisa jogar mais 5 partidas. Se ele ganhar o jogo do final de semana, então ele jogará os seus 4 jogos finais no grupo mais difícil de sua liga, e se perder, jogará seus jogos finais no grupo mais fácil. Se jogar no grupo mais difícil, o time terá probabilidade de 0,4 de ganhar os jogos, e se jogar no grupo mais fácil essa probabilidade aumenta para 0,7. Se a probabilidade do time vencer o jogo deste final de semana é de 0,5, qual é a probabilidade de que ele vença pelo menos 3 de seus 4 jogos finais?

4.13 Cada um dos membros de um corpo de 7 jurados toma uma decisão correta com probabilidade de 0,7, de forma independente uns dos outros. Se a decisão do corpo de jurados é feita pela regra da maioria, qual é a probabilidade de que a decisão correta seja tomada? Dado que 4 juízes tenham a mesma opinião, qual é a probabilidade de que o corpo de jurados tenha tomado a decisão correta?

4.14 Em média, 5,2 furações atingem determinada região em um ano. Qual é a probabilidade de haver 3 furações ou menos atingindo-a neste ano?

4.15 O número de ovos deixado em uma árvore por um inseto de certo tipo é uma variável aleatória de Poisson com parâmetro λ. Entretanto, tal variável aleatória só pode ser observada se for positiva, já que se ela for igual a 0 não podemos saber se tal inseto pousou na folha ou não. Se Y representa o número de ovos depositados, então

$$P\{Y = i\} = P\{X = i | X > 0\}$$

onde X é Poisson com parâmetro λ. Determine $E[Y]$.

4.16 Cada um de n garotos e n garotas, independentemente e aleatoriamente, escolhe um membro do sexo oposto. Se um garoto e uma garota se escolherem, eles

formam um casal. Numere as garotas e suponha que G_i seja o evento em que a garota número i faça parte de um casal. Seja $P_0 = 1 - P(\cup_{i=1}^n G_i)$ a probabilidade de que nenhum casal seja formado.
(a) Determine $P(G_i)$.
(b) Determine $P(G_i|G_j)$
(c) Obtenha uma aproximação para P_0 se n é grande.
(d) Obtenha uma aproximação para P_k, a probabilidade de que exatamente k casais sejam formados, se n é grande.
(e) Use a identidade inclusão-exclusão para avaliar P_0.

4.17 Um total de $2n$ pessoas, formado por n casais, é dividido em n pares. Numere as mulheres arbitrariamente e suponha que W_i represente o evento em que a mulher i forma um par com seu marido.
(a) Determine $P(W_i)$.
(b) Para $i \neq j$, determine $P(W_i|W_j)$
(c) Obtenha uma aproximação para a probabilidade de que nenhuma mulher forme um par com seu marido se n é grande.
(d) Se cada par deve ser formado por um homem e uma mulher, a que o problema se reduz?

4.18 Uma cliente de um cassino continuará a fazer apostas de R$5,00 no vermelho de uma roleta até que ela ganhe 4 dessas apostas.
(a) Qual é a probabilidade de que ela faça um total de 9 apostas?
(b) Qual será o seu número esperado de vitórias quando ela parar?
Observação: Em cada aposta, ela ganha R$5,00 com probabilidade $\frac{18}{38}$ ou perde R$5,00 com probabilidade $\frac{20}{38}$.

4.19 Quando três amigos tomam café, eles decidem quem paga a conta jogando cada um deles uma moeda. Aquele que obtiver um resultado diferente dos demais paga a conta. Se todas as três jogadas produzirem o mesmo resultado, então uma segunda rodada de jogadas é feita, e assim por diante até que alguém obtenha um resultado diferente dos demais. Qual é a probabilidade de que:
(a) exatamente 3 rodadas sejam feitas.
(b) mais que 4 rodadas sejam necessárias.

4.20 Mostre que, se X é uma variável aleatória hipergeométrica com parâmetro p, então

$$E[1/X] = \frac{-p\log(p)}{1-p}$$

Dica: Você precisará avaliar uma expressão da forma $\sum_{i=1}^{\infty} a^i/i$. Para fazer isso, escreva $a^i/i = \int_0^a x^{i-1}dx$, e então faça uma troca entre a soma e a integral.

4.21 Suponha que

$$P\{X = a\} = p, P\{X = b\} = 1-p$$

(a) Mostre que $\frac{X-b}{a-b}$ é uma variável aleatória de Bernoulli.
(b) Determine Var(X).

4.22 Cada partida que você joga resulta em vitória com probabilidade p. Você planeja jogar 5 partidas, mas se você vencer a quinta partida, então você precisará continuar a jogar até perder.
(a) Determine o número esperado de partidas que você jogará.
(b) Determine o número esperado de partidas que você perderá.

4.23 Bolas são retiradas aleatoriamente, uma de cada vez e sem reposição, de uma urna que tem inicialmente N bolas brancas e M bolas pretas. Determine a probabilidade de que n bolas brancas sejam retiradas antes de m bolas pretas, $n \leq N, m \leq M$.

4.24 Dez bolas devem ser distribuídas entre 5 urnas, com cada bola indo para a urna i com probabilidade $p_i, \sum_{i=1}^5 p_i = 1$. Seja X_i o número de bolas que vão para a urna i. Suponha que os eventos correspondentes às localizações das diferentes bolas sejam independentes.
(a) Que tipo de variável aleatória é X_i? Seja tão específico quanto possível.
(b) Para $i \neq j$, que tipo de variável aleatória é $X_i + X_j$?
(c) Determine $P\{X_1 + X_2 + X_3 = 7\}$

4.25 No problema do pareamento (Exemplo 5m no Capítulo 2), determine:
(a) o número esperado de pareamentos.
(b) a variância do número de pareamentos.

4.26 Seja α a probabilidade de que uma variável aleatória X com parâmetro p seja um número par.
(a) Determine α usando a identidade $\alpha = \sum_{i=1}^{\infty} P\{X = 2i\}$.
(b) Determine α condicionando entre $X = 1$ ou $X > 1$.

Variáveis Aleatórias Contínuas

Capítulo 5

5.1 INTRODUÇÃO
5.2 ESPERANÇA E VARIÂNCIA DE VARIÁVEIS ALEATÓRIAS CONTÍNUAS
5.3 A VARIÁVEL ALEATÓRIA UNIFORME
5.4 VARIÁVEIS ALEATÓRIAS NORMAIS
5.5 VARIÁVEIS ALEATÓRIAS EXPONENCIAIS
5.6 OUTRAS DISTRIBUIÇÕES CONTÍNUAS
5.7 A DISTRIBUIÇÃO DE UMA FUNÇÃO DE UMA VARIÁVEL ALEATÓRIA

5.1 INTRODUÇÃO

No Capítulo 4, consideramos variáveis aleatórias discretas – isto é, variáveis aleatórias cujo conjunto de valores possíveis é finito ou contavelmente infinito. Entretanto, também existem variáveis aleatórias cujo conjunto de valores possíveis é incontável. Dois exemplos são a hora de chegada de um trem em uma determinada estação e o tempo de vida de um transistor. Dizemos que X é uma variável aleatória *contínua** se existir uma função não negativa f, definida para todo real $x \in (-\infty, \infty)$, que tenha a propriedade de que, para qualquer conjunto B de números reais,**

$$P\{X \in B\} = \int_B f(x)\,dx \tag{1.1}$$

A função f é chamada de *função densidade de probabilidade* da variável aleatória X (veja a Figura 5.1).

---

* Às vezes chamada de *absolutamente contínua*.
** Na realidade, por razões técnicas, a Equação (1.1) é verdadeira apenas para os conjuntos *mensuráveis* de B, que, felizmente, incluem todos os conjuntos de interesse prático.

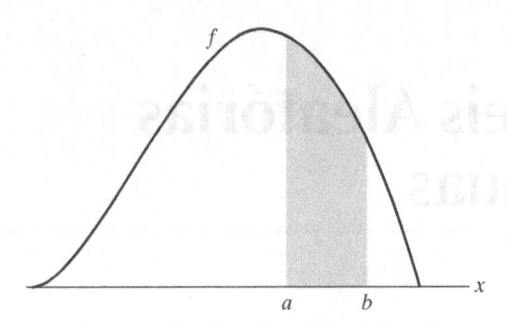

$$P(a \leq X \leq b) = \text{área da região sombreada}$$

Figura 5.1 Função densidade de probabilidade f.

Colocando em palavras, a Equação (1.1) diz que a probabilidade de que X esteja em B pode ser obtida integrando-se a função densidade de probabilidade ao longo do conjunto B. Como X deve assumir algum valor, f deve satisfazer

$$1 = P\{X \in (-\infty, \infty)\} = \int_{-\infty}^{\infty} f(x)\, dx$$

Tudo o que se deseja saber sobre X pode ser respondido em termos de f. Por exemplo, da Equação (1.1), fazendo $B = [a,b]$, obtemos

$$P\{a \leq X \leq b\} = \int_a^b f(x)\, dx \qquad (1.2)$$

Se fizermos $a = b$, obtemos

$$P\{X = a\} = \int_a^a f(x)\, dx = 0$$

Colocando em palavras, essa equação diz que a probabilidade de que uma variável aleatória contínua assuma qualquer valor específico é zero. Portanto, para uma variável aleatória contínua,

$$P\{X < a\} = P\{X \leq a\} = F(a) = \int_{-\infty}^{a} f(x)\, dx$$

Exemplo 1a

Suponha que X seja uma variável aleatória contínua cuja função densidade de probabilidade é dada por

$$f(x) = \begin{cases} C(4x - 2x^2) & 0 < x < 2 \\ 0 & \text{caso contrário} \end{cases}$$

(a) Qual é o valor de C?
(b) Determine $P\{X > 1\}$.

Solução (a) Como f é a função densidade de probabilidade, devemos ter $\int_{-\infty}^{\infty} f(x)\,dx = 1$, o que implica

$$C \int_0^2 (4x - 2x^2)\,dx = 1$$

ou

$$C \left[2x^2 - \frac{2x^3}{3} \right]\Big|_{x=0}^{x=2} = 1$$

ou

$$C = \frac{3}{8}$$

Portanto,

(b) $P\{X > 1\} = \int_1^{\infty} f(x)\,dx = \frac{3}{8}\int_1^2 (4x - 2x^2)\,dx = \frac{1}{2}$ ∎

Exemplo 1b

A quantidade de tempo em horas que um computador funciona sem estragar é uma variável aleatória contínua com função densidade de probabilidade

$$f(x) = \begin{cases} \lambda e^{-x/100} & x \geq 0 \\ 0 & x < 0 \end{cases}$$

Qual é a probabilidade de que

(a) o computador funcione entre 50 e 150 horas antes de estragar?
(b) ele funcione menos de 100 horas?

Solução (a) Como

$$1 = \int_{-\infty}^{\infty} f(x)\,dx = \lambda \int_0^{\infty} e^{-x/100}\,dx$$

obtemos

$$1 = -\lambda(100)e^{-x/100}\Big|_0^{\infty} = 100\lambda \quad \text{ou} \quad \lambda = \frac{1}{100}$$

Portanto, a probabilidade de que um computador funcione entre 50 e 150 horas antes de estragar é dada por

$$P\{50 < X < 150\} = \int_{50}^{150} \frac{1}{100} e^{-x/100}\,dx = -e^{-x/100}\Big|_{50}^{150}$$
$$= e^{-1/2} - e^{-3/2} \approx 0{,}384$$

(b) Similarmente,

$$P\{X < 100\} = \int_0^{100} \frac{1}{100} e^{-x/100}\,dx = -e^{-x/100}\Big|_0^{100} = 1 - e^{-1} \approx 0{,}633$$

Em outras palavras, em aproximadamente 63,3% das vezes um computador estragará antes de 100 horas de uso.

Exemplo 1c

O tempo de vida, em horas, de uma válvula de rádio é uma variável aleatória com função densidade de probabilidade dada por

$$f(x) = \begin{cases} 0 & x \leq 100 \\ \dfrac{100}{x^2} & x > 100 \end{cases}$$

Qual é a probabilidade de que exatamente 2 de 5 válvulas no circuito de um aparelho de rádio tenham que ser trocadas nas primeiras 150 horas de operação? Suponha que os eventos E_i, $i = 1, 2, 3, 4, 5$, em que a i-ésima válvula tem que ser substituída dentro deste intervalo de tempo sejam independentes.

Solução Do enunciado do problema, temos

$$P(E_i) = \int_0^{150} f(x)\,dx$$
$$= 100 \int_{100}^{150} x^{-2}\,dx$$
$$= \frac{1}{3}$$

Portanto, da independência dos eventos E_i, tem-se que a probabilidade desejada é

$$\binom{5}{2}\left(\frac{1}{3}\right)^2\left(\frac{2}{3}\right)^3 = \frac{80}{243}$$

A relação entre a função distribuição cumulativa F e a função densidade de probabilidade f é dada por

$$F(a) = P\{X \in (-\infty, a]\} = \int_{-\infty}^{a} f(x)\,dx$$

Derivando ambos os lados da última equação, temos

$$\frac{d}{da}F(a) = f(a)$$

Isto é, a função densidade de probabilidade é a derivada da função distribuição cumulativa. Uma interpretação um pouco mais intuitiva da função densidade pode ser obtida a partir da Equação (1.2) como segue:

$$P\left\{a - \frac{\varepsilon}{2} \leq X \leq a + \frac{\varepsilon}{2}\right\} = \int_{a-\varepsilon/2}^{a+\varepsilon/2} f(x)\,dx \approx \varepsilon f(a)$$

quando ε é pequeno e $f(\cdot)$ é contínua em $x = a$. Em outras palavras, a probabilidade de que a variável aleatória X esteja contida em um intervalo de extensão

ε em torno do ponto a é de aproximadamente $\varepsilon f(a)$. A partir desse resultado, vemos que $f(a)$ é uma medida de quão provável é a presença da variável aleatória na vizinhança de a.

Exemplo 1d

Se X é contínua com função distribuição F_X e função densidade f_X, determine a função densidade de $Y = 2X$.

Solução Vamos determinar f_Y de duas maneiras. A primeira maneira é deduzir, e depois derivar, a função distribuição de Y:

$$\begin{aligned} F_Y(a) &= P\{Y \leq a\} \\ &= P\{2X \leq a\} \\ &= P\{X \leq a/2\} \\ &= F_X(a/2) \end{aligned}$$

A derivada dessa função é

$$f_Y(a) = \frac{1}{2} f_X(a/2)$$

Outra maneira de determinar f_Y é observar que

$$\begin{aligned} \epsilon f_Y(a) &\approx P\{a - \frac{\epsilon}{2} \leq Y \leq a + \frac{\epsilon}{2}\} \\ &= P\{a - \frac{\epsilon}{2} \leq 2X \leq a + \frac{\epsilon}{2}\} \\ &= P\{\frac{a}{2} - \frac{\epsilon}{4} \leq X \leq \frac{a}{2} + \frac{\epsilon}{4}\} \\ &\approx \frac{\epsilon}{2} f_X(a/2) \end{aligned}$$

Dividindo por ε, obtemos o mesmo resultado anterior. ■

5.2 ESPERANÇA E VARIÂNCIA DE VARIÁVEIS ALEATÓRIAS CONTÍNUAS

No Capítulo 4, definimos o valor esperado de uma variável aleatória discreta X como

$$E[X] = \sum_x x P\{X = x\}$$

Se X é uma variável aleatória contínua com função densidade de probabilidade $f(x)$, então, como

$$f(x)\,dx \approx P\{x \leq X \leq x + dx\} \quad \text{para } dx \text{ pequeno}$$

é fácil mostrar que é análogo definir o valor esperado de X como

$$E[X] = \int_{-\infty}^{\infty} x f(x)\,dx$$

Exemplo 2a

Determine $E[X]$ quando a função densidade de X é

$$f(x) = \begin{cases} 2x & \text{se } 0 \leq x \leq 1 \\ 0 & \text{caso contrário} \end{cases}$$

Solução

$$\begin{aligned} E[X] &= \int x f(x)\, dx \\ &= \int_0^1 2x^2\, dx \\ &= \frac{2}{3} \end{aligned}$$ ∎

Exemplo 2b

A função densidade de X é dada por

$$f(x) = \begin{cases} 1 & \text{se } 0 \leq x \leq 1 \\ 0 & \text{caso contrário} \end{cases}$$

Determine $E[e^X]$.

Solução Seja $Y = e^X$. Começamos determinando F_Y, a função distribuição de probabilidade de Y. Agora, para $1 \leq x \leq e$,

$$\begin{aligned} F_Y(x) &= P\{Y \leq x\} \\ &= P\{e^X \leq x\} \\ &= P\{X \leq \log(x)\} \\ &= \int_0^{\log(x)} f(y)\, dy \\ &= \log(x) \end{aligned}$$

Derivando $F_Y(x)$, podemos concluir que a função densidade de probabilidade de Y é dada por

$$f_Y(x) = \frac{1}{x} \quad 1 \leq x \leq e$$

Portanto,

$$\begin{aligned} E[e^X] = E[Y] &= \int_{-\infty}^{\infty} x f_Y(x)\, dx \\ &= \int_1^e dx \\ &= e - 1 \end{aligned}$$ ∎

Embora o método empregado no Exemplo 2b para calcular o valor esperado de uma função de X seja sempre aplicável, existe, como no caso discreto, uma maneira alternativa de se proceder. A seguir, temos uma analogia direta da Proposição 4.1 do Capítulo 4.

Proposição 2.1 Se X é uma variável aleatória contínua com função densidade de probabilidade $f(x)$, então, para qualquer função de valor real g,

$$E[g(X)] = \int_{-\infty}^{\infty} g(x)f(x)\,dx$$

A aplicação da Proposição 2.1 no Exemplo 2b resulta em

$$E[e^X] = \int_0^1 e^x\,dx \quad \text{já que} f(x) = 1, \quad 0 < x < 1$$
$$= e - 1$$

o que concorda com o resultado obtido naquele exemplo.

A demonstração da Proposição 2.1 é mais envolvente do que aquela de seu análogo para variáveis aleatórias discretas. Vamos apresentar esta prova considerando que a variável aleatória $g(X)$ é não negativa (a demonstração geral, que se segue o argumento que apresentamos, é indicada nos Exercícios Teóricos 5.2 e 5.3). Precisaremos do lema a seguir, que é de interesse independente.

Lema 2.1

Para uma variável aleatória não negativa Y,

$$E[Y] = \int_0^{\infty} P\{Y > y\}\,dy$$

Demonstração Apresentamos uma demonstração para o caso em que Y é uma variável aleatória contínua com função densidade de probabilidade f_Y. Temos

$$\int_0^{\infty} P\{Y > y\}\,dy = \int_0^{\infty} \int_y^{\infty} f_Y(x)\,dx\,dy$$

onde usamos o fato de que $P\{Y > y\} = \int_y^{\infty} f_Y(x)\,dx$. Trocando a ordem de integração na equação anterior, obtemos

$$\int_0^{\infty} P\{Y > y\}\,dy = \int_0^{\infty} \left(\int_0^x dy\right) f_Y(x)\,dx$$
$$= \int_0^{\infty} x f_Y(x)\,dx$$
$$= E[Y] \qquad \blacksquare$$

Demonstração da Proposição 2.1 Do Lema 2.1, para qualquer função g para a qual $g(x) \geq 0$,

$$\begin{aligned}
E[g(X)] &= \int_0^\infty P\{g(X) > y\}\, dy \\
&= \int_0^\infty \int_{x:g(x)>y} f(x)\, dx\, dy \\
&= \int_{x:g(x)>0} \int_0^{g(x)} dy\, f(x)\, dx \\
&= \int_{x:g(x)>0} g(x)f(x)\, dx
\end{aligned}$$

o que completa a demonstração.

Exemplo 2c

Uma vareta de comprimento 1 é dividida em um ponto U que é uniformemente distribuído ao longo do intervalo $(0,1)$. Determine o comprimento esperado do pedaço que contém o ponto p, $0 \leq p \leq 1$.

Solução Seja $L_p(U)$ o tamanho do pedaço da vareta que contém o ponto p, e note que

$$L_p(U) = \begin{cases} 1 - U & U < p \\ U & U > p \end{cases}$$

(Veja a Figura 5.2.) Com isso, da Proposição 2.1,

$$\begin{aligned}
E[L_p(U)] &= \int_0^1 L_p(u)\, du \\
&= \int_0^p (1-u)du + \int_p^1 u\, du \\
&= \frac{1}{2} - \frac{(1-p)^2}{2} + \frac{1}{2} - \frac{p^2}{2} \\
&= \frac{1}{2} + p(1-p)
\end{aligned}$$

Já que $p(1-p)$ é maximizado quando $p = 1/2$, é interessante notar que o comprimento esperado do pedaço da vareta que contém o ponto p é maximizado quando p está no ponto central da vareta original. ∎

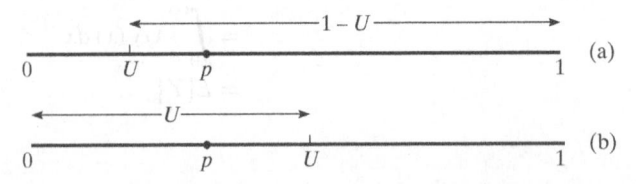

Figura 5.2 Pedaço da vareta contendo o ponto p: (a) $U < p$; (b) $U > p$.

Exemplo 2d

Suponha que se você estiver adiantado s minutos para um compromisso, então você tem que arcar com o custo cs. Do contrário, se estiver atrasado s minutos, você incorre no custo ks. Suponha também que o tempo de viagem de onde você está no momento para o local de seu compromisso é uma variável aleatória contínua com função densidade de probabilidade f. Determine o momento em que você deve sair se você quiser minimizar o seu custo esperado.

Solução Seja X o tempo de viagem. Se você sair t minutos antes de seu compromisso, então seu custo – chame-o de $C_t(X)$ – é dado por

$$C_t(X) = \begin{cases} c(t - X) & \text{se } X \le t \\ k(X - t) & \text{se } X \ge t \end{cases}$$

Portanto,

$$\begin{aligned} E[C_t(X)] &= \int_0^\infty C_t(x) f(x)\, dx \\ &= \int_0^t c(t - x) f(x)\, dx + \int_t^\infty k(x - t) f(x)\, dx \\ &= ct \int_0^t f(x)\, dx - c \int_0^t x f(x)\, dx + k \int_t^\infty x f(x)\, dx - kt \int_t^\infty f(x)\, dx \end{aligned}$$

O valor de t que minimiza $E[C_t(X)]$ pode agora ser obtido com o auxílio da disciplina de cálculo. Derivando, obtemos

$$\begin{aligned} \frac{d}{dt} E[C_t(X)] &= ct f(t) + c F(t) - ct f(t) - kt f(t) + kt f(t) - k[1 - F(t)] \\ &= (k + c) F(t) - k \end{aligned}$$

Igualando o lado direito a zero, vemos que o custo mínimo esperado é obtido quando você sai t^* minutos antes de seu compromisso, onde t^* satisfaz a

$$F(t^*) = \frac{k}{k + c}$$ ∎

Como no Capítulo 4, podemos usar a Proposição 2.1 para mostrar o seguinte.

Corolário 2.1 Se a e b são constantes, então
$$E[aX + b] = aE[X] + b$$

A prova do Corolário 2.1 para uma variável aleatória contínua é igual àquela dada para uma variável aleatória discreta. A única mudança é que a soma é trocada por uma integral e a função de probabilidade é trocada por uma função densidade de probabilidade.

A variância de uma variável aleatória contínua é definida de forma exatamente igual à de uma variável aleatória discreta. Isto é, se X é uma variável aleatória com valor esperado μ, então a variância de X é definida (para qualquer tipo de variável aleatória) como

$$\text{Var}(X) = E[(X - \mu)^2]$$

A fórmula alternativa

$$\text{Var}(X) = E[X^2] - (E[X])^2$$

é estabelecida de maneira similar à sua contrapartida no caso discreto.

Exemplo 2e
Determine Var(X) para a variável aleatória X do Exemplo 2a.

Solução Primeiro computamos $E[X^2]$.

$$\begin{aligned} E[X^2] &= \int_{-\infty}^{\infty} x^2 f(x)\,dx \\ &= \int_0^1 2x^3\,dx \\ &= \frac{1}{2} \end{aligned}$$

Com isso, como $E[X] = 2/3$, obtemos

$$\text{Var}(X) = \frac{1}{2} - \left(\frac{2}{3}\right)^2 = \frac{1}{18}$$ ■

Pode-se mostrar que, para a e b constantes,

$$\text{Var}(aX + b) = a^2 \text{Var}(X)$$

A demonstração imita aquela dada para variáveis aleatórias discretas.

Existem várias classes importantes de variáveis aleatórias contínuas que aparecem frequentemente em aplicações de probabilidade; as próximas seções são dedicadas ao estudo de algumas delas.

5.3 A VARIÁVEL ALEATÓRIA UNIFORME

Diz-se que uma variável aleatória é distribuída uniformemente ao longo do intervalo $(0, 1)$ se a sua função densidade de probabilidade é dada por

$$f(x) = \begin{cases} 1 & 0 < x < 1 \\ 0 & \text{caso contrário} \end{cases} \quad (3.1)$$

Note que a Equação (3.1) é uma função densidade de probabilidade, já que $f(x) \geq 0$ e $\int_{-\infty}^{\infty} f(x)\,dx = \int_0^1 dx = 1$. Como $f(x) > 0$ somente quando $x \in (0, 1)$, tem-se como consequência que X deve assumir um valor no intervalo $(0, 1)$. Também, como $f(x)$ é constante para $x \in (0, 1)$, X tem a mesma probabilidade de estar na vizinhança de qualquer valor em $(0, 1)$. Para verificar essa afirmação, observe que, para $0 < a < b < 1$,

$$P\{a \leq X \leq b\} = \int_a^b f(x)\,dx = b - a$$

Capítulo 5 • Variáveis Aleatórias Contínuas 241

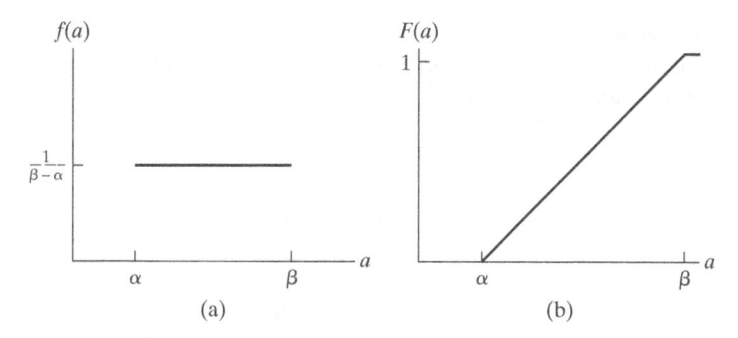

Figura 5.3 Gráfico de (a) f(a) e (b) F(a) para uma variável aleatória uniforme (α, β).

Em outras palavras, a probabilidade de que X esteja em qualquer subintervalo particular de $(0, 1)$ é igual ao comprimento desse subintervalo.

Em geral, dizemos que X é uma variável aleatória uniforme no intervalo (α, β) se a função densidade de probabilidade de X é dada por

$$f(x) = \begin{cases} \dfrac{1}{\beta - \alpha} & \text{se } \alpha < x < \beta \\ 0 & \text{caso contrário} \end{cases} \quad (3.2)$$

Como $F(a) = \int_{-\infty}^{a} f(x)\, dx$, decorre da Equação (3.2) que a função distribuição de uma variável aleatória uniforme no intervalo (α, β) é dada por

$$F(a) = \begin{cases} 0 & a \leq \alpha \\ \dfrac{a - \alpha}{\beta - \alpha} & \alpha < a < \beta \\ 1 & a \geq \beta \end{cases}$$

A Figura 5.3 apresenta um gráfico de $f(a)$ e $F(a)$.

Exemplo 3a

Suponha que a variável aleatória X esteja uniformemente distribuída ao longo de (α, β). Determine (a) $E[X]$ e (b) $\text{Var}(X)$.

Solução (a)

$$\begin{aligned} E[X] &= \int_{-\infty}^{\infty} x f(x)\, dx \\ &= \int_{\alpha}^{\beta} \frac{x}{\beta - \alpha}\, dx \\ &= \frac{\beta^2 - \alpha^2}{2(\beta - \alpha)} \\ &= \frac{\beta + \alpha}{2} \end{aligned}$$

Colocando em palavras, o valor esperado de uma variável aleatória uniformemente distribuída ao longo de algum intervalo é igual ao ponto central desse intervalo.

(b) Para determinar Var(X), primeiro calculamos $E[X^2]$.

$$E[X^2] = \int_\alpha^\beta \frac{1}{\beta - \alpha} x^2 \, dx$$
$$= \frac{\beta^3 - \alpha^3}{3(\beta - \alpha)}$$
$$= \frac{\beta^2 + \alpha\beta + \alpha^2}{3}$$

Com isso,

$$\text{Var}(X) = \frac{\beta^2 + \alpha\beta + \alpha^2}{3} - \frac{(\alpha + \beta)^2}{4}$$
$$= \frac{(\beta - \alpha)^2}{12}$$

Portanto, a variância de uma variável aleatória uniformemente distribuída ao longo de algum intervalo é igual ao quadrado do comprimento daquele intervalo dividido por 12. ■

Exemplo 3b
Se a variável aleatória X é uniformemente distribuída ao longo de (0, 10), calcule a probabilidade de que (a) $X < 3$, (b) $X > 6$ e (c) $3 < X < 8$.

Solução (a) $P\{X < 3\} = \int_0^3 \frac{1}{10} dx = \frac{3}{10}$

(b) $P\{X > 6\} = \int_6^{10} \frac{1}{10} dx = \frac{4}{10}$

(c) $P\{3 < X < 8\} = \int_3^8 \frac{1}{10} dx = \frac{1}{2}$ ■

Exemplo 3c
Ônibus chegam em uma determinada parada em intervalos de 15 minutos começando às 7:00. Isto é, eles chegam às 7:00, 7:15, 7:30, 7:45, e assim por diante. Se um passageiro chega na parada em um instante de tempo que é uniformemente distribuído entre 7:00 e 7:30, determine a probabilidade de que ele espere

(a) menos que 5 minutos por um ônibus;
(b) mais de 10 minutos por um ônibus.

Solução Suponha que X represente o número de minutos após as 7:00 em que o passageiro chega na parada. Como X é uma variável aleatória uniforme ao longo do intervalo (0, 30), tem-se que o passageiro terá que esperar menos que 5 minutos se (e somente se) ele chegar entre 7:10 e 7:15 ou entre 7:25 e 7:30. Com isso, a probabilidade desejada para a letra (a) é

$$P\{10 < X < 15\} + P\{25 < X < 30\} = \int_{10}^{15} \frac{1}{30} dx + \int_{25}^{30} \frac{1}{30} dx = \frac{1}{3}$$

Similarmente, ele teria que esperar mais de 10 minutos se ele chegasse entre 7:00 e 7:05 ou entre 7:15 e 7:20, e a probabilidade desejada para a letra (b) é

$$P\{0 < X < 5\} + P\{15 < X < 20\} = \frac{1}{3}$$ ■

O próximo exemplo foi considerado pela primeira vez pelo matemático francês Joseph L. F. Bertrand em 1889 e é frequentemente chamado de *paradoxo de Bertrand*. Ele representa nossa introdução a um assunto comumente chamado de probabilidade geométrica.

Exemplo 3d
Considere uma corda aleatória de um círculo. Qual é a probabilidade de que o comprimento da corda seja maior do que o lado do triângulo equilátero inscrito nesse círculo?

Solução Na forma em que está enunciado, não há como resolver esse problema porque não está claro o que se quer dizer por corda aleatória. Para dar sentido a essa frase, vamos reformular o problema de duas maneiras distintas.

A primeira formulação é a seguinte: a posição da corda pode ser determinada por sua distância em relação ao centro do círculo. Essa distância deve estar entre 0 e r, o raio do círculo. Agora, o comprimento da corda será maior do que o lado do triângulo equilátero inscrito no círculo se a distância da corda para o centro do círculo for menor que $r/2$. Com isso, supondo que uma corda aleatória seja uma corda cuja distância D até o centro do círculo esteja uniformemente distribuída entre 0 e r, vemos que a probabilidade de que o comprimento da corda seja maior do que o lado do triângulo inscrito é

$$P\left\{D < \frac{r}{2}\right\} = \frac{r/2}{r} = \frac{1}{2}$$

Para nossa segunda formulação do problema, considere uma corda arbitrária do círculo; em uma das extremidades da corda, desenhe uma tangente. O ângulo θ entre a corda e a tangente, que pode variar entre 0 e 180°, determina a posição da corda (veja a Figura 5.4). Além disso, o comprimento da corda será maior que o lado do triângulo equilátero inscrito se o ângulo θ estiver entre 60° e 120°. Portanto, supondo que uma corda aleatória seja uma corda cujo ângulo θ esteja uniformemente distribuído entre 0° e 180°, vemos que a resposta desejada a partir desta formulação é

$$P\{60 < \theta < 120\} = \frac{120 - 60}{180} = \frac{1}{3}$$

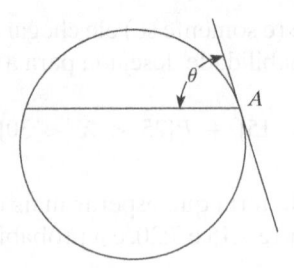

Figura 5.4

Note que experimentos aleatórios podem ser realizados de tal forma que 1/2 ou 1/3 sejam a probabilidade correta. Por exemplo, se um disco circular de raio r fosse jogado em uma tábua graduada com linhas paralelas separadas por uma distância $2r$, então uma e apenas uma dessas linhas atravessaria o disco e formaria uma corda. Todas as distâncias dessa corda até o centro do disco têm a mesma probabilidade de ocorrer, de forma que a probabilidade desejada de que o comprimento da corda seja maior do que o lado de um triângulo equilátero inscrito é igual a 1/2. Em contraste, se o experimento consistisse em fazer girar uma agulha livremente em torno do ponto A na borda do círculo (veja a Figura 5.4), a resposta desejada seria 1/3. ■

5.4 VARIÁVEIS ALEATÓRIAS NORMAIS

Dizemos que X é uma variável aleatória normal, ou simplesmente que X é normalmente distribuída, com parâmetros μ e σ^2, se a função densidade de X é dada por

$$f(x) = \frac{1}{\sqrt{2\pi}\sigma} e^{-(x-\mu)^2/2\sigma^2} \qquad -\infty < x < \infty$$

A função densidade é uma curva em forma de sino simétrica em relação a μ (veja a Figura 5.5).

A distribuição normal foi introduzida pelo matemático francês Abraham DeMoivre em 1733, que a utilizou para obter aproximações probabilísticas associadas a variáveis aleatórias binomiais com parâmetro n grande. Esse resultado foi mais tarde estendido por Laplace e outros e hoje está incorporado em um teorema probabilístico conhecido como o teorema do limite central, que é discutido no Capítulo 8. O teorema do limite central, um dos dois resultados mais importantes na teoria da probabilidade*, fornece uma base teórica para a observação empírica frequentemente notada de que, na prática, muitos fenômenos aleatórios obedecem, pelo menos aproximadamente, a uma distribuição de probabilidade normal. Alguns exemplos de fenômenos aleatórios que

---

* A outra é a lei forte dos grandes números.

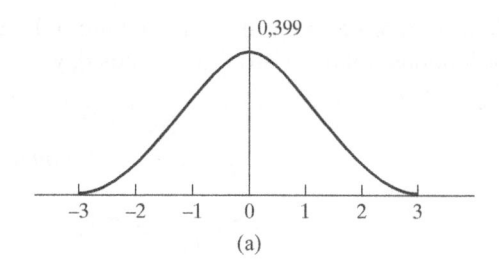

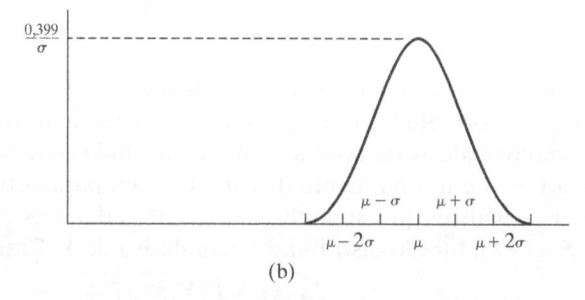

Figura 5.5 Função densidade de probabilidade normal: (a) $\mu = 0$, $\sigma = 1$; (b) μ e σ^2 arbitrários.

seguem esse comportamento são a altura de um homem, a velocidade de uma molécula de gás em qualquer direção, e o erro cometido na medição de uma grandeza física.

Para provar que $f(x)$ é de fato uma função densidade de probabilidade, precisamos mostrar que

$$\frac{1}{\sqrt{2\pi}\sigma} \int_{-\infty}^{\infty} e^{-(x-\mu)^2/2\sigma^2}\, dx = 1$$

Fazendo a substituição $y = (x - \mu)/\sigma$, vemos que

$$\frac{1}{\sqrt{2\pi}\sigma} \int_{-\infty}^{\infty} e^{-(x-\mu)^2/2\sigma^2}\, dx = \frac{1}{\sqrt{2\pi}} \int_{-\infty}^{\infty} e^{-y^2/2}\, dy$$

Com isso, precisamos mostrar que

$$\int_{-\infty}^{\infty} e^{-y^2/2}\, dy = \sqrt{2\pi}$$

Com esse objetivo, considere $I = \int_{-\infty}^{\infty} e^{-y^2/2}\, dy$. Então,

$$I^2 = \int_{-\infty}^{\infty} e^{-y^2/2}\, dy \int_{-\infty}^{\infty} e^{-x^2/2}\, dx$$

$$= \int_{-\infty}^{\infty} \int_{-\infty}^{\infty} e^{-(y^2+x^2)/2}\, dy\, dx$$

Avaliamos agora a integral dupla por meio de uma mudança de variáveis para coordenadas polares (isto é, $x = r \cos \theta$, $y = r \sen \theta$, e $dy\, dx = r\, d\theta\, dr$). Assim,

$$I^2 = \int_0^\infty \int_0^{2\pi} e^{-r^2/2} r\, d\theta\, dr$$
$$= 2\pi \int_0^\infty r e^{-r^2/2} dr$$
$$= -2\pi e^{-r^2/2}\Big|_0^\infty$$
$$= 2\pi$$

Com isso, $I = \sqrt{2\pi}$ e o resultado está demonstrado.

Um importante fato a respeito de variáveis aleatórias normais é que se X é uma variável aleatória normalmente distribuída com parâmetros μ e σ^2, então $Y = aX + b$ é normalmente distribuída com parâmetros $a\mu + b$ e $a^2\sigma^2$. Para provar essa afirmação, suponha que $a > 0$ (a demonstração para $a < 0$ é similar). Seja F_Y a função distribuição cumulativa de Y. Então,

$$F_Y(x) = P\{Y \leq x\}$$
$$= P\{aX + b \leq x\}$$
$$= P\{X \leq \frac{x-b}{a}\}$$
$$= F_X(\frac{x-b}{a})$$

onde F_X é a função distribuição cumulativa de X. Calculando a derivada, a função densidade de Y é então

$$f_Y(x) = \frac{1}{a} f_X(\frac{x-b}{a})$$
$$= \frac{1}{\sqrt{2\pi} a\sigma} \exp\{-(\frac{x-b}{a} - \mu)^2/2\sigma^2\}$$
$$= \frac{1}{\sqrt{2\pi} a\sigma} \exp\{-(x - b - a\mu)^2/2(a\sigma)^2\}$$

o que mostra que Y é normal com parâmetros $a\mu + b$ e $a^2\sigma^2$.

Uma implicação importante do resultado anterior é que se X é normalmente distribuída com parâmetros μ e σ^2, então $Z = (X - \mu)/\sigma$ é normalmente distribuída com parâmetros 0 e 1. Tal variável aleatória é chamada de variável aleatória normal *padrão* ou *unitária*.

Mostramos agora que os parâmetros μ e σ^2 de uma variável aleatória normal representam, respectivamente, o seu valor esperado e a sua variância.

Exemplo 4a

Determine $E[X]$ e $\Var(X)$ quando X é uma variável aleatória normal com parâmetros μ e σ^2.

Solução Vamos começar determinando a média e a variância de uma variável aleatória normal padrão $Z = (X - \mu)/\sigma$. Temos

$$E[Z] = \int_{-\infty}^{\infty} x f_Z(x)\, dx$$
$$= \frac{1}{\sqrt{2\pi}} \int_{-\infty}^{\infty} x e^{-x^2/2}\, dx$$
$$= -\frac{1}{\sqrt{2\pi}} e^{-x^2/2} \Big|_{-\infty}^{\infty}$$
$$= 0$$

Assim,

$$\text{Var}(Z) = E[Z^2]$$
$$= \frac{1}{\sqrt{2\pi}} \int_{-\infty}^{\infty} x^2 e^{-x^2/2}\, dx$$

Integrando por partes (com $u = x$ e $dv = xe^{-x^2/2}$), obtemos

$$\text{Var}(Z) = \frac{1}{\sqrt{2\pi}} \left(-xe^{-x^2/2}\Big|_{-\infty}^{\infty} + \int_{-\infty}^{\infty} e^{-x^2/2}\, dx\right)$$
$$= \frac{1}{\sqrt{2\pi}} \int_{-\infty}^{\infty} e^{-x^2/2}\, dx$$
$$= 1$$

Como $X = \mu + \sigma Z$, temos como resultados

$$E[X] = \mu + \sigma E[Z] = \mu$$

e

$$\text{Var}(X) = \sigma^2 \text{Var}(Z) = \sigma^2 \qquad \blacksquare$$

É costumeiro representar a função distribuição cumulativa de uma variável aleatória normal padrão como $\Phi(x)$. Isto é,

$$\Phi(x) = \frac{1}{\sqrt{2\pi}} \int_{-\infty}^{x} e^{-y^2/2}\, dy$$

Os valores de $\Phi(x)$ para x não negativo são dados na Tabela 5.1. Para valores negativos de x, o valor de $\Phi(x)$ pode ser obtido a partir da relação

$$\Phi(-x) = 1 - \Phi(x) \qquad -\infty < x < \infty \qquad (4.1)$$

A demonstração da Equação (4.1), que resulta da simetria da função densidade normal padrão, é deixada como exercício. Essa equação diz que se Z é uma variável aleatória normal padrão, então

$$P\{Z \leq -x\} = P\{Z > x\} \qquad -\infty < x < \infty$$

Tabela 5.1 Área Φ(x) sob a curva normal padrão à esquerda de x

X	0,00	0,01	0,02	0,03	0,04	0,05	0,06	0,07	0,08	0,09
0,0	0,5000	0,5040	0,5080	0,5120	0,5160	0,5199	0,5239	0,5279	0,5319	0,5359
0,1	0,5398	0,5438	0,5478	0,5517	0,5557	0,5596	0,5636	0,5675	0,5714	0,5753
0,2	0,5793	0,5832	0,5871	0,5910	0,5948	0,5987	0,6026	0,6064	0,6103	0,6141
0,3	0,6179	0,6217	0,6255	0,6293	0,6331	0,6368	0,6406	0,6443	0,6480	0,6517
0,4	0,6554	0,6591	0,6628	0,6664	0,6700	0,6736	0,6772	0,6808	0,6844	0,6879
0,5	0,6915	0,6950	0,6985	0,7019	0,7054	0,7088	0,7123	0,7157	0,7190	0,7224
0,6	0,7257	0,7291	0,7324	0,7357	0,7389	0,7422	0,7454	0,7486	0,7517	0,7549
0,7	0,7580	0,7611	0,7642	0,7673	0,7704	0,7734	0,7764	0,7794	0,7823	0,7852
0,8	0,7881	0,7910	0,7939	0,7967	0,7995	0,8023	0,8051	0,8078	0,8106	0,8133
0,9	0,8159	0,8186	0,8212	0,8238	0,8264	0,8289	0,8315	0,8340	0,8365	0,8389
1,0	0,8413	0,8438	0,8461	0,8485	0,8508	0,8531	0,8554	0,8577	0,8599	0,8621
1,1	0,8643	0,8665	0,8686	0,8708	0,8729	0,8749	0,8770	0,8790	0,8810	0,8830
1,2	0,8849	0,8869	0,8888	0,8907	0,8925	0,8944	0,8962	0,8980	0,8997	0,9015
1,3	0,9032	0,9049	0,9066	0,9082	0,9099	0,9115	0,9131	0,9147	0,9162	0,9177
1,4	0,9192	0,9207	0,9222	0,9236	0,9251	0,9265	0,9279	0,9292	0,9306	0,9319
1,5	0,9332	0,9345	0,9357	0,9370	0,9382	0,9394	0,9406	0,9418	0,9429	0,9441
1,6	0,9452	0,9463	0,9474	0,9484	0,9495	0,9505	0,9515	0,9525	0,9535	0,9545
1,7	0,9554	0,9564	0,9573	0,9582	0,9591	0,9599	0,9608	0,9616	0,9625	0,9633
1,8	0,9641	0,9649	0,9656	0,9664	0,9671	0,9678	0,9686	0,9693	0,9699	0,9706
1,9	0,9713	0,9719	0,9726	0,9732	0,9738	0,9744	0,9750	0,9756	0,9761	0,9767
2,0	0,9772	0,9778	0,9783	0,9788	0,9793	0,9798	0,9803	0,9808	0,9812	0,9817
2,1	0,9821	0,9826	0,9830	0,9834	0,9838	0,9842	0,9846	0,9850	0,9854	0,9857
2,2	0,9861	0,9864	0,9868	0,9871	0,9875	0,9878	0,9881	0,9884	0,9887	0,9890
2,3	0,9893	0,9896	0,9898	0,9901	0,9904	0,9906	0,9909	0,9911	0,9913	0,9916
2,4	0,9918	0,9920	0,9922	0,9925	0,9927	0,9929	0,9931	0,9932	0,9934	0,9936
2,5	0,9938	0,9940	0,9941	0,9943	0,9945	0,9946	0,9948	0,9949	0,9951	0,9952
2,6	0,9953	0,9955	0,9956	0,9957	0,9959	0,9960	0,9961	0,9962	0,9963	0,9964
2,7	0,9965	0,9966	0,9967	0,9968	0,9969	0,9970	0,9971	0,9972	0,9973	0,9974
2,8	0,9974	0,9975	0,9976	0,9977	0,9977	0,9978	0,9979	0,9979	0,9980	0,9981
2,9	0,9981	0,9982	0,9982	0,9983	0,9984	0,9984	0,9985	0,9985	0,9986	0,9986
3,0	0,9987	0,9987	0,9987	0,9988	0,9988	0,9989	0,9989	0,9989	0,9990	0,9990
3,1	0,9990	0,9991	0,9991	0,9991	0,9992	0,9992	0,9992	0,9992	0,9993	0,9993
3,2	0,9993	0,9993	0,9994	0,9994	0,9994	0,9994	0,9994	0,9995	0,9995	0,9995
3,3	0,9995	0,9995	0,9995	0,9996	0,9996	0,9996	0,9996	0,9996	0,9996	0,9997
3,4	0,9997	0,9997	0,9997	0,9997	0,9997	0,9997	0,9997	0,9997	0,9997	0,9998

Como $Z = (X - \mu)/\sigma$ é uma variável aleatória normal padrão sempre que X é normalmente distribuída com parâmetros μ e σ^2, tem-se que a função distribuição de X pode ser escrita como

$$F_X(a) = P\{X \leq a\} = P\left(\frac{X - \mu}{\sigma} \leq \frac{a - \mu}{\sigma}\right) = \Phi\left(\frac{a - \mu}{\sigma}\right)$$

Exemplo 4b

Se X é uma variável aleatória normal com parâmetros $\mu = 3$ e $\sigma^2 = 9$, determine (a) $P\{2 < X < 5\}$; (b) $P\{X > 0\}$; (c) $P\{|X - 3| > 6\}$.

Solução (a)

$$P\{2 < X < 5\} = P\left\{\frac{2-3}{3} < \frac{X-3}{3} < \frac{5-3}{3}\right\}$$

$$= P\left\{-\frac{1}{3} < Z < \frac{2}{3}\right\}$$

$$= \Phi\left(\frac{2}{3}\right) - \Phi\left(-\frac{1}{3}\right)$$

$$= \Phi\left(\frac{2}{3}\right) - \left[1 - \Phi\left(\frac{1}{3}\right)\right] \approx 0{,}3779$$

(b)

$$P\{X > 0\} = P\left\{\frac{X-3}{3} > \frac{0-3}{3}\right\} = P\{Z > -1\}$$

$$= 1 - \Phi(-1)$$
$$= \Phi(1)$$
$$\approx 0{,}8413$$

(c)

$$P\{|X - 3| > 6\} = P\{X > 9\} + P\{X < -3\}$$

$$= P\left\{\frac{X-3}{3} > \frac{9-3}{3}\right\} + P\left\{\frac{X-3}{3} < \frac{-3-3}{3}\right\}$$

$$= P\{Z > 2\} + P\{Z < -2\}$$
$$= 1 - \Phi(2) + \Phi(-2)$$
$$= 2[1 - \Phi(2)]$$
$$\approx 0{,}0456$$

Exemplo 4c

Uma prova é frequentemente considerada boa (no sentido de determinar uma dispersão de conceitos válida para aqueles que os recebem) se as notas daqueles que a fizeram puderem ser aproximadas por uma função densidade normal (em outras palavras, um gráfico da frequência das notas dos alunos deve ter aproximadamente a forma de sino observada na função densidade de probabilidade normal). O professor utiliza com frequência as notas dos alunos para estimar os parâmetros normais μ e σ^2 e então atribuir o conceito A para aqueles cujas notas forem maiores que $\mu + \sigma$, B para aqueles cujas notas estiverem entre μ e $\mu + \sigma$, C para aqueles cujas notas estiverem entre $\mu - \sigma$ e μ, D para aqueles cujas notas estiverem entre $\mu - 2\sigma$ e $\mu - \sigma$, E para aqueles com notas abaixo de $\mu - 2\sigma$ (essa estratégia é às vezes chamada "de dar o conceito com base na curva"). Como

$$P\{X > \mu + \sigma\} = P\left\{\frac{X - \mu}{\sigma} > 1\right\} = 1 - \Phi(1) \approx 0{,}1587$$

$$P\{\mu < X < \mu + \sigma\} = P\left\{0 < \frac{X - \mu}{\sigma} < 1\right\} = \Phi(1) - \Phi(0) \approx 0{,}3413$$

$$P\{\mu - \sigma < X < \mu\} = P\left\{-1 < \frac{X - \mu}{\sigma} < 0\right\}$$
$$= \Phi(0) - \Phi(-1) \approx 0{,}3413$$

$$P\{\mu - 2\sigma < X < \mu - \sigma\} = P\left\{-2 < \frac{X - \mu}{\sigma} < -1\right\}$$
$$= \Phi(2) - \Phi(1) \approx 0{,}1359$$

$$P\{X < \mu - 2\sigma\} = P\left\{\frac{X - \mu}{\sigma} < -2\right\} = \Phi(-2) \approx 0{,}0228$$

tem-se que aproximadamente 16% da classe receberão um conceito A na prova, 34% um conceito B, 34% um conceito C e 14% um conceito D; 2% serão reprovados. ∎

Exemplo 4d
Um perito utilizado em um julgamento de paternidade testifica que a extensão (em dias) da gestação humana é normalmente distribuída com parâmetros $\mu = 270$ e $\sigma^2 = 100$. O réu é capaz de provar que estava fora do país durante um período que começou 290 dias antes do nascimento da criança e terminou 240 dias depois do nascimento. Se o réu é, de fato, o pai da criança, qual é a probabilidade de que a mãe possa ter tido a gestação muito longa ou muito curta indicada pela testemunha?

Solução Seja X a extensão da gestação e suponha que o réu é o pai. Então a probabilidade de que o nascimento pudesse ocorrer dentro do período indicado é

$$P\{X > 290 \text{ ou } X < 240\} = P\{X > 290\} + P\{X < 240\}$$
$$= P\left\{\frac{X - 270}{10} > 2\right\} + P\left\{\frac{X - 270}{10} < -3\right\}$$
$$= 1 - \Phi(2) + 1 - \Phi(3)$$
$$\approx 0{,}0241 \qquad \blacksquare$$

Exemplo 4e
Suponha que uma mensagem binária, formada por 0's e 1's, deva ser transmitida por fio do ponto A para o ponto B. Entretanto, dados enviados por fio estão sujeitos a ruídos de canal. Para reduzir-se a possibilidade de erro, o valor 2 é enviado quando a mensagem é 1, e o valor –2 é enviado quando a mensagem é 0. Se x, $x = \pm 2$, é o valor enviado a partir do ponto A, então R, o valor recebido no ponto B, é dado por $R = x + N$, onde N é o ruído de canal. Quando a

mensagem é recebida no ponto B, o receptor decodifica a mensagem de acordo com a regra a seguir:

Se $R \geq 0{,}5$, então conclui-se que 1 foi enviado.
Se $R < 0{,}5$, então conclui-se que 0 foi enviado.

Como o ruído de canal é, com frequência, normalmente distribuído, vamos determinar as probabilidades de erro quando N é uma variável aleatória normal padrão.

Dois tipos de erro podem ocorrer: um é que a mensagem 1 seja incorretamente identificada como sendo 0, e o outro é que o 0 possa ser incorretamente identificado como 1. O primeiro tipo de erro ocorre se mensagem for 1 e $2 + N < 0{,}5$, enquanto o segundo erro ocorre se a mensagem for 0 e $-2 + N \geq 0{,}5$. Com isso,

$$P\{\text{erro}|\text{mensagem é } 1\} = P\{N < -1{,}5\}$$
$$= 1 - \Phi(1{,}5) \approx 0{,}0668$$

e

$$P\{\text{erro}|\text{mensagem é } 0\} = P\{N \geq 2{,}5\}$$
$$= 1 - \Phi(2{,}5) \approx 0{,}0062 \quad \blacksquare$$

5.4.1 A aproximação normal para a distribuição binomial

Um importante resultado na teoria da probabilidade, conhecido como o teorema limite de DeMoivre-Laplace, diz que, quando n é grande, uma variável aleatória binomial com parâmetros n e p tem aproximadamente a mesma distribuição que uma variável aleatória normal com média e variância iguais àquelas da distribuição binomial. Esse resultado foi provado originalmente por DeMoivre em 1733 para o caso especial em que $p = 1/2$ e foi depois estendido por Laplace em 1812 para o caso de p qualquer. O teorema diz formalmente que se "padronizarmos" a distribuição binomial primeiramente subtraindo desta distribuição sua média np e então dividindo o resultado por seu desvio padrão $\sqrt{np(1-p)}$, então a função distribuição dessa variável aleatória padronizada (que tem média 0 e variância 1) convergirá para a função distribuição normal à medida que $n \to \infty$.

O teorema limite de DeMoivre e Laplace

Se S_n representa o número de sucessos que ocorrem quando n tentativas independentes, cada uma com probabilidade de sucesso p, são realizadas, então, para qualquer $a < b$,

$$P\left\{a \leq \frac{S_n - np}{\sqrt{np(1-p)}} \leq b\right\} \to \Phi(b) - \Phi(a)$$

à medida que $n \to \infty$.

Como o teorema anterior é apenas um caso especial do teorema do limite central, que se discute no Capítulo 8, não vamos apresentar a sua demonstração.

Note agora que temos duas aproximações possíveis para as probabilidades binomiais: a aproximação de Poisson, que é boa quando n é grande e p é pequeno, e a aproximação normal, que se pode mostrar como sendo muito boa quando $np(1-p)$ é grande (veja a Figura 5.6) [a aproximação normal será geralmente boa para valores de n satisfazendo $np(1-p) \geq 10$].

Exemplo 4f

Seja X o número de vezes nas quais uma moeda honesta que é jogada 40 vezes dá cara. Determine a probabilidade de que $X = 20$. Use a aproximação normal e então a compare com a solução exata.

Solução Para empregarmos a aproximação normal, note que, como a variável aleatória binomial é uma variável discreta inteira, enquanto que a variável aleatória normal é uma variável contínua, é melhor escrevermos $P\{X = i\}$ como $P\{i - 1/2 < X < i + 1/2\}$ antes de aplicarmos a aproximação normal (isso é chamado de *correção de continuidade*). Fazendo isso, obtemos

$$P\{X = 20\} = P\{19,5 \leq X < 20,5\}$$

$$= P\left\{\frac{19,5 - 20}{\sqrt{10}} < \frac{X - 20}{\sqrt{10}} < \frac{20,5 - 20}{\sqrt{10}}\right\}$$

$$\approx P\left\{-0,16 < \frac{X - 20}{\sqrt{10}} < 0,16\right\}$$

$$\approx \Phi(0,16) - \Phi(-0,16) \approx 0,1272$$

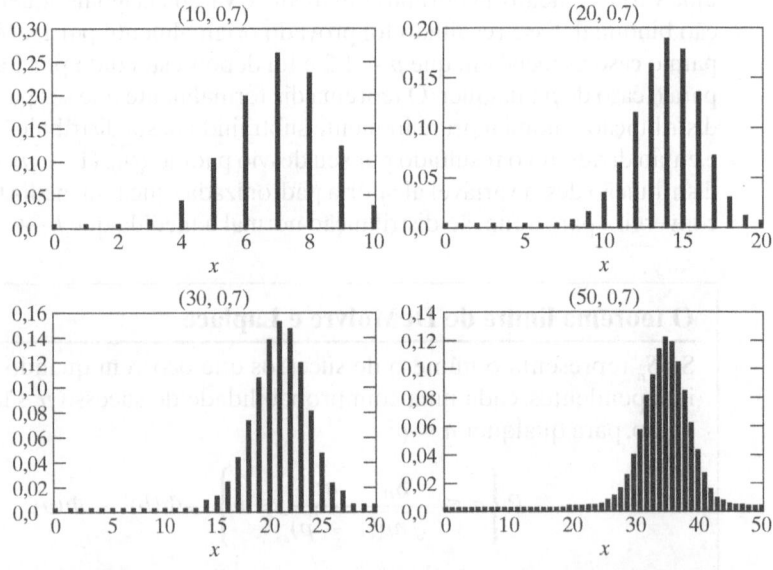

Figura 5.6 A função de probabilidade de uma variável aleatória binomial com parâmetros (n, p) se torna cada vez mais "normal" à medida que n se cresce.

O resultado exato é

$$P\{X = 20\} = \binom{40}{20}\left(\frac{1}{2}\right)^{40} \approx 0{,}1254$$

Exemplo 4g

O tamanho ideal de uma turma de primeiro ano em uma faculdade particular é de 150 alunos. A faculdade, sabendo de experiências anteriores que, em média, apenas 30% dos alunos aceitos vão de fato seguir o curso, usa a prática de aprovar os pedidos de matrícula de 450 estudantes. Calcule a probabilidade de que mais de 150 estudantes de primeiro ano frequente as aulas nesta faculdade.

Solução Se X representa o número de estudantes que seguem o curso, então X é uma variável aleatória binomial com parâmetros $n = 450$ e $p = 0{,}3$. Usando a correção de continuidade, vemos que a aproximação normal resulta em

$$P\{X \geq 150{,}5\} = P\left\{\frac{X - (450)(0{,}3)}{\sqrt{450(0{,}3)(0{,}7)}} \geq \frac{150{,}5 - (450)(0{,}3)}{\sqrt{450(0{,}3)(0{,}7)}}\right\}$$
$$\approx 1 - \Phi(1{,}59)$$
$$\approx 0{,}0559$$

Com isso, menos de 6% das vezes mais que 150 dos 450 estudantes aceitos vão de fato seguir o curso (que suposições de independência fizemos?).

Exemplo 4h

Para determinar a eficácia de certa dieta para a redução do colesterol no sangue, 100 pessoas serão analisadas. Após seguirem a dieta por um tempo suficiente, seu colesterol será medido. A nutricionista responsável pelo experimento está decidida a endossar a dieta caso pelo menos 65% das pessoas tenham, após a dieta, uma queda em seu colesterol. Qual é a probabilidade de que a nutricionista endosse a nova dieta se esta, na realidade, não tiver qualquer efeito no nível de colesterol?

Solução Vamos supor que, se a dieta não tem efeito no nível de colesterol, então, estritamente por acaso, o nível de colesterol de cada pessoa será menor do que era antes da dieta com probabilidade 1/2. Com isso, se X é o número de pessoas cujo nível de colesterol foi reduzido, então a probabilidade de que a nutricionista endosse a dieta quando esta na realidade não tem efeito no nível do colesterol é de

$$\sum_{i=65}^{100} \binom{100}{i}\left(\frac{1}{2}\right)^{100} = P\{X \geq 64{,}5\}$$
$$= P\left\{\frac{X - (100)(\frac{1}{2})}{\sqrt{100(\frac{1}{2})(\frac{1}{2})}} \geq 2{,}9\right\}$$
$$\approx 1 - \Phi(2{,}9)$$
$$\approx 0{,}0019$$

Exemplo 4i

Cinquenta e dois por cento dos moradores da cidade de Nova York são a favor da proibição do fumo em áreas públicas. Obtenha uma aproximação para a probabilidade de que mais de 50% de uma amostra aleatória de n pessoas de Nova York sejam a favor dessa proibição quando

(a) $n = 11$
(b) $n = 101$
(c) $n = 1001$

Quão grande deve ser n para fazer com que essa probabilidade seja maior que 0,95?

Solução Seja N o número de moradores da cidade de Nova York. Para responder à questão anterior, devemos primeiro entender que uma amostra de tamanho n é uma amostra tal que as n pessoas são escolhidas de maneira que cada um dos $\binom{N}{n}$ subconjuntos de n pessoas tenha a mesma chance de ser o subconjunto escolhido. Consequentemente, S_n, o número de pessoas na amostra que são favoráveis à proibição do fumo, é uma variável hipergeométrica. Isto é, S_n tem a mesma distribuição que o número de bolas brancas obtidas quando n bolas são escolhidas de uma urna de N bolas, das quais 0,52 são brancas. Mas como N e 0,52 são grandes em comparação com o tamanho da amostra n, tem-se da aproximação binomial para a distribuição hipergeométrica (veja a Seção 4.8.3) que a distribuição de S_n pode ser bem aproximada por uma distribuição binomial com parâmetros n e $p = 0,52$. A aproximação normal para a distribuição binomial mostra então que

$$P\{S_n > 0,5n\} = P\left\{\frac{S_n - 0,52n}{\sqrt{n(0,52)(0,48)}} > \frac{0,5n - 0,52n}{\sqrt{n(0,52)(0,48)}}\right\}$$

$$= P\left\{\frac{S_n - 0,52n}{\sqrt{n(0,52)(0,48)}} > -0,04\sqrt{n}\right\}$$

$$\approx \Phi(0,04\sqrt{n})$$

Assim,

$$P\{S_n > 0,5n\} \approx \begin{cases} \Phi(0,1328) = 0,5528, & \text{se } n = 11 \\ \Phi(0,4020) = 0,6562, & \text{se } n = 101 \\ \Phi(1,2665) = 0,8973, & \text{se } n = 1001 \end{cases}$$

Para que essa probabilidade seja de pelo menos 0,95, precisaríamos de $\Phi(0,04\sqrt{n}) > 0,95$. Como $\Phi(x)$ é uma função crescente e $\Phi(1,645) = 0,95$, isso significa que

$$0,04\sqrt{n} > 1,645$$

ou

$$n \geq 1691,266$$

Isto é, o tamanho da amostra deveria ser de pelo menos 1692 pessoas. ∎

Notas históricas a respeito da distribuição normal

A distribuição normal foi introduzida pelo matemático francês Abraham DeMoivre em 1733. DeMoivre, que usou essa distribuição para aproximar as probabilidades associadas a moedas, chamou-a de curva exponencial com forma de sino. Sua utilidade, no entanto, se tornou verdadeiramente clara apenas em 1809, quando o famoso matemático alemão Karl Friedrich Gauss a utilizou como uma parte integral de sua abordagem para a predição da localização de entidades astronômicas. Como resultado, tornou-se comum desde então chamá-la de *distribuição Gaussiana*.

Durante a metade e o fim do século dezenove, contudo, muitos estatísticos começaram a acreditar que a maioria dos conjuntos de dados deveria ter histogramas com a forma Gaussiana. De fato, passou-se a aceitar que seria "normal" que qualquer conjunto de dados bem-comportado seguisse essa curva. Como resultado, seguindo o estatístico britânico Karl Pearson, as pessoas começaram a chamar a curva Gaussiana simplesmente de curva *normal* (uma explicação parcial do porquê de tantos conjuntos de dados se comportarem de acordo com a curva normal é fornecida pelo teorema do limite central, que é apresentado no Capítulo 8).

Abraham DeMoivre (1667-1754)

Hoje não faltam consultores estatísticos, muitos dos quais trilhando o seu caminho nos mais elegantes ambientes. Entretanto, o primeiro de sua linhagem trabalhou, no início do século dezoito, em uma escura e suja casa de apostas em Long Acres, Londres, conhecida como a Cafeteria do Carniceiro. Ele foi Abraham DeMoivre, um refugiado protestante da França católica, que, por certa quantia, calculava as probabilidades associadas a todos os tipos de jogos de azar.

Embora DeMoivre, o descobridor da curva normal, trabalhasse em uma cafeteria, ele era um matemático de reconhecidas habilidades. De fato, ele era um membro da Sociedade Real. Diz-se inclusive que era amigo íntimo de Isaac Newton.

Veja a descrição de Karl Pearson imaginando como seria DeMoivre trabalhando na Cafeteria do Carniceiro: "*Vejo DeMoivre trabalhando em uma mesa imunda com um apostador quebrado ao seu lado e Isaac Newton avançando por entre a multidão para encontrá-lo. Isso daria um grande quadro para um artista inspirado*".

Karl Friedrich Gauss

Karl Friedrich Gauss (1777-1855), um dos primeiros usuários da curva normal, foi um dos maiores matemáticos de todos os tempos. Veja o que escreveu o historiador da matemática E. T. Bell em seu livro de 1953, *Homens da Matemática*: em um capítulo intitulado "O Príncipe dos Matemáticos", ele diz "Arquimedes, Newton e Gauss; esses três formam uma classe única entre os grandes matemáticos, e não é possível que meros mortais tentem classificá-los por ordem de mérito. Todos os três provocaram grandes agi-

> tações tanto na matemática pura quanto na matemática aplicada. Arquimedes estimava sua matemática pura mais do que suas aplicações; Newton parece ter encontrado a principal justificativa para as suas invenções matemáticas em sua utilização científica; por outro lado, Gauss declarou que para ele era a mesma coisa trabalhar com matemática pura ou aplicada".

5.5 VARIÁVEIS ALEATÓRIAS EXPONENCIAIS

Uma variável aleatória contínua cuja função densidade de probabilidade é dada, para algum $\lambda > 0$, por

$$f(x) = \begin{cases} \lambda e^{-\lambda x} & \text{se } x \geq 0 \\ 0 & \text{se } x < 0 \end{cases}$$

é chamada de variável aleatória *exponencial* (ou, mais simplesmente, de exponencialmente distribuída) com parâmetro λ. A função distribuição cumulativa $F(a)$ de uma variável aleatória exponencial é dada por

$$F(a) = P\{X \leq a\}$$
$$= \int_0^a \lambda e^{-\lambda x} dx$$
$$= -e^{-\lambda x}\big|_0^a$$
$$= 1 - e^{-\lambda a} \quad a \geq 0$$

Note que $F(\infty) = \int_0^\infty \lambda e^{-\lambda x} dx = 1$, como deve ser, é claro. Agora mostraremos que o parâmetro λ é o inverso do valor esperado.

Exemplo 5a

Seja X uma variável aleatória exponencial com parâmetro λ. Calcule (a) $E[X]$ e (b) $\text{Var}(X)$.

Solução (a) Como a função densidade é dada por

$$f(x) = \begin{cases} \lambda e^{-\lambda x} & x \geq 0 \\ 0 & x < 0 \end{cases}$$

obtemos, para $n > 0$,

$$E[X^n] = \int_0^\infty x^n \lambda e^{-\lambda x} dx$$

Integrando por partes (com $\lambda e^{-\lambda x} = dv$ e $u = x^n$), obtemos

$$E[X^n] = -x^n e^{-\lambda x}\big|_0^\infty + \int_0^\infty e^{-\lambda x} n x^{n-1} dx$$
$$= 0 + \frac{n}{\lambda} \int_0^\infty \lambda e^{-\lambda x} x^{n-1} dx$$
$$= \frac{n}{\lambda} E[X^{n-1}]$$

Fazendo $n = 1$ e depois $n = 2$, obtemos

$$E[X] = \frac{1}{\lambda}$$

$$E[X^2] = \frac{2}{\lambda}E[X] = \frac{2}{\lambda^2}$$

(b) Com isso,

$$\text{Var}(X) = \frac{2}{\lambda^2} - \left(\frac{1}{\lambda}\right)^2 = \frac{1}{\lambda^2}$$

Assim, a média de uma variável aleatória exponencial é o inverso de seu parâmetro λ, e a variância é igual ao quadrado da média. ■

Na prática, a distribuição exponencial surge frequentemente como a distribuição da quantidade de tempo até que ocorra algum evento específico. Por exemplo, a quantidade de tempo (a partir deste momento) até a ocorrência de um terremoto, ou até que uma nova guerra tenha início, ou até que um telefonema que você atenda seja engano são todas variáveis aleatórias que na prática tendem a ter distribuições exponenciais (para uma explicação teórica desse fenômeno, veja a Seção 4.7).

Exemplo 5b

Suponha que a duração de um telefonema, em minutos, seja uma variável aleatória exponencial com parâmetro $\lambda = 1/10$. Se alguém chega logo na sua frente em uma cabine telefônica, determine a probabilidade de que você tenha que esperar

(a) mais de 10 minutos;
(b) entre 10 e 20 minutos.

Solução Seja X a duração da chamada feita pela pessoa na cabine. Então, as probabilidades desejadas são

(a)
$$P\{X > 10\} = 1 - F(10)$$
$$= e^{-1} \approx 0{,}368$$

(b)
$$P\{10 < X < 20\} = F(20) - F(10)$$
$$= e^{-1} - e^{-2} \approx 0{,}233 \quad ■$$

Dizemos que uma variável aleatória não negativa é *sem memória* se

$$P\{X > s + t \mid X > t\} = P\{X > s\} \text{ para todo } s, t \geq 0 \qquad (5.1)$$

Se pensarmos em X como sendo o tempo de vida útil de algum instrumento, a Equação (5.1) diz que a probabilidade do instrumento durar por pelo menos $s + t$ horas, dado que ele tenha durado t horas, é igual à probabilidade inicial de que ele dure por pelo menos s horas. Em outras palavras, se o instrumento tem a idade t, a distribuição da quantidade de tempo restante que ele durará é igual à distribuição original de seu tempo de vida útil (em outras palavras, é como se o instrumento não se "lembrasse" de que já tenha sido usado por um tempo t).

A Equação (5.1) é equivalente a

$$\frac{P\{X > s + t, X > t\}}{P\{X > t\}} = P\{X > s\}$$

ou

$$P\{X > s + t\} = P\{X > s\}P\{X > t\} \tag{5.2}$$

Como a Equação (5.2) é satisfeita quando X é exponencialmente distribuída (para $e^{-\lambda(s+t)} = e^{-\lambda s}e^{-\lambda t}$), tem-se que variáveis aleatórias exponencialmente distribuídas são sem memória.

Exemplo 5c
Considere uma agência de correio que funciona com dois caixas. Suponha que quando o Sr. Smith entra na agência ele perceba que a Sra. Jones está sendo atendida por um dos caixas e o Sr. Brown pelo outro. Suponha também que tenham dito ao Sr. Smith que ele será atendido assim que o Sr. Brown ou a Sra. Jones sair. Se a quantidade de tempo que um caixa gasta com um cliente é distribuída exponencialmente com parâmetro λ, qual é a probabilidade de que, dos três clientes, o Sr. Smith seja o último a deixar a agência de correio?

Solução A resposta é obtida seguindo-se o raciocínio a seguir: considere o instante em que o Sr. Smith encontra um caixa livre. Neste momento, ou a Sra. Jones ou o Sr. Brown terão acabado de sair, e um deles continuará a ser atendido. Entretanto, como a variável aleatória exponencial é sem memória, tem-se que a quantidade adicional de tempo que a segunda pessoa (a Sra. Jones ou o Sr. Brown) ainda ficará na agência de correio é exponencialmente distribuída com parâmetro λ. Em outras palavras, é como se a pessoa começasse a ser atendida naquele exato momento. Com isso, por simetria, a probabilidade de que a outra pessoa termine de ser atendida antes de o Sr. Smith sair da agência deve ser igual a 1/2. ■

Vale notar que a distribuição exponencial é a única distribuição com a propriedade da falta de memória. Para ver isso, suponha que X seja sem memória e faça $\overline{F}(x) = P\{X > x\}$. Então, pela Equação (5.2),

$$\overline{F}(s + t) = \overline{F}(s)\overline{F}(t)$$

Isto é, $\overline{F}(\cdot)$ satisfaz a equação funcional

$$g(s + t) = g(s)g(t)$$

Entretanto, acontece que a única solução contínua à direita dessa equação funcional é*

$$g(x) = e^{-\lambda x} \tag{5.3}$$

e, como uma função distribuição é sempre contínua à direita, devemos ter

$$\overline{F}(x) = e^{-\lambda x} \quad \text{ou} \quad F(x) = P\{X \le x\} = 1 - e^{-\lambda x}$$

o que mostra que X é exponencialmente distribuída.

Exemplo 5d
Suponha que o número de quilômetros que um carro pode rodar sem que sua bateria se descarregue seja exponencialmente distribuído com um valor médio de 10.000 km. Se uma pessoa deseja fazer uma viagem de 5000 km, qual é a probabilidade de que ele ou ela consiga completar a viagem sem ter que trocar a bateria do carro? O que pode ser dito quando a distribuição não é exponencial?

Solução Resulta da propriedade de falta de memória da distribuição exponencial que o tempo de vida útil restante da bateria (em milhares de km) é exponencial com parâmetro $\lambda = 1/10$. Portanto, a probabilidade desejada é

$$P\{\text{tempo de vida restante} > 5\} = 1 - F(5) = e^{-5\lambda} = e^{-1/2} \approx 0{,}604$$

Entretanto, se a distribuição da vida útil F não for exponencial, então a probabilidade relevante é

$$P\{\text{vida útil} > t + 5 | \text{vida útil} > t\} = \frac{1 - F(t+5)}{1 - F(t)}$$

onde t é o número de quilômetros que a bateria já rodou antes do início da viagem. Portanto, se a distribuição não for exponencial, é necessário obter informações adicionais (isto é, o valor de t) antes que a probabilidade desejada possa ser calculada. ∎

Uma variação da distribuição exponencial é a distribuição de uma variável aleatória que tem a mesma probabilidade de ser negativa ou positiva e cujo

---

* Pode-se provar a Equação (5.3) da seguinte maneira: se $g(s + t) = g(s)g(t)$, então

$$g\left(\frac{2}{n}\right) = g\left(\frac{1}{n} + \frac{1}{n}\right) = g^2\left(\frac{1}{n}\right)$$

e, com a sua repetição, tem-se $g(m/n) = g^m(1/n)$. Além disso,

$$g(1) = g\left(\frac{1}{n} + \frac{1}{n} + \cdots + \frac{1}{n}\right) = g^n\left(\frac{1}{n}\right) \quad \text{ou} \quad g\left(\frac{1}{n}\right) = (g(1))^{1/n}$$

Portanto, $g(m/n) = (g(1))^{m/n}$, o que, como g é contínua à direita, implica que $g(x) = (g(1))^x$. Como $g(1) = \left(g\left(\frac{1}{2}\right)\right)^2 \ge 0$, obtemos $g(x) = e^{-\lambda x}$, onde $\lambda = -\log(g(1))$.

valor absoluto é distribuído exponencialmente com parâmetro λ, $\lambda \geq 0$. Diz-se que tal variável aleatória tem uma distribuição de *Laplace** e sua função densidade é dada por

$$f(x) = \frac{1}{2}\lambda e^{-\lambda|x|} \quad -\infty < x < \infty$$

Sua função distribuição é dada por

$$F(x) = \begin{cases} \frac{1}{2}\int_{-\infty}^{x} \lambda e^{\lambda x}\, dx & x < 0 \\ \frac{1}{2}\int_{-\infty}^{0} \lambda e^{\lambda x}\, dx + \frac{1}{2}\int_{0}^{x} \lambda e^{-\lambda x}\, dx & x > 0 \end{cases}$$

$$= \begin{cases} \frac{1}{2}e^{\lambda x} & x < 0 \\ 1 - \frac{1}{2}e^{-\lambda x} & x > 0 \end{cases}$$

Exemplo 5e

Considere novamente o Exemplo 4e, que supõe que uma mensagem binária seja transmitida de A para B, sendo transmitido um 2 quando a mensagem é igual a 1, e –2 quando ela é 0. Entretanto, suponha agora que, em vez de ser uma variável aleatória normal padrão, o ruído de canal N seja uma variável aleatória Laplaciana com parâmetro $\lambda = 1$. Suponha novamente que, se R é o valor recebido no ponto B, então a mensagem é decodificada da maneira a seguir:

Se $R \geq 0{,}5$, então conclui-se que 1 foi enviado.
Se $R < 0{,}5$, então conclui-se que 0 foi enviado.

Neste caso onde o ruído é Laplaciano com parâmetro $\lambda = 1$, os dois tipos de erros terão probabilidades dadas por

$$P\{\text{erro}|\text{mensagem 1 é enviada}\} = P\{N < -1{,}5\}$$
$$= \frac{1}{2}e^{-1{,}5}$$
$$\approx 0{,}1116$$
$$P\{\text{erro}|\text{mensagem 0 é enviada}\} = P\{N \geq 2{,}5\}$$
$$= \frac{1}{2}e^{-2{,}5}$$
$$\approx 0{,}041$$

Comparando-se com os resultados do Exemplo 4e, vemos que as probabilidades de erro são maiores quando o ruído é Laplaciano com $\lambda = 1$ do que quando ele é uma variável normal padrão.

---

* Ela também é chamada às vezes de variável aleatória dupla exponencial.

5.5.1 Funções taxa de risco

Considere uma variável aleatória contínua X que interpretamos como sendo a vida útil de algum item. Suponha que X tenha função distribuição F e função densidade f. A função *taxa de risco* (que é às vezes chamada de função *taxa de falhas*) $\lambda(t)$ de F é definida como

$$\lambda(t) = \frac{f(t)}{\overline{F}(t)}, \quad \text{onde} \quad \overline{F} = 1 - F$$

Para interpretar $\lambda(t)$, suponha que o item tenha existido por um tempo t e desejemos saber a probabilidade de que ele dure por um tempo adicional dt. Isto é, considere $P\{X \in (t, t + dt) | X > t\}$. Agora,

$$P\{X \in (t, t + dt) | X > t\} = \frac{P\{X \in (t, t + dt), X > t\}}{P\{X > t\}}$$
$$= \frac{P\{X \in (t, t + dt)\}}{P\{X > t\}}$$
$$\approx \frac{f(t)}{\overline{F}(t)} dt$$

Assim, $\lambda(t)$ representa a intensidade da probabilidade condicional de que um item com idade de t unidades apresente defeito.

Suponha agora que a distribuição do tempo de vida seja exponencial. Então, pela propriedade da falta de memória, tem-se que a distribuição da vida útil restante de um item com idade de t unidades é a mesma da de um item novo. Portanto, $\lambda(t)$ deve ser uma constante. De fato, isso se confirma, já que

$$\lambda(t) = \frac{f(t)}{\overline{F}(t)}$$
$$= \frac{\lambda e^{-\lambda t}}{e^{-\lambda t}}$$
$$= \lambda$$

Assim, a função taxa de falhas da distribuição exponencial é uma constante. O parâmetro λ é frequentemente chamado de *taxa* da distribuição.

Ocorre que a função taxa de falhas $f(t)$ determina unicamente a distribuição F. Para provar isso, note que, por definição,

$$\lambda(t) = \frac{\frac{d}{dt} F(t)}{1 - F(t)}$$

Integrando ambos os lados, obtemos

$$\log(1 - F(t)) = -\int_0^t \lambda(t)\, dt + k$$

ou

$$1 - F(t) = e^k \exp\left\{-\int_0^t \lambda(t)\, dt\right\}$$

Fazendo $t = 0$, obtemos $k = 0$; assim,

$$F(t) = 1 - \exp\left\{-\int_0^t \lambda(t)\, dt\right\} \qquad (5.4)$$

Com isso, a função distribuição de uma variável aleatória contínua pode ser especificada por meio de sua função taxa de risco. Por exemplo, se uma variável aleatória tem uma função taxa de risco linear – isto é, se

$$\lambda(t) = a + bt$$

então sua distribuição é dada por

$$F(t) = 1 - e^{-at-bt^2/2}$$

e, com o cálculo da derivada, obtemos sua densidade, isto é,

$$f(t) = (a + bt)e^{-(at+bt^2/2)} \quad t \geq 0$$

Quando $a = 0$, a equação anterior é conhecida como *função densidade de Rayleigh*.

Exemplo 5f
Ouve-se frequentemente que a taxa de mortalidade de pessoas que fumam é, em cada idade, duas vezes maior que a de um não fumante. O que significa isso? Significa que um não fumante tem duas vezes mais probabilidade de viver certo número de anos do que um fumante da mesma idade?

Solução Se $\lambda_s(t)$ representa a taxa de risco de um fumante com idade t e $\lambda_n(t)$ representa a taxa de risco de um não fumante com a mesma idade, então o enunciado em questão é equivalente a dizer que

$$\lambda_s(t) = 2\lambda_n(t)$$

A probabilidade de que um não fumante com A anos de idade viva até a idade $B, A < B,$ é

$P\{\text{não fumante com idade } A \text{ atinja a idade } B\}$

$= P\{\text{tempo de vida do não fumante} > B | \text{tempo de vida do não fumante} > A\}$

$$= \frac{1 - F_{\text{não}}(B)}{1 - F_{\text{não}}(A)}$$

$$= \frac{\exp\left\{-\int_0^B \lambda_n(t)\, dt\right\}}{\exp\left\{-\int_0^A \lambda_n(t)\, dt\right\}} \qquad \text{de (5.4)}$$

$$= \exp\left\{-\int_A^B \lambda_n(t)\, dt\right\}$$

enquanto que a probabilidade correspondente para um fumante é, pelo mesmo raciocínio,

$$P\{\text{fumante com idade } A \text{ atinja a idade } B\} = \exp\left\{-\int_A^B \lambda_s(t)\,dt\right\}$$

$$= \exp\left\{-2\int_A^B \lambda_n(t)\,dt\right\}$$

$$= \left[\exp\left\{-\int_A^B \lambda_n(t)\,dt\right\}\right]^2$$

Em outras palavras, para duas pessoas de mesma idade, uma delas fumante e a outra não fumante, a probabilidade de que um fumante viva até certa idade é o *quadrado* (não a metade) da probabilidade correspondente para um não fumante. Por exemplo, se $\lambda_n(t) = 1/30$, $50 \leq t \leq 60$, então a probabilidade de que um não fumante atinja a idade de 60 anos é igual a $e^{-1/3} \approx 0{,}7165$, enquanto a probabilidade correspondente para um não fumante é de $e^{-2/3} \approx 0{,}5134$. ∎

5.6 OUTRAS DISTRIBUIÇÕES CONTÍNUAS

5.6.1 A distribuição gama

Diz-se que uma variável aleatória tem distribuição gama com parâmetros (α, λ), $\lambda > 0$, $\alpha > 0$, se sua função densidade é dada por

$$f(x) = \begin{cases} \dfrac{\lambda e^{-\lambda x}(\lambda x)^{\alpha-1}}{\Gamma(\alpha)} & x \geq 0 \\ 0 & x < 0 \end{cases}$$

onde $\Gamma(\alpha)$, chamada de *função gama*, é definida como

$$\Gamma(\alpha) = \int_0^\infty e^{-y} y^{\alpha-1}\,dy$$

A integração de $\Gamma(\alpha)$ por partes resulta em

$$\begin{aligned}\Gamma(\alpha) &= -e^{-y}y^{\alpha-1}\Big|_0^\infty + \int_0^\infty e^{-y}(\alpha-1)y^{\alpha-2}\,dy \\ &= (\alpha-1)\int_0^\infty e^{-y}y^{\alpha-2}\,dy \\ &= (\alpha-1)\Gamma(\alpha-1)\end{aligned} \qquad (6.1)$$

Para valores inteiros de α, digamos $\alpha = n$, obtemos, aplicando a Equação (6.1) repetidamente,

$$\begin{aligned}\Gamma(n) &= (n-1)\Gamma(n-1) \\ &= (n-1)(n-2)\Gamma(n-2) \\ &= \cdots \\ &= (n-1)(n-2)\cdots 3 \cdot 2\Gamma(1)\end{aligned}$$

Como $\Gamma(1) = \int_0^\infty e^{-x}\, dx = 1$, tem-se que, para valores inteiros de n,

$$\Gamma(n) = (n-1)!$$

Quando α é um inteiro positivo, digamos, $\alpha = n$, a distribuição gama com parâmetros (α, λ) surge frequentemente, na prática como a distribuição da quantidade de tempo que se deve esperar até que um total de n eventos ocorra. Mais especificamente, se eventos ocorrem aleatoriamente e de acordo com os três axiomas da Seção 4.7, então a quantidade de tempo que se deve esperar até que um total de n eventos ocorra é uma variável aleatória gama com parâmetros (n, λ). Para provar isso, suponha que T_n represente o instante de ocorrência do n-ésimo evento, e note que T_n é menor ou igual a t se e somente se o número de eventos que ocorreram até o instante t for pelo menos igual a n. Isto é, com $N(t)$ igual ao número de eventos em $[0, t]$,

$$P\{T_n \leq t\} = P\{N(t) \geq n\}$$
$$= \sum_{j=n}^{\infty} P\{N(t) = j\}$$
$$= \sum_{j=n}^{\infty} \frac{e^{-\lambda t}(\lambda t)^j}{j!}$$

onde se obtém a identidade final porque o número de eventos em $[0, t]$ tem uma distribuição de Poisson com parâmetro λt. Derivando a equação anterior, obtemos agora a função densidade de T_n:

$$f(t) = \sum_{j=n}^{\infty} \frac{e^{-\lambda t} j (\lambda t)^{j-1} \lambda}{j!} - \sum_{j=n}^{\infty} \frac{\lambda e^{-\lambda t}(\lambda t)^j}{j!}$$
$$= \sum_{j=n}^{\infty} \frac{\lambda e^{-\lambda t}(\lambda t)^{j-1}}{(j-1)!} - \sum_{j=n}^{\infty} \frac{\lambda e^{-\lambda t}(\lambda t)^j}{j!}$$
$$= \frac{\lambda e^{-\lambda t}(\lambda t)^{n-1}}{(n-1)!}$$

Portanto, T_n tem a distribuição gama com parâmetros (n, λ) (essa distribuição é frequentemente chamada na literatura de *distribuição de Erlang*). Note que, quando $n = 1$, essa distribuição se reduz à distribuição exponencial.

A distribuição gama com $\lambda = 1/2$ e $\alpha = n/2$, com n inteiro positivo, é chamada de distribuição χ_n^2 (lê-se "qui-quadrado") com n graus de liberdade. A distribuição qui-quadrado surge na prática frequentemente como a distribuição do erro envolvido na tentativa de se atingir um alvo em um espaço n-dimensional quando cada erro de coordenada é normalmente distribuído. Essa distribuição é estudada no Capítulo 6, onde se detalha a sua relação com a distribuição normal.

Exemplo 6a
Seja X uma variável aleatória gama com parâmetros α e λ. Calcule (a) $E[X]$ e (b) Var (X).

Solução (a)

$$\begin{aligned} E[X] &= \frac{1}{\Gamma(\alpha)} \int_0^\infty \lambda x e^{-\lambda x} (\lambda x)^{\alpha-1} \, dx \\ &= \frac{1}{\lambda \Gamma(\alpha)} \int_0^\infty \lambda e^{-\lambda x} (\lambda x)^{\alpha} \, dx \\ &= \frac{\Gamma(\alpha + 1)}{\lambda \Gamma(\alpha)} \\ &= \frac{\alpha}{\lambda} \quad \text{pela Equação (6.1)} \end{aligned}$$

(b) Calculando primeiro $E[X^2]$, podemos mostrar que

$$\text{Var}(X) = \frac{\alpha}{\lambda^2}$$

Os detalhes são deixados como exercício. ∎

5.6.2 A distribuição de Weibull

A distribuição de Weibull é amplamente utilizada na prática devido à sua versatilidade. Ela foi originalmente proposta para a interpretação de dados de fadiga, mas agora seu uso foi estendido para muitos outros problemas de engenharia. Em particular, ela é amplamente utilizada no campo de fenômenos como a distribuição da vida útil de algum objeto, especialmente quando o modelo de "elo mais fraco" se aplica para o objeto. Isto é, considere um objeto formado por muitas partes e suponha que esse objeto estrague definitivamente quando uma de suas partes para de funcionar. É possível mostrar (tanto teorica quanto empiricamente) que a distribuição de Weibull fornece uma boa aproximação para a distribuição da vida útil do objeto.

A função distribuição de Weibull tem a forma

$$F(x) = \begin{cases} 0 & x \leq \nu \\ 1 - \exp\left\{-\left(\frac{x-\nu}{\alpha}\right)^\beta\right\} & x > \nu \end{cases} \qquad (6.2)$$

Uma variável aleatória cuja função distribuição cumulativa é dada pela Equação (6.2) é chamada de *variável aleatória de Weibull* com parâmetros ν, α e β. Derivando essa equação, obtemos

$$f(x) = \begin{cases} 0 & x \leq \nu \\ \frac{\beta}{\alpha} \left(\frac{x-\nu}{\alpha}\right)^{\beta-1} \exp\left\{-\left(\frac{x-\nu}{\alpha}\right)^\beta\right\} & x > \nu \end{cases}$$

5.6.3 A distribuição de Cauchy

Diz-se que uma variável aleatória tem uma distribuição de Cauchy com parâmetro θ, $-\infty < \theta < \infty$, se sua função densidade é dada por

$$f(x) = \frac{1}{\pi} \frac{1}{1 + (x - \theta)^2} \qquad -\infty < x < \infty$$

Exemplo 6b

Suponha que uma lanterna de feixe estreito seja girada em torno de seu centro, que está localizado a uma unidade de distância do eixo x (veja a Figura 5.7). Considere o ponto X no qual o feixe intercepta o eixo x no instante em que a lanterna para de girar (se o feixe não estiver apontando para o eixo x, repita o experimento).

Conforme indicado na Figura 5.7, o ponto X é determinado pelo ângulo θ entre a lâmpada e o eixo y; este ângulo, como se vê da situação física analisada, está uniformemente distribuído entre $-\pi/2$ e $\pi/2$. A função distribuição de X é portanto dada por

$$\begin{aligned} F(x) &= P\{X \le x\} \\ &= P\{\operatorname{tg} \theta \le x\} \\ &= P\{\theta \le \operatorname{tg}^{-1} x\} \\ &= \frac{1}{2} + \frac{1}{\pi} \operatorname{tg}^{-1} x \end{aligned}$$

onde se obtém a última igualdade porque θ, sendo uniforme no intervalo $(-\pi/2, \pi/2)$, tem distribuição

$$P\{\theta \le a\} = \frac{a - (-\pi/2)}{\pi} = \frac{1}{2} + \frac{a}{\pi} \qquad -\frac{\pi}{2} < a < \frac{\pi}{2}$$

Portanto, a função densidade de X é dada por

$$f(x) = \frac{d}{dx} F(x) = \frac{1}{\pi(1 + x^2)} \qquad -\infty < x < \infty$$

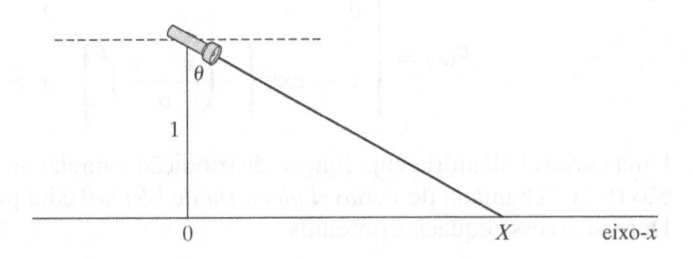

Figura 5.7

e vemos que X tem a distribuição de Cauchy.*

5.6.4 A distribuição beta

Diz-se que uma variável aleatória tem uma distribuição beta se sua densidade é dada por

$$f(x) = \begin{cases} \dfrac{1}{B(a,b)} x^{a-1}(1-x)^{b-1} & 0 < x < 1 \\ 0 & \text{caso contrário} \end{cases}$$

onde

$$B(a,b) = \int_0^1 x^{a-1}(1-x)^{b-1}\,dx$$

A distribuição beta pode ser usada para modelar um fenômeno aleatório cujo conjunto de valores possíveis é algum intervalo finito $[c, d]$ – o qual, se considerarmos que c é a origem e $d - c$ é uma unidade de medida, pode ser transformado no intervalo $[0, 1]$.

Quando $a = b$, a função densidade beta é simétrica em torno de 1/2, dando mais e mais peso para as regiões em torno de 1/2 à medida que o valor comum a aumenta (veja a Figura 5.8). Quando $b > a$, a densidade se inclina para a esquerda (no sentido de que valores menores se tornam mais prováveis); ela se inclina para a direita quando $a > b$ (veja a Figura 5.9).

Pode-se mostrar que a relação

$$B(a,b) = \frac{\Gamma(a)\Gamma(b)}{\Gamma(a+b)} \tag{6.3}$$

existe entre

$$B(a,b) = \int_0^1 x^{a-1}(1-x)^{b-1}\,dx$$

e a função gama.

---

* Pode-se ver que $\frac{d}{dx}(\text{tg}^{-1} x) = 1/(1 + x^2)$ da forma a seguir: se $y = \text{tg}^{-1} x$, então $\text{tg } y = x$, de forma que

$$1 = \frac{d}{dx}(\text{tg } y) = \frac{d}{dy}(\text{tg } y)\frac{dy}{dx} = \frac{d}{dy}\left(\frac{\text{sen } y}{\cos y}\right)\frac{dy}{dx} = \left(\frac{\cos^2 y + \text{sen}^2 y}{\cos^2}\right)\frac{dy}{dx}$$

ou

$$\frac{dy}{dx} = \frac{\cos^2 y}{\text{sen}^2 y + \cos^2 y} = \frac{1}{\text{tg}^2 y + 1} = \frac{1}{x^2 + 1}$$

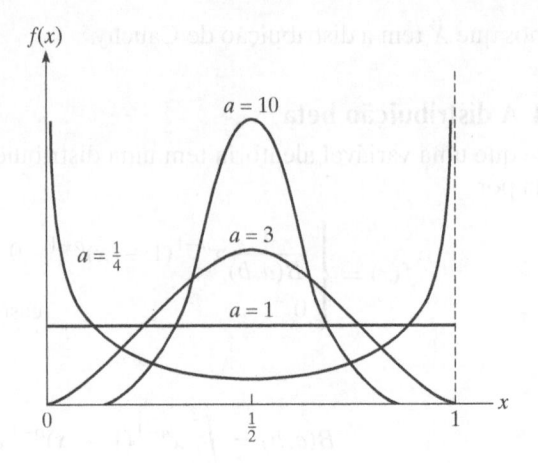

Figura 5.8 Funções densidade beta com parâmetros (a, b) quando a = b.

Usando a Equação (6.1) com a identidade (6.3), é fácil mostrar que, se X é uma variável aleatória beta com parâmetros a e b, então

$$E[X] = \frac{a}{a+b}$$

$$\text{Var}(X) = \frac{ab}{(a+b)^2(a+b+1)}$$

Observação: Uma verificação da Equação (6.3) aparece no Exemplo 7c do Capítulo 6. ∎

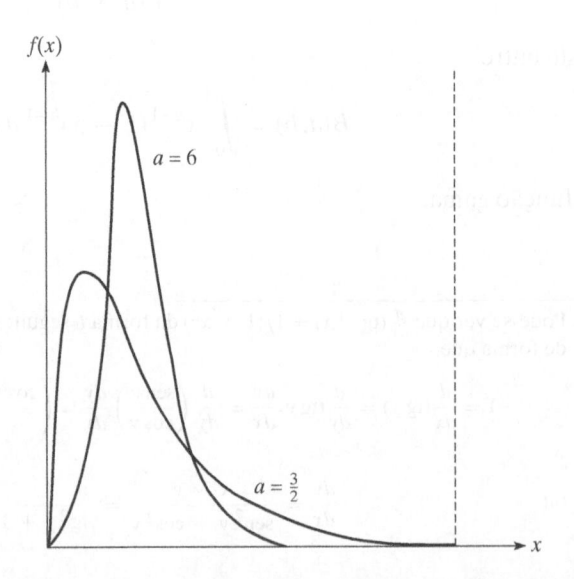

Figura 5.9 Funções densidade beta com parâmetros (a, b) quando a/(a + b) = 1/20.

5.7 A DISTRIBUIÇÃO DE UMA FUNÇÃO DE UMA VARIÁVEL ALEATÓRIA

Com frequência, conhecemos a distribuição de probabilidade de uma variável aleatória e estamos interessados em determinar a distribuição de alguma função dessa variável. Por exemplo, suponha que conheçamos a distribuição de X e queiramos obter a distribuição de $g(X)$. Para fazer isso, é necessário expressar o evento em que $g(X) \leq y$ em termos de X em algum conjunto. Isso é ilustrado nos exemplos a seguir.

Exemplo 7a

Suponha que X seja uniformemente distribuído ao longo do intervalo $(0,1)$. Obtemos a distribuição da variável aleatória Y, definida como $Y = X^n$, da seguinte maneira: para $0 \leq y \leq 1$,

$$\begin{aligned} F_Y(y) &= P\{Y \leq y\} \\ &= P\{X^n \leq y\} \\ &= P\{X \leq y^{1/n}\} \\ &= F_X(y^{1/n}) \\ &= y^{1/n} \end{aligned}$$

Por exemplo, a função densidade de Y é dada por

$$f_Y(y) = \begin{cases} \dfrac{1}{n} y^{1/n - 1} & 0 \leq y \leq 1 \\ 0 & \text{caso contrário} \end{cases}$$

Exemplo 7b

Se X é uma variável aleatória contínua com densidade de probabilidade f_X, então a distribuição de $Y = X^2$ é obtida da seguinte maneira: para $y \geq 0$,

$$\begin{aligned} F_Y(y) &= P\{Y \leq y\} \\ &= P\{X^2 \leq y\} \\ &= P\{-\sqrt{y} \leq X \leq \sqrt{y}\} \\ &= F_X(\sqrt{y}) - F_X(-\sqrt{y}) \end{aligned}$$

Derivando, obtemos

$$f_Y(y) = \frac{1}{2\sqrt{y}}[f_X(\sqrt{y}) + f_X(-\sqrt{y})]$$

Exemplo 7c

Se X tem uma função densidade f_X, então pode-se obter a função densidade de $Y = |X|$ conforme a seguir: para $y \geq 0$,

$$\begin{aligned} F_Y(y) &= P\{Y \leq y\} \\ &= P\{|X| \leq y\} \\ &= P\{-y \leq X \leq y\} \\ &= F_X(y) - F_X(-y) \end{aligned}$$

Derivando a equação acima, obtemos

$$f_Y(y) = f_X(y) + f_X(-y) \quad y \geq 0$$

O método empregado nos Exemplos 7a a 7c pode ser usado para demonstrar o Teorema 7.1.

Teorema 7.1 *Seja X uma variável aleatória contínua com função densidade de probabilidade f_X. Suponha que $g(x)$ seja uma função de x estritamente monotônica (crescente ou decrescente) e derivável (portanto contínua). Então a variável aleatória Y definida por $Y = g(X)$ tem uma função densidade de probabilidade dada por*

$$f_Y(y) = \begin{cases} f_X[g^{-1}(y)] \left| \dfrac{d}{dy} g^{-1}(y) \right| & \text{se } y = g(x) \text{ para algum } x \\ 0 & \text{se } y \neq g(x) \text{ para todo } x \end{cases}$$

onde se define $g^{-1}(y)$ de forma que essa função corresponda ao valor de x para o qual $g(x) = y$.

Vamos demonstrar o Teorema 7.1 quando $g(x)$ é uma função crescente.

Prova Suponha que $y = (x)$ para x qualquer. Então, com $Y = g(X)$,

$$\begin{aligned} F_Y(y) &= P\{g(X) \leq y\} \\ &= P\{X \leq g^{-1}(y)\} \\ &= F_X(g^{-1}(y)) \end{aligned}$$

Calculando a derivada, obtemos

$$f_Y(y) = f_X(g^{-1}(y)) \frac{d}{dy} g^{-1}(y)$$

o que está de acordo com o Teorema 7.1, já que $g^{-1}(y)$ é não decrescente, e com isso sua derivada é não negativa.

Quando $y \neq g(x)$ para qualquer x, $F_Y(y)$ é igual a 0 ou 1, e em ambos os casos $f_Y(y) = 0$.

Exemplo 7d

Seja X uma variável aleatória contínua não negativa com função densidade f, e $Y = X^n$. Determine f_Y, a função densidade de probabilidade de Y.

Solução Se $g(x) = x^n$, então

$$g^{-1}(y) = y^{1/n}$$

e

$$\frac{d}{dy}\{g^{-1}(y)\} = \frac{1}{n} y^{1/n - 1}$$

Portanto, do Teorema 7.1, obtemos

$$f_Y(y) = \frac{1}{n} y^{1/n-1} f(y^{1/n})$$

Para $n = 2$, essa equação resulta em

$$f_Y(y) = \frac{1}{2\sqrt{y}} f(\sqrt{y})$$

o que, como $X \geq 0$, está de acordo com o resultado do Exemplo 7b. ∎

RESUMO

Uma variável aleatória X é contínua se existir uma função não negativa f, chamada de *função densidade de probabilidade* de X, tal que, para qualquer conjunto B,

$$P\{X \in B\} = \int_B f(x)\,dx$$

Se X é contínua, então sua função distribuição F é derivável e

$$\frac{d}{dx} F(x) = f(x)$$

O valor esperado de uma variável aleatória contínua é

$$E[X] = \int_{-\infty}^{\infty} x f(x)\,dx$$

Uma identidade útil é a de que, para qualquer função g,

$$E[g(X)] = \int_{-\infty}^{\infty} g(x) f(x)\,dx$$

Como no caso de uma variável aleatória discreta, a variância de X é definida como

$$\mathrm{Var}(X) = E[(X - E[X])^2]$$

Diz-se que uma variável aleatória X é *uniforme* ao longo do intervalo (a, b) se sua função densidade de probabilidade é dada por

$$f(x) = \begin{cases} \dfrac{1}{b-a} & a \leq x \leq b \\ 0 & \text{caso contrário} \end{cases}$$

Seu valor esperado e sua variância são

$$E[X] = \frac{a+b}{2} \quad \mathrm{Var}(X) = \frac{(b-a)^2}{12}$$

Diz-se que uma variável aleatória X é *normal* com parâmetros μ e σ^2 se sua função densidade de probabilidade é dada por

$$f(x) = \frac{1}{\sqrt{2\pi}\,\sigma} e^{-(x-\mu)^2/2\sigma^2} \quad -\infty < x < \infty$$

Pode-se mostrar que

$$\mu = E[X] \quad \sigma^2 = \text{Var}(X)$$

Se X é normal com média μ e variância σ^2, então Z, definida por

$$Z = \frac{X - \mu}{\sigma}$$

é normal com média 0 e variância 1. Tal variável aleatória é chamada de variável aleatória normal *padrão*. Probabilidades associadas a X podem ser escritas em termos de probabilidades associadas à variável aleatória normal padrão Z, cuja função distribuição de probabilidade pode ser obtida por meio da Tabela 5.1.

Quando n é grande, a função distribuição de probabilidade de uma variável aleatória binomial com parâmetros n e p pode ser aproximada por uma função distribuição de uma variável aleatória normal com média np e variância $np(1-p)$.

Uma variável aleatória cuja função densidade de probabilidade é da forma

$$f(x) = \begin{cases} \lambda e^{-\lambda x} & x \geq 0 \\ 0 & \text{caso contrário} \end{cases}$$

é chamada de variável aleatória *exponencial* com parâmetro λ. Seu valor esperado e sua variância são, respectivamente,

$$E[X] = \frac{1}{\lambda} \quad \text{Var}(X) = \frac{1}{\lambda^2}$$

Uma importante propriedade apresentada somente por variáveis aleatórias exponenciais é a de que elas *não possuem memória*, no sentido de que, para s e t positivos,

$$P\{X > s + t | X > t\} = P\{X > s\}$$

Se X representa a vida de um item, então a propriedade da falta de memória diz que, para qualquer t, a vida restante de um item com idade de t anos tem a mesma distribuição de probabilidade que a vida de um item novo. Assim, não é necessário conhecer a idade de um item para saber a distribuição de sua vida restante.

Suponha que X seja uma variável não negativa contínua com função distribuição F e função densidade f. A função

$$\lambda(t) = \frac{f(t)}{1 - F(t)} \quad t \geq 0$$

é chamada de *função taxa de risco*, ou *taxa de falhas*, de F. Se interpretarmos X como sendo a vida de um item, então, para valores pequenos de dt, $\lambda(t)dt$ é aproximadamente a probabilidade de que um item com idade de t unidades falhe em um tempo adicional dt. Se F é uma distribuição exponencial com parâmetro λ, então

$$\lambda(t) = \lambda \quad t \geq 0$$

Vale notar que a distribuição exponencial é a única função distribuição que possui uma taxa de falhas constante.

Uma variável aleatória possui uma distribuição *gama* com parâmetros α e λ se sua função densidade de probabilidade é igual a

$$f(x) = \frac{\lambda e^{-\lambda x}(\lambda x)^{\alpha-1}}{\Gamma(\alpha)} \quad x \geq 0$$

e 0, caso contrário. A grandeza $\Gamma(\alpha)$ é chamada de função gama e é definida por

$$\Gamma(\alpha) = \int_0^\infty e^{-x} x^{\alpha-1} \, dx$$

O valor esperado e a variância de uma variável aleatória gama são, respectivamente,

$$E[X] = \frac{\alpha}{\lambda} \quad \text{Var}(X) = \frac{\alpha}{\lambda^2}$$

Uma variável aleatória possui distribuição *beta* com parâmetros (a, b) se sua função densidade de probabilidade é igual a

$$f(x) = \frac{1}{B(a,b)} x^{a-1}(1-x)^{b-1} \quad 0 \leq x \leq 1$$

e é igual a 0, caso contrário. A constante $B(a,b)$ é dada por

$$B(a,b) = \int_0^1 x^{a-1}(1-x)^{b-1} \, dx$$

A média e a variância dessa variável aleatória são, respectivamente,

$$E[X] = \frac{a}{a+b} \quad \text{Var}(X) = \frac{ab}{(a+b)^2(a+b+1)}$$

PROBLEMAS

5.1 Seja X uma variável aleatória com função densidade de probabilidade

$$f(x) = \begin{cases} c(1-x^2) & -1 < x < 1 \\ 0 & \text{caso contrário} \end{cases}$$

(a) Qual é o valor de c?
(b) Qual é a função distribuição cumulativa de X?

5.2 Um sistema formado por uma peça original mais uma sobressalente pode funcionar por uma quantidade de tempo aleatória X. Se a densidade de X é dada, em unidades de meses, por

$$f(x) = \begin{cases} Cxe^{-x/2} & x > 0 \\ 0 & x \leq 0 \end{cases}$$

qual é a probabilidade de que o sistema funcione por pelo menos 5 meses?

5.3 Considere a função

$$f(x) = \begin{cases} C(2x - x^3) & 0 < x < \tfrac{5}{2} \\ 0 & \text{caso contrário} \end{cases}$$

Poderia f ser uma função densidade de probabilidade? Caso positivo, determine C. Repita considerando que a função $f(x)$ seja dada por

$$f(x) = \begin{cases} C(2x - x^2) & 0 < x < \tfrac{5}{2} \\ 0 & \text{caso contrário} \end{cases}$$

5.4 A função densidade de probabilidade de X, que representa a vida útil de certo tipo de equipamento eletrônico, é dada por

$$f(x) = \begin{cases} \dfrac{10}{x^2} & x > 10 \\ 0 & x \leq 10 \end{cases}$$

(a) Determine $P\{X > 20\}$
(b) Qual é função distribuição cumulativa de X?
(c) Qual é a probabilidade de que, de 6 componentes como esse, pelo menos 3 funcionem por pelo menos 15 horas? Que suposições você está fazendo?

5.5 Um posto de gasolina é abastecido com gasolina uma vez por semana. Se o volume semanal de vendas em milhares de litros é uma variável aleatória com função densidade de probabilidade

$$f(x) = \begin{cases} 5(1 - x)^4 & 0 < x < 1 \\ 0 & \text{caso contrário} \end{cases}$$

qual deve ser a capacidade do tanque para que a probabilidade do fornecimento não ser suficiente em uma dada semana seja de 0,01?

5.6 Calcule $E[X]$ se X tem uma função densidade dada por

(a) $f(x) = \begin{cases} \dfrac{1}{4}xe^{-x/2} & x > 0 \\ 0 & \text{caso contrário} \end{cases}$;

(b) $f(x) = \begin{cases} c(1 - x^2) & -1 < x < 1 \\ 0 & \text{caso contrário} \end{cases}$.

(c) $f(x) = \begin{cases} \dfrac{5}{x^2} & x > 5 \\ 0 & x \leq 5 \end{cases}$.

5.7 A função densidade de X é dada por

$$f(x) = \begin{cases} a + bx^2 & 0 \leq x \leq 1 \\ 0 & \text{caso contrário} \end{cases}$$

Se $E[X] = 3/5$, determine a e b.

5.8 O tempo de vida, medido em horas, de uma válvula eletrônica é uma variável aleatória com função densidade de probabilidade dada por

$$f(x) = xe^{-x} \qquad x \geq 0$$

Calcule o tempo de vida esperado dessa válvula.

5.9 Considere o Exemplo 4b do Capítulo 4, mas agora suponha que a demanda sazonal seja uma variável aleatória contínua com função densidade de probabilidade f. Mostre que o estoque ótimo é o valor s^* que satisfaz

$$F(s^*) = \dfrac{b}{b + \ell}$$

onde b é o lucro líquido por venda, ℓ é o a perda líquida por unidade não vendida e F é a função distribuição cumulativa da demanda sazonal.

5.10 Trens em direção ao destino A chegam na estação em intervalos de 15 minutos a partir das 7:00 da manhã, enquanto trens em direção ao destino B chegam à estação em intervalos de 15 minutos começando às 7:05 da manhã.
(a) Se certo passageiro chega à estação em um horário uniformemente distribuído entre 7:00 e 8:00 da manhã e pega o primeiro trem que chega, em que proporção de tempo ele vai para o destino A?
(b) E se o passageiro chegar em um horário uniformemente distribuído entre 7:10 e 8:10 da manhã?

5.11 Um ponto é escolhido aleatoriamente em um segmento de reta de comprimento L. Interprete este enunciado e determine a probabilidade de que a relação entre o segmento mais curto e o mais longo seja menor que 1/4.

5.12 Um ônibus viaja entre as cidades A e B, que estão 100 km uma da outra. Se o ônibus estragar, a distância da pane até a cidade A tem distribuição uniforme ao longo do intervalo $(0, 100)$. Há oficinas na cidade

A, na cidade B e no meio da estrada entre A e B. Sugere-se que seria mais eficiente ter três oficinas localizadas em distâncias de 25, 50 e 75 km, respectivamente, a partir de A. Você concorda com isso? Por quê?

5.13 Você chega na parada de ônibus às 10:00, sabendo que o ônibus chegará em algum horário uniformemente distribuído entre 10:00 e 10:30.
(a) Qual é a probabilidade de que você tenha que esperar mais de 10 minutos?
(b) Se, às 10:15, o ônibus ainda não tiver chegado, qual é a probabilidade de que você tenha que esperar pelo menos mais 10 minutos?

5.14 Seja X uma variável aleatória uniforme no intervalo $(0, 1)$. Calcule $E[X^n]$ usando a Proposição 2.1 e depois verifique o resultado usando a definição de esperança.

5.15 Se X é uma variável aleatória normal com parâmetros $\mu = 10$ e $\sigma^2 = 36$, calcule
(a) $P\{X > 5\}$
(b) $P\{4 < X < 16\}$
(c) $P\{X < 8\}$
(d) $P\{X < 20\}$
(e) $P\{X > 16\}$

5.16 O volume anual de chuvas (em mm) em certa região é normalmente distribuído com $\mu = 40$ e $\sigma = 4$. Qual é a probabilidade de que, a contar deste ano, sejam necessários mais de 10 anos antes que o volume de chuva em um ano supere 50 mm? Que hipóteses você está adotando?

5.17 Um homem praticando tiro ao alvo recebe 10 pontos se o tiro estiver a 1 cm do alvo, 5 pontos se estiver entre 1 e 3 cm do alvo, e 3 pontos se estiver entre 3 e 5 cm do alvo. Determine o número esperado de pontos que ele receberá se a distância do ponto de tiro até o alvo for uniformemente distribuída entre 0 e 10.

5.18 Suponha que X seja uma variável aleatória normal com média 0,5. Se $P\{X > 9\} = 0,2$, qual é o valor de $\text{Var}(X)$, aproximadamente?

5.19 Seja X uma variável aleatória normal com média 12 e variância 4. Determine o valor de c tal que $P\{X > c\} = 0,10$.

5.20 Se 65% da população de uma grande comunidade são a favor de um aumento proposto para as taxas escolares, obtenha uma aproximação para a probabilidade de que uma amostra aleatória de 100 pessoas contenha
(a) pelo menos 50 pessoas a favor da proposta;
(b) entre 60 e 70 pessoas (inclusive) a favor;
(c) menos de 75 pessoas a favor.

5.21 Suponha que a altura de um homem de 25 anos de idade, em cm, seja uma variável aleatória normal com parâmetros $\mu = 180$ e $\sigma^2 = 16$. Que percentual de homens de 25 anos de idade tem mais de 1,88 de altura? Que percentual de homens em um time de 6 jogadores tem mais de 1,96 m de altura?

5.22 A espessura de uma forja de duralumínio (em mm) é normalmente distribuída com $\mu = 22,86$ e $\sigma = 0,0762$. Os limites de especificação foram dados como $22,86 \pm 0,127$ mm.
(a) Que percentual de forjas será defeituoso?
(b) Qual é o valor máximo permissível de σ que permitirá que não exista mais de 1 forja defeituosa em 100 se as espessuras forem de $\mu = 22,86$ e σ?

5.23 Realizam-se mil jogadas independentes de um dado honesto. Calcule a probabilidade aproximada de que o número 6 apareça entre 150 e 200 vezes, inclusive. Se o número 6 aparecer exatamente 200 vezes, determine a probabilidade de que o número 5 apareça menos de 150 vezes.

5.24 O tempo de vida útil de componentes de computador produzidos por certo fabricante de semicondutores é normalmente distribuído com parâmetros $\mu = 1,4 \times 10^6$ horas e $\sigma = 3 \times 10^5$ horas. Qual é a probabilidade aproximada de que um lote com 100 componentes contenha pelo menos 20 componentes cujos tempos de vida útil sejam menores que $1,8 \times 10^6$?

5.25 Cada item produzido por certo fabricante é, independentemente, de qualidade aceitável com probabilidade 0,95. Obtenha uma aproximação para a probabilidade de que mais de 10 dos próximos 150 itens fabricados sejam inaceitáveis.

5.26 Dois tipos de moedas são produzidos em uma fábrica; uma moeda honesta e uma moeda viciada que dá cara 55% das vezes. Temos uma dessas moedas, mas não sabemos se ela é honesta ou viciada. De forma a descobrir que tipo de moeda temos, realizamos o seguinte teste estatístico: jogamos a moeda 1.000 vezes. Se a moeda der cara 525 vezes ou mais, então concluiremos que ela é a moeda viciada. Por outro lado, se a moeda der cara menos de 525 vezes, então concluiremos que ela é a moeda honesta. Se a moeda é realmente a moeda honesta, qual é a probabilidade de que cheguemos a uma conclusão falsa? Qual seria essa probabilidade se a moeda fosse viciada?

5.27 Em 10.000 jogadas independentes de uma moeda, observou-se que deu cara 5800 vezes. É razoável supor que essa moeda não seja honesta? Explique.

5.28 Doze por cento da população são de canhotos. Obtenha um valor aproximado para a probabilidade de que existam pelo menos 20 canhotos em uma escola de 200 alunos. Enuncie as suas hipóteses.

5.29 Um modelo para o movimento de uma ação supõe que, se o preço atual da ação é s, então, após certo período, ele será us com probabilidade p ou ds com probabilidade $1 - p$. Supondo que movimentos sucessivos sejam independentes, obtenha uma aproximação para a probabilidade de que o preço da ação esteja em alta pelo menos 30% do tempo ao longo dos próximos 1000 períodos se $u = 1{,}012, d = 0{,}990$ e $p = 0{,}52$.

5.30 Uma imagem é dividida em duas regiões, uma branca e outra preta. Uma leitura feita a partir de um ponto escolhido aleatoriamente na região branca é normalmente distribuída com $\mu = 4$ e $\sigma^2 = 4$, enquanto uma feita a partir de um ponto escolhido aleatoriamente na região preta é normalmente distribuída com $\mu = 6$ e $\sigma^2 = 9$. Um ponto é aleatoriamente escolhido na imagem e tem-se uma leitura de 5. Se a fração preta da imagem é igual a α, para que valor de α a probabilidade de se cometer um erro não mudaria independentemente do fato de o ponto estar na região branca ou preta?

5.31 (a) Uma estação de bombeiros deve ser instalada ao longo de uma estrada com comprimento A, $A < \infty$. Se incêndios ocorrem em pontos uniformemente distribuídos no intervalo $(0, A)$, qual deveria ser a localização da estação de forma a minimizar-se a distância esperada para o incêndio? Isto é, escolha a de forma que

$$E[|X - a|] \text{ seja minimizado}$$

quando X for uniformemente distribuído ao longo de $(0, A)$.

(b) Agora suponha que a estrada tenha comprimento infinito – indo do ponto 0 até ∞. Se a distância de um incêndio até o ponto 0 é exponencialmente distribuída com taxa λ, onde deveria estar localizada a estação? Isto é, queremos minimizar $E[|X - a|]$, onde X é agora exponencial com taxa λ.

5.32 O tempo (em horas) necessário para a manutenção de uma máquina é uma variável aleatória exponencialmente distribuída com $\lambda = 1/2$. Qual é

(a) a probabilidade de que um reparo dure mais que 2 horas?

(b) a probabilidade condicional de que o tempo de reparo dure pelo menos 10 horas, dado que a sua duração seja superior a 9 horas?

5.33 O número de anos que um rádio funciona é exponencialmente distribuído com $\lambda = 1/8$. Se João comprar um rádio usado, qual é a probabilidade de que ele funcione por mais 8 anos?

5.34 João sabe que a distância, em milhares de quilômetros, que um carro pode rodar antes de ir para o ferro-velho é uma variável aleatória exponencial com parâmetro $1/20$. José tem um carro que ele diz ter dirigido por 16.000 km. Se João comprar esse carro, qual é a probabilidade de que ele consiga rodar pelo menos 32.000 com ele? Repita supondo que a distância que o carro pode rodar não seja exponencialmente distribuída, mas sim uniformemente distribuída em $(0, 64)$ (em milhares de km).

5.35 A taxa de risco $\lambda(t)$ de câncer no pulmão de um fumante homem com idade de t anos é tal que

$$\lambda(t) = 0{,}027 + 0{,}00025(t - 40)^2 \qquad t \geq 40$$

Supondo que um homem fumante de 40 anos de idade sobreviva a todos os demais riscos, qual é a probabilidade de que viva até as idades de (a) 50 e (b) 60 anos sem desenvolver câncer no pulmão?

5.36 Suponha que a distribuição da vida útil de um item tenha função taxa de risco $\lambda(t) = t^3, t > 0$. Qual é a probabilidade de que
   (a) o item dure mais que 2 anos?
   (b) a vida útil do item esteja entre 0,4 e 1,4 anos?
   (c) um item com 1 ano de vida dure mais que 2 anos?

5.37 Se a variável aleatória X é uniformemente distribuída ao longo do intervalo $(-1, 1)$, determine:
   (a) $P\{|X| > 1/2\}$;
   (b) a função densidade da variável aleatória $|X|$.

5.38 Se a variável aleatória Y é uniformemente distribuída ao longo do intervalo $(0, 5)$, qual é a probabilidade de que as raízes da equação $4x^2 + 4xY + Y + 2 = 0$ sejam ambas reais?

5.39 Se X é uma variável aleatória exponencial com parâmetro $\lambda = 1$, calcule a função densidade de probabilidade da variável aleatória Y definida como $Y = \log X$.

5.40 Se X é uniformemente distribuída ao longo do intervalo $(0, 1)$, determine a função densidade de $Y = e^X$.

5.41 Determine a distribuição de $R = A$ sen θ, onde A é uma constante fixa, e θ é uma variável aleatória uniformemente distribuída em $(-\pi/2, \pi/2)$. A variável aleatória R surge da teoria da balística. Se um projétil é disparado de sua origem com um ângulo α em relação à superfície da terra com uma velocidade v, então o ponto R no qual ele retorna à terra pode ser escrito como $R = (v^2/g)$sen 2α, onde g é a aceleração da gravidade, que é igual a 9,8 m/s².

EXERCÍCIOS TEÓRICOS

5.1 A velocidade de uma molécula em um gás uniforme é uma variável aleatória cuja função densidade de probabilidade é dada por

$$f(x) = \begin{cases} ax^2 e^{-bx^2} & x \geq 0 \\ 0 & x < 0 \end{cases}$$

onde $b = m/2kT$ e k, T e m representam, respectivamente, a constante de Boltzmann, a temperatura absoluta do gás, e a massa da molécula. Avalie a em termos de b.

5.2 Mostre que

$$E[Y] = \int_0^\infty P\{Y > y\} dy - \int_0^\infty P\{Y < -y\} dy$$

Dica: Mostre que

$$\int_0^\infty P\{Y < -y\} dy = -\int_{-\infty}^0 x f_Y(x) dx$$

$$\int_0^\infty P\{Y > y\} dy = \int_0^\infty x f_Y(x) dx$$

5.3 Mostre que, se X tem função densidade f, então

$$E[g(X)] = \int_{-\infty}^\infty g(x) f(x) dx$$

Dica: Usando o Exercício Teórico 5.2, comece com

$$E[g(X)] = \int_0^\infty P\{g(X) > y\} dy - \int_0^\infty P\{g(X) < -y\} dy$$

e então proceda como na demonstração dada no texto quando $g(X) \geq 0$.

5.4 Demonstre o Corolário 2.1.

5.5 Use o resultado que diz que, para uma variável aleatória não negativa Y,

$$E[Y] = \int_0^\infty P\{Y > t\} dt$$

para mostrar, para uma variável aleatória não negativa X,

$$E[X^n] = \int_0^\infty n x^{n-1} P\{X > x\} dx$$

Dica: Comece com

$$E[X^n] = \int_0^\infty P\{X^n > t\} dt$$

e faça a mudança de variáveis $t = x^n$.

5.6 Defina uma coleção de eventos E_a, $0 < a < 1$, com a propriedade de que $P(E_a) = 1$ para todo a mas $P\left(\bigcap_a E_a\right) = 0$.

Dica: Considere X uniforme no intervalo $(0,1)$ e defina cada E_a em termos de X.

5.7 O desvio padrão de X, representado como $SD(X)$, é dado por
$$SD(X) = [Var(x)]^{1/2}$$
Calcule $SD(aX + b)$ se X tem variância σ^2.

5.8 Seja X uma variável aleatória que assuma valores entre 0 e c. Isto é, $P\{0 \leq X \leq c\} = 1$. Mostre que
$$Var(X) \leq c^2/4$$
Dica: Uma possível abordagem é mostrar primeiro que
$$E[X^2] \leq cE[X]$$
e depois usar esta desigualdade para mostrar que
$$Var(X) \leq c^2[\alpha(1-\alpha)] \text{ onde } \alpha = E[X]/c$$

5.9 Mostre que Z é uma variável aleatória normal padrão pois, para $x > 0$,
(a) $P\{Z > x\} = P\{Z < -x\}$;
(b) $P\{|Z| > x\} = 2P\{Z > x\}$;
(c) $P\{|Z| < x\} = 2P\{Z < x\} - 1$.

5.10 Seja $f(x)$ a função densidade de probabilidade de uma variável aleatória normal com média μ e variância σ^2. Mostre que $\mu - \sigma$ e $\mu + \sigma$ são pontos de inflexão dessa função. Isto é, mostre que $f''(x) = 0$ quando $x = \mu - \sigma$ ou $x = \mu + \sigma$.

5.11 Seja Z uma variável aleatória normal padrão Z e g uma função derivável com derivada g'.
(a) Mostre que $E[g'(Z)] = E[Zg(Z)]$
(b) Mostre que $E[Z^{n+1}] = nE[Z^{n-1}]$
(c) Calcule $E[Z^4]$.

5.12 Use a identidade do Exercício Teórico 5.5 para deduzir $E[X^2]$ quando X é uma variável aleatória exponencial com parâmetro λ.

5.13 A mediana de uma variável aleatória contínua com função distribuição F é o valor de m tal que $F(m) = 1/2$. Isto é, uma variável aleatória tem a mesma probabilidade de ser maior ou menor que sua mediana. Determine a mediana de X se X é

(a) uniformemente distribuída ao longo de (a, b);
(b) normal com parâmetros μ, σ^2;
(c) exponencial com taxa λ.

5.14 A moda de uma variável aleatória contínua com densidade f é o valor de x no qual $f(x)$ atinge seu máximo. Calcule a moda de X nos casos (a), (b) e (c) do Exercício Teórico 5.13.

5.15 Se X é uma variável aleatória exponencial com parâmetro λ, e $c > 0$, mostre que cX é exponencial com parâmetro λ/c.

5.16 Calcule a função taxa de risco de X quando X é uniformemente distribuída no intervalo $(0, a)$.

5.17 Se X tem função taxa de risco $\lambda_X(t)$, calcule a função taxa de risco de aX onde a é uma constante positiva.

5.18 Verifique que a função densidade gama tem integral igual a 1.

5.19 Se X é uma variável aleatória exponencial com média $1/\lambda$, mostre que
$$E[X^k] = k!/\lambda^k \quad k = 1, 2, \ldots$$
Dica: Utilize a função densidade gama para calcular a equação anterior.

5.20 Verifique que
$$Var(X) = \alpha/\lambda^2$$
quando X é uma variável aleatória gama com parâmetros α e λ.

5.21 Mostre que $\Gamma\left(\frac{1}{2}\right) = \sqrt{\pi}$.

Dica: $\Gamma\left(\frac{1}{2}\right) = \int_0^\infty e^{-x} x^{-1/2} dx$. Faça a mudança de variáveis $y = \sqrt{2x}$ e então relacione a expressão resultante com a distribuição normal.

5.22 Calcule a função taxa de risco de uma variável aleatória gama com parâmetros (α, λ) e mostre que ela é crescente quando $\alpha \geq 1$ e decrescente quando $\alpha \leq 1$.

5.23 Calcule a função taxa de risco de uma variável aleatória de Weibull e mostre que ela é crescente quando $\beta \geq 1$ e decrescente quando $\beta \leq 1$.

5.24 Mostre que um gráfico de $\log(\log(1 - F(x))^{-1})$ em função de $\log x$ é uma linha reta com inclinação β quando $F(\cdot)$ é uma função distribuição de Weibull. Mostre também que aproximadamente 63,2% de todas as observações dessa distribuição são menores que α. Suponha que $\nu = 0$.

5.25 Seja

$$Y = \left(\frac{X - \nu}{\alpha}\right)^\beta$$

mostre que, se X é uma variável aleatória de Weibull com parâmetros ν, α e β, então Y é uma variável aleatória exponencial com parâmetro $\lambda = 1$ e vice-versa.

5.26 Se X é uma variável aleatória beta com parâmetros a e b, mostre que

$$E[X] = \frac{a}{a+b}$$
$$\text{Var}(X) = \frac{ab}{(a+b)^2(a+b+1)}$$

5.27 Se X é uniformemente distribuída em (a, b), qual variável aleatória que varia linearmente com X é uniformemente distribuída em $(0, 1)$?

5.28 Considere a distribuição beta com parâmetros (a, b). Mostre que
(a) quando $a > 1$ e $b > 1$, a densidade é unimodal (isto é, ela tem um único modo) com modo igual a $(a-1)/(1+b-2)$;
(b) quando $a \leq 1, b \leq 1$ e $a + b < 2$, a densidade é unimodal com modo em 0 ou 1 ou tem forma de U com modos em 0 e 1;
(c) quando $a = 1 = b$, todos os pontos em $[0, 1]$ são modos.

5.29 Seja X uma variável aleatória contínua com função distribuição cumulativa F. Defina a variável aleatória Y como $Y = F(X)$. Mostre que Y é uniformemente distribuída em $(0, 1)$.

5.30 Suponha que X tenha função densidade de probabilidade f_X. Determine a função densidade de probabilidade da variável aleatória Y definida como $Y = aX + b$.

5.31 Determine a função densidade de probabilidade de $Y = e^X$ quando X é normalmente distribuída com parâmetros μ e σ^2. Diz-se que a variável aleatória Y tem *distribuição log-normal* (já que log Y tem distribuição normal) com parâmetros μ e σ^2.

5.32 Sejam X e Y variáveis aleatórias independentes que têm a mesma probabilidade, cada uma delas, de assumir qualquer valor 1, 2,..., $(10)^N$, onde N é muito grande. Suponha que D represente o maior divisor comum de X e Y, e também que $Q_k = P\{D = k\}$.
(a) Forneça um argumento heurístico para $Q_k = (1/k^2)Q_1$.
Dica: Note que, para que D seja igual a k, k deve ser um divisor de X e Y. Além disso, X/k e Y/k devem ser relativamente primos (isto é, X/k e Y/k devem ter um maior divisor comum igual a 1).
(b) Use a letra (a) para mostrar que

$Q_1 = P\{X$ e Y sejam relativamente primos$\}$

$$= \frac{1}{\sum_{k=1}^{\infty} 1/k^2}$$

É sabido que $\sum_{1}^{\infty} 1/k^2 = \pi^2/6$, então $Q_1 = \frac{6}{\pi^2}$ (na teoria dos números, este é conhecido como o teorema de Legendre).
(c) Mostre agora que

$$Q_1 = \prod_{i=1}^{\infty} \left(\frac{P_i^2 - 1}{P_i^2}\right)$$

onde P_i é o i-ésimo menor número primo maior que 1.
Dica: X e Y serão relativamente primos se eles não tiverem fatores primos em comum. Portanto, da letra (b), vemos que

$$\prod_{i=1}^{\infty} \left(\frac{P_i^2 - 1}{P_i^2}\right) = \frac{6}{\pi^2}$$

que foi observado mas não explicado no Problema 11 do Capítulo 4 (a relação entre este problema e o Problema 11 do Capítulo 4 é que X e Y são relativamente primos se XY não tiver fatores primos múltiplos).

5.33 Prove o Teorema 7.1 quando $g(X)$ é uma função decrescente.

PROBLEMAS DE AUTOTESTE E EXERCÍCIOS

5.1 O número de minutos jogados por certo jogador de basquete em um jogo aleatoriamente escolhido é uma variável aleatória cuja função densidade de probabilidade é dada na figura a seguir:

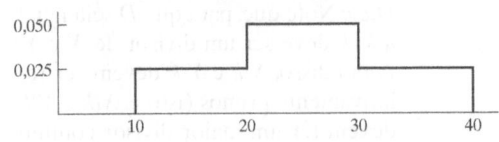

[gráfico: 0,050 entre 20 e 30; 0,025 entre 10-20 e 30-40]

Determine a probabilidade de que o jogador jogue
(a) mais de 15 minutos;
(b) entre 20 e 35 minutos;
(c) menos de 30 minutos;
(d) mais de 36 minutos.

5.2 Para alguma constante c, a variável aleatória X tem a função densidade de probabilidade

$$f(x) = \begin{cases} cx^n & 0 < x < 1 \\ 0 & \text{caso contrário} \end{cases}$$

Determine (a) c e (b) $P\{X > x\}, 0 < x < 1$.

5.3 Para alguma constante c, a variável aleatória X tem a função densidade de probabilidade

$$f(x) = \begin{cases} cx^4 & 0 < x < 2 \\ 0 & \text{caso contrário} \end{cases}$$

Determine (a) $E[X]$ e (b) $\text{Var}(X)$.

5.4 A variável aleatória X tem função densidade de probabilidade

$$f(x) = \begin{cases} ax + bx^2 & 0 < x < 1 \\ 0 & \text{caso contrário} \end{cases}$$

Se $E[X] = 0,6$, determine (a) $P\{X < 1/2\}$ e (b) $\text{Var}(X)$.

5.5 A variável aleatória X é chamada de variável aleatória uniforme discreta nos inteiros $1, 2, \ldots, n$ se

$$P\{X = i\} = \frac{1}{n} \quad i = 1, 2, \ldots, n$$

Para qualquer número real não negativo x, represente $\text{Int}(x)$ (às vezes escrito como $[x]$) como o maior inteiro menor ou igual a x. Mostre que, se U é uma variável aleatória uniforme em $(0, 1)$, então $X = \text{Int}(nU) + 1$ é uma variável aleatória uniforme discreta em $1, \ldots, n$.

5.6 Sua empresa deve enviar uma proposta lacrada para um projeto de construção. Se você ganhar o contrato (por fazer a proposta mais barata), você pretende pagar a uma outra firma 100 mil reais para que ela faça o serviço. Se você acredita que a menor oferta (em milhares de reais) das outras empresas participantes pode ser modelada como uma variável aleatória uniformemente distribuída em (70, 140), que proposta você deve fazer para maximizar o seu lucro esperado?

5.7 Para vencer certo jogo, você deve ganhar em três rodadas consecutivas. O jogo depende do valor de U, uma variável aleatória uniforme no intervalo $(0, 1)$. Se $U > 0,1$, então você ganha a primeira rodada; se $U > 0,2$, então você ganha a segunda rodada; e se $U > 0,3$, você ganha a terceira rodada.
(a) Determine a probabilidade de que você ganhe o primeiro jogo.
(b) Determine a probabilidade condicional de que você ganhe a segunda rodada dado que você tenha vencido a primeira rodada.
(c) Determine a probabilidade condicional de que você ganhe a terceira rodada dado que você tenha vencido as duas primeiras rodadas.
(d) Determine a probabilidade de que você seja o vencedor do jogo.

5.8 Um teste de QI de uma pessoa aleatoriamente escolhida indica uma nota que é aproximadamente uma variável aleatória normal com média 100 e desvio padrão 15. Qual é a probabilidade de que tal nota (a) esteja acima de 125; (b) entre 90 e 110?

5.9 Suponha que o tempo de viagem de sua casa ao seu escritório seja normalmente distribuído com média de 40 minutos e desvio padrão de 7 minutos. Se você quer estar 95% certo de que você não chegará atrasado para um compromisso no escritório às 13:00, qual é o último horário no qual você deverá sair de casa?

5.10 O tempo de vida de certo tipo de pneu de automóvel é normalmente distribuído com média 34.000 km e desvio padrão de 4.000 km.
(a) Qual é a probabilidade de que esse pneu dure mais de 40.000 km?
(b) Qual é a probabilidade de que ele dure entre 30.000 e 35.000 km?
(c) Dado que ele tenha durado 30.000 km, qual é a probabilidade condicional de que ele dure 10.000 km a mais?

5.11 O índice pluviométrico anual em Cleveland, Ohio, é aproximadamente uma variável aleatória normal com média 1021 mm e desvio padrão de 214 mm. Qual é a probabilidade de que
(a) o índice pluviométrico do próximo ano exceda 1118 mm?
(b) o índice pluviométrico anual em exatamente 3 dos próximos 7 anos exceda 1118 mm?
Suponha que, se A_i é o evento em que o índice pluviométrico excede 1118 mm em um ano (a partir de agora), então os eventos $A_i, i \geq 1$, são independentes.

5.12 A tabela a seguir usa dados de 1992 referentes ao percentual de homens e mulheres que trabalham o dia inteiro cujos salários anuais caem em faixas diferentes:

Faixa de salários	Percentual de mulheres	Percentual de homens
≤9999	8,6	4,4
10.000-19.999	38,0	21,1
20.000-24.999	19,4	15,8
25.000-49.999	29,2	41,5
≥ 50.000	4,8	17,2

Suponha que amostras aleatórias de 200 homens e 200 mulheres que trabalham o dia todo sejam escolhidas. Obtenha um valor aproximado para a probabilidade de que
(a) pelo menos 70 das mulheres ganhe R$25.000 ou mais;
(b) no máximo 60% dos homens ganhem R$25.000 ou mais;
(c) pelo menos 3/4 dos homens e pelo menos metade das mulheres ganhem R$20.000 ou mais.

5.13 Em certo banco, a quantidade de tempo que um cliente gasta em um caixa é uma variável aleatória exponencial com média de 5 minutos. Se há um cliente sendo atendido quando você entra no banco, qual é a probabilidade de que ele ou ela continue no caixa 4 minutos depois?

5.14 Suponha que a função distribuição cumulativa da variável aleatória X seja dada por

$$F(x) = 1 - e^{-x^2} \quad x > 0$$

Avalie (a) $P\{X > 2\}$; (b) $P\{1 < X < 3\}$; (c) a função taxa de risco de F; (d) $E[X]$; (e) Var(X).
Dica: Para as letras (d) e (e), você precisa utilizar os resultados do Exercício Teórico 5.5.

5.15 O número de anos que uma máquina de lavar funciona é uma variável aleatória cuja função taxa de risco é dada por

$$\lambda(t) = \begin{cases} 0,2 & 0 < t < 2 \\ 0,2 + 0,3(t-2) & 2 \leq t < 5 \\ 1,1 & t > 5 \end{cases}$$

(a) Qual é a probabilidade de que a máquina continue a funcionar por 6 anos após a sua compra?
(b) Se ela ainda estiver funcionando 6 anos após a sua compra, qual é a probabilidade condicional de que ela estrague nos próximos 2 anos.

5.16 Uma variável aleatória de Cauchy padrão tem função densidade

$$f(x) = \frac{1}{\pi(1+x^2)} \quad -\infty < x < \infty$$

Mostre que, se X é uma variável aleatória padrão de Cauchy, então $1/X$ também é uma variável aleatória padrão de Cauchy.

5.17 Uma roleta tem 38 espaços, nos quais estão escritos os números 0, 00 e 1 a 36; se você apostar 1 unidade em certo número, ganha 35 unidades se a bolinha cair naquele número, e perde 1 unidade caso contrário. Se você sempre faz apostas como essa, obtenha uma probabilidade aproximada para o evento em que
(a) você ganha após 34 apostas;
(b) você ganha após 1000 apostas;
(c) você ganha após 100.000 apostas.
Suponha que a bolinha da roleta tenha a mesma probabilidade de cair em qualquer um dos espaços.

5.18 Há dois tipos de pilhas em uma cesta. Quando em uso, pilhas tipo i duram (em horas) um tempo exponencialmente distribuído com taxa $\lambda_i, i = 1, 2$. Uma pilha retirada aleatoriamente da cesta tem probabilidade p_i de ser do tipo i, onde $\sum_{i=1}^{2} p_i = 1$. Se uma bateria aleatoriamente escolhida continua a operar após t horas de uso, qual é a probabilidade de que ela continue a operar após s horas adicionais?

5.19 Evidências a respeito da culpa ou inocência de um réu em uma investigação criminal podem ser resumidas pelo valor de uma variável aleatória X cuja média μ depende da culpa do réu. Se ele é inocente, então $\mu = 1$; se ele é culpado, $\mu = 2$. O juiz considerará o réu culpado caso $X > c$ para algum valor de c adequadamente escolhido.

(a) Se o juiz quer estar 95% certo de que um homem inocente não seja condenado, qual deve ser o valor de c?

(b) Usando o valor de c obtido na letra (a), qual é a probabilidade de que um réu culpado seja condenado?

5.20 Para qualquer número real y, defina y^+ como

$$y^+ = \begin{cases} y, & \text{se } y \geq 0 \\ 0, & \text{se } y < 0 \end{cases}$$

Seja c uma constante.

(a) Mostre que

$$E[(Z - c)^+] = \frac{1}{\sqrt{2\pi}} e^{-c^2/2} - c(1 - \Phi(c))$$

quando Z é uma variável aleatória normal padrão.

(b) Determine $E[(X - c)^+]$ quando X é normal com média μ e variância σ^2.

Variáveis Aleatórias Conjuntamente Distribuídas

Capítulo 6

- 6.1 FUNÇÕES CONJUNTAMENTE DISTRIBUÍDAS
- 6.2 VARIÁVEIS ALEATÓRIAS INDEPENDENTES
- 6.3 SOMAS DE VARIÁVEIS ALEATÓRIAS INDEPENDENTES
- 6.4 DISTRIBUIÇÕES CONDICIONAIS: CASO DISCRETO
- 6.5 DISTRIBUIÇÕES CONDICIONAIS: CASO CONTÍNUO
- 6.6 ESTATÍSTICAS DE ORDEM
- 6.7 DISTRIBUIÇÃO DE PROBABILIDADE CONJUNTA DE FUNÇÕES DE VARIÁVEIS ALEATÓRIAS
- 6.8 VARIÁVEIS ALEATÓRIAS INTERCAMBIÁVEIS

6.1 FUNÇÕES CONJUNTAMENTE DISTRIBUÍDAS

Até agora, trabalhamos apenas com distribuições de probabilidade de uma única variável aleatória. Entretanto, com frequência estamos interessados em analisar probabilidades de duas ou mais variáveis aleatórias. Nesse caso, definimos, para quaisquer variáveis aleatórias X e Y, a *função distribuição de probabilidade cumulativa conjunta* de X e Y como

$$F(a,b) = P\{X \le a, Y \le b\} \quad -\infty < a, b < \infty$$

A distribuição de X pode ser obtida a partir da distribuição conjunta de X e Y da seguinte maneira:

$$\begin{aligned}
F_X(a) &= P\{X \le a\} \\
&= P\{X \le a, Y < \infty\} \\
&= P\left(\lim_{b \to \infty} \{X \le a, Y \le b\}\right) \\
&= \lim_{b \to \infty} P\{X \le a, Y \le b\} \\
&= \lim_{b \to \infty} F(a,b) \\
&\equiv F(a,\infty)
\end{aligned}$$

Note que, nesse conjunto de igualdades, fizemos uso uma vez mais do fato de que a probabilidade é uma função contínua de um conjunto (isto é, evento). Similarmente, a função distribuição cumulativa de Y é dada por

$$F_Y(b) = P\{Y \leq b\}$$
$$= \lim_{a \to \infty} F(a,b)$$
$$\equiv F(\infty, b)$$

As funções distribuição F_X e F_Y são às vezes chamadas de distribuições *marginais* de X e Y.

Tudo o que se deseja saber sobre as probabilidades conjuntas de X e Y pode, em tese, ser respondido em termos de sua função distribuição conjunta. Por exemplo, suponha que queiramos calcular a probabilidade conjunta de que X seja maior que a, e Y, maior que b. Isso poderia ser feito como a seguir

$$\begin{aligned}P\{X > a, Y > b\} &= 1 - P(\{X > a, Y > b\}^c) \\ &= 1 - P(\{X > a\}^c \cup \{Y > b\}^c) \\ &= 1 - P(\{X \leq a\} \cup \{Y \leq b\}) \\ &= 1 - [P\{X \leq a\} + P\{Y \leq b\} - P\{X \leq a, Y \leq b\}] \\ &= 1 - F_X(a) - F_Y(b) + F(a,b) \end{aligned} \quad (1.1)$$

A Equação (1.1) é um caso especial da equação a seguir, cuja verificação é deixada como exercício:

$$P\{a_1 < X \leq a_2, b_1 < Y \leq b_2\}$$
$$= F(a_2, b_2) + F(a_1, b_1) - F(a_1, b_2) - F(a_2, b_1) \quad (1.2)$$

sempre que $a_1 < a_2, b_1 < b_2$.

No caso em que X e Y são variáveis aleatórias discretas, é conveniente definir a *função discreta de probabilidade conjunta* (ou simplesmente *função de probabilidade conjunta*) de X e Y como

$$p(x,y) = P\{X = x, Y = y\}$$

A função de probabilidade de X pode ser obtida de $p(x, y)$ por:

$$p_X(x) = P\{X = x\}$$
$$= \sum_{y:p(x,y)>0} p(x,y)$$

Similarmente,

$$p_Y(y) = \sum_{x:p(x,y)>0} p(x,y)$$

Exemplo 1a
Suponha que 3 bolas sejam sorteadas de uma urna contendo 3 bolas vermelhas, 4 bolas brancas e 5 bolas azuis. Se X e Y representam, respectivamente, o nú-

mero de bolas vermelhas e brancas escolhidas, então a função de probabilidade conjunta de X e Y, $p(i,j) = P\{X = i, Y = j\}$, é dada por

$$p(0,0) = \binom{5}{3} \bigg/ \binom{12}{3} = \frac{10}{220}$$

$$p(0,1) = \binom{4}{1}\binom{5}{2} \bigg/ \binom{12}{3} = \frac{40}{220}$$

$$p(0,2) = \binom{4}{2}\binom{5}{1} \bigg/ \binom{12}{3} = \frac{30}{220}$$

$$p(0,3) = \binom{4}{3} \bigg/ \binom{12}{3} = \frac{4}{220}$$

$$p(1,0) = \binom{3}{1}\binom{5}{2} \bigg/ \binom{12}{3} = \frac{30}{220}$$

$$p(1,1) = \binom{3}{1}\binom{4}{1}\binom{5}{1} \bigg/ \binom{12}{3} = \frac{60}{220}$$

$$p(1,2) = \binom{3}{1}\binom{4}{2} \bigg/ \binom{12}{3} = \frac{18}{220}$$

$$p(2,0) = \binom{3}{2}\binom{5}{1} \bigg/ \binom{12}{3} = \frac{15}{220}$$

$$p(2,1) = \binom{3}{2}\binom{4}{1} \bigg/ \binom{12}{3} = \frac{12}{220}$$

$$p(3,0) = \binom{3}{3} \bigg/ \binom{12}{3} = \frac{1}{220}$$

Essas probabilidades podem ser apresentadas mais claramente na forma de uma tabela, como na Tabela 6.1. O leitor deve observar que a função de probabilidade de X é obtida calculando-se a soma das linhas, enquanto que

Tabela 6.1 $P\{X = i, Y = j\}$

i \ j	0	1	2	3	Soma da linha = $P\{X = i\}$
0	$\frac{10}{220}$	$\frac{40}{220}$	$\frac{30}{220}$	$\frac{4}{220}$	$\frac{84}{220}$
1	$\frac{30}{220}$	$\frac{60}{220}$	$\frac{18}{220}$	0	$\frac{108}{220}$
2	$\frac{15}{220}$	$\frac{12}{220}$	0	0	$\frac{27}{220}$
3	$\frac{1}{220}$	0	0	0	$\frac{1}{220}$
Soma da coluna = $P\{Y = j\}$	$\frac{56}{220}$	$\frac{112}{220}$	$\frac{48}{220}$	$\frac{4}{220}$	

a função de probabilidade de Y é obtida calculando-se a soma das colunas. Como as funções de probabilidade individuais de X e Y aparecem na margem da tabela, elas são muitas vezes chamadas de *funções de probabilidade marginais* de X e Y, respectivamente. ∎

Exemplo 1b

Suponha que 15% das famílias de certa comunidade não tenham filhos, 20% tenham 1 filho, 35% tenham 2 filhos e 30% tenham 3. Suponha também que, em cada família, cada filho tenha a mesma probabilidade (independente) de ser menino ou menina. Se uma família dessa comunidade é escolhida aleatoriamente, então B, o número de meninos, e G, o número de meninas nesta família, terão a função de probabilidade conjunta mostrada na Tabela 6.2.

As probabilidades mostradas na Tabela 6.2 são obtidas da maneira a seguir:

$$P\{B = 0, G = 0\} = P\{\text{família sem filhos}\} = 0{,}15$$
$$P\{B = 0, G = 1\} = P\{\text{família com 1 menina e um total de 1 filho}\}$$
$$= P\{1 \text{ filho}\}P\{1 \text{ menina}|1 \text{ filho}\} = (0{,}20)\left(\frac{1}{2}\right)$$
$$P\{B = 0, G = 2\} = P\{\text{família com 2 meninas e um total de 2 filhos}\}$$
$$= P\{2 \text{ filhos}\}P\{2 \text{ meninas}|2 \text{ filhos}\} = (0{,}35)\left(\frac{1}{2}\right)^2$$

Deixamos a verificação das demais probabilidades na tabela para o leitor. ∎

Dizemos que X e Y são *conjuntamente contínuas* se existir uma função $f(x, y)$, definida para todos os x e y reais, com a probabilidade de que, para todo conjunto C de pares de números reais (isto é, C é um conjunto no plano bidimensional),

$$P\{(X, Y) \in C\} = \iint_{(x,y) \in C} f(x, y) \, dx \, dy \tag{1.3}$$

A função $f(x, y)$ é chamada de *função densidade de probabilidade conjunta* de X e Y. Se A e B são quaisquer conjuntos de números reais, então, definindo $C = \{(x, y): x \in A, y \in B\}$, vemos da Equação (1.3) que

$$P\{X \in A, Y \in B\} = \int_B \int_A f(x, y) \, dx \, dy \tag{1.4}$$

Tabela 6.2 $P\{B = i, G = j\}$

i \ j	0	1	2	3	Soma da linha = $P\{B = i\}$
0	0,15	0,10	0,0875	0,0375	0,3750
1	0,10	0,175	0,1125	0	0,3875
2	0,0875	0,1125	0	0	0,2000
3	0,0375	0	0	0	0,0375
Soma da coluna = $P\{G = j\}$	0,3750	0,3875	0,2000	0,375	

Como

$$F(a,b) = P\{X \in (-\infty, a], Y \in (-\infty, b]\}$$
$$= \int_{-\infty}^{b} \int_{-\infty}^{a} f(x,y)\, dx\, dy$$

vemos, calculando as derivadas, que

$$f(a,b) = \frac{\partial^2}{\partial a\, \partial b} F(a,b)$$

sempre que as derivadas parciais forem definidas. Outra interpretação da função densidade conjunta, obtida da Equação (1.4), é

$$P\{a < X < a + da, b < Y < b + db\} = \int_{b}^{d+db} \int_{a}^{a+da} f(x,y)\, dx\, dy$$
$$\approx f(a,b)\, da\, db$$

onde da e db são pequenos e $f(x, y)$ é contínua em a, b. Com isso, $f(a, b)$ é uma medida de quão provável é a presença do vetor aleatório (X, Y) na vizinhança de (a, b).

Se X e Y são variáveis aleatórias conjuntamente contínuas, elas são individualmente contínuas, e suas funções densidade de probabilidade podem ser obtidas da seguinte maneira:

$$P\{X \in A\} = P\{X \in A, Y \in (-\infty, \infty)\}$$
$$= \int_{A} \int_{-\infty}^{\infty} f(x,y)\, dy\, dx$$
$$= \int_{A} f_X(x)\, dx$$

onde

$$f_X(x) = \int_{-\infty}^{\infty} f(x,y)\, dy$$

é portanto a função densidade de probabilidade de X. Similarmente, a função densidade de probabilidade de Y é dada por

$$f_Y(y) = \int_{-\infty}^{\infty} f(x,y)\, dx$$

Exemplo 1c

A função densidade conjunta de X e Y é dada por

$$f(x,y) = \begin{cases} 2e^{-x}e^{-2y} & 0 < x < \infty,\ 0 < y < \infty \\ 0 & \text{caso contrário} \end{cases}$$

Calcule (a) $P\{X > 1, Y < 1\}$, (b) $P\{X < Y\}$ e (c) $P\{X < a\}$.

Solução (a)

$$P\{X > 1, Y < 1\} = \int_0^1 \int_1^\infty 2e^{-x}e^{-2y}\, dx\, dy$$

$$= \int_0^1 2e^{-2y}\left(-e^{-x}\big|_1^\infty\right) dy$$

$$= e^{-1}\int_0^1 2e^{-2y}\, dy$$

$$= e^{-1}(1 - e^{-2})$$

(b)

$$P\{X < Y\} = \iint\limits_{(x,y):x<y} 2e^{-x}e^{-2y}\, dx\, dy$$

$$= \int_0^\infty \int_0^y 2e^{-x}e^{-2y}\, dx\, dy$$

$$= \int_0^\infty 2e^{-2y}(1 - e^{-y})dy$$

$$= \int_0^\infty 2e^{-2y}dy - \int_0^\infty 2e^{-3y}dy$$

$$= 1 - \frac{2}{3}$$

$$= \frac{1}{3}$$

(c)

$$P\{X < a\} = \int_0^a \int_0^\infty 2e^{-2y}e^{-x}\, dy\, dx$$

$$= \int_0^a e^{-x}\, dx$$

$$= 1 - e^{-a} \qquad \blacksquare$$

Exemplo 1d

Considere um círculo de raio R e suponha que um ponto em seu interior seja escolhido aleatoriamente de maneira tal que todas as regiões do círculo tenham a mesma probabilidade de conter esse ponto (em outras palavras, o ponto está uniformemente distribuído no interior do círculo). Se o centro do círculo está na origem do sistema de coordenadas, e X e Y correspondem às coordenadas do ponto escolhido (Figura 6.1), então, como (X, Y) tem a mesma probabilidade de estar na vizinhança de qualquer ponto no círculo, a função densidade conjunta de X e Y é dada por

$$f(x,y) = \begin{cases} c & \text{se } x^2 + y^2 \leq R^2 \\ 0 & \text{se } x^2 + y^2 > R^2 \end{cases}$$

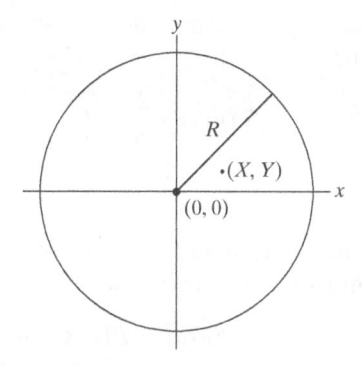

Figura 6.1 Distribuição de probabilidade conjunta.

para algum valor de c.

(a) Determine c.
(b) Determine as funções densidade marginais de X e Y.
(c) Calcule a probabilidade de que D, a distância da origem ao ponto selecionado, seja menor ou igual a a.
(d) Determine $E[D]$.

Solução (a) Como

$$\int_{-\infty}^{\infty}\int_{-\infty}^{\infty} f(x,y)\,dy\,dx = 1$$

tem-se que

$$c \iint_{x^2+y^2 \leq R^2} dy\,dx = 1$$

Podemos calcular $\iint_{x^2+y^2 \leq R^2} dy\,dx$ usando coordenadas polares ou, mais simplesmente, notando que essa função representa a área do círculo, que é igual a πR^2. Com isso,

$$c = \frac{1}{\pi R^2}$$

(b)

$$\begin{aligned}
f_X(x) &= \int_{-\infty}^{\infty} f(x,y)\,dy \\
&= \frac{1}{\pi R^2} \int_{x^2+y^2 \leq R^2} dy \\
&= \frac{1}{\pi R^2} \int_{-c}^{c} dy, \quad \text{onde } c = \sqrt{R^2 - x^2} \\
&= \frac{2}{\pi R^2} \sqrt{R^2 - x^2} \quad x^2 \leq R^2
\end{aligned}$$

e essa expressão é igual a 0 quando $x^2 > R^2$. Por simetria, a densidade marginal de Y é dada por

$$f_Y(y) = \frac{2}{\pi R^2}\sqrt{R^2 - y^2} \quad y^2 \le R^2$$
$$= 0 \quad y^2 > R^2$$

(c) A função distribuição de $D = \sqrt{X^2 + Y^2}$, a distância a partir da origem, é obtida como a seguir: para $0 \le a \le R$,

$$\begin{aligned}F_D(a) &= P\{\sqrt{X^2 + Y^2} \le a\} \\ &= P\{X^2 + Y^2 \le a^2\} \\ &= \iint_{x^2+y^2 \le a^2} f(x,y)\,dy\,dx \\ &= \frac{1}{\pi R^2} \iint_{x^2+y^2 \le a^2} dy\,dx \\ &= \frac{\pi a^2}{\pi R^2} \\ &= \frac{a^2}{R^2}\end{aligned}$$

onde usamos o fato de que $\iint_{x^2+y^2 \le a^2} dy\,dx$ representa a área de um círculo de raio a, que é igual a πa^2.

(d) Da letra (c), a função densidade de D é

$$f_D(a) = \frac{2a}{R^2} \quad 0 \le a \le R$$

Portanto,

$$E[D] = \frac{2}{R^2}\int_0^R a^2\,da = \frac{2R}{3}$$

■

Exemplo 1e

A função densidade de X e Y é dada por

$$f(x,y) = \begin{cases} e^{-(x+y)} & 0 < x < \infty,\ 0 < y < \infty \\ 0 & \text{caso contrário} \end{cases}$$

Determine a função densidade da variável aleatória X/Y.

Solução Começamos calculando a função distribuição de X/Y. Para $a > 0$.

$$F_{X/Y}(a) = P\left\{\frac{X}{Y} \le a\right\}$$

$$= \iint_{x/y \le a} e^{-(x+y)}\, dx\, dy$$

$$= \int_0^\infty \int_0^{ay} e^{-(x+y)}\, dx\, dy$$

$$= \int_0^\infty (1 - e^{-ay}) e^{-y}\, dy$$

$$= \left\{-e^{-y} + \frac{e^{-(a+1)y}}{a+1}\right\}\bigg|_0^\infty$$

$$= 1 - \frac{1}{a+1}$$

Se calcularmos a derivada dessa função, mostramos que a função densidade de X/Y é $f_{X/Y}(a) = 1/(a+1)^2, 0 < a < \infty$. ∎

Também podemos definir funções distribuição de probabilidade conjunta para n variáveis da mesma maneira como fizemos para $n = 2$. Por exemplo, a função distribuição de probabilidade conjunta $F(a_1, a_2,..., a_n)$ das n variáveis aleatórias $X_1, X_2,..., X_n$ é definida como

$$F(a_1, a_2,..., a_n) = P\{X_1 \le a_1, X_2 \le a_2,..., X_n \le a_n\}$$

Além disso, as n variáveis aleatórias são chamadas de conjuntamente contínuas se existir uma função $f(x_1, x_2,..., x_n)$, chamada de *função densidade de probabilidade conjunta*, tal que, para qualquer conjunto C no n-espaço,

$$P\{(X_1, X_2, \ldots, X_n) \in C\} = \iint_{(x_1,\ldots,x_n)\in C} \cdots \int f(x_1,\ldots,x_n) dx_1 dx_2 \cdots dx_n$$

Em particular, para quaisquer n conjuntos de números reais $A_1, A_2,..., A_n$.

$$P\{X_1 \in A_1, X_2, \in A_2, \ldots, X_n \in A_n\}$$
$$= \int_{A_n}\int_{A_{n-1}} \cdots \int_{A_1} f(x_1,\ldots,x_n)\, dx_1 dx_2 \cdots dx_n$$

Exemplo 1f A distribuição multinomial

Uma das mais importantes distribuições conjuntas é a distribuição multinomial, que surge quando uma sequência de n experimentos independentes e idênticos é realizada. Suponha que cada experimento possa levar a qualquer um de r

resultados possíveis, com respectivas probabilidades $p_1, p_2,..., p_r, \sum_{i=1}^{r} p_i = 1$. Se X_i representa o número de experimentos que levam ao resultado i, então

$$P\{X_1 = n_1, X_2 = n_2, \ldots, X_r = n_r\} = \frac{n!}{n_1! n_2! \cdots n_r!} p_1^{n_1} p_2^{n_2} \cdots p_r^{n_r} \quad (1.5)$$

sempre que $\sum_{i=1}^{r} n_i = n$.

A Equação (1.5) é verificada notando-se que a sequência de resultados dos n experimentos que leva à ocorrência do resultado i um total de n_i vezes para $i = 1, 2,..., r$ tem, pela hipótese de independência dos experimentos, probabilidade de ocorrência $p_1^{n_1} p_2^{n_2} \ldots p_r^{n_r}$. Como existem $n!/(n_1! n_2!... n_r!)$ sequências de resultados assim (existem $n!/n_1!...n_r!$ diferentes permutações de n coisas das quais n_1 são do mesmo tipo, n_2 são do mesmo tipo,..., n_r são do mesmo tipo), estabelece-se a Equação (1.5). A distribuição conjunta cuja função discreta de probabilidade conjunta é especificada pela Equação (1.5) é chamada de *distribuição multinomial*. Note que, quando $r = 2$, a distribuição multinomial reduz-se para a distribuição binomial.

Note também que qualquer soma de um conjunto fixo de X_i's tem distribuição binomial. Isto é, se $N \subset \{1, 2,..., r\}$, então $\sum_{i \in N} X_i$ é uma variável aleatória binomial com parâmetros n e $p = \sum_{i \in N} p_i$. Isso é obtido porque $\sum_{i \in N} X_i$ representa o número de n experimentos cujo resultado está em N, e cada experimento leva independentemente a um resultado como esse com probabilidade $\sum_{i \in N} p_i$.

Como uma aplicação da distribuição multinomial, suponha que um dado honesto seja rolado 9 vezes. A probabilidade de que o 1 apareça três vezes, o 2 e o 3 apareçam duas vezes cada, e o 4 e o 5 apareçam 1 vez cada, e o 6 não apareça nenhuma vez é dada por

$$\frac{9!}{3!2!2!1!1!0!} \left(\frac{1}{6}\right)^3 \left(\frac{1}{6}\right)^2 \left(\frac{1}{6}\right)^2 \left(\frac{1}{6}\right)^1 \left(\frac{1}{6}\right)^1 \left(\frac{1}{6}\right)^0 = \frac{9!}{3!2!2!} \left(\frac{1}{6}\right)^9 \quad \blacksquare$$

6.2 VARIÁVEIS ALEATÓRIAS INDEPENDENTES

As variáveis aleatórias X e Y são independentes se, para quaisquer dois conjuntos de números reais A e B,

$$P\{X \in A, Y \in B\} = P\{X \in A\} P\{Y \in B\} \quad (2.1)$$

Em outras palavras, X e Y são independentes se, para todo A e B, os eventos $E_A = \{X \in A\}$ e $F_B = \{Y \in B\}$ forem independentes.

Pode-se mostrar, usando-se os três axiomas da probabilidade, que a Equação (2.1) é obtida se e somente se, para todo a, b,

$$P\{X \leq a, Y \leq b\} = P\{X \leq a\} P\{Y \leq b\}$$

Portanto, em termos da função distribuição conjunta F de X e Y, X e Y são independentes se

$$F(a,b) = F_X(a)F_Y(b) \quad \text{para todo } a, b$$

Quando X e Y são variáveis aleatórias discretas, a condição de independência (2.1) é equivalente a

$$p(x,y) = p_X(x)p_Y(y) \quad \text{para todo } x, y \qquad (2.2)$$

Tem-se essa equivalência porque, se a Equação (2.1) é satisfeita, então obtemos a Equação (2.2) fazendo com que A e B sejam, respectivamente, os conjuntos unitários $A = \{x\}$ e $B = \{y\}$. Além disso, se a Equação (2.2) é válida, então, para quaisquer conjuntos A, B,

$$\begin{aligned} P\{X \in A, Y \in B\} &= \sum_{y \in B}\sum_{x \in A} p(x,y) \\ &= \sum_{y \in B}\sum_{x \in A} p_X(x)p_Y(y) \\ &= \sum_{y \in B} p_Y(y) \sum_{x \in A} p_X(x) \\ &= P\{Y \in B\}P\{X \in A\} \end{aligned}$$

e a Equação (2.1) é estabelecida.

No caso conjuntamente contínuo, a condição de independência é equivalente a

$$f(x,y) = f_X(x)f_Y(y) \quad \text{para todo } x, y$$

Assim, de maneira informal, X e Y são independentes se o conhecimento do valor de um não mudar a distribuição do outro. Variáveis aleatórias que não são independentes são chamadas de *dependentes*.

Exemplo 2a

Suponha que $n + m$ tentativas independentes com probabilidade comum de sucesso p sejam realizadas. Se X é o número de sucessos nas primeiras n tentativas e Y é o número de sucessos nas m tentativas finais, então X e Y são independentes, já que o conhecimento do número de sucessos nas primeiras tentativas não afeta a distribuição do número de sucessos nas m tentativas finais (pela hipótese de tentativas independentes). De fato, para x e y inteiros,

$$\begin{aligned} P\{X = x, Y = y\} &= \binom{n}{x}p^x(1-p)^{n-x}\binom{m}{y}p^y(1-p)^{m-y} \quad \begin{array}{l} 0 \leq x \leq n, \\ 0 \leq y \leq m \end{array} \\ &= P\{X = x\}P\{Y = y\} \end{aligned}$$

Por outro lado, X e Z são dependentes, onde Z é o número total de sucessos em $n + m$ tentativas. (Por quê?) ∎

Exemplo 2b

Suponha que o número de pessoas que entram em uma agência de correio em certo dia seja uma variável aleatória de Poisson com parâmetro λ. Mostre que, se cada pessoa que entra na agência de correio for homem com probabilidade p e mulher com probabilidade $1 - p$, então pode-se representar o número de homens e mulheres entrando na agência por variáveis aleatórias de Poisson com respectivos parâmetros λp e $\lambda(1-p)$.

Solução Suponha que X e Y representem, respectivamente, o número de homens e mulheres que entram na agência de correios. Vamos demonstrar a independência de X e Y estabelecendo a Equação (2.2). Para obtermos uma expressão para $P\{X = i, Y = j\}$, condicionamos em $X + Y$ da maneira a seguir:

$$P\{X=i, Y=j\} = P\{X=i, Y=j | X + Y = i + j\}P\{X + Y = i + j\}$$
$$+ P\{X=i, Y=j | X + Y \neq i + j\}P\{X + Y \neq i + j\}$$

[Note que essa equação é meramente um caso especial da fórmula $P(E) = P(E|F)P(F) + P(E|F^c)P(F^c)$].

Como $P\{X = i, Y = j | X + Y \neq i + j\}$ é claramente 0, obtemos

$$P\{X=i, Y=j\} = P\{X=i, Y=j | X + Y = i + j\}P\{X + Y = i + j\} \quad (2.3)$$

Agora, como $X + Y$ é o número total de pessoas que entram na agência de correios, tem-se, por hipótese, que

$$P\{X + Y = i + j\} = e^{-\lambda}\frac{\lambda^{i+j}}{(i + j)!} \quad (2.4)$$

Além disso, dado que $i + j$ pessoas entrem na agência de correios, como cada pessoa que entra tem probabilidade p de ser homem, tem-se que a probabilidade de que exatamente i dessas pessoas sejam homens (e portanto j sejam mulheres) é somente a probabilidade binomial $\binom{i+j}{i}p^i(1-p)^j$ Isto é,

$$P\{X = i, Y = j | X + Y = i + j\} = \binom{i+j}{i}p^i(1-p)^j \quad (2.5)$$

A substituição das Equações (2.4) e (2.5) na Equação (2.3) resulta em

$$P\{X=i, Y=j\} = \binom{i+j}{i}p^i(1-p)^j e^{-\lambda}\frac{\lambda^{i+j}}{(i+j)!}$$
$$= e^{-\lambda}\frac{(\lambda p)^i}{i!j!}[\lambda(1-p)]^j$$
$$= \frac{e^{-\lambda p}(\lambda p)^i}{i!}e^{-\lambda(1-p)}\frac{[\lambda(1-p)]^j}{j!} \quad (2.6)$$

Assim,

$$P\{X=i\} = e^{-\lambda p}\frac{(\lambda p)^i}{i!}\sum_j e^{-\lambda(1-p)}\frac{[\lambda(1-p)]^j}{j!} = e^{-\lambda p}\frac{(\lambda p)^i}{i!} \quad (2.7)$$

e similarmente

$$P\{Y = j\} = e^{-\lambda(1-p)} \frac{[\lambda(1 - p)]^j}{j!} \qquad (2.8)$$

As Equações (2.6), (2.7) e (2.8) estabelecem o resultado desejado. ∎

Exemplo 2c
Um homem e uma mulher decidem se encontrar em certo lugar. Se cada um deles chega independentemente em um tempo uniformemente distribuído entre 12:00 e 13:00, determine a probabilidade de que o primeiro a chegar tenha que esperar mais de 10 minutos.

Solução Se X e Y representam, respectivamente, o tempo após o meio-dia em que chegam o homem e a mulher, então X e Y são variáveis aleatórias independentes, cada uma uniformemente distribuída no intervalo $(0, 60)$. A probabilidade desejada, $P\{X + 10 < Y\} + P\{Y + 10 < X\}$, que, por simetria, é igual a $2P\{X + 10 < Y\}$, é obtida da seguinte maneira:

$$\begin{aligned}
2P\{X + 10 < Y\} &= 2 \iint_{x+10<y} f(x,y)\,dx\,dy \\
&= 2 \iint_{x+10<y} f_X(x)f_Y(y)\,dx\,dy \\
&= 2 \int_{10}^{60} \int_0^{y-10} \left(\frac{1}{60}\right)^2 dx\,dy \\
&= \frac{2}{(60)^2} \int_{10}^{60} (y - 10)\,dy \\
&= \frac{25}{36}
\end{aligned}$$
∎

Nosso próximo exemplo apresenta o mais antigo problema relacionado a probabilidades geométricas. Ele foi analisado e resolvido pela primeira vez por Buffon, um naturalista francês do século dezoito. Por esse motivo, é usualmente chamado de *problema da agulha de Buffon*.

Exemplo 2d Problema da agulha de Buffon
Uma tábua é graduada com linhas paralelas com espaçamento D entre si. Uma agulha de comprimento L, onde $L \leq D$, é jogada aleatoriamente sobre a mesa. Qual é a probabilidade de que a agulha intercepte uma das linhas (sendo a outra possibilidade a de que a agulha fique completamente contida no espaço existente entre as linhas)?

Solução Vamos determinar a posição da agulha especificando (1) a distância X do ponto central da agulha até a linha paralela mais próxima e (2) o ângulo θ entre a agulha e a linha de comprimento X indicada na Figura 6.2. A agulha interceptará uma linha se a hipotenusa do triângulo reto na Figura 6.2 for menor que $L/2$ – isto é, se

$$\frac{X}{\cos\theta} < \frac{L}{2} \quad \text{ou} \quad X < \frac{L}{2}\cos\theta$$

Como X varia entre 0 e $D/2$ e θ varia entre 0 e $\pi/2$, é razoável supor que essas variáveis aleatórias sejam independentes e uniformemente distribuídas ao longo de seus respectivos intervalos. Com isso,

$$\begin{aligned}
P\left\{X < \frac{L}{2}\cos\theta\right\} &= \iint_{x<L/2\cos y} f_X(x)f_\theta(y)\,dx\,dy \\
&= \frac{4}{\pi D}\int_0^{\pi/2}\int_0^{L/2\cos y} dx\,dy \\
&= \frac{4}{\pi D}\int_0^{\pi/2}\frac{L}{2}\cos y\,dy \\
&= \frac{2L}{\pi D}
\end{aligned}$$
∎

*Exemplo 2e   Caracterização da distribuição normal

Suponha que X e Y representem as distâncias de erro horizontal e vertical quando uma bala é disparada contra um alvo, e suponha que

1. X e Y sejam variáveis aleatórias independentes contínuas com funções densidade deriváveis.
2. A densidade conjunta $f(x, y) = f_X(x)f_Y(y)$ de X e Y depende de (x, y) somente através de $x^2 + y^2$.

De maneira informal, a hipótese 2 diz que a probabilidade da bala acertar qualquer ponto no plano x-y depende somente da distância do ponto até o alvo e não de seu ângulo de orientação. Uma maneira equivalente de enunciar essa hipótese é dizer que a função densidade conjunta é invariante com a rotação.

É bastante interessante o fato de as hipóteses 1 e 2 implicarem X e Y como sendo variáveis aleatórias normalmente distribuídas. Para demonstrar isso, note primeiro que as hipóteses levam à relação

$$f(x, y) = f_X(x)f_Y(y) = g(x^2 + y^2) \tag{2.9}$$

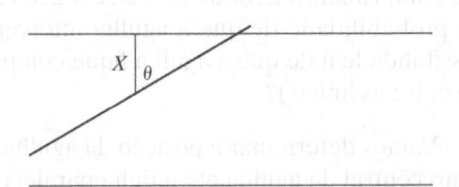

Figura 6.2

para alguma função g. Derivando-se a Equação (2.9) em relação a x, obtém-se

$$f'_X(x)f_Y(y) = 2xg'(x^2 + y^2) \tag{2.10}$$

Dividir a Equação (2.10) pela Equação (2.9) resulta em

$$\frac{f'_X(x)}{f_X(x)} = \frac{2xg'(x^2 + y^2)}{g(x^2 + y^2)}$$

ou

$$\frac{f'_X(x)}{2xf_X(x)} = \frac{g'(x^2 + y^2)}{g(x^2 + y^2)} \tag{2.11}$$

Como o valor do lado esquerdo da Equação (2.11) depende somente de x, enquanto o valor do lado direito depende de $x^2 + y^2$, tem-se como resultado que o lado esquerdo deve ser o mesmo para todo x. Para ver isso, considere quaisquer x_1, x_2 e escolha y_1, y_2 de forma que $x_1^2 + y_1^2 = x_2^2 + y_2^2$. Então, da Equação (2.11), obtemos

$$\frac{f'_X(x_1)}{2x_1 f_X(x_1)} = \frac{g'(x_1^2 + y_1^2)}{g(x_1^2 + y_1^2)} = \frac{g'(x_2^2 + y_2^2)}{g(x_2^2 + y_2^2)} = \frac{f'_X(x_2)}{2x_2 f_X(x_2)}$$

Portanto,

$$\frac{f'_X(x)}{xf_X(x)} = c \quad \text{ou} \quad \frac{d}{dx}(\log f_X(x)) = cx$$

o que implica, com a integração de ambos os lados, que

$$\log f_X(x) = a + \frac{cx^2}{2} \quad \text{ou} \quad f_X(x) = ke^{cx^2/2}$$

Como $\int_{-\infty}^{\infty} f_X(x)\, dx = 1$, então c é necessariamente negativo. Com isso, podemos escrever $c = -1/\sigma^2$. Assim,

$$f_X(x) = ke^{-x^2/2\sigma^2}$$

Isto é, X é uma variável aleatória normal com parâmetros $\mu = 0$ e σ^2. Um argumento parecido pode ser aplicado a $f_Y(y)$ para mostrar que

$$f_Y(y) = \frac{1}{\sqrt{2\pi}\,\overline{\sigma}} e^{-y^2/2\overline{\sigma}^2}$$

Além disso, resulta da hipótese 2 que $\sigma^2 = \overline{\sigma}^2$ e que X e Y são portanto variáveis aleatórias normais identicamente distribuídas com parâmetros $\mu = 0$ e σ^2. ∎

Uma condição necessária e suficiente para que as variáveis aleatórias X e Y sejam independentes é a de que sua função densidade de probabilidade conjunta (ou função de probabilidade conjunta no caso discreto) $f(x, y)$ possa ser fatorada em dois termos, um dependendo somente de x e o outro dependendo somente de y.

Proposição 2.1 As variáveis contínuas (discretas) X e Y são independentes se e somente se sua função densidade de probabilidade conjunta (ou discreta de probabilidade conjunta) puder ser escrita como

$$f_{X,Y}(x,y) = h(x)g(x) \quad -\infty < x < \infty, -\infty < y < \infty$$

Demonstração Vamos demonstrar o caso contínuo. Primeiramente, note que a independência implica o fato da densidade conjunta ser o produto das densidades marginais de X e Y. Com isso, a fatoração anterior é verdadeira quando as variáveis aleatórias são independentes. Agora, suponha que

$$f_{X,Y}(x,y) = h(x)g(y)$$

Então,

$$\begin{aligned} 1 &= \int_{-\infty}^{\infty} \int_{-\infty}^{\infty} f_{X,Y}(x,y)\, dx\, dy \\ &= \int_{-\infty}^{\infty} h(x)\, dx \int_{-\infty}^{\infty} g(y)\, dy \\ &= C_1 C_2 \end{aligned}$$

onde $C_1 = \int_{-\infty}^{\infty} h(x)\, dx$ e $C_2 = \int_{-\infty}^{\infty} g(y)\, dy$. Também,

$$f_X(x) = \int_{-\infty}^{\infty} f_{X,Y}(x,y)\, dy = C_2 h(x)$$

$$f_Y(y) = \int_{-\infty}^{\infty} f_{X,Y}(x,y)\, dx = C_1 g(y)$$

Como $C_1 C_2 = 1$, obtemos

$$f_{X,Y}(x,y) = f_X(x)f_Y(y)$$

e a demonstração está completa. □

Exemplo 2f

Se a função densidade conjunta de X e Y é

$$f(x,y) = 6e^{-2x}e^{-3y} \text{ na região } 0 < x < \infty, 0 < y < \infty$$

e é igual a 0 fora dessa região, são as variáveis aleatórias independentes? E se a função densidade conjunta é

$$f(x,y) = 24xy \text{ na região } 0 < x < 1, 0 < y < 1, 0 < x + y < 1$$

e é igual a 0 caso contrário?

Solução No primeiro caso, a função densidade conjunta pode ser fatorada, e portanto as variáveis aleatórias são independentes (uma é exponencial com taxa 2 e a outra é exponencial com taxa 3). No segundo caso, como a região em que a densidade conjunta é diferente de zero não pode ser escrita na forma $x \in A, y \in B$, a densidade conjunta não pode ser fatorada. Com isso, as variáveis aleatórias não são independentes. Isso pode ser visto claramente se fizermos

$$I(x,y) = \begin{cases} 1 & \text{se } 0 < x < 1,\ 0 < y < 1,\ 0 < x + y < 1 \\ 0 & \text{caso contrário} \end{cases}$$

e escrevermos

$$f(x,y) = 24xy\, I(x,y)$$

o que claramente não pode ser fatorado em um termo que depende somente de x e em outro que depende somente de y. ■

O conceito de independência pode, naturalmente, ser definido para mais de duas variáveis aleatórias. Em geral, as n variáveis aleatórias $X_1, X_2,..., X_n$ são independentes se, para todos os conjuntos de números reais $A_1, A_2,..., A_n$,

$$P\{X_1 \in A_1, X_2 \in A_2, \ldots, X_n \in A_n\} = \prod_{i=1}^{n} P\{X_i \in A_i\}$$

Como antes, pode-se mostrar que essa condição é equivalente a

$$P\{X_1 \leq a_1, X_2 \leq a_2,..., X_n \leq a_n\} = \prod_{i=1}^{n} P\{X_i \leq a_i\} \text{ para todo } a_1, a_2,..., a_n$$

Finalmente, dizemos que uma coleção infinita de variáveis aleatórias é independente se cada uma de suas subcoleções finitas for independente.

Exemplo 2g

A maioria dos computadores é capaz de gerar, ou *simular*, o valor de uma variável aleatória uniforme no intervalo $(0, 1)$ por meio de uma sub-rotina residente que (com certa aproximação) produz tais "números aleatórios". Como resultado, é muito fácil para um computador simular uma variável aleatória indicadora (isto é, de Bernoulli). Suponha que I seja uma variável indicadora tal que

$$P\{I = 1\} = p = 1 - P\{I = 0\}$$

O computador pode simular I sorteando um número aleatório U no intervalo $(0, 1)$ e então fazendo

$$I = \begin{matrix} 1 & \text{se } U < p \\ 0 & \text{se } U \geq p \end{matrix}$$

Suponha que estejamos interessados em que o computador selecione $k, k \leq n$, dos números $1, 2,..., n$ de forma tal que cada um dos subconjuntos $\binom{n}{k}$ de tamanho k tenha a mesma probabilidade de ser escolhido. Agora, apresentamos um método que permitirá ao computador resolver essa tarefa. Para gerar um subconjunto como esse, vamos primeiro simular, em sequência, n variáveis indicadoras $I_1, I_2,..., I_n$, das quais exatamente k são iguais a 1. Os valores de i para os quais $I_i = 1$ vão então constituir o subconjunto desejado.

Para gerar as variáveis aleatórias $I_1,..., I_n$, comece simulando n variáveis aleatórias uniformes independentes $U_1, U_2,..., U_n$. Definimos agora

$$I_1 = \begin{cases} 1 & \text{se } U_1 < \dfrac{k}{n} \\ 0 & \text{caso contrário} \end{cases}$$

e então, assim que $I_1,..., I_i$ forem determinados, ajustamos recursivamente

$$I_{i+1} = \begin{cases} 1 & \text{se } U_{i+1} < \dfrac{k - (I_1 + \cdots + I_i)}{n - i} \\ 0 & \text{caso contrário} \end{cases}$$

Colocando em palavras, na $(i+1)$-ésima etapa fazemos I_{i+1} igual a 1 (e então colocamos $i+1$ no subconjunto desejado) com probabilidade igual ao número restante de vagas no subconjunto $\left(\text{isto é}, k - \sum_{j=1}^{i} I_j\right)$, dividido pelo número de possibilidades restantes (isto é, $n - i$). Com isso, a distribuição de probabilidade conjunta de $I_1, I_2,..., I_n$ é determinada a partir de

$$P\{I_1 = 1\} = \frac{k}{n}$$

$$P\{I_{i+1} = 1 | I_1, \ldots, I_i\} = \frac{k - \sum_{j=1}^{i} I_j}{n - i} \quad 1 < i < n$$

A demonstração de que a última fórmula resulta em que todos subconjuntos de tamanho k tenham a mesma probabilidade de serem escolhidos é feita por indução em $k + n$. Ela é imediata quando $k + n = 2$ (isto é, quando $k = 1, n = 1$), então suponha que ela seja verdade sempre que $k + n \leq l$. Agora, suponha que $k + n = l + 1$ e considere qualquer subconjunto de tamanho k – digamos, $i_1 \leq i_2 \leq \cdots \leq i_k$ – e considere os dois casos a seguir.

Caso 1: $i_1 = 1$

$$P\{I_1 = I_{i_2} = \cdots = I_{i_k} = 1, I_j = 0 \text{ caso contrário}\}$$
$$= P\{I_1 = 1\}P\{I_{i_2} = \cdots = I_{i_k} = 1, I_j = 0 \text{ caso contrário}|I_1 = 1\}$$

Agora, dado que $I_1 = 1$, os elementos restantes do subconjunto são escolhidos como se um subconjunto de tamanho $k - 1$ tivesse que ser escolhido a partir dos $n - 1$ elementos $2, 3,..., n$. Portanto, pela hipótese de indução, a probabilidade condicional de que isso resulte na seleção de um dado subconjunto de tamanho $k-1$ é igual a $1/\binom{n-1}{k-1}$. Com isso,

$$P\{I_1 = I_{i_2} = \cdots = I_{i_k} = 1, I_j = 0 \text{ caso contrário}\}$$
$$= \frac{k}{n}\frac{1}{\binom{n-1}{k-1}} = \frac{1}{\binom{n}{k}}$$

Caso 2: $i_1 \neq 1$

$$P\{I_{i_1} = I_{i_2} = \cdots = I_{i_k} = 1, I_j = 0 \text{ caso contrário}\}$$
$$= P\{I_{i_1} = \cdots = I_{i_k} = 1, I_j = 0 \text{ caso contrário}|I_1 = 0\}P\{I_1 = 0\}$$
$$= \frac{1}{\binom{n-1}{k}}\left(1 - \frac{k}{n}\right) = \frac{1}{\binom{n}{k}}$$

onde a hipótese de indução foi usada para avaliar a probabilidade condicional anterior.

Assim, em todos os casos, a probabilidade de que um dado subconjunto de tamanho k seja o subconjunto escolhido é igual a $1/\binom{n}{k}$. ∎

Observação: O método anterior para gerar um subconjunto aleatório requer muito pouca memória. Um algoritmo mais rápido que requer um pouco mais de memória é apresentado na Seção 10.1 (este usa os últimos k elementos de uma permutação aleatória de $1, 2,..., n$). ∎

Exemplo 2h

Sejam X, Y, Z variáveis aleatórias independentes e uniformemente distribuídas ao longo de $(0, 1)$. Calcule $P\{X \geq YZ\}$.

Solução Como

$$f_{X,Y,Z}(x, y, z) = f_X(x)f_Y(y)f_Z(z) = 1 \qquad 0 \leq x \leq 1, 0 \leq y \leq 1, 0 \leq z \leq 1$$

temos

$$P\{X \geq YZ\} = \iiint\limits_{x \geq yz} f_{X,Y,Z}(x, y, z)\, dx\, dy\, dz$$
$$= \int_0^1 \int_0^1 \int_{yz}^1 dx\, dy\, dz$$
$$= \int_0^1 \int_0^1 (1 - yz)\, dy\, dz$$
$$= \int_0^1 \left(1 - \frac{z}{2}\right) dz$$
$$= \frac{3}{4}$$

∎

Exemplo 2i Interpretação probabilística do tempo de meia-vida

Suponha que $N(t)$ represente o número de núcleos contidos em uma massa de material radioativo no instante de tempo t. O conceito de tempo de meia-vida é muitas vezes definido de uma maneira determinística com o argumento empírico de que, para algum valor h, chamado de *tempo de meia-vida*,

$$N(t) = 2^{-t/h} N(0) \quad t > 0$$

[Observe que $N(h) = N(0)/2$.] Como o resultado anterior implica que, para qualquer s e t não negativos,

$$N(t+s) = 2^{-(s+t)/h} N(0) = 2^{-t/h} N(s)$$

tem-se que, independentemente do tempo s já decorrido, em um tempo adicional t o número de núcleos existentes decairá de acordo com o fator $2^{-t/h}$.

Como a relação determinística acima resulta de observações de massas radioativas contendo números imensos de núcleos, ela parece ser consistente com uma interpretação probabilística. A dica para deduzir-se o modelo probabilístico apropriado para o tempo de meia-vida reside na observação empírica de que a proporção de decaimento em qualquer intervalo de tempo não depende nem do número de núcleos no início desse intervalo nem do instante de início desse intervalo (já que $N(t+s)/N(s)$ não depende nem de $N(s)$, nem de s). Assim, parece que cada núcleo age independentemente e de acordo com uma distribuição de tempo de vida sem memória. Consequentemente, como a distribuição exponencial é a única que possui a propriedade de ausência de memória, e como exatamente metade de uma dada quantidade de massa decai a cada h unidades de tempo, propomos o seguinte modelo probabilístico para o decaimento radioativo.

Interpretação probabilística do tempo de meia-vida h: Os tempos de vida dos núcleos individuais são variáveis aleatórias independentes com distribuição exponencial de mediana h. Isto é, se L representa o tempo de vida de um dado núcleo, então

$$P\{L < t\} = 1 - 2^{-t/h}$$

(Como $P\{L < h\} = \frac{1}{2}$ e a equação anterior pode ser escrita como

$$P\{L < t\} = 1 - \exp\left\{-t \frac{\log 2}{h}\right\}$$

pode-se ver que L tem de fato distribuição exponencial com mediana h.)

Note que, de acordo com a interpretação probabilística fornecida, se começamos com $N(0)$ núcleos no tempo 0, então $N(t)$, o número de núcleos que permanecem no tempo t, terão distribuição binomial com parâmetros $n = N(0)$ e $p = 2^{-t/h}$. Resultados do Capítulo 8 mostrarão que essa interpretação do tempo de meia-vida é consistente com o modelo determinístico quando se considera a proporção de um grande número de núcleos que decaem ao longo de um dado intervalo de tempo. Entretanto, a diferença entre as interpretações determinística e probabilística fica clara quando se considera o número real de núcleos que sofreram decaimento. Vamos agora indicar isso considerando a questão do decaimento ou não de prótons.

Há alguma controvérsia quanto ao fato de prótons decaírem ou não. De fato, uma teoria prediz que prótons decaem com um tempo de meia-vida da ordem de $h = 10^{30}$ anos. Para verificar essa predição empiricamente, sugeriu-se que um grande número de prótons fosse monitorado ao longo de, digamos, um ou dois anos, de forma a observar-se a ocorrência de qualquer decaimento ao longo deste período (claramente, não seria possível monitorar uma massa de prótons por 10^{30} anos para ver se metade dela terá decaído). Vamos supor que possamos a monitorar $N(0) = 10^{30}$ prótons por c anos. O número de decaimentos predito pelo modelo determinístico seria então dado por

$$N(0) - N(c) = h(1 - 2^{-c/h})$$
$$= \frac{1 - 2^{-c/h}}{1/h}$$
$$\approx \lim_{x \to 0} \frac{1 - 2^{-cx}}{x} \quad \text{como } \frac{1}{h} = 10^{-30} \approx 0$$
$$= \lim_{x \to 0} (c2^{-cx} \log 2) \quad \text{pela regra de L'Hôpital}$$
$$= c \log 2 \approx 0{,}6931c$$

Por exemplo, o modelo determinístico prediz que em 2 anos deverão ocorrer 1,3863 decaimentos. De fato, seria uma grande falha para o modelo de decaimento de prótons proposto se nenhum decaimento fosse observado ao longo desses 2 anos.

Vamos agora contrastar as conclusões que acabamos de obter com aquelas obtidas com o modelo probabilístico. Novamente, vamos considerar a hipótese de que o tempo de meia-vida dos prótons seja de $h = 10^{30}$ anos, e supor que monitoremos h prótons por c anos. Como há um número enorme de prótons independentes, cada um deles com probabilidade muito pequena de decair ao longo deste período de tempo, tem-se que o número de prótons que apresentam decaimento tem (com uma aproximação muito boa) uma distribuição de Poisson com parâmetro $h(1 - 2^{-c/h}) \approx c \log 2$. Assim,

$$P\{0 \text{ decaimentos}\} = e^{-c \log 2}$$
$$= e^{-\log(2^c)} = \frac{1}{2^c}$$

e, em geral,

$$P\{n \text{ decaimentos}\} = \frac{2^{-c}[c \log 2]^n}{n!} \quad n \geq 0$$

Assim vemos que, muito embora o número médio de decaimentos ao longo de 2 anos seja (conforme predito pelo modelo determinístico) de 1,3863, há 1 chance em 4 de que não ocorram quaisquer decaimentos. Este resultado de forma alguma invalida a hipótese original do decaimento de prótons. ■

Observação: *Independência é uma relação simétrica*. As variáveis aleatórias X e Y são independentes se sua função densidade conjunta (ou função de probabilidade conjunta, no caso discreto) é o produto de suas funções densidade (ou de probabilidade) individuais. Portanto, dizer que X é independente de Y é equivalente a dizer que Y é independente de X – ou somente que X e Y são independentes. Como resultado, ao considerar se X é independente ou não de Y em situações em que não é intuitivo saber que o valor de Y não muda as probabilidades relacionadas a X, pode ser útil inverter os papéis de X e Y e perguntar se Y é independente de X. O próximo exemplo ilustra este ponto.

Exemplo 2j

Se o primeiro resultado obtido em um jogo de dados resultar na soma dos dados ser igual a 4, então o jogador continua a jogar os dados até que a soma dê 4 ou 7. Se a soma der 4, então o jogador vence; se der 7, ele perde. Suponha que N represente o número de jogadas necessárias até que a soma seja 7 ou 4, e que X represente o valor (4 ou 7) da jogada final. N é independente de X? Isto é, saber se o resultado foi 4 ou 7 afeta a distribuição do número de jogadas necessárias para que um desses dois números apareça? Muitas pessoas não consideram a resposta para essa questão intuitivamente óbvia. Entretanto, suponha que invertamos a questão e perguntemos se X é independente de N. Isto é, saber quantas jogadas são necessárias para se obter uma soma igual a 4 ou 7 afeta a probabilidade de que a soma seja igual a 4? Por exemplo, suponha que saibamos que são necessárias n jogadas para que se obtenha uma soma igual a 4 ou 7. Isso afeta a distribuição de probabilidade da soma final? Claramente não, já que a única coisa que interessa é que o valor da soma seja 4 ou 7, e o fato de que nenhuma das primeiras $n-1$ jogadas tenha dado 4 ou 7 não muda as probabilidades da n-ésima jogada. Assim podemos concluir que X é independente de N, ou equivalentemente, que N é independente de X.

Como outro exemplo, seja $X_1, X_2, \ldots$ uma série de variáveis aleatórias independentes e identicamente distribuídas, e suponha que observemos essas variáveis aleatórias em sequência. Se $X_n > X_i$ para cada $i = 1, \ldots, n-1$, dizemos que X_n é um *valor recorde*. Isto é, cada variável aleatória que é maior que todas aquelas que a precedem é chamada de valor recorde. Suponha que A_n represente o evento em que X_n é um valor recorde. É A_{n+1} independente de A_n? Isto é, saber que a n-ésima variável aleatória é a maior das n primeiras variáveis muda a probabilidade de que a $(n+1)$-ésima variável seja a maior das primeiras $(n+1)$ variáveis? Embora seja verdade que A_{n+1} é independente de A_n, isso pode não ser intuitivamente óbvio. Entretanto, se invertermos a questão e perguntarmos se A_n é independente de A_{n+1}, então o resultado é mais facilmente entendido. Pois saber que o $(n+1)$-ésimo valor é maior que $X_1, \ldots, X_n$ claramente não nos fornece qualquer informação sobre o tamanho relativo de X_n entre as primeiras n variáveis aleatórias. De fato, por simetria, fica claro que cada uma dessas n variáveis aleatórias tem a mesma probabilidade de ser a maior do conjunto, então $P\{A_n|A_{n+1}\} = P(A_n) = 1/n$. Com isso, podemos concluir que A_n e A_{n+1} são eventos independentes. ∎

Observação: Resulta da identidade

$$P\{X_1 \leq a_1,\ldots, X_n \leq a_n\}$$
$$= P\{X_1 \leq a_1\}P\{X_2 \leq a_2|X_1 \leq a_1\}\ldots P\{X_n \leq a_n|X_1 \leq a_1,\ldots, X_{n-1} \leq a_{n-1}\}$$

que a independência de $X_1,\ldots, X_n$ pode ser estabelecida sequencialmente. Isto é, podemos mostrar que tais variáveis aleatórias são independentes mostrando que

X_2 é independente de X_1
X_3 é independente de X_1, X_2
X_4 é independente de X_1, X_2, X_3
.
.
.
X_n é independente de $X_1,\ldots, X_{n-1}$

6.3 SOMAS DE VARIÁVEIS ALEATÓRIAS INDEPENDENTES

É muitas vezes importante poder calcular a distribuição de $X + Y$ a partir das distribuições de X e Y quando X e Y são independentes. Suponha que X e Y sejam variáveis aleatórias independentes contínuas com funções densidade de probabilidade f_X e f_Y. A função distribuição cumulativa de $X + Y$ é obtida da seguinte maneira:

$$F_{X+Y}(a) = P\{X + Y \leq a\}$$
$$= \iint_{x+y \leq a} f_X(x)f_Y(y)\, dx\, dy$$
$$= \int_{-\infty}^{\infty} \int_{-\infty}^{a-y} f_X(x)f_Y(y)\, dx\, dy \qquad (3.1)$$
$$= \int_{-\infty}^{\infty} \int_{-\infty}^{a-y} f_X(x)\, dx f_Y(y)\, dy$$
$$= \int_{-\infty}^{\infty} F_X(a - y)f_Y(y)\, dy$$

A função distribuição cumulativa F_{X+Y} é chamada de *convolução* das distribuições F_X e F_Y (que são as funções distribuição cumulativa de X e Y, respectivamente).

Derivando a Equação (3.1), vemos que a função densidade de probabilidade f_{X+Y} de $X + Y$ é dada por

$$f_{X+Y}(a) = \frac{d}{da} \int_{-\infty}^{\infty} F_X(a - y)f_Y(y)\, dy$$
$$= \int_{-\infty}^{\infty} \frac{d}{da} F_X(a - y)f_Y(y)\, dy \qquad (3.2)$$
$$= \int_{-\infty}^{\infty} f_X(a - y)f_Y(y)\, dy$$

6.3.1 Variáveis aleatórias uniformes identicamente distribuídas

Não é difícil determinar a função densidade da soma de duas variáveis uniformes independentes no intervalo $(0, 1)$.

Exemplo 3a Soma de duas variáveis aleatórias uniformes independentes

Se X e Y são variáveis aleatórias independentes, ambas uniformemente distribuídas em $(0, 1)$, calcule a função densidade de probabilidade de $X + Y$.

Solução Da Equação (3.2), como

$$f_X(a) = f_Y(a) = \begin{cases} 1 & 0 < a < 1 \\ 0 & \text{caso contrário} \end{cases}$$

obtemos

$$f_{X+Y}(a) = \int_0^1 f_X(a - y)\, dy$$

Para $0 \le a \le 1$, isso resulta em

$$f_{X+Y}(a) = \int_0^a dy = a$$

Para $1 < a < 2$, obtemos

$$f_{X+Y}(a) = \int_{a-1}^1 dy = 2 - a$$

Com isso,

$$f_{X+Y}(a) = \begin{cases} a & 0 \le a \le 1 \\ 2 - a & 1 < a < 2 \\ 0 & \text{caso contrário} \end{cases}$$

Por causa da forma de sua função densidade (veja a Figura 6.3), diz-se que a variável aleatória $X + Y$ tem distribuição *triangular*. ■

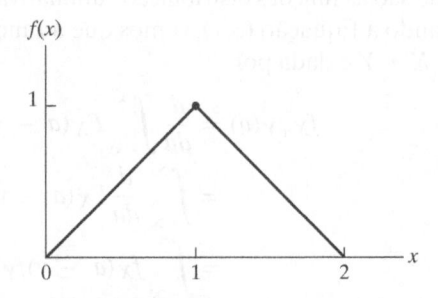

Figura 6.3 Função densidade triangular.

Agora, suponha que $X_1, X_2, ..., X_n$ sejam variáveis aleatórias independentes no intervalo $(0, 1)$ e considere

$$F_n(x) = P\{X_1 + ... + X_n \leq x\}$$

Embora a fórmula geral para $F_n(x)$ seja complicada, ela tem uma forma particularmente simples quando $x \leq 1$. De fato, usamos agora indução matemática para demonstrar que

$$F_n(x) = x^n/n!, 0 \leq x \leq 1$$

Como a equação anterior é verdadeira para $n = 1$, suponha que

$$F_{n-1}(x) = x^{n-1}/(n-1)!, 0 \leq x \leq 1$$

Agora, escrevendo

$$\sum_{i=1}^{n} X_i = \sum_{i=1}^{n-1} X_i + X_n$$

e usando o fato de que os X_i's são todos não negativos, vemos da Equação 3.1 que, para $0 \leq x \leq 1$,

$$F_n(x) = \int_0^1 F_{n-1}(x - y) f_{X_n}(y) dy$$
$$= \frac{1}{(n-1)!} \int_0^x (x - y)^{n-1} dy \quad \text{pela hipótese de indução}$$
$$= x^n/n!$$

o que completa a demonstração.

Para uma aplicação interessante da fórmula anterior, vamos usá-la para determinar o número esperado de variáveis aleatórias uniformes independentes no intervalo $(0, 1)$ que precisam ser somadas para que o resultado seja maior que 1. Isto é, com $X_1, X_2, ...$ sendo variáveis aleatórias uniformes independentes no intervalo $(0, 1)$, queremos determinar $E[N]$, onde

$$N = \min[n: X_1 + ... + X_n > 1]$$

Notando que N é maior que $n > 0$ se e somente se $X_1 + ... + X_n \leq 1$, vemos que

$$P\{N > n\} = F_n(1) = 1/n!, n > 0$$

Como

$$P\{N > 0\} = 1 = 1/0!$$

vemos que, para $n > 0$,

$$P\{N = n\} = P\{N > n - 1\} - P\{N > n\} = \frac{1}{(n-1)!} - \frac{1}{n!} = \frac{n-1}{n!}$$

Portanto,

$$E[N] = \sum_{n=1}^{\infty} \frac{n(n-1)}{n!}$$

$$= \sum_{n=2}^{\infty} \frac{1}{(n-2)!}$$

$$= e$$

Isto é, o número de variáveis aleatórias uniformes independentes no intervalo (0, 1) que precisam ser somadas para que o resultado seja maior que 1 é igual a e.

6.3.2 Variáveis aleatórias gama

Lembre-se da variável aleatória gama, que tem função densidade da forma

$$f(y) = \frac{\lambda e^{-\lambda y}(\lambda y)^{t-1}}{\Gamma(t)} \quad 0 < y < \infty$$

Uma importante propriedade desta família de distribuições é a de que, para um valor fixo de λ, ela é fechada em convoluções.

Proposição 3.1 Se X e Y são variáveis aleatórias gama independentes com respectivos parâmetros (s, λ) e (t, λ), então $X + Y$ é uma variável aleatória gama com parâmetros $(s + t, \lambda)$.

Demonstração Usando a Equação (3.2), obtemos

$$f_{X+Y}(a) = \frac{1}{\Gamma(s)\Gamma(t)} \int_0^a \lambda e^{-\lambda(a-y)} [\lambda(a-y)]^{s-1} \lambda e^{-\lambda y}(\lambda y)^{t-1} \, dy$$

$$= K e^{-\lambda a} \int_0^a (a-y)^{s-1} y^{t-1} dy$$

$$= K e^{-\lambda a} a^{s+t-1} \int_0^1 (1-x)^{s-1} x^{t-1} \, dx \quad \text{fazendo } x = \frac{y}{a}$$

$$= C e^{-\lambda a} a^{s+t-1}$$

onde C é uma constante que não depende de a. Mas, como a fórmula anterior é uma função densidade, e portanto sua integral deve ser igual a 1, pode-se determinar o valor de C. Com isso, temos

$$f_{X+Y}(a) = \frac{\lambda e^{-\lambda a}(\lambda a)^{s+t-1}}{\Gamma(s+t)}$$

e o resultado está demonstrado. □

É fácil agora estabelecer, por indução e usando a Proposição 3.1, que, se X_i, $i = 1,\ldots,n$ são variáveis aleatórias gama com respectivos parâmetros (t_i, λ), $i = 1,\ldots,n$, então $\sum_{i=1}^{n} X_i$ é gama com parâmetros $\left(\sum_{i=1}^{n} t_i, \lambda\right)$. Deixamos a demonstração disso como exercício.

Exemplo 3b

Suponha que $X_1, X_2,..., X_n$ sejam n variáveis aleatórias exponenciais independentes, cada uma com parâmetro λ. Então, como uma variável aleatória exponencial com parâmetro λ é igual a uma variável aleatória gama com parâmetros $(1,\lambda)$, resulta da Proposição 3.1 que $X_1 + X_2 + \cdots + X_n$ é uma variável aleatória gama com parâmetros (n,λ). ∎

Se $Z_1, Z_2,..., Z_n$ são variáveis aleatórias normais padrão independentes, então $\sum_{i=1}^{n} Z_i^2$ é chamada de distribuição *qui-quadrado* (às vezes representada como χ^2) com n graus de liberdade. Vamos calcular a função densidade de Y. Quando $n = 1, Y = Z_1^2$, e do Exemplo 7b do Capítulo 5 vemos que sua função densidade de probabilidade é dada por

$$f_{Z^2}(y) = \frac{1}{2\sqrt{y}}[f_Z(\sqrt{y}) + f_Z(-\sqrt{y})]$$

$$= \frac{1}{2\sqrt{y}} \frac{2}{\sqrt{2\pi}} e^{-y/2}$$

$$= \frac{\frac{1}{2}e^{-y/2}(y/2)^{1/2-1}}{\sqrt{\pi}}$$

Mas reconhecemos a equação anterior como sendo a distribuição gama com parâmetros $\left(\frac{1}{2}, \frac{1}{2}\right)$ [um subproduto dessa análise é que $\Gamma\left(\frac{1}{2}\right) = \sqrt{\pi}$]. Mas como cada Z_i^2 é gama $\left(\frac{1}{2}, \frac{1}{2}\right)$, resulta da Proposição 3.1 que a distribuição χ^2 com n graus de liberdade é tão somente a distribuição gama com parâmetros $\left(n/2, \frac{1}{2}\right)$. Ela portanto tem a função densidade de probabilidade dada por

$$f_{\chi^2}(y) = \frac{\frac{1}{2}e^{-y/2}\left(\frac{y}{2}\right)^{n/2-1}}{\Gamma\left(\frac{n}{2}\right)} \quad y > 0$$

$$= \frac{e^{-y/2}y^{n/2-1}}{2^{n/2}\Gamma\left(\frac{n}{2}\right)} \quad y > 0$$

Quando n é um inteiro par, $\Gamma(n/2) = [(n/2) - 1]!$. Por outro lado, quando n é ímpar, $\Gamma(n/2)$ pode ser obtido fazendo-se iterações com $\Gamma(t) = (t-1)\Gamma(t-1)$ e então empregando-se o resultado previamente obtido de que $\Gamma\left(\frac{1}{2}\right) = \sqrt{\pi}$ [por exemplo, $\Gamma\left(\frac{5}{2}\right) = \frac{3}{2}\Gamma\left(\frac{3}{2}\right) = \frac{3}{2}\frac{1}{2}\Gamma\left(\frac{1}{2}\right) = \frac{3}{4}\sqrt{\pi}$].

Na prática, a distribuição qui-quadrado aparece com frequência como a distribuição do quadrado do erro envolvido quando se tenta acertar um alvo em um espaço n-dimensional se os erros das coordenadas são representados como variáveis aleatórias normais padrão. Ela também é importante em análises estatísticas.

6.3.3 Variáveis aleatórias normais

Também podemos usar a Equação (3.2) para demonstrar o seguinte resultado importante sobre as variáveis aleatórias normais.

Proposição 3.2 Se $X_i, i = 1,...,n$, são variáveis aleatórias normalmente distribuídas com respectivos parâmetros $\mu_i, \sigma_i^2, i = 1,...,n$, então $\sum_{i=1}^{n} X_i$ é normalmente distribuída com parâmetros $\sum_{i=1}^{n} \mu_i$ e $\sum_{i=1}^{n} \sigma_i^2$.

Demonstração da Proposição 3.2 Para começar, suponha que X e Y sejam variáveis aleatórias normais independentes com X tendo média 0 e variância σ^2, e Y tendo média 0 e variância 1. Vamos determinar a função densidade de $X + Y$ utilizando a Equação (3.2). Agora, com

$$c = \frac{1}{2\sigma^2} + \frac{1}{2} = \frac{1 + \sigma^2}{2\sigma^2}$$

temos

$$f_X(a - y)f_Y(y) = \frac{1}{\sqrt{2\pi}\sigma} \exp\left\{-\frac{(a - y)^2}{2\sigma^2}\right\} \frac{1}{\sqrt{2\pi}} \exp\left\{-\frac{y^2}{2}\right\}$$

$$= \frac{1}{2\pi\sigma} \exp\left\{-\frac{a^2}{2\sigma^2}\right\} \exp\left\{-c\left(y^2 - 2y\frac{a}{1 + \sigma^2}\right)\right\}$$

Portanto, da Equação (3.2),

$$f_{X+Y}(a) = \frac{1}{2\pi\sigma} \exp\left\{-\frac{a^2}{2\sigma^2}\right\} \exp\left\{\frac{a^2}{2\sigma^2(1 + \sigma^2)}\right\}$$

$$\times \int_{-\infty}^{\infty} \exp\left\{-c\left(y - \frac{a}{1 + \sigma^2}\right)^2\right\} dy$$

$$= \frac{1}{2\pi\sigma} \exp\left\{-\frac{a^2}{2(1 + \sigma^2)}\right\} \int_{-\infty}^{\infty} \exp\{-cx^2\} dx$$

$$= C \exp\left\{-\frac{a^2}{2(1 + \sigma^2)}\right\}$$

onde C não depende de a. Mas isso implica que $X + Y$ é normal com média 0 e variância $1 + \sigma^2$.

Agora, suponha que X_1 e X_2 sejam variáveis aleatórias normais independentes X_i com média μ_i e variância $\sigma_i^2, i = 1, 2$. Então,

$$X_1 + X_2 = \sigma_2\left(\frac{X_1 - \mu_1}{\sigma_2} + \frac{X_2 - \mu_2}{\sigma_2}\right) + \mu_1 + \mu_2$$

Mas como $(X_1 - \mu_1)/\sigma_2$ é normal com média 0 e variância σ_1^2/σ_2^2, e $(X_2 - \mu_2)/\sigma_2$ é normal com média 0 e variância 1, segue de nosso resultado prévio que $(X_1 - \mu_1)/\sigma_2 + (X_2 - \mu_2)/\sigma_2$ é normal com média 0 e variância $1 + \sigma_1^2/\sigma_2^2$. Isso implica $X_1 + X_2$ ser normal com média $\mu_1 + \mu_2$ e variância $\sigma_2^2(1 + \sigma_1^2/\sigma_2^2) = \sigma_1^2 + \sigma_2^2$.

Assim, estabelece-se a Proposição 3.2 quando $n = 2$. O caso geral é agora obtido por indução. Suponha que a Proposição 3.2 seja verdadeira quando há $n - 1$ variáveis aleatórias. Agora considere o caso n e escreva

$$\sum_{i=1}^{n} X_i = \sum_{i=1}^{n-1} X_i + X_n$$

Pela hipótese de indução, $\sum_{i=1}^{n-1} X_i$ é normal com média $\sum_{i=1}^{n-1} \mu_i$ e variância $\sum_{i=1}^{n-1} \sigma_i^2$. Portanto, pelo resultado para $n = 2$, $\sum_{i=1}^{n} X_i$ é normal com média $\sum_{i=1}^{n} \mu_i$ e variância $\sum_{i=1}^{n} \sigma_i^2$.

Exemplo 3c

Um time de basquete jogará uma temporada com 44 partidas. Vinte e seis dessas partidas serão contra times da divisão A, e 18 contra times da divisão B. Suponha que o time ganhe cada partida disputada contra um adversário da divisão A com probabilidade 0,4, e ganhe cada partida disputada contra um adversário da divisão B com probabilidade 0,7. Suponha também que os resultados das diferentes partidas sejam independentes. Obtenha um valor aproximado para a probabilidade de que

(a) o time vença 25 partidas ou mais;
(b) o time vença mais partidas contra times da divisão A do que contra times da divisão B.

Solução (a) Suponha que X_A e X_B representem, respectivamente, o número de partidas que o time vence contra equipes da divisão A e B. Note que X_A e X_B são variáveis aleatórias binomiais independentes e

$$E[X_A] = 26(0,4) = 10,4 \quad \text{Var}(X_A) = 26(0,4)(0,6) = 6,24$$
$$E[X_B] = 18(0,7) = 12,6 \quad \text{Var}(X_B) = 18(0,7)(0,3) = 3,78$$

Pela aproximação normal para a distribuição binomial, X_A e X_B têm aproximadamente a mesma distribuição que teriam variáveis aleatórias normais independentes com os valores esperados e as variâncias acima. Portanto, pela Proposição 3.2, $X_A + X_B$ terá aproximadamente uma distribuição normal com média 23 e variância 10,02. Assim, fazendo com que Z represente uma variável aleatória normal padrão, temos

$$P\{X_A + X_B \geq 25\} = P\{X_A + X_B \geq 24{,}5\}$$
$$= P\left\{\frac{X_A + X_B - 23}{\sqrt{10{,}02}} \geq \frac{24{,}5 - 23}{\sqrt{10{,}02}}\right\}$$
$$\approx P\left\{Z \geq \frac{1{,}5}{\sqrt{10{,}02}}\right\}$$
$$\approx 1 - P\{Z < 0{,}4739\}$$
$$\approx 0{,}3178$$

(b) Notamos que $X_A - X_B$ tem aproximadamente uma distribuição normal com média $-2{,}2$ e variância $10{,}02$. Com isso,
$$P\{X_A - X_B \geq 1\} = P\{X_A - X_B \geq 0{,}5\}$$
$$= P\left\{\frac{X_A - X_B + 2{,}2}{\sqrt{10{,}02}} \geq \frac{0{,}5 + 2{,}2}{\sqrt{10{,}02}}\right\}$$
$$\approx P\left\{Z \geq \frac{2{,}7}{\sqrt{10{,}02}}\right\}$$
$$\approx 1 - P\{Z < 0{,}8530\}$$
$$\approx 0{,}1968$$

Portanto, há aproximadamente 31,78% de chances de que o time ganhe pelo menos 25 partidas, e aproximadamente 19,68% de chances de que o time ganhe mais partidas contra times da divisão A do que contra times da divisão B. ∎

A variável aleatória Y é chamada de *log-normal* com parâmetros μ e σ se $\log(Y)$ é uma variável aleatória normal com média μ e variância σ^2. Isto é, Y é log-normal se puder ser escrita como

$$Y = e^X$$

onde X é uma variável aleatória normal.

Exemplo 3d
Começando de certo instante fixo, suponha que $S(n)$ represente o preço de um depósito ao final de n semanas, $n \geq 1$. Um modelo popular para a evolução desses preços supõe que as relações entre os preços $S(n)/S(n-1), n \geq 1$, sejam variáveis aleatórias log-normais independentes e identicamente distribuídas. Considerando esse modelo com parâmetros $\mu = 0{,}0165$, $\sigma = 0{,}0730$, qual é a probabilidade de que

(a) o preço do depósito suba ao longo de cada uma das próximas duas semanas?
(b) o preço no final de duas semanas seja maior do que é hoje?

Solução Seja Z uma variável aleatória normal padrão. Para resolver a letra (a), usamos o fato de que $\log(x)$ aumenta em x para concluir que $x > 1$ se e somente se $\log(x) > \log(1) = 0$. Como resultado, temos

$$P\left\{\frac{S(1)}{S(0)} > 1\right\} = P\left\{\log\left(\frac{S(1)}{S(0)}\right) > 0\right\}$$

$$= P\left\{Z > \frac{-0{,}0165}{0{,}0730}\right\}$$

$$= P\{Z < 0{,}2260\}$$

$$= 0{,}5894$$

Em outras palavras, a probabilidade de que o preço suba após 1 semana é de 0,5894. Como as relações de preço sucessivas são independentes, a probabilidade de que o preço suba ao longo de cada uma das próximas duas semanas é de $(0{,}5894)^2 = 0{,}3474$.

Para resolver a letra (b), raciocinamos da seguinte maneira:

$$P\left\{\frac{S(2)}{S(0)} > 1\right\} = P\left\{\frac{S(2)}{S(1)}\frac{S(1)}{S(0)} > 1\right\}$$

$$= P\left\{\log\left(\frac{S(2)}{S(1)}\right) + \log\left(\frac{S(1)}{S(0)}\right) > 0\right\}$$

Entretanto, $\log\left(\frac{S(2)}{S(1)}\right) + \log\left(\frac{S(1)}{S(0)}\right)$, sendo a soma de duas variáveis aleatórias normais independentes, ambas com média 0,0165 e desvio padrão 0,0730, é uma variável aleatória normal com média 0,0330 e variância $2(0{,}0730)^2$. Consequentemente,

$$P\left\{\frac{S(2)}{S(0)} > 1\right\} = P\left\{Z > \frac{-0{,}0330}{0{,}0730\sqrt{2}}\right\}$$

$$= P\{Z < 0{,}31965\}$$

$$= 0{,}6254 \qquad \blacksquare$$

6.3.4 Variáveis aleatórias binomiais e de Poisson

Em vez de tentarmos deduzir uma expressão geral para a distribuição de $X + Y$ no caso discreto, vamos considerar alguns exemplos.

Exemplo 3e *Somas de variáveis aleatórias de Poisson independentes*

Se X e Y são variáveis aleatórias de Poisson independentes com respectivos parâmetros λ_1 e λ_2, calcule a distribuição de $X + Y$.

Solução Como o evento $\{X + Y = n\}$ pode ser escrito como a união dos eventos disjuntos $\{X = k, Y = n-k\}, 0 \leq k \leq n$, temos

$$P\{X + Y = n\} = \sum_{k=0}^{n} P\{X = k, Y = n - k\}$$

$$= \sum_{k=0}^{n} P\{X = k\} P\{Y = n - k\}$$

$$= \sum_{k=0}^{n} e^{-\lambda_1} \frac{\lambda_1^k}{k!} e^{-\lambda_2} \frac{\lambda_2^{n-k}}{(n-k)!}$$

$$= e^{-(\lambda_1+\lambda_2)} \sum_{k=0}^{n} \frac{\lambda_1^k \lambda_2^{n-k}}{k!(n-k)!}$$

$$= \frac{e^{-(\lambda_1+\lambda_2)}}{n!} \sum_{k=0}^{n} \frac{n!}{k!(n-k)!} \lambda_1^k \lambda_2^{n-k}$$

$$= \frac{e^{-(\lambda_1+\lambda_2)}}{n!} (\lambda_1 + \lambda_2)^n$$

Assim, $X_1 + X_2$ tem uma distribuição de Poisson com parâmetros $\lambda_1 + \lambda_2$. ■

Exemplo 3f *Somas de variáveis aleatórias binomiais independentes*

Sejam X e Y variáveis aleatórias binomiais independentes com respectivos parâmetros (n, p) e (m, p). Calcule a distribuição de $X + Y$.

Solução Relembrando a interpretação de uma variável aleatória binomial, e sem qualquer cálculo, podemos imediatamente concluir que $X + Y$ é binomial com parâmetros $(n + m, p)$. Isso ocorre porque X representa o número de sucessos em n tentativas independentes, cada uma das quais com probabilidade de sucesso p; similarmente, Y representa o número de sucessos em m tentativas independentes, cada uma das quais com probabilidade de sucesso p. Com isso, dada a independência de X e Y, tem-se que $X + Y$ representa o número de sucessos em $n + m$ tentativas independentes quando cada tentativa tem probabilidade de sucesso p. Entretanto, $X + Y$ é uma variável aleatória binomial com parâmetros $(n + m, p)$. Para verificar essa conclusão analiticamente, note que

$$P\{X + Y = k\} = \sum_{i=0}^{n} P\{X = i, Y = k - i\}$$

$$= \sum_{i=0}^{n} P\{X = i\} P\{Y = k - i\}$$

$$= \sum_{i=0}^{n} \binom{n}{i} p^i q^{n-i} \binom{m}{k-i} p^{k-i} q^{m-k+i}$$

onde $q = 1 - p$ e onde $\binom{r}{j} = 0$ quando $j < 0$. Assim,

$$P\{X + Y = k\} = p^k q^{n+m-k} \sum_{i=0}^{n} \binom{n}{i} \binom{m}{k-i}$$

e a conclusão resulta da aplicação da identidade combinatória

$$\binom{n+m}{k} = \sum_{i=0}^{n} \binom{n}{i} \binom{m}{k-i}$$ ∎

6.3.5 Variáveis aleatórias geométricas

Sejam $X_1,..., X_n$ variáveis aleatórias geométricas independentes, com X_i tendo parâmetro p_i, para $i = 1,..., n$. Estamos interessados em calcular a função discreta de probabilidade da soma $S_n = \sum_{i=1}^{n} X_i$. Para uma aplicação, considere n moedas, cada uma com probabilidade p_i de dar cara, $i = 1,..., n$. Suponha que a moeda 1 seja jogada até que dê cara, instante a partir do qual a moeda 2 começa a ser jogada até que dê cara, e então a moeda 3 é jogada até que dê cara, e assim por diante. Se X_i representa o número de jogadas feitas com a moeda i, então $X_1, X_2,..., X_n$ são variáveis aleatórias geométricas com respectivos parâmetros $p_1, p_2,..., p_n$, e $S_n = \sum_{i=1}^{n} X_i$ representa o número total de jogadas. Se todos os p_i são iguais – digamos, $p_i = p$ – então S_n tem a mesma distribuição que o número de jogadas necessárias para que se obtenha um total de n caras com uma moeda com probabilidade p de dar cara, e então S_n é uma variável aleatória binomial negativa com função discreta de probabilidade

$$P\{S_n = k\} = \binom{k-1}{n-1} p^n (1-p)^{k-n}, \quad k \geq n$$

Como um prelúdio para a determinação da função discreta de probabilidade de S_n quando todos os p_i são distintos, vamos primeiro considerar o caso $n = 2$. Fazendo $q_j = 1 - p_j, j = 1, 2$, obtemos

$$P(S_2 = k) = \sum_{j=1}^{k-1} P\{X_1 = j, X_2 = k - j\}$$

$$= \sum_{j=1}^{k-1} P\{X_1 = j\} P\{X_2 = k - j\} \quad \text{(pela independência)}$$

$$= \sum_{j=1}^{k-1} p_1 q_1^{j-1} p_2 q_2^{k-j-1}$$

$$= p_1 p_2 q_2^{k-2} \sum_{j=1}^{k-1} (q_1/q_2)^{j-1}$$

$$= p_1 p_2 q_2^{k-2} \frac{1 - (q_1/q_2)^{k-1}}{1 - q_1/q_2}$$

$$= \frac{p_1 p_2 q_2^{k-1}}{q_2 - q_1} - \frac{p_1 p_2 q_1^{k-1}}{q_2 - q_1}$$

$$= p_2 q_2^{k-1} \frac{p_1}{p_1 - p_2} + p_1 q_1^{k-1} \frac{p_2}{p_2 - p_1}$$

Se agora fizermos $n = 3$ e calcularmos $P\{S_3 = k\}$ começando com a identidade

$$P\{S_3 = k\} = \sum_{j=1}^{k-1} P\{S_2 = j, X_3 = k - j\} = \sum_{j=1}^{k-1} P\{S_2 = j\} P\{X_3 = k - j\}$$

e então substituindo a fórmula deduzida para a função de probabilidade de S_2, obtemos, após algumas manipulações,

$$P\{S_3 = k\} = p_1 q_1^{k-1} \frac{p_2}{p_2 - p_1} \frac{p_3}{p_3 - p_1} + p_2 q_2^{k-1} \frac{p_1}{p_1 - p_2} \frac{p_3}{p_3 - p_2}$$
$$+ p_3 q_3^{k-1} \frac{p_1}{p_1 - p_3} \frac{p_2}{p_2 - p_3}$$

As funções de probabilidade de S_2 e S_3 levam à seguinte conjectura para a função de probabilidade de S_n.

Proposição 3.3 Suponha que $X_1,\ldots, X_n$ sejam variáveis aleatórias geométricas independentes, com X_i tendo parâmetro p_i para $i = 1,\ldots, n$. Se todos os p_i's são distintos, então, para $k \geq n$,

$$P\{S_n = k\} = \sum_{i=1}^{n} p_i q_i^{k-1} \prod_{j \neq i} \frac{p_j}{p_j - p_i}$$

Demonstração da Proposição 3.3 Vamos demonstrar essa proposição por indução no valor de $n + k$. Como a proposição é verdadeira quando $n = 2, k = 2$, suponha, como hipótese de indução, que isso seja verdade para qualquer $k \geq n$ no qual $n + k \leq r$. Agora, suponha que $k \geq n$ seja tal que $n + k = r + 1$. Para calcular $P\{S_n = k\}$, condicionamos na ocorrência de $X_n = 1$. Isso resulta em

$$P\{S_n = k\} = P\{S_n = k | X_n = 1\} P\{X_n = 1\} + P\{S_n = k | X_n > 1\} P\{X_n > 1\}$$
$$= P\{S_n = k | X_n = 1\} p_n + P\{S_n = k | X_n > 1\} q_n$$

Agora,

$$P\{S_n = k | X_n = 1\} = P\{S_{n-1} = k - 1 | X_n = 1\}$$
$$= P\{S_{n-1} = k - 1\} \quad \text{(pela independência)}$$
$$= \sum_{i=1}^{n-1} p_i q_i^{k-2} \prod_{i \neq j \leq n-1} \frac{p_j}{p_j - p_i} \quad \text{(pela hipótese de indução)}$$

Agora, se X é uma variável aleatória geométrica com parâmetro p, então a distribuição condicional de X dado que ele é maior que 1 é igual à distribuição de

1 (a primeira tentativa malsucedida) mais uma variável geométrica com parâmetro p (o número de tentativas adicionais após a primeira até que um sucesso ocorra). Consequentemente,

$$P\{S_n = k | X_n > 1\} = P\{X_1 + \ldots + X_{n-1} + X_n + 1 = k\}$$
$$= P\{S_n = k - 1\}$$
$$= \sum_{i=1}^{n} p_i q_i^{k-2} \prod_{i \neq j \leq n} \frac{p_j}{p_j - p_i}$$

onde a última igualdade resulta da hipótese de indução. Assim, do desenvolvimento anterior, obtemos

$$P\{S_n = k\} = p_n \sum_{i=1}^{n-1} p_i q_i^{k-2} \prod_{i \neq j \leq n-1} \frac{p_j}{p_j - p_i} + q_n \sum_{i=1}^{n} p_i q_i^{k-2} \prod_{i \neq j \leq n} \frac{p_j}{p_j - p_i}$$
$$= p_n \sum_{i=1}^{n-1} p_i q_i^{k-2} \prod_{i \neq j \leq n-1} \frac{p_j}{p_j - p_i} + q_n \sum_{i=1}^{n-1} p_i q_i^{k-2} \prod_{i \neq j \leq n} \frac{p_j}{p_j - p_i}$$
$$+ q_n p_n q_n^{k-2} \prod_{j < n} \frac{p_j}{p_j - p_n}$$
$$= \sum_{i=1}^{n-1} p_i q_i^{k-2} p_n (1 + \frac{q_n}{p_n - p_i}) \prod_{i \neq j \leq n-1} \frac{p_j}{p_j - p_i} + p_n q_n^{k-1} \prod_{j < n} \frac{p_j}{p_j - p_n}$$

Agora, usando

$$1 + \frac{q_n}{p_n - p_i} = \frac{p_n - p_i + q_n}{p_n - p_i} = \frac{q_i}{p_n - p_i}$$

obtemos

$$P\{S_n = k\} = \sum_{i=1}^{n-1} p_i q_i^{k-1} \prod_{i \neq j \leq n} \frac{p_j}{p_j - p_i} + p_n q_n^{k-1} \prod_{j < n} \frac{p_j}{p_j - p_n}$$
$$= \sum_{i=1}^{n} p_i q_i^{k-1} \prod_{j \neq i} \frac{p_j}{p_j - p_i}$$

e a demonstração por indução está completa. ∎

6.4 DISTRIBUIÇÕES CONDICIONAIS: CASO DISCRETO

Lembre que, para dois eventos E e F, a probabilidade condicional de E dado F é definida, com $P(F) > 0$, por

$$P(E|F) = \frac{P(EF)}{P(F)}$$

Com isso, se X e Y são variáveis aleatórias discretas, é natural definir a função discreta de probabilidade de X dado que $Y = y$ como

$$p_{X|Y}(x|y) = P\{X = x|Y = y\}$$
$$= \frac{P\{X = x, Y = y\}}{P\{Y = y\}}$$
$$= \frac{p(x,y)}{p_Y(y)}$$

para todos os valores de y tais que $p_Y(y) > 0$. Similarmente, a função distribuição de probabilidade condicional de X dado que $Y = y$ é definida, para todo y tal que $p_Y(y) > 0$, como

$$F_{X|Y}(x|y) = P\{X \leq x|Y = y\}$$
$$= \sum_{a \leq x} p_{X|Y}(a|y)$$

Em outras palavras, as definições são exatamente iguais ao caso incondicional, exceto que tudo é agora condicionado no evento em que $Y = y$. Se X é independente de Y, então a função de probabilidade condicional e a função distribuição são iguais aos respectivos casos incondicionais. Isso resulta porque, se X é independente de Y, então

$$p_{X|Y}(x|y) = P\{X = x|Y = y\}$$
$$= \frac{P\{X = x, Y = y\}}{P\{Y = y\}}$$
$$= \frac{P\{X = x\}P\{Y = y\}}{P\{Y = y\}}$$
$$= P\{X = x\}$$

Exemplo 4a

Suponha que $p(x,y)$, a função discreta de probabilidade conjunta de X e Y, seja dada por

$$p(0,0) = 0,4 \quad p(0,1) = 0,2 \quad p(1,0) = 0,1 \quad p(1,1) = 0,3$$

Calcule a função de probabilidade condicional de X dado que $Y = 1$.

Solução Primeiros notamos que

$$p_Y(1) = \sum_x p(x,1) = p(0,1) + p(1,1) = 0,5$$

Assim,

$$p_{X|Y}(0|1) = \frac{p(0,1)}{p_Y(1)} = \frac{2}{5}$$

e

$$p_{X|Y}(1|1) = \frac{p(1,1)}{p_Y(1)} = \frac{3}{5}$$

∎

Exemplo 4b
Se X e Y são variáveis aleatórias de Poisson independentes com respectivos parâmetros λ_1 e λ_2, calcule a distribuição condicional de X dado que $X + Y = n$.

Solução Calculamos a função de probabilidade condicional de X dado que $X + Y = n$ da seguinte maneira:

$$P\{X = k | X + Y = n\} = \frac{P\{X = k, X + Y = n\}}{P\{X + Y = n\}}$$
$$= \frac{P\{X = k, Y = n - k\}}{P\{X + Y = n\}}$$
$$= \frac{P\{X = k\}P\{Y = n - k\}}{P\{X + Y = n\}}$$

onde a última igualdade resulta da hipótese de independência de X e Y. Lembrando (Exemplo 3e) que $X + Y$ tem uma distribuição de Poisson com parâmetro $\lambda_1 + \lambda_2$, vemos que a equação anterior é igual a

$$P\{X = k | X + Y = n\} = \frac{e^{-\lambda_1}\lambda_1^k}{k!} \frac{e^{-\lambda_2}\lambda_2^{n-k}}{(n-k)!} \left[\frac{e^{-(\lambda_1+\lambda_2)}(\lambda_1 + \lambda_2)^n}{n!}\right]^{-1}$$
$$= \frac{n!}{(n-k)!\,k!} \frac{\lambda_1^k \lambda_2^{n-k}}{(\lambda_1 + \lambda_2)^n}$$
$$= \binom{n}{k} \left(\frac{\lambda_1}{\lambda_1 + \lambda_2}\right)^k \left(\frac{\lambda_2}{\lambda_1 + \lambda_2}\right)^{n-k}$$

Em outras palavras, a distribuição condicional de X dado que $X + Y = n$ é binomial com parâmetros n e $\lambda_1/(\lambda_1 + \lambda_2)$.

∎

Podemos também falar de distribuições condicionais conjuntas, conforme indicado nos próximos dois exemplos.

Exemplo 4c
Considere a distribuição multinomial com função de probabilidade conjunta

$$P\{X_i = n_i, i = 1, \ldots, k\} = \frac{n!}{n_1! \cdots n_k!} p_1^{n_1} \cdots p_k^{n_k}, \quad n_i \geq 0, \quad \sum_{i=1}^{k} n_i = n$$

Obtém-se tal função de probabilidade quando n tentativas independentes são realizadas, com cada tentativa levando ao resultado i com probabilidade p_i, $\sum_{i=1}^{k} p_i = 1$. As variáveis aleatórias $X_i, i = 1, \ldots, k$, representam, respectivamente, o número de tentativas que levam ao resultado $i, i = 1, \ldots, k$. Suponha que saibamos que n_j das tentativas tenham levado ao resultado j, para $j = r + 1, \ldots, k$, onde

$\sum_{j=r+1}^{k} n_j = m \leq n$. Então, como cada uma das demais $n - m$ tentativas deve ter levado a um dos resultados $1,..., r$, parece-nos que a distribuição condicional de $X_1,..., X_r$ é multinomial em $n - m$ tentativas com respectivas probabilidades

$$P\{\text{resultado } i | \text{resultado não é nenhum de } r + 1,..., k\} = \frac{p_i}{F_r}, i = 1,..., r$$

onde $F_r = \sum_{i=1}^{r} p_i$ é a probabilidade de que uma tentativa leve a um dos resultados $1,..., r$.

Solução Para verificar essa intuição, faça com que $n_1,..., n_r$ sejam tais que $\sum_{i=1}^{r} n_i = n - m$. Então,

$$P\{X_1 = n_1, \ldots, X_r = n_r | X_{r+1} = n_{r+1}, \ldots X_k = n_k\}$$

$$= \frac{P\{X_1 = n_1, \ldots, X_k = n_k\}}{P\{X_{r+1} = n_{r+1}, \ldots X_k = n_k\}}$$

$$= \frac{\frac{n!}{n_1! \cdots n_k!} p_1^{n_1} \cdots p_r^{n_r} p_{r+1}^{n_{r+1}} \cdots p_k^{n_k}}{\frac{n!}{(n-m)! n_{r+1}! \cdots n_k!} F_r^{n-m} p_{r+1}^{n_{r+1}} \cdots p_k^{n_k}}$$

onde a probabilidade no denominador foi obtida considerando-se os resultados $1,..., r$ como um único resultado com probabilidade F_r. Isso mostra que a probabilidade é multinomial em n tentativas com probabilidades de resultados $F_r, p_{r+1},..., p_k$. Como $\sum_{i=1}^{r} n_i = n - m$, pode-se escrever o resultado anterior como

$$P\{X_1 = n_1, \ldots, X_r = n_r | X_{r+1} = n_{r+1}, \ldots X_k = n_k\}$$

$$= \frac{(n-m)!}{n_1! \cdots n_r!} \left(\frac{p_1}{F_r}\right)^{n_1} \cdots \left(\frac{p_r}{F_r}\right)^{n_r}$$

e nossa intuição é confirmada. ∎

Exemplo 4d
Considere n tentativas independentes, com cada tentativa sendo um sucesso com probabilidade p. Dado um total de k sucessos, mostre que todas as possíveis ordenações dos k sucessos e $n - k$ fracassos são igualmente prováveis.

Solução Queremos mostrar que, dado um total de k sucessos, cada uma das $\binom{n}{k}$ ordenações possíveis de k sucessos e $n - k$ fracassos é igualmente provável. Suponha que X represente o número de sucessos, e considere qualquer ordenação de k sucessos e $n - k$ fracassos, digamos, $\mathbf{o} = (s, s, f, f,..., f)$. Então,

$$P(\mathbf{o}|X = k) = \frac{P(\mathbf{o}, X = k)}{P(X = k)}$$

$$= \frac{P(\mathbf{o})}{P(X = k)}$$

$$= \frac{p^k(1-p)^{n-k}}{\binom{n}{k} p^k(1-p)^{n-k}}$$

$$= \frac{1}{\binom{n}{k}}$$

∎

6.5 DISTRIBUIÇÕES CONDICIONAIS: CASO CONTÍNUO

Se X e Y têm função densidade de probabilidade conjunta $f(x, y)$, então a função densidade de probabilidade condicional de X dado que $Y = y$ é definida, para todos os valores de y tais que $f_Y(y) > 0$, como

$$f_{X|Y}(x|y) = \frac{f(x, y)}{f_Y(y)}$$

Para motivar essa definição, multiplique o lado esquerdo por dx e o lado direito por $(dx\,dy)/dy$ para obter

$$\begin{aligned} f_{X|Y}(x|y)\,dx &= \frac{f(x, y)\,dx\,dy}{f_Y(y)\,dy} \\ &\approx \frac{P\{x \leq X \leq x + dx, y \leq Y \leq y + dy\}}{P\{y \leq Y \leq y + dy\}} \\ &= P\{x \leq X \leq x + dx | y \leq Y \leq y + dy\} \end{aligned}$$

Em outras palavras, para valores pequenos de dx e dy, $f_{x|y}(x|y)dx$ representa a probabilidade condicional de que X esteja entre x e $x + dx$ dado que Y esteja entre y e $y + dy$.

O uso de densidades condicionais nos permite definir probabilidades condicionais de eventos associados a uma variável aleatória quando conhecemos o valor de uma segunda variável aleatória. Isto é, se X e Y são conjuntamente contínuas, então, para qualquer conjunto A,

$$P\{X \in A | Y = y\} = \int_A f_{X|Y}(x|y)\,dx$$

Em particular, fazendo $A = (-\infty, a]$, podemos definir a função distribuição cumulativa condicional de X dado que $Y = y$ como

$$F_{X|Y}(a|y) \equiv P\{X \leq a | Y = y\} = \int_{-\infty}^{a} f_{X|Y}(x|y)\,dx$$

O leitor deve notar que, ao usarmos as idéias apresentadas na discussão anterior, obtivemos expressões para probabilidades condicionais com as quais podemos trabalhar, muito embora o evento no qual estejamos colocando a condição (isto é, o evento $\{Y = y\}$) tenha probabilidade 0.

Exemplo 5a

A função densidade conjunta de X e Y é dada por

$$f(x, y) = \begin{cases} \frac{12}{5}x(2 - x - y) & 0 < x < 1, 0 < y < 1 \\ 0 & \text{caso contrário} \end{cases}$$

Calcule a densidade condicional de X dado que $Y = y$, onde $0 < y < 1$.

Solução: Para $0 < x < 1, 0 < y < 1$, temos

$$f_{X|Y}(x|y) = \frac{f(x,y)}{f_Y(y)}$$

$$= \frac{f(x,y)}{\int_{-\infty}^{\infty} f(x,y)\,dx}$$

$$= \frac{x(2 - x - y)}{\int_0^1 x(2 - x - y)\,dx}$$

$$= \frac{x(2 - x - y)}{\frac{2}{3} - y/2}$$

$$= \frac{6x(2 - x - y)}{4 - 3y}$$

■

Exemplo 5b

Suponha que a densidade conjunta de X e Y seja dada por

$$f(x,y) = \begin{cases} \dfrac{e^{-x/y}e^{-y}}{y} & 0 < x < \infty, 0 < y < \infty \\ 0 & \text{caso contrário} \end{cases}$$

Determine $P\{X > 1 | Y = y\}$

Solução Primeiro obtemos a densidade condicional de X dado que $Y = y$.

$$f_{X|Y}(x|y) = \frac{f(x,y)}{f_Y(y)}$$

$$= \frac{e^{-x/y}e^{-y}/y}{e^{-y}\int_0^{\infty}(1/y)e^{-x/y}\,dx}$$

$$= \frac{1}{y}e^{-x/y}$$

Portanto,

$$P\{X > 1 | Y = y\} = \int_1^{\infty} \frac{1}{y}e^{-x/y}\,dx$$

$$= -e^{-x/y}\Big|_1^{\infty}$$

$$= e^{-1/y}$$

■

Se X e Y são variáveis aleatórias independentes contínuas, a densidade condicional de X dado que $Y = y$ é somente a densidade incondicional de X. Isso ocorre porque, no caso independente,

$$f_{X|Y}(x|y) = \frac{f(x,y)}{f_Y(y)} = \frac{f_X(x)f_Y(y)}{f_Y(y)} = f_X(x)$$

Também podemos falar de distribuições condicionais quando as variáveis aleatórias não são nem conjuntamente contínuas, nem conjuntamente discretas. Por exemplo, suponha que X seja uma variável aleatória contínua com função densidade de probabilidade f, e que N uma variável aleatória discreta, e considere a distribuição condicional de X dado que $N = n$. Então,

$$\frac{P\{x < X < x + dx | N = n\}}{dx}$$
$$= \frac{P\{N = n | x < X < x + dx\}}{P\{N = n\}} \frac{P\{x < X < x + dx\}}{dx}$$

e fazendo dx tender a 0, obtemos

$$\lim_{dx \to 0} \frac{P\{x < X < x + dx | N = n\}}{dx} = \frac{P\{N = n | X = x\}}{P\{N = n\}} f(x)$$

o que mostra que a densidade condicional de X dado que $N = n$ é dada por

$$f_{X|N}(x|n) = \frac{P\{N = n | X = x\}}{P\{N = n\}} f(x)$$

Exemplo 5c   A distribuição normal bivariada

Uma das mais importantes distribuições conjuntas é a distribuição normal bivariada. Dizemos que as variáveis aleatórias X e Y têm distribuição normal bivariada se, para as constantes $\mu_x, \mu_y, \sigma_x > 0, \sigma_y > 0, -1 < \rho < 1$, sua função densidade conjunta é dada, para todo $-\infty < x, y < \infty$, por

$$f(x,y) = \frac{1}{2\pi \sigma_x \sigma_y \sqrt{1 - \rho^2}} \exp\left\{-\frac{1}{2(1 - \rho^2)}\left[\left(\frac{x - \mu_x}{\sigma_x}\right)^2 + \left(\frac{y - \mu_y}{\sigma_y}\right)^2 - 2\rho \frac{(x - \mu_x)(y - \mu_y)}{\sigma_x \sigma_y}\right]\right\}$$

Determinamos agora a densidade condicional de X dado que $Y = y$. Ao fazer isso, vamos coletar continuamente todos os fatores que não dependem de x e representá-los pelas constantes C_i. A constante final é então determinada usando-se $\int_{-\infty}^{\infty} f_{X|Y}(x|y) \, dx = 1$. Temos

$$f_{X|Y}(x|y) = \frac{f(x,y)}{f_Y(y)}$$
$$= C_1 f(x,y)$$
$$= C_2 \exp\left\{-\frac{1}{2(1 - \rho^2)}\left[\left(\frac{x - \mu_x}{\sigma_x}\right)^2 - 2\rho \frac{x(y - \mu_y)}{\sigma_x \sigma_y}\right]\right\}$$

$$= C_3 \exp\left\{-\frac{1}{2\sigma_x^2(1-\rho^2)}\left[x^2 - 2x\left(\mu_x + \rho\frac{\sigma_x}{\sigma_y}(y-\mu_y)\right)\right]\right\}$$

$$= C_4 \exp\left\{-\frac{1}{2\sigma_x^2(1-\rho^2)}\left[x - \left(\mu_x + \rho\frac{\sigma_x}{\sigma_y}(y-\mu_y)\right)\right]^2\right\}$$

Reconhecendo a equação anterior como uma função de densidade normal, podemos concluir que, dado que $Y = y$, a variável aleatória X é normalmente distribuída com média $\mu_x + \rho\frac{\sigma_x}{\sigma_y}(y-\mu_y)$ e variância $\sigma_x^2(1-\rho^2)$. Além disso, como a densidade conjunta de Y, X é exatamente igual à de X, Y, exceto que μ_x, σ_x são trocadas por μ_y, σ_y, tem-se similarmente que a distribuição condicional de Y dado que $X = x$ é uma distribuição normal com média $\mu_y + \rho\frac{\sigma_y}{\sigma_x}(x-\mu_x)$ e variância $\sigma_y^2(1-\rho^2)$. Como consequência desses resultados, tem-se que a condição necessária e suficiente para que as variáveis aleatórias normais bivariadas X e Y sejam independentes é que $\rho = 0$ (um resultado que também é consequência direta de sua densidade conjunta, porque somente quando $\rho = 0$ a função densidade pode ser fatorada em dois termos, um dependendo apenas de x e o outro dependendo apenas de y).

Com $C = \frac{1}{2\pi\sigma_x\sigma_y\sqrt{1-\rho^2}}$, a densidade marginal de X pode ser obtida de

$$f_X(x) = \int_{-\infty}^{\infty} f(x,y)\,dy$$

$$= C\int_{-\infty}^{\infty} \exp\left\{-\frac{1}{2(1-\rho^2)}\left[\left(\frac{x-\mu_x}{\sigma_x}\right)^2 + \left(\frac{y-\mu_y}{\sigma_y}\right)^2 - 2\rho\frac{(x-\mu_x)(y-\mu_y)}{\sigma_x\sigma_y}\right]\right\} dy$$

Fazendo a mudança de variáveis $w = \frac{y-\mu_y}{\sigma_y}$, obtemos

$$f_X(x) = C\sigma_y \exp\left\{-\frac{1}{2(1-\rho^2)}\left(\frac{x-\mu_x}{\sigma_x}\right)^2\right\}$$

$$\times \int_{-\infty}^{\infty} \exp\left\{-\frac{1}{2(1-\rho^2)}\left[w^2 - 2\rho\frac{x-\mu_x}{\sigma_x}w\right]\right\} dw$$

$$= C\sigma_y \exp\left\{-\frac{1}{2(1-\rho^2)}\left(\frac{x-\mu_x}{\sigma_x}\right)^2(1-\rho^2)\right\}$$

$$\times \int_{-\infty}^{\infty} \exp\left\{-\frac{1}{2(1-\rho^2)}\left[w - \rho\frac{x-\mu_x}{\sigma_x}\right]^2\right\} dw$$

Como

$$\frac{1}{\sqrt{2\pi(1-\rho^2)}} \int_{-\infty}^{\infty} \exp\left\{-\frac{1}{2(1-\rho^2)}\left[w - \frac{\rho}{\sigma_x}(x - \mu_x)\right]^2\right\} dw = 1$$

vemos que

$$f_X(x) = C\sigma_y\sqrt{2\pi(1-\rho^2)} \, e^{-(x-\mu_x)^2/2\sigma_x^2}$$

$$= \frac{1}{\sqrt{2\pi}\,\sigma_x} e^{-(x-\mu_x)^2/2\sigma_x^2}$$

Isto é, X é normal com média μ_x e variância σ_x^2. Similarmente, Y é normal com média μ_y e variância σ_y^2. ∎

Exemplo 5d

Considere $n + m$ tentativas com mesma probabilidade de sucesso. Suponha, no entanto, que essa probabilidade de sucesso não seja fixada antecipadamente, mas escolhida de uma população uniforme no intervalo $(0, 1)$. Qual é a distribuição condicional das probabilidades de sucesso dado que as $n + m$ tentativas resultam em n sucessos?

Solução Se X representa a probabilidade de que uma dada tentativa seja um sucesso, então X é uma variável aleatória uniforme no intervalo $(0, 1)$. Também, dado que $X = x$, as $n + m$ tentativas são independentes com probabilidade de sucesso x. Com isso, N, o número de sucessos, é uma variável binomial com parâmetros $(n + m, x)$, e a densidade condicional de X dado que $N = n$ é

$$f_{X|N}(x|n) = \frac{P\{N = n | X = x\} f_X(x)}{P\{N = n\}}$$

$$= \frac{\binom{n+m}{n} x^n (1-x)^m}{P\{N = n\}} \quad 0 < x < 1$$

$$= cx^n(1-x)^m$$

onde c não depende de x. Assim, a densidade condicional é igual à de uma variável aleatória beta com parâmetros $n + 1, m + 1$.

O resultado anterior é bastante interessante, pois ele diz que, se a distribuição original ou *a priori* (para aquele conjunto de dados) de uma probabilidade de sucesso em uma tentativa é uniformemente distribuída no intervalo $(0, 1)$ [ou, equivalentemente, é beta com parâmetros $(1, 1)$], então a distribuição posterior (ou condicional) dado que um total de n sucessos tenha ocorrido em $n + m$ tentativas é beta com parâmetros $(1 + n, 1 + m)$. Isto é valioso porque aumenta a nossa intuição sobre o que significa supor que uma variável aleatória tenha uma distribuição beta. ∎

*6.6 ESTATÍSTICAS DE ORDEM

Suponha que $X_1, X_2, \ldots, X_n$ sejam n variáveis aleatórias contínuas e identicamente distribuídas com mesmas função densidade f e função distribuição F. Defina

$$X_{(1)} = \text{menor de } X_1, X_2, \ldots, X_n$$
$$X_{(2)} = \text{segunda menor de } X_1, X_2, \ldots, X_n$$
$$\vdots$$
$$X_{(j)} = j\text{-ésima menor de } X_1, X_2, \ldots, X_n$$
$$\vdots$$
$$X_{(n)} = \text{maior de } X_1, X_2, \ldots, X_n$$

Os valores ordenados $X_{(1)} \leq X_{(2)} \leq \ldots \leq X_{(n)}$ são conhecidos como as *estatísticas de ordem* correspondentes às variáveis aleatórias $X_1, X_2, \ldots, X_n$. Em outras palavras, $X_{(1)}, \ldots, X_{(n)}$ são os valores ordenados de $X_1, \ldots, X_n$.

A função densidade conjunta das estatísticas de ordem é obtida notando-se que as estatísticas de ordem $X_{(1)}, \ldots, X_{(n)}$ assumirão os valores $x_1 \leq x_2 \leq \ldots \leq x_n$ se, e somente se, para alguma permutação $(i_1, i_2, \ldots, i_n)$ de $(1, 2, \ldots, n)$,

$$X_1 = x_{i_1}, X_2 = x_{i_2}, \ldots, X_n = x_{i_n}$$

Como, para qualquer permutação $(i_1, \ldots, i_n)$ de $(1, 2, \ldots, n)$,

$$P\left\{x_{i_1} - \frac{\varepsilon}{2} < X_1 < x_{i_1} + \frac{\varepsilon}{2}, \ldots, x_{i_n} - \frac{\varepsilon}{2} < X_n < x_{i_n} + \frac{\varepsilon}{2}\right\}$$
$$\approx \varepsilon^n f_{X_1, \ldots, X_n}(x_{i_1}, \ldots, x_{i_n})$$
$$= \varepsilon^n f(x_{i_1}) \cdots f(x_{i_n})$$
$$= \varepsilon^n f(x_1) \cdots f(x_n)$$

tem-se que, para $x_1 < x_2 < \ldots < x_n$,

$$P\left\{x_1 - \frac{\varepsilon}{2} < X_{(1)} < x_1 + \frac{\varepsilon}{2}, \ldots, x_n - \frac{\varepsilon}{2} < X_{(n)} < x_n + \frac{\varepsilon}{2}\right\}$$
$$\approx n! \, \varepsilon^n f(x_1) \cdots f(x_n)$$

Dividindo por ε^n e fazendo $\varepsilon \to 0$, obtemos

$$f_{X_{(1)}, \ldots, X_{(n)}}(x_1, x_2, \ldots, x_n) = n! f(x_1) \cdots f(x_n) \quad x_1 < x_2 < \cdots < x_n \quad (6.1)$$

A Equação (6.1) é mais simplesmente explicada mostrando-se que, para que o vetor $\langle X_{(1)}, \ldots, X_{(n)} \rangle$ seja igual a $\langle x_1, \ldots, x_n \rangle$, é necessário e suficiente que $\langle X_1, \ldots, X_n \rangle$ seja igual a uma das $n!$ permutações de $\langle x_1, \ldots, x_n \rangle$. Como a probabilidade (densidade) de que $\langle X_1, \ldots, X_n \rangle$ seja igual a qualquer dada permutação de $\langle x_1, \ldots, x_n \rangle$ é somente $f(x_1) \ldots f(x_n)$, obtém-se como resultado a Equação (6.1).

Exemplo 6a

Ao longo de uma estrada com 1 km de comprimento estão 3 pessoas "distribuídas aleatoriamente". Determine a probabilidade de que 2 pessoas não estejam a uma distância d entre si quando $d \leq \frac{1}{2}$ km.

Solução Vamos supor que "distribuídas aleatoriamente" signifique que as posições das 3 pessoas sejam independente e uniformemente distribuídas ao longo da estrada. Se X_i representa a posição da i-ésima pessoa, então a probabilidade desejada é $P\{X_{(i)} > X_{(i-1)} + d, i = 2, 3\}$. Como

$$f_{X_{(1)}, X_{(2)}, X_{(3)}}(x_1, x_2, x_3) = 3! \quad 0 < x_1 < x_2 < x_3 < 1$$

tem-se que

$$P\{X_{(i)} > X_{(i-1)} + d, i = 2, 3\} = \iiint_{x_i > x_{j-1} + d} f_{X_{(1)}, X_{(2)}, X_{(3)}}(x_1, x_2, x_3)\, dx_1\, dx_2\, dx_3$$

$$= 3! \int_0^{1-2d} \int_{x_1+d}^{1-d} \int_{x_2+d}^{1} dx_3\, dx_2\, dx_1$$

$$= 6 \int_0^{1-2d} \int_{x_1+d}^{1-d} (1 - d - x_2)\, dx_2\, dx_1$$

$$= 6 \int_0^{1-2d} \int_0^{1-2d-x_1} y_2\, dy_2\, dx_1$$

onde fizemos a mudança de variáveis $y_2 = 1 - d - x_2$. Continuando a cadeia de igualdades, obtemos

$$= 3 \int_0^{1-2d} (1 - 2d - x_1)^2\, dx_1$$

$$= 3 \int_0^{1-2d} y_1^2\, dy_1$$

$$= (1 - 2d)^3$$

Com isso, a probabilidade desejada de que 2 pessoas não estejam a uma distância d entre si quando 3 pessoas estão uniforme e independentemente distribuídas ao longo de um intervalo de tamanho 1 é igual a $(1 - 2d)^3$ quando $d \leq \frac{1}{2}$. De fato, o mesmo método pode ser usado para provar que quando n pessoas estão distribuídas aleatoriamente ao longo de um intervalo unitário, a probabilidade desejada é

$$[1 - (n-1)d]^n \text{ quando } d \leq \frac{1}{n-1}$$

A demonstração é deixada como exercício. ∎

A função densidade da estatística de j-ésima ordem $X_{(j)}$ pode ser obtida integrando-se a função densidade de probabilidade (6.1) ou empregando-se o seguinte raciocínio: para que $X_{(j)}$ seja igual a x, é necessário que $j - 1$ dos n valores $X_1, ..., X_n$ sejam menores que x, $n - j$ deles maiores que x, e 1 deles igual a x. Agora, a densidade de probabilidade de que qualquer conjunto de $j-1$ elementos dos X_i's seja menor que x, de que outro conjunto de $n-j$ elementos seja maior que x, e de que o valor restante seja igual a x é dada por

$$[F(x)]^{j-1}[1-F(x)]^{n-j}f(x)$$

Com isso, como existem

$$\binom{n}{j-1,n-j,1} = \frac{n!}{(n-j)!(j-1)!}$$

partições diferentes das n variáveis aleatórias $X_1,\ldots,X_n$ nos três grupos precedentes, tem-se que a função densidade de $X_{(j)}$ é dada por

$$f_{X_{(j)}}(x) = \frac{n!}{(n-j)!(j-1)!}[F(x)]^{j-1}[1-F(x)]^{n-j}f(x) \qquad (6.2)$$

Exemplo 6b

Quando se observa uma amostra de $2n+1$ variáveis aleatórias (isto é, $2n+1$ variáveis aleatórias independente e identicamente distribuídas), o $(n+1)$-ésimo menor valor é chamado de *mediana amostral*. Se uma amostra de tamanho 3 é observada em uma distribuição uniforme ao longo do intervalo $(0,1)$, determine a probabilidade de que a mediana amostral esteja entre $\frac{1}{4}$ e $\frac{3}{4}$.

Solução Da Equação (6.2), a densidade de $X_{(2)}$ é dada por

$$f_{X_{(2)}}(x) = \frac{3!}{1!1!}x(1-x) \qquad 0 < x < 1$$

Assim,

$$P\left\{\frac{1}{4} < X_{(2)} < \frac{3}{4}\right\} = 6\int_{1/4}^{3/4} x(1-x)\,dx$$

$$= 6\left\{\frac{x^2}{2} - \frac{x^3}{3}\right\}\bigg|_{x=1/4}^{x=3/4} = \frac{11}{16} \qquad \blacksquare$$

A função distribuição cumulativa de $X_{(j)}$ pode ser obtida integrando-se a Equação (6.2). Isto é,

$$F_{X_{(j)}}(y) = \frac{n!}{(n-j)!(j-1)!}\int_{-\infty}^{y}[F(x)]^{j-1}[1-F(x)]^{n-j}f(x)\,dx \qquad (6.3)$$

Entretanto, $F_{X_{(j)}}(y)$ também poderia ter sido deduzida diretamente notando-se que a estatística de j-ésima ordem é menor ou igual a y se e somente se existirem j ou mais elementos do conjunto de X_i's que são menores ou iguais a y. Assim, como o número de elementos do conjunto de X_i's que são menores ou iguais a y é uma variável aleatória binomial com parâmetros $n, p = F(y)$, tem-se que

$$F_{X_{(j)}}(y) = P\{X_{(j)} \leq y\} = P\{j \text{ ou mais elementos do conjunto de } X_i\text{'s são } \leq y\}$$

$$= \sum_{k=j}^{n} \binom{n}{k} [F(y)]^k [1 - F(y)]^{n-k} \qquad (6.4)$$

Se, nas Equações (6.3) e (6.4), consideramos que F é uma distribuição uniforme no intervalo $(0, 1)$ [isto é, $f(x) = 1, 0 < x < 1$], então obtemos a interessante identidade analítica

$$\sum_{k=j}^{n} \binom{n}{k} y^k (1 - y)^{n-k} = \frac{n!}{(n-j)!(j-1)!} \int_0^y x^{j-1}(1 - x)^{n-j} dx \quad 0 \leq y \leq 1 \qquad (6.5)$$

Empregando o mesmo tipo de argumento que usamos ao estabelecer a Equação (6.2), podemos mostrar que a função densidade conjunta das estatísticas de ordem $X_{(i)}$ e $X_{(j)}$ quando $i < j$ é

$$f_{X_{(i)}, X_{(j)}}(x_i, x_j) = \frac{n!}{(i-1)!(j-i-1)!(n-j)!} [F(x_i)]^{i-1} \qquad (6.6)$$
$$\times [F(x_j) - F(x_i)]^{j-i-1} [1 - F(x_j)]^{n-j} f(x_i) f(x_j)$$

para todo $x_i < x_j$.

Exemplo 6c Distribuição do alcance de uma variável aleatória

Suponha que n variáveis aleatórias $X_1, X_2, ..., X_n$ independente e identicamente distribuídas sejam observadas. A variável aleatória R definida como $R = X_{(n)} - X_{(1)}$ é chamada de *alcance* das variáveis aleatórias observadas. Se as variáveis aleatórias X_i têm função distribuição F e função densidade f, então a distribuição de R pode ser obtida a partir da Equação (6.6) da seguinte maneira: para $a \geq 0$,

$$P\{R \leq a\} = P\{X_{(n)} - X_{(1)} \leq a\}$$
$$= \iint\limits_{x_n - x_1 \leq a} f_{X_{(1)}, X_{(n)}}(x_1, x_n) \, dx_1 \, dx_n$$
$$= \int_{-\infty}^{\infty} \int_{x_1}^{x_1+a} \frac{n!}{(n-2)!} [F(x_n) - F(x_1)]^{n-2} f(x_1) f(x_n) \, dx_n \, dx_1$$

Fazendo a mudança de variáveis $y = F(x_n) - F(x_1), dy = f(x_n) dx_n$, obtemos

$$\int_{x_1}^{x_1+a} [F(x_n) - F(x_1)]^{n-2} f(x_n) \, dx_n = \int_0^{F(x_1+a)-F(x_1)} y^{n-2} dy$$
$$= \frac{1}{n-1} [F(x_1 + a) - F(x_1)]^{n-1}$$

Assim,

$$P\{R \le a\} = n \int_{-\infty}^{\infty} [F(x_1 + a) - F(x_1)]^{n-1} f(x_1)\, dx_1 \qquad (6.7)$$

A Equação (6.7) pode ser avaliada explicitamente somente em poucos casos especiais. Um destes é quando os X_i's são uniformemente distribuídos em (0, 1). Nesse caso, obtemos, a partir da Equação (6.7), que para $0 < a < 1$,

$$\begin{aligned}P\{R < a\} &= n \int_0^1 [F(x_1 + a) - F(x_1)]^{n-1} f(x_1)\, dx_1 \\ &= n \int_0^{1-a} a^{n-1}\, dx_1 + n \int_{1-a}^1 (1 - x_1)^{n-1}\, dx_1 \\ &= n(1 - a) a^{n-1} + a^n\end{aligned}$$

Derivando a equação acima, obtemos a função densidade do alcance das variáveis aleatórias observadas, que é dada neste caso por

$$f_R(a) = \begin{cases} n(n-1) a^{n-2}(1-a) & 0 \le a \le 1 \\ 0 & \text{caso contrário} \end{cases}$$

Isto é, o alcance de n variáveis aleatórias independentes uniformes em (0, 1) é uma variável aleatória beta com parâmetros $n - 1, 2$. ∎

6.7 DISTRIBUIÇÃO DE PROBABILIDADE CONJUNTA DE FUNÇÕES DE VARIÁVEIS ALEATÓRIAS

Sejam X_1 e X_2 variáveis aleatórias contínuas com função densidade de probabilidade conjunta f_{X_1, X_2}. Às vezes, é necessário obter a distribuição conjunta das variáveis aleatórias Y_1 e Y_2, que surgem como funções de X_1 e X_2. Especificamente, suponha que $Y_1 = g_1(X_1, X_2)$ e $Y_2 = g_2(X_1, X_2)$ para algumas funções g_1 e g_2.

Assuma que as funções g_1 e g_2 satisfaçam as seguintes condições:

1. As equações $y_1 = g_1(x_1, x_2)$ e $y_2 = g_2(x_1, x_2)$ podem ser unicamente solucionadas para x_1 e x_2 em termos de y_1 e y_2, com soluções dadas por, digamos, $x_1 = h_1(y_1, y_2), x_2 = h_2(y_1, y_2)$.
2. As funções g_1 e g_2 têm derivadas parciais contínuas em todos os pontos (x_1, x_2), e são tais que o determinante 2×2

$$J(x_1, x_2) = \begin{vmatrix} \dfrac{\partial g_1}{\partial x_1} & \dfrac{\partial g_1}{\partial x_2} \\ \dfrac{\partial g_2}{\partial x_1} & \dfrac{\partial g_2}{\partial x_2} \end{vmatrix} \equiv \dfrac{\partial g_1}{\partial x_1} \dfrac{\partial g_2}{\partial x_2} - \dfrac{\partial g_1}{\partial x_2} \dfrac{\partial g_2}{\partial x_1} \ne 0$$

em todos os pontos (x_1, x_2).

Nessas condições, pode-se mostrar que as variáveis aleatórias Y_1 e Y_2 são conjuntamente contínuas com função densidade conjunta dada por

$$f_{Y_1 Y_2}(y_1, y_2) = f_{X_1, X_2}(x_1, x_2)|J(x_1, x_2)|^{-1} \tag{7.1}$$

onde $x_1 = h_1(y_1, y_2), x_2 = h_2(y_1, y_2)$.

Uma demonstração da Equação (7.1) se daria nas seguintes linhas:

$$P\{Y_1 \le y_1, Y_2 \le y_2\} = \iint\limits_{\substack{(x_1, x_2)\,:\\ g_1(x_1, x_2) \le y_1 \\ g_2(x_1, x_2) \le y_2}} f_{X_1, X_2}(x_1, x_2)\, dx_1\, dx_2 \tag{7.2}$$

A função densidade conjunta pode agora ser obtida derivando-se a Equação (7.2) em relação a y_1 e y_2. Como este seria um exercício de cálculo avançado, não apresentaremos neste livro uma demonstração de que o resultado obtido é igual ao lado direito da Equação (7.1).

Exemplo 7a

Sejam X_1 e X_2 variáveis aleatórias conjuntamente contínuas com função densidade de probabilidade f_{X_1, X_2}. Sejam $Y_1 = X_1 + X_2$ e $Y_2 = X_1 - X_2$. Determine a função densidade conjunta de Y_1 e Y_2 em termos de f_{X_1, X_2}.

Solução Sejam $g_1(x_1, x_2) = x_1 + x_2$ e $g_2(x_1, x_2) = x_1 - x_2$. Então

$$J(x_1, x_2) = \begin{vmatrix} 1 & 1 \\ 1 & -1 \end{vmatrix} = -2$$

Também, como as equações $y_1 = x_1 + x_2$ e $y_2 = x_1 - x_2$ têm $x_1 = (y_1 + y_2)/2, x_2 = (y_1 - y_2)/2$ como solução, resulta da Equação (7.1) que a densidade desejada é

$$f_{Y_1, Y_2}(y_1, y_2) = \frac{1}{2} f_{X_1, X_2}\left(\frac{y_1 + y_2}{2}, \frac{y_1 - y_2}{2}\right)$$

Por exemplo, se X_1 e X_2 são variáveis aleatórias independentes e uniformes em $(0, 1)$, então

$$f_{Y_1, Y_2}(y_1, y_2) = \begin{cases} \frac{1}{2} & 0 \le y_1 + y_2 \le 2,\ 0 \le y_1 - y_2 \le 2 \\ 0 & \text{caso contrário} \end{cases}$$

ou, se X_1 e X_2 são variáveis aleatórias exponenciais independentes com respectivos parâmetros λ_1 e λ_2, então

$$f_{Y_1, Y_2}(y_1, y_2) = \begin{cases} \dfrac{\lambda_1 \lambda_2}{2} \exp\left\{-\lambda_1\left(\dfrac{y_1 + y_2}{2}\right) - \lambda_2\left(\dfrac{y_1 - y_2}{2}\right)\right\} & y_1 + y_2 \ge 0,\ y_1 - y_2 \ge 0 \\ 0 & \text{caso contrário} \end{cases}$$

Finalmente, se X_1 e X_2 são variáveis aleatórias normais padrão independentes, então

$$f_{Y_1,Y_2}(y_1,y_2) = \frac{1}{4\pi}e^{-[(y_1+y_2)^2/8+(y_1-y_2)^2/8]}$$

$$= \frac{1}{4\pi}e^{-(y_1^2+y_2^2)/4}$$

$$= \frac{1}{\sqrt{4\pi}}e^{-y_1^2/4}\frac{1}{\sqrt{4\pi}}e^{-y_2^2/4}$$

Assim, não somente obtemos (em concordância com a Proposição 3.2) que $X_1 + X_2$ e $X_1 - X_2$ são normais com média 0 e variância 2, mas também concluímos que essas duas variáveis aleatórias são independentes (de fato, pode-se mostrar que, se X_1 e X_2 são variáveis aleatórias independentes com mesma função de distribuição F, então $X_1 + X_2$ é independente de $X_1 - X_2$ se e somente se F é uma função distribuição normal). ∎

Exemplo 7b

Suponha que (X, Y) represente um ponto no plano, e também que as coordenadas retangulares X e Y sejam variáveis aleatórias normais padrão independentes. Estamos interessados na distribuição conjunta de (R, Θ), a representação de (x, y) em coordenadas polares (veja a Figura 6.4).

Suponha primeiro que X e Y sejam ambos positivos. Para x e y positivo, escrevendo $R = g_1(x,y) = \sqrt{x^2 + y^2}$ e $\theta = g_2(x,y) = \operatorname{tg}^{-1} y/x$, vemos que

$$\frac{\partial g_1}{\partial x} = \frac{x}{\sqrt{x^2 + y^2}}$$

$$\frac{\partial g_1}{\partial y} = \frac{y}{\sqrt{x^2 + y^2}}$$

$$\frac{\partial g_2}{\partial x} = \frac{1}{1 + (y/x)^2}\left(\frac{-y}{x^2}\right) = \frac{-y}{x^2 + y^2}$$

$$\frac{\partial g_2}{\partial y} = \frac{1}{x[1 + (y/x)^2]} = \frac{x}{x^2 + y^2}$$

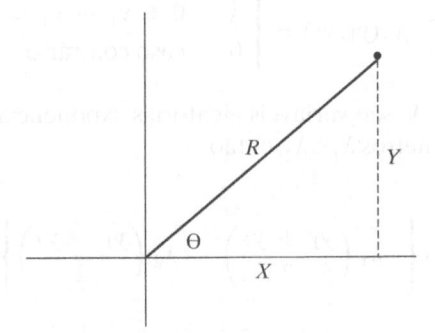

Figura 6.4 • = Ponto aleatório. $(X, Y) = (R, \Theta)$.

Assim,

$$J(x,y) = \frac{x^2}{(x^2+y^2)^{3/2}} + \frac{y^2}{(x^2+y^2)^{3/2}} = \frac{1}{\sqrt{x^2+y^2}} = \frac{1}{r}$$

Como a função densidade condicional de X, Y dado que essas coordenadas sejam ambas positivas é

$$f(x,y|X>0, Y>0) = \frac{f(x,y)}{P(X>0, Y>0)} = \frac{2}{\pi} e^{-(x^2+y^2)/2}, \quad x>0, y>0$$

vemos que a função densidade conjunta de $R = \sqrt{X^2+Y^2}$ e $\Theta = \text{tg}^{-1}(Y/X)$, dado que as coordenadas X e Y sejam ambas positivas, é

$$f(r,\theta|X>0, Y>0) = \frac{2}{\pi} re^{-r^2/2}, \quad 0<\theta<\pi/2, \quad 0<r<\infty$$

Similarmente, podemos mostrar que

$$f(r,\theta|X<0, Y>0) = \frac{2}{\pi} re^{-r^2/2}, \quad \pi/2<\theta<\pi, \quad 0<r<\infty$$

$$f(r,\theta|X<0, Y<0) = \frac{2}{\pi} re^{-r^2/2}, \quad \pi<\theta<3\pi/2, \quad 0<r<\infty$$

$$f(r,\theta|X>0, Y<0) = \frac{2}{\pi} re^{-r^2/2}, \quad 3\pi/2<\theta<2\pi, \quad 0<r<\infty$$

Como a densidade conjunta é uma média igualmente ponderada dessas 4 densidades condicionais conjuntas, vemos que a densidade conjunta de R, Θ é dada por

$$f(r,\theta) = \frac{1}{2\pi} re^{-r^2/2} \quad 0<\theta<2\pi, \quad 0<r<\infty$$

Agora, como essa densidade conjunta pode ser fatorada nas densidades marginais de R e Θ, ambas as variáveis aleatórias são independentes, com Θ sendo uniformemente distribuída no intervalo $(0, 2\pi)$ e R tendo uma distribuição de Rayleigh com densidade

$$f(r) = re^{-r^2/2} \quad 0<r<\infty$$

(Por exemplo, quando alguém mira em um alvo em um plano, se as distâncias de erro horizontais e verticais são variáveis aleatórias normais padrão independentes, então o valor absoluto do erro tem a distribuição de Rayleigh mostrada acima.)

Este resultado é bastante interessante, pois certamente não é evidente *a priori* que um vetor aleatório cujas coordenadas são variáveis aleatórias normais padrão independentes terá um ângulo de orientação que não somente é uniformemente distribuído, mas também independente de sua distância em relação à origem.

Se desejássemos a distribuição conjunta de R^2 e Θ, então, como a transformação $d = g_1(x, y) = x^2 + y^2$ e $\theta = g_2(x, y) = tg^{-1}\, y/x$ tem o Jacobiano

$$J = \begin{vmatrix} 2x & 2y \\ \dfrac{-y}{x^2 + y^2} & \dfrac{x}{x^2 + y^2} \end{vmatrix} = 2$$

tem-se que

$$f(d, \theta) = \frac{1}{2} e^{-d/2} \frac{1}{2\pi} \qquad 0 < d < \infty, \qquad 0 < \theta < 2\pi$$

Portanto, R^2 e Θ são independentes, com R^2 tendo distribuição exponencial com parâmetro $\frac{1}{2}$. Mas como $R^2 = X^2 + Y^2$, tem-se por definição que R^2 tem distribuição qui-quadrado com 2 graus de liberdade. Com isso, temos uma verificação de que a distribuição exponencial com parâmetro $\frac{1}{2}$ é igual à distribuição qui-quadrado com 2 graus de liberdade.

O resultado anterior pode ser usado para simular (ou gerar) variáveis aleatórias normais fazendo-se uma transformação apropriada em variáveis aleatórias uniformes. Sejam U_1 e U_2 variáveis aleatórias independentes, cada uma delas uniformemente distribuídas no intervalo $(0, 1)$. Vamos transformar U_1 e U_2 em duas variáveis aleatórias normais X_1 e X_2 primeiro considerando a representação em coordenadas polares (R, Θ) do vetor aleatório (X_1, X_2). Do desenvolvimento anterior, R^2 e Θ são independentes, e, além disso, $R^2 = X_1^2 + X_2^2$ tem distribuição exponencial com parâmetro $\lambda = \frac{1}{2}$. Mas $-2 \log U_1$ tem essa distribuição, já que, para $x > 0$,

$$P\{-2 \log U_1 < x\} = P\left\{\log U_1 > -\frac{x}{2}\right\}$$
$$= P\{U_1 > e^{-x/2}\}$$
$$= 1 - e^{-x/2}$$

Também, como $2\pi U_2$ é uma variável aleatória uniforme em $(0, 2\pi)$, podemos usá-la para gerar Θ. Isto é, se fizermos

$$R^2 = -2 \log U_1$$
$$\Theta = 2\pi U_2$$

então R^2 é o quadrado da distância a partir da origem e θ é o ângulo de orientação de (X_1, X_2). Agora, como $X_1 = R \cos\Theta$, $X_2 = R \operatorname{sen}\Theta$, tem-se que

$$X_1 = \sqrt{-2 \log U_1} \cos(2\pi U_2)$$
$$X_2 = \sqrt{-2 \log U_1} \operatorname{sen}(2\pi U_2)$$

são variáveis aleatórias normais padrão independentes. ■

Exemplo 7c

Se X e Y são variáveis aleatórias gama independentes com parâmetros (α, λ) e (β, λ), respectivamente, calcule a densidade conjunta de $U = X + Y$ e $V = X/(X + Y)$.

Solução A densidade conjunta de X e Y é dada por

$$f_{X,Y}(x,y) = \frac{\lambda e^{-\lambda x}(\lambda x)^{\alpha-1}}{\Gamma(\alpha)} \frac{\lambda e^{-\lambda y}(\lambda y)^{\beta-1}}{\Gamma(\beta)}$$

$$= \frac{\lambda^{\alpha+\beta}}{\Gamma(\alpha)\Gamma(\beta)} e^{-\lambda(x+y)} x^{\alpha-1} y^{\beta-1}$$

Agora, se $g_1(x,y) = x + y$, $g_2(x,y) = x/(x + y)$, então

$$\frac{\partial g_1}{\partial x} = \frac{\partial g_1}{\partial y} = 1 \quad \frac{\partial g_2}{\partial x} = \frac{y}{(x+y)^2} \quad \frac{\partial g_2}{\partial y} = -\frac{x}{(x+y)^2}$$

então

$$J(x,y) = \begin{vmatrix} 1 & 1 \\ \dfrac{y}{(x+y)^2} & \dfrac{-x}{(x+y)^2} \end{vmatrix} = -\frac{1}{x+y}$$

Finalmente, como as equações $u = x + y$ e $v = x/(x + y)$ têm como solução $x = uv$ e $y = u(1 - v)$, vemos que

$$f_{U,V}(u,v) = f_{X,Y}[uv, u(1-v)]u$$

$$= \frac{\lambda e^{-\lambda u}(\lambda u)^{\alpha+\beta-1}}{\Gamma(\alpha+\beta)} \frac{v^{\alpha-1}(1-v)^{\beta-1}\Gamma(\alpha+\beta)}{\Gamma(\alpha)\Gamma(\beta)}$$

Portanto, $X + Y$ e $X/(X + Y)$ são independentes, com $X + Y$ tendo distribuição gama com parâmetros $(\alpha + \beta, \lambda)$ e $X/(X + Y)$ tendo distribuição beta com parâmetros (α, β). O raciocínio anterior também mostra que $B(\alpha, \beta)$, o fator de normalização da densidade beta, é tal que

$$B(\alpha,\beta) \equiv \int_0^1 v^{\alpha-1}(1-v)^{\beta-1}dv$$

$$= \frac{\Gamma(\alpha)\Gamma(\beta)}{\Gamma(\alpha+\beta)}$$

Todo esse conjunto de resultados é bastante interessante. Suponha que $n + m$ tarefas devam ser realizadas, cada uma (independentemente) exigindo uma quantidade de tempo exponencial com taxa λ para ser completada. Suponha também que disponhamos de dois funcionários para realizar essas tarefas. O funcionário I cuidará das tarefas 1, 2,..., n e o funcionário II cuidará das m

tarefas restantes. Se X e Y representam o tempo de trabalho total dos funcionários I e II, respectivamente, então (do resultado anterior ou do Exemplo 3b), X e Y são variáveis aleatórias gama independentes com parâmetros (n, λ) e (m, λ), respectivamente. Daí resulta que, independentemente do tempo necessário para que todas as $n + m$ tarefas sejam completadas (isto é, de $X + Y$), a proporção de trabalho realizada pelo funcionário I tem distribuição beta com parâmetros (n, m). ∎

Quando a função densidade conjunta das n variáveis aleatórias $X_1, X_2,..., X_n$ é dada e queremos calcular a função densidade conjunta de $Y_1, Y_2,..., Y_n$, onde

$$Y_1 = g_1(X_1,..., X_n) \quad Y_2 = g_2(X_1,..., X_n),... \quad Y_n = g_n(X_1,..., X_n)$$

a abordagem é a mesma – isto é, supomos que as funções g_i têm derivadas parciais contínuas e que o determinante do Jacobiano

$$J(x_1,\ldots,x_n) = \begin{vmatrix} \dfrac{\partial g_1}{\partial x_1} & \dfrac{\partial g_1}{\partial x_2} & \cdots & \dfrac{\partial g_1}{\partial x_n} \\ \dfrac{\partial g_2}{\partial x_1} & \dfrac{\partial g_2}{\partial x_2} & \cdots & \dfrac{\partial g_2}{\partial x_n} \\ \dfrac{\partial g_n}{\partial x_1} & \dfrac{\partial g_n}{\partial x_2} & \cdots & \dfrac{\partial g_n}{\partial x_n} \end{vmatrix} \neq 0$$

em todos os pontos $(x_1,..., x_n)$. Além disso, supomos que as equações $y_1 = g_1(x_1,..., x_n)$, $y_2 = g_2(x_1,..., x_n),..., y_n = g_n(x_1,..., x_n)$ tenham uma única solução, digamos, $x_1 = h_1(y_1,..., y_n),..., x_n = h_n(y_1,..., y_n)$. Sob essas hipóteses, a função densidade conjunta das variáveis aleatórias Y_i é dada por

$$f_{Y_1,\ldots,Y_n}(y_1,\ldots,y_n) = f_{X_1,\ldots,X_n}(x_1,\ldots,x_n)|J(x_1,\ldots,x_n)|^{-1} \quad (7.3)$$

onde $x_i = h_i(y_1,..., y_n), i = 1, 2,..., n$.

Exemplo 7d
Sejam X_1, X_2 e X_3 variáveis aleatórias normais padrão independentes. Se $Y_1 = X_1 + X_2 + X_3, Y_2 = X_1 - X_2,$ e $Y_3 = X_1 - X_3$, calcule a função densidade conjunta de Y_1, Y_2, Y_3.

Solução Fazendo-se $Y_1 = X_1 + X_2 + X_3, Y_2 = X_1 - X_2, Y_3 = X_1 - X_3$, o Jacobiano dessas transformações é dado por

$$J = \begin{vmatrix} 1 & 1 & 1 \\ 1 & -1 & 0 \\ 1 & 0 & -1 \end{vmatrix} = 3$$

Como resulta das transformações precedentes que

$$X_1 = \frac{Y_1 + Y_2 + Y_3}{3} \quad X_2 = \frac{Y_1 - 2Y_2 + Y_3}{3} \quad X_3 = \frac{Y_1 + Y_2 - 2Y_3}{3}$$

vemos da Equação (7.3) que

$$f_{Y_1,Y_2,Y_3}(y_1, y_2, y_3) = \frac{1}{3} f_{X_1,X_2,X_3}\left(\frac{y_1+y_2+y_3}{3}, \frac{y_1-2y_2+y_3}{3}, \frac{y_1+y_2-2y_3}{3}\right)$$

Portanto, como

$$f_{X_1,X_2,X_3}(x_1, x_2, x_3) = \frac{1}{(2\pi)^{3/2}} e^{-\sum_{i=1}^{3} x_i^2/2}$$

vemos que

$$f_{Y_1,Y_2,Y_3}(y_1, y_2, y_3) = \frac{1}{3(2\pi)^{3/2}} e^{-Q(y_1,y_2,y_3)/2}$$

onde

$$Q(y_1, y_2, y_3)$$
$$= \left(\frac{y_1+y_2+y_3}{3}\right)^2 + \left(\frac{y_1-2y_2+y_3}{3}\right)^2 + \left(\frac{y_1+y_2-2y_3}{3}\right)^2$$
$$= \frac{y_1^2}{3} + \frac{2}{3}y_2^2 + \frac{2}{3}y_3^2 - \frac{2}{3}y_2 y_3$$

■

Exemplo 7e

Sejam $X_1, X_2, \ldots, X_n$ variáveis aleatórias exponenciais com taxa λ independentes e identicamente distribuídas. Seja

$$Y_i = X_1 + \ldots + X_i \qquad i = 1, \ldots, n$$

(a) Determine a função densidade conjunta de $Y_1, \ldots, Y_n$.
(b) Use o resultado da letra (a) para determinar a densidade de Y_n.

Solução (a) O Jacobiano das transformações $Y_1 = X_1, Y_2 = X_1 + X_2, \ldots, Y_n = X_1 + \ldots + X_n$ é

$$J = \begin{vmatrix} 1 & 0 & 0 & 0 & \cdots & 0 \\ 1 & 1 & 0 & 0 & \cdots & 0 \\ 1 & 1 & 1 & 0 & \cdots & 0 \\ \cdots & & \cdots & & & \\ \cdots & & \cdots & & & \\ 1 & 1 & 1 & 1 & \cdots & 1 \end{vmatrix}$$

Como somente o primeiro termo do determinante será diferente de zero, temos $J = 1$. Agora, a função densidade conjunta de $X_1, \ldots, X_n$ é dada por

$$f_{X_1,\ldots,X_n}(x_1, \ldots, x_n) = \prod_{i=1}^{n} \lambda e^{-\lambda x_i} \quad 0 < x_i < \infty, \ i = 1, \ldots, n$$

Assim, como as transformações anteriores levam a

$$X_1 = Y_1, X_2 = Y_2 - Y_1, \ldots, X_i = Y_i - Y_{i-1}, \ldots, X_n = Y_n - Y_{n-1}$$

resulta da Equação (7.3) que a função densidade conjunta de $Y_1, \ldots, Y_n$ é
$f_{Y_1,\ldots,Y_n}(y_1, y_2, \ldots, y_n)$

$$= f_{X_1,\ldots,X_n}(y_1, y_2 - y_1, \ldots, y_i - y_{i-1}, \ldots, y_n - y_{n-1})$$

$$= \lambda^n \exp\left\{-\lambda\left[y_1 + \sum_{i=2}^{n}(y_i - y_{i-1})\right]\right\}$$

$$= \lambda^n e^{-\lambda y_n} \quad 0 < y_1, 0 < y_i - y_{i-1}, i = 2, \ldots, n$$

$$= \lambda^n e^{-\lambda y_n} \quad 0 < y_1 < y_2 < \cdots < y_n$$

(b) Para obter a densidade marginal de Y_n, vamos integrar as demais variáveis uma de cada vez. Ao fazer isso, obtemos

$$f_{Y_2,\ldots,Y_n}(y_2, \ldots, y_n) = \int_0^{y_2} \lambda^n e^{-\lambda y_n} dy_1$$

$$= \lambda^n y_2 e^{-\lambda y_n} \quad 0 < y_2 < y_3 < \cdots < y_n$$

Continuando, obtemos

$$f_{Y_3,\ldots,Y_n}(y_3, \ldots, y_n) = \int_0^{y_3} \lambda^n y_2 e^{-\lambda y_n} dy_2$$

$$= \lambda^n \frac{y_3^2}{2} e^{-\lambda y_n} \quad 0 < y_3 < y_4 < \cdots < y_n$$

A próxima integração resulta em

$$f_{Y_4,\ldots,Y_n}(y_4, \ldots, y_n) = \lambda^n \frac{y_4^3}{3!} e^{-\lambda y_n} \quad 0 < y_4 < \cdots < y_n$$

Continuando dessa maneira, obtemos

$$f_{Y_n}(y_n) = \lambda^n \frac{y_n^{n-1}}{(n-1)!} e^{-\lambda y_n} \quad 0 < y_n$$

o que, em concordância com o resultado obtido no Exemplo 3b, mostra que $X_1 + \ldots + X_n$ é uma variável aleatória gama com parâmetros n e λ. ∎

*6.8 VARIÁVEIS ALEATÓRIAS INTERCAMBIÁVEIS

As variáveis aleatórias $X_1, X_2, \ldots, X_n$ são chamadas de intercambiáveis se, para cada permutação $i_1, \ldots, i_n$ dos inteiros $1, \ldots, n$,

$$P\{X_{i_1} \leq x_1, X_{i_2} \leq x_2, \ldots, X_{i_n} \leq x_n\} = P\{X_1 \leq x_1, X_2 \leq x_2, \ldots, X_n \leq x_n\}$$

para todo $x_1,...,x_n$. Isto é, as n variáveis aleatórias são intercambiáveis se sua distribuição conjunta é igual independentemente da ordem em que as variáveis são observadas.

Variáveis aleatórias discretas são intercambiáveis se

$$P\{X_{i_1} = x_1, X_{i_2} = x_2, \ldots, X_{i_n} = x_n\} = P\{X_1 = x_1, X_2 = x_2, \ldots, X_n = x_n\}$$

para todas as permutações $i_1,...,i_n$ e todos valores $x_1,...,x_n$. Isso é equivalente a dizer que $p(x_1, x_2,...,x_n) = P\{X_1 = x_1,..., X_n = x_n\}$ é uma função simétrica do vetor $(x_1,...,x_n)$, o que significa que seu valor não muda quando os elementos do vetor são permutados.

Exemplo 8a

Suponha que bolas sejam retiradas uma de cada vez e sem reposição de uma urna que contém inicialmente n bolas, das quais k são consideradas especiais, de tal maneira que cada bola retirada tenha a mesma probabilidade de ser qualquer uma das bolas na urna. Se a i-ésima bola retirada é especial, então $X_i = 1$; caso contrário, $X_i = 0$. Vamos mostrar que as variáveis aleatórias $X_1,..., X_n$ são intercambiáveis. Para fazer isso, suponha que $(x_1,...,x_n)$ seja um vetor formado por k uns e $n - k$ zeros. Entretanto, antes de considerar a função discreta de probabilidade conjunta avaliada em $(x_1,...,x_n)$, vamos tentar entender melhor o problema ao considerar um vetor fixo — por exemplo, considere o vetor $(1, 1, 0, 1, 0,..., 0, 1)$, que se supõe conter k uns e $n - k$ zeros. Então,

$$p(1,1,0,1,0,\ldots,0,1) = \frac{k}{n}\frac{k-1}{n-1}\frac{n-k}{n-2}\frac{k-2}{n-3}\frac{n-k-1}{n-4}\cdots\frac{1}{2}\frac{1}{1}$$

que é obtida porque a probabilidade de que a primeira bola seja especial é igual a k/n, a probabilidade condicional de que a próxima seja especial é igual a $(k-1)/(n-1)$, a probabilidade condicional de que a bola seguinte não seja especial é igual a $(n-k)/(n-2)$, e assim por diante. Usando o mesmo argumento, tem-se que $p(x_1,...,x_n)$ pode ser escrita como o produto de n frações. Os termos sucessivos do denominador dessas frações variam de n a 1. O termo do numerador no ponto em que o vetor $(x_1,...,x_n)$ é igual a 1 pela i-ésima vez é $k - (i - 1)$, e onde ele é 0 pela i-ésima vez é igual a $n - k (i - 1)$. Portanto, como o vetor $(x_1,...,x_n)$ é formado por k uns e $n - k$ zeros, obtemos

$$p(x_1,\ldots,x_n) = \frac{k!(n-k)!}{n!} \quad x_i = 0,1, \sum_{i=1}^{n} x_i = k$$

Como essa é uma função simétrica de $(x_1,...,x_n)$, tem-se que as variáveis aleatórias são intercambiáveis. ∎

Observação: Outra maneira de se obter a fórmula anterior para a função discreta de probabilidade conjunta é tratar as n bolas como se fossem diferentes umas das outras. Então, como o resultado do experimento é uma ordenação dessa bolas, tem-se que existem $n!$ resultados igualmente prováveis. Finalmente, como o número de resultados com bolas especiais e não especiais em posições especificadas é igual ao número de maneiras que há de se permutar as bolas especiais e não especiais entre si, isto é, $k!(n-k)!$, obtemos a função densidade anterior. ∎

Vê-se facilmente que, se $X_1, X_2, \ldots, X_n$ são intercambiáveis, então cada X_i tem a mesma distribuição de probabilidade. Por exemplo, se X e Y são variáveis aleatórias discretas intercambiáveis, então

$$P\{X = x\} = \sum_y P\{X = x, Y = y\} = \sum_y P\{X = y, Y = x\} = P\{Y = x\}$$

Por exemplo, obtém-se do Exemplo 8a que a i-ésima bola retirada será especial com probabilidade k/n, o que é intuitivamente claro, já que cada uma das n bolas tem a mesma probabilidade de ser a i-ésima bola selecionada.

Exemplo 8b

No Exemplo 8a, suponha que Y_1 represente o número de seleção da primeira bola especial retirada da urna, e Y_2 o número adicional de bolas retiradas em seguida até que uma segunda bola especial seja retirada. Em geral, suponha que Y_i represente o número adicional de bolas retiradas após a seleção da $(i-1)$-ésima bola especial até que a i-ésima bola especial seja selecionada, $i = 1, \ldots, k$. Por exemplo, se $n = 4, k = 2$ e $X_1 = 1, X_2 = 0, X_3 = 0, X_4 = 1$, então $Y_1 = 1, Y_2 = 3$. Agora, $Y_1 = i_1$, $Y_2 = i_2, \ldots, Y_k = i_k \Leftrightarrow X_{i_1} = X_{i_1+i_2} = \ldots = X_{i_1+\cdots+i_k} = 1, X_j = 0$, caso contrário; assim, a partir da função discreta de probabilidade conjunta de X_i, obtemos

$$P\{Y_1 = i_1, Y_2 = i_2, \ldots, Y_k = i_k\} = \frac{k!(n-k)!}{n!} \quad i_1 + \cdots + i_k \leq n$$

Portanto, as variáveis aleatórias $Y_1, \ldots, Y_k$ são intercambiáveis. Note que, como resultado disso, o número de cartas que uma pessoa deve selecionar de um baralho bem-embaralhado até que apareça um ás tem a mesma distribuição que o número de cartas adicionais que esta mesma pessoa deve selecionar após a seleção do primeiro ás até que o próximo ás apareça, e assim por diante. ∎

Exemplo 8c

A seguir consideramos o problema conhecido como o modelo da urna de Polya: suponha que uma urna contenha inicialmente n bolas vermelhas e m bolas azuis. Em cada etapa do experimento, uma bola é sorteada, sua cor é anotada, e ela é então recolocada junto com outra bola da mesma cor. Considere $X_i = 1$ se a i-ésima bola sorteada for vermelha, e $X_i = 0$ se a bola for azul, $i \geq 1$. Para que tenhamos uma idéia a respeito das probabilidades conjuntas dessas variáveis aleatórias X_i's, observemos os casos especiais a seguir:

$$P\{X_1 = 1, X_2 = 1, X_3 = 0, X_4 = 1, X_5 = 0\}$$
$$= \frac{n}{n+m} \frac{n+1}{n+m+1} \frac{m}{n+m+2} \frac{n+2}{n+m+3} \frac{m+1}{n+m+4}$$
$$= \frac{n(n+1)(n+2)m(m+1)}{(n+m)(n+m+1)(n+m+2)(n+m+3)(n+m+4)}$$

e

$$P\{X_1 = 0, X_2 = 1, X_3 = 0, X_4 = 1, X_5 = 1\}$$
$$= \frac{m}{n+m} \frac{n}{n+m+1} \frac{m+1}{n+m+2} \frac{n+1}{n+m+3} \frac{n+2}{n+m+4}$$
$$= \frac{n(n+1)(n+2)m(m+1)}{(n+m)(n+m+1)(n+m+2)(n+m+3)(n+m+4)}$$

Pelo mesmo raciocínio, para qualquer sequência $x_1,...,x_k$ que contenha r uns e $k-r$ zeros, temos

$$P\{X_1 = x_1,\ldots,X_k = x_k\}$$
$$= \frac{n(n+1)\cdots(n+r-1)m(m+1)\cdots(m+k-r-1)}{(n+m)\cdots(n+m+k-1)}$$

Portanto, para qualquer valor de k, as variáveis aleatórias $X_1,..., X_k$ são intercambiáveis.

Um corolário interessante referente à permutabilidade neste modelo é o de que a probabilidade de que a i-ésima bola sorteada seja vermelha é igual à probabilidade de que a primeira bola sorteada seja vermelha, isto é, $\frac{n}{n+m}$ (para um argumento intuitivo para esse resultado inicialmente não intuitivo, imagine que todas as $n+m$ bolas inicialmente na urna sejam de tipos diferentes. Isto é, uma é uma bola vermelha do tipo 1, outra é uma bola vermelha do tipo 2,..., outra é uma bola vermelha do tipo n, uma é uma bola azul do tipo 1, e assim por diante, até uma bola azul do tipo m. Suponha que, após o sorteio de uma bola, ela seja recolocada junto com outra bola da mesma cor. Então, por simetria, a i-ésima bola sorteada tem a mesma probabilidade de ser qualquer uma daquelas de $n+m$ tipos distintos. Como n desses $n+m$ tipos são bolas vermelhas, a probabilidade é $\frac{n}{n+m}$). ■

Nosso exemplo final lida com variáveis aleatórias contínuas que são intercambiáveis.

Exemplo 8d

Sejam $X_1, X_2,..., X_n$ variáveis aleatórias independentes uniformes em $(0,1)$, e represente suas estatísticas de ordem como $X_{(1)},..., X_{(n)}$. Isto é, $X_{(j)}$ é a j-ésima menor dentre as variáveis $X_1, X_2,...X_n$.
Também considere

$$Y_1 = X_{(1)},$$
$$Y_i = X_{(i)} - X_{(i-1)}, \quad i = 2,\ldots n$$

Mostre que $Y_1,..., Y_n$ são intercambiáveis.

Solução As transformações

$$y_1 = x_1,..., y_i = x_i - x_{i-1} \quad i = 2,...,n$$

resultam em

$$x_i = y_1 + ... + y_i \quad i = 1,...,n$$

Como é fácil notar que o Jacobiano das transformações anteriores é igual a 1, então obtemos, da Equação (7.3),

$$f_{Y_1,\ldots,Y_n}(y_1, y_2, \ldots, y_n) = f(y_1, y_1 + y_2, \ldots, y_1 + \cdots + y_n)$$

onde f é a função densidade conjunta das estatísticas de ordem. Portanto, da Equação (6.1), obtemos

$$f_{Y_1,\ldots,Y_n}(y_1, y_2, \ldots, y_n) = n! \quad 0 < y_1 < y_1 + y_2 < \cdots < y_1 + \cdots + y_n < 1$$

ou, equivalentemente,

$$f_{Y_1,\ldots,Y_n}(y_1, y_2, \ldots, y_n) = n! \quad 0 < y_i < 1, i = 1, \ldots, n, \quad y_1 + \cdots + y_n < 1$$

Como a densidade conjunta anterior é uma função simétrica de $y_1, \ldots, y_n$, vemos que as variáveis aleatórias $Y_1, \ldots, Y_n$ são intercambiáveis. ∎

RESUMO

A *função distribuição de probabilidade cumulativa conjunta* do par de variáveis aleatórias X e Y é definida como

$$F(x, y) = P\{X \leq x, Y \leq y\} \qquad -\infty < x, y < \infty$$

Todas as probabilidades relacionadas a esse par de variáveis aleatórias podem ser obtidas de F. Para obter as funções distribuição de probabilidade individuais de X e Y, use

$$F_X(x) = \lim_{y \to \infty} F(x, y) \quad F_Y(y) = \lim_{x \to \infty} F(x, y)$$

Se X e Y são ambas variáveis aleatórias discretas, então sua *função discreta de probabilidade conjunta* é definida como

$$p(i, j) = P\{X = i, Y = j\}$$

As funções discretas de probabilidade individuais são

$$P\{X = i\} = \sum_j p(i, j) \qquad P\{Y = j\} = \sum_i p(i, j)$$

As variáveis aleatórias X e Y são chamadas de *conjuntamente contínuas* se existe uma função $f(x, y)$, chamada de *função densidade de probabilidade conjunta*, tal que, para qualquer conjunto bidimensional C,

$$P\{(X, Y) \in C\} = \iint_C f(x, y)\, dx\, dy$$

Resulta da fórmula anterior que

$$P\{x < X, x + dx, y < Y < y + dy\} \approx f(x, y) dx\, dy$$

Se X e Y são variáveis aleatórias conjuntamente contínuas, então elas são individualmente contínuas com funções densidade

$$f_X(x) = \int_{-\infty}^{\infty} f(x,y)dy \qquad f_Y(y) = \int_{-\infty}^{\infty} f(x,y)\,dx$$

As variáveis aleatórias X e Y são independentes se, para todos os conjuntos A e B,

$$P\{X \in A, Y \in B\} = P\{X \in A\}P\{Y \in B\}$$

Se a função distribuição conjunta (seja a função de probabilidade conjunta no caso discreto ou a função densidade conjunta no caso contínuo) puder ser fatorada em uma parte que depende somente de x e em outra que depende somente de y, então X e Y são independentes.

Em geral, as variáveis aleatórias $X_1,..., X_n$ são independentes se, para todos os conjuntos de números reais $A_1,..., A_n$,

$$P\{X_1 \in A_1,..., X_n \in A_n\} = P\{X_1 \in A_1\}... P\{X_n \in A_n\}$$

Se X e Y são variáveis aleatórias contínuas independentes, então a função distribuição de sua soma pode ser obtida a partir da identidade

$$F_{X+Y}(a) = \int_{-\infty}^{\infty} F_X(a - y)f_Y(y)dy$$

Se $X_i, 1,..., n$, são variáveis aleatórias normais independentes com respectivos parâmetros μ_i e $\sigma_i^2, i = 1,..., n$, então $\sum_{i=1}^{n} X_i$ é normal com parâmetros $\sum_{i=1}^{n} \mu_i$ e $\sum_{i=1}^{n} \sigma_i^2$.

Se $X_i, 1,..., n$, são variáveis aleatórias de Poisson independentes com respectivos parâmetros $\lambda_i, i = 1,..., n$, então $\sum_{i=1}^{n} X_i$ é Poisson com parâmetro $\sum_{i=1}^{n} \lambda_i$.

Se X e Y são variáveis aleatórias discretas, então a *função de probabilidade condicional* de X dado que $Y = y$ é definida por

$$P\{X = x | Y = y\} = \frac{p(x,y)}{p_Y(y)}$$

onde p é sua função de probabilidade conjunta. Também, se X e Y são conjuntamente contínuas com função densidade conjunta f, então a *função densidade de probabilidade condicional* de X dado que $Y = y$ é dada por

$$f_{X|Y}(x|y) = \frac{f(x,y)}{f_Y(y)}$$

Os valores ordenados $X_{(1)} \leq X_{(2)} \leq ... X_{(n)}$ de um conjunto de variáveis aleatórias normais independentes e identicamente distribuídas são chamados de *estatísticas de ordem* do conjunto. Se as variáveis aleatórias são contínuas e têm função densidade f, então a função densidade conjunta das estatísticas de ordem é

$$f(x_1,...,x_n) = n!f(x_1)\cdots f(x_n) \qquad x_1 \leq x_2 \leq \cdots \leq x_n$$

As variáveis aleatórias $X_1,..., X_n$ são chamadas de *intercambiáveis* se a distribuição conjunta de $X_{i_1},..., X_{i_n}$ é a mesma para toda permutação $i_1,..., i_n$ de $1,..., n$.

PROBLEMAS

6.1 Dois dados honestos são rolados. Determine a função de probabilidade conjunta de X e Y quando
  (a) X é o maior valor obtido em um dado e Y é a soma dos valores;
  (b) X é o valor no primeiro dado e Y é o maior dos dois valores;
  (c) X é o menor e Y é o maior valor obtido com os dados.

6.2 Suponha que 3 bolas sejam sorteadas sem reposição de uma urna consistindo em 5 bolas brancas e 8 bolas vermelhas. Considere $X_i=1$ caso a i-ésima bola selecionada seja branca e $X_i=0$ caso contrário. Dê a função de probabilidade conjunta de
  (a) X_1, X_2;
  (b) X_1, X_2, X_3.

6.3 No Problema 6.2, suponha que as bolas brancas sejam numeradas e considere $Y_i = 1$ se a i-ésima bola branca for selecionada, e 0 caso contrário. Determine a função de probabilidade conjunta de
  (a) Y_1, Y_2;
  (b) Y_1, Y_2, Y_3.

6.4 Repita o Problema 6.2 quando a bola selecionada é recolocada na urna antes da próxima seleção.

6.5 Repita o Problema 6.3a quando a bola selecionada é recolocada na urna antes da próxima seleção.

6.6 Sabe-se que um cesto com 5 transistores contém 2 com defeito. Os transistores devem ser testados, um de cada vez, até que os defeituosos sejam identificados. Suponha que N_1 represente o número de testes feitos até que o primeiro transistor defeituoso seja identificado e N_2 o número de testes adicionais feitos até que o segundo transistor defeituoso seja identificado. Determine a função de probabilidade conjunta de N_1 e N_2.

6.7 Considere uma sequência de tentativas de Bernoulli independentes, cada uma com probabilidade de sucesso p. Sejam X_1 o número de fracassos precedendo o primeiro sucesso e X_2 o número de fracassos entre os dois primeiros sucessos. Determine a função de probabilidade conjunta de X_1 e X_2.

6.8 A função densidade de probabilidade conjunta de X e Y é dada por
$$f(x,y) = c(y^2 - x^2)e^{-y} \quad -y \le x \le y, 0 < y < \infty$$
  (a) Determine c.
  (b) Determine as densidades marginais de X e Y.
  (c) Determine $E[X]$.

6.9 A função densidade de probabilidade conjunta de X e Y é dada por
$$f(x,y) = \frac{6}{7}\left(x^2 + \frac{xy}{2}\right) \quad 0 < x < 1, 0 < y < 2$$
  (a) Verifique que esta é de fato uma função densidade conjunta.
  (b) Calcule a função densidade de X.
  (c) Determine $P\{X > Y\}$.
  (d) Determine $P\{Y > \frac{1}{2} | X < \frac{1}{2}\}$.
  (e) Determine $E[X]$.
  (f) Determine $E[Y]$.

6.10 A função densidade de probabilidade conjunta de X e Y é dada por
$$f(x,y) = e^{-(x+y)} \quad 0 \le x < \infty, 0 \le y < \infty$$
Determine (a) $P\{X < Y\}$ e (b) $P\{X < a\}$.

6.11 O proprietário de uma loja de televisores imagina que 45% dos clientes que entram em sua loja comprarão um televisor comum, 15% comprarão um televisor de plasma e 40% estarão apenas dando uma olhada. Se 5 clientes entrarem nesta loja em um dia, qual é a probabilidade de que ele venda exatamente 2 televisores comuns e 1 de plasma naquele mesmo dia?

6.12 O número de pessoas que entram em uma farmácia em certo horário é uma variável aleatória de Poisson com parâmetro $\lambda = 10$. Calcule a probabilidade condicional de que no máximo 3 homens tenham entrado na farmácia dado que 10 mulheres entraram naquele momento. Que hipóteses você adotou?

6.13 Um homem e uma mulher combinam um encontro em certo lugar às 12:30. Se o homem chega em um horário uniformemente distribuído entre 12:15 e 12:45, e se a mulher chega independentemente entre 12:00 e 13:00, determine a probabilidade de que o primeiro a chegar não espere mais de 5 minutos. Qual é a probabilidade de que o homem chegue primeiro?

6.14 Uma ambulância viaja em ambos os sentidos de uma estrada de comprimento L com velocidade constante. Em certo instante de tempo, um acidente ocorre em um ponto uniformemente distribuído na estrada [isto é, a distância do local do acidente até um dos pontos fixos no final da estrada é uniformemente distribuída ao longo de $(0, L)$]. Supondo que a localização da ambulância no momento do acidente também seja uniformemente distribuída e que as variáveis sejam independentes, calcule a distribuição da distância da ambulância até o local do acidente.

6.15 O vetor aleatório (X, Y) é chamado de uniformemente distribuído em uma região R do plano se, para alguma constante c, sua densidade conjunta é

$$f(x,y) = \begin{cases} c & \text{se } (x,y) \in R \\ 0 & \text{caso contrário} \end{cases}$$

(a) Mostre que $1/c$ = área da região R. Suponha que (X, Y) seja uniformemente distribuído ao longo do quadrado centrado em $(0, 0)$ e com lados de comprimento 2.
(b) Mostre que X e Y são independentes, com cada um sendo uniformemente distribuído ao longo de $(-1,1)$.
(c) Qual é a probabilidade de que (X, Y) esteja contido no círculo de raio 1 centrado na origem? Isto é, determine $P\{X^2 + Y^2 \leq 1\}$.

6.16 Suponha que n pontos sejam independente e aleatoriamente escolhidos na borda de um círculo e que queiramos determinar a probabilidade de que eles estejam no mesmo semicírculo. Isto é, queremos a probabilidade de que exista uma linha passando pelo centro do círculo tal que todos os pontos estejam de um lado da linha, conforme mostrado no diagrama a seguir

Suponha que $P_1,..., P_n$ representem os n pontos. Suponha também que A represente o evento em que todos os pontos estão contidos em algum semicírculo começando no ponto P_i seguindo no sentido horário por $180°, i = 1,..., n$.
(a) Expresse A em termos de A_i.
(b) São os A_i's mutuamente exclusivos?
(c) Determine $P(A)$.

6.17 Três pontos X_1, X_2, X_3 são selecionados aleatoriamente em uma linha L. Qual é a probabilidade de que X_2 esteja entre X_1 e X_3?

6.18 Dois pontos são selecionados aleatoriamente em uma linha de comprimento L de forma a estarem em lados opostos do ponto central dessa linha [em outras palavras, os dois pontos X e Y são variáveis aleatórias independentes tais que X é uniformemente distribuída ao longo de $(0, L/2)$ e Y é uniformemente distribuída ao longo de $(L/2, L)$]. Determine a probabilidade de que a distância entre os dois pontos seja maior que $L/3$.

6.19 Mostre que $f(x, y) = 1/x, 0 < y < x < 1$ é uma função densidade conjunta. Supondo que f seja a função densidade conjunta de X, Y, determine
(a) a densidade marginal de Y;
(b) a densidade marginal de X;
(c) $E[X]$;
(d) $E[Y]$.

6.20 A densidade conjunta de X e Y é dada por

$$f(x,y) = \begin{cases} xe^{-(x+y)} & x > 0, y > 0 \\ 0 & \text{caso contrário} \end{cases}$$

X e Y são independentes? Se, em vez disso, $f(x, y)$ fosse dada por

$$f(x,y) = \begin{cases} 2 & 0 < x < y, 0 < y < 1 \\ 0 & \text{caso contrário} \end{cases}$$

X e Y seriam independentes?

6.21 Seja

$$f(x,y) = 24xy \quad 0 \leq x \leq 1, 0 \leq y \leq 1, 0 \leq x + y \leq 1$$

e $f(x, y) = 0$ caso contrário.
(a) Mostre que $f(x, y)$ é uma função densidade de probabilidade conjunta.
(b) Determine $E[X]$.
(c) Determine $E[Y]$.

6.22 A função densidade conjunta de X e Y é
$$f(x,y) = \begin{cases} x+y & 0 < x < 1, 0 < y < 1 \\ 0 & \text{caso contrário} \end{cases}$$
(a) X e Y são independentes?
(b) Determine a função densidade de X.
(c) Determine $P\{X + Y < 1\}$

6.23 As variáveis aleatórias X e Y têm função densidade conjunta
$$f(x,y) = 12xy(1-x) \quad 0 < x < 1, 0 < y < 1$$
e $f(x,y) = 0$ caso contrário.
(a) X e Y são independentes?
(b) Determine $E[X]$.
(c) Determine $E[Y]$.
(d) Determine $\text{Var}(X)$.
(e) Determine $\text{Var}(Y)$.

6.24 Considere tentativas independentes, cada uma delas levando ao resultado i, $i = 0, 1,..., k$, com probabilidade p_i, $\sum_{i=0}^{k} p_i = 1$. Suponha que N represente o número de tentativas necessárias para que se obtenha um resultado diferente de 0, e chame de X este resultado.
(a) Determine $P\{N = n\}, n \geq 1$.
(b) Determine $P\{X = j\}, j = 1,..., k$.
(c) Mostre que $P\{N = n, X = j\} = P\{N = n\}P\{X = j\}$
(d) É intuitivo para você que N seja independente de X?
(e) É intuitivo para você que X seja independente de N?

6.25 Suponha que 10^6 pessoas cheguem em uma parada de ônibus em horários que são variáveis aleatórias independentes, cada um dos quais uniformemente distribuído ao longo de $(0, 10^6)$. Seja N o número de pessoas que chegam na primeira hora. Determine uma aproximação para $P\{N = i\}$.

6.26 Suponha que A, B e C sejam variáveis aleatórias independentes, cada uma delas uniformemente distribuída em $(0, 1)$.
(a) Qual é a função distribuição cumulativa de A, B e C?
(b) Qual é a probabilidade de que todas as raízes da equação $Ax^2 + Bx + C = 0$ sejam reais?

6.27 Se X_1 e X_2 são variáveis aleatórias exponenciais independentes com respectivos parâmetros λ_1 e λ_2, determine a distribuição de $Z = X_1/X_2$. Também calcule $P\{X_1 < X_2\}$.

6.28 O tempo necessário para que um carro seja abastecido é uma variável aleatória exponencial com parâmetro 1.
(a) Se José traz o seu carro no instante 0 e Maria no instante t, qual é a probabilidade de que o carro de Maria seja abastecido antes do carro de José? (Suponha que o tempo de abastecimento seja independente do horário de chegada do carro.)
(b) Se ambos os carros chegarem no instante 0, com o abastecimento começando no carro de Maria somente quando o abastecimento do carro de José já tiver terminado, qual é a probabilidade de que o carro de Maria esteja pronto antes de $t = 2$?

6.29 A venda bruta semanal de certo restaurante é uma variável aleatória normal com média R\$2.200 e desvio padrão R\$230. Qual é a probabilidade de que
(a) a venda bruta total ao longo das próximas 2 semanas exceda R\$5.000?
(b) a venda semanal exceda R\$2.000 em pelo menos 2 das próximas 3 semanas?
Quais são as hipóteses de independência que você fez?

6.30 A pontuação de Carlos no boliche é normalmente distribuída com média 170 e desvio padrão 20, enquanto a de Sebastião é normalmente distribuída com média 160 e desvio padrão 15. Se Carlos e Sebastião jogam um jogo cada, obtenha, supondo que suas pontuações sejam variáveis aleatórias independentes, a probabilidade aproximada de que
(a) a pontuação de Carlos seja maior.
(b) o total de seus pontos supere 350.

6.31 De acordo com o Centro Nacional para Estatísticas de Saúde dos EUA, 25,2% dos homens e 23,6% das mulheres nunca tomam café da manhã. Suponha que amostras aleatórias de 200 homens e 200 mulheres sejam escolhidas. Obtenha a probabilidade de que
(a) pelo menos 110 dessas 400 pessoas nunca tomem café da manhã;
(b) o número de mulheres que nunca tomam café da manhã seja pelo menos tão grande quanto o número de homens que nunca tomam café da manhã.

6.32 O número esperado de erros tipográficos em uma página de certa revista é igual a 2.

Qual é a probabilidade de que um artigo de 10 páginas contenha (a) 0 e (b) 2 ou mais erros tipográficos? Explique o seu raciocínio.

6.33 O número médio mensal de acidentes aéreos em todo o mundo é igual a 2,2. Qual é a probabilidade de que ocorram
(a) mais de 2 acidentes aéreos no próximo mês?
(b) mais de 4 acidentes aéreos nos próximos 2 meses?
(c) mais de 5 acidentes aéreos nos próximos 3 meses?
Explique o seu raciocínio.

6.34 Pedro tem duas tarefas a cumprir, uma logo após a outra. Cada tentativa na tarefa i leva uma hora e tem probabilidade de sucesso p_i. Se $p_1 = 0,3$ e $p_2 = 0,4$, qual é a probabilidade de que Pedro precise de mais de 12 horas para completar ambos os trabalhos de forma bem-sucedida?

6.35 No Problema 4, calcule a função de probabilidade condicional de X_1 dado que
(a) $X_2 = 1$;
(b) $X_2 = 0$.

6.36 No Problema 3, calcule a função de probabilidade condicional de Y_1 dado que
(a) $Y_2 = 1$;
(b) $Y_2 = 0$.

6.37 No Problema 5, calcule a função de probabilidade condicional de Y_1 dado que
(a) $Y_2 = 1$;
(b) $Y_2 = 0$.

6.38 Escolha aleatoriamente um número X a partir do conjunto de números $\{1, 2, 3, 4, 5\}$. Escolha agora, do subconjunto formado por números que não são maiores que X, isto é, de $\{1,..., X\}$, um novo número de forma aleatória. Chame de Y este segundo número.
(a) Determine a função de probabilidade conjunta de X e Y.
(b) Determine a função de probabilidade condicional de X dado $Y = i$. Faça-o para $i = 1, 2, 3, 4, 5$.
(c) X e Y são independentes? Por quê?

6.39 Dois dados são rolados. Suponha que X e Y representem, respectivamente, o maior e o menor valor obtido. Calcule a função de probabilidade condicional de Y dado que $X = i$, para $i = 1, 2,..., 6$. São X e Y independentes? Por quê?

6.40 A função de probabilidade conjunta de X e Y é dada por

$$p(1,1) = \frac{1}{8} \quad p(1,2) = \frac{1}{4}$$
$$p(2,1) = \frac{1}{8} \quad p(2,2) = \frac{1}{2}$$

(a) Calcule a função de probabilidade condicional de X dado que $Y = i, i = 1, 2$.
(b) X e Y são independentes?
(c) Calcule $P\{XY \leq 3\}$, $P\{X + Y > 2\}$, $P\{X/Y > 1\}$.

6.41 A função densidade conjunta de X e Y é dada por
$$f(x, y) = xe^{-x(y+1)} \quad x > 0, y > 0$$
(a) Determine a densidade condicional de X, dado que $Y = y$, e aquela de Y, dado que $X = x$.
(b) Determine a função densidade de $Z = XY$.

6.42 A densidade conjunta de X e Y é
$$f(x, y) = c(x^2 - y^2)e^{-x} \quad 0 \leq x < \infty, -x \leq y \leq \infty$$
Determine a distribuição condicional de Y, dado que $X = x$.

6.43 Uma companhia de seguros supõe que cada pessoa tenha um parâmetro de acidentes, e que o número anual de acidentes sofridos por alguém é uma variável aleatória de Poisson com parâmetro λ. Supõe também que o parâmetro associado a um novo segurado pode ser representado por uma variável aleatória com distribuição gama e parâmetros s e α. Se uma nova segurada sofre n acidentes em seu primeiro ano, determine a densidade condicional de seu parâmetro de acidentes. Também, determine o número esperado de acidentes que ela sofrerá no próximo ano.

6.44 Se X_1, X_2, X_3 são variáveis aleatórias independentes uniformemente distribuídas ao longo de $(0, 1)$, calcule a probabilidade de que a maior das três seja a soma das outras duas.

6.45 Uma máquina complexa é capaz de operar corretamente desde que 3 de seus 5 motores estejam funcionando. Se cada motor funciona independentemente por um tempo aleatório com função densidade $f(x) = xe^{-x}, x > 0$, calcule a função densidade da duração de tempo em que a máquina funciona.

6.46 Se 3 caminhões quebram em pontos aleatoriamente distribuídos em uma estrada de extensão L, determine a probabilidade de que dois desses caminhões não estejam a uma distância d entre si quando $d \leq L/2$.

6.47 Considere uma amostra de tamanho 5 retirada de uma distribuição uniforme ao longo de $(0,1)$. Calcule a probabilidade de que a mediana esteja no intervalo $\left(\frac{1}{4}, \frac{3}{4}\right)$.

6.48 Se X_1, X_2, X_3, X_4 e X_5 são variáveis aleatórias exponenciais independentes e identicamente distribuídas com parâmetro λ, calcule
(a) $P\{\min(X_1,...,X_5) \leq a\}$
(b) $P\{\max(X_1,...,X_5) \leq a\}$

6.49 Sejam $X_{(1)}, X_{(2)},..., X_{(n)}$ as estatísticas de ordem de um conjunto de n variáveis uniformes independentes no intervalo $(0, 1)$. Determine a distribuição condicional de $X_{(n)}$ dado que $X_{(1)} = s_1, X_{(2)} = s_2,..., X_{(n-1)} = s_{n-1}$.

6.50 Sejam Z_1 e Z_2 variáveis aleatórias normais padrão independentes. Mostre que X, Y tem uma distribuição normal bivariada quando $X = Z_1$ e $Y = Z_1 + Z_2$.

6.51 Deduza a distribuição do alcance de uma amostra de tamanho 2 de uma distribuição com função densidade $f(x) = 2x, 0 < x < 1$.

6.52 Suponha que X e Y representem as coordenadas de um ponto aleatoriamente escolhido em um círculo de raio 1 centrado na origem. Sua densidade conjunta é
$$f(x,y) = 1/\pi \quad x^2 + y^2 \leq 1$$
Determine a função densidade conjunta das coordenadas polares $R = (X^2 + Y^2)^{1/2}$ e $\Theta = \text{tg}^{-1} Y/X$.

6.53 Se X e Y são variáveis aleatórias independentes uniformemente distribuídas ao longo de $(0, 1)$, determine a função densidade conjunta de $R = \sqrt{X^2 + Y^2}$ e $\Theta = \text{tg}^{-1} Y/X$.

6.54 Se U é uniforme em $(0, 2\pi)$ e Z, independentemente de U, é exponencial com taxa 1, mostre diretamente (sem usar os resultados do Exemplo 7b) que X e Y definidos por
$$X = \sqrt{2Z} \cos U$$
$$Y = \sqrt{2Z} \sen U$$
são variáveis aleatórias normais padrão independentes.

6.55 X e Y têm a função densidade conjunta
$$f(x,y) = \frac{1}{x^2 y^2} \quad x \geq 1, y \geq 1$$
(a) Calcule a função densidade conjunta de $U = XY, V = X/Y$
(b) Quais são as densidades marginais?

6.56 Se X e Y são variáveis aleatórias uniformes em $(0, 1)$ independentes e identicamente distribuídas, calcule a densidade conjunta de
(a) $U = X + Y, V = X/Y$;
(b) $U = X, V = X/V$;
(c) $U = X + Y, V = X/(X + Y)$.

6.57 Repita o Problema 6.56 quando X e Y são variáveis aleatórias exponenciais independentes, cada uma com parâmetro λ.

6.58 Se X_1 e X_2 são variáveis aleatórias exponenciais independentes, cada uma com parâmetro λ, determine a função densidade conjunta de $Y_1 = X_1 + X_2$ e $Y_2 = \exp(X_1)$.

6.59 Se $X, Y,$ e Z são variáveis aleatórias independentes com mesma função densidade $f(x) = e^{-x}, 0 < x < \infty$, deduza a distribuição conjunta de $U = X + Y, V = X + Z, W = Y + Z$.

6.60 No Exemplo 8b, faça $Y_{k+1} = n + 1 - \sum_{i=1}^{k} Y_i$. Mostre que $Y_1,..., Y_k, Y_{k+1}$ são intercambiáveis. Note que Y_{k+1} é o número de bolas que alguém deve observar até obter uma bola especial caso seja considerada a ordem de retirada inversa.

6.61 Considere uma urna contendo n bolas numeradas $1,..., n$ e suponha que k dessas bolas sejam sorteadas. Faça $X_i = 1$ se a bola número i for sorteada, e $X_i = 0$ caso contrário. Mostre que $X_1,..., X_n$ são intercambiáveis.

EXERCÍCIOS TEÓRICOS

6.1 Verifique a Equação (1.2).

6.2 Suponha que o número de eventos que ocorrem em um dado período de tempo seja uma variável aleatória de Poisson com parâmetro λ. Se cada evento é classificado como sendo do tipo i com probabilidade p_i,

$i = 1,... n, \sum p_i = 1$ independentemente dos demais eventos, mostre que os números de eventos do tipo i que ocorrem, $i = 1,... n$, são variáveis aleatórias de Poisson independentes com parâmetros $\lambda p_i, i = 1,..., n$.

6.3 Sugira um procedimento que use o problema da agulha de Buffon para estimar π. Surpreendentemente, este já foi um método comum de se avaliar π.

6.4 Resolva o problema da agulha de Buffon quando $L > D$.

Resposta: $\dfrac{2L}{\pi D}(1 - \operatorname{sen}\theta) + 2\theta/\pi$, onde $\cos\theta = D/L$.

6.5 Se X e Y são variáveis aleatórias independentes, positivas e contínuas, escreva a função densidade de (a) $Z = X/Y$ e (b) $Z = XY$ em termos das funções densidade de X e Y. Avalie as funções densidade no caso especial onde X e Y são ambas variáveis aleatórias exponenciais.

6.6 Se X e Y são variáveis aleatórias conjuntamente contínuas com função densidade $f_{X,Y}(x, y)$, mostre que $X + Y$ é contínua com função densidade

$$f_{X+Y}(t) = \int_{-\infty}^{\infty} f_{X,Y}(x, t - x)\, dx$$

6.7 (a) Se X tem distribuição gama com parâmetros (t, λ), qual é a distribuição de $cX, c > 0$?

(b) Mostre que

$$\dfrac{1}{2\lambda}\chi^2_{2n}$$

tem distribuição gama com parâmetros n, λ quando n é um inteiro positivo e χ^2_{2n} é uma variável aleatória qui-quadrado com $2n$ graus de liberdade.

6.8 Sejam X e Y variáveis aleatórias independentes contínuas com respectivas funções taxa de risco $\lambda_X(t)$ e $\lambda_Y(t)$, e estabeleça $W = \min(X, Y)$.

(a) Determine a função distribuição de W em termos daquelas de X e Y.

(b) Mostre que $\lambda_W(t)$, a função taxa de risco de W, é dada por

$$\lambda_W(t) = \lambda_X(t) + \lambda_Y(t)$$

6.9 Sejam $X_1,..., X_n$ variáveis aleatórias exponenciais independentes com parâmetro comum λ. Determine a distribuição de $\min(X_1,..., X_n)$.

6.10 Os tempos de vida de pilhas são variáveis aleatórias exponenciais independentes, cada uma com parâmetro alfa. Uma lanterna precisa de 2 pilhas para funcionar. Se alguém tem uma lanterna e uma sacola com n pilhas, qual é a distribuição de tempo em que a lanterna pode operar?

6.11 Suponha que X_1, X_2, X_3, X_4 e X_5 sejam variáveis aleatórias independentes contínuas com mesma função distribuição F e mesma função densidade f, e considere

$$I = P\{X_1 < X_2 < X_3 < X_4 < X_5\}$$

(a) Mostre que I não depende de F.
   Dica: Escreva I como uma integral com cinco dimensões e faça a mudança de variáveis $u_i = F(x_i), i = 1,..., 5$.

(b) Avalie I.

(c) Forneça uma explicação intuitiva para a sua resposta da letra (b).

6.12 Mostre que as variáveis aleatórias contínuas (discretas) contínuas $X_1,..., X_n$ são independentes se e somente se a sua função densidade (discreta) de probabilidade conjunta $f(x_1,..., x_n)$ puder ser escrita como

$$f(x_1, \ldots, x_n) = \prod_{i=1}^{n} g_i(x_i)$$

para funções não negativas $g_i(x), i = 1,..., n$.

6.13 No Exemplo 5c, calculamos a densidade condicional de uma probabilidade de sucesso para uma sequência de tentativas quando as primeiras $n + m$ tentativas resultaram em n sucessos. A densidade condicional mudaria se especificássemos quais dessas n tentativas resultaram em sucessos?

6.14 Suponha que X e Y sejam variáveis aleatórias geométricas com o mesmo parâmetro p.

(a) Sem qualquer cálculos, qual é para você o valor de

$$P\{X = i | X + Y = n\}?$$

Dica: Imagine que você joga continuamente uma moeda com probabilidade p de dar cara. Se a segunda cara ocorrer na n-ésima jogada, qual é a função de probabilidade do tempo da primeira cara?

(b) Verifique sua conjectura da letra (a).

6.15 Considere uma sequência de tentativas independentes, cada uma delas com probabilidade de sucesso p. Dado que o k-ésimo sucesso ocorre na tentativa n, mostre que todos os resultados possíveis das primeiras $n-1$ tentativas que consistem em $k-1$ sucessos e $n-k$ fracassos são igualmente prováveis.

6.16 Se X e Y são variáveis aleatórias binomiais independentes com parâmetros n e p idênticos, mostre analiticamente que a distribuição condicional de X dado que $X+Y=m$ é hipergeométrica. Além disso, forneça um segundo argumento que leve ao mesmo resultado sem nenhum cálculo.

Dica: Suponha que $2n$ moedas sejam jogadas. Represente com X o número de caras obtidas nas primeiras n jogadas, e com Y o número de caras obtidas na segunda sequência de n jogadas. Mostre que, dado um total de m caras, o número de caras nas primeiras n jogadas tem a mesma distribuição que o número de bolas brancas selecionadas quando uma amostra de tamanho m é sorteada de n bolas brancas e n bolas pretas.

6.17 Suponha que $X_i, i=1,2,3$ sejam variáveis aleatórias independentes com distribuição de Poisson. Determine a sua função de probabilidade conjunta. Isto é, obtenha $P\{X=n, Y=m\}$.

6.18 Suponha que X e Y sejam variáveis aleatórias com valores inteiros. Se

$$p(i|j) = P(X=i|Y=j)$$

e

$$q(j|i) = P(Y=j|X=i)$$

Mostre que

$$P(X=i, Y=j) = \frac{p(i|j)}{\sum_i \frac{p(i|j)}{q(j|i)}}$$

6.19 Sejam X_1, X_2 e X_3 variáveis aleatórias contínuas independentes e identicamente distribuídas. Calcule
(a) $P\{X_1 > X_2 | X_1 > X_3\}$
(b) $P\{X_1 > X_2 | X_1 < X_3\}$
(c) $P\{X_1 > X_2 | X_2 > X_3\}$
(d) $P\{X_1 > X_2 | X_2 < X_3\}$

6.20 Suponha que U represente uma variável aleatória uniformemente distribuída no intervalo $(0,1)$. Calcule a distribuição condicional de U dado que
(a) $U > a$.
(b) $U < a$.

6.21 Suponha que W, a umidade do ar em certo dia, seja uma variável aleatória gama com parâmetros (t, β). Isto é, sua densidade é $f(w) = \beta e^{-\beta w}(\beta w)^{t-1}/\Gamma(t)$, $w > 0$. Suponha também que, dado que $W=w$, o número de acidentes nesse dia – chame-o de N – tem uma distribuição de Poisson com média w. Mostre que a distribuição condicional de W dado $N=n$ é gama com parâmetros $(t+n, \beta+1)$.

6.22 Seja W uma variável aleatória gama com parâmetros (t, β), e suponha que, tendo como condição $W=w$, $X_1, X_2,..., X_n$ sejam variáveis aleatórias exponenciais independentes com taxa w. Mostre que a distribuição condicional de W dado que $X_1 = x_1, X_2 = x_2,..., X_n = x_n$ é gama com parâmetros $\left(t+n, \beta + \sum_{i=1}^{n} x_i\right)$.

6.23 Diz-se que um arranjo retangular de mn números organizado em n linhas e m colunas contém um *ponto de sela* se houver um número que é ao mesmo tempo o mínimo de sua linha e o máximo de sua coluna. Por exemplo, no arranjo

$$\begin{array}{ccc} 1 & 3 & 2 \\ 0 & -2 & 6 \\ 0,5 & 12 & 3 \end{array}$$

o número 1 na primeira linha e na primeira coluna é um ponto de sela. A existência de um ponto de sela é importante na teoria dos jogos. Considere um arranjo retangular de números conforme descrito acima e suponha que dois indivíduos – A e B – estejam jogando o seguinte jogo: A deve escolher um número inteiro de 1 a n, e B um número inteiro de 1 a m. Suas escolhas são anunciadas simultaneamente. Se A escolhe i e B escolhe j, então A ganha de B a quantia especificada pelo elemento contido na i-ésima linha e na j-ésima coluna do arranjo. Suponha agora que o arranjo contenha um ponto de sela – digamos que na linha r e na coluna k – e chame esse ponto de x_{rk}. Se o jogador A escolhe a linha r, então ele garante para si uma vitória de pelo menos x_{rk} (já que x_{rk} é o menor número na linha r). Por outro lado, se o jogador B escolhe a coluna k, ele garante que não perderá mais de x_{rk} (já que x_{rk} é o maior número na coluna k). Portanto, como A tem uma estratégia que sempre lhe garante um ganho mínimo de x_{rk}, e B tem uma estratégia que sempre lhe garante uma perda máxima de x_{rk}, parece razoável escolher essas duas estratégias como sendo ótimas e declarar que o valor do jogo para o jogador A é x_{rk}.

Se os nm números no arranjo retangular descrito acima são escolhidos independentemente de uma distribuição contínua arbitrária, qual é a probabilidade de que o arranjo resultante contenha um ponto de sela?

6.24 Se X é exponencial com taxa λ, determine $P\{[X] = n, X - [X] \leq x\}$, onde $[x]$ é definido como o maior inteiro menor ou igual a x. Pode-se concluir que $[X]$ e $X - [X]$ são independentes?

6.25 Suponha que $F(x)$ seja uma função distribuição cumulativa. Mostre que (a) $F^n(x)$ e (b) $1 - [1 - F(x)]^n$ também são funções distribuição cumulativas quando n é um inteiro positivo.
Dica: Suponha que $X_1, ..., X_n$ sejam variáveis aleatórias independentes com mesma função distribuição F. Defina variáveis aleatórias Y e Z em termos de X_i de modo que $P\{Y \leq x\} = F^n(x)$ e $P\{Z \leq x\} = 1 - [1 - F(x)]^n$.

6.26 Mostre que, se n pessoas estão distribuídas aleatoriamente ao longo de uma estrada com extensão de L km, então a probabilidade de que 2 delas estejam a uma distância menor que D uma da outra é, quando $D \leq L/(n-1)$, de $[1 - (n-1)D/L]^n$. E se $D > L/(n-1)$?

6.27 Obtenha a Equação (6.2) calculando a derivada da Equação (6.4).

6.28 Mostre que a mediana de uma amostra de tamanho $2n + 1$ de uma distribuição uniforme ao longo do intervalo $(0, 1)$ tem distribuição beta com parâmetros $(n + 1, n + 1)$.

6.29 Verifique a Equação (6.6), que fornece a densidade conjunta de $X_{(i)}$ e $X_{(j)}$.

6.30 Calcule a densidade do alcance de uma amostra de tamanho n de uma distribuição contínua com função densidade f.

6.31 Sejam $X_{(1)} \leq X_{(2)} \leq ... \leq X_{(n)}$ os valores ordenados de n variáveis aleatórias independentes no intervalo $(0, 1)$. Demonstre que, para $1 \leq k \leq n + 1$,
$$P\{X_{(k)} - X_{(k-1)} > t\} = (1 - t)^n$$
onde $X_{(0)} \equiv 0, X_{(n+1)} \equiv t$

6.32 Suponha que $X_1, ..., X_n$ formem um conjunto de variáveis aleatórias contínuas independentes e identicamente distribuídas com função distribuição F, e que $X_{(i)}, i = 1, ..., n$ represente os seus valores ordenados. Se X, independentemente de $X_i, i = 1, ..., n$, também tem distribuição F, determine
(a) $P\{X > X_{(n)}\}$;
(b) $P\{X > X_{(1)}\}$;
(c) $P\{X_{(i)} < X < X_{(j)}\}, 1 \leq i < j \leq n$.

6.33 Suponha que $X_1, ..., X_n$ sejam variáveis aleatórias independentes e identicamente distribuídas com função distribuição F e densidade f. A grandeza $M = [X_{(1)} + X_{(n)}]/2$, definida como a média do menor e do maior valor em $X_1, ..., X_n$, é chamada de *alcance central* da sequência. Mostre que sua função distribuição é
$$F_M(m) = n \int_{-\infty}^{m} [F(2m - x) - F(x)]^{n-1} f(x)\, dx$$

6.34 Sejam $X_1, ..., X_n$ variáveis aleatórias independentes e uniformes em $(0, 1)$. Faça com que $R = X_{(n)} - X_{(1)}$ represente o alcance e $M = [X_{(n)} + X_{(1)}]/2$ represente o alcance central de $X_1, ..., X_n$. Calcule a função densidade conjunta de R e M.

6.35 Se X e Y são variáveis aleatórias normais padrão independentes, determine a função densidade conjunta de
$$U = X \quad V = X/Y$$

Depois use o seu resultado para mostrar que X/Y tem uma distribuição de Cauchy.

PROBLEMAS DE AUTOTESTE E EXERCÍCIOS

6.1 Cada jogada de um dado viciado resulta em cada um dos números ímpares 1, 3 e 5 com probabilidade C, e em cada um dos números pares com probabilidade $2C$.
  (a) Determine C.
  (b) Suponha que o dado seja jogado. Suponha que $X = 1$ se o resultado for um número par e $X = 0$ caso contrário. Além disso, suponha que $Y = 1$ se o resultado for um número maior ou igual a 3 e $Y = 0$ caso contrário. Determine a função de probabilidade conjunta de X e Y. Suponha agora que 12 jogadas independentes sejam feitas com o dado.
  (c) Determine a probabilidade de que cada um dos 6 resultados ocorra exatamente duas vezes.
  (d) Determine a probabilidade de que quatro dos resultados sejam 1 ou 2, quatro sejam 3 ou 4, e quatro sejam 5 ou 6.
  (e) Determine a probabilidade de que pelo menos 8 jogadas resultem em números pares.

6.2 A função de probabilidade conjunta das variáveis aleatórias X, Y e Z é

$$p(1,2,3) = p(2,1,1) = p(2,2,1) = p(2,3,2) = \frac{1}{4}$$

Calcule (a) $E[XYZ]$ e (b) $E[XY + XZ + YZ]$

6.3 A densidade conjunta de X e Y é dada por

$$f(x, y) = C(y - x)e^{-y} \quad -y < x < y, \quad 0 < y < \infty$$

  (a) São X e Y independentes?
  (b) Determine a função densidade de X.
  (c) Determine a função densidade de Y.
  (d) Determine a função distribuição conjunta.
  (e) Determine $E[Y]$.
  (f) Determine $P\{X + Y < 1\}$.

6.4 Seja $r = r_1 + \ldots + r_k$, onde todos os r_i são inteiros positivos. Mostre que, se $X_1, \ldots, X_r$ tem distribuição multinomial, então $Y_1, \ldots, Y_r$ também a tem, onde, com $r_0 = 0$,

$$Y_i = \sum_{j=r_{i-1}+1}^{r_{i-1}+r_i} X_j, \quad i \le k$$

Isto é, Y_1 é a soma do primeiro r_1 dos X's, Y_2 é a soma do r_2 seguinte, e assim por diante.

6.5 Suponha que X, Y e Z sejam variáveis aleatórias independentes que têm a mesma probabilidade de serem iguais a 1 ou 2. Determine a função de probabilidade de (a) XYZ, (b) $XY + XZ + YZ$, e (c) $X^2 + YZ$.

6.6 Sejam X e Y variáveis aleatórias contínuas com função densidade conjunta

$$f(x, y) = \begin{cases} \dfrac{x}{5} + cy & 0 < x < 1, 1 < y < 5 \\ 0 & \text{caso contrário} \end{cases}$$

onde c é uma constante.
  (a) Qual é o valor de c?
  (b) X e Y são independentes?
  (c) Determine $P\{X + Y > 3\}$

6.7 A função densidade conjunta de X e Y é

$$f(x, y) = \begin{cases} xy & 0 < x < 1, 0 < y < 2 \\ 0 & \text{caso contrário} \end{cases}$$

  (a) X e Y são independentes?
  (b) Determine a função densidade de X.
  (c) Determine a função densidade de Y.
  (d) Determine a função distribuição conjunta.
  (e) Determine $E[Y]$.
  (f) Determine $P\{X + Y < 1\}$.

6.8 Considere dois componentes e três tipos de choques. Um choque do tipo 1 causa uma falha no componente 1, um choque do tipo 2 causa uma falha no componente 2, e o choque do tipo 3 causa uma falha nos componentes 1 e 2. Os instantes de ocorrência dos choques dos tipos 1, 2 e 3 são variáveis aleatórias com respectivas taxas λ_1, λ_2 e λ_3. Suponha que X_i represente o instante em que ocorre a falha do componente i, $i = 1, 2$. Diz-se que as variáveis aleatórias X_1, X_2 têm distribuição exponencial bivariada. Determine $P\{X_1 > s, X_2 > t\}$.

6.9 Considere uma seção de classificados com m páginas, onde m é muito grande. Suponha que o número de classificados por página varie e que a única maneira de descobrir quantos classificados há por página seja contá-los. Além disso, suponha que o número de páginas seja tão grande que a contagem do número de classificados seja inviável, e que seu objetivo seja escolher uma seção de classificados de forma tal que cada um dos classificados tenha a mesma probabilidade de ser selecionado.

(a) Se você escolhe aleatoriamente uma página e então escolhe aleatoriamente um classificado, isso satisfaria ao seu objetivo? Por que sim ou por que não?

Suponha que $n(i)$ represente o número de classificados na página i, $i = 1,..., m$, e que, embora essa quantidade seja desconhecida, ela seja menor que algum valor especificado n. Considere o seguinte algoritmo para escolher um classificado.

Passo 1: Escolha aleatoriamente uma página. Suponha que ela seja a página X. Determine $n(X)$ contando o número de classificados na página X.

Passo 2: "Aceite" a página X com probabilidade $n(X)/n$. Se a página X for aceita, siga para o passo 3. Do contrário, retorne ao passo 1.

Passo 3: Escolha aleatoriamente um dos classificados na página X.

Chame cada passagem do algoritmo pelo passo 1 de iteração. Por exemplo, se a primeira página aleatoriamente escolhida for rejeitada e a segunda aceita, então teremos necessitado de 2 iterações do algoritmo para obter um classificado.

(b) Qual é a probabilidade de que uma única iteração do algoritmo resulte na aceitação de um classificado na página i?

(c) Qual é a probabilidade de que uma única iteração do algoritmo resulte na aceitação de um classificado?

(d) Qual é a probabilidade de que o algoritmo siga por k iterações, aceitando-se o j-ésimo classificado na página i na iteração final?

(e) Qual é a probabilidade de que o j-ésimo classificado na página i seja aquele obtido pelo algoritmo?

(f) Qual é o número esperado de iterações feitas pelo algoritmo?

6.10 As partes "aleatórias" do algoritmo no Problema de Autoteste 6.9 podem ser escritas em termos dos valores gerados por uma sequência de variáveis aleatórias independentes e uniformes no intervalo (0,

1). Com $[x]$ definido como o maior inteiro menor ou igual a x, o primeiro passo pode ser escrito da maneira a seguir:

Passo 1: Gere uma variável aleatória U uniforme no intervalo $(0, 1)$. Faça $X = [mU] + 1$ e determine o valor de $m(X)$.

(a) Explique por que o passo acima é equivalente ao passo 1 do Problema de Autoteste 6.9.
Dica: Qual é a função de probabilidade de X?

(b) Escreva os passos restantes do algoritmo de maneira similar.

6.11 Seja $X_1, X_2,...$ uma sequência de variáveis aleatórias independentes e uniformes no intervalo $(0, 1)$. Para uma constante fixa c, defina a variável aleatória N por

$$N = \min[n: X_n > c]$$

N é independente de X_N? Isto é, saber o valor da primeira variável aleatória maior ou igual a c afeta a distribuição de probabilidade do instante de ocorrência dessa variável aleatória? De uma explicação intuitiva para a sua resposta.

6.12 O alvo de um jogo de dardos é um quadrado tendo lados com tamanho 6.

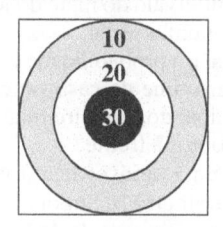

Os três círculos estão centrados no centro do alvo e têm raios 1, 2 e 3, respectivamente. Dardos que acertam o círculo de raio 1 marcam 30 pontos, dardos que acertam a região entre os círculos de raio 1 e 2 marcam 20 pontos, e aqueles que acertam a região entre os círculos de raio 2 e 3 marcam 10 pontos. Dardos que não acertam o interior do círculo de raio 3 não marcam pontos. Supondo que cada dardo que você atire atinja, independentemente do que tiver ocorrido antes, um ponto uniformemente distribuído no quadrado, determine as probabilidades dos eventos abaixo:

(a) Você marca 20 pontos em uma única jogada.
(b) Você marca pelo menos 20 pontos em uma única jogada.
(c) Você marca 0 pontos em uma única jogada.
(d) O valor esperado de sua pontuação em uma jogada.
(e) Você marca pelo menos 10 pontos em suas duas primeiras jogadas.
(f) Sua pontuação total após duas jogadas é de 30 pontos.

6.13 Um modelo proposto para os torneios de basquete da NBA supõe que, quando dois times com aproximadamente a mesma campanha jogam entre si, o número de pontos marcados em um quarto pelo time da casa menos o número de pontos marcados pelo time visitante é aproximadamente uma variável aleatória normal com média 1,5 e variância 6. Além disso, o modelo supõe que as diferenças de pontos ao longo dos quatro quartos sejam independentes. Suponha que esse modelo esteja correto.
(a) Qual é a probabilidade de vitória do time da casa?
(b) Qual é a probabilidade condicional de que o time da casa vença, dado que, no intervalo do meio do jogo, ele esteja 5 pontos atrás?
(c) Qual é a probabilidade condicional de que o time da casa vença, dado que, no final do primeiro quarto, ele esteja 5 pontos à frente?

6.14 Seja N uma variável aleatória geométrica com parâmetro p. Suponha que a distribuição condicional de X dado que $N = n$ seja gama com parâmetros n e λ. Determine a função de probabilidade condicional de N dado que $X = x$.

6.15 Sejam X e Y variáveis aleatórias independentes e uniformes no intervalo $(0,1)$.
(a) Determine a densidade conjunta de $U = X, V = X + Y$.
(b) Use o resultado obtido na letra (a) para calcular a função densidade de V.

6.16 Você e outras três pessoas fazem lances para adquirir um objeto em um leilão, sendo o maior lance o vitorioso. Se ganhar, você planeja vender o objeto imediatamente por 10 mil reais. De quanto deve ser o seu lance para que seu lucro máximo seja maximizado se você crê que os lances das demais pessoas possam ser considerados independentes e uniformemente distribuídos entre 7 e 11 mil dólares?

6.17 Determine a probabilidade de que $X_1, X_2,..., X_n$ seja uma permutação de $1, 2,..., n$, quando $X_1, X_2,..., X_n$ são independentes e
(a) cada um tem a mesma probabilidade de assumir qualquer um dos valores $1,...,n$.
(b) cada um tem função de probabilidade $P\{X_i = j\} = p_j, j = 1,...,n$.

6.18 Sejam $X_1,..., X_n$ e $Y_1,..., Y_n$ vetores aleatórios independentes, com cada vetor sendo uma ordenação aleatória de k uns e $n - k$ zeros. Isto é, suas funções de probabilidade conjuntas são

$$P\{X_1 = i_1,..., X_n = i_n\} = P\{Y_1 = i_1,..., Y_n = i_n\}$$
$$= \frac{1}{\binom{n}{k}}, \ i_j = 0, 1, \ \sum_{j=1}^{n} i_j = k$$

Faça com que

$$N = \sum_{i=1}^{n} |X_i - Y_i|$$

represente o número de coordenadas nas quais os dois vetores têm valores diferentes. Além disso, suponha que M represente o número de valores de i para os quais $X_i = 1, Y_i = 0$.
(a) Relacione N a M.
(b) Qual é a distribuição de M?
(c) Determine $E[N]$.
(d) Determine $Var(N)$.

*6.19 Suponha que $Z_1, Z_2,..., Z_n$ sejam variáveis aleatórias normais padrão independentes, e que

$$S_j = \sum_{i=1}^{j} Z_i$$

(a) Qual é a distribuição condicional de S_n dado que $S_k = y$ para $k = 1,..., n$?
(b) Mostre que, para $1 \leq k \leq n$, a distribuição condicional de S_k dado que $S_n = x$ é normal com média xk/n e variância $k(n-k)/n$.

6.20 Seja $X_1, X_2,...$ uma sequência de variáveis aleatórias normais independentes e identicamente distribuídas. Determine
(a) $P\{X_6 > X_1 | X_1 = \text{máx}(X_1,..., X_5)\}$
(b) $P\{X_6 > X_2 | X_1 = \text{máx}(X_1,..., X_5)\}$

Capítulo

Propriedades da Esperança   7

7.1 INTRODUÇÃO
7.2 ESPERANÇA DE SOMAS DE VARIÁVEIS ALEATÓRIAS
7.3 MOMENTOS DO NÚMERO DE EVENTOS OCORRIDOS
7.4 COVARIÂNCIA, VARIÂNCIA DE SOMAS E CORRELAÇÕES
7.5 ESPERANÇA CONDICIONAL
7.6 ESPERANÇA CONDICIONAL E PREDIÇÃO
7.7 FUNÇÕES GERATRIZES DE MOMENTOS
7.8 PROPRIEDADES ADICIONAIS DAS VARIÁVEIS ALEATÓRIAS NORMAIS
7.9 DEFINIÇÃO GERAL DE ESPERANÇA

7.1 INTRODUÇÃO

Neste capítulo, desenvolvemos e exploramos propriedades adicionais dos valores esperados. Para começar, lembre que o valor esperado da variável aleatória X é definido por

$$E[X] = \sum_x xp(x)$$

quando X é uma variável aleatória discreta com função de probabilidade $p(x)$, e por

$$E[X] = \int_{-\infty}^{\infty} xf(x)\,dx$$

quando X é uma variável aleatória contínua com função densidade de probabilidade $f(x)$.

Como $E[X]$ é uma média ponderada dos possíveis valores de X, tem-se que, se X está entre a e b, então o mesmo ocorre com o seu valor esperado. Isto é, se

$$P\{a \leq X \leq b\} = 1$$

então

$$a \leq E[X] \leq b$$

Para verificar essa afirmação, suponha que X seja uma variável aleatória discreta para a qual $P\{a \leq X \leq b\} = 1$. Como isso implica $p(x) = 0$ para todo x fora do intervalo $[a,b]$, tem-se que

$$\begin{aligned} E[X] &= \sum_{x:p(x)>0} xp(x) \\ &\geq \sum_{x:p(x)>0} ap(x) \\ &= a \sum_{x:p(x)>0} p(x) \\ &= a \end{aligned}$$

Da mesma maneira, pode-se mostrar que $E[X] \leq b$, como no caso das variáveis aleatórias discretas. Como a demonstração no caso contínuo é similar, tem-se o resultado esperado.

7.2 ESPERANÇA DE SOMAS DE VARIÁVEIS ALEATÓRIAS

Para um caso bidimensional análogo às Proposições 4.1 do Capítulo 4 e 2.1 do Capítulo 5, que fornecem as fórmulas de cálculo do valor esperado de uma função de uma única variável aleatória, suponha que X e Y sejam variáveis aleatórias, e g seja uma função de duas variáveis. Então temos o seguinte resultado.

Proposição 2.1 Se X e Y têm função de probabilidade conjunta $p(x,y)$, então

$$E[g(X,Y)] = \sum_y \sum_x g(x,y) p(x,y)$$

Se X e Y têm função densidade de probabilidade conjunta $f(x,y)$, então

$$E[g(X,Y)] = \int_{-\infty}^{\infty} \int_{-\infty}^{\infty} g(x,y) f(x,y) \, dx \, dy$$

Vamos demonstrar a Proposição 2.1 quando as variáveis aleatórias X e Y são conjuntamente contínuas com função densidade conjunta $f(x,y)$ e quando $g(X,Y)$ é uma variável aleatória não negativa. Como $g(X,Y) \geq 0$, temos, pelo Lema 2.1 do Capítulo 5,

$$E[g(X,Y)] = \int_0^{\infty} P\{g(X,Y) > t\} \, dt$$

Escrevendo

$$P\{g(X,Y) > t\} = \int \int_{(x,y):g(x,y)>t} f(x,y) \, dy \, dx$$

mostramos que

$$E[g(X,Y)] = \int_0^\infty \int \int_{(x,y):g(x,y)>t} f(x,y)\,dy\,dx\,dt$$

Trocando a ordem de integração, obtemos

$$E[g(X,Y) = \int_x \int_y \int_{t=0}^{g(x,y)} f(x,y)\,dt\,dy\,dx$$
$$= \int_x \int_y g(x,y)f(x,y)\,dy\,dx$$

Assim, prova-se o resultado quando $g(X, Y)$ é uma variável aleatória não negativa. O caso geral é obtido como no caso unidimensional (veja os Exercícios Teóricos 5.2 e 5.3).

Exemplo 2a

Um acidente ocorre em um ponto X uniformemente distribuído ao longo de uma estrada com extensão L. No momento do acidente, uma ambulância está no ponto Y, que também é uniformemente distribuído ao longo da estrada. Supondo que X e Y sejam independentes, determine a distância esperada entre a ambulância e o local do acidente.

Solução Precisamos calcular $E[|X - Y|]$. Como a função densidade conjunta de X e Y é

$$f(x,y) = \frac{1}{L^2}, \quad 0 < x < L, \quad 0 < y < L$$

resulta da Proposição 2.1 que

$$E[|X - Y|] = \frac{1}{L^2} \int_0^L \int_0^L |x - y|\,dy\,dx$$

Agora,

$$\int_0^L |x - y|\,dy = \int_0^x (x - y)\,dy + \int_x^L (y - x)\,dy$$
$$= \frac{x^2}{2} + \frac{L^2}{2} - \frac{x^2}{2} - x(L - x)$$
$$= \frac{L^2}{2} + x^2 - xL$$

Portanto,

$$E[|X - Y|] = \frac{1}{L^2} \int_0^L \left(\frac{L^2}{2} + x^2 - xL\right) dx$$
$$= \frac{L}{3}$$

Para uma importante aplicação da Proposição 2.1, suponha que $E[X]$ e $E[Y]$ sejam ambos finitos e faça $g(X, Y) = X + Y$. Então, no caso contínuo,

$$\begin{aligned} E[X + Y] &= \int_{-\infty}^{\infty} \int_{-\infty}^{\infty} (x + y) f(x, y) \, dx \, dy \\ &= \int_{-\infty}^{\infty} \int_{-\infty}^{\infty} x f(x, y) \, dy \, dx + \int_{-\infty}^{\infty} \int_{-\infty}^{\infty} y f(x, y) \, dx \, dy \\ &= \int_{-\infty}^{\infty} x f_X(x) \, dx + \int_{-\infty}^{\infty} y f_Y(y) \, dy \\ &= E[X] + E[Y] \end{aligned}$$

Esse resultado também é válido no caso geral; assim, sempre que $E[X]$ e $E[Y]$ forem finitos,

$$E[X + Y] = E[X] + E[Y] \tag{2.1}$$

Exemplo 2b

Suponha que, para variáveis aleatórias X e Y,

$$X \geq Y$$

Isto é, para qualquer resultado do experimento probabilístico, o valor da variável aleatória X é sempre maior ou igual ao valor da variável aleatória Y. Como $x \geq y$ é equivalente à desigualdade $X - Y \geq 0$, tem-se que $E[X - Y] \geq 0$, ou, equivalentemente,

$$E[X] \geq E[Y] \qquad \blacksquare$$

Usando a Equação (2.1), podemos mostrar por indução que, se $E[X_i]$ é finito para todo $i = 1, \ldots, n$, então

$$E[X_1 + \ldots + X_n] = E[X_1] + \ldots + E[X_n] \tag{2.2}$$

A Equação (2.2) é uma fórmula extremamente útil cuja aplicação é ilustrada a seguir em uma série de exemplos.

Exemplo 2c A média amostral

Sejam $X_1, \ldots, X_n$ variáveis aleatórias independentes e identicamente distribuídas com função distribuição F e valor esperado μ. Diz-se que tal sequência de variáveis aleatórias constitui uma amostra da distribuição F. A grandeza

$$\overline{X} = \sum_{i=1}^{n} \frac{X_i}{n}$$

é chamada de *média amostral*. Calcule $E[\overline{X}]$.

Solução

$$E[\overline{X}] = E\left[\sum_{i=1}^{n} \frac{X_i}{n}\right]$$

$$= \frac{1}{n} E\left[\sum_{i=1}^{n} X_i\right]$$

$$= \frac{1}{n} \sum_{i=1}^{n} E[X_i]$$

$$= \mu \quad \text{já que } E[X_i] \equiv \mu$$

Isto é, o valor esperado de uma média amostral é μ, a média da distribuição. Quando a média da distribuição é desconhecida, a média amostral é frequentemente utilizada para estimá-la na disciplina de estatística. ∎

Exemplo 2d Desigualdade de Boole

Suponha que $A_1,..., A_n$ representem eventos, e defina as variáveis indicadoras X_i, 1,..., n, como

$$X_i = \begin{cases} 1 & \text{se } A_i \text{ ocorrer} \\ 0 & \text{caso contrário} \end{cases}$$

Se

$$X = \sum_{i=1}^{n} X_i$$

então X representa o número de eventos A_i ocorridos. Finalmente, suponha

$$Y = \begin{cases} 1 & \text{se } X \geq 1 \\ 0 & \text{caso contrário} \end{cases}$$

então Y é igual a 1 se pelo menos um dos eventos A_i ocorrer e é igual a 0 caso contrário. É agora imediato ver que

$$X \geq Y$$

então

$$E[X] \geq E[Y]$$

Mas como

$$E[X] = \sum_{i=1}^{n} E[X_i] = \sum_{i=1}^{n} P(A_i)$$

e

$$E[Y] = P\{\text{pelo menos um dos eventos } A_i \text{ ocorra}\} = P\left(\bigcup_{i=1}^{n} A_i\right)$$

obtemos a desigualdade de Boole, isto é,

$$P\left(\bigcup_{i=1}^{n} A_i\right) \leq \sum_{i=1}^{n} P(A_i)$$ ∎

Os próximos três exemplos mostram como a Equação (2.2) pode ser usada para calcular o valor esperado de variáveis aleatórias binomiais, binomiais negativas e hipergeométricas. Essas deduções devem ser comparadas com aquelas apresentadas no Capítulo 4.

Exemplo 2e Esperança de uma variável aleatória binomial

Seja X uma variável aleatória binomial com parâmetros n e p. Lembrando que tal variável aleatória representa o número de sucessos em n tentativas independentes quando cada tentativa tem probabilidade de sucesso p, temos que

$$X = X_1 + X_2 + \ldots + X_n$$

onde

$$X_i = \begin{cases} 1 & \text{se a } i\text{-ésima tentativa é um sucesso} \\ 0 & \text{se a } i\text{-ésima tentativa é um fracasso} \end{cases}$$

Portanto, X_i é uma variável aleatória de Bernoulli com esperança $E[X_i] = 1(p) + 0(1-p)$. Assim,

$$E[X] = E[X_1] + E[X_2] + \ldots + E[X_n] = np$$ ∎

Exemplo 2f Média de uma variável aleatória binomial negativa

Se tentativas independentes com probabilidade de sucesso p constante são realizadas, determine o número esperado de tentativas necessárias para que se acumule um total de r sucessos.

Solução Se X representa o número de tentativas necessárias para que um total de r sucessos seja acumulado, então X é uma variável aleatória binomial negativa que pode ser representada por

$$X = X_1 + X_2 + \ldots + X_r$$

onde X_1 é o número de tentativas necessárias para que se obtenha o primeiro sucesso, X_2 é o número de tentativas adicionais até que o segundo sucesso seja obtido, X_3 é o número de tentativas adicionais até o terceiro sucesso seja obtido, e assim por diante. Isto é, X_i representa o número de tentativas adicionais necessárias após o $(i-1)$-ésimo sucesso até que um total de i sucessos seja acumulado. Pensando um pouco, percebemos que cada uma das variáveis aleatórias X_i é uma variável aleatória geométrica com parâmetro p. Com isso, dos resultados do Exemplo 8b do Capítulo 4, $E[X_i] = 1/p, i = 1, 2,..., r$; assim

$$E[X] = E[X_1] + \cdots + E[X_r] = \frac{r}{p}$$

∎

Exemplo 2g Média de uma variável aleatória hipergeométrica

Se n bolas são sorteadas de uma urna contendo N bolas das quais m são brancas, determine o número esperado de bolas brancas sorteadas.

Solução Suponha que X represente o número de bolas brancas sorteadas, e represente X como

$$X = X_1 + ... + X_m$$

onde

$$X_i = \begin{cases} 1 & \text{se a } i\text{-ésima bola branca é sorteada} \\ 0 & \text{caso contrário} \end{cases}$$

Agora,

$$E[X_i] = P\{X_i = 1\}$$
$$= P\{i\text{-ésima bola branca é sorteada}\}$$
$$= \frac{\binom{1}{1}\binom{N-1}{n-1}}{\binom{N}{n}}$$
$$= \frac{n}{N}$$

Portanto,

$$E[X] = E[X_1] + \cdots + E[X_m] = \frac{mn}{N}$$

Também poderíamos ter obtido o resultado anterior usando a representação alternativa

$$X = Y_1 + ... + Y_n$$

onde

$$Y_i = \begin{cases} 1 & \text{se a } i\text{-ésima bola sorteada é branca} \\ 0 & \text{caso contrário} \end{cases}$$

Como a i-ésima bola sorteada pode ser qualquer uma das N bolas, tem-se que

$$E[Y_i] = \frac{m}{N}$$

então

$$E[X] = E[Y_1] + \cdots + E[Y_n] = \frac{nm}{N}$$ ∎

Exemplo 2h Número esperado de pareamentos

Suponha que N pessoas joguem os seus chapéus no centro de uma sala. Os chapéus são misturados e cada pessoa seleciona um deles aleatoriamente. Determine o número esperado de pessoas que selecionam o próprio chapéu.

Solução Fazendo com que X represente o número de pareamentos, podemos calcular $E[X]$ muito facilmente escrevendo

$$X = X_1 + X_1 + \ldots + X_N$$

onde

$$X_i = \begin{cases} 1 & \text{se a } i\text{-ésima pessoa selecionar o seu próprio chapéu} \\ 0 & \text{caso contrário} \end{cases}$$

Como, para cada i, a i-ésima pessoa tem a mesma probabilidade de selecionar qualquer um dos N chapéus,

$$E[X_i] = P\{X_i = 1\} = \frac{1}{N}$$

Assim,

$$E[X] = E[X_1] + \cdots + E[X_N] = \left(\frac{1}{N}\right)N = 1$$

Com isso, em média, exatamente uma pessoa seleciona o seu próprio chapéu. ∎

Exemplo 2i Problemas de recolhimento de cupons

Suponha que existam N diferentes tipos de cupons de desconto, e que cada vez que alguém recolha um cupom este tenha a mesma probabilidade de ser de qualquer um dos N tipos. Determine o número esperado de cupons que alguém precisa acumular antes de conseguir um conjunto completo que contenha pelo menos um de cada tipo.

Solução Suponha que X represente o número de cupons acumulados antes que um conjunto completo seja acumulado. Calculamos $E[X]$ usando a mesma técnica que usamos no cálculo da média de uma variável aleatória negativa binomial (Exemplo 2f). Isto é, definimos $X_i, i = 0, 1, \ldots, N-1$ como sendo o número de cupons adicionais necessários para que se obtenha, após o recolhimento de i tipos distintos de cupons, um cupom diferente. Além disso, observamos que

$$X = X_0 + X_1 + \ldots + X_{N-1}$$

Quando i tipos distintos de cupons já tiverem sido recolhidos, um novo cupom terá probabilidade $(N - i)/N$ de ser de um tipo distinto. Portanto,

$$P\{X_i = k\} = \frac{N - i}{N}\left(\frac{i}{N}\right)^{k-1} \quad k \geq 1$$

ou, em outras palavras, X_i é uma variável aleatória geométrica com parâmetro $(N - i)/N$.

Assim,

$$E[X_i] = \frac{N}{N - i}$$

o que implica que

$$E[X] = 1 + \frac{N}{N-1} + \frac{N}{N-2} + \cdots + \frac{N}{1}$$
$$= N\left[1 + \cdots + \frac{1}{N-1} + \frac{1}{N}\right]$$

■

Exemplo 2j

Dez caçadores estão esperando uma revoada de patos. Quando aparece um bando de patos, os caçadores atiram simultaneamente, mas cada um deles escolhe o seu alvo aleatoriamente, independentemente dos demais. Se cada caçador atinge o seu alvo de maneira independente com probabilidade p, calcule o número esperado de patos que escapam ilesos quando um bando com 10 deles passa voando na frente dos caçadores.

Solução Suponha que $X_i = 1$ se o i-ésimo pato escapar ileso e $X_i = 0$ caso contrário, para $i = 1, 2,..., 10$. O número esperado de patos que escapam ilesos pode ser escrito como

$$E[X_1 +... + X_{10}] = E[X_1] +... + E[X_{10}]$$

Para calcular $E[X_i] = P\{X_i = 1\}$, notamos que cada um dos caçadores irá, de forma independente, acertar o i-ésimo pato com probabilidade $p/10$. Então,

$$P\{X_i = 1\} = \left(1 - \frac{p}{10}\right)^{10}$$

Portanto,

$$E[X] = 10\left(1 - \frac{p}{10}\right)^{10}$$

■

Exemplo 2k Número esperado de séries

Suponha que uma sequência de n 1's e m 0's seja permutada aleatoriamente de forma que cada um dos $(n + m)!/(n!m!)$ arranjos possíveis seja igualmente provável. Qualquer sequência consecutiva de 1's é chamada de série de 1's – por exemplo, se $n = 6, m = 4$, e a sequência é 1, 1, 1, 0, 1, 1, 0, 0, 1, 0, então há 3 séries de 1's – e estamos interessados em calcular o número médio de tais séries. Para calcular essa grandeza, considere

$$I_i = \begin{cases} 1 & \text{se uma série de 1's começar na } i\text{-ésima posição} \\ 0 & \text{caso contrário} \end{cases}$$

Portanto, $R(1)$, o número de séries de 1's, pode ser escrita como

$$R(1) = \sum_{i=1}^{n+m} I_i$$

e daí resulta que

$$E[R(1)] = \sum_{i=1}^{n+m} E[I_i]$$

Agora,

$$E[I_1] = P\{\text{"1" na posição 1}\}$$
$$= \frac{n}{n+m}$$

e, para $1 < i \leq n + m$,

$$E[I_i] = P\{\text{"0" na posição } i-1, \text{"1" na posição } i\}$$
$$= \frac{m}{n+m}\frac{n}{n+m-1}$$

Portanto,

$$E[R(1)] = \frac{n}{n+m} + (n+m-1)\frac{nm}{(n+m)(n+m-1)}$$

Similarmente, $E[R(0)]$, o número esperado de séries de 0's, é

$$E[R(0)] = \frac{m}{n+m} + \frac{nm}{n+m}$$

e o número esperado de séries de qualquer tipo é

$$E[R(1) + R(0)] = 1 + \frac{2nm}{n+m} \qquad \blacksquare$$

Exemplo 2l   Caminhada aleatória em um plano

Considere uma partícula localizada inicialmente em um ponto dado no plano, e suponha que ela siga uma sequência de passos de tamanho fixo, mas em direção completamente aleatória. Especificamente, suponha que, após cada passo, a nova posição esteja a uma unidade de distância da posição anterior, em um ângulo de orientação uniformemente distribuído ao longo de $(0, 2\pi)$ (veja a Figura 7.1). Calcule o valor esperado do quadrado da distância em relação à origem após n passos.

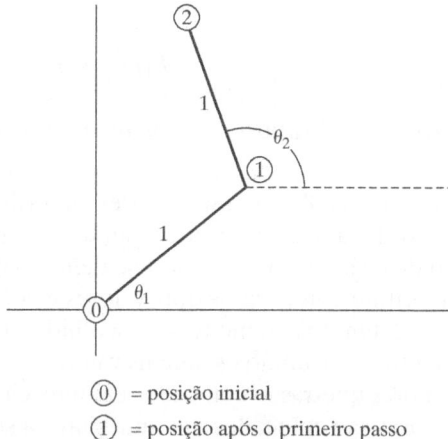

⓪ = posição inicial
① = posição após o primeiro passo
② = posição após o segundo passo

Figura 7.1

Solução Se (X_i, Y_i) representa, em coordenadas retangulares, a mudança de posição no i-ésimo passo, com $i = 1,..., n$, temos

$$X_i = \cos \theta_i$$
$$Y_i = \text{sen } \theta_i$$

onde $\theta_i, i = 1,..., n$, é, por hipótese, uma variável aleatória independente uniforme no intervalo $(0, 2\pi)$. Como a posição após n passos tem coordenadas retangulares $\left(\sum_{i=1}^{n} X_i, \sum_{i=1}^{n} Y_i\right)$, tem-se como consequência que D^2, o quadrado da distância a partir da origem, é dado por

$$D^2 = \left(\sum_{i=1}^{n} X_i\right)^2 + \left(\sum_{i=1}^{n} Y_i\right)^2$$

$$= \sum_{i=1}^{n} (X_i^2 + Y_i^2) + \sum\sum_{i \neq j} (X_i X_j + Y_i Y_j)$$

$$= n + \sum\sum_{i \neq j} (\cos \theta_i \cos \theta_j + \text{sen } \theta_i \text{ sen } \theta_j)$$

onde $\cos^2 \theta_i + \text{sen}^2 \theta_i = 1$. Calculando as esperanças, usando a independência de θ_i e θ_j quando $i \neq j$ e também o fato de que

$$2\pi E[\cos \theta_i] = \int_0^{2\pi} \cos u \, du = \text{sen } 2\pi - \text{sen } 0 = 0$$

$$2\pi E[\text{sen } \theta_i] = \int_0^{2\pi} \text{sen } u \, du = \cos 0 - \cos 2\pi = 0$$

chegamos em

$$E[D^2] = n$$

Exemplo 2m   Analisando o algoritmo de ordenação rápida

Suponha que nos deparemos com um conjunto de n valores distintos $x_1, x_2,...,$ x_n e que queiramos colocar esses valores em ordem crescente, ou, como se diz comumente, ordená-los. Um procedimento eficiente para realizar essa tarefa é o algoritmo de ordenação rápida, que é definido da seguinte maneira. Quando $n = 2$, o algoritmo compara os dois valores e coloca-os na ordem apropriada. Quando $n > 2$, um dos elementos é escolhido aleatoriamente – digamos que seja o elemento x_i – e então os demais valores são comparados com x_i. Aqueles que são menores que x_i são colocados em uma chave à sua esquerda, e aqueles que são maiores são colocados em uma chave à sua direita. O algoritmo então se repete no interior das chaves e continua até que todos os valores tenham sido ordenados. Por exemplo, suponha que queiramos ordenar os 10 algarismos distintos a seguir:

$$5, 9, 3, 10, 11, 14, 8, 4, 17, 6$$

Começamos escolhendo aleatoriamente um dos valores do conjunto (cada valor tem probabilidade de 1/10 de ser escolhido). Suponha, por exemplo, que o valor 10 seja escolhido. Comparamos então cada um dos demais valores com este valor, colocando em uma chave à esquerda todos aqueles que forem menores que 10 e, em uma chave à direita, todos aqueles que forem maiores que 10. Isso resulta em

$$\{5, 9, 3, 8, 4, 6\}, 10, \{11, 14, 17\}$$

Agora selecionamos um conjunto que contenha mais de um elemento – digamos, aquele à esquerda de 10 – e escolhemos aleatoriamente um de seus elementos – por exemplo, o 6. Comparando cada um dos valores na chave com o 6 e colocando os menores em uma nova chave à sua esquerda e os maiores em uma nova chave à sua direita, obtemos

$$\{5,3,4\}, 6, \{9,8\}, 10, \{11, 14, 17\}$$

Se agora considerarmos a chave mais à esquerda e escolhermos aleatoriamente o valor 4 para comparação, então a próxima iteração resulta em

$$\{3\}, 4, \{5\}, 6, \{9,8\}, 10, \{11, 14, 17\}$$

O processo continua até que cada uma das chaves contenha no máximo um único elemento.

Se X representa o número de comparações necessárias para que o algoritmo de ordenação rápida ordene n números distintos, então $E[X]$ é uma medida da eficiência desse algoritmo. Para calcularmos $E[X]$, vamos primeiramente escrever X como uma soma de outras variáveis aleatórias da maneira a seguir. Para começar, chame de 1 o menor valor a ser ordenado, de 2 o segundo menor valor a ser ordenado, e assim por diante. Então, para $1 \leq i < j \leq n$, suponha que $I(i,j)$ seja igual a 1 se i e j forem comparados diretamente, e igual a 0 caso contrário. Com essa definição, obtém-se

$$X = \sum_{i=1}^{n-1} \sum_{j=i+1}^{n} I(i,j)$$

o que implica que

$$E[X] = E\left[\sum_{i=1}^{n-1} \sum_{j=i+1}^{n} I(i,j)\right]$$

$$= \sum_{i=1}^{n-1} \sum_{j=i+1}^{n} E[I(i,j)]$$

$$= \sum_{i=1}^{n-1} \sum_{j=i+1}^{n} P\{i \text{ e } j \text{ sejam comparados alguma vez}\}$$

Para determinar a probabilidade de que i e j sejam comparados alguma vez, note que os valores $i, i+1, ..., j-1, j$ estarão inicialmente na mesma chave e ali permanecerão se o número escolhido para a primeira comparação não estiver entre i e j. Por exemplo, se o número de comparação for maior que j, então todos os valores $i, i+1, ..., j-1, j$ irão para uma chave à esquerda do número de comparação; se este for menor do que i, então todos os valores vão para uma chave à direita do número de comparação. Assim, todos os valores $i, i+1, ..., j-1, j$ permanecerão na mesma chave até que um deles seja escolhido como o número de comparação. Neste momento, todos os demais valores entre i e j serão comparados com esse valor. Se, no entanto, esse valor de comparação não for nem i nem j, a comparação destes valores com o valor de comparação resulta na ida de i para a chave da esquerda e de j para a chave da direita. Com isso, i e j estarão em chaves diferentes e nunca serão comparados. Por outro lado, se o valor de comparação do conjunto $i, i+1, ..., j-1, j$ for i ou j, então ocorrerá uma comparação direta entre i e j. Agora, dado que o valor de comparação é um dos valores entre i e j, tem-se que esse valor tem a mesma probabilidade de ser qualquer um desses $j - i + 1$ valores. Com isso, a probabilidade do valor de comparação ser i ou j é igual a $2/(j - i + 1)$. Portanto, podemos concluir que

$$P\{i \text{ e } j \text{ sejam comparados alguma vez}\} = \frac{2}{j - i + 1}$$

e

$$E[X] = \sum_{i=1}^{n-1} \sum_{j=i+1}^{n} \frac{2}{j - i + 1}$$

Para obtermos uma aproximação para o valor de $E[X]$ quando n é grande, podemos representar as somas como integrais. Então,

$$\sum_{j=i+1}^{n} \frac{2}{j-i+1} \approx \int_{i+1}^{n} \frac{2}{x-i+1} dx$$
$$= 2\log(x-i+1)\big|_{i+1}^{n}$$
$$= 2\log(n-i+1) - 2\log(2)$$
$$\approx 2\log(n-i+1)$$

Logo,

$$E[X] \approx \sum_{i=1}^{n-1} 2\log(n-i+1)$$
$$\approx 2\int_{1}^{n-1} \log(n-x+1)\, dx$$
$$= 2\int_{2}^{n} \log(y)\, dy$$
$$= 2(y\log(y) - y)\big|_{2}^{n}$$
$$\approx 2n\log(n)$$

Assim, vemos que, quando n é grande, o algoritmo de ordenação rápida requer, em média, aproximadamente $2n\log(n)$ comparações para ordenar n valores distintos. ∎

Exemplo 2n A probabilidade da união de eventos

Suponha que $A_1,\ldots A_n$ representem eventos, e defina as variáveis indicadoras X_i, $i = 1,\ldots, n$, como

$$X_i = \begin{cases} 1 & \text{se } A_i \text{ ocorrer} \\ 0 & \text{caso contrário} \end{cases}$$

Agora, observe que

$$1 - \prod_{i=1}^{n}(1-X_i) = \begin{cases} 1 & \text{se } \cup A_i \text{ ocorrer} \\ 0 & \text{caso contrário} \end{cases}$$

Portanto,

$$E\left[1 - \prod_{i=1}^{n}(1-X_i)\right] = P\left(\bigcup_{i=1}^{n} A_i\right)$$

Expandindo o lado esquerdo da fórmula anterior, obtemos

$$P\left(\bigcup_{i=1}^{n} A_i\right) = E\left[\sum_{i=1}^{n} X_i - \sum\sum_{i<j} X_i X_j + \sum\sum\sum_{i<j<k} X_i X_j X_k \right.$$
$$\left. - \cdots + (-1)^{n+1} X_1 \cdots X_n \right] \quad (2.3)$$

Entretanto,

$$X_{i_1} X_{i_2} \cdots X_{i_k} = \begin{cases} 1 & \text{se } A_{i_1} A_{i_2} \cdots A_{i_k} \text{ ocorrer} \\ 0 & \text{caso contrário} \end{cases}$$

então

$$E[X_{i_1} \cdots X_{i_k}] = P(A_{i_1} \cdots A_{i_k})$$

Assim, a Equação (2.3) é somente uma afirmação da conhecida fórmula para a união de eventos:

$$P(\cup A_i) = \sum_i P(A_i) - \sum\sum_{i<j} P(A_i A_j) + \sum\sum\sum_{i<j<k} P(A_i A_j A_k)$$
$$- \cdots + (-1)^{n+1} P(A_1 \cdots A_n) \quad \blacksquare$$

Quando se lida com coleções infinitas de variáveis aleatórias $X_i, i \geq 1$, cada uma com esperança finita, não é necessariamente verdade que

$$E\left[\sum_{i=1}^{\infty} X_i\right] = \sum_{i=1}^{\infty} E[X_i] \quad (2.4)$$

Para determinar quando a Equação (2.4) é valida, observamos que $\sum_{i=1}^{\infty} X_i = \lim_{n\to\infty} \sum_{i=1}^{n} X_i$. Assim,

$$E\left[\sum_{i=1}^{\infty} X_i\right] = E\left[\lim_{n\to\infty} \sum_{i=1}^{n} X_i\right]$$
$$\stackrel{?}{=} \lim_{n\to\infty} E\left[\sum_{i=1}^{n} X_i\right]$$
$$= \lim_{n\to\infty} \sum_{i=1}^{n} E[X_i]$$
$$= \sum_{i=1}^{\infty} E[X_i] \quad (2.5)$$

Portanto, a Equação (2.4) é válida sempre que pudermos justificar a mudança na ordem das operações de esperança e limite na Equação (2.5). Embora, em geral, essa mudança não seja justificada, pode-se mostrar que ela é válida em dois casos importantes:

1. Os X_i's são variáveis aleatórias não negativas. (Isto é, $P\{X_i \geq 0\} = 1$ para todo i.)
2. $\sum_{i=1}^{\infty} E[|X_i|] < \infty$.

Exemplo 2o

Considere qualquer variável aleatória não negativa inteira X. Se, para cada $i \geq 1$, definirmos

$$X_i = \begin{cases} 1 & \text{se } X \geq i \\ 0 & \text{se } X < i \end{cases}$$

então

$$\sum_{i=1}^{\infty} X_i = \sum_{i=1}^{X} X_i + \sum_{i=X+1}^{\infty} X_i$$
$$= \sum_{i=1}^{X} 1 + \sum_{i=X+1}^{\infty} 0$$
$$= X$$

Portanto, como os X_i's são todos não negativos, obtemos

$$E[X] = \sum_{i=1}^{\infty} E(X_i)$$
$$= \sum_{i=1}^{\infty} P\{X \geq i\} \quad (2.6)$$

que é uma identidade útil. ∎

Exemplo 2p

Suponha que n elementos – chame-os de $1, 2,..., n$ – devam ser armazenados em um computador na forma de uma lista ordenada. Em cada unidade de tempo, um desses elementos é requisitado [a probabilidade do elemento i ser escolhido é, independentemente do passado, $P(i), i \geq 1, \sum_i P(i) = 1$]. Supondo que essas probabilidades sejam conhecidas, que ordenação minimiza a posição média do elemento selecionado na lista?

Solução Suponha que os elementos sejam numerados de forma que $P(1) \geq P(2) \geq ... \geq P(n)$. Para mostrar que $1, 2,..., n$ é a ordenação ótima, faça com que

X represente a posição do elemento requisitado. Agora, para qualquer ordenação – digamos, $O = i_1, i_2, ..., i_n$,

$$P_O\{X \geq k\} = \sum_{j=k}^{n} P(i_j)$$

$$\geq \sum_{j=k}^{n} P(j)$$

$$= P_{1,2,...,n}\{X \geq k\}$$

Somando em k e usando a Equação (2.6), obtemos

$$E_o[X] \geq E_{1,2,...,n}[X]$$

o que mostra que a ordenação dos elementos em ordem decrescente de probabilidade de que eles sejam requisitados minimiza a posição esperada do elemento requisitado. ∎

*7.2.1 Obtendo limites de esperanças por meio do método probabilístico

O método probabilístico é uma técnica para a análise das propriedades dos elementos de um conjunto que introduz probabilidades neste conjunto e estuda um elemento escolhido de acordo com essas probabilidades. Essa técnica foi vista anteriormente no Exemplo 4l do Capítulo 3, onde foi usada para mostrar que um conjunto continha um elemento que satisfazia certa propriedade. Nesta subseção, mostramos como ela pode ser às vezes utilizada para limitar funções complicadas.

Seja f uma função dos elementos de um conjunto finito S e suponha que estejamos interessados em

$$m = \max_{s \in S} f(s)$$

Um limite inferior para m pode ser muitas vezes obtido fazendo-se com que S seja um elemento aleatório do conjunto S para o qual o valor esperado de $f(S)$ pode ser calculado, e então observando-se que $m \geq f(S)$ implica que

$$m \geq E[f(S)]$$

com estrita desigualdade se $f(S)$ não é uma variável aleatória constante. Isto é, $E[f(S)]$ é um limite inferior para o valor máximo.

Exemplo 2q O número máximo de caminhos Hamiltonianos em um torneio

Considere um torneio com $n > 2$ competidores no qual cada um dos $\binom{n}{2}$ pares de competidores joga entre si exatamente uma vez. Suponha que os jogadores sejam numerados com $1, 2, 3, ..., n$. A permutação $i_1, i_2, ..., i_n$ é chamada de caminho Hamiltoniano se i_1 ganhar de i_2, i_2 ganhar de i_3, ..., e i_{n-1} ganhar de i_n. Um problema de algum interesse é a determinação do maior número possível de caminhos Hamiltonianos.

Como uma ilustração, suponha o caso de 3 jogadores. Por um lado, se um deles vence duas vezes, então existe um único caminho Hamiltoniano (por exemplo, se 1 vence duas vezes, e 2 ganha de 3, então o único caminho Hamiltoniano é 1, 2, 3). Por outro lado, se cada um dos jogadores vence uma vez, então há 3 caminhos Hamiltonianos (por exemplo, se 1 ganha de 2, 2 ganha de 3, e 3 ganha de 1, então 1, 2, 3; 2, 3, 1; e 3, 1, 2 são todos Hamiltonianos). Portanto, quando $n = 3$, há no máximo 3 caminhos Hamiltonianos.

Agora mostramos que existe um resultado do torneio que resulta em mais que $n!/2^{n-1}$ caminhos Hamiltonianos. Para começar, suponha que o resultado do torneio especifique o resultado de cada um dos $\binom{n}{2}$ jogos jogados, e que $\mathcal{S}$ represente o conjunto de todos os $2^{\binom{n}{2}}$ possíveis resultados do torneio. Então, com $f(s)$ definido como o número de caminhos Hamiltonianos obtidos quando o resultado é $s \in \mathcal{S}$, nos é solicitado mostrar que

$$\max_s f(s) \geq \frac{n!}{2^{n-1}}$$

Para isso, considere o resultado S aleatoriamente escolhido quando os resultados dos $\binom{n}{2}$ jogos são independentes, com cada competidor tendo a mesma probabilidade de vencer cada confronto. Para determinar $E[f(S)]$, o número esperado de caminhos Hamiltonianos obtidos com o resultado S, numere as $n!$ permutações e, para $i = 1, \ldots, n!$, faça

$$X_i = \begin{cases} 1, & \text{se a permutação } i \text{ for Hamiltoniana} \\ 0, & \text{caso contrário} \end{cases}$$

Já que

$$f(S) = \sum_i X_i$$

tem-se que

$$E[f(S)] = \sum_i E[X_i]$$

Como, pela hipótese de independência dos resultados dos jogos, a probabilidade de que qualquer permutação especificada seja Hamiltoniana é de $(1/2)^{n-1}$, tem-se que

$$E[X_i] = P\{X_i = 1\} = (1/2)^{n-1}$$

Portanto,

$$E[f(S)] = n!(1/2)^{n-1}$$

Como $f(S)$ não é uma variável aleatória constante, a equação anterior implica a existência de um resultado do torneio com que possui mais de $n!/2^{n-1}$ caminhos Hamiltonianos. ∎

Exemplo 2r

Um bosque com 52 árvores é arranjado de maneira circular. Se 15 esquilos vivem nessas árvores, mostre que existe um grupo de 7 árvores consecutivas que abrigam juntas pelo menos 3 esquilos.

Solução Considere a vizinhança de uma árvore como sendo aquela árvore mais as seis árvores encontradas quando se move na direção horária. Queremos mostrar que, para qualquer escolha de acomodação dos 15 esquilos, existe uma árvore que tem pelo menos 3 esquilos vivendo em sua vizinhança. Para mostrar isso, escolha aleatoriamente uma árvore e faça com que X represente o número de esquilos que vivem em sua vizinhança. Para determinar $E[X]$, numere arbitrariamente os 15 esquilos e, para $i = 1,...,15$, considere

$$X_i = \begin{cases} 1, & \text{se o esquilo } i \text{ viver na vizinhança da árvore escolhida aleatoriamente} \\ 0, & \text{caso contrário} \end{cases}$$

Como

$$X = \sum_{i=1}^{15} X_i$$

obtemos

$$E[X] = \sum_{i=1}^{15} E[X_i]$$

Entretanto, como X_i será igual a 1 se a árvore escolhida aleatoriamente for qualquer uma das 7 árvores que incluem aquela em que vive o esquilo i mais as 6 árvores vizinhas,

$$E[X_i] = P\{X_i = 1\} = \frac{7}{52}$$

Consequentemente,

$$E[X] = \frac{105}{52} > 2$$

mostrando que existe uma árvore com mais de 2 esquilos vivendo em sua vizinhança. ∎

*7.2.2 A identidade dos máximos e mínimos

Começamos com uma identidade que relaciona o máximo de um conjunto de números ao mínimo dos subconjuntos desses números.

Proposição 2.2 Para números arbitrários x_i, $1, ..., n$,

$$\max_i x_i = \sum_i x_i - \sum_{i<j} \min(x_i, x_j) + \sum_{i<j<k} \min(x_i, x_j, x_k)$$
$$+ ... + (-1)^{n+1} \min(x_1, ..., x_n)$$

Demonstração Vamos fornecer uma demonstração probabilística para a proposição. Para começar, suponha que todos os x_i estejam no intervalo $[0, 1]$. Suponha que U seja uma variável aleatória uniforme em $(0, 1)$, e defina os eventos A_i, $i = 1, ..., n$, como $A_i = \{U < x_i\}$. Isto é, A_i é o evento em que a variável aleatória uniforme é menor que x_i. Como pelo menos um dos eventos A_i ocorrerá se U for menor do que pelo menos um dos valores de x_i, temos que

$$\cup_i A_i = \left\{ U < \max_i x_i \right\}$$

Portanto

$$P(\cup_i A_i) = P\left\{ U < \max_i x_i \right\} = \max_i x_i$$

Também,

$$P(A_i) = P\{U < x_i\} = x_i$$

Além disso, como todos os eventos $A_{i_1}, ..., A_{i_r}$ ocorrerão se U for menor que os valores $x_{i_1}, ..., x_{i_r}$, vemos que a interseção desses eventos é

$$A_{i_1} ... A_{i_r} = \left\{ U < \min_{j=1,...r} x_{i_j} \right\}$$

implicando que

$$P(A_{i_1} ... A_{i_r}) = P\left\{ U < \min_{j=1,...r} x_{i_j} \right\} = \min_{j=1,...r} x_{i_j}$$

Assim, a proposição resulta da fórmula de inclusão-exclusão para a probabilidade da união de eventos:

$$P(\cup_i A_i) = \sum_i P(A_i) - \sum_{i<j} P(A_i A_j) + \sum_{i<j<k} P(A_i A_j A_k)$$
$$+ ... + (-1)^{n+1} P(A_1 ... A_n)$$

Quando x_i for não negativo, mas não restrito ao intervalo unitário, suponha que c seja tal que todo x_i seja menor que c. Então a identidade continua válida para os valores $y_i = x_i/c$ e o resultado desejado é obtido multiplicando-se tudo por c. Quando x_i pode ser negativo, suponha que

b seja tal que $x_i + b > 0$ para todo i. Portanto, pelo desenvolvimento anterior,

$$\max_i(x_i + b) = \sum_i (x_i + b) - \sum_{i<j} \min(x_i + b, x_j + b)$$
$$+ \cdots + (-1)^{n+1} \min(x_1 + b, \ldots, x_n + b)$$

Fazendo

$$M = \sum_i x_i - \sum_{i<j} \min(x_i, x_j) + \cdots + (-1)^{n+1} \min(x_1, \ldots, x_n)$$

podemos reescrever a identidade anterior como

$$\max_i x_i + b = M + b\left(n - \binom{n}{2} + \cdots + (-1)^{n+1}\binom{n}{n}\right)$$

Mas

$$0 = (1-1)^n = 1 - n + \binom{n}{2} + \cdots + (-1)^n \binom{n}{n}$$

A equação anterior mostra que

$$\max_i x_i = M$$

e a proposição está demonstrada. □

Resulta da Proposição 2.2. que, para quaisquer variáveis aleatórias $X_1,\ldots, X_n$,

$$\max_i X_i = \sum_i X_i - \sum_{i<j} \min(X_i, X_j) + \cdots + (-1)^{n+1} \min(X_1, \ldots, X_n)$$

O cálculo da esperança de ambos os lados dessa igualdade resulta na seguinte relação entre o valor esperado do máximo e aqueles dos mínimos parciais:

$$E\left[\max_i X_i\right] = \sum_i E[X_i] - \sum_{i<j} E[\min(X_i, X_j)]$$
$$+ \cdots + (-1)^{n+1} E[\min(X_1, \ldots, X_n)] \quad (2.7)$$

Exemplo 2s   Recolhimento de cupons com probabilidades desiguais
Suponha que existam n tipos diferentes de cupons de desconto e que cada vez que alguém recolha um cupom este seja, independentemente dos cupons já coletados, um cupom do tipo i com probabilidade p_i, $\sum_{i=1}^{n} p_i = 1$. Determine o número esperado de cupons que alguém precisa recolher até completar um conjunto completo com pelo menos um cupom de cada tipo.

Solução Se X_i representa o número de cupons que alguém precisa recolher para obter um cupom do tipo i, então podemos escrever X como

$$X = \max_{i=1,\ldots,n} X_i$$

Como cada novo cupom obtido é do tipo i com probabilidade p_i, X_i é uma variável aleatória geométrica com parâmetro p_i. Também, como o mínimo de X_i e X_j é o número de cupons necessários para se obter um cupom do tipo i ou do tipo j, tem-se que, para $i \neq j$, mín(X_i, X_j) é uma variável aleatória geométrica com parâmetro $p_i + p_j$. Similarmente, mín(X_i, X_j, X_k), o número de cupons necessários para se obter um cupom do tipo i, j ou k é uma variável aleatória geométrica com parâmetro $p_i + p_j + p_k$, e assim por diante. Portanto, a identidade (2.7) resulta em

$$E[X] = \sum_i \frac{1}{p_i} - \sum_{i<j} \frac{1}{p_i + p_j} + \sum_{i<j<k} \frac{1}{p_i + p_j + p_k}$$
$$+ \cdots + (-1)^{n+1} \frac{1}{p_1 + \cdots + p_n}$$

Observando que

$$\int_0^\infty e^{-px} \, dx = \frac{1}{p}$$

e usando a identidade

$$1 - \prod_{i=1}^n (1 - e^{-p_i x}) = \sum_i e^{-p_i x} - \sum_{i<j} e^{-(p_i+p_j)x} + \cdots + (-1)^{n+1} e^{-(p_1+\cdots+p_n)x}$$

mostramos, integrando a identidade, que

$$E[X] = \int_0^\infty \left(1 - \prod_{i=1}^n (1 - e^{-p_i x})\right) dx$$

é uma forma computacional mais útil. ∎

7.3 MOMENTOS DO NÚMERO DE EVENTOS OCORRIDOS

Muitos dos exemplos resolvidos na seção anterior eram da seguinte forma: para dados eventos $A_1, \ldots, A_n$, determine $E[X]$, onde X é o número de eventos ocorridos. A solução envolvia então a definição de uma variável indicadora I_i para o evento A_i de forma que

$$I_i = \begin{cases} 1, & \text{se } A_i \text{ ocorrer} \\ 0, & \text{caso contrário} \end{cases}$$

Como

$$X = \sum_{i=1}^n I_i$$

obtivemos o resultado

$$E[X] = E\left[\sum_{i=1}^{n} I_i\right] = \sum_{i=1}^{n} E[I_i] = \sum_{i=1}^{n} P(A_i) \tag{3.1}$$

Suponha agora que estejamos interessados no número de pares de eventos ocorridos. Como $I_i I_j$ será igual a 1 se A_i e A_j ocorrerem, e 0 caso contrário, tem-se que o número de pares é igual a $\sum_{i<j} I_i I_j$. Mas como X é o número de eventos ocorridos, tem-se também que o número de pares de eventos ocorridos é $\binom{X}{2}$. Consequentemente,

$$\binom{X}{2} = \sum_{i<j} I_i I_j$$

onde há $\binom{n}{2}$ termos na soma. Calculando as esperanças, obtemos

$$E\left[\binom{X}{2}\right] = \sum_{i<j} E[I_i I_j] = \sum_{i<j} P(A_i A_j) \tag{3.2}$$

ou

$$E\left[\frac{X(X-1)}{2}\right] = \sum_{i<j} P(A_i A_j)$$

resultando em

$$E[X^2] - E[X] = 2 \sum_{i<j} P(A_i A_j) \tag{3.3}$$

o que resulta em $E[X^2]$, e assim $\text{Var}(X) = E[X^2] - (E[X])^2$.

Além disso, considerando o número de subconjuntos distintos com k eventos ocorridos, vemos que

$$\binom{X}{k} = \sum_{i_1 < i_2 < \ldots < i_k} I_{i_1} I_{i_2} \cdots I_{i_k}$$

O cálculo da esperança fornece a identidade

$$E\left[\binom{X}{k}\right] = \sum_{i_1 < i_2 < \ldots < i_k} E[I_{i_1} I_{i_2} \cdots I_{i_k}] = \sum_{i_1 < i_2 < \ldots < i_k} P(A_{i_1} A_{i_2} \cdots A_{i_k}) \tag{3.4}$$

Exemplo 3a   Momentos de variáveis aleatórias binomiais

Considere n tentativas independentes, cada uma com probabilidade de sucesso p. Seja A_i o evento em que a tentativa i é um sucesso. Quando $i \neq j$, $P(A_i A_j) = p^2$. Consequentemente, a Equação (3.2) resulta em

$$E\left[\binom{X}{2}\right] = \sum_{i<j} p^2 = \binom{n}{2} p^2$$

ou
$$E[X(X - 1)] = n(n - 1)p^2$$

ou
$$E[X^2] - E[X] = n(n - 1)p^2$$

Como agora $E[X] = \sum_{i=1}^n P(A_i) = np$, temos, da equação anterior, que
$$\text{Var}(X) = E[X^2] - (E[X])^2 = n(n-1)p^2 + np - (np)^2 = np(1-p)$$

o que concorda com o resultado obtido na Seção 4.6.1.

Em geral, como $P(A_{i_1} A_{i_2} \cdots A_{i_k}) = p^k$, obtemos da Equação (3.4) que

$$E\left[\binom{X}{k}\right] = \sum_{i_1 < i_2 < \ldots < i_k} p^k = \binom{n}{k} p^k$$

ou, equivalentemente,

$$E[X(X-1)\ldots(X-k+1)] = n(n-1)\ldots(n-k+1)p^k$$

Os valores sucessivos $E[X^k]$, $k \geq 3$, podem ser obtidos recursivamente a partir dessa identidade. Por exemplo, com $k = 3$, obtém-se

$$E[X(X - 1)(X - 2)] = n(n - 1)(n - 2)p^3$$

ou
$$E[X^3 - 3X^2 + 2X] = n(n - 1)(n - 2)p^3$$

ou
$$E[X^3] = 3E[X^2] - 2E[X] + n(n - 1)(n - 2)p^3$$
$$= 3n(n - 1)p^2 + np + n(n - 1)(n - 2)p^3 \quad \blacksquare$$

Exemplo 3b Momentos de variáveis aleatórias hipergeométricas

Suponha que n bolas sejam sorteadas de uma urna contendo N bolas, das quais m são brancas. Seja A_i o evento em que a i-ésima bola sorteada é branca. Então X, o número de bolas brancas sorteadas, é igual à quantidade de eventos $A_1,\ldots, A_n$ ocorridos. Como a i-ésima bola sorteada tem a mesma probabilidade de ser qualquer uma das N bolas, das quais m são brancas, $P(A_i) = m/N$. Consequentemente, a Equação (3.1) resulta em $E[X] = \sum_{i=1}^n P(A_i) = nm/N$. Também, como

$$P(A_i A_j) = P(A_i)P(A_j|A_i) = \frac{m}{N}\frac{m-1}{N-1}$$

obtemos, da Equação (3.2), que

$$E\left[\binom{X}{2}\right] = \sum_{i<j} \frac{m(m-1)}{N(N-1)} = \binom{n}{2}\frac{m(m-1)}{N(N-1)}$$

ou

$$E[X(X-1)] = n(n-1)\frac{m(m-1)}{N(N-1)}$$

mostrando que

$$E[X^2] = n(n-1)\frac{m(m-1)}{N(N-1)} + E[X]$$

Essa fórmula fornece a variância da distribuição hipergeométrica, isto é,

$$\begin{aligned}\text{Var}(X) &= E[X^2] - (E[X])^2 \\ &= n(n-1)\frac{m(m-1)}{N(N-1)} + \frac{nm}{N} - \frac{n^2m^2}{N^2} \\ &= \frac{mn}{N}\left[\frac{(n-1)(m-1)}{N-1} + 1 - \frac{mn}{N}\right]\end{aligned}$$

o que concorda com o resultado obtido no Exemplo 8j do Capítulo 4.

Momentos de ordem superior de X são obtidos usando-se a Equação (3.4). Como

$$P(A_{i_1}A_{i_2}\cdots A_{i_k}) = \frac{m(m-1)\cdots(m-k+1)}{N(N-1)\cdots(N-k+1)}$$

A Equação (3.4) resulta em

$$E\left[\binom{X}{k}\right] = \binom{n}{k}\frac{m(m-1)\cdots(m-k+1)}{N(N-1)\cdots(N-k+1)}$$

ou

$$\begin{aligned}&E[X(X-1)\cdots(X-k+1)] \\ &= n(n-1)\cdots(n-k+1)\frac{m(m-1)\cdots(m-k+1)}{N(N-1)\cdots(N-k+1)}\end{aligned}$$ ■

Exemplo 3c Momentos no problema do pareamento

Para $i = 1,\ldots, N$, seja A_i o evento em que a pessoa i seleciona o seu próprio chapéu no problema do pareamento. Então,

$$P(A_iA_j) = P(A_i)P(A_j|A_i) = \frac{1}{N}\frac{1}{N-1}$$

o que resulta porque, condicionando-se no evento em que a pessoa i seleciona o seu próprio chapéu, o chapéu selecionado pela pessoa j tem a mesma probabilidade de ser qualquer um dos demais $N-1$ chapéus, dos quais um é o seu. Consequentemente, com X igual ao número de pessoas que selecionam o seu próprio chapéu, resulta da Equação (3.2) que

$$E\left[\binom{X}{2}\right] = \sum_{i<j}\frac{1}{N(N-1)} = \binom{N}{2}\frac{1}{N(N-1)}$$

o que mostra que

$$E[X(X-1)] = 1$$

Portanto, $E[X^2] = 1 + E[X]$. Como $E[X] = \sum_{i=1}^{N} P(A_i) = 1$, obtemos

$$\text{Var}(X) = E[X^2] - (E[X])^2 = 1$$

Assim, tanto a média quanto a variância do número de pareamentos são iguais a 1. Para momentos de ordem mais elevada, usamos a Equação (3.4), juntamente com o fato de que $P(A_{i_1} A_{i_2} \cdots A_{i_k}) = \frac{1}{N(N-1)\cdots(N-k+1)}$, para obter

$$E\left[\binom{X}{k}\right] = \binom{N}{k} \frac{1}{N(N-1)\cdots(N-k+1)}$$

ou

$$E[X(X-1)\ldots(X-k+1)] = 1 \qquad \blacksquare$$

Exemplo 3d Mais um problema de recolhimento de cupons

Suponha que existam N tipos diferentes de cupons de desconto e que, independentemente dos tipos já recolhidos, cada novo cupom recolhido tenha probabilidade p_j de ser to tipo j, $\sum_{j=1}^{N} p_j = 1$. Determine o valor esperado e a variância do número de diferentes tipos de cupons aparecendo entre os primeiros n cupons recolhidos.

Solução Será mais conveniente trabalhar com o número de tipos de cupons não recolhidos. Assim, suponha que Y represente o número de diferentes tipos de cupons recolhidos, e que $X = N - Y$ represente o número de tipos não recolhidos. Definindo A_i como o evento em que não há cupons do tipo i na coleção, X é igual à quantidade de eventos $A_1, \ldots, A_N$ ocorridos. Como os tipos de cupons sucessivos recolhidos são independentes, e, com probabilidade $1 - p_i$, cada novo cupom não é do tipo i, temos

$$P(A_i) = (1 - p_i)^n$$

Assim, $E[X] = \sum_{i=1}^{N} (1 - p_i)^n$, de onde resulta que

$$E[Y] = N - E[X] = N - \sum_{i=1}^{N} (1 - p_i)^n$$

Similarmente, como cada um dos n cupons coletados não é nem do tipo i, nem do tipo j, com probabilidade $1 - p_i - p_j$, temos

$$P(A_i A_j) = (1 - p_i - p_j)^n, i \neq j$$

Assim,

$$E[X(X-1)] = 2 \sum_{i<j} P(A_i A_j) = 2 \sum_{i<j} (1 - p_i - p_j)^n$$

ou

$$E[X^2] = 2\sum_{i<j}(1 - p_i - p_j)^n + E[X]$$

Logo, obtemos

$$\begin{aligned}\text{Var}(Y) &= \text{Var}(X) \\ &= E[X^2] - (E[X])^2 \\ &= 2\sum_{i<j}(1 - p_i - p_j)^n + \sum_{i=1}^{N}(1 - p_i)^n - \left(\sum_{i=1}^{N}(1 - p_i)^n\right)^2\end{aligned}$$

No caso especial em que $p_i = 1/N, i = 1,..., N$, a fórmula anterior dá

$$E[Y] = N\left[1 - \left(1 - \frac{1}{N}\right)^n\right]$$

e

$$\text{Var}(Y) = N(N - 1)\left(1 - \frac{2}{N}\right)^n + N\left(1 - \frac{1}{N}\right)^n - N^2\left(1 - \frac{1}{N}\right)^{2n} \quad \blacksquare$$

Exemplo 3e As variáveis aleatórias hipergeométricas negativas

Suponha que uma urna contenha $n + m$ bolas, das quais n são especiais e m são comuns. Essas bolas são retiradas uma de cada vez, e qualquer uma das bolas ainda na urna tem a mesma probabilidade de ser retirada. Diz-se que a variável aleatória Y, igual ao número de bolas que precisam ser retiradas até que se retirem r bolas especiais, tem *distribuição hipergeométrica negativa*. A distribuição hipergeométrica negativa tem com a distribuição hipergeométrica a mesma relação que a distribuição binomial negativa tem com a distribuição binomial. Isto é, em ambos os casos, em vez de considerar uma variável aleatória igual ao número de sucessos em um número fixo de tentativas (como é o caso das variáveis aleatórias binomial e hipergeométrica), tais distribuições consideram o número de tentativas necessárias para que se obtenha um número fixo de sucessos.

Para obter a função de probabilidade de uma variável aleatória hipergeométrica X, note que X será igual a k se

(a) as primeiras $k - 1$ bolas retiradas compreenderem $r - 1$ bolas especiais e $k - r$ bolas ordinárias e
(b) a k-ésima bola retirada for especial.

Consequentemente,

$$P\{X = k\} = \frac{\binom{n}{r-1}\binom{m}{k-r}}{\binom{n+m}{k-1}}\frac{n - r + 1}{n + m - k + 1}$$

Não utilizaremos, no entanto, a função de probabilidade anterior para obter a média e a variância de X. Em vez disso, vamos identificar as m bolas comuns como $o_1,\ldots,o_m$, e depois, para cada $i = 1,\ldots,n$, faremos com que A_i seja o evento em que a bola o_i é removida antes da retirada de r bolas especiais. Então, se X é o número dos eventos $A_1,\ldots,A_m$ ocorridos, tem-se que X fornece o número de bolas comuns retiradas antes da retirada de um total de r bolas especiais. Consequentemente,

$$Y = r + X$$

mostrando que

$$E[Y] = r + E[X] = r + \sum_{i=1}^{m} P(A_i)$$

Para determinar $P(A_i)$, considere as $n + 1$ bolas que compreendem um total de o_i bolas comuns e n bolas especiais. Dessas $n + 1$ bolas, o_i tem a mesma probabilidade de ser a primeira, a segunda ou qualquer bola retirada. Portanto, a probabilidade de que ela esteja entre as primeiras r bolas selecionadas (e então seja removida antes da retirada de r bolas especiais) é $\frac{r}{n+1}$. Consequentemente,

$$P(A_i) = \frac{r}{n + 1}$$

e

$$E[Y] = r + m\frac{r}{n + 1} = \frac{r(n + m + 1)}{n + 1}$$

Assim, por exemplo, o número esperado de cartas de um baralho bem-embaralhado que precisam ser viradas até que apareça uma carta do naipe de espadas é $1 + \frac{39}{14} = 3{,}786$, e o número esperado de cartas que precisam ser viradas até que apareça um ás é $1 + \frac{48}{5} = 10{,}6$.

Para determinar $\text{Var}(Y) = \text{Var}(X)$, usamos a identidade

$$E[X(X - 1)] = 2\sum_{i<j} P(A_i A_j)$$

Agora, $P(A_i A_j)$ é a probabilidade de que as bolas o_i e o_j sejam removidas antes da retirada de um total de r bolas especiais. Portanto, considere as $n + 2$ bolas que compreendem as bolas o_i, o_j e as n bolas especiais. Como as ordens de retirada dessas bolas são igualmente prováveis, a probabilidade de que as bolas o_i e o_j estejam entre as primeiras $r + 1$ bolas removidas (e também sejam removidas antes da retirada de r bolas especiais) é

$$P(A_i A_j) = \frac{\binom{2}{2}\binom{n}{r-1}}{\binom{n+2}{r+1}} = \frac{r(r + 1)}{(n + 1)(n + 2)}$$

Consequentemente,

$$E[X(X - 1)] = 2\binom{m}{2}\frac{r(r + 1)}{(n + 1)(n + 2)}$$

então

$$E[X^2] = m(m-1)\frac{r(r+1)}{(n+1)(n+2)} + E[X]$$

Como $E[X] = m\frac{r}{n+1}$, isso resulta em

$$\text{Var}(Y) = \text{Var}(X) = m(m-1)\frac{r(r+1)}{(n+1)(n+2)}m\frac{r}{n+1} - \left(m\frac{r}{n+1}\right)^2$$

Com um pouco de álgebra, mostramos então que

$$\text{Var}(Y) = \frac{mr(n+1-r)(n+m+1)}{(n+1)^2(n+2)}$$

∎

Exemplo 3f Eventos singulares no problema do recolhimento de cupons

Suponha que existam n tipos distintos de cupons de desconto e que, independentemente dos tipos já recolhidos, cada novo cupom obtido tenha a mesma probabilidade de ser de qualquer tipo. Suponha também que alguém continue a recolher cupons até que um conjunto completo contendo pelo menos um cupom de cada tipo tenha sido obtido. Determine o valor esperado e a variância do número de tipos dos quais apenas um cupom tenha sido recolhido.

Solução Seja X igual ao número de tipos de cupons dos quais exatamente um cupom tenha sido recolhido. Também suponha que T_i represente o i-ésimo tipo de cupom coletado e que A_i represente o evento em que há apenas um único cupom do tipo T_i no conjunto completo. Como X é igual ao número de eventos $A_1,\ldots,A_n$ ocorridos, temos

$$E[X] = \sum_{i=1}^{n} P(A_i)$$

No momento em que o cupom do tipo T_i for recolhido pela primeira vez, ainda restarão $n-i$ tipos de cupons a serem recolhidos até que um conjunto completo seja formado. Como, a partir daí, cada um desses $n-i+1$ tipos de cupons (isto é, os $n-i$ que ainda não foram recolhidos e o cupom do tipo T_i) terá a mesma probabilidade de ser o último a ser recolhido, tem-se que o cupom do tipo T_i será o último a ser recolhido (e portanto será singular) com probabilidade $\frac{1}{n-i+1}$. Consequentemente, $P(A_i) = \frac{1}{n-i+1}$, o que resulta em

$$E[X] = \sum_{i=1}^{n} \frac{1}{n-i+1} = \sum_{i=1}^{n} \frac{1}{i}$$

Para determinar a variância do número de cupons únicos, ou singulares, suponha que $S_{i,j}, i < j$, seja o evento em que o primeiro cupom do tipo T_i recolhido é o único daquele tipo a ter sido recolhido até o recolhimento do cupom do tipo T_j. Então

$$P(A_i A_j) = P(A_i A_j | S_{i,j}) P(S_{i,j})$$

Agora, $P(S_{i,j})$ é a probabilidade de que, logo que o cupom do tipo T_j tenha sido recolhido, dos $n - 1 + 1$ tipos de cupons que compreendem o tipo T_i e os $n - i$ tipos ainda não recolhidos, um cupom do tipo T_i não esteja entre os primeiros $j - i$ cupons desses tipos a serem recolhidos. Como um cupom do tipo T_i tem a mesma probabilidade de ser o primeiro, o segundo, ou..., $n - i + 1$ desses tipos recolhidos, temos

$$P(S_{i,j}) = 1 - \frac{j - i}{n - i + 1} = \frac{n + 1 - j}{n + 1 - i}$$

Agora, condicionando no evento $S_{i,j}$, tanto A_i e A_j ocorrem se, no momento em que o primeiro cupom do tipo T_j for recolhido, dos $n - j + 2$ cupons que compreendem os tipos de cupons T_i e T_j e os $n - j$ tipos de cupons ainda não recolhidos, T_i e T_j sejam recolhidos após os demais $n - j$ cupons. Mas isso implica que

$$P(A_i A_j | S_{i,j}) = 2 \frac{1}{n - j + 2} \frac{1}{n - j + 1}$$

Portanto,

$$P(A_i A_j) = \frac{2}{(n + 1 - i)(n + 2 - j)}, \quad i < j$$

o que resulta em

$$E[X(X - 1)] = 4 \sum_{i<j} \frac{1}{(n + 1 - i)(n + 2 - j)}$$

Consequentemente, usando o resultado anterior para $E[X]$, obtemos

$$\text{Var}(X) = 4 \sum_{i<j} \frac{1}{(n + 1 - i)(n + 2 - j)} + \sum_{i=1}^{n} \frac{1}{i} - \left(\sum_{i=1}^{n} \frac{1}{i} \right)^2 \qquad \blacksquare$$

7.4 COVARIÂNCIA, VARIÂNCIA DE SOMAS E CORRELAÇÕES

A proposição a seguir mostra que a esperança de um produto de variáveis aleatórias independentes é igual ao produto de suas esperanças.

Proposição 4.1 Se X e Y são independentes, então, para quaisquer funções h e g,

$$E[g(X)h(Y)] = E[g(X)]E[h(Y)]$$

Demonstração Suponha que X e Y sejam variáveis aleatórias conjuntamente contínuas com função densidade conjunta $f(x, y)$. Então,

$$E[g(X)h(Y)] = \int_{-\infty}^{\infty} \int_{-\infty}^{\infty} g(x)h(y)f(x, y)\, dx\, dy$$

$$= \int_{-\infty}^{\infty} \int_{-\infty}^{\infty} g(x)h(y)f_X(x)f_Y(y)\,dx\,dy$$
$$= \int_{-\infty}^{\infty} h(y)f_Y(y)dy \int_{-\infty}^{\infty} g(x)f_X(x)\,dx$$
$$= E[h(Y)]E[g(X)]$$

A demonstração para o caso discreto é similar. □

Assim como o valor esperado e a variância de uma única variável aleatória nos fornecem informações sobre essa variável aleatória, a covariância entre duas variáveis aleatórias nos fornece informações sobre a relação entre as variáveis aleatórias.

Definição

A covariância entre X e Y, representada como Cov(X, Y), é definida como

$$\text{Cov}(X, Y) = E[(X - E[X])(Y - E[Y])]$$

Expandindo o lado direito da definição anterior, vemos que

$$\text{Cov}(X, Y) = E[XY - E[X]Y - XE[Y] + E[Y]E[X]]$$
$$= E[XY] - E[X]E[Y] - E[X]E[Y] + E[X]E[Y]$$
$$= E[XY] - E[X]E[Y]$$

Observe que, se X e Y são independentes, então, pela Proposição 4.1, Cov(X, Y) = 0. Entretanto, o inverso não é verdade. Um simples exame de duas variáveis aleatórias X e Y dependentes com covariância zero é obtido fazendo-se com que X seja uma variável aleatória tal que

$$P\{X = 0\} = P\{X = 1\} = P\{X = -1\} = \frac{1}{3}$$

e definindo-se

$$Y = \begin{cases} 0 & \text{se } X \neq 0 \\ 1 & \text{se } X = 0 \end{cases}$$

Agora, $XY = 0$, então $E[XY] = 0$. Também, $E[X] = 0$. Assim,

$$\text{Cov}(X, Y) = E[XY] - E[X]E[Y] = 0$$

Entretanto, X e Y são claramente dependentes.

A proposição a seguir lista algumas propriedades da covariância.

Proposição 4.2
(i) $\text{Cov}(X, Y) = \text{Cov}(Y, X)$
(ii) $\text{Cov}(X, X) = \text{Var}(X)$
(iii) $\text{Cov}(aX, Y) = a\text{Cov}(X, Y)$
(iv) $\text{Cov}\left(\sum_{i=1}^{n} X_i, \sum_{j=1}^{m} Y_j\right) = \sum_{i=1}^{n}\sum_{j=1}^{m} \text{Cov}(X_i, Y_j)$

Demonstração da Proposição 4.2 As proposições (i) e (ii) resultam imediatamente da definição da covariância, e a proposição (iii) é deixada como exercício para o leitor. Para demonstrar a proposição (iv), que diz que a operação de cálculo da covariância é aditiva (como é a operação de cálculo do valor esperado), suponha que $\mu_i = E[X_i]$ e $v_j = E[Y_j]$. Então,

$$E\left[\sum_{i=1}^{n} X_i\right] = \sum_{i=1}^{n} \mu_i, \quad E\left[\sum_{j=1}^{m} Y_j\right] = \sum_{j=1}^{m} v_j$$

e

$$\text{Cov}\left(\sum_{i=1}^{n} X_i, \sum_{j=1}^{m} Y_j\right) = E\left[\left(\sum_{i=1}^{n} X_i - \sum_{i=1}^{n} \mu_i\right)\left(\sum_{j=1}^{m} Y_j - \sum_{j=1}^{m} v_j\right)\right]$$

$$= E\left[\sum_{i=1}^{n}(X_i - \mu_i)\sum_{j=1}^{m}(Y_j - v_j)\right]$$

$$= E\left[\sum_{i=1}^{n}\sum_{j=1}^{m}(X_i - \mu_i)(Y_j - v_j)\right]$$

$$= \sum_{i=1}^{n}\sum_{j=1}^{m} E[(X_i - \mu_i)(Y_j - v_j)]$$

onde a última igualdade é obtida porque o valor esperado da soma de variáveis aleatórias é igual à soma de seus valores esperados. □

Resulta das propriedades (ii) e (iv) da Proposição 4.2, supondo-se que $Y_j = X_{i,j} = 1,...,n$, que

$$\text{Var}\left(\sum_{i=1}^{n} X_i\right) = \text{Cov}\left(\sum_{i=1}^{n} X_i, \sum_{j=1}^{n} X_j\right)$$

$$= \sum_{i=1}^{n}\sum_{j=1}^{n} \text{Cov}(X_i, X_j)$$

$$= \sum_{i=1}^{n} \text{Var}(X_i) + \sum\sum_{i \neq j} \text{Cov}(X_i, X_j)$$

Como cada par de índices $i, j, i \neq j$, aparece duas vezes no somatório duplo, a fórmula anterior é equivalente a

$$\boxed{\text{Var}\left(\sum_{i=1}^{n} X_i\right) = \sum_{i=1}^{n} \text{Var}(X_i) + 2\sum\sum_{i<j} \text{Cov}(X_i, X_j)} \quad (4.1)$$

Se $X_1,..., X_n$ são independentes por pares, no sentido de X_i e X_j serem independentes para $i \neq j$, então a Equação (4.1) reduz-se para

$$\text{Var}\left(\sum_{i=1}^{n} X_i\right) = \sum_{i=1}^{n} \text{Var}(X_i)$$

Os exemplos seguintes ilustram o uso da Equação (4.1).

Exemplo 4a

Sejam $X_1,..., X_n$ variáveis aleatórias independentes identicamente distribuídas com valor esperado μ e variância σ^2, e, como no Exemplo 2c, suponha que $\overline{X} = \sum_{i=1}^{n} X_i/n$ seja a média amostral. As grandezas $X_i - \overline{X}, i = 1,..., n$, são chamadas de *desvios*, e elas são iguais às diferenças entre os valores individuais dos dados e a média amostral. A variável aleatória

$$S^2 = \sum_{i=1}^{n} \frac{(X_i - \overline{X})^2}{n-1}$$

é chamada de *variância amostral*. Determine (a) $\text{Var}(\overline{X})$ e (b) $E[S^2]$.

Solução (a)

$$\text{Var}(\overline{X}) = \left(\frac{1}{n}\right)^2 \text{Var}\left(\sum_{i=1}^{n} X_i\right)$$

$$= \left(\frac{1}{n}\right)^2 \sum_{i=1}^{n} \text{Var}(X_i) \quad \text{pela independência}$$

$$= \frac{\sigma^2}{n}$$

(b) Começamos com a seguinte identidade algébrica:

$$(n-1)S^2 = \sum_{i=1}^{n}(X_i - \mu + \mu - \overline{X})^2$$

$$= \sum_{i=1}^{n}(X_i - \mu)^2 + \sum_{i=1}^{n}(\overline{X} - \mu)^2 - 2(\overline{X} - \mu)\sum_{i=1}^{n}(X_i - \mu)$$

$$= \sum_{i=1}^{n}(X_i - \mu)^2 + n(\overline{X} - \mu)^2 - 2(\overline{X} - \mu)n(\overline{X} - \mu)$$

$$= \sum_{i=1}^{n}(X_i - \mu)^2 - n(\overline{X} - \mu)^2$$

Calculando a esperança da equação anterior, obtemos

$$(n-1)E[S^2] = \sum_{i=1}^{n} E[(X_i - \mu)^2] - nE[(\overline{X} - \mu)^2]$$

$$= n\sigma^2 - n\text{Var}(\overline{X})$$

$$= (n-1)\sigma^2$$

onde a igualdade final fez uso da letra (a) deste exemplo e a igualdade anterior fez uso do resultado do Exemplo 2c, isto é, $E[\overline{X}] = \mu$. Dividindo ambos os lados por $n-1$, mostramos que o valor esperado da variância amostral é a distribuição variância σ^2. ■

Nosso próximo exemplo apresenta um outro método para o cálculo da variância de uma variável aleatória binomial.

Exemplo 4b Variância de uma variável aleatória binomial
Calcule a variância de uma variável aleatória binomial X com parâmetros n e p.

Solução Como tal variável aleatória representa o número de sucessos em n tentativas independentes quando cada tentativa tem a mesma probabilidade de sucesso p, podemos escrever

$$X = X_1 + \ldots + X_n$$

onde X_i representa variáveis independentes de Bernoulli tais que

$$X_i = \begin{cases} 1 & \text{se a } i\text{-ésima tentativa é um sucesso} \\ 0 & \text{caso contrário} \end{cases}$$

Com isso, da Equação (4.1), obtemos

$$\text{Var}(X) = \text{Var}(X_1) + \ldots + \text{Var}(X_n)$$

Mas

$$\text{Var}(X_i) = E[X_i^2] - (E[X_i])^2$$
$$= E[X_i] - (E[X_i])^2 \quad \text{já que } X_i^2 = X_i$$
$$= p - p^2$$

Logo,

$$\text{Var}(X) = np(1-p)$$ ∎

Exemplo 4c Amostras de uma população finita

Considere um conjunto de N pessoas. Cada uma delas tem uma opinião sobre certo assunto que é medida pelo número real v. Este representa o "nível de certeza" com a qual a pessoa pode opinar sobre o assunto. Suponha que v_i represente o nível de certeza da pessoa i, com $i = 1,...,N$.

Suponha também que as grandezas $v_i, i = 1,..., N$, sejam desconhecidas e que, para determiná-las, um grupo de n pessoas seja "escolhido aleatoriamente" do total de N pessoas, de forma que todos os $\binom{N}{n}$ subconjuntos de tamanho n tenham a mesma probabilidade de serem escolhidos. Essas n pessoas são então questionadas e seus níveis de certeza determinados. Se S representa a soma dos n valores amostrados, determine sua média e variância.

Uma importante aplicação desse problema consiste na realização de uma eleição na qual cada pessoa da população é favorável ou contrária a certo candidato ou proposta. Se considerarmos $v_i = 1$ se a pessoa i for favorável e $v_i = 0$ se ela for contrária, então $\bar{v} = \sum_{i=1}^{N} v_i/N$ representa a proporção da população que é favorável. Para se estimar $\bar{v}$, escolhe-se uma amostra aleatória de n pessoas e faz-se uma pesquisa com essas pessoas. A proporção de pessoas entrevistadas que está a favor – isto é, S/n – é muitas vezes usada como uma estimativa de $\bar{v}$.

Solução Para cada pessoa $i, i = 1,..., N$, defina uma variável I_i que indique se a pessoa está incluída ou não na amostra. Isto é,

$$I_i = \begin{cases} 1 & \text{se a pessoa } i \text{ está na amostra aleatória} \\ 0 & \text{caso contrário} \end{cases}$$

Agora, S pode ser escrito como

$$S = \sum_{i=1}^{N} v_i I_i$$

então

$$E[S] = \sum_{i=1}^{N} v_i E[I_i]$$

$$\text{Var}(S) = \sum_{i=1}^{N} \text{Var}(v_i I_i) + 2 \sum\sum_{i<j} \text{Cov}(v_i I_i, v_j I_j)$$

$$= \sum_{i=1}^{N} v_i^2 \text{Var}(I_i) + 2 \sum\sum_{i<j} v_i v_j \text{Cov}(I_i, I_j)$$

Como

$$E[I_i] = \frac{n}{N}$$

$$E[I_i I_j] = \frac{n}{N} \frac{n-1}{N-1}$$

tem-se que

$$\text{Var}(I_i) = \frac{n}{N}\left(1 - \frac{n}{N}\right)$$

$$\text{Cov}(I_i, I_j) = \frac{n(n-1)}{N(N-1)} - \left(\frac{n}{N}\right)^2$$

$$= \frac{-n(N-n)}{N^2(N-1)}$$

Portanto,

$$E[S] = n \sum_{i=1}^{N} \frac{v_i}{N} = n\bar{v}$$

$$\text{Var}(S) = \frac{n}{N}\left(\frac{N-n}{N}\right) \sum_{i=1}^{N} v_i^2 - \frac{2n(N-n)}{N^2(N-1)} \sum\sum_{i<j} v_i v_j$$

A expressão para $\text{Var}(S)$ pode ser simplificada com o uso da identidade $(v_1 + \ldots + v_N)^2 = \sum_{i=1}^{N} v_i^2 + 2\sum\sum_{i<j} v_i v_j$. Após algumas manipulações, obtemos

$$\text{Var}(S) = \frac{n(N-n)}{N-1}\left(\frac{\sum_{i=1}^{N} v_i^2}{N} - \bar{v}^2\right)$$

Considere agora o caso especial em que Np dos v's são iguais a 1 e os restantes iguais a 0. Nesse caso, S é uma variável aleatória hipergeométrica com média e variância dadas, respectivamente, por

$$E[S] = n\bar{v} = np \quad \text{já que } \bar{v} = \frac{Np}{N} = p$$

e

$$\text{Var}(S) = \frac{n(N-n)}{N-1}\left(\frac{Np}{N} - p^2\right)$$
$$= \frac{n(N-n)}{N-1}p(1-p)$$

A grandeza S/n, que é igual à proporção de elementos amostrados que têm valores iguais a 1, é tal que

$$E\left[\frac{S}{n}\right] = p$$
$$\text{Var}\left(\frac{S}{n}\right) = \frac{N-n}{n(N-1)}p(1-p)$$ ∎

A correlação das duas variáveis aleatórias X e Y, representada por $\rho(X, Y)$, é definida, desde que $\text{Var}(X)$ e $\text{Var}(Y)$ sejam positivas, como

$$\rho(X, Y) = \frac{\text{Cov}(X, Y)}{\sqrt{\text{Var}(X)\text{Var}(Y)}}$$

Pode-se mostrar que

$$-1 \leq \rho(X, Y) \leq 1 \qquad (4.2)$$

Para demonstrar a Equação (4.2), suponha que X e Y tenham variâncias dadas por σ_x^2 e σ_y^2, respectivamente. Então, por um lado,

$$0 \leq \text{Var}\left(\frac{X}{\sigma_x} + \frac{Y}{\sigma_y}\right)$$
$$= \frac{\text{Var}(X)}{\sigma_x^2} + \frac{\text{Var}(Y)}{\sigma_y^2} + \frac{2\text{Cov}(X, Y)}{\sigma_x\sigma_y}$$
$$= 2[1 + \rho(X, Y)]$$

o que implica que

$$-1 \leq \rho(X, Y)$$

Por outro lado,

$$0 \leq \text{Var}\left(\frac{X}{\sigma_x} - \frac{Y}{\sigma_y}\right)$$
$$= \frac{\text{Var}(X)}{\sigma_x^2} + \frac{\text{Var}Y}{(-\sigma_y)^2} - \frac{2\text{Cov}(X, Y)}{\sigma_x\sigma_y}$$
$$= 2[1 - \rho(X, Y)]$$

o que implica que

$$\rho(X, Y) \leq 1$$

o que completa a demonstração da Equação (4.2).

De fato, como Var(Z) implica Z constante com probabilidade 1 (essa relação intuitiva é demonstrada de forma rigorosa no Capítulo 8), resulta da demonstração da Equação (4.2) que $\rho(X, Y) = 1$ implica que $Y = a + bX$, onde $b = \sigma_y/\sigma_x > 0$, e $\rho(X, Y) = -1$ implica que $Y = a + bX$, onde $b = -\sigma_y/\sigma_x < 0$. Deixamos como exercício para o leitor mostrar que o inverso também é verdade: que se $Y = a + bX$, então $\rho(X, Y)$ é igual a $+1$ ou -1 dependendo do sinal de b.

O coeficiente de correlação é uma medida do grau de linearidade entre X e Y. Um valor de $\rho(X, Y)$ próximo a $+1$ ou -1 indica um alto grau de linearidade entre X e Y, enquanto um valor próximo a 0 indica que tal linearidade é ausente. Um valor positivo de $\rho(X, Y)$ indica que Y tende a crescer quando X cresce, enquanto um valor negativo indica que Y tende a decrescer quando X cresce. Se $\rho(X, Y) = 0$, diz-se que X e Y são *não correlacionados*.

Exemplo 4d

Sejam I_A e I_B variáveis indicadoras dos eventos A e B. Isto é,

$$I_A = \begin{cases} 1 & \text{se } A \text{ ocorrer} \\ 0 & \text{caso contrário} \end{cases}$$

$$I_B = \begin{cases} 1 & \text{se } B \text{ ocorrer} \\ 0 & \text{caso contrário} \end{cases}$$

Então

$$E[I_A] = P(A)$$
$$E[I_B] = P(B)$$
$$E[I_A I_B] = P(AB)$$

logo,

$$\text{Cov}(I_A, I_B) = P(AB) - P(A)P(B)$$
$$= P(B)[P(A|B) - P(A)]$$

Assim, obtemos um resultado bastante intuitivo. Ele diz que as variáveis indicadoras de A e B estão positivamente correlacionadas, não correlacionadas, ou negativamente correlacionadas se a probabilidade $P(A|B)$ for maior que, igual a, ou menor que $P(A)$, respectivamente. ∎

Nosso próximo exemplo mostra que a média amostral e um desvio da média amostral são não correlacionados.

Exemplo 4e

Sejam $X_1,..., X_n$ variáveis aleatórias independentes identicamente distribuídas com variância σ^2. Mostre que

$$\text{Cov}(X_i - \overline{X}, \overline{X}) = 0$$

Solução Temos

$$\text{Cov}(X_i - \overline{X}, \overline{X}) = \text{Cov}(X_i, \overline{X}) - \text{Cov}(\overline{X}, \overline{X})$$

$$= \text{Cov}\left(X_i, \frac{1}{n}\sum_{j=1}^{n} X_j\right) - \text{Var}(\overline{X})$$

$$= \frac{1}{n}\sum_{j=1}^{n} \text{Cov}(X_i, X_j) - \frac{\sigma^2}{n}$$

$$= \frac{\sigma^2}{n} - \frac{\sigma^2}{n} = 0$$

onde a penúltima igualdade usa o resultado do Exemplo 4a e a igualdade final é obtida porque

$$\text{Cov}(X_i, X_j) = \begin{cases} 0 & \text{se } j \neq i \quad \text{pela independência} \\ \sigma^2 & \text{se } j = i \quad \text{pois Var}(X_i) = \sigma^2 \end{cases}$$

Embora $\overline{X}$ e o desvio $X_i - \overline{X}$ sejam não correlacionados, esses parâmetros não são, em geral, independentes. Entretanto, no caso especial em que as variáveis X_i são variáveis aleatórias normais, $\overline{X}$ é independente de toda a sequência de desvios $X_j - \overline{X}, j = 1,..., n$. Esse resultado será estabelecido na Seção 7.8, onde mostraremos que, neste caso, a média amostral $\overline{X}$ e a variância amostral S^2 são independentes. Mostraremos também que $(n-1)S^2/\sigma^2$ tem distribuição qui-quadrado com $n-1$ graus de liberdade (veja o Exemplo 4a para a definição de S^2). ∎

Exemplo 4f

Considere m tentativas independentes, cada uma levando a qualquer um dos r resultados possíveis com probabilidades $P_1, P_2,..., P_r, \sum_{1}^{r} P_i = 1$. Se fizermos com que $N_i, i = 1,..., r$, represente a quantidade de tentativas que levam ao resultado i, então $N_1, N_2,..., N_r$ têm a distribuição multinomial

$$P\{N_1 = n_1, N_2 = n_2, \ldots, N_r = n_r\} = \frac{m!}{n_1! n_2! \ldots n_r!} P_1^{n_1} P_2^{n_2} \cdots P_r^{n_r} \quad \sum_{i=1}^{r} n_i = m$$

Para $i \neq j$, parece razoável que, com N_i grande, N_j tenda a ser pequeno; portanto, é intuitivo que essas variáveis estejam negativamente correlacionadas. Vamos calcular sua covariância usando a Proposição 4.2(iv) e as representações

$$N_i = \sum_{k=1}^{m} I_i(k) \quad \text{e} \quad N_j = \sum_{k=1}^{m} I_j(k)$$

onde

$$I_i(k) = \begin{cases} 1 & \text{se a tentativa } k \text{ levar ao resultado } i \\ 0 & \text{caso contrário} \end{cases}$$

$$I_j(k) = \begin{cases} 1 & \text{se a tentativa } k \text{ levar ao resultado } j \\ 0 & \text{caso contrário} \end{cases}$$

Da Proposição 4.2(iv), temos

$$\text{Cov}(N_i, N_j) = \sum_{\ell=1}^{m} \sum_{k=1}^{m} \text{Cov}(I_i(k), I_j(\ell))$$

Agora, por um lado, quando $k \neq \ell$,

$$\text{Cov}(I_i(k), I_j(\ell)) = 0$$

pois o resultado da tentativa k é independente do resultado da tentativa ℓ. Por outro lado,

$$\text{Cov}(I_i(\ell), I_j(\ell)) = E[I_i(\ell)I_j(\ell)] - E[I_i(\ell)]E[I_j(\ell)]$$
$$= 0 - P_i P_j = -P_i P_j$$

onde a equação usa o fato de que $I_i(\ell)I_j(\ell) = 0$, já que a tentativa ℓ não pode levar simultaneamente aos resultados i e j. Com isso, obtemos

$$\text{Cov}(N_i, N_j) = -m P_i P_j$$

o que está de acordo com nossa intuição de que N_i e N_j são negativamente correlacionados. ∎

7.5 ESPERANÇA CONDICIONAL

7.5.1 Definições

Lembre que, se X e Y são variáveis aleatórias conjuntamente discretas, então a função de probabilidade condicional de X dado que $Y = y$ é definida, para todo y tal que $P\{Y = y\} > 0$, por

$$p_{X|Y}(x|y) = P\{X = x | Y = y\} = \frac{p(x, y)}{p_Y(y)}$$

É portanto natural definir, nesse caso, a esperança condicional de X dado que $Y = y$, para todos os valores de y tais que $p_Y(y) > 0$, como

$$E[X|Y = y] = \sum_x x P\{X = x | Y = y\}$$
$$= \sum_x x p_{X|Y}(x|y)$$

Exemplo 5a

Se X e Y são variáveis aleatórias binomiais independentes com parâmetros n e p idênticos, calcule o valor esperado condicional de X dado que $X + Y = m$.

Solução Vamos primeiro calcular a função de probabilidade condicional de X dado que $X + Y = m$. Para $k \leq \text{mín}(n, m)$,

$$\begin{aligned}
P\{X = k | X + Y = m\} &= \frac{P\{X = k, X + Y = m\}}{P\{X + Y = m\}} \\
&= \frac{P\{X = k, Y = m - k\}}{P\{X + Y = m\}} \\
&= \frac{P\{X = k\} P\{Y = m - k\}}{P\{X + Y = m\}} \\
&= \frac{\binom{n}{k} p^k (1-p)^{n-k} \binom{n}{m-k} p^{m-k} (1-p)^{n-m+k}}{\binom{2n}{m} p^m (1-p)^{2n-m}} \\
&= \frac{\binom{n}{k} \binom{n}{m-k}}{\binom{2n}{m}}
\end{aligned}$$

onde usamos o fato (veja o Exemplo 3f do Capítulo 6) de que $X + Y$ é uma variável aleatória binomial com parâmetros $2n$ e p. Com isso, a distribuição condicional de X dado que $X + Y = m$ é hipergeométrica. Assim, do Exemplo 2g, obtemos

$$E[X | X + Y = m] = \frac{m}{2}$$

∎

Similarmente, vamos relembrar que, se X e Y são conjuntamente contínuas com função densidade de probabilidade conjunta $f(x, y)$, então a função densidade de probabilidade condicional de X dado que $Y = y$ é definida, para todos os valores de y tais que $f_Y(y) > 0$, por

$$f_{X|Y}(x|y) = \frac{f(x, y)}{f_Y(y)}$$

É natural, nesse caso, definir a esperança condicional de X dado que $Y = y$, por

$$E[X|Y = y] = \int_{-\infty}^{\infty} x f_{X|Y}(x|y) \, dx$$

desde que $f_Y(y) > 0$.

Exemplo 5b
Suponha que a densidade conjunta de X e Y seja dada por

$$f(x,y) = \frac{e^{-x/y}e^{-y}}{y} \quad 0 < x < \infty, \ 0 < y < \infty$$

Calcule $E[X|Y = y]$.

Solução Começamos calculando a densidade condicional

$$\begin{aligned}
f_{X|Y}(x|y) &= \frac{f(x,y)}{f_Y(y)} \\
&= \frac{f(x,y)}{\int_{-\infty}^{\infty} f(x,y)\,dx} \\
&= \frac{(1/y)e^{-x/y}e^{-y}}{\int_0^{\infty} (1/y)e^{-x/y}e^{-y}\,dx} \\
&= \frac{(1/y)e^{-x/y}}{\int_0^{\infty} (1/y)e^{-x/y}\,dx} \\
&= \frac{1}{y}e^{-x/y}
\end{aligned}$$

Com isso, a distribuição condicional de X, dado que $Y = y$, é uma distribuição exponencial com média y. Assim,

$$E[X|Y = y] = \int_0^{\infty} \frac{x}{y}e^{-x/y}\,dx = y$$

∎

Observação: Assim como as probabilidades condicionais satisfazem todas as propriedades das probabilidades comuns, as esperanças condicionais satisfazem as propriedades das esperanças comuns. Por exemplo, fórmulas como

$$E[g(X)|Y = y] = \begin{cases} \sum_x g(x)p_{X|Y}(x|y) & \text{no caso discreto} \\ \int_{-\infty}^{\infty} g(x)f_{X|Y}(x|y)\,dx & \text{no caso contínuo} \end{cases}$$

e

$$E\left[\sum_{i=1}^n X_i \middle| Y = y\right] = \sum_{i=1}^n E[X_i|Y = y]$$

permanecem válidas. Na realidade, a esperança condicional dado que $Y = y$ pode ser pensada como sendo uma esperança comum em um espaço amostral reduzido formado apenas por resultados para os quais $Y = y$. ∎

7.5.2 Calculando esperanças usando condições

Vamos representar como $E[X|Y]$ a função da variável aleatória Y cujo valor em $Y = y$ é $E[X|Y = y]$. Note que $E[X|Y]$ é ela própria uma variável aleatória. Uma propriedade extremamente importante das esperanças condicionais é dada pela proposição a seguir.

Proposição 5.1

$$E[X] = E[E[X|Y]] \tag{5.1}$$

Se Y é uma variável aleatória discreta, então a Equação (5.1) diz que

$$E[X] = \sum_y E[X|Y = y]P\{Y = y\} \tag{5.1a}$$

Por outro lado, se Y é contínua com densidade $f_Y(y)$, a Equação (5.1) diz que

$$E[X] = \int_{-\infty}^{\infty} E[X|Y = y]f_Y(y)\,dy \tag{5.1b}$$

Damos agora uma demonstração da Equação (5.1) para o caso em que X e Y são variáveis aleatórias discretas.

Demonstração da Equação (5.1) quando X e Y são discretas: Devemos mostrar que

$$E[X] = \sum_y E[X|Y = y]P\{Y = y\} \tag{5.2}$$

Agora, o lado direito da Equação (5.2) pode ser escrito como

$$\sum_y E[X|Y = y]P\{Y = y\} = \sum_y \sum_x x P\{X = x | Y = y\} P\{Y = y\}$$

$$= \sum_y \sum_x x \frac{P\{X = x, Y = y\}}{P\{Y = y\}} P\{Y = y\}$$

$$= \sum_y \sum_x x P\{X = x, Y = y\}$$

$$= \sum_x x \sum_y P\{X = x, Y = y\}$$

$$= \sum_x x P\{X = x\}$$

$$= E[X]$$

e o resultado está demonstrado. □

Uma maneira de entender a Equação (5.2) é interpretá-la da seguinte maneira. Para calcular $E[X]$, podemos obter uma média ponderada do valor esperado condicional de X dado que $Y = y$, sendo cada um dos termos $E[X|Y = y]$ ponderado pela probabilidade do evento ao qual está condicionado (isso lembra você de alguma coisa?). Este é um resultado extremamente útil que muitas vezes nos permite calcular esperanças com certa facilidade, simplesmente colocando algum tipo de condição em alguma variável aleatória apropriada. Os exemplos a seguir ilustram o seu uso.

Exemplo 5c

Um minerador está preso em uma mina contendo 3 portas. A primeira porta leva a um túnel que o levará à saída após 3 horas de viagem. A segunda porta leva a um túnel que fará com que ele retorne à mina após 5 horas de viagem. A terceira porta leva a um túnel que fará com que ele retorne à mina após 7 horas. Se considerarmos que o minerador pode escolher qualquer uma das portas com igual probabilidade, qual é o tempo esperado para que ele chegue à saída?

Solução Suponha que X represente a quantidade de tempo (em horas) até que o minerador consiga sair e faça com que Y represente a porta que ele escolheu primeiro. Assim,

$$E[X] = E[X|Y=1]P\{Y=1\} + E[X|Y=2]P\{Y=2\} + E[X|Y=3]P\{Y=3\}$$

$$= \frac{1}{3}(E[X|Y=1] + E[X|Y=2] + E[X|Y=3])$$

Entretanto,

$$E[X|Y=1] = 3$$
$$E[X|Y=2] = 5 + E[X]$$
$$E[X|Y=3] = 7 + E[X] \qquad (5.3)$$

Para entender por que a Equação (5.3) está correta, por exemplo, escolha $E[X|Y=2]$ e pense da seguinte maneira: se o minerador escolher a segunda porta, ele gastará 5 horas no túnel e então retornará ao ponto de partida. Mas assim que tiver retornado, o problema é o mesmo de antes; assim, o tempo adicional esperado até que ele atinja a saída é somente $E[X]$. Com isso, $E[X|Y=2] = 5 + E[X]$. O argumento por trás das igualdades na Equação (5.3) é similar. Portanto,

$$E[X] = \frac{1}{3}(3 + 5 + E[X] + 7 + E[X])$$

ou

$$E[X] = 15 \qquad \blacksquare$$

Exemplo 5d Esperança da soma de um número aleatório de variáveis aleatórias

Suponha que o número de pessoas que entram em uma loja de departamentos em determinado dia seja uma variável aleatória com média 50. Suponha ainda que as quantias de dinheiro gastas por esses clientes sejam variáveis aleatórias independentes com média comum de R$80,00. Finalmente, suponha também que a quantia gasta por um cliente seja independente do número total de clientes que entram na loja. Qual é a quantidade esperada de dinheiro gasto na loja em um dado dia?

Solução Se N representa o número de clientes que entram na loja e X_i a quantidade de dinheiro gasta pelo i-ésimo cliente, então a quantidade total de dinheiro gasta pode ser escrita como $\sum_{i=1}^{N} X_i$. Agora,

$$E\left[\sum_{1}^{N} X_i\right] = E\left[E\left[\sum_{1}^{N} X_i | N\right]\right]$$

Mas

$$E\left[\sum_{1}^{N} X_i | N = n\right] = E\left[\sum_{1}^{n} X_i | N = n\right]$$

$$= E\left[\sum_{1}^{n} X_i\right] \quad \text{pela independência de } X_i \text{ e } N$$

$$= nE[X] \quad \text{onde } E[X] = E[X_i]$$

o que implica que

$$E\left[\sum_{1}^{N} X_i | N\right] = NE[X]$$

Assim,

$$E\left[\sum_{i=1}^{N} X_i\right] = E[NE[X]] = E[N]E[X]$$

Com isso, em nosso exemplo, a quantidade esperada de dinheiro gasto na loja é de 50 × R$80,00, ou R$4.000,00. ■

Exemplo 5e

Certo jogo começa com o rolar de um par de dados. Se a soma dos dados der 2, 3 ou 12, o jogador perde. Se der 7 ou 11, o jogador vence. Se der qualquer outro número i, o jogador continua a rolar o dado até que a soma seja 7 ou i. Se for 7, o jogador perde; se for i, o jogador vence. Suponha que R represente o número de jogadas feitas. Determine

(a) $E[R]$;
(b) $E[R|\text{jogador vence}]$;
(c) $E[R|\text{jogador perde}]$.

Solução Se P_i representa a probabilidade de que a soma dos dados seja igual a i, então

$$P_i = P_{14-i} = \frac{i-1}{36}, \quad i = 2, \ldots, 7$$

Para calcular $E[R]$, condicionamos em S, a soma inicial, e obtemos

$$E[R] = \sum_{i=2}^{12} E[R|S=i] P_i$$

Entretanto,

$$E[R|S=i] = \begin{cases} 1, & \text{se } i = 2,3,7,11,12 \\ 1 + \dfrac{1}{P_i + P_7}, & \text{caso contrário} \end{cases}$$

Obtém-se a equação anterior porque, se a soma é igual a um valor i que não finaliza o jogo, então os dados continuam a ser jogados até que a soma seja igual a i ou 7, e o número de jogadas necessárias até que isso ocorra é uma variável aleatória geométrica com parâmetro $P_i + P_7$. Portanto,

$$E[R] = 1 + \sum_{i=4}^{6} \frac{P_i}{P_i + P_7} + \sum_{i=8}^{10} \frac{P_i}{P_i + P_7}$$
$$= 1 + 2(3/9 + 4/10 + 5/11) = 3{,}376$$

Para determinar $E[R|\text{jogador vence}]$, começemos determinando p, a probabilidade de que o jogador vença. Condicionando em S, obtemos

$$p = \sum_{i=2}^{12} P\{\text{vitória}|S=i\} P_i$$

$$= P_7 + P_{11} + \sum_{i=4}^{6} \frac{P_i}{P_i + P_7} P_i + \sum_{i=8}^{10} \frac{P_i}{P_i + P_7} P_i$$

$$= 0{,}493$$

onde o desenvolvimento anterior usa o fato de que a probabilidade de se obter uma soma igual a i antes de uma soma igual a 7 é $P_i/(P_i + P_7)$. Agora, vamos determinar a função de probabilidade condicional de S dado que o jogador vença. Fazendo $Q_i = P\{S = i|\text{jogador vence}\}$, obtemos

$$Q_2 = Q_3 = Q_{12} = 0, \quad Q_7 = P_7/p, \quad Q_{11} = P_{11}/p$$

e, para $i = 4, 5, 6, 8, 9, 10$

$$Q_i = \frac{P\{S=i, \text{jogador vence}\}}{P\{\text{vitória}\}}$$

$$= \frac{P_i P\{\text{vitória}|S=i\}}{p}$$

$$= \frac{P_i^2}{p(P_i + P_7)}$$

Agora, condicionando na soma inicial, obtemos

$$E[R|\text{vitória}] = \sum_i E[R|\text{vitória}, S = i]Q_i$$

Entretanto, como já havia sido notado no Exemplo 2j do Capítulo 6, se a soma inicial for i, o número de jogadas adicionais necessárias e o resultado do jogo (seja ele uma vitória ou uma derrota) são independentes (isso é visto facilmente notando-se primeiro que, dada uma soma inicial i, o resultado é independente do número de jogadas adicionais necessárias; depois, usando-se a propriedade de simetria da independência, que diz que, se o evento A é independente do evento B, então o evento B é independente do evento A). Portanto,

$$E[R|\text{vitória}] = \sum_i E[R|S = i]Q_i$$

$$= 1 + \sum_{i=4}^{6} \frac{Q_i}{P_i + P_7} + \sum_{i=8}^{10} \frac{Q_i}{P_i + P_7}$$

$$= 2{,}938$$

Embora pudéssemos determinar $E[R|\text{jogador perde}]$ exatamente como obtivemos $E[R|\text{jogador vence}]$, é mais fácil usar

$$E[R] = E[R|\text{jogador vence}] + E[R|\text{jogador perde}](1 - p)$$

o que implica que

$$E[R|\text{jogador perde}] = \frac{E[R] - E[R|\text{jogador vence}]p}{1 - p} = 3{,}801 \qquad \blacksquare$$

Exemplo 5f
Conforme definido no Exemplo 5c do Capítulo 6, a função densidade conjunta normal bivariada das variáveis aleatórias X e Y é

$$f(x,y) = \frac{1}{2\pi\sigma_x\sigma_y\sqrt{1-\rho^2}} \exp\left\{-\frac{1}{2(1-\rho^2)}\left[\left(\frac{x-\mu_x}{\sigma_x}\right)^2 + \left(\frac{y-\mu_y}{\sigma_y}\right)^2 - 2\rho\frac{(x-\mu_x)(y-\mu_y)}{\sigma_x\sigma_y}\right]\right\}$$

Vamos agora mostrar que ρ é a correlação entre X e Y. Conforme mostrado no Exemplo 5c, $\mu_x = E[X]$, $\sigma_x^2 = \text{Var}(X)$, e $\mu_y = E[Y]$, $\sigma_y^2 = \text{Var}(Y)$. Consequentemente,

$$\text{Corr}(X, Y) = \frac{\text{Cov}(X, Y)}{\sigma_x \sigma_y}$$

$$= \frac{E[XY] - \mu_x \mu_y}{\sigma_x \sigma_y}$$

Para determinar $E[XY]$, condicionamos em Y. Isto é, usamos a identidade

$$E[XY] = E[E[XY|Y]]$$

Relembrando do Exemplo 5c que a distribuição condicional de X dado que $Y = y$ é normal com média $\mu_x + \rho \frac{\sigma_x}{\sigma_y}(y - \mu_y)$, vemos que

$$E[XY|Y = y] = E[Xy|Y = y]$$
$$= y E[X|Y = y]$$
$$= y \left[\mu_x + \rho \frac{\sigma_x}{\sigma_y}(y - \mu_y) \right]$$
$$= y \mu_x + \rho \frac{\sigma_x}{\sigma_y}(y^2 - \mu_y y)$$

Consequentemente,

$$E[XY|Y] = Y \mu_x + \rho \frac{\sigma_x}{\sigma_y}(Y^2 - \mu_y Y)$$

o que implica que

$$E[XY] = E\left[Y \mu_x + \rho \frac{\sigma_x}{\sigma_y}(Y^2 - \mu_y Y) \right]$$
$$= \mu_x E[Y] + \rho \frac{\sigma_x}{\sigma_y} E[Y^2 - \mu_y Y]$$
$$= \mu_x \mu_y + \rho \frac{\sigma_x}{\sigma_y} \left(E[Y^2] - \mu_y^2 \right)$$
$$= \mu_x \mu_y + \rho \frac{\sigma_x}{\sigma_y} \text{Var}(Y)$$
$$= \mu_x \mu_y + \rho \sigma_x \sigma_y$$

Portanto,

$$\text{Corr}(X, Y) = \frac{\rho \sigma_x \sigma_y}{\sigma_x \sigma_y} = \rho$$

Às vezes é fácil calcular $E[X]$, e usamos a identidade condicional para calcular o valor esperado condicional. Essa abordagem é ilustrada em nosso próximo exemplo.

Exemplo 5g

Considere n tentativas independentes, cada uma levando a um dos resultados $1,..., k$ com respectivas probabilidades $p_1,..., p_k$, $\sum_{i=1}^{k} p_i = 1$. Suponha que N_i represente o número de tentativas que levam ao resultado i, $i = 1,..., k$. Para $i \neq j$, determine

(a) $E[N_j|N_i > 0]$ e (b) $E[N_j|N_i > 1]$

Solução Para resolver (a), considere

$$I = \begin{cases} 0, & \text{se } N_i = 0 \\ 1, & \text{se } N_i > 0 \end{cases}$$

Então

$$E[N_j] = E[N_j|I = 0]P\{I = 0\} + E[N_j|I = 1]P\{I = 1\}$$

ou, equivalentemente,

$$E[N_j] = E[N_j|N_i = 0]P\{N_i = 0\} + E[N_j|N_i > 0]P\{N_i > 0\}$$

Agora, a distribuição incondicional de N_j é binomial com parâmetros n, p_j. Além disso, dado que $N_i = r$, cada uma das $n - r$ tentativas que não levam ao resultado i terão como saída, de forma independente, o resultado j com probabilidade $P(j|\text{não } i) = p_j/(1 - p_i)$. Consequentemente, a distribuição condicional de N_j, dado que $N_i = r$, é binomial com parâmetros $n - r, p_j/(1 - p_i)$ (para um argumento mais detalhado para essa conclusão, veja o Exemplo 4c do Capítulo 6). Como $P\{N_i = 0\} = (1 - p_i)^n$, a equação anterior resulta em

$$np_j = n\frac{p_j}{1 - p_i}(1 - p_i)^n + E[N_j|N_i > 0](1 - (1 - p_i)^n)$$

dando o resultado

$$E[N_j|N_i > 0] = np_j \frac{1 - (1 - p_i)^{n-1}}{1 - (1 - p_i)^n}$$

Podemos resolver a letra (b) de maneira similar. Considere

$$J = \begin{cases} 0, & \text{se } N_i = 0 \\ 1, & \text{se } N_i = 1 \\ 2, & \text{se } N_i > 1 \end{cases}$$

Então

$$E[N_j] = E[N_j|J = 0]P\{J = 0\} + E[N_j|J = 1]P\{J = 1\} + E[N_j|J = 2]P\{J = 2\}$$

ou, equivalentemente,

$$E[N_j] = E[N_j|N_i = 0]P\{N_i = 0\} + E[N_j|N_i = 1]P\{N_i = 1\} + E[N_j|N_i > 1]P\{N_i > 1\}$$

Essa equação leva a

$$np_j = n\frac{p_j}{1-p_i}(1-p_i)^n + (n-1)\frac{p_j}{1-p_i}np_i(1-p_i)^{n-1}$$
$$+ E[N_j|N_i > 1](1-(1-p_i)^n - np_i(1-p_i)^{n-1})$$

dando o resultado

$$E[N_j|N_i > 1] = \frac{np_j[1-(1-p_i)^{n-1}-(n-1)p_i(1-p_i)^{n-2}]}{1-(1-p_i)^n - np_i(1-p_i)^{n-1}}$$ ∎

Também é possível obter a variância de uma variável aleatória usando condições. Ilustramos essa abordagem no próximo exemplo.

Exemplo 5h Variância da distribuição geométrica

Tentativas independentes, cada uma com probabilidade de sucesso p, são realizadas sucessivamente. Suponha que N seja o instante de ocorrência do primeiro sucesso. Determine Var(N).

Solução Considere $Y = 1$ se a primeira tentativa resultar em sucesso e $Y = 0$ caso contrário. Agora,

$$\text{Var}(N) = E[N^2] - (E[N])^2$$

Para calcular $E[N^2]$, condicionamos em Y da seguinte maneira:

$$E[N^2] = E[E[N^2|Y]]$$

Entretanto,

$$E[N^2|Y=1] = 1$$
$$E[N^2|Y=0] = E[(1+N)^2]$$

Essas duas equações são obtidas porque, por um lado, se a primeira tentativa resultar em sucesso, então, claramente, $N = 1$; assim, $N^2 = 1$. Por outro lado, se a primeira tentativa for fracassada, então o número total de tentativas necessárias para o primeiro sucesso terá a mesma distribuição que 1 (a primeira tentativa que resulta em um fracasso) mais o número necessário de tentativas adicionais. Como a última grandeza tem a mesma distribuição que N, obtemos $E[N^2|Y=0] = E[(1+N)^2]$. Com isso,

$$E[N^2] = E[N^2|Y=1]P\{Y=1\} + E[N^2|Y=0]P\{Y=0\}$$
$$= p + (1-p)E[(1+N)^2]$$
$$= 1 + (1-p)E[2N + N^2]$$

Entretanto, conforme mostrado no Exemplo 8b do Capítulo 4, $E[N] = 1/p$; portanto

$$E[N^2] = 1 + \frac{2(1-p)}{p} + (1-p)E[N^2]$$

ou

$$E[N^2] = \frac{2-p}{p^2}$$

Consequentemente,

$$\begin{aligned}\text{Var}(N) &= E[N^2] - (E[N])^2 \\ &= \frac{2-p}{p^2} - \left(\frac{1}{p}\right)^2 \\ &= \frac{1-p}{p^2}\end{aligned}$$ ∎

Exemplo 5i

Considere uma situação de jogo em que há r jogadores, com o jogador i possuindo inicialmente n_i unidades, $n_i > 0$, $i = 1,..., r$. Em cada rodada, dois dos jogadores são escolhidos para jogarem uma partida. O vencedor dessa partida recebe 1 unidade do perdedor. Qualquer jogador cuja fortuna cair para 0 é eliminado, e isso continua até que um único jogador possua todas as $n \equiv \sum_{i=1}^{r} n_i$ unidades. Esse jogador é chamado de campeão. Supondo que os resultados das partidas sucessivas sejam independentes e que cada partida tenha a mesma probabilidade de ser vencida por qualquer um dos jogadores, determine o número médio de rodadas até que um dos jogadores possua todas as n unidades.

Solução Para determinar o número esperado de rodadas jogadas, suponha primeiro a existência de apenas 2 jogadores, com jogadores 1 e 2 possuindo j e $n - j$ unidades, respectivamente. Suponha que X_j represente o número de rodadas jogadas, e que $m_j = E[X_j]$. Então, para $j = 1,..., n-1$,

$$X_j = 1 + A_j$$

onde A_j é o número adicional de rodadas necessárias além da primeira. O cálculo das esperanças fornece

$$m_j = 1 + E[A_j]$$

Condicionando no resultado da primeira rodada, obtemos

$$m_j = 1 + E[A_j | 1 \text{ vence a primeira rodada}]1/2 \\ + E[A_j | 2 \text{ vence a primeira rodada}]1/2$$

Agora, se o jogador 1 vence a primeira rodada, então a situação a partir daí é exatamente igual a de um problema que suponha que o jogador 1 comece com $j + 1$ unidades e o jogador 2, com $n - (j + 1)$ unidades. Consequentemente,

$$E[A_j | 1 \text{ vence a primeira rodada}] = m_{j+1}$$

e, de forma análoga,

$$E[A_j | 2 \text{ vence a primeira rodada}] = m_{j-1}$$

Logo,
$$m_j = 1 + \frac{1}{2} m_{j+1} + \frac{1}{2} m_{j-1}$$

ou, equivalentemente,

$$m_{j+1} = 2m_j - m_{j-1} - 2, \quad j = 1,\ldots, n-1 \tag{5.4}$$

Usando-se $m_0 = 0$, a equação anterior resulta em

$$m_2 = 2m_1 - 2$$
$$m_3 = 2m_2 - m_1 - 2 = 3m_1 - 6 = 3(m_1 - 2)$$
$$m_4 = 2m_3 - m_2 - 2 = 4m_1 - 12 = 4(m_1 - 3)$$

sugerindo que

$$m_i = i(m_1 - i + 1), \quad i = 1,\ldots, n \tag{5.5}$$

Para demonstrar essa igualdade, usamos indução matemática. Como já mostramos que essa equação é válida para $i = 1, 2$, assumimos como hipótese de indução que ela seja válida sempre que $i \leq j < n$. Devemos agora demonstrar que ela é válida para $j + 1$. Usando a Equação (5.4), obtemos

$$m_{j+1} = 2m_j - m_{j-1} - 2$$
$$= 2j(m_1 - j + 1) - (j - 1)(m_1 - j + 2) - 2 \quad \text{(pela hipótese de indução)}$$
$$= (j + 1)m_1 - 2j^2 + 2j + j^2 - 3j + 2 - 2$$
$$= (j + 1)m_1 - j^2 - j$$
$$= (j + 1)(m_1 - j)$$

o que completa a demonstração por indução de (5.5). Fazendo $i = n$ em (5.5) e usando $m_n = 0$, obtemos

$$m_1 = n - 1$$

o que, novamente usando-se (5.5), fornece o resultado

$$m_i = i(n - i)$$

Assim, o número médio de partidas jogadas quando há apenas 3 jogadores com quantias iniciais i e $n - 1$ é o produto de suas quantias iniciais. Como ambos os jogadores jogarão todas as rodadas, este também é o número médio de rodadas envolvendo o jogador 1.

Vamos agora voltar para o problema que envolve r jogadores com quantias iniciais n_i, $i = 1,\ldots, r$, $\sum_{i=1}^{r} n_i = n$. Suponha que X represente o número de rodadas necessárias para que exista um campeão, e que X_i represente o número de rodadas envolvendo o jogador i. Agora, do ponto de vista do jogador i, começando com n_i, ele continuará a jogar até que, de forma independente e com mesma probabilidade de vencer ou perder cada partida, sua fortuna seja igual a n ou 0. Assim, o número de rodadas que ele jogará é exatamente o mesmo que ele jogaria caso tivesse um único adversário com fortuna inicial de $n - n_i$. Consequentemente, pelo resultado anterior, tem-se que

$$E[X_i] = n_i(n - n_i)$$

então

$$E\left[\sum_{i=1}^{r} X_i\right] = \sum_{i=1}^{r} n_i(n - n_i) = n^2 - \sum_{i=1}^{r} n_i^2$$

Mas, como cada rodada envolve dois jogadores,

$$X = \frac{1}{2} \sum_{i=1}^{r} X_i$$

Calculando as esperanças, obtemos

$$E[X] = \frac{1}{2}\left(n^2 - \sum_{i=1}^{r} n_i^2\right)$$

É interessante notar que, se por um lado nosso argumento mostra que o número médio de rodadas não depende da maneira pela qual os pares são selecionados em cada rodada, o mesmo não ocorre para a distribuição do número de rodadas. Para ver isso, suponha que $r = 3, n_1 = n_2 = 1$ e $n_3 = 2$. Se os jogadores 1 e 2 são escolhidos na primeira rodada, então serão necessárias pelo menos 3 rodadas para que tenhamos um vencedor. Por outro lado, se o jogador 3 estiver na primeira rodada, então é possível que sejam necessárias apenas duas rodadas. ■

Em nosso próximo exemplo, usamos condições para verificar um resultado já obtido na Seção 6.3.1: de que o número esperado de variáveis aleatórias uniformes no intervalo (0, 1) que precisam ser somadas para que o resultado seja maior que 1 é igual a e.

Exemplo 5j

Seja $U_1, U_2,...$ uma sequência de variáveis aleatórias independentes uniformes no intervalo $(0, 1)$. Determine $E[N]$ quando

$$N = \min\left\{n: \sum_{i=1}^{n} U_i > 1\right\}$$

Solução Vamos determinar $E[N]$ obtendo um resultado mais geral. Para $x \in [0, 1]$, considere

$$N(x) = \min\left\{n: \sum_{i=1}^{n} U_i > x\right\}$$

e faça

$$m(x) = E[N(x)]$$

Isto é, $N(x)$ é o número de variáveis aleatórias uniformes no intervalo $(0, 1)$ que precisamos somar até que o resultado seja maior que x, e $m(x)$ é o seu valor esperado. Vamos agora deduzir uma equação para $m(x)$ condicionando em U_1. Com isso, obtemos, da Equação (5.1b),

$$m(x) = \int_0^1 E[N(x)|U_1 = y]\, dy \qquad (5.6)$$

Agora,

$$E[N(x)|U_1 = y] = \begin{cases} 1 & \text{se } y > x \\ 1 + m(x - y) & \text{se } y \leq x \end{cases} \qquad (5.7)$$

A fórmula anterior é obviamente válida quando $y > x$. Também é válida quando $y \leq x$, já que, se o primeiro valor for y, então, naquele momento, o número restante de variáveis aleatórias uniformes necessárias será o mesmo que teríamos caso estivéssemos apenas começando e fôssemos somar variáveis aleatórias uniformes até que o resultado fosse maior que $x - y$. Substituindo a Equação (5.7) na Equação (5.6), obtemos

$$m(x) = 1 + \int_0^x m(x - y)\, dy$$
$$= 1 + \int_0^x m(u)\, du \qquad \text{fazendo } u = x - y$$

Calculando a derivada da equação anterior, obtemos

$$m'(x) = m(x)$$

ou, equivalentemente,

$$\frac{m'(x)}{m(x)} = 1$$

Integrando essa equação, obtemos

$$\log[m(x)] = x + c$$

ou

$$m(x) = ke^x$$

Como $m(0) = 1$, tem-se que $k = 1$, então obtemos

$$m(x) = e^x$$

Portanto, $m(1)$, o número esperado de variáveis aleatórias uniformes no intervalo $(0, 1)$ que precisam ser somadas até que o resultado seja maior do que 1 é igual a e. ∎

7.5.3 Calculando probabilidades usando condições

Não só podemos obter esperanças condicionando em uma variável aleatória apropriada, mas também podemos usar essa abordagem para calcular probabilidades. Para ver isso, suponha que E represente um evento arbitrário e defina a variável aleatória indicadora X como

$$X = \begin{cases} 1 & \text{se } E \text{ ocorrer} \\ 0 & \text{se } E \text{ não ocorrer} \end{cases}$$

Resulta da definição de X que

$$E[X] = P(E)$$
$$E[X|Y = y] = P(E|Y = y) \quad \text{para qualquer variável aleatória } Y$$

Portanto, das Equações (5.1a) e (5.1b), obtemos

$$\begin{aligned} P(E) &= \sum_y P(E|Y = y)P(Y = y) && \text{se } Y \text{ é discreta} \\ &= \int_{-\infty}^{\infty} P(E|Y = y)f_Y(y)dy && \text{se } Y \text{ é contínua} \end{aligned} \quad (5.8)$$

Note que, se Y é uma variável aleatória que assume um dos valores $y_1,..., y_n$, então, definindo-se os eventos $F_i, i = 1,..., n$, com $F_i = \{Y = y_i\}$, a Equação (5.8) reduz-se à equação familiar

$$P(E) = \sum_{i=1}^{n} P(E|F_i)P(F_i)$$

onde $F_1,..., F_n$ são eventos mutuamente exclusivos cuja união é o espaço amostral.

Exemplo 5k O problema do melhor prêmio

Suponha que recebamos n prêmios distintos em sequência. Após recebermos um prêmio, devemos imediatamente aceitá-lo ou rejeitá-lo. Caso o rejeitemos, podemos receber o próximo prêmio. A única informação que temos quando decidimos se ficamos ou não com o prêmio é o seu valor em comparação com aqueles já vistos. Isto é, por exemplo, quando o quinto prêmio é sorteado, sabemos o quanto ele vale em relação aos quatro prêmios já oferecidos. Suponha que, uma vez que o prêmio tenha sido rejeitado, ele seja perdido, e que nosso objetivo seja maximizar a probabilidade de obtermos o melhor prêmio. Supondo que todas as $n!$ sequências de prêmios sejam igualmente prováveis, quão bem podemos nos sair?

Solução Surpreendentemente, podemos nos sair muito bem. Para ver isso, fixe um valor k, $0 \leq k < n$, e considere a estratégia de rejeitar os primeiros k prêmios e depois aceitar o primeiro prêmio que for melhor do que estes. Suponha que $P_k(\text{melhor})$ represente a probabilidade de que o melhor prêmio seja selecionado com o emprego dessa estratégia. Para calculá-la, condicionamos em X, a posição do melhor prêmio. Isso dá

$$P_k(\text{melhor}) = \sum_{i=1}^{n} P_k(\text{melhor}|X=i)P(X=i)$$

$$= \frac{1}{n}\sum_{i=1}^{n} P_k(\text{melhor}|X=i)$$

Agora, por um lado, se o melhor prêmio estiver entre os primeiros k prêmios, então nenhum prêmio será selecionado de acordo com a estratégia considerada. Isto é,

$$P_k(\text{melhor}|X=i) = 0 \quad \text{se } i \leq k$$

Por outro lado, se o melhor prêmio estiver na posição i, onde $i > k$, então o melhor prêmio será selecionado se o melhor dos primeiros $i-1$ prêmios estiver entre os primeiros k prêmios (pois nesse caso nenhum dos prêmios nas posições $k+1, k+2, \ldots, i-1$ será selecionado). Mas, condicionando no melhor prêmio estar na posição i, é fácil verificar que todas as possíveis ordenações dos demais prêmios permanecerão igualmente prováveis. Isso implica o fato de cada um dos primeiros $i-1$ prêmios poder ser o melhor do conjunto de maneira igualmente provável. Com isso, temos

$$P_k(\text{melhor}|X=i) = P\{\text{melhor dos primeiros } i-1 \text{ estar entre os primeiros } k|X=i\}$$
$$= \frac{k}{i-1} \quad \text{se } i > k$$

Do argumento anterior, obtemos

$$P_k(\text{melhor}) = \frac{k}{n}\sum_{i=k+1}^{n} \frac{1}{i-1}$$

$$\approx \frac{k}{n}\int_{k+1}^{n} \frac{1}{x-1}\,dx$$

$$= \frac{k}{n}\log\left(\frac{n-1}{k}\right)$$

$$\approx \frac{k}{n}\log\left(\frac{n}{k}\right)$$

Agora, se consideramos a função

$$g(x) = \frac{x}{n}\log\left(\frac{n}{x}\right)$$

então

$$g'(x) = \frac{1}{n}\log\left(\frac{n}{x}\right) - \frac{1}{n}$$

com isso

$$g'(x) = 0 \Rightarrow \log\left(\frac{n}{x}\right) = 1 \Rightarrow x = \frac{n}{e}$$

Assim, como $P_k(\text{melhor}) \approx g(k)$, vemos que a melhor estratégia a ser considerada é dispensar os primeiros n/e prêmios e então aceitar o primeiro prêmio que for melhor do que todos eles. Além disso, como $g(n/e) = 1/e$, a probabilidade de que esta estratégia resulte na seleção do melhor prêmio é de aproximadamente $1/e \approx 0{,}36788$.

Observação: A maioria das pessoas fica surpresa com a grande probabilidade de se obter o melhor prêmio, pensando que essa probabilidade deveria tender a 0 quando n é muito grande. Entretanto, mesmo sem fazer nenhuma conta, um pouco de raciocínio revela que a probabilidade de se obter o melhor prêmio pode ser razoavelmente grande. Considere a estratégia de dispensar a metade dos prêmios e então selecionar o primeiro que aparecer que for melhor do que todos eles. A probabilidade de que um prêmio seja de fato selecionado é a probabilidade de que ele seja o melhor em geral da segunda metade dos prêmios, e isso é igual a $\frac{1}{2}$. Além disso, dado que um prêmio tenha sido selecionado, no momento da seleção aquele prêmio terá sido o melhor dentre mais de $n/2$ prêmios que foram oferecidos, e terá portanto uma probabilidade pelo menos igual a $\frac{1}{2}$ de ser o melhor em geral. Com isso, a estratégia de dispensar a primeira metade de todos os prêmios e então aceitar o primeiro prêmio que for melhor do que todos eles resulta em uma probabilidade superior a $\frac{1}{4}$ de se obter o melhor prêmio. ∎

Exemplo 5I

Seja U uma variável aleatória uniforme no intervalo $(0, 1)$, e suponha que a distribuição condicional de X dado que $U = p$ seja binomial com parâmetros n e p. Determine a função de probabilidade de X.

Solução Condicionando no valor de U, obtemos

$$P\{X = i\} = \int_0^1 P\{X = i | U = p\} f_U(p) \, dp$$

$$= \int_0^1 P\{X = i | U = p\} \, dp$$

$$= \frac{n!}{i!(n-i)!} \int_0^1 p^i (1-p)^{n-i} \, dp$$

Pode-se mostrar agora que (uma demonstração probabilística é dada na Seção 6.6)

$$\int_0^1 p^i (1-p)^{n-i} dp = \frac{i!(n-i)!}{(n+1)!}$$

Com isso, obtemos

$$P\{X = i\} = \frac{1}{n+1} \quad i = 0, \ldots, n$$

Isto é, obtemos o resultado surpreendente de que se uma moeda com probabilidade uniformemente distribuída em $(0, 1)$ de dar cara é jogada n vezes, então o número de caras que aparecem tem a mesma probabilidade de ser qualquer um dos valores $0, \ldots, n$.

Como a distribuição condicional anterior tem uma forma bastante simples, vale a pena tentarmos obter um argumento que nos torne mais confiantes quanto à sua validade. Para fazer isso, suponha que $U, U_1, \ldots, U_n$ sejam $n + 1$ variáveis aleatórias independentes uniformes no intervalo $(0, 1)$, e que X represente o número de variáveis aleatórias $U_1, \ldots, U_n$ que são menores que U. Como todas as variáveis aleatórias $U, U_1, \ldots, U_n$ têm a mesma distribuição, tem-se que U tem a mesma probabilidade de ser o menor, o segundo menor, ou o maior deles; então X tem a mesma probabilidade de assumir qualquer um dos valores $0, 1, \ldots, n$. Entretanto, dado que $U = p$, o número de variáveis U_i que são menores que U é uma variável aleatória binomial com parâmetros n e p, o que confirma nosso resultado anterior. ∎

Exemplo 5m
Suponha que X e Y sejam variáveis aleatórias contínuas independentes com densidades f_X e f_Y, respectivamente. Calcule $P\{X < Y\}$.

Solução Condicionando no valor de Y, obtemos

$$\begin{aligned}
P\{X < Y\} &= \int_{-\infty}^{\infty} P\{X < Y | Y = y\} f_Y(y) \, dy \\
&= \int_{-\infty}^{\infty} P\{X < y | Y = y\} f_Y(y) \, dy \\
&= \int_{-\infty}^{\infty} P\{X < y\} f_Y(y) \, dy \quad \text{pela independência} \\
&= \int_{-\infty}^{\infty} F_X(y) f_Y(y) \, dy
\end{aligned}$$

onde

$$F_X(y) = \int_{-\infty}^{y} f_X(x) \, dx$$

∎

Exemplo 5n
Suponha que X e Y sejam variáveis aleatórias contínuas independentes. Determine a distribuição de $X + Y$.

Solução Condicionando no valor Y, obtemos

$$P\{X + Y < a\} = \int_{-\infty}^{\infty} P\{X + Y < a | Y = y\} f_Y(y)\, dy$$
$$= \int_{-\infty}^{\infty} P\{X + y < a | Y = y\} f_Y(y)\, dy$$
$$= \int_{-\infty}^{\infty} P\{X < a - y\} f_Y(y)\, dy$$
$$= \int_{-\infty}^{\infty} F_X(a - y) f_Y(y)\, dy$$

■

7.5.4 Variância condicional

Assim como definimos a esperança condicional de X dado o valor de Y, também podemos definir a variância de X dado que $Y = y$:

$$\text{Var}(X|Y) = E[(X - E[X|Y])^2 | Y]$$

Isto é, $\text{Var}(X|Y)$ é igual à esperança (condicional) do quadrado da diferença entre X e sua média (condicional) quando o valor de Y é dado. Em outras palavras, $\text{Var}(X|Y)$ é exatamente análoga à definição usual de variância, mas agora todas as esperanças estão condicionadas no fato de Y ser conhecido.

Há uma relação útil entre $\text{Var}(X)$, a variância incondicional de X, e $\text{Var}(X|Y)$, a variância condicional de X dado Y, que pode ser muitas vezes aplicada no cálculo de $\text{Var}(X)$. Para obter essa relação, note primeiro que, pelo mesmo raciocínio que leva a $\text{Var}(X) = E[X^2] - (E[X])^2$, temos

$$\text{Var}(X|Y) = E[X^2|Y] - (E[X|Y])^2$$

então

$$E[\text{Var}(X|Y)] = E[E[X^2|Y]] - E[(E[X|Y])^2]$$
$$= E[X^2] - E[(E[X|Y])^2] \quad (5.9)$$

Também, como $E[E[X|Y]] = E[X]$, temos

$$\text{Var}(E[X|Y]) = E[(E[X|Y])^2] - (E[X])^2 \quad (5.10)$$

Assim, somando as Equações (5.9) e (5.10), chegamos à seguinte proposição.

Proposição 5.2 A fórmula da variância condicional é

$$\text{Var}(X) = E[\text{Var}(X|Y)] + \text{Var}(E[X|Y])$$

Exemplo 5o

Suponha que o número de pessoas que chegam em uma estação de trem em qualquer instante t seja uma variável aleatória de Poisson com média λt. Se o primeiro trem chega na estação em um instante de tempo que é uniformemente distribuído ao longo de $(0, T)$ e independente do instante de chegada dos passageiros, quais são a média e a variância do número de passageiros que entram no trem?

Solução Para cada $t \geq 0$, suponha que $N(t)$ represente o número de chegadas até o instante t e faça com que Y represente o instante de chegada do trem. A variável aleatória de interesse é então $N(Y)$. Condicionando em Y, obtemos

$$E[N(Y)|Y = t] = E[N(t)|Y = t]$$
$$= E[N(t)] \quad \text{pela independência de } Y \text{ e } N(t)$$
$$= \lambda t \quad \text{já que } N(t) \text{ é Poisson com média } \lambda t$$

Com isso,

$$E[N(Y)|Y] = \lambda Y$$

e o cálculo das esperanças resulta em

$$E[N(Y)] = \lambda E[Y] = \frac{\lambda T}{2}$$

Para obtermos $\text{Var}(N(Y))$, usamos a fórmula da variância condicional:

$$\text{Var}(N(Y)|Y = t) = \text{Var}(N(t)|Y = t)$$
$$= \text{Var}(N(t)) \quad \text{pela independência}$$
$$= \lambda t$$

Assim,

$$\text{Var}(N(Y)|Y) = \lambda Y$$
$$E[N(Y)|Y] = \lambda Y$$

Portanto, da fórmula da variância condicional,

$$\text{Var}(N(Y)) = E[\lambda Y] + \text{Var}(\lambda Y)$$
$$= \lambda \frac{T}{2} + \lambda^2 \frac{T^2}{12}$$

onde usamos o fato de que $\text{Var}(Y) = T^2/12$. ∎

Exemplo 5p Variância da soma de um número aleatório de variáveis aleatórias

Seja $X_1, X_2, \ldots$ uma sequência de variáveis aleatórias independentes e identicamente distribuídas, e suponha que N seja uma variável aleatória de valor inteiro não negativo que é independente da sequência $X_i, i \geq 1$. Para calcular $\text{Var}\left(\sum_{i=1}^{N} X_i\right)$, condicionamos em N:

$$E\left[\sum_{i=1}^{N} X_i \Big| N\right] = NE[X]$$

$$\text{Var}\left(\sum_{i=1}^{N} X_i \Big| N\right) = N\text{Var}(X)$$

Obtemos o resultado anterior porque, dado $N, \sum_{i=1}^{N} X_i$ é justamente a soma de um número fixo de variáveis aleatórias independentes. Por isso, sua esperança e variância são justamente as somas das médias e variâncias individuais, respectivamente. Portanto, da fórmula da variância condicional,

$$\operatorname{Var}\left(\sum_{i=1}^{N} X_i\right) = E[N]\operatorname{Var}(X) + (E[X])^2 \operatorname{Var}(N)$$

∎

7.6 ESPERANÇA CONDICIONAL E PREDIÇÃO

Às vezes, surge uma situação em que o valor de uma variável aleatória X é observado e então, com base no valor observado, tenta-se prever o valor de uma segunda variável aleatória Y. Suponha que $g(X)$ represente o preditor; isto é, se X é observado como sendo igual a x, então $g(x)$ nos fornece uma predição para o valor de Y. Claramente, queremos escolher g de forma que $g(X)$ se aproxime de Y. Um possível critério é escolher g de forma a minimizar $E[(Y - g(X))^2]$. Mostramos agora que, de acordo com esse critério, o melhor preditor possível de Y é $g(X) = E[Y|X]$.

Proposição 6.1

$$E[(Y - g(X))^2] \geq E[(Y - E[Y|X])^2]$$

Demonstração

$$\begin{aligned}
E[(Y - g(X))^2|X] &= E[(Y - E[Y|X] + E[Y|X] - g(X))^2|X] \\
&= E[(Y - E[Y|X])^2|X] \\
&\quad + E[(E[Y|X] - g(X))^2|X] \\
&\quad + 2E[(Y - E[Y|X])(E[Y|X] - g(X))|X]
\end{aligned}$$ (6.1)

Entretanto, dado X, $E[Y|X] - g(X)$, sendo uma função de X, pode ser tratado como uma constante. Assim,

$$\begin{aligned}
E[(Y - E[Y|X])(E[Y|X] &- g(X))|X] \\
&= (E[Y|X] - g(X))E[Y - E[Y|X]|X] \\
&= (E[Y|X] - g(X))(E[Y|X] - E[Y|X]) \\
&= 0
\end{aligned}$$ (6.2)

Portanto, das Equações (6.1) e (6.2), obtemos

$$E[(Y - g(X))^2|X] \geq E[(Y - E[Y|X])^2|X]$$

e o resultado desejado é obtido calculando-se as esperanças de ambos os lados da expressão anterior. □

Observação: Um segundo argumento, mais intuitivo porém menos rigoroso, que pode ser usado para se verificar a Proposição 6.1 é dado a seguir. É simples verificar que $E[(Y - c)^2]$ é minimizado em $c = E[Y]$ (veja o Exercício Teórico 7.1). Assim, se queremos predizer o valor de Y quando não dispomos de dados para isso, a melhor predição possível, no sentido de se minimizar o erro médio quadrático, é dizer que Y será igual à sua média. Entretanto, se o valor da variável aleatória X é observado como sendo x, então o problema da predição permanece exatamente igual ao caso anterior (não há dados), com a exceção de que todas as probabilidades e esperanças estão agora condicionadas ao evento $X = x$. Com isso, a melhor predição nesta situação é dizer que Y será igual ao seu valor esperado condicional dado que $X = x$, o que estabelece a Proposição 6.1. ∎

Exemplo 6a
Suponha que o filho de um homem com altura x (em cm) atinge uma altura que é normalmente distribuída com média $x + 2{,}54$ e variância $10{,}16$. Qual é a melhor predição da altura que o filho irá atingir se o seu pai tem 1,83 m de altura?

Solução Formalmente, este modelo pode ser escrito como

$$Y = X + 2{,}54 + e$$

onde e é uma variável aleatória normal, independente de X, com média 0 e variância 10,16. As variáveis aleatórias X e Y representam, naturalmente, as alturas do pai e do filho, respectivamente. A melhor predição $E[Y|X = 183]$ é portanto igual a

$$\begin{aligned} E[Y|X = 183] &= E[X + 1 + e|X = 183] \\ &= 185{,}4 + E[e|X = 183] \\ &= 185{,}4 + E(e) \quad \text{pela independência} \\ &= 185{,}4 \end{aligned}$$
∎

Exemplo 6b
Suponha que, se um sinal com valor s é enviado do ponto A, o valor recebido no ponto B seja normalmente distribuído com parâmetros $(s, 1)$. Se S, o valor do sinal enviado em A, é normalmente distribuído com parâmetros (μ, σ^2), qual é a melhor estimativa para o sinal enviado se R, o valor recebido em B, é igual a r?

Solução Comecemos calculando a densidade condicional de S dado R. Temos

$$\begin{aligned} f_{S|R}(s|r) &= \frac{f_{S,R}(s,r)}{f_R(r)} \\ &= \frac{f_S(s) f_{R|S}(r|s)}{f_R(r)} \\ &= K e^{-(s-\mu)^2/2\sigma^2} e^{-(r-s)^2/2} \end{aligned}$$

onde K não depende de s. Agora,

$$\begin{aligned}\frac{(s-\mu)^2}{2\sigma^2}+\frac{(r-s)^2}{2} &= s^2\left(\frac{1}{2\sigma^2}+\frac{1}{2}\right)-\left(\frac{\mu}{\sigma^2}+r\right)s+C_1\\ &= \frac{1+\sigma^2}{2\sigma^2}\left[s^2-2\left(\frac{\mu+r\sigma^2}{1+\sigma^2}\right)s\right]+C_1\\ &= \frac{1+\sigma^2}{2\sigma^2}\left(s-\frac{(\mu+r\sigma^2)}{1+\sigma^2}\right)^2+C_2\end{aligned}$$

onde C_1 e C_2 não dependem de s. Portanto,

$$f_{S|R}(s|r)=C\exp\left\{\frac{-\left[s-\dfrac{(\mu+r\sigma^2)}{1+\sigma^2}\right]^2}{2\left(\dfrac{\sigma^2}{1+\sigma^2}\right)}\right\}$$

onde C não depende de s. Logo, podemos concluir que a distribuição condicional de S, o sinal enviado dado que r tenha sido recebido, é normal com média e variância dadas agora por

$$E[S|R=r]=\frac{\mu+r\sigma^2}{1+\sigma^2}$$

$$\text{Var}(S|R=r)=\frac{\sigma^2}{1+\sigma^2}$$

Consequentemente, da Proposição 6.1, dado que o valor recebido é r, a melhor estimativa para o valor enviado (no sentido de se minimizar o erro médio quadrático) é

$$E[S|R=r]=\frac{1}{1+\sigma^2}\mu+\frac{\sigma^2}{1+\sigma^2}r$$

Escrever a média condicional como acabamos de fazer é informativo, pois isso mostra que ela é igual a uma média ponderada de μ, o valor esperado do sinal a priori, e r, o valor recebido. Os pesos relativos dados a μ e r têm entre si a mesma proporção que 1 (a variância condicional do sinal recebido quando s é enviado) tem para σ^2 (a variância do sinal enviado). ∎

Exemplo 6c

No processamento digital de sinais, é necessário discretizar dados analógicos X para se obter uma representação digital. Para que isso seja feito, um conjunto crescente de números a_i, $i=0,\pm1,\pm2,\ldots$, tal que $\lim\limits_{i\to+\infty}a_i=\infty$ e $\lim\limits_{i\to-\infty}a_i=-\infty$, é fixado, e os dados analógicos são então discretizados de acordo com o intervalo $(a_i, a_{i+1}]$ no qual X está contido. Vamos chamar de y_i o valor discretizado de $X \in (a_i, a_{i+1}]$ e fazer com que Y represente o valor discretizado observado – isto é,

$$Y = y_i \quad \text{se } a_i < X \le a_{i+1}$$

A distribuição de Y é dada por

$$P\{Y = y_i\} = F_X(a_{i+1}) = F_X(a_i)$$

Suponha agora que queiramos escolher os valores y_i, $i = 0, \pm 1, \pm 2,...$ que minimizem $E[(X - Y)^2]$, o valor esperado do erro médio quadrático entre os dados originais e sua versão discretizada.

(a) Determine os valores ótimos y_i, $i = 0, \pm 1,...$.
Para a discretização ótima Y, mostre que
(b) $E[Y] = E[X]$, de forma que a discretização que minimiza o erro médio quadrático também preserve a média do sinal de entrada;
(c) $\text{Var}(Y) = \text{Var}(X) - E[(X - Y)^2]$.

Solução (a) Para qualquer discretização Y, obtemos, condicionando no valor de Y,

$$E[(X - Y)^2] = \sum_i E[(X - y_i)^2 | a_i < X \le a_{i+1}] P\{a_i < X \le a_{i+1}\}$$

Agora, se fizermos

$$I = i, \quad \text{se } a_i < X \le a_{i+1}$$

então

$$E[(X - y_i)^2 | a_i < X \le a_{i+1}] = E[(X - y_i)^2 | I = i]$$

e, pela proposição 6.1, essa grandeza é minimizada quando

$$y_i = E[X | I = i]$$
$$= E[X | a_i < X \le a_{i+1}]$$
$$= \int_{a_i}^{a_{i+1}} \frac{x f_X(x)\, dx}{F_X(a_{i+1}) - F_X(a_i)}$$

Agora, como a discretização ótima é dada por $Y = [E|I]$, obtemos

(b) $E[Y] = E[X]$

(c)
$$\text{Var}(X) = E[\text{Var}(X|I)] + \text{Var}(E[X|I])$$
$$= E[E[(X - Y)^2 | I]] + \text{Var}(Y)$$
$$= E[(X - Y)^2] + \text{Var}(Y)$$ ∎

Às vezes, acontece da distribuição de probabilidade conjunta de X e Y não ser completamente conhecida; ou, se for conhecida, ela ser tal que o cálculo de $E[Y|X = x]$ seja matematicamente intratável. Se, no entanto, a média, a variância e a correlação de X e Y são conhecidos, então podemos pelo menos determinar o melhor preditor *linear* de Y com respeito a X.

Para obter o melhor preditor linear de Y com respeito a X, precisamos escolher a e b que minimizem $E[(Y - (a + bX))^2]$. Agora,

$$E[(Y - (a + bX))^2] = E[Y^2 - 2aY - 2bXY + a^2 + 2abX + b^2X^2]$$
$$= E[Y^2] - 2aE[Y] - 2bE[XY] + a^2 + 2abE[X] + b^2E[X^2]$$

Calculando as derivadas parciais, obtemos

$$\frac{\partial}{\partial a}E[(Y - a - bX)^2] = -2E[Y] + 2a + 2bE[X]$$
$$\frac{\partial}{\partial b}E[(Y - a - bX)^2] = -2E[XY] + 2aE[X] + 2bE[X^2]$$
(6.3)

Igualando a zero as Equações (6.3) e resolvendo para a e b, obtemos

$$b = \frac{E[XY] - E[X]E[Y]}{E[X^2] - (E[X])^2} = \frac{\text{Cov}(X, Y)}{\sigma_x^2} = \rho \frac{\sigma_y}{\sigma_x}$$

$$a = E[Y] - bE[X] = E[Y] - \frac{\rho \sigma_y E[X]}{\sigma_x}$$
(6.4)

onde $\rho = \text{Correlação}(X,Y)$, $\sigma_y^2 = \text{Var}(Y)$ e $\sigma_x^2 = \text{Var}(X)$. É fácil verificar que os valores a e b da Equação (6.4) minimizam $E[(Y - a - bX)^2]$; assim, o melhor preditor linear de Y com respeito a X (em termos do erro médio quadrático) é

$$\mu_y + \frac{\rho \sigma_y}{\sigma_x}(X - \mu_x)$$

onde $\mu_y = E[Y]$ e $\mu_x = E[X]$.

O erro médio quadrático desse preditor é dado por

$$E\left[\left(Y - \mu_y - \rho \frac{\sigma_y}{\sigma_x}(X - \mu_x)\right)^2\right]$$
$$= E[(Y - \mu_y)^2] + \rho^2 \frac{\sigma_y^2}{\sigma_x^2} E[(X - \mu_x)^2] - 2\rho \frac{\sigma_y}{\sigma_x} E[(Y - \mu_y)(X - \mu_x)]$$
$$= \sigma_y^2 + \rho^2 \sigma_y^2 - 2\rho^2 \sigma_y^2$$
$$= \sigma_y^2(1 - \rho^2)$$
(6.5)

Observamos da Equação (6.5) que, se a correlação ρ está próxima de $+1$ ou -1, então o erro médio quadrático do melhor preditor linear é aproximadamente nulo. ∎

Exemplo 6d
Um exemplo no qual a esperança condicional de Y dado X é linear em X, e portanto no qual o melhor preditor linear de Y com respeito a X é o melhor preditor possível, é aquele em que X e Y têm uma distribuição normal bivariada. Pois, conforme mostrado no Exemplo 5c do Capítulo 6, nesse caso,

$$E[Y|X = x] = \mu_y + \rho\frac{\sigma_y}{\sigma_x}(x - \mu_x)$$

■

7.7 FUNÇÕES GERATRIZES DE MOMENTOS

As função geratriz de momentos $M(t)$ da variável aleatória X é definida, para todos os valores reais de t, como

$$M(t) = E[e^{tX}]$$
$$= \begin{cases} \sum_x e^{tx} p(x) & \text{se } X \text{ é discreta com função de probabilidade } p(x) \\ \int_{-\infty}^{\infty} e^{tx} f(x)\, dx & \text{se } X \text{ é contínua com função de densidade } f(x) \end{cases}$$

Chamamos $M(t)$ de função geratriz de momentos porque todos os momentos de X podem ser obtidos com o cálculo sucessivo da derivada de $M(t)$ e então com sua avaliação em $t = 0$. Por exemplo,

$$\begin{aligned} M'(t) &= \frac{d}{dt}E[e^{tX}] \\ &= E\left[\frac{d}{dt}(e^{tX})\right] \\ &= E[Xe^{tX}] \end{aligned} \quad (7.1)$$

onde adotamos como legítima a hipótese da troca de ordem do cálculo da derivada e da esperança. Isto é, consideramos que

$$\frac{d}{dt}\left[\sum_x e^{tx} p(x)\right] = \sum_x \frac{d}{dt}[e^{tx} p(x)]$$

no caso discreto e

$$\frac{d}{dt}\left[\int e^{tx} f(x)\, dx\right] = \int \frac{d}{dt}[e^{tx} f(x)]\, dx$$

no caso contínuo. Essa hipótese pode ser quase sempre justificada e, de fato, é válida para todas as distribuições consideradas neste livro. Portanto, da Equação (7.1), avaliada em $t = 0$, obtemos

$$M'(0) = E[X]$$

Similarmente,

$$M''(t) = \frac{d}{dt}M'(t)$$
$$= \frac{d}{dt}E[Xe^{tX}]$$
$$= E\left[\frac{d}{dt}(Xe^{tX})\right]$$
$$= E[X^2 e^{tX}]$$

Assim,

$$M''(0) = E[X^2]$$

Em geral, a n-ésima derivada de $M(t)$ é dada por

$$M^n(t) = E[X^n e^{tX}] \quad n \geq 1$$

implicando que

$$M^n(0) = E[X^n] \quad n \geq 1$$

Agora computamos $M(t)$ para algumas distribuições comuns.

Exemplo 7a Distribuição binomial com parâmetros n e p

Se X é uma variável aleatória binomial com parâmetros n e p, então

$$M(t) = E[e^{tX}]$$
$$= \sum_{k=0}^{n} e^{tk} \binom{n}{k} p^k (1-p)^{n-k}$$
$$= \sum_{k=0}^{n} \binom{n}{k} (pe^t)^k (1-p)^{n-k}$$
$$= (pe^t + 1 - p)^n$$

onde a última igualdade resulta do teorema binomial. Calculando a derivada, obtemos

$$M'(t) = n(pe^t + 1 - p)^{n-1} pe^t$$

Assim,

$$E[X] = M'(0) = np$$

Calculando a derivada segunda, obtemos

$$M''(t) = n(n-1)(pe^t + 1 - p)^{n-2}(pe^t)^2 + n(pe^t + 1 - p)^{n-1} pe^t$$

então

$$E[X^2] = M''(0) = n(n-1)p^2 + np$$

A variância de X é dada por

$$\begin{aligned}\text{Var}(X) &= E[X^2] - (E[X])^2 \\ &= n(n-1)p^2 + np - n^2p^2 \\ &= np(1-p)\end{aligned}$$

o que verifica o resultado obtido anteriormente. ∎

Exemplo 7b Distribuição de Poisson com média λ
Se X é uma variável aleatória de Poisson com parâmetro λ, então

$$\begin{aligned}M(t) &= E[e^{tX}] \\ &= \sum_{n=0}^{\infty} \frac{e^{tn}e^{-\lambda}\lambda^n}{n!} \\ &= e^{-\lambda}\sum_{n=0}^{\infty} \frac{(\lambda e^t)^n}{n!} \\ &= e^{-\lambda}e^{\lambda e^t} \\ &= \exp\{\lambda(e^t - 1)\}\end{aligned}$$

Calculando a derivada, obtemos

$$\begin{aligned}M'(t) &= \lambda e^t \exp\{\lambda(e^t-1)\} \\ M''(t) &= (\lambda e^t)^2 \exp\{\lambda(e^t-1)\} + \lambda e^t \exp\{\lambda(e^t-1)\}\end{aligned}$$

Assim,

$$\begin{aligned}E[X] &= M'(0) = \lambda \\ E[X^2] &= M''(0) = \lambda^2 + \lambda \\ \text{Var}(X) &= E[X^2] - (E[X])^2 \\ &= \lambda\end{aligned}$$

Portanto, a média e a variância de uma variável aleatória de Poisson são iguais a λ. ∎

Exemplo 7c Distribuição exponencial com parâmetro λ

$$\begin{aligned}M(t) &= E[e^{tX}] \\ &= \int_0^{\infty} e^{tx}\lambda e^{-\lambda x}\,dx \\ &= \lambda \int_0^{\infty} e^{-(\lambda-t)x}\,dx \\ &= \frac{\lambda}{\lambda - t} \quad \text{para } t < \lambda\end{aligned}$$

Observamos dessa dedução que, para a distribuição exponencial, $M(t)$ é definida apenas para valores de t menores que λ. Calculando a derivada de $M(t)$, obtemos

$$M'(t) = \frac{\lambda}{(\lambda - t)^2} \quad M''(t) = \frac{2\lambda}{(\lambda - t)^3}$$

Portanto,

$$E[X] = M'(0) = \frac{1}{\lambda} \quad E[X^2] = M''(0) = \frac{2}{\lambda^2}$$

A variância de X é dada por

$$\begin{aligned}\text{Var}(X) &= E[X^2] - (E[X])^2 \\ &= \frac{1}{\lambda^2}\end{aligned}$$

■

Exemplo 7d Distribuição normal

Primeiro calculamos a função geratriz de momentos de uma variável aleatória normal padrão com parâmetros 0 e 1. Fazendo com que Z represente essa variável aleatória, temos

$$\begin{aligned}M_Z(t) &= E[e^{tZ}] \\ &= \frac{1}{\sqrt{2\pi}} \int_{-\infty}^{\infty} e^{tx} e^{-x^2/2} \, dx \\ &= \frac{1}{\sqrt{2\pi}} \int_{-\infty}^{\infty} \exp\left\{-\frac{(x^2 - 2tx)}{2}\right\} dx \\ &= \frac{1}{\sqrt{2\pi}} \int_{-\infty}^{\infty} \exp\left\{-\frac{(x - t)^2}{2} + \frac{t^2}{2}\right\} dx \\ &= e^{t^2/2} \frac{1}{\sqrt{2\pi}} \int_{-\infty}^{\infty} e^{-(x-t)^2/2} \, dx \\ &= e^{t^2/2}\end{aligned}$$

Portanto, a função geratriz de momentos da variável aleatória normal padrão Z é dada por $M_Z(t) = e^{t^2/2}$. Para obter a função geratriz de momentos de uma variável aleatória normal arbitrária, relembramos (veja a Seção 5.4) que $X = \mu + \sigma Z$ terá distribuição normal com parâmetros μ e σ^2 sempre que Z for uma variável aleatória normal padrão. Portanto, a função geratriz de momentos dessa variável aleatória é dada por

$$\begin{aligned}M_X(t) &= E[e^{tX}] \\ &= E[e^{t(\mu + \sigma Z)}] \\ &= E[e^{t\mu} e^{t\sigma Z}] \\ &= e^{t\mu} E[e^{t\sigma Z}]\end{aligned}$$

$$= e^{t\mu} M_Z(t\sigma)$$
$$= e^{t\mu} e^{(t\sigma)^2/2}$$
$$= \exp\left\{\frac{\sigma^2 t^2}{2} + \mu t\right\}$$

Calculando a derivada, obtemos

$$M'_X(t) = (\mu + t\sigma^2) \exp\left\{\frac{\sigma^2 t^2}{2} + \mu t\right\}$$

$$M''_X(t) = (\mu + t\sigma^2)^2 \exp\left\{\frac{\sigma^2 t^2}{2} + \mu t\right\} + \sigma^2 \exp\left\{\frac{\sigma^2 t^2}{2} + \mu t\right\}$$

Assim

$$E[X] = M'(0) = \mu$$
$$E[X^2] = M''(0) = \mu^2 + \sigma^2$$

o que implica que

$$\text{Var}(X) = E[X^2] - E([X])^2$$
$$= \sigma^2$$

■

As Tabelas 7.1 e 7.2 fornecem as funções geratrizes de momentos de algumas distribuições discretas e contínuas comuns.

Uma importante propriedade das funções geratrizes de momentos é a de que a função geratriz da soma de variáveis aleatórias independentes é igual ao produto das funções geratrizes individuais. Para provarmos isso, suponha que X

Tabela 7.1 Distribuição de probabilidade discreta

	Função de probabilidade, $p(x)$	Função geratriz de momentos, $M(t)$	Média	Variância
Binomial com parâmetros n, p; $0 \leq p \leq 1$	$\binom{n}{x} p^x (1-p)^{n-x}$ $x = 0, 1, \ldots, n$	$(pe^t + 1 - p)^n$	np	$np(1-p)$
Poisson com parâmetro $\lambda > 0$	$e^{-\lambda}\dfrac{\lambda^x}{x!}$ $x = 0, 1, 2, \ldots$	$\exp\{\lambda(e^t - 1)\}$	λ	λ
Geométrica com parâmetro $0 \leq p \leq 1$	$p(1-p)^{x-1}$ $x = 1, 2, \ldots$	$\dfrac{pe^t}{1 - (1-p)e^t}$	$\dfrac{1}{p}$	$\dfrac{1-p}{p^2}$
Binomial negativa com parâmetros r, p; $0 \leq p \leq 1$	$\binom{n-1}{r-1} p^r (1-p)^{n-r}$ $n = r, r+1, \ldots$	$\left[\dfrac{pe^t}{1 - (1-p)e^t}\right]^r$	$\dfrac{r}{p}$	$\dfrac{r(1-p)}{p^2}$

Tabela 7.2 Distribuição de probabilidade contínua

	Função densidade de probabilidade, $f(x)$	Função geratriz de momentos, $M(t)$	Média	Variância
Uniforme ao longo de (a,b)	$f(x) = \begin{cases} \dfrac{1}{b-a} & a < x < b \\ 0 & \text{caso contrário} \end{cases}$	$\dfrac{e^{tb} - e^{ta}}{t(b-a)}$	$\dfrac{a+b}{2}$	$\dfrac{(b-a)^2}{12}$
Exponencial com parâmetro $\lambda > 0$	$f(x) = \begin{cases} \lambda e^{-\lambda x} & x \geq 0 \\ 0 & x < 0 \end{cases}$	$\dfrac{\lambda}{\lambda - t}$	$\dfrac{1}{\lambda}$	$\dfrac{1}{\lambda^2}$
Gama com parâmetros $(s, \lambda), \lambda > 0$	$f(x) = \begin{cases} \dfrac{\lambda e^{-\lambda x}(\lambda x)^{s-1}}{\Gamma(s)} & x \geq 0 \\ 0 & x < 0 \end{cases}$	$\left(\dfrac{\lambda}{\lambda - t}\right)^s$	$\dfrac{s}{\lambda}$	$\dfrac{s}{\lambda^2}$
Normal com parâmetros (μ, σ^2)	$f(x) = \dfrac{1}{\sqrt{2\pi}\sigma} e^{-(x-\mu)^2/2\sigma^2} \quad -\infty < x < \infty$	$\exp\left\{\mu t + \dfrac{\sigma^2 t^2}{2}\right\}$	μ	σ^2

e Y sejam independentes e possuam funções geratrizes $M_X(t)$ e $M_Y(t)$, respectivamente. Então $M_{X+Y}(t)$, a função geratriz de $X + Y$, é dada por

$$\begin{aligned} M_{X+Y}(t) &= E[e^{t(X+Y)}] \\ &= E[e^{tX}e^{tY}] \\ &= E[e^{tX}]E[e^{tY}] \\ &= M_X(t)M_Y(t) \end{aligned}$$

onde a penúltima igualdade resulta da Proposição 4.1, já que X e Y são independentes.

Outro importante resultado é o de que a função geratriz de momentos determina unicamente a distribuição. Isto é, se a função $M_X(t)$ existe e é finita em alguma região na vizinhança de $t = 0$, então a distribuição de X é unicamente determinada. Por exemplo, se

$$M_X(t) = \left(\frac{1}{2}\right)^{10}(e^t + 1)^{10},$$

então resulta da Tabela 7.1 que X é uma variável aleatória binomial com parâmetros 10 e $\frac{1}{2}$.

Exemplo 7e
Suponha que a função geratriz de uma variável aleatória X seja dada por $M(t) = e^{3(e^t-1)}$. Qual é $P\{X = 0\}$?

Solução Vemos da Tabela 7.1 que $M(t) = e^{3(e^t-1)}$ é a função geratriz de uma variável aleatória de Poisson com média 3. Portanto, pela correspondência que existe entre as funções geratriz e distribuição, X deve ser uma variável aleatória de Poisson com média 3. Assim, $P\{X = 0\} = e^{-3}$. ∎

Exemplo 7f Somas de variáveis aleatórias binomiais independentes
Se X e Y são variáveis aleatórias binomiais independentes com parâmetros (n, p) e (m, p), respectivamente, qual é a distribuição de $X + Y$?

Solução A função geratriz de $X + Y$ é dada por

$$\begin{aligned} M_{X+Y}(t) = M_X(t)M_Y(t) &= (pe^t + 1 - p)^n(pe^t + 1 - p)^m \\ &= (pe^t + 1 - p)^{m+n} \end{aligned}$$

Entretanto, $(pe^t + 1 - p)^{m+n}$ é a função geratriz de momentos de uma variável aleatória binomial com parâmetros $m + n$ e p. Assim, esta deve ser a distribuição de $X + Y$. ∎

Exemplo 7g Somas de variáveis aleatórias de Poisson independentes
Calcule a distribuição de $X + Y$ quando X e Y são variáveis aleatórias de Poisson independentes com médias λ_1 e λ_2, respectivamente.

Solução

$$M_{X+Y}(t) = M_X(t)M_Y(t)$$
$$= \exp\{\lambda_1(e^t - 1)\}\exp\{\lambda_2(e^t - 1)\}$$
$$= \exp\{(\lambda_1 + \lambda_2)(e^t - 1)\}$$

Portanto, $X + Y$ tem uma distribuição de Poisson com média $\lambda_1 + \lambda_2$, o que verifica o resultado dado no Exemplo 3e do Capítulo 6. ∎

Exemplo 7h   Somas de variáveis aleatórias normais independentes

Mostre que, se X e Y são variáveis aleatórias normais independentes com respectivos parâmetros (μ_1, σ_1^2) e (μ_2, σ_2^2), então $X + Y$ é normal com média $\mu_1 + \mu_2$ e variância $\sigma_1^2 + \sigma_2^2$.

Solução

$$M_{X+Y}(t) = M_X(t)M_Y(t)$$
$$= \exp\left\{\frac{\sigma_1^2 t^2}{2} + \mu_1 t\right\}\exp\left\{\frac{\sigma_2^2 t^2}{2} + \mu_2 t\right\}$$
$$= \exp\left\{\frac{(\sigma_1^2 + \sigma_2^2)t^2}{2} + (\mu_1 + \mu_2)t\right\}$$

que é a função geratriz de momentos de uma variável aleatória normal com média $\mu_1 + \mu_2$ e variância $\sigma_1^2 + \sigma_2^2$. O resultado desejado é obtido porque a função geratriz determina unicamente a função de distribuição. ∎

Exemplo 7i

Compute a função geratriz de momentos de uma variável aleatória qui-quadrado com n graus de liberdade.

Solução   Podemos representar essa variável aleatória como

$$Z_1^2 + \cdots + Z_n^2$$

onde $Z_1, ..., Z_n$ são variáveis aleatórias normais padrão independentes. Seja $M(t)$ sua função geratriz de momentos. Então, pelo desenvolvimento anterior,

$$M(t) = (E[e^{tZ^2}])^n$$

onde Z é uma variável aleatória normal padrão. Agora,

$$E[e^{tZ^2}] = \frac{1}{\sqrt{2\pi}}\int_{-\infty}^{\infty} e^{tx^2}e^{-x^2/2}\,dx$$
$$= \frac{1}{\sqrt{2\pi}}\int_{-\infty}^{\infty} e^{-x^2/2\sigma^2}\,dx \quad \text{onde } \sigma^2 = (1 - 2t)^{-1}$$
$$= \sigma$$
$$= (1 - 2t)^{-1/2}$$

onde a penúltima igualdade usa o fato de que a integral de uma função densidade normal com média 0 e variância σ_2 é igual a 1. Portanto,

$$M(t) = (1-2t)^{-n/2}$$

■

Exemplo 7j Função geratriz de momentos da soma de um número aleatório de variáveis aleatórias

Seja $X_1, X_2,\ldots$ uma sequência de variáveis aleatórias independentes e identicamente distribuídas, e suponha que N seja uma variável aleatória de valor inteiro não negativo independente da sequência $X, i \geq 1$. Queremos calcular a função geratriz de momentos de

$$Y = \sum_{i=1}^{N} X_i$$

(No Exemplo 5d, a variável Y foi interpretada como a quantidade de dinheiro gasta em uma loja em um dado dia quando tanto a quantia gasta por um cliente quanto o número de clientes eram variáveis aleatórias.)

Para calcular a função geratriz de momentos de Y, primeiro condicionamos em N da seguinte maneira:

$$E\left[\exp\left\{t\sum_1^N X_i\right\}\bigg| N = n\right] = E\left[\exp\left\{t\sum_1^n X_i\right\}\bigg| N = n\right]$$

$$= E\left[\exp\left\{t\sum_1^n X_i\right\}\right]$$

$$= [M_X(t)]^n$$

onde

$$M_X(t) = E[e^{tX_i}]$$

Portanto,

$$E[e^{tY}|N] = (M_X(t))^N$$

Assim,

$$M_Y(t) = E[(M_X(t))^N]$$

Os momentos de Y podem agora ser obtidos com o cálculo das derivadas:

$$M'_Y(t) = E[N(M_X(t))^{N-1}M'_X(t)]$$

Assim,
$$E[Y] = M'_Y(0)$$
$$= E[N(M_X(0))^{N-1} M'_X(0)]$$
$$= E[NEX]$$
$$= E[N]E[X] \qquad (7.2)$$

o que verifica o resultado do Exemplo 5d (nesse último conjunto de igualdades, usamos o fato que $M_X(0) = E[e^{0X}] = 1$).

Também,
$$M''_Y(t) = E[N(N-1)(M_X(t))^{N-2}(M'_X(t))^2 + N(M_X(t))^{N-1} M''_X(t)]$$

então
$$E[Y^2] = M''_Y(0)$$
$$= E[N(N-1)(E[X])^2 + NE[X^2]]$$
$$= (E[X])^2(E[N^2] - E[N]) + E[N]E[X^2]$$
$$= E[N](E[X^2] - (E[X])^2) + (E[X])^2 E[N^2]$$
$$= E[N]\text{Var}(X) + (E[X])^2 E[N^2] \qquad (7.3)$$

Portanto, das Equações (7.2) e (7.3), temos
$$\text{Var}(Y) = E[N]\text{Var}(X) + (E[X])^2(E[N^2] - (E[N])^2)$$
$$= E[N]\text{Var}(X) + (E[X])^2 \text{Var}(N) \qquad \blacksquare$$

Exemplo 7k

Suponha que Y represente uma variável aleatória uniforme no intervalo $(0, 1)$ e que, dado que $Y = p$, a variável aleatória X tenha uma distribuição binomial com parâmetros n e p. No Exemplo 5k, mostramos que X tem a mesma probabilidade de assumir qualquer um dos valores $0, 1, ..., n$. Demonstre esse resultado usando funções geratrizes de momentos.

Solução Para calcular a função geratriz de X, comece condicionando no valor de Y. Usando a fórmula para a função geratriz de momentos binomial, obtemos
$$E[e^{tX}|Y = p] = (pe^t + 1 - p)^n$$

Agora, Y é uniforme em $(0, 1)$. Calculando as esperanças, obtemos
$$E[e^{tX}] = \int_0^1 (pe^t + 1 - p)^n \, dp$$
$$= \frac{1}{e^t - 1} \int_1^{e^t} y^n dy \quad \text{(pela substituição } y = pe^t + 1 - p\text{)}$$
$$= \frac{1}{n+1} \frac{e^{t(n+1)} - 1}{e^t - 1}$$
$$= \frac{1}{n+1}(1 + e^t + e^{2t} + \cdots + e^{nt})$$

Como esta é a função geratriz de momentos de uma variável aleatória que tem a mesma probabilidade de assumir qualquer um dos valores $0, 1,..., n$, o resultado desejado é obtido do fato de que a função geratriz de uma variável aleatória determina unicamente a sua distribuição. ∎

7.7.1 Funções geratrizes de momentos conjuntas

Também é possível definir a função geratriz de momentos conjunta de duas ou mais variáveis aleatórias. Isso é feito da seguinte maneira: para quaisquer n variáveis aleatórias $X_1,..., X_n$, a função geratriz conjunta, $M(t_1,..., t_n)$ é definida, para todos os valores reais de $t_1,..., t_n$, como

$$M(t_1,\ldots,t_n) = E[e^{t_1 X_1 + \cdots + t_n X_n}]$$

As funções geratrizes de momentos individuais podem ser obtidas de $M(t_1,..., t_n)$ fazendo com que todos os t_j's exceto um sejam iguais a zero. Isto é,

$$M_{X_i}(t) = E[e^{t X_i}] = M(0,\ldots,0, t, 0,\ldots,0)$$

onde t está na i-ésima posição.

Pode-se demonstrar (embora a demonstração seja muito avançada para este texto) que a função geratriz conjunta $M(t_1,..., t_n)$ determina unicamente a distribuição conjunta de $X_1,..., X_n$. Esse resultado pode então ser usado para provar que as n variáveis aleatórias $X_1,..., X_n$ são independentes se e somente se

$$M(t_1,\ldots,t_n) = M_{X_1}(t_1) \cdots M_{X_n}(t_n) \qquad (7.4)$$

Para a demonstração em uma direção, se as n variáveis aleatórias são independentes, então

$$\begin{aligned} M(t_1,\ldots,t_n) &= E[e^{(t_1 X_1 + \cdots + t_n X_n)}] \\ &= E[e^{t_1 X_1} \cdots e^{t_n X_n}] \\ &= E[e^{t_1 X_1}] \cdots E[e^{t_n X_n}] \quad \text{pela independência} \\ &= M_{X_1}(t_1) \cdots M_{X_n}(t_n) \end{aligned}$$

Para a demonstração na outra direção, se a Equação (7.4) é satisfeita, então a função geratriz de momentos conjunta $M(t_1,..., t_n)$ é igual à função geratriz conjunta de n variáveis aleatórias independentes, com a i-ésima dessas variáveis possuindo a mesma distribuição de X_i. Como a função geratriz de momentos conjunta determina unicamente a distribuição conjunta, esta é a função que procuramos; portanto, as variáveis aleatórias são independentes.

Exemplo 7l

Sejam X e Y variáveis aleatórias normais independentes, cada uma com média μ e variância σ^2. No Exemplo 7a do Capítulo 6, mostramos que $X + Y$ e $X - Y$

são independentes. Vamos agora obter esse resultado calculando sua função geratriz de momentos conjunta:

$$\begin{aligned}E[e^{t(X+Y)+s(X-Y)}] &= E[e^{(t+s)X+(t-s)Y}] \\ &= E[e^{(t+s)X}]E[e^{(t-s)Y}] \\ &= e^{\mu(t+s)+\sigma^2(t+s)^2/2}e^{\mu(t-s)+\sigma^2(t-s)^2/2} \\ &= e^{2\mu t+\sigma^2 t^2}e^{\sigma^2 s^2}\end{aligned}$$

Mas reconhecemos a expressão anterior como a função geratriz de momentos conjunta da soma de uma variável aleatória normal com média 2μ e variância $2\sigma^2$ e uma variável aleatória normal independente com média 0 e variância $2\sigma^2$. Como a função geratriz conjunta determina unicamente a função distribuição conjunta, temos como resultado que $X + Y$ e $X - Y$ são variáveis aleatórias normais independentes. ∎

No próximo exemplo, usamos a função geratriz de momentos conjunta para verificar um resultado que foi obtido no Exemplo 2b do Capítulo 6.

Exemplo 7m

Suponha que o número de eventos ocorridos seja uma variável aleatória de Poisson com média λ, e que cada evento seja contado independentemente com probabilidade p. Mostre que o número de eventos contados e o número de eventos não contados são variáveis aleatórias de Poisson com respectivas médias λp e $\lambda(1-p)$.

Solução Suponha que X represente o número total de eventos e que X_c denote o número de eventos contados. Para calcular a função geratriz conjunta de X_c, o número de eventos contados, e de $X - X_c$, o número de eventos não contados, comece condicionando em X para obter

$$\begin{aligned}E[e^{sX_c+t(X-X_c)}|X=n] &= e^{tn}E[e^{(s-t)X_c}|X=n] \\ &= e^{tn}(pe^{s-t}+1-p)^n \\ &= (pe^s+(1-p)e^t)^n\end{aligned}$$

que procede porque, dado que $X = n$, X_c é uma variável aleatória binomial com parâmetros n e p. Portanto,

$$E[e^{sX_c+t(X-X_c)}|X] = (pe^s + (1-p)e^t)^X$$

Calculando as esperanças de ambos os lados dessa equação, obtemos

$$E[e^{sX_c+t(X-X_c)}] = E[(pe^s + (1-p)e^t)^X]$$

Agora, como X é Poisson com média λ, tem-se que $E[e^{tX}] = e^{\lambda(e^t-1)}$. Portanto, para qualquer valor a positivo, vemos (fazendo $a = e^t$) que $E[a^X] = e^{\lambda(a-1)}$. Logo,

$$\begin{aligned}E[e^{sX_c+t(X-X_c)}] &= e^{\lambda(pe^s+(1-p)e^t-1)} \\ &= e^{\lambda p(e^s-1)}e^{\lambda(1-p)(e^t-1)}\end{aligned}$$

Como a expressão anterior é a função geratriz conjunta de variáveis aleatórias de Poisson com respectivas médias λp e $\lambda(1-p)$, o resultado está provado. ∎

7.8 PROPRIEDADES ADICIONAIS DAS VARIÁVEIS ALEATÓRIAS NORMAIS

7.8.1 A distribuição normal multivariada

Sejam $Z_1,..., Z_n$ um conjunto de n variáveis aleatórias normais padrão independentes. Se, para algumas constantes $a_{ij}, 1 \leq i \leq m, 1 \leq j \leq n$, e $\mu_i, 1 \leq i \leq m$,

$$X_1 = a_{11}Z_1 + \cdots + a_{1n}Z_n + \mu_1$$
$$X_2 = a_{21}Z_1 + \cdots + a_{2n}Z_n + \mu_2$$
$$\vdots$$
$$X_i = a_{i1}Z_1 + \cdots + a_{in}Z_n + \mu_i$$
$$\vdots$$
$$X_m = a_{m1}Z_1 + \cdots + a_{mn}Z_n + \mu_m$$

diz-se que as variáveis aleatórias $X_1,..., X_m$ possuem uma distribuição normal multivariada.

Como a soma de variáveis aleatórias independentes também é uma variável aleatória normal, tem-se que cada X_i é uma variável aleatória normal com média e variância dadas, respectivamente, por

$$E[X_i] = \mu_i$$

$$\text{Var}(X_i) = \sum_{j=1}^{n} a_{ij}^2$$

Vamos agora considerar

$$M(t_1,..., t_m) = E[\exp\{t_1 X_1 + ... + t_m X_m\}]$$

que é a função geratriz de momentos conjunta de $X_1,..., X_m$. A primeira coisa a ser notada é que, como $\sum_{i=1}^{m} t_i X_i$ é ela própria uma combinação linear das variáveis aleatórias normais independentes $Z_1,..., Z_n$, ela também é normalmente distribuída. Sua média e variância são

$$E\left[\sum_{i=1}^{m} t_i X_i\right] = \sum_{i=1}^{m} t_i \mu_i$$

e
$$\text{Var}\left(\sum_{i=1}^{m} t_i X_i\right) = \text{Cov}\left(\sum_{i=1}^{m} t_i X_i, \sum_{j=1}^{m} t_j X_j\right)$$
$$= \sum_{i=1}^{m}\sum_{j=1}^{m} t_i t_j \text{Cov}(X_i, X_j)$$

Agora, se Y é uma variável aleatória normal com média μ e variância σ^2, então
$$E[e^Y] = M_Y(t)|_{t=1} = e^{\mu + \sigma^2/2}$$

Assim,
$$M(t_1,\ldots,t_m) = \exp\left\{\sum_{i=1}^{m} t_i \mu_i + \frac{1}{2}\sum_{i=1}^{m}\sum_{j=1}^{m} t_i t_j \text{Cov}(X_i, X_j)\right\}$$

o que mostra que a distribuição conjunta de $X_1,\ldots,X_m$ é completamente determinada a partir do conhecimento dos valores de $E[X_i]$ e $\text{Cov}(X_i, X_j), i,j = 1,\ldots,m$.

Pode-se mostrar que, quando $m = 2$, a distribuição normal multivariada se reduz ao caso particular de uma distribuição normal bivariada.

Exemplo 8a
Determine $P(X < Y)$ para as variáveis aleatórias normais bivariadas X e Y com parâmetros

$$\mu_x = E[X],\ \mu_y = E[Y],\ \sigma_x^2 = \text{Var}(X),\ \sigma_y^2 = \text{Var}(Y),\ \rho = \text{Corr}(X, Y)$$

Solução Como $X - Y$ é normal com média
$$E[X - Y] = \mu_x - \mu_y$$
e variância
$$\text{Var}(X - Y) = \text{Var}(X) + \text{Var}(-Y) + 2\text{Cov}(X, -Y)$$
$$= \sigma_x^2 + \sigma_y^2 - 2\rho\sigma_x\sigma_y$$
obtemos
$$P\{X < Y\} = P\{X - Y < 0\}$$
$$= P\left\{\frac{X - Y - (\mu_x - \mu_y)}{\sqrt{\sigma_x^2 + \sigma_y^2 - 2\rho\sigma_x\sigma_y}} < \frac{-(\mu_x - \mu_y)}{\sqrt{\sigma_x^2 + \sigma_y^2 - 2\rho\sigma_x\sigma_y}}\right\}$$
$$= \Phi\left(\frac{\mu_y - \mu_x}{\sqrt{\sigma_x^2 + \sigma_y^2 - 2\rho\sigma_x\sigma_y}}\right)$$
∎

Exemplo 8b

Suponha que a distribuição condicional de X dado que $\Theta = \theta$ seja normal com média θ e variância 1. Suponha também que Θ seja uma variável aleatória normal com média μ e variância σ^2. Determine a distribuição condicional de Θ dado que $X = x$.

Solução Em vez de usar e simplificar a fórmula de Bayes, vamos solucionar este problema primeiro mostrando que X, Θ possui uma distribuição normal bivariada. Para fazer isso, note que a função densidade conjunta de X, Θ pode ser escrita como

$$f_{X,\Theta}(x, \theta) = f_{X|\Theta}(x|\theta) f_{\Theta}(\theta)$$

onde $f_{X|\Theta}(x|\theta)$ é uma função densidade normal com média θ e variância 1. Entretanto, se Z for uma variável aleatória normal padrão independente de Θ, então a distribuição condicional de $Z + \Theta$ dado que $\Theta = \theta$ também será normal com média θ e variância 1. Consequentemente, a densidade conjunta de $Z + \Theta, \Theta$ é igual àquela de X, Θ. Como a primeira densidade conjunta é claramente normal bivariada (já que $Z + \Theta$ e Θ são combinações lineares das variáveis aleatórias normais independentes Z e Θ), resulta que X, Θ possui distribuição normal bivariada. Agora,

$$E[X] = E[Z + \Theta] = \mu$$
$$\text{Var}(X) = \text{Var}(Z + \Theta) = 1 + \sigma^2$$

e

$$\begin{aligned}\rho &= \text{Corr}(X, \Theta) \\ &= \text{Corr}(Z + \Theta, \Theta) \\ &= \frac{\text{Cov}(Z + \Theta, \Theta)}{\sqrt{\text{Var}(Z + \Theta)\text{Var}(\Theta)}} \\ &= \frac{\sigma}{\sqrt{1 + \sigma^2}}\end{aligned}$$

Como X, Θ possui distribuição normal bivariada, a distribuição condicional de Θ, dado que $X = x$, é normal com média

$$\begin{aligned}E[\Theta|X = x] &= E[\Theta] + \rho\sqrt{\frac{\text{Var}(\Theta)}{\text{Var}(X)}}(x - E[X]) \\ &= \mu + \frac{\sigma^2}{1 + \sigma^2}(x - \mu)\end{aligned}$$

e variância

$$\begin{aligned}\text{Var}(\Theta|X = x) &= \text{Var}(\Theta)(1 - \rho^2) \\ &= \frac{\sigma^2}{1 + \sigma^2}\end{aligned}$$ ∎

7.8.2 A distribuição conjunta da média amostral e da variância amostral

Sejam $X_1,...,X_n$ variáveis aleatórias normais independentes, cada uma com média μ e variância σ^2. Suponha que $\overline{X} = \sum_{i=1}^{n} X_i/n$ represente a sua média amostral. Como a soma de variáveis aleatórias normais independentes também é uma variável aleatória normal, resulta que $\overline{X}$ é uma variável aleatória normal com valor esperado μ e variância σ^2/n (veja os Exemplos 2c e 4a).

Agora, lembre do Exemplo 4e que

$$\text{Cov}(\overline{X}, X_i - \overline{X}) = 0, \quad i = 1,...,n \tag{8.1}$$

Além disso, note que, como $\overline{X}, X_1 - \overline{X}, X_2 - \overline{X},..., X_n - \overline{X}$ são todas combinações lineares das variáveis aleatórias normais padrão $(X_i - \mu)/\sigma, i = 1,...,n$, resulta que $\overline{X}, X_i - \overline{X}, i = 1,...,n$ possui uma distribuição conjunta que é normal multivariada. Se Y é uma variável aleatória normal com média μ e variância σ^2/n independente de $X_i, i = 1,...,n$, então $Y, X_i - \overline{X}, i = 1,...,n$ também possui distribuição multivariada normal e, de fato, por causa da Equação (8.1), possui os mesmos valores esperados e covariâncias das variáveis aleatórias $\overline{X}, X_i - \overline{X}, i = 1,...,n$. Mas, como uma distribuição normal multivariada é completamente determinada por seus valores esperados e covariâncias, resulta que $Y, X_i - \overline{X}, i = 1,...,n$ e $\overline{X}, X_i - \overline{X}, i = 1,...,n$ possuem a mesma distribuição conjunta. Isso mostra que $\overline{X}$ é independente da sequência de desvios $X_i - \overline{X}, i = 1,...,n$.

Como $\overline{X}$ é independente da sequência de desvios $X_i - \overline{X}, i = 1,...,n$, ela também é independente da variância amostral $S^2 \equiv \sum_{i=1}^{n}(X_i - \overline{X})^2/(n-1)$.

Como já sabemos que $\overline{X}$ é normal com média μ e variância σ^2/n, resta somente determinar a distribuição de S^2. Para fazer isso, lembre-se, do Exemplo 4a, da identidade algébrica

$$(n-1)S^2 = \sum_{i=1}^{n}(X_i - \overline{X})^2$$

$$= \sum_{i=1}^{n}(X_i - \mu)^2 - n(\overline{X} - \mu)^2$$

Dividindo a equação anterior por σ^2, obtemos

$$\frac{(n-1)S^2}{\sigma^2} + \left(\frac{\overline{X} - \mu}{\sigma/\sqrt{n}}\right)^2 = \sum_{i=1}^{n}\left(\frac{X_i - \mu}{\sigma}\right)^2 \tag{8.2}$$

Agora,

$$\sum_{i=1}^{n}\left(\frac{X_i - \mu}{\sigma}\right)^2$$

é a soma dos quadrados de n variáveis aleatórias normais padrão, e com isso é uma variável aleatória qui-quadrado com n graus de liberdade. Portanto, do Exemplo 7i, sua função geratriz de momentos é $(1 - 2t)^{-n/2}$. Além disso, como

$$\left(\frac{\overline{X} - \mu}{\sigma/\sqrt{n}}\right)^2$$

é o quadrado de uma variável aleatória normal, ela é uma variável aleatória qui-quadrado com 1 grau de liberdade, e portanto possui função geratriz de momentos $(1 - 2t)^{-1/2}$. Vale notar que vimos anteriormente que as duas variáveis aleatórias no lado esquerdo da Equação (8.2) são independentes. Portanto, como a função geratriz da soma de variáveis aleatórias independentes é igual ao produto de suas funções geratrizes individuais, temos

$$E[e^{t(n-1)S^2/\sigma^2}](1 - 2t)^{-1/2} = (1 - 2t)^{-n/2}$$

ou

$$E[e^{t(n-1)S^2/\sigma^2}] = (1 - 2t)^{-(n-1)/2}$$

Mas como $(1 - 2t)^{-(n-1)/2}$ é a função geratriz de momentos de uma variável aleatória qui-quadrado com $n - 1$ graus de liberdade, podemos concluir, como a função geratriz determina unicamente a distribuição da variável aleatória, que tal expressão é a distribuição de $(n-1)S^2/\sigma^2$.

Em resumo, mostramos o seguinte.

Proposição 8.1 Se $X_1,..., X_n$ são variáveis aleatórias normais independentes e identicamente distribuídas com média μ e variância σ^2, então a média amostral $\overline{X}$ e a variância amostral S^2 são independentes. $\overline{X}$ é uma variável aleatória normal com média μ e variância σ^2/n; $(n - 1)S^2/\sigma^2$ é uma variável aleatória qui-quadrado com $n - 1$ graus de liberdade.

7.9 DEFINIÇÃO GERAL DE ESPERANÇA

Até agora, definimos esperanças apenas para variáveis aleatórias discretas e contínuas. Entretanto, existem variáveis aleatórias que não são nem discretas, nem contínuas, mas que, ainda assim, podem possuir esperança. Como exemplo de variável aleatória com essas características, vamos supor que X seja uma variável aleatória de Bernoulli com parâmetro $p = \frac{1}{2}$, e que Y seja uma variável aleatória uniformemente distribuída no intervalo $[0, 1]$. Além disso, suponhamos que X e Y sejam independentes e definamos a nova variável aleatória W como

$$W = \begin{cases} X & \text{se } X = 1 \\ Y & \text{se } X \neq 1 \end{cases}$$

Claramente, W não é nem discreta (já que seu conjunto de valores possíveis, $[0, 1]$, é incontável), nem contínua (já que $P\{W = 1\} = \frac{1}{2}$).

Para definir a esperança de uma variável aleatória arbitrária, é necessário conhecer a integral de Stieltjes. Antes de defini-la, vamos lembrar que, para qualquer função g, a integral $\int_a^b g(x)\,dx$ é definida como

$$\int_a^b g(x)\,dx = \lim \sum_{i=1}^n g(x_i)(x_i - x_{i-1})$$

onde o limite é assumido em todo $a = x_0 < x_1 ... < x_n = b$ com $n \to \infty$, e onde $\max_{i=1,...,n} (x_i - x_{i-1}) \to 0$.

Para qualquer função distribuição F, definimos a integral de Stieltjes da função g não negativa no intervalo $[a, b]$ como

$$\int_a^b g(x)\,dF(x) = \lim \sum_{i=1}^n g(x_i)[F(x_i) - F(x_{i-1})]$$

onde, como antes, o limite é assumido em todo $a = x_0 < x_1 ... < x_n = b$ com $n \to \infty$, e onde $\max_{i=1,...,n} (x_i - x_{i-1}) \to 0$. Além disso, definimos a integral de Stieltjes ao longo de toda a reta real como

$$\int_{-\infty}^{\infty} g(x)\,dF(x) = \lim_{\substack{a \to -\infty \\ b \to +\infty}} \int_a^b g(x)\,dF(x)$$

Finalmente, se g não é uma função não negativa, definimos g^+ e g^- como

$$g^+(x) = \begin{cases} g(x) & \text{se } g(x) \geq 0 \\ 0 & \text{se } g(x) < 0 \end{cases}$$

$$g^-(x) = \begin{cases} 0 & \text{se } g(x) \geq 0 \\ -g(x) & \text{se } g(x) < 0 \end{cases}$$

Como $g(x) = g^+(x) - g^-(x)$ e g^+ e g^- são ambas funções não negativas, é natural definir

$$\int_{-\infty}^{\infty} g(x)\,dF(x) = \int_{-\infty}^{\infty} g^+(x)\,dF(x) - \int_{-\infty}^{\infty} g^-(x)\,dF(x)$$

e dizemos que $\int_{-\infty}^{\infty} g(x)\,dF(x)$ existe desde que $\int_{-\infty}^{\infty} g^+(x)\,dF(x)$ e $\int_{-\infty}^{\infty} g^-(x)\,dF(x)$ não sejam ambas iguais a $+\infty$.

Se X é uma variável aleatória arbitrária com função distribuição cumulativa F, definimos o valor esperado de X como

$$E[X] = \int_{-\infty}^{\infty} x\,dF(x) \tag{9.1}$$

Pode-se mostrar que, se X é uma variável aleatória discreta com função de probabilidade $p(x)$, então

$$\int_{-\infty}^{\infty} x\,dF(x) = \sum_{x:p(x)>0} x p(x)$$

Por outro lado, se X é uma variável aleatória contínua com função densidade $f(x)$, então

$$\int_{-\infty}^{\infty} x dF(x) = \int_{-\infty}^{\infty} xf(x)\, dx$$

O leitor deve observar que a Equação (9.1) leva a uma definição intuitiva de $E[X]$; considere a soma aproximada

$$\sum_{i=1}^{n} x_i [F(x_i) - F(x_{i-1})]$$

de $E[X]$. Como $F(x_i) - F(x_{i-1})$ é justamente a probabilidade de que X esteja no intervalo $(x_{i-1}, x_i]$, a soma aproximada multiplica o valor aproximado de X quando ele está no intervalo $(x_{i-1}, x_i]$ pela probabilidade de que ele esteja nesse intervalo e então soma esse valores ao longo de todos os intervalos. Claramente, como os intervalos se tornam cada vez menores em tamanho, obtemos o "valor esperado" de X.

As integrais de Stieltjes são principalmente de interesse teórico porque resultam em uma maneira compacta de se definir e de se trabalhar com as propriedades da esperança. Por exemplo, o uso das integrais de Stieltjes evita a necessidade de se fornecerem enunciados e demonstrações de teoremas separados para os casos contínuos e discretos. Entretanto, suas propriedades são basicamente iguais às das integrais ordinárias, e todas as provas apresentadas neste capítulo podem ser facilmente traduzidas em demonstrações no caso geral.

RESUMO

Se X e Y têm função de probabilidade conjunta $p(x, y)$, então

$$E[g(X, Y)] = \sum_{y}\sum_{x} g(x, y) p(x, y)$$

Por outro lado, se elas têm função densidade conjunta $f(x, y)$, então

$$E[g(X, Y)] = \int_{-\infty}^{\infty} \int_{-\infty}^{\infty} g(x, y) f(x, y)\, dx\, dy$$

Uma consequência das equações anteriores é que

$$E[X + Y] = E[X] + E[Y]$$

que é generalizada para

$$E\left[\sum_{i=1}^{n} X_i\right] = \sum_{i=1}^{n} E[X_i]$$

A *covariância* entre as variáveis aleatórias X e Y é dada por

$$\text{Cov}(X, Y) = E[(X - E[X])(Y - E[Y])] = E[XY] - E[X]E[Y]$$

Uma identidade útil é

$$\text{Cov}\left(\sum_{i=1}^{n} X_i, \sum_{j=1}^{m} Y_j\right) = \sum_{i=1}^{n} \sum_{j=1}^{m} \text{Cov}(X_i, Y_j)$$

Quando $n = m$ e $Y_i = X_i, i = 1,...,n$, a fórmula anterior resulta em

$$\text{Var}\left(\sum_{i=1}^{n} X_i\right) = \sum_{i=1}^{n} \text{Var}(X_i) + 2 \sum\sum_{i<j} \text{Cov}(X_i, Y_j)$$

A correlação entre X e Y, escrita como $\rho(X, Y)$, é definida como

$$\rho(X, Y) = \frac{\text{Cov}(X, Y)}{\sqrt{\text{Var}(X)\text{Var}(Y)}}$$

Se X e Y são variáveis aleatórias conjuntamente discretas, então o valor esperado condicional de X, dado que $Y = y$, é definido como

$$E[X|Y = y] = \sum_{x} x P\{X = x | Y = y\}$$

Se X e Y são variáveis aleatórias conjuntamente contínuas, então

$$E[X|Y = y] = \int_{-\infty}^{\infty} x f_{X|Y}(x|y)$$

onde

$$f_{X|Y}(x|y) = \frac{f(x, y)}{f_Y(y)}$$

é a função densidade de probabilidade condicional de X dado que $Y = y$. Esperanças condicionais, que são similares a esperanças comuns exceto pelo fato de agora todas as probabilidades serem calculadas tendo como condição a ocorrência do evento $Y = y$, satisfazem todas a propriedades das esperanças comuns.

Seja $E[X|Y]$ a função de Y cujo valor em $Y = y$ é $E[X|Y = y]$. Uma identidade muito útil é

$$E[X] = E[E[X|Y]]$$

No caso de variáveis aleatórias discretas, essa equação reduz-se à identidade

$$E[X] = \sum_{y} E[X|Y = y] P\{Y = y\}$$

e, no caso contínuo, a

$$E[X] = \int_{-\infty}^{\infty} E[X|Y = y] f_Y(y)$$

As equações anteriores podem ser muitas vezes aplicadas para se obter $E[X]$ colocando-se algum tipo de "condição" no valor de alguma outra variável aleatória Y. Além disso, já que, para qualquer evento A, $P(A) = E[I_A]$, onde I_A é igual a 1 se A ocorrer e 0 caso contrário, podemos usar as mesmas equações para calcular probabilidades.

A variância condicional de X, dado que $Y = y$, é definida como

$$\text{Var}(X|Y = y) = E[(X - E[X|Y = y])^2 | Y = y]$$

Seja $\text{Var}(X|Y)$ a função de Y cujo valor em $Y = y$ é $\text{Var}(X|Y = y)$. A fórmula a seguir é conhecida como a *variância condicional*:

$$\text{Var}(X) = E[\text{Var}(X|Y)] + \text{Var}(E[X|Y])$$

Suponha que a variável aleatória X seja observada e, com base em seu valor, o valor da variável aleatória Y deva ser predito. Ocorre que, em tal situação, entre todos os preditores possíveis, $E[Y|X]$ possui a menor esperança do quadrado da diferença com Y.

A *função geratriz de momentos* da variável aleatória X é definida como

$$M(t) = E[e^{tX}]$$

Os momentos de X podem ser obtidos sucessivamente pelo cálculo das derivadas de $M(t)$ e em seguida com a avaliação das expressões obtidas em $t = 0$. Especificamente, temos

$$E[X^n] = \frac{d^n}{dt^n} M(t) \bigg|_{t=0} \quad n = 1, 2, \ldots$$

Dois resultados úteis a respeito de funções geratrizes de momentos são, primeiro, que a função geratriz determina unicamente a função distribuição da variável aleatória, e, segundo, que a função geratriz da soma de duas variáveis aleatórias independentes é igual ao produto de suas funções geratrizes individuais. Esses resultados levam às demonstrações simples de que a soma de variáveis aleatórias normais (ou de Poisson, gama) independentes também é uma variável aleatória normal (ou de Poisson, gama).

Se $X_1, \ldots, X_m$ são combinações lineares de um conjunto finito de variáveis aleatórias normais independentes padrão, diz-se que elas possuem *distribuição normal multivariada*. Sua distribuição conjunta é especificada pelos valores de $E[X_i]$, $\text{Cov}(X_i, X_j)$, $i, j = 1, \ldots, m$.

Se $X_1, \ldots, X_n$ são variáveis aleatórias normais independentes e identicamente distribuídas, então sua *média amostral*

$$\overline{X} = \sum_{i=1}^{n} \frac{X_i}{n}$$

e sua *variância amostral*

$$S^2 = \sum_{i=1}^{n} \frac{(X_i - \overline{X})^2}{n - 1}$$

são independentes. A média amostral $\overline{X}$ é uma variável aleatória normal com média μ e variância σ^2/n; a variável aleatória $(n-1)S^2/\sigma^2$ é qui-quadrado com $n-1$ graus de liberdade.

PROBLEMAS

7.1 Uma apostadora joga simultaneamente uma moeda e um dado honestos. Se a moeda der cara, ela então ganha o dobro do valor que aparecer no dado; se der coroa, ela ganha a metade. Determine seus ganhos esperados.

7.2 O jogo de Detetive envolve 6 suspeitos, 6 armas e 9 salas. Um item de cada conjunto é sorteado e o objetivo do jogo é descobrir quais são esses itens.
 (a) Quantas soluções são possíveis?
 Em uma versão do jogo, faz-se o sorteio e então cada um dos jogadores recebe aleatoriamente três das cartas restantes. Sejam S, W e R, respectivamente, os números de suspeitos, armas e salas no conjunto de três cartas distribuídas a um jogador específico. Além disso, suponha que X represente o número de soluções possíveis após o jogador observar as três cartas que recebeu.
 (b) Escreva X em termos de S, W e R.
 (c) Determine $E[X]$.

7.3 Tem-se apostas independentes, cada uma delas resultando em uma igual probabilidade de que o apostador ganhe ou perca 1 unidade. Suponha que W represente o ganho líquido de um apostador cuja estratégia consiste em parar de apostar logo após a sua primeira vitória. Determine
 (a) $P\{W > 0\}$
 (b) $P\{W < 0\}$
 (c) $E[W]$

7.4 Se X e Y têm função densidade conjunta
$$f_{X,Y}(x,y) = \begin{cases} 1/y, & \text{se } 0 < y < 1,\ 0 < x < y \\ 0, & \text{caso contrário} \end{cases}$$
determine:
 (a) $E[XY]$
 (b) $E[X]$
 (c) $E[Y]$

7.5 O hospital municipal está localizado no centro de um quadrado cujos lados têm 3 km de extensão. Se um acidente ocorrer no interior desse quadrado, então o hospital envia uma ambulância. A disposição das ruas é retangular, então a distância de viagem do hospital, que está nas coordenadas $(0, 0)$, ao ponto (x, y) é $|x| + |y|$. Se um acidente ocorre em um ponto uniformemente distribuído no interior do quadrado, determine a distância de viagem esperada da ambulância.

7.6 Um dado honesto é rolado 10 vezes. Calcule a soma esperada das 10 jogadas.

7.7 Suponha que A e B escolham aleatória e independentemente 3 objetos em um conjunto de 10. Determine o número esperado de objetos;
 (a) escolhidos simultaneamente por A e B;
 (b) não escolhidos nem por A, nem por B;
 (c) escolhidos por exatamente um de A e B.

7.8 N pessoas chegam separadamente em um jantar de negócios. Ao chegar, cada pessoa olha para ver se tem amigos entre aqueles presentes. Aquela pessoa então se senta ou na mesa de um amigo, ou em uma mesa desocupada caso nenhuma das pessoas presentes seja seu amigo. Supondo que cada um dos $\binom{N}{2}$ pares de pessoas seja, independentemente, um par de amigos com probabilidade p, determine o número esperado de mesas ocupadas.
 Dica: Considere X_i igual a 1 ou 0, dependendo da i-ésima pessoa sentar-se ou não em uma mesa desocupada.

7.9 Um total de n bolas numeradas de 1 a n é colocado em n urnas (também numeradas de 1 a n) de forma tal que a bola i tenha igual probabilidade de ir para qualquer urna 1, 2,..., i. Determine:
 (a) o número esperado de urnas vazias;
 (b) a probabilidade de que nenhuma das urnas esteja vazia.

7.10 Considere 3 tentativas com mesma probabilidade de sucesso. Suponha que X represente o número total de sucessos nessas tentativas. Se $E[X] = 1,8$, qual é
(a) o maior valor possível de $P\{X = 3\}$?
(b) o menor valor possível de $P\{X = 3\}$?
Em ambos os casos, construa um cenário de probabilidades que resulte em $P\{X = 3\}$ possuir o valor declarado.
Dica: Para a letra (b), você deve começar fazendo com que U seja uma variável aleatória uniforme em $(0, 1)$ e depois definindo as tentativas em termos do valor de U.

7.11 Considere n jogadas independentes de uma moeda com probabilidade p de dar cara. Digamos que uma inversão ocorra sempre que um resultado difira daquele que o precede. Por exemplo, se $n = 5$ e o resultado é $HHTHT$ (sendo H cara e T coroa), então há 3 inversões. Determine o valor esperado de inversões.
Dica: Expresse o número de inversões como a soma de $n - 1$ variáveis aleatórias de Bernoulli.

7.12 Alinha-se aleatoriamente um grupo de n homens e n mulheres.
(a) Determine o número esperado de homens que têm uma mulher ao seu lado.
(b) Repita a letra (a), mas agora supondo que o grupo esteja sentado aleatoriamente em uma mesa redonda.

7.13 Um conjunto de 1000 cartas numeradas de 1 a 1000 é distribuído aleatoriamente entre 1000 pessoas, com cada uma delas recebendo uma carta. Calcule o número esperado de pessoas cuja idade é igual ao número marcado na carta que recebeu.

7.14 Uma urna tem m bolas pretas. Em cada rodada, uma bola preta é retirada e uma nova bola é colocada em seu lugar. A bola colocada na urna tem probabilidade de p de ser preta e $1 - p$ de ser branca. Determine o número de rodadas necessárias até que não existam mais bolas pretas na urna.
Nota: Este experimento tem muitas aplicações possíveis na pesquisa da AIDS. Parte do sistema imunológico de nosso organismo consiste em certa classe de células conhecidas como células T. Há 2 tipos de células T, chamadas de CD4 e CD8. Embora o número total de células T em portadores do vírus da AIDS seja igual (pelo menos nos estágios iniciais da doença) ao número presente em indivíduos sadios, descobriu-se recentemente que a proporção de células T CD4 e CD8 é diferente nas pessoas sadias e naquelas portadoras do vírus: aproximadamente 60% das células T de uma pessoa sadia são do tipo CD4, enquanto o percentual de células T do tipo CD4 parece decrescer continuamente em portadores do vírus da AIDS. Um modelo recente propõe que o vírus HIV (que causa a AIDS) ataca as células CD4, e que o mecanismo do organismo para repor as células T mortas não consegue identificar se a célula morta era CD4 ou CD8. Em vez disso, ela produz uma nova célula T cujas probabilidades de ser dos tipos CD4 e CD8 são de 0,6 e 0,4, respectivamente. Entretanto, embora isso pareça ser uma maneira muito eficiente de se repor as células T quando cada célula morta tem a mesma probabilidade de ser de qualquer tipo (e, portanto, tem probabilidade de 0,6 de ser CD4), as consequências são perigosas ao se tratar de um vírus que ataca somente as células CD4.

7.15 No Exemplo 2h, considere que i e j, $i \neq j$, formem um pareamento se i escolher o chapéu que pertence a j e vice-versa. Determine o número esperado de pareamentos.

7.16 Seja Z uma variável aleatória normal e, para um x fixo, considere
$$X = \begin{cases} Z & \text{se } Z > x \\ 0 & \text{caso contrário} \end{cases}$$
Mostre que $E[X] = \dfrac{1}{\sqrt{2\pi}} e^{-x^2/2}$.

7.17 Um baralho com n cartas numeradas de 1 a n é embaralhado de forma que todas as $n!$ ordenações de cartas possíveis sejam igualmente prováveis. Suponha que você faça n palpites sucessivos, onde o i-ésimo palpite diz que a carta desejada está na posição i. Chame de N o número de palpites corretos.
(a) Se você não recebe informações sobre seus palpites anteriores, mostre que, para qualquer estratégia, $E[N] = 1$.
(b) Suponha que, após cada palpite, a carta na posição em questão seja mos-

trada para você. Qual estratégia você considera a melhor? Mostre que, com essa estratégia,

$$E[N] = \frac{1}{n} + \frac{1}{n-1} + \cdots + 1$$
$$\approx \int_1^n \frac{1}{x} dx = \log n$$

(c) Suponha que lhe digam após cada palpite se você estava certo ou errado. Neste caso, pode-se mostrar que a estratégia que maximiza $E[N]$ é aquela em que você continua a fazer sempre o mesmo palpite, escolhendo a mesma carta até acertá-la e mudando depois para uma nova carta. Para essa estratégia, mostre que

$$E[N] = 1 + \frac{1}{2!} + \frac{1}{3!} + \cdots + \frac{1}{n!}$$
$$\approx e - 1$$

Dica: Em todas as letras, expresse N como a soma das variáveis aleatórias indicadoras (isto é, de Bernoulli).

7.19 Certa região é habitada por r tipos distintos de certa espécie de inseto. Cada inseto capturado será, independentemente dos tipos capturados anteriormente, do tipo i com probabilidade

$$P_i, i = 1, \ldots, r \quad \sum_1^r P_i = 1$$

(a) Calcule o número médio de insetos capturados antes da captura de um inseto do tipo 1.
(b) Calcule o número médio de tipos de insetos que são capturados antes da captura de um inseto do tipo i.

7.20 Em uma urna contendo n bolas, a i-ésima bola tem peso $W(i)$, $i = 1,\ldots, n$. As bolas são removidas sem substituição, uma de cada vez, de acordo com a regra a seguir: em cada seleção, a probabilidade de que uma bola seja escolhida é igual ao seu peso dividido pela soma dos demais pesos na urna. Por exemplo, se em algum instante $i_1,\ldots, i_r$ for o conjunto de bolas remanescentes na urna, então a próxima seleção será i_j com probabilidade $W(i_j) \Big/ \sum_{k=1}^r W(i_k)$, $j = 1,\ldots, r$. Calcule o número esperado de bolas retiradas antes da bola 1.

7.21 Para um grupo de 100 pessoas, compute
(a) o número esperado de dias do ano que são aniversários de pelo menos 3 pessoas;
(b) o número esperado de datas de aniversário distintas.

7.22 Quantas vezes você espera rolar um dado honesto até que todos os 6 lados tenham aparecido pelo menos uma vez?

7.23 A urna 1 contém 5 bolas brancas e 6 bolas pretas, enquanto a urna 2 contém 8 bolas brancas e 10 bolas pretas. Duas bolas são selecionadas aleatoriamente da urna 1 e colocadas na urna 2. Se 3 bolas são então sorteadas da urna 2, calcule o número de bolas brancas no trio.
Dica: Faça $X_i = 1$ se a i-ésima bola branca inicialmente na urna 1 for uma das três bolas selecionadas, e $X_i = 0$ caso contrário. Similarmente, faça $Y_i = 1$ se a i-ésima bola branca da urna 2 for uma das três selecionadas, e $Y_i = 0$ caso contrário. O número de bolas brancas no trio pode agora ser escrito como $\sum_1^5 X_i + \sum_1^8 Y_i$.

7.24 Uma garrafa contém inicialmente m pílulas grandes e n pílulas pequenas. Cada dia, um paciente escolhe uma das pílulas aleatoriamente. Se uma pílula pequena é escolhida, ela é então partida ao meio; um dos pedaços é devolvido à garrafa, passando a ser considerado uma pílula pequena, e o outro é consumido.
(a) Seja X o número de pílulas pequenas na garrafa após a escolha da última pílula grande e da devolução de uma parte dela para a garrafa. Determine $E[X]$.
Dica: Defina $n + m$ variáveis indicadoras, uma para cada uma das pílulas pequenas inicialmente presentes e uma para cada uma das m pílulas pequenas criadas com a divisão das pílulas grandes. Use agora o argumento do Exemplo 2m.
(b) Seja Y o dia em que a última pílula grande é escolhida. Determine $E[Y]$.
Dica: Qual é a relação entre X e Y?

7.25 Seja $X_1, X_2,\ldots$ uma sequência de variáveis aleatórias contínuas independentes e identicamente distribuídas. Considere $N \geq 2$ tal que

$$X_1 \geq X_2 \geq \ldots \geq X_{N-1} < X_N$$

Isto é, N é o ponto no qual a sequência para de decrescer. Mostre que $E[N] = e$.

7.26 Se $X_1, X_2,..., X_n$ são variáveis aleatórias independentes e identicamente distribuídas com distribuições uniformes em $(0, 1)$, determine
(a) $E[\text{máx}(X_1,...,X_n)]$;
(b) $E[\text{mín}(X_1,...,X_n)]$.

*7.27 Se 101 itens são distribuídos entre 10 caixas, então pelo menos uma das caixas deve conter mais de 10 itens. Use o método probabilístico para provar esse resultado.

*7.28 O sistema circular de confiabilidade k-de-r-em-n, com $k \leq r \leq n$, consiste em n componentes que são arranjados em disposição circular. Cada componente ou funciona, ou falha, e o sistema funciona se não houver blocos de r componentes consecutivos dos quais pelo menos k sejam defeituosos. Mostre que não há maneira de arranjar 47 componentes, 8 dos quais defeituosos, para criar um sistema circular 3-de-12-em-47 que funcione.

*7.29 Existem 4 tipos diferentes de cupons de desconto. Destes, 2 compõem um grupo e os outros 2 compõem outro grupo. Cada novo cupom obtido é do tipo i com probabilidade p_i, onde $p_1=p_2=1/8$, $p_3=p_4=3/8$. Determine o número esperado de cupons necessários para que se obtenham pelo menos
(a) todos os 4 tipos;
(b) todos os tipos do primeiro grupo;
(c) todos os tipos do segundo grupo;
(d) todos os tipos de cada grupo.

7.30 Se X e Y são independentes e identicamente distribuídos com média μ e variância σ^2, determine
$$E[(X-Y)^2]$$

7.31 No Problema 7.6, calcule a variância da soma das jogadas.

7.32 No Problema 7.9, calcule a variância do número de urnas vazias.

7.32 Se $E[X] = 1$ e $\text{Var}(X) = 5$, determine
(a) $E[(2+X)^2]$;
(b) $\text{Var}(4+3X)$.

7.34 Se 10 casais se sentam em uma mesa redonda, compute (a) o número esperado e (b) a variância do número de esposas que se sentam ao lado de seus maridos.

7.35 Cartas de um baralho comum são viradas uma de cada vez. Compute o número esperado de cartas que precisam ser viradas até que se obtenham
(a) 2 ases;
(b) 5 espadas;
(c) todos as treze cartas de copas.

7.36 Seja X o número de 1's e Y o número de 2's que ocorrem em n jogadas de um dado honesto. Compute $\text{Cov}(X, Y)$.

7.37 Um dado é rolado duas vezes. Suponha que X seja igual à soma dos resultados e que Y seja igual ao primeiro resultado menos o segundo. Compute $\text{Cov}(X, Y)$.

7.38 As variáveis aleatórias X e Y têm uma função densidade conjunta dada por
$$f(x,y) = \begin{cases} 2e^{-2x}/x & 0 \leq x < \infty, 0 \leq y \leq x \\ 0 & \text{caso contrário} \end{cases}$$

Compute $\text{Cov}(X, Y)$.

7.39 Sejam as variáveis aleatórias $X_1,...$ independentes com mesma média μ e variância σ^2, e faça $Y_n = X_n + X_{n+1} + X_{n+2}$. Para $j \geq 0$, determine $\text{Cov}(Y_n, Y_{n+j})$.

7.40 A função densidade conjunta de X e Y é dada por
$$f(x,y) = \frac{1}{y}e^{-(y+x/y)}, \quad x > 0, y > 0$$

Determine $E[X]$, $E[Y]$ e mostre que $\text{Cov}(X, Y) = 1$.

7.41 Um lago contém 100 peixes, dos quais 30 são carpas. Se 20 peixes são pescados, qual é a média e a variância no número de carpas entre esses 20? Que hipóteses você está adotando?

7.42 Um grupo de 20 pessoas formado por 10 homens e 10 mulheres é arranjado aleatoriamente em 10 pares. Calcule a esperança e a variância do número de pares formados por um homem e uma mulher. Suponha agora que as 20 pessoas consistam em 10 casais. Calcule a média e a variância do número de casais que formam pares.

7.43 Sejam $X_1, X_2,..., X_n$ variáveis aleatórias independentes com função distribuição contínua desconhecida F, e $Y_1, Y_2,..., Y_m$ variáveis aleatórias independentes com função distribuição contínua desconhecida G. Agora ordene essas $n + m$ variáveis e considere

$$I_i = \begin{cases} 1 & \text{se a } i\text{-ésima menor das } n + m \\ & \text{variáveis pertence à amostra } X \\ 0 & \text{caso contrário} \end{cases}$$

A variável aleatória $R = \sum_{i=1}^{n+m} iI_i$ é a soma das ordens da amostra X e é a base de um procedimento estatístico (chamado de teste da soma das ordens de Wilcoxon) empregado para testar se F e G são distribuições idênticas. Esse teste aceita a hipótese de $F = G$ quando R não é nem muito grande, nem muito pequeno. Supondo que a hipótese de igualdade seja de fato correta, calcule a média e a variância de R.
Dica: Use os resultados do Exemplo 3e.

7.44 Entre dois métodos distintos de fabricação de certos produtos, a qualidade dos produtos fabricados pelo método i é uma variável aleatória com distribuição F_i, $i = 1, 2$. Suponha que n produtos sejam produzidos pelo método 1, e m, pelo método 2. Ordene os $n + m$ produtos de acordo com a sua qualidade e considere

$$X_j = \begin{cases} 1 & \text{se o } j\text{-ésimo melhor produto} \\ & \text{foi fabricado com o método 1} \\ 2 & \text{caso contrário} \end{cases}$$

Para o vetor $X_1, X_2,..., X_{n+m}$, que consiste em n 1's e m 2's, suponha que R represente o número de séries de 1's. Por exemplo, se $n = 5, m = 2$ e $X = 1, 2, 1, 1, 1, 1, 2$, então $R = 2$. Se $F_1 = F_2$ (isto é, se os dois métodos fabricam produtos identicamente distribuídos), qual é a média e a variância de R?

7.45 Se X_1, X_2, X_3 e X_4 são variáveis aleatórias não correlacionadas (por pares), cada uma com média 0 e variância 1, calcule as correlações de
(a) $X_1 + X_2$ e $X_2 + X_3$;
(b) $X_1 + X_2$ e $X_3 + X_4$.

7.46 Considere o seguinte jogo de dados: os jogadores 1 e 2 rolam um par de dados alternadamente. A banca então rola os dados para determinar o resultado de acordo com a seguinte regra: o jogador i, $i = 1, 2$, vence se a sua jogada for estritamente maior do que a da banca. Para $i = 1, 2$, considere

$$I_i = \begin{cases} 1 & \text{se } i \text{ vencer} \\ 0 & \text{caso contrário} \end{cases}$$

e mostre que I_1 e I_2 são positivamente correlacionadas. Explique por que esse resultado já era esperado.

7.47 Considere um grafo com n vértices numerados de 1 a n e suponha que, entre cada um dos $\binom{n}{2}$ pares de vértices distintos, uma borda esteja presente com probabilidade p. O grau do vértice i, designado como D_i, corresponde ao número de bordas que tem o vértice i como um de seus vértices.
(a) Qual é a distribuição de D_i?
(b) Determine $\rho(D_i, D_j)$, a correlação entre D_i e D_j.

7.48 Um dado honesto é jogado sucessivamente. Suponha que X e Y representem, respectivamente, o número de jogadas necessárias para se obter um 6 e um 5. Determine
(a) $E[X]$;
(b) $E[X|Y = 1]$;
(c) $E[X|Y = 5]$.

7.49 Há duas moedas deformadas em uma caixa; suas probabilidades de dar cara quando jogadas são, respectivamente, de 0,4 e 0,7. Uma das moedas é escolhida aleatoriamente e jogada 10 vezes. Dado que duas das primeiras três jogadas tenham dado cara, qual é o número esperado condicional de caras nas 10 jogadas?

7.50 A função densidade conjunta de X e Y é dada por

$$f(x,y) = \frac{e^{-x/y}e^{-y}}{y}, \quad 0 < x < \infty, \quad 0 < y < \infty$$

Calcule $E[X^2|Y = y]$.

7.51 A função densidade de X e Y é dada por

$$f(x,y) = \frac{e^{-y}}{y}, \quad 0 < x < y, \quad 0 < y < \infty$$

Calcule $E[X^3|Y = y]$.

7.52 Uma população é formada por r subgrupos disjuntos. Suponha que p_i represente a proporção da população que está no subgrupo $i, i = 1,..., r$. Se o peso médio dos membros do subgrupo i é $w_i, i = 1,..., r$, qual é o peso médio dos membros da população?

7.53 Um prisioneiro está em uma cela com 3 portas. A primeira porta leva a um túnel que faz com que ele volte à sua cela após dois dias de viagem. A segunda leva a um túnel que faz com que ele volte à sua cela após 4 dias de viagem. A terceira porta o leva à liberdade após um dia de viagem. Se se supõe que o prisioneiro sempre selecione as portas 1, 2 e 3 com probabilidades 0,5, 0,3 e 0,2, qual é o número esperado de dias até que ele alcance a liberdade?

7.54 Considere o seguinte jogo de dados: um par de dados é rolado. Se a soma dá 7, então o jogo termina e você não ganha nada. Se a soma não dá 7, então você tem a opção de parar o jogo e receber uma quantia igual àquela soma ou de começar novamente. Para cada valor de i, $i = 2,..., 12$, determine o lucro esperado se você empregar a estratégia de parar na primeira vez que aparecer um valor pelo menos igual a i. Que valor de i leva ao maior retorno esperado?
Dica: Suponha que X_i represente o lucro quando você usa o valor crítico i. Para calcular $E[X_i]$, condicione na soma inicial.

7.55 Dez caçadores esperam uma revoada de patos. Quando um bando de patos passa voando, os caçadores atiram ao mesmo tempo, com cada um escolhendo o seu alvo aleatoriamente, independentemente dos demais. Se cada caçador atinge seu alvo independentemente com probabilidade de 0,6, calcule o número esperado de patos atingidos. Suponha que o número de patos em um bando seja uma variável aleatória de Poisson com média 6.

7.56 O número de pessoas que entra em um elevador no andar térreo é uma variável de Poisson com média 10. Se existem N andares acima do térreo e se cada pessoa tem a mesma probabilidade de descer em cada um dos andares, independentemente de onde descem as demais, compute o número esperado de paradas que o elevador fará antes de descarregar todos os seus passageiros.

7.57 Suponha que o número esperado de acidentes por semana em uma fábrica seja igual a 5. Suponha também que os números de trabalhadores feridos em cada acidente sejam variáveis aleatórias independentes com média 2,5. Se o número de trabalhadores feridos em cada acidente é independente do número de acidentes ocorridos, compute o número esperado de trabalhadores feridos em uma semana.

7.58 Uma moeda com probabilidade p de dar cara é jogada continuamente até que dê cara e coroa. Determine
(a) o número esperado de jogadas;
(b) a probabilidade de que a última jogada dê cara.

7.59 Um jogo tem $n + 1$ participantes. Cada um deles tem probabilidade p de ser a vencedor. Os vencedores dividem um prêmio total de 1 unidade (por exemplo, se 4 pessoas vencerem o jogo, então cada uma delas receberá $\frac{1}{4}$; por outro lado, se não houver vencedores, ninguém leva nada). Suponha que A represente um dos jogadores e faça com que X represente a quantia por ele recebida.
(a) Compute o prêmio total esperado compartilhado pelos participantes.
(b) Mostre que $E[X] = \dfrac{1 - (1-p)^{n+1}}{n+1}$.
(c) Calcule $E[X]$ condicionando em A ser ou não um dos vencedores, e conclua que
$$E[(1+B)^{-1}] = \frac{1-(1-p)^{n+1}}{(n+1)p}$$
quando B é uma variável aleatória binomial com parâmetros n e p.

7.60 Cada um de $m + 2$ jogadores deposita 1 unidade em uma caixinha com o intuito de jogar o seguinte jogo: uma moeda honesta é jogada sucessivamente n vezes, onde n é um número ímpar, e os resultados obtidos são anotados. Antes das n jogadas, cada jogador escreve o seu palpite. Por exemplo, se $n = 3$, então um jogador pode escrever (H, H, T), o que quer dizer que ele acha que as duas primeiras jogadas vão dar cara (H) e a terceira jogada vai dar coroa (T). Após as jogadas, o jogador conta o número total de palpites corretos. Assim, se saírem 3 caras, o jogador que escreveu (H, H, T) terá 2 palpites corretos. A caixinha com os depósitos de todos os $m + 2$ jogadores é então dividida igualmente entre os jogadores com o maior número de palpites certos.

Como cada uma das jogadas tem a mesma probabilidade de dar cara ou coroa, m dos jogadores decidiram fazer seus palpites de maneira completamente aleatória. Especificamente, eles vão jogar uma de suas próprias moedas honestas n vezes e então usar o resultado obtido como palpite. Entretanto, os 2 últimos jogadores formaram uma sociedade e utilizarão a seguinte estratégia: um deles fará seus palpites da mesma maneira aleatória que os demais jogadores, mas o outro fará uma aposta exatamente oposta à do primeiro. Isto é, se um deles apostar cara, o outro apostará coroa. Por exemplo, se o palpite de um for (H, H, T), o palpite do outro será (T, T, H).

(a) Mostre que exatamente um dos membros da sociedade terá mais de $n/2$ palpites corretos (lembre que n é ímpar).

(b) Suponha que X represente quantos dos m jogadores não participantes da sociedade terão mais de $n/2$ palpites corretos. Qual é a distribuição de X?

(c) Com X definido como na letra (b), mostre que

$$E[\text{lucro da sociedade}] = (m + 2)$$
$$\times E\left[\frac{1}{X+1}\right]$$

(d) Use a letra (c) do Problema 59 para concluir que

$$E[\text{lucro da sociedade}] = \frac{2(m+2)}{m+1}$$
$$\times \left[1 - \left(\frac{1}{2}\right)^{m+1}\right]$$

e calcule explicitamente este número quando $m = 1, 2,$ e 3. Como é possível mostrar que

$$\frac{2(m+2)}{m+1}\left[1 - \left(\frac{1}{2}\right)^{m+1}\right] > 2$$

tem-se que a estratégia da sociedade sempre leva a um lucro esperado positivo.

7.61 Sejam $X_1,...$ variáveis aleatórias independentes com mesma função distribuição F, e suponha que elas sejam independentes de N, uma variável aleatória geométrica com parâmetro p. Seja $M = \max(X_1,..., X_N)$.

(a) Determine $P\{M \le x\}$ condicionando em N.
(b) Determine $P\{M \le x | N = 1\}$
(c) Determine $P\{M \le x | N > 1\}$
(d) Use (b) e (c) para deduzir novamente a probabilidade que você obteve na letra (a).

7.62 Seja $U_1, U_2,...$ uma sequência de variáveis aleatórias uniformes no intervalo $(0, 1)$. No Exemplo 5i, mostramos que, para $0 \le x \le 1$, $E[N(x)] = e^x$, onde

$$N(x) = \min\left\{n : \sum_{i=1}^{n} U_i > x\right\}$$

O presente problema fornece um outra abordagem para se obter esse resultado.

(a) Mostre por indução em n que, para $0 < x \le 1$ e todo $n \ge 0$,

$$P\{N(x) \ge n + 1\} = \frac{x^n}{n!}$$

Dica: Primeiro condicione em U_1 e depois use a hipótese de indução.
Use a letra (a) para concluir que

$$E[N(x)] = e^x$$

7.63 Uma urna contém 30 bolas, das quais 10 são vermelhas e 8 são azuis. Doze bolas são sorteadas dessa urna. Suponha que X represente o número de bolas vermelhas, e Y, o número de bolas azuis sorteadas. Determine $\text{Cov}(X, Y)$

(a) definindo variáveis indicadoras (isto é, de Bernoulli) apropriadas

$$X_i, Y_j \text{ tais que } X = \sum_{i=1}^{10} X_i, Y = \sum_{j=1}^{8} Y_j$$

(b) condicionando (em X ou Y) para determinar $E[XY]$.

7.64 Lâmpadas do tipo i funcionam uma quantidade de tempo aleatória com média μ_i e desvio padrão σ_i, $i = 1, 2$. Uma lâmpada aleatoriamente escolhida de uma cesta é do tipo 1 com probabilidade p e do tipo 2 com probabilidade $1 - p$. Suponha que X represente o tempo de vida desta lâmpada. Determine

(a) $E[X]$;
(b) $\text{Var}(X)$.

7.65 O número de tempestades de inverno em um ano bom é uma variável aleatória de Poisson com média 3, enquanto o número em um ano ruim é uma variável de Poisson com média 5. Se o próximo ano tem probabilidades 0,4 de ser um ano bom e 0,6 de ser um ano ruim, determine o valor esperado e a variância do número de tempestades no próximo ano.

7.66 No Exemplo 5c, calcule a variância do tempo gasto até que um minerador se salve.

7.67 Considere um jogador que, em cada aposta, ganhe ou perca com respectivas probabilidades p e $1-p$. Um popular sistema de apostas é conhecido como estratégia de Kelley. Esta consiste no jogador sempre apostar a fração $2p-1$ de sua riqueza quando $p > \frac{1}{2}$. Calcule a riqueza esperada após n apostas de um jogador que começa com x unidades e emprega a estratégia de Kelley.

7.68 O número de acidentes que uma pessoa sofre em um ano é uma variável aleatória de Poisson com média λ. Entretanto, suponha que o valor de λ mude de pessoa para pessoa, sendo igual a 2 em 60% da população e 3 nos 40% restantes. Se uma pessoa é escolhida aleatoriamente, qual é a probabilidade de que ela sofra (a) 0 acidentes e (b) exatamente 3 acidentes em um ano? Qual é a probabilidade condicional de que ela sofra 3 acidentes em certo ano, dado que não tenha sofrido acidentes no ano anterior?

7.69 Repita o Problema 7.68 quando a proporção da população com valor de λ menor que x é igual a $1 - e^{-x}$.

7.70 Considere uma urna contendo um grande número de moedas e suponha que cada uma das moedas tenha alguma probabilidade p de dar cara quando jogada. Entretanto, o valor de p varia de moeda para moeda. Suponha que a composição da urna seja tal que, se uma moeda for selecionada aleatoriamente a partir dela, então o valor de p correspondente àquela moeda possa ser tratado como sendo uma variável aleatória uniformemente distribuída no intervalo [0, 1]. Se uma moeda é selecionada aleatoriamente da urna e jogada duas vezes, calcule a probabilidade de que
(a) a primeira jogada resulte em cara.
(b) as duas jogadas resultem em cara.

7.71 No Problema 7.70, suponha que a moeda seja jogada n vezes e que X represente o número de caras que aparecem. Mostre que
$$P\{X = i\} = \frac{1}{n+1} \quad i = 0, 1, \ldots, n$$
Dica: Utilize o fato que
$$\int_0^1 x^{a-1}(1-x)^{b-1}\,dx = \frac{(a-1)!(b-1)!}{(a+b-1)!}$$
onde a e b são inteiros positivos.

7.22 Suponha que, no Problema 7.70, continuemos a jogar a moeda até que dê cara. Seja N o número necessário de jogadas. Determine
(a) $P\{N \geq i\}, i \geq 0$;
(b) $P\{N = i\}$;
(c) $E[N]$.

7.73 No Exemplo 6b, suponha que S represente o sinal enviado e R, o sinal recebido.
(a) Calcule $E[R]$;
(b) Calcule $\text{Var}(R)$;
(c) R é normalmente distribuída?
(d) Calcule $\text{Cov}(R, S)$.

7.74 No Exemplo 6c, suponha que X seja uma variável aleatória uniformemente distribuída no intervalo (0, 1). Se as regiões discretizadas são determinadas por $a_0 = 0$, $a_1 = \frac{1}{2}$ e $a_2 = 1$, calcule o quantizador ótimo Y e determine $E[(X - Y)^2]$.

7.75 A função geratriz de momentos de X é dada por $M_X(t) = \exp[2e^t - 2]$, e a de Y por $M_Y(t) = (\frac{3}{4}e^t + \frac{1}{4})^{10}$. Se X e Y são independentes, determine
(a) $P\{X + Y = 2\}$?
(b) $P\{XY = 0\}$?
(c) $E[XY]$?

7.76 Seja X o valor do primeiro dado e Y a soma dos valores quando dois dados são jogados. Calcule a função geratriz de momentos conjunta de X e Y.

7.77 A densidade conjunta de X e Y é dada por
$$f(x,y) = \frac{1}{\sqrt{2\pi}} e^{-y} e^{-(x-y)^2/2} \quad \begin{array}{l} 0 < y < \infty, \\ -\infty < x < \infty \end{array}$$

(a) Calcule a função geratriz de momentos conjunta de X e Y.
(b) Calcule as funções geratrizes de momentos individuais.

7.78 Dois envelopes, cada um contendo um cheque, são colocados à sua frente. Você deve escolher um dos envelopes, abri-lo e ver o valor do cheque. Neste momento, você pode ficar com esse cheque ou trocá-lo pelo outro no envelope fechado. O que você faria? É possível traçar uma estratégia que seja melhor do que simplesmente aceitar o primeiro cheque?
Suponha que A e B, $A < B$, sejam as quantias (desconhecidas) dos cheques, e observe que a estratégia de selecionar aleatoriamente um dos envelopes e sempre ficar com o primeiro cheque tem um retorno esperado de $(A + B)/2$. Considere a seguinte estratégia: suponha que $F(\cdot)$ seja qualquer função distribuição contínua estritamente crescente. Escolha um envelope aleatoriamente e abra-o. Se o cheque em seu interior tiver o valor x, então aceite-o com probabilidade $F(x)$ ou troque-o com probabilidade $1 - F(x)$.

(a) Mostre que se você empregar esta estratégia, seu retorno esperado será superior a $(A + B)/2$.
Dica: Condicione na possibilidade do primeiro envelope ter o valor A ou B. Considere agora uma estratégia em que se fixe um valor x e se aceite o primeiro cheque caso o seu valor seja maior que x.

(b) Mostre que, para qualquer x, o retorno esperado de acordo com essa estratégia é no mínimo igual a $(A + B)/2$ e estritamente maior que $(A + B)/2$ se x estiver entre A e B.

(c) Suponha que X seja uma variável aleatória contínua em todo o eixo real, e considere a seguinte estratégia: gere o valor de X e, se $X = x$, empregue a estratégia da letra (b). Mostre que o retorno esperado com essa estratégia é maior que $(A + B)/2$.

7.79 Vendas semanais sucessivas, em unidades de milhares de reais, possuem uma distribuição normal bivariada com média 40, desvio padrão 6 e correlação 0,6.

(a) Determine a probabilidade de que o total de vendas das próximas duas semanas seja superior a 90.
(b) Se a correlação fosse de 0,2 em vez de 0,6, isso aumentara ou diminuiria a resposta da letra (a)?
(c) Repita a letra (a) para uma correlação de 0,2.

EXERCÍCIOS TEÓRICOS

7.1 Mostre que a esperança $E[(X-a)^2]$ é maximizada quando $a = E[X]$.

7.2 Suponha que X seja uma variável aleatória contínua com função densidade f. Mostre que $E[|X-a|]$ é minimizada quando a é igual à mediana de F.
Dica: Escreva

$$E[|X - a|] = \int |x - a| f(x)\, dx$$

Agora divida a integral nas regiões em que $x < a$ e $x > a$ e calcule as derivadas.

7.3 Demonstre a Proposição 2.1 quando
(a) X e Y possuem função de probabilidade conjunta;
(b) X e Y possuem função densidade de probabilidade conjunta e $g(x, y) \geq 0$ para todo x, y.

7.4 Suponha que X seja uma variável aleatória com esperança finita μ e variância σ^2, e que $g(\cdot)$ seja uma função que possui derivada segunda. Mostre que

$$E[g(X)] \approx g(\mu) + \frac{g''(\mu)}{2}\sigma^2$$

Dica: Expanda $g(\cdot)$ em uma série de Taylor em torno de μ. Use os três primeiros termos e ignore o resíduo.

7.5 Sejam $A_1, A_2, ..., A_n$ eventos arbitrários e defina $C_k = \{$ocorrem pelo menos k de $A_i\}$. Mostre que

$$\sum_{k=1}^{n} P(C_k) = \sum_{k=1}^{n} P(A_k)$$

Dica: Suponha que X represente o número de A_i's ocorridos. Mostre que ambos os lados da equação anterior são iguais a $E[X]$.

7.6 No texto, notamos que

$$E\left[\sum_{i=1}^{\infty} X_i\right] = \sum_{i=1}^{\infty} E[X_i]$$

onde X_i são variáveis aleatórias não negativas. Como uma integral é um limite de somas, pode-se esperar que

$$E\left[\int_0^{\infty} X(t)dt\right] = \int_0^{\infty} E[X(t)]\,dt$$

sempre que as variáveis aleatórias $X(t)$, $0 \le t < \infty$, forem não negativas; e este resultado é realmente verdadeiro. Utilize-o para dar outra demonstração para o resultado que mostra que, para uma variável aleatória não negativa X,

$$E[X] = \int_0^{\infty} P\{X > t\}\,dt$$

Dica: Defina, para cada t não negativo, a variável aleatória $X(t)$ como

$$X(t) = \begin{cases} 1 & \text{se } t < X \\ 0 & \text{se } t \ge X \end{cases}$$

Agora relacione $\int_0^{\infty} X(t)dt$ a X.

7.7 Dizemos que X é *estocasticamente maior* que Y, o que se escreve $X \ge_{st} Y$, se, para todo t,

$$P\{X > t\} \ge P\{Y > t\}$$

Mostre que, se $X \ge_{st} Y$, então $E[X] \ge E[Y]$ quando
(a) X e Y forem variáveis aleatórias não negativas;
(b) X e Y forem variáveis aleatórias arbitrárias.
Dica: Escreva X como

$$X = X^+ - X^-$$

onde

$$X^+ = \begin{cases} X & \text{se } X \ge 0 \\ 0 & \text{se } X < 0 \end{cases}, \quad X^- = \begin{cases} 0 & \text{se } X \ge 0 \\ -X & \text{se } X < 0 \end{cases}$$

Similarmente, represente Y como $Y^+ - Y^-$. Então utilize a letra (a).

7.8 Mostre que X é estocasticamente maior que Y se e somente se

$$E[f(X)] \ge E[f(Y)]$$

para todas as funções crescentes f.
Dica: Mostre que $X \ge_{st} Y$, depois $E[f(X)] \ge E[f(Y)]$ mostrando que $f(X) \ge_{st} f(Y)$, e então usando o Exercício Teórico 7.7. Para mostrar que $P\{X > t\} \ge P\{Y > t\}$ se $E[f(X)] \ge E[f(Y)]$ para todas as funções crescentes f, defina uma função crescente f apropriada.

7.9 Uma moeda com probabilidade p de dar cara é jogada n vezes. Calcule o número esperado de séries de caras com tamanho $1, 2$ e k, $1 \le k \le n$.

7.10 Sejam $X_1, X_2, \ldots, X_n$ variáveis aleatórias positivas independentes e identicamente distribuídas. Para $k \le n$, determine

$$E\left[\dfrac{\sum_{i=1}^{k} X_i}{\sum_{i=1}^{n} X_i}\right]$$

7.11 Considere n tentativas independentes, cada uma levando a um dos r resultados possíveis com probabilidades $P_1, P_2, \ldots, P_r$. Suponha que X represente o número de resultados que nunca ocorrem em qualquer uma da tentativas. Determine $E[X]$ e mostre que, entre todos os vetores probabilidade $P_1, \ldots, P_r$, $E[X]$ é minimizada quando $P_i = 1/r$, $i = 1, \ldots, r$.

7.12 Seja $X_1, X_2, \ldots$ uma sequência de variáveis aleatórias independentes com função de probabilidade

$$P\{X_n = 0\} = P\{X_n = 2\} = 1/2, \quad n \ge 1$$

Diz-se que a variável aleatória $X = \sum_{n=1}^{\infty} X_n/3^n$ tem *distribuição de Cantor*. Determine $E[X]$ e $\text{Var}(X)$.

7.13 Sejam $X_1, \ldots, X_n$ variáveis aleatórias independentes e identicamente distribuídas. Dizemos que um valor recorde ocorre no instante j, $j \le n$, se $X_j \ge X_i$ para todo $1 \le i \le j$. Mostre que

(a) $E[\text{número de valores recordes}] = \sum_{j=1}^{n} 1/j$;

(b) $\text{Var}(\text{número de valores recordes}) = \sum_{j=1}^{n} (j-1)/j^2$.

7.14 No Exemplo 2i, mostre que a variância do número de cupons necessários para que se acumule um conjunto completo é igual a

$$\sum_{i=1}^{N-1} \frac{iN}{(N-i)^2}$$

Quando N é grande, pode-se mostrar que a expressão acima é aproximadamente igual (no sentido de que a razão tende a 1 quando $N \to \infty$) a $N^2 \pi^2 /6$.

7.15 Considere n tentativas independentes, das quais a i-ésima resulta em um sucesso com probabilidade p.
(a) Calcule o número esperado de sucessos nas n tentativas e chame-o de μ.
(b) Para um valor fixo de μ, que escolha de $P_1, ..., P_n$ maximiza a variância do número de sucessos?
(c) Que escolha minimiza a variância?

*7.16 Suponha que cada um dos elementos de $S = \{1, 2, ..., n\}$ deva ser colorido de vermelho ou azul. Mostre que, se $A_1, ..., A_r$ são subconjuntos de S, há uma maneira de colorir em que no máximo $\sum_{i=1}^{r}(1/2)^{|A_i|-1}$ desses subconjuntos têm todos os elementos da mesma cor (onde $|A|$ representa o número de elementos no conjunto A).

7.17 Suponha que X_1 e X_2 sejam variáveis aleatórias independentes com média μ. Suponha também que $\text{Var}(X_1) = \sigma_1^2$ e $\text{Var}(X_2) = \sigma_2^2$. O valor de μ é desconhecido, e se propõe que μ seja estimado por uma média ponderada de X_1 e X_2. Isto é, $\lambda X_1 + (1 - \lambda) X_2$ será usado como uma estimativa para μ para algum valor apropriado de λ. Que valor de λ resulta em uma estimativa com menor variância possível? Explique por que é desejável usar esse valor de λ.

7.18 No Exemplo 4f, mostramos que a covariância das variáveis aleatórias multinomiais N_i e N_j é igual a $-mP_iP_j$ ao expressarmos N_i e N_j como a soma de variáveis indicadoras. Também poderíamos ter obtido este resultado usando a fórmula

$$\text{Var}(N_i + N_j) = \text{Var}(N_i) + \text{Var}(N_j) + 2\,\text{Cov}(N_i, N_j)$$

(a) Qual é a distribuição de $N_i + N_j$?
(b) Use a identidade anterior para mostrar que $\text{Cov}(N_i, N_j) = -mP_iP_j$.

7.19 Mostre que, se X e Y são identicamente distribuídas e não necessariamente independentes, então

$$\text{Cov}(X + Y, X - Y) = 0$$

7.20 *A Fórmula da Covariância Condicional.* A variância condicional de X e Y, dado Z, é definida como

$$\text{Cov}(X, Y|Z) \equiv E[(X - E[X|Z])(Y - E[Y|Z])|Z]$$

(a) Mostre que

$$\text{Cov}(X, Y|Z) = E[XY|Z] - E[X|Z]E[Y|Z]$$

(b) Demonstre a fórmula da covariância condicional

$$\text{Cov}(X, Y) = E[\text{Cov}(X, Y|Z)] + \text{Cov}(E[X|Z], E[Y|Z])$$

(c) Faça $X = Y$ na letra (b) e obtenha a fórmula da variância condicional.

7.21 Suponha que $X_{(i)}, i = 1, ..., n$, represente as estatísticas de ordem de um conjunto de n variáveis aleatórias uniformes no intervalo $(0, 1)$, e observe que a função densidade de $X_{(i)}$ é dada por

$$f(x) = \frac{n!}{(i-1)!(n-i)!} x^{i-1}(1-x)^{n-i} \quad 0 < x < 1$$

(a) Calcule $\text{Var}(X_{(i)}), i = 1, ..., n$.
(b) Que valores de i minimizam e maximizam $\text{Var}(X_{(i)})$, respectivamente?

7.22 Mostre que, se $Y = a + bX$, então

$$\rho(X, Y) = \begin{cases} +1 & \text{se } b > 0 \\ -1 & \text{se } b < 0 \end{cases}$$

7.23 Mostre que, se Z é uma variável aleatória normal padrão e Y é definida como $Y = a + bZ + cZ^2$, então

$$\rho(Y, Z) = \frac{b}{\sqrt{b^2 + 2c^2}}$$

7.24 Demonstre a desigualdade de Cauchy-Schwartz:

$$(E[XY])^2 \leq E[X^2]E[Y^2]$$

Dica: A menos que $Y = -tX$ para alguma constante, caso no qual a desigualdade se torna uma igualdade, tem-se que, para todo t,

$$0 < E[(tX + Y)^2] = E[X^2]t^2 + 2E[XY]t + E[Y^2]$$

Portanto, as raízes da equação quadrática

$$E[X^2]t^2 + 2E[XY]t + E[Y^2] = 0$$

devem ser imaginárias, o que implica o discriminante desta equação ser negativo.

7.25 Mostre que, se X e Y são independentes, então

$$E[X|Y = y] = E[X] \text{ para todo } y$$

(a) no caso discreto;
(b) no caso contínuo.

7.26 Demonstre que $E[g(X)Y|X] = g(X)E[Y|X]$.

7.27 Demonstre que, se $E[Y|X = x] = E[Y]$ para todo x, então X e Y são não correlacionados; forneça um contraexemplo para mostrar que o inverso não é verdade.
Dica: Demonstre e use o fato de que $E[XY] = E[XE[Y|X]]$.

7.28 Mostre que $Cov(X, E[Y|X]) = Cov(X, Y)$.

7.29 Suponha que $X_1, ..., X_n$ sejam variáveis aleatórias independentes e identicamente distribuídas. Determine

$$E[X_1|X_1 + ... + X_n = x]$$

7.30 Considere o Exemplo 4f, que trata da distribuição multinomial. Use a esperança condicional para calcular $E[N_i N_j]$ e depois use esse resultado para verificar a fórmula para $Cov(N_i, N_j)$ dada no Exemplo 4f.

7.31 Uma urna contém inicialmente b bolas pretas e w bolas brancas. Em cada rodada, adicionamos r bolas pretas e depois retiramos, aleatoriamente, r bolas do conjunto de $b + w + r$ bolas no interior da urna. Mostre que

$$E[\text{Número de bolas brancas após a } i\text{-ésima rodada}] = \left(\frac{b+w}{b+w+r}\right)^t w$$

7.32 Para um evento A, considere $I_A = 1$ se A ocorrer e $I_A = 0$ caso contrário. Para uma variável aleatória X, mostre que

$$E[X|A] = \frac{E[XI_A]}{P(A)}$$

7.33 Uma moeda que dá cara com probabilidade p é jogada continuamente. Calcule o numero esperado de jogadas que precisam ser feitas até que uma série de r caras seguidas seja obtida.
Dica: Condicione no instante da primeira ocorrência de uma coroa para obter a equação

$$E[X] = (1 - p)\sum_{i=1}^{r} p^{i-1}(i + E[X])$$

$$+ (1 - p)\sum_{i=r+1}^{\infty} p^{i-1} r$$

Simplifique e resolva para $E[X]$.

7.34 Para uma outra abordagem de solução para o Exercício Teórico 7.33, suponha que T_r represente o número de jogadas necessárias para se obter uma série de r caras consecutivas.
(a) Determine $E[T_r | T_{r-1}]$.
(b) Determine $E[T_r]$ em termos de $E[T_{r-1}]$.
(c) O que é $E[T_1]$?
(d) O que é $E[T_r]$?

7.35 A função geratriz de probabilidade da variável aleatória discreta X de valor inteiro não negativo com função de probabilidade $p_j, j \geq 0$, é definida por

$$\phi(s) = E[s^X] = \sum_{j=0}^{\infty} p_j s^j$$

Seja Y uma variável aleatória geométrica com parâmetro $p = 1 - s$, onde $0 < s < 1$. Suponha que Y seja independente de X, e mostre que

$$\phi(s) = P\{X < Y\}$$

7.36 Sorteia-se uma bola de cada vez de uma urna contendo a bolas brancas e b bolas pretas até que todas as bolas restantes sejam da mesma cor. Suponha que $M_{a,b}$ represente o número esperado de bolas deixadas na urna no final do experimento.

Obtenha uma fórmula recursiva para $M_{a,b}$ e a resolva quando $a = 3$ e $b = 5$.

7.37 Uma urna contém a bolas brancas e b bolas pretas. Quando retirada, uma bola é devolvida para a urna se for branca; se for preta, ela é substituída por uma bola branca de outra urna. Suponha que M_n represente o número esperado de bolas brancas na urna após a repetição dessa operação por n vezes.

(a) Deduza a equação recursiva

$$M_{n+1} = \left(1 - \frac{1}{a+b}\right) M_n + 1$$

(b) Use a letra (a) para provar que

$$M_n = a + b - b\left(1 - \frac{1}{a+b}\right)^n$$

(c) Qual é a probabilidade de que a $(n+1)$-ésima bola retirada seja branca?

7.38 O melhor preditor linear de Y com respeito a X_1 e X_2 é igual a $a + bX_1 + cX_2$, onde a, b e c são escolhidos para minimizar

$$E[(Y - (a + bX_1 + cX_2))^2]$$

Determine a, b e c.

7.39 O melhor preditor quadrático de Y com respeito a X é igual a $a + bX + cX^2$, onde a, b e c são escolhidos para minimizar $E[(Y - (a + bX + cX^2))^2]$. Determine a, b e c.

7.40 Use a fórmula da variância condicional para determinar a variância de uma variável aleatória geométrica X com parâmetro p.

7.41 Suponha que X seja uma variável aleatória normal com parâmetros $\mu = 0$ e $\sigma^2 = 1$, e considere I, independente de X, tal que $P\{I = 1\} = \frac{1}{2} = P\{I = 0\}$. Agora defina Y como

$$Y = \begin{cases} X & \text{se } I = 1 \\ -X & \text{se } I = 0 \end{cases}$$

Colocando em palavras, Y tem a mesma probabilidade de ser igual a X ou $-X$.

(a) X e Y são independentes?
(b) I e Y são independentes?
(c) Mostre que Y é normal com média 0 e variância 1.
(d) Mostre que $\text{Cov}(X, Y) = 0$.

7.42 Resulta da Proposição 6.1 e do fato do melhor preditor linear de Y com respeito a X ser $\mu_y + \rho\frac{\sigma_y}{\sigma_x}(X - \mu_x)$ que, se

$$E[Y|X] = a + bX$$

então

$$a = \mu_y - \rho\frac{\sigma_y}{\sigma_x}\mu_x \quad b = \rho\frac{\sigma_y}{\sigma_x}$$

(Por quê?) Verifique isto diretamente.

7.43 Mostre que, para variáveis aleatórias X e Z,

$$E[(X - Y)^2] = E[X^2] - E[Y^2]$$

onde

$$Y = E[X|Z]$$

7.44 Considere uma população formada por indivíduos capazes de gerar crias do mesmo tipo. Suponha que, no final de sua vida, cada indivíduo tenha gerado j novas crias com probabilidade $P_j, j \geq 0$, independentemente do número gerado por qualquer outro indivíduo. O número de indivíduos inicialmente presente, representado por X_0, é chamado de tamanho da zerésima geração. Todas as crias da zerésima geração constituem a primeira geração, e seu número é representado por X_1. Em geral, suponha que X_n represente o tamanho da n-ésima geração. Considere que $\mu = \sum_{j=0}^{\infty} jP_j$ e $\sigma^2 = \sum_{j=0}^{\infty} (j - \mu)^2 P_j$ representem, respectivamente, a média e a variância do número de crias gerado por um único indivíduo. Suponha que $X_0 = 1$ – isto é, que exista inicialmente um único indivíduo.

(a) Mostre que

$$E[X_n] = \mu E[X_{n-1}]$$

(b) Use a letra (a) para concluir que

$$E[X_n] = \mu^n$$

(c) Mostre que $\text{Var}(X_n) = \sigma^2 \mu^{n-1} + \mu^2 \text{Var}(X_{n-1})$

(d) Use a letra (c) para concluir que

$$\text{Var}(X_n) = \begin{cases} \sigma^2 \mu^{n-1} \left(\dfrac{\mu^n - 1}{\mu - 1}\right) & \text{se } \mu \neq 1 \\ n\sigma^2 & \text{se } \mu = 1 \end{cases}$$

O modelo descrito acima é conhecido como *processo de ramificação*, e uma importante questão para uma população que evolui sobre tais premissas é a probabilidade de que a população acabe se extinguindo. Suponha que π represente esta probabilidade quando a população começa com um único indivíduo. Isto é,

$$\pi = P\{\text{população acabe se extinguindo}|X_0 = 1\}$$

(e) Mostre que π satisfaz

$$\pi = \sum_{j=0}^{\infty} P_j \pi^j$$

Dica: Condicione no número de crias do membro inicial da população.

7.45 Verifique a fórmula para a função geratriz de momentos de uma variável aleatória uniforme dada na Tabela 7.7. Além disso, calcule a sua derivada para verificar as fórmulas de média e variância.

7.46 Para uma variável aleatória normal padrão X, seja $\mu_n = E[Z^n]$. Mostre que

$$\mu_n = \begin{cases} 0 & \text{quando } n \text{ é ímpar} \\ \dfrac{(2j)!}{2^j j!} & \text{quando } n = 2j \end{cases}$$

Dica: Comece expandindo a função geratriz de momentos de Z em uma série de Taylor em torno de 0 para obter

$$E[e^{tZ}] = e^{t^2/2}$$

$$= \sum_{j=0}^{\infty} \frac{(t^2/2)^j}{j!}$$

7.47 Suponha que X seja uma variável aleatória normal com média μ e variância σ^2. Use os resultados do Exercício Teórico 7.46 para mostrar que

$$E[X^n] = \sum_{j=0}^{[n/2]} \frac{\binom{n}{2j} \mu^{n-2j} \sigma^{2j}(2j)!}{2^j j!}$$

Na equação anterior, $[n/2]$ é o maior inteiro menor ou igual a $n/2$. Verifique a sua resposta fazendo $n = 1$ e $n = 2$.

7.48 Se $Y = aX + b$, onde a e b são constantes, expresse a função geratriz de momentos Y em termos da função geratriz de momentos X.

7.49 A variável aleatória positiva X é chamada de *log-normal* com parâmetros μ e σ^2 se $\log(X)$ é uma variável aleatória normal com parâmetros μ e variância σ^2. Use a função geratriz de momentos normal para determinar a média e a variância de uma variável aleatória log-normal.

7.50 Suponha que X possua função geratriz de momentos $M(t)$, e defina $\psi(t) = \log M(t)$. Mostre que

$$\psi''(t)|_{t=0} = \text{Var}(X)$$

7.51 Use a Tabela 7.2 para determinar a distribuição de $\sum_{i=1}^{n} X_i$ quando $X_1, ..., X_n$ são variáveis aleatórias exponenciais independentes e identicamente distribuídas, cada uma com média $1/\lambda$.

7.52 Mostre como calcular $\text{Cov}(X, Y)$ a partir da função geratriz de momentos conjunta de X e Y.

7.53 Suponha que $X_1, ..., X_n$ possuam uma distribuição normal multivariada. Mostre que $X_1, ..., X_n$ são variáveis independentes se e somente se

$$\text{Cov}(X_i, X_j) = 0 \text{ quando } i \neq j$$

7.54 Se Z é uma variável aleatória normal padrão, calcule $\text{Cov}(Z, Z^2)$?

7.55 Suponha que Y seja uma variável aleatória normal com média μ e variância σ^2, e também que a distribuição condicional de X dado $Y = y$ seja normal com média y e variância 1.

(a) Mostre que a distribuição conjunta de X, Y é igual àquela de $Y + Z, Y$ quando Z é uma variável aleatória normal padrão independente de Y.
(b) Use o resultado da letra (a) para mostrar que X e Y possuem uma distribuição normal bivariada.
(c) Determine $E[X], \text{Var}(X)$ e $\text{Corr}(X, Y)$.
(d) Determine $E[Y|X = x]$.
(e) Qual é a distribuição condicional de Y dado que $X = x$?

PROBLEMAS DE AUTOTESTE E EXERCÍCIOS

7.1 Considere uma lista de m nomes na qual o mesmo nome pode aparecer mais de uma vez. Suponha que $n(i), i = 1,..., m$, represente o número de vezes que o nome na posição i aparece na lista, e faça com que d represente o número de nomes distintos na lista.
  (a) Expresse d em termos das variáveis m, $n(i), i = 1,..., m$. Suponha que U seja uma variável aleatória uniforme no intervalo $(0, 1)$ e que $X = [mU] + 1$.
  (b) Qual é a função de probabilidade de X?
  (c) Mostre que $E[m/n(X)] = d$.

7.2 Uma urna contém n bolas brancas e m bolas pretas que são retiradas uma de cada vez de forma aleatória. Determine o número esperado de vezes em que uma bola branca é imediatamente seguida por uma bola preta.

7.3 Vinte indivíduos consistindo em 10 casais devem se sentar em 5 mesas diferentes, com 4 pessoas em cada mesa.
  (a) Se as pessoas se sentam "aleatoriamente", qual é o número esperado de casais em uma mesma mesa?
  (b) Se 2 homens e 2 mulheres são escolhidos aleatoriamente para se sentarem em cada mesa, qual é o número esperado de casais sentados na mesma mesa?

7.4 Se um dado é jogado até que todas as suas faces tenham aparecido pelo menos uma vez, determine o número esperado de vezes que o resultado 1 aparece.

7.5 Um baralho de $2n$ cartas é formado por n cartas vermelhas e n cartas vermelhas. As cartas são embaralhadas e em seguida viradas uma de cada vez. Suponha que, cada vez que uma carta vermelha seja virada, ganhemos 1 unidade caso mais cartas vermelhas do que pretas tenham sido viradas até aquele momento (por exemplo, se $n = 2$ e o resultado fosse $v\,p\,v\,p$, ganharíamos um total de 2 unidades). Determine a quantia que esperamos ganhar.

7.6 Considere os eventos $A_1, A_2,..., A_n$, e suponha que N represente o número de eventos que ocorrem. Além disso, considere $I = 1$ se todos esses eventos ocorrerem e $I = 0$ caso contrário. Prove a desigualdade de Bonferroni, isto é,

$$P(A_1 \cdots A_n) \geq \sum_{i=1}^{n} P(A_i) - (n - 1)$$

Dica: Mostre primeiro que $N \leq n - 1 + I$.

7.7 Suponha que X seja o menor valor obtido quando k números são escolhidos aleatoriamente do conjunto $1,..., n$. Determine $E[X]$ ao interpretar X como uma variável aleatória hipergeométrica negativa.

7.8 Um avião prestes a pousar carrega r famílias. Um total de n_j dessas famílias despachou j malas, $\sum_j n_j = r$. Suponha que, quando o avião aterrissa, as $N = \sum_j j n_j$ malas saiam do avião em ordem aleatória. Assim que uma família recolhe toda sua bagagem, ela sai imediatamente do aeroporto. Se a família Sanchez despachou j malas, determine o número esperado de famílias que saem logo após essa família.

*****7.9** Dezenove itens na borda de um círculo de raio 1 são escolhidos. Mostre que, para qualquer escolha de itens, haverá um arco do comprimento 1 que contém pelo menos 4 deles.

7.10 Suponha que X seja uma variável aleatória de Poisson com média λ. Mostre que, se λ não é muito pequena, então

$$\text{Var}(\sqrt{X}) \approx 0{,}25$$

Dica: Use o resultado do Exercício Teórico 7.4 para aproximar $E[\sqrt{X}]$.

7.11 Suponha no Problema de Autoteste 7.3 que as 20 pessoas devam se sentar em sete mesas, três das quais possuem 4 cadeiras e quatro das quais possuem 2 cadeiras. Se as pessoas se sentam aleatoriamente, determine o valor esperado do número de casais sentados na mesma mesa.

7.12 Indivíduos 1 a $n, n > 1$, são recrutados por uma firma da seguinte maneira: o indivíduo 1 começa a firma e recruta o indivíduo 2. Os indivíduos 1 e 2 então competem para recrutar o indivíduo 3. Assim que este é recrutado, os indivíduos 1, 2, e 3 competirão para recrutar o indivíduo 4, e assim por diante. Suponha que quando os indivíduos 1, 2,..., i compitam para recrutar o indivíduo $i + 1$, cada um deles tenha igual probabilidade de ser bem-sucedido.

(a) Obtenha o número esperado de indivíduos 1,..., n que não recrutam ninguém.
(b) Deduza uma expressão para a variância do número de indivíduos que não recrutam ninguém, e a avalie para $n = 5$.

7.13 Os nove jogadores em um time de basquete consistem em 2 centrais, 3 pivôs e 4 defensores. Se os jogadores formam 3 grupos com 3 jogadores cada, obtenha (a) o valor esperado e (b) a variância do número de trincas formadas por um jogador de cada tipo.

7.14 Um baralho de 52 cartas é embaralhado e uma mão de bridge com 13 cartas é distribuída. Suponha que X e Y representem, respectivamente, o número de ases e de espadas na mão.

(a) Mostre que X e Y são não correlacionados.
(b) X e Y são independentes?

7.15 Cada moeda em uma cesta tem um valor. Cada vez que uma moeda com valor p é jogada, ela dá cara com probabilidade p. Quando uma moeda é retirada aleatoriamente da cesta, seu valor é uniformemente distribuído em $(0, 1)$. Suponha que, após a moeda ter sido retirada, mas antes de ser jogada, você deva dar um palpite e dizer se sairá cara ou coroa. Você ganhará 1 se acertar e perderá 1 se errar.

(a) Qual é o seu ganho esperado se você não souber o valor da moeda?
(b) Suponha que agora você saiba o valor da moeda. Em função de p, o valor da moeda, que palpite você deveria dar?
(c) Nas condições da letra (b), qual é o seu ganho esperado?

7.16 No Problema de Autoteste 7.1, mostramos como usar o valor de uma variável aleatória uniforme em $(0, 1)$ (comumente chamada de *número aleatório*) para obter o valor de uma variável aleatória cuja média é igual ao número esperado de nomes distintos em uma lista. Entretanto, seu uso necessitava que se escolhesse uma posição aleatória e depois se determinasse o número de vezes que o nome naquela posição aparecia na lista. Outra abordagem que pode ser mais eficiente quando há um grande número de nomes repetidos é a seguinte: como antes, comece escolhendo a variável aleatória X como no Problema 7.1. Depois, identifique o nome na posição X e siga a lista, começando do início, até que esse nome apareça. Considere $I = 0$ se você encontrar o nome antes da posição X, e $I = 1$ se você encontrá-lo na posição X. Mostre que $E[mI] = d$.

Dica: Calcule $E[I]$ usando a esperança condicional.

7.17 Um total de m itens devem ser distribuídos sequencialmente entre n prateleiras, com cada item sendo independentemente colocado em cada prateleira j com probabilidade $p_j, j = 1,..., n$. Obtenha o número esperado de colisões, onde uma colisão ocorre sempre que um item é colocado em uma prateleira não vazia.

7.18 Suponha que X seja a extensão da série inicial em uma sequência aleatória de n 1's e m 0's. Isto é, se os primeiros k valores são os mesmos (ou todos iguais a 1, ou todos iguais a 0), então $X \geq k$. Determine $E[X]$.

7.19 Há n itens em uma caixa identificada com a letra H, e m em uma caixa identificada com a letra T. Uma moeda que dá cara com probabilidade p, e coroa com probabilidade $1 - p$ é jogada. Cada vez que dá cara, um item é removido da caixa H, e cada vez que dá coroa, um item é removido da caixa T (se uma caixa já tiver sido esvaziada, então nenhum item é removido dessa caixa). Obtenha o número esperado de vezes que a moeda precisará ser jogada para que ambas as caixas fiquem vazias.

Dica: Condicione no número de caras nas primeiras $n + m$ jogadas.

7.20 Suponha que X seja uma variável aleatória não negativa com função distribuição F. Mostre que, se $\overline{F}(x) = 1 - F(x)$, então

$$E[X^n] = \int_0^\infty x^{n-1} \overline{F}(x)\, dx$$

Dica: Comece com a identidade

$$X^n = n \int_0^x x^{n-1}\, dx$$
$$= n \int_0^\infty x^{n-1} I_X(x)\, dx$$

onde

$$I_x(x) = \begin{cases} 1, & \text{se } x < X \\ 0, & \text{caso contrário} \end{cases}$$

*7.21 Sejam $a_1, \ldots, a_n$, não todos iguais a 0, tais que $\sum_{i=1}^n a_i = 0$. Mostre que existe uma permutação $i_1, \ldots, i_n$ tal que $\sum_{j=1}^n a_{i_j} a_{i_{j+1}} < 0$. *Dica*: Use o método probabilístico (é interessante notar que não é necessário que exista uma permutação cuja soma de produtos de pares sucessivos é positiva. Por exemplo, se $n = 3$, $a_1 = a_2 = -1$, e $a_3 = 2$, não existe tal permutação).

7.22 Suponha que $X_i, i = 1, 2, 3$, sejam variáveis aleatórias de Poisson independentes com respectivas médias $\lambda_i, i = 1, 2, 3$. Considere $X = X_1 + X_2$ e $Y = X_2 + X_3$. Diz-se que o vetor aleatório X, Y possui distribuição de Poisson bivariada.
(a) Determine $E[X]$ e $E[Y]$.
(b) Determine $\text{Cov}(X, Y)$.
(c) Determine a função de probabilidade conjunta $P\{X = i, Y = j\}$.

7.23 Seja $(X_i, Y_i), i = 1, \ldots$, uma sequência de vetores independentes e identicamente distribuídos. Isto é, X_1, Y_1 é independente de e possui a mesma distribuição que X_2, Y_2, e assim por diante. Embora X_i e Y_i possam ser dependentes, X_i e Y_j são independentes quando $i \neq j$. Suponha que

$$\mu_x = E[X_i], \quad \mu_y = E[Y_i], \quad \sigma_x^2 = \text{Var}(X_i),$$
$$\sigma_y^2 = \text{Var}(Y_i), \quad \rho = \text{Corr}(X_i, Y_i)$$

Determine $\text{Corr}(\sum_{i=1}^n X_i, \sum_{j=1}^n Y_j)$.

7.24 Três cartas são selecionadas aleatoriamente de um baralho comum de 52 cartas. Suponha que X represente o número de ases selecionados.
(a) Determine $E[X|$o ás de espadas é escolhido].
(b) Determine $E[X|$pelo menos um ás seja escolhido].

7.25 Seja Φ uma variável aleatória normal padrão e X uma variável aleatória normal padrão com média μ e variância 1. Queremos determinar $E[\Phi(X)]$. Para fazer isso, suponha que Z seja uma variável aleatória normal padrão independente de X e considere

$$I = \begin{cases} 1, & \text{se } Z < X \\ 0, & \text{se } Z \geq X \end{cases}$$

(a) Mostre que $E[I|X = x] = \Phi(x)$.
(b) Mostre que $E[\Phi(X)] = P\{Z < X\}$.
(c) Mostre que $E[\Phi(X)] = \Phi(\frac{\mu}{\sqrt{2}})$.
Dica: Qual é a distribuição de $X - Z$?
Este problema aparece em estatística. Suponha que você deva observar o valor de uma variável X que é normalmente distribuída com média desconhecida μ e variância 1, e que você queira testar a hipótese de que a média μ seja maior ou igual a 0. Claramente você negará essa hipótese caso X seja muito pequeno. Se você observa que $X = x$, então o *valor p* da hipótese de que a média é maior ou igual a zero é definido como a probabilidade de que X seja tão pequeno quanto x se μ for igual a 0 (seu menor valor possível se a hipótese fosse verdadeira). (Supõe-se que um valor de p pequeno seja uma indicação de que a hipótese é provavelmente falsa.) Como X possui distribuição normal padrão quando $\mu = 0$, o valor de p que resulta quando $X = x$ é igual a $\Phi(x)$. Portanto, o argumento anterior mostra que o valor esperado de p obtido quando a média verdadeira é μ é igual a $\Phi(\frac{\mu}{\sqrt{2}})$.

7.26 Uma moeda que dá cara com probabilidade p é jogada até que um total de n caras ou m coroas seja acumulado. Determine o número esperado de jogadas.
Dica: Imagine que a pessoa continue a jogar a moeda mesmo após atingir o seu objetivo. Suponha que X represente o número de jogadas necessárias para que se obtenham n caras, e que Y represente o número de jogadas necessárias para que se obtenham m coroas. Note que $\text{máx}(X, Y) + \text{mín}(X, Y) = X + Y$. Compute $E[\text{máx}(X, Y)]$ condicionando no número de caras que aparecem nas primeiras $n + m - 1$ jogadas.

7.27 Um baralho de n cartas numeradas de 1 a n é embaralhado da seguinte maneira: em cada etapa, escolhemos aleatoriamente uma das cartas e a movemos para a frente do baralho, deixando inalteradas as posições relativas das demais cartas. Esse procedimento continua até que todas exceto uma carta tenham sido escolhidas. Neste momento, resulta por simetria que todas as $n!$ possíveis sequências de cartas são igualmente prováveis. Determine o número esperado de etapas necessárias.

7.28 Suponha que uma sequência de tentativas independentes na qual cada tentativa com probabilidade de sucesso p seja realizada até que um sucesso ocorra ou que um total de n tentativas seja atingido. Determine o número médio de tentativas realizadas.

Dica: Os cálculos são simplificados se você usar a identidade que diz que, para uma variável aleatória X com valor inteiro não negativo,

$$E[X] = \sum_{i=1}^{\infty} P\{X \geq i\}$$

7.29 Suponha que X e Y sejam variáveis aleatórias de Bernoulli. Mostre que X e Y são independentes se e somente se $\text{Cov}(X, Y) = 0$.

7.30 No problema do pareamento generalizado, há n indivíduos dos quais n_i usam um chapéu de tamanho i, $\sum_{i=1}^{r} n_i = n$. Há também n chapéus, dos quais h_i são de tamanho i, $\sum_{i=1}^{r} h_i = n$. Se cada indivíduo escolhe aleatoriamente um chapéu (sem reposição), determine o número esperado de indivíduos que escolhem um chapéu que se ajusta ao seu tamanho.

Teoremas Limites

Capítulo 8

8.1 INTRODUÇÃO
8.2 DESIGUALDADE DE CHEBYSHEV E A LEI FRACA DOS GRANDES NÚMEROS
8.3 O TEOREMA DO LIMITE CENTRAL
8.4 A LEI FORTE DOS GRANDES NÚMEROS
8.5 OUTRAS DESIGUALDADES
8.6 LIMITANDO A PROBABILIDADE DE ERRO QUANDO APROXIMAMOS UMA SOMA DE VARIÁVEIS ALEATÓRIAS DE BERNOULLI INDEPENDENTES POR UMA VARIÁVEL ALEATÓRIA DE POISSON

8.1 INTRODUÇÃO

Os mais importantes resultados teóricos na teoria da probabilidade são os teoremas limites. Destes, os mais importantes são as *leis dos grandes números* e os *teoremas do limite central*. Usualmente, teoremas são considerados leis de grandes números se estiverem interessados em enunciar condições nas quais a média de uma sequência de variáveis aleatórias converge (de alguma forma) para a média esperada. Por outro lado, teoremas do limite central estão interessados em determinar condições nas quais a soma de um grande número de variáveis aleatórias possui uma distribuição de probabilidade que é aproximadamente normal.

8.2 DESIGUALDADE DE CHEBYSHEV E A LEI FRACA DOS GRANDES NÚMEROS

Começamos esta seção provando um resultado conhecido como a desigualdade de Markov.

Proposição 2.1 A desigualdade de Markov
Se X é uma variável aleatória que apresenta apenas valores não negativos então, para qualquer $a > 0$,

$$P\{X \geq a\} \leq \frac{E[X]}{a}$$

Demonstração Para $a > 0$, suponha

$$I = \begin{cases} 1 & \text{se } X \geq a \\ 0 & \text{caso contrário} \end{cases}$$

e note que, como $X \geq 0$,

$$I \leq \frac{X}{a}$$

Calculando as esperanças da última desigualdade, obtemos

$$E[I] \leq \frac{E[X]}{a}$$

o que, como $E[I] = P\{X \geq a\}$, demonstra o resultado. □

Como um corolário, obtemos a Proposição 2.2.

Proposição 2.2   A desigualdade de Chebyshev
Se X é uma variável aleatória com média finita μ e variância σ^2, então, para qualquer valor $k > 0$,

$$P\{|X - \mu| \geq k\} \leq \frac{\sigma^2}{k^2}$$

Demonstração Como $(X - \mu)^2$ é uma variável aleatória não negativa, podemos aplicar a desigualdade de Markov (com $a = k^2$) para obter

$$P\{(X - \mu)^2 \geq k^2\} \leq \frac{E[(X - \mu)^2]}{k^2} \quad (2.1)$$

Mas como $(X - \mu)^2 \geq k^2$ se e somente se $|X - \mu| \geq k$, a Equação (2.1) é equivalente a

$$P\{|X - \mu| \geq k\} \leq \frac{E[(X - \mu)^2]}{k^2} = \frac{\sigma^2}{k^2}$$

e a demonstração está completa. □

A importância das desigualdades de Markov e Chebyshev está no fato de elas nos permitirem deduzir limites para as probabilidades quando conhecemos somente a média, ou a média e a variância, da distribuição de probabilidade. Naturalmente, se a distribuição verdadeira fosse conhecida, as probabilidades desejadas poderiam ser calculadas de forma exata e com isso não precisaríamos recorrer a limites.

Exemplo 2a
Suponha que se saiba que o número de itens produzidos por uma fábrica durante uma semana seja uma variável aleatória com média 50.
  (a) O que se pode dizer sobre a probabilidade de que a produção desta semana seja superior a 75 itens?

(b) Se é sabido que a variância da produção de uma semana é igual a 25, então o que se pode dizer sobre a probabilidade de que a produção desta semana esteja entre 40 e 60?

Solução Seja X o número de itens produzidos em uma semana.

(a) Pela desigualdade de Markov,

$$P\{X > 75\} \leq \frac{E[X]}{75} = \frac{50}{75} = \frac{2}{3}$$

(b) Pela desigualdade de Chebyshev,

$$P\{|X - 50| \geq 10\} \leq \frac{\sigma^2}{10^2} = \frac{1}{4}$$

Portanto,

$$P\{|X - 50| < 10\} \geq 1 - \frac{1}{4} = \frac{3}{4}$$

Assim, a probabilidade de que a produção desta semana esteja entre 40 e 60 é de pelo menos 0,75. ∎

Como a desigualdade de Chebyshev é válida para todas as distribuições da variável aleatória X, não podemos esperar que o limite da probabilidade esteja muito próximo da probabilidade real em muitos casos. Por exemplo, considere o Exemplo 2b.

Exemplo 2b

Se X é uniformemente distribuída ao longo do intervalo $(0, 10)$, então, como $E[X] = 5$ e $\text{Var}(X) = \frac{25}{3}$, resulta da desigualdade de Chebyshev que

$$P\{|X - 5| > 4\} \leq \frac{25}{3(16)} \approx 0{,}52$$

enquanto o resultado exato é

$$P\{|X - 5| > 4\} = 0{,}20$$

Assim, embora a desigualdade de Chebyshev esteja correta, o limite superior que ela fornece não está particularmente próximo da probabilidade real.

Similarmente, se X é uma variável aleatória normal com média μ e variância σ^2, a desigualdade de Chebyshev diz que

$$P\{|X - \mu| > 2\sigma\} \leq \frac{1}{4}$$

enquanto a probabilidade real é dada por

$$P\{|X - \mu| > 2\sigma\} = P\left\{\left|\frac{X - \mu}{\sigma}\right| > 2\right\} = 2[1 - \Phi(2)] \approx 0{,}0456 \quad \blacksquare$$

A desigualdade de Chebyshev é frequentemente utilizada como uma ferramenta teórica para demonstrar resultados. Este uso é ilustrado primeiro pela Proposição 2.3 e depois, de maneira mais importante, pela lei fraca dos grandes números.

Proposição 2.3 Se $\text{Var}(X) = 0$, então

$$P\{X = E[X]\} = 1$$

Em outras palavras, as únicas variáveis aleatórias com variâncias iguais a 0 são aquelas que são constantes com probabilidade 1.

Demonstração Pela desigualdade de Chebyshev, temos, para qualquer $n \geq 1$,

$$P\left\{|X - \mu| > \frac{1}{n}\right\} = 0$$

Fazendo $n \to \infty$ e usando a propriedade da continuidade das probabilidades, obtemos

$$0 = \lim_{n \to \infty} P\left\{|X - \mu| > \frac{1}{n}\right\} = P\left\{\lim_{n \to \infty}\left\{|X - \mu| > \frac{1}{n}\right\}\right\}$$
$$= P\{X \neq \mu\}$$

e o resultado está demonstrado. □

Teorema 2.1 A lei fraca dos grandes números
Seja $X_1, X_2, \ldots$ uma sequência de variáveis aleatórias independentes e identicamente distribuídas, cada uma com média finita $E[X_i] = \mu$. Então, para qualquer $\varepsilon > 0$,

$$P\left\{\left|\frac{X_1 + \cdots + X_n}{n} - \mu\right| \geq \varepsilon\right\} \to 0 \quad \text{quando} \quad n \to \infty$$

Demonstração Vamos demonstrar o teorema com a única hipótese adicional de que as variáveis possuam uma variância finita σ^2. Agora, como

$$E\left[\frac{X_1 + \cdots + X_n}{n}\right] = \mu \quad \text{e} \quad \text{Var}\left(\frac{X_1 + \cdots + X_n}{n}\right) = \frac{\sigma^2}{n}$$

resulta da desigualdade de Chebyshev que

$$P\left\{\left|\frac{X_1 + \cdots + X_n}{n} - \mu\right| \geq \varepsilon\right\} \leq \frac{\sigma^2}{n\varepsilon^2}$$

e o resultado está demonstrado. □

A lei fraca dos grandes números foi demonstrada originalmente por James Bernoulli para o caso especial de variáveis aleatórias com valores 0 ou 1 (isto é, de Bernoulli). Seu enunciado e sua demonstração para este teorema foram apresentados no livro *Ars Conjectandi*, que foi publicado em 1713, oito anos após a sua morte, por seu sobrinho Nicholas Bernoulli. Note que, como a desigualdade de Chebyshev não era conhecida naquela época, Bernoulli teve que empregar uma demonstração bastante engenhosa para estabelecer o seu resultado. A forma geral da lei fraca dos grandes números apresentada no Teorema 2.1 foi demonstrada pelo matemático russo Khintchine.

8.3 O TEOREMA DO LIMITE CENTRAL

O teorema do limite central é um dos resultados mais extraordinários na teoria da probabilidade. Em linhas gerais, ele diz que a soma de um grande número de variáveis aleatórias independentes tem uma distribuição que é aproximadamente normal. Com isso, ele não somente fornece um método simples para o cálculo de probabilidades aproximadas para somas de variáveis aleatórias independentes, mas também ajuda a explicar o extraordinário fato de que frequências empíricas de muitas populações naturais exibem curvas na forma de um sino (isto é, normais).

Em sua forma mais simples, o teorema do limite central é enunciado da seguinte maneira.

Teorema 3.1 O teorema do limite central
Seja $X_1, X_2,...$ uma sequência de variáveis aleatórias independentes e identicamente distribuídas, cada uma com média μ e variância σ^2. Então, a distribuição de

$$\frac{X_1 + \cdots + X_n - n\mu}{\sigma\sqrt{n}}$$

tende à distribuição normal padrão quando $n \to \infty$. Isto é, para $-\infty < a < \infty$,

$$P\left\{\frac{X_1 + \cdots + X_n - n\mu}{\sigma\sqrt{n}} \leq a\right\} \to \frac{1}{\sqrt{2\pi}} \int_{-\infty}^{a} e^{-x^2/2} dx \quad \text{quando} \quad n \to \infty$$

A chave para a demonstração do teorema do limite central é o lema a seguir, que enunciamos sem apresentar uma demonstração.

Lema 3.1
Seja $Z_1, Z_2,...$ uma sequência de variáveis aleatórias com funções distribuição F_{Z_n} e funções geratrizes de momentos $M_{Z_n}, n \geq 1$; seja também Z uma variável aleatória com função distribuição F_Z e função geratriz de momentos M_Z. Se $M_{Z_n}(t) \to M_Z(t)$ para todo t, então $F_{Z_n}(t) \to F_Z(t)$ para todo t no qual $F_Z(t)$ é contínua.

Se Z é uma variável aleatória normal padrão, então, como $M_Z(t) = e^{t^2/2}$, obtemos do Lema 3.1 que, se $M_{Z_n}(t) \to e^{t^2/2}$ quando $n \to \infty$, então $F_{Z_n}(t) \to \Phi(t)$ quando $n \to \infty$.

Estamos agora prontos para demonstrar o teorema do limite central.

Demonstração do Teorema do Limite Central: Vamos supor primeiro que $\mu = 0$ e $\sigma^2 = 1$. Vamos demonstrar o teorema sob a hipótese de que a função geratriz de momentos de X_i, $M(t)$, exista e seja finita. Agora, a função geratriz de momentos de $X_i/\sqrt{n}$ é dada por

$$E\left[\exp\left\{\frac{tX_i}{\sqrt{n}}\right\}\right] = M\left(\frac{t}{\sqrt{n}}\right)$$

Logo, a função geratriz de momentos de $\sum_{i=1}^{n} X_i/\sqrt{n}$ é dada por $\left[M\left(\frac{t}{\sqrt{n}}\right)\right]^n$. Considere

$$L(t) = \log M(t)$$

e note que

$$L(0) = 0$$
$$L'(0) = \frac{M'(0)}{M(0)}$$
$$= \mu$$
$$= 0$$
$$L''(0) = \frac{M(0)M''(0) - [M'(0)]^2}{[M(0)]^2}$$
$$= E[X^2]$$
$$= 1$$

Agora, para demonstrar o teorema, devemos mostrar que $[M(t/\sqrt{n})]^n \to e^{t^2/2}$ quando $n \to \infty$, ou, equivalentemente, que $nL(t/\sqrt{n}) \to t^2/2$ quando $n \to \infty$. Para mostrarmos isso, observe que

$$\lim_{n\to\infty} \frac{L(t/\sqrt{n})}{n^{-1}} = \lim_{n\to\infty} \frac{-L'(t/\sqrt{n})n^{-3/2}t}{-2n^{-2}} \quad \text{pela regra de L'Hôpital}$$

$$= \lim_{n\to\infty} \left[\frac{L'(t/\sqrt{n})t}{2n^{-1/2}}\right]$$

$$= \lim_{n\to\infty} \left[\frac{-L''(t/\sqrt{n})n^{-3/2}t^2}{-2n^{-3/2}}\right] \quad \text{novamente pela regra de L'Hôpital}$$

$$= \lim_{n\to\infty} \left[L''\left(\frac{t}{\sqrt{n}}\right)\frac{t^2}{2}\right]$$

$$= \frac{t^2}{2}$$

Assim, o teorema do limite central está demonstrado quando $\mu = 0$ e $\sigma^2 = 1$. O resultado é agora estendido para o caso geral considerando-se as variáveis aleatórias padronizadas $X_i^* = (X_i - \mu)/\sigma$ e aplicando-se o resultado anterior, já que $E[X_i^*] = 0$ e $\text{Var}(X_i^*) = 1$.

Observação: Embora o Teorema 3.1 afirme apenas que, para cada a,

$$P\left\{\frac{X_1 + \cdots + X_n - n\mu}{\sigma\sqrt{n}} \leq a\right\} \to \Phi(a)$$

pode-se, na verdade, mostrar que a convergência é uniforme em a [dizemos que $f_n(a) \to f(a)$ uniformemente em a se, para cada $\varepsilon > 0$, existir um N tal que $|f_n(a) - f(a)| < \varepsilon$ para todo a sempre que $n \geq N$]. ■

A primeira versão do teorema do limite central foi demonstrada por De-Moivre em 1733 para o caso especial de variáveis aleatórias de Bernoulli com $p = \frac{1}{2}$. O teorema foi em seguida estendido por Laplace para o caso de p arbitrário (como uma variável aleatória binomial pode ser tratada como sendo a soma de n variáveis aleatórias de Bernoulli independentes e identicamente distribuídas, isso justifica a aproximação normal para a distribuição binomial que apresentamos na Seção 5.4.1). Laplace também descobriu a forma mais geral do teorema do limite central dada no Teorema 3.1. Sua demonstracão, contudo, não era completamente rigorosa e, de fato, não poderia ter sido feita rigorosamente. Uma demonstração verdadeiramente rigorosa para o teorema do limite central foi apresentada primeiramente pelo matemático russo Liapounoff entre 1901 e 1902.

Este importante teorema é ilustrado em um módulo dedicado ao teorema do limite central na página deste livro na internet. Lá, é possível obter gráficos da função densidade da soma de n variáveis aleatórias independentes e identicamente distribuídas identificadas com os números 0, 1, 2, 3, 4. Quando utilizar esse módulo, entre com a função de probabilidade e o valor de n desejado. A Figura 8.1 mostra os gráficos obtidos para uma função de probabilidade específica quando (a) $n = 5$, (b) $n = 10$, (c) $n = 25$ e (d) $n = 100$.

Exemplo 3a

Um astrônomo está interessado em medir a distância, em anos-luz, entre o seu observatório e uma estrela. Embora o astrônomo disponha de uma técnica de medição, ele sabe que, em função da variação das condições climáticas e de erros normais, cada vez que faz uma medição ele não obtém a distância exata, mas sim uma estimativa deste parâmetro. Como resultado, o astrônomo planeja fazer uma série de medições e então usar o valor médio dessas medições como seu valor estimado da distância real. Se o astrônomo acredita que os valores das medições são variáveis aleatórias independentes e identicamente distribuídas com média comum d (a distância real) e variância comum 4 (em anos-luz), quantas medições precisam ser feitas para que se garanta que a distância estimada tenha uma precisão de $\pm 0{,}5$ anos-luz?

Solução Suponha que o astrônomo decida fazer n observações. Se $X_1, X_2, \ldots, X_n$ são as n medições, então, do teorema do limite central, tem-se que

$$Z_n = \frac{\sum_{i=1}^{n} X_i - nd}{2\sqrt{n}}$$

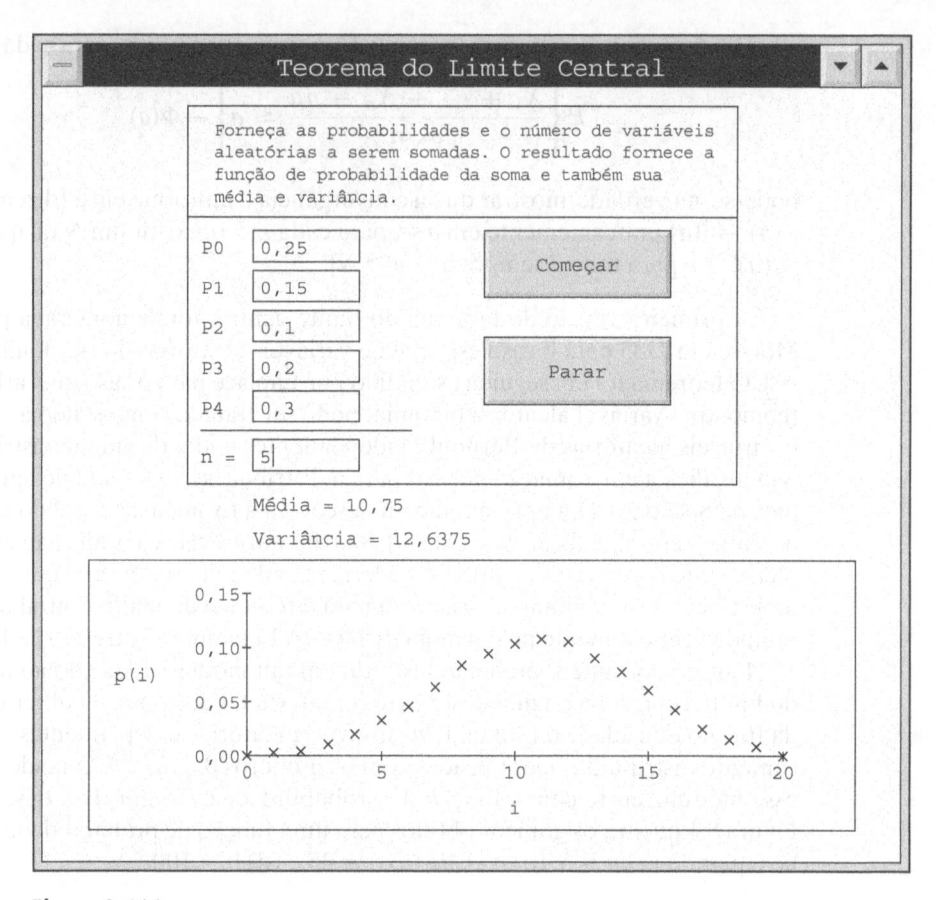

```
┌─────────────────────────────────────────────────────────┐
│ —              Teorema do Limite Central          ▼ ▲  │
│  ┌───────────────────────────────────────────────────┐  │
│  │ Forneça as probabilidades e o número de variáveis │  │
│  │ aleatórias a serem somadas. O resultado fornece a │  │
│  │ função de probabilidade da soma e também sua      │  │
│  │ média e variância.                                │  │
│  └───────────────────────────────────────────────────┘  │
│                                                         │
│     P0  [ 0,25 ]              ┌──────────┐              │
│                               │ Começar  │              │
│     P1  [ 0,15 ]              └──────────┘              │
│     P2  [ 0,1  ]                                        │
│                               ┌──────────┐              │
│     P3  [ 0,2  ]              │  Parar   │              │
│                               └──────────┘              │
│     P4  [ 0,3  ]                                        │
│                                                         │
│     n = [ 5 ]                                           │
│                                                         │
│          Média    = 10,75                               │
│          Variância = 12,6375                            │
└─────────────────────────────────────────────────────────┘
```

Figura 8.1(a)

possui aproximadamente uma distribuição normal padrão. Com isso,

$$P\left\{-0{,}5 \leq \frac{\sum_{i=1}^{n} X_i}{n} - d \leq 0{,}5\right\} = P\left\{-0{,}5\frac{\sqrt{n}}{2} \leq Z_n \leq 0{,}5\frac{\sqrt{n}}{2}\right\}$$

$$\approx \Phi\left(\frac{\sqrt{n}}{4}\right) - \phi\left(-\frac{\sqrt{n}}{4}\right) = 2\Phi\left(\frac{\sqrt{n}}{4}\right) - 1$$

Portanto, se o astrônomo quiser, por exemplo, estar 95% certo de que seu valor estimado tenha uma precisão de ±0,5 anos-luz, ele deverá fazer n^* medições, onde n^* é tal que

$$2\Phi\left(\frac{\sqrt{n^*}}{4}\right) - 1 = 0{,}95 \quad \text{ou} \quad \Phi\left(\frac{\sqrt{n^*}}{4}\right) = 0{,}975$$

Teorema do Limite Central

Forneça as probabilidades e o número de variáveis aleatórias a serem somadas. O resultado fornece a função de probabilidade da soma e também sua média e variância.

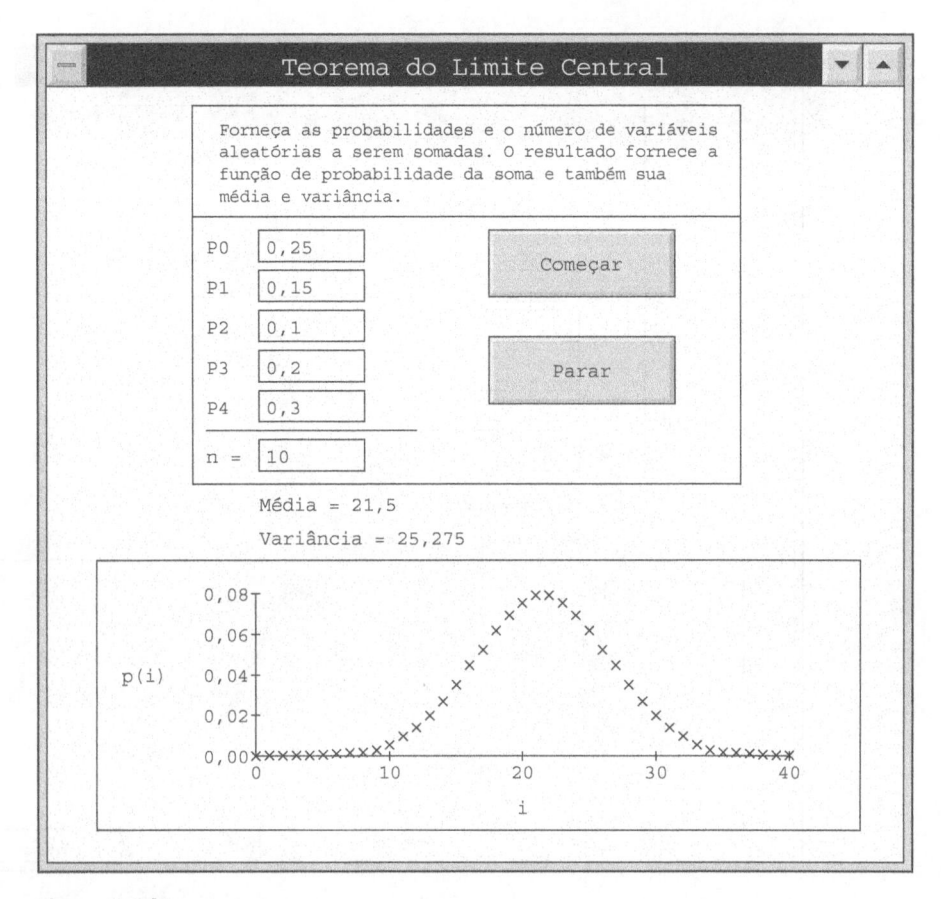

P0 0,25
P1 0,15
P2 0,1
P3 0,2
P4 0,3

n = 10

Começar

Parar

Média = 21,5
Variância = 25,275

Figura 8.1(b)

Assim, da Tabela 5.1 do Capítulo 5,

$$\frac{\sqrt{n^*}}{4} = 1{,}96 \quad \text{ou} \quad n^* = (7{,}84)^2 \approx 61{,}47$$

Como n^* não é um valor inteiro, ele deverá fazer 62 observações.

Note, no entanto, que a análise anterior foi feita sob a hipótese de que a aproximação normal é uma boa aproximação quando $n = 62$. Embora este seja usualmente o caso, em geral a questão de quão grande precisa ser n para que a aproximação seja "boa" depende da distribuição de X_i. Se o astrônomo estiver interessado neste aspecto e não desejar correr riscos, ele poderá recorrer à desigualdade de Chebyshev. Já que

$$E\left[\sum_{i=1}^{n} \frac{X_i}{n}\right] = d \quad \text{Var}\left(\sum_{i=1}^{n} \frac{X_i}{n}\right) = \frac{4}{n}$$

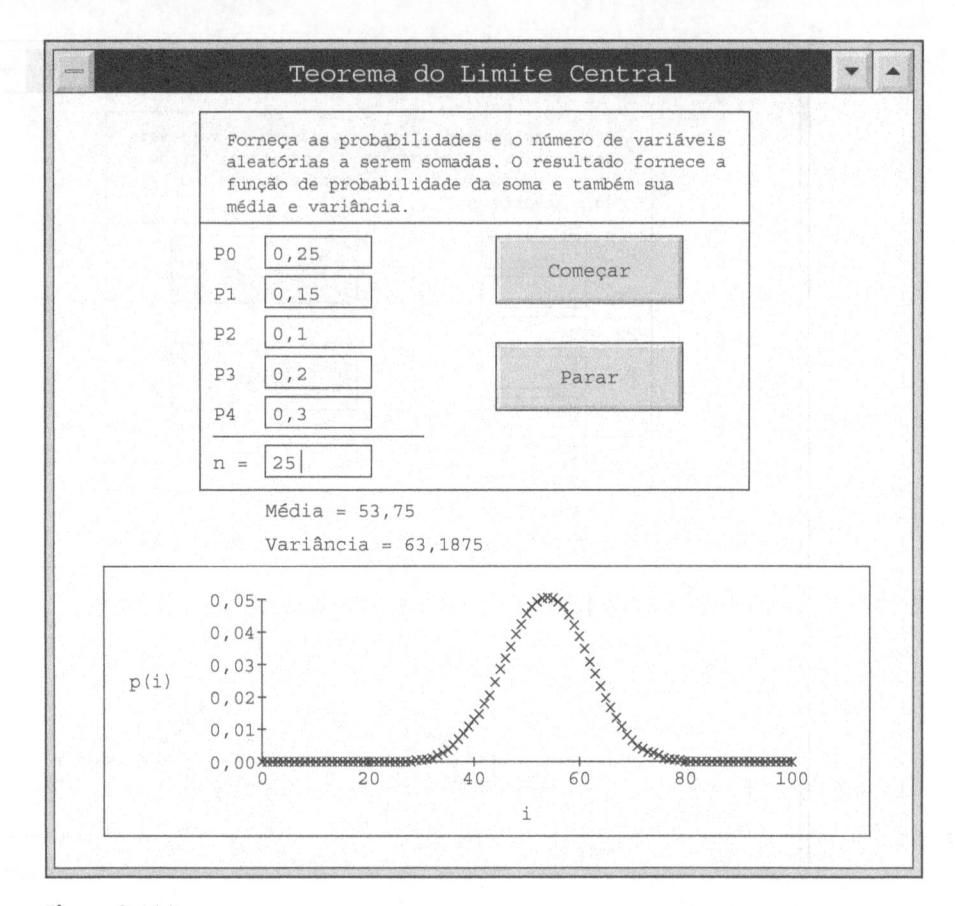

Figura 8.1(c)

a desigualdade de Chebyshev fornece

$$P\left\{\left|\sum_{i=1}^{n}\frac{X_i}{n} - d\right| > 0{,}5\right\} \le \frac{4}{n(0{,}5)^2} = \frac{16}{n}$$

Com isso, se ele fizer $n = 16/0{,}05 = 320$ observações, ele terá 95% de certeza de que sua estimativa terá uma precisão de 0,5 anos-luz. ∎

Exemplo 3b

O número de estudantes que se matriculam em um curso de psicologia é uma variável aleatória de Poisson com média 100. O professor encarregado do curso decidiu que, se o número de matrículas for maior ou igual a 120, ele dará aulas para duas turmas separadas. Por outro lado, se esse número for menor que 120, ele dará as aulas para todos os estudantes juntos em uma única turma. Qual é a probabilidade de que o professor tenha que dar aulas para duas turmas?

Teorema do Limite Central

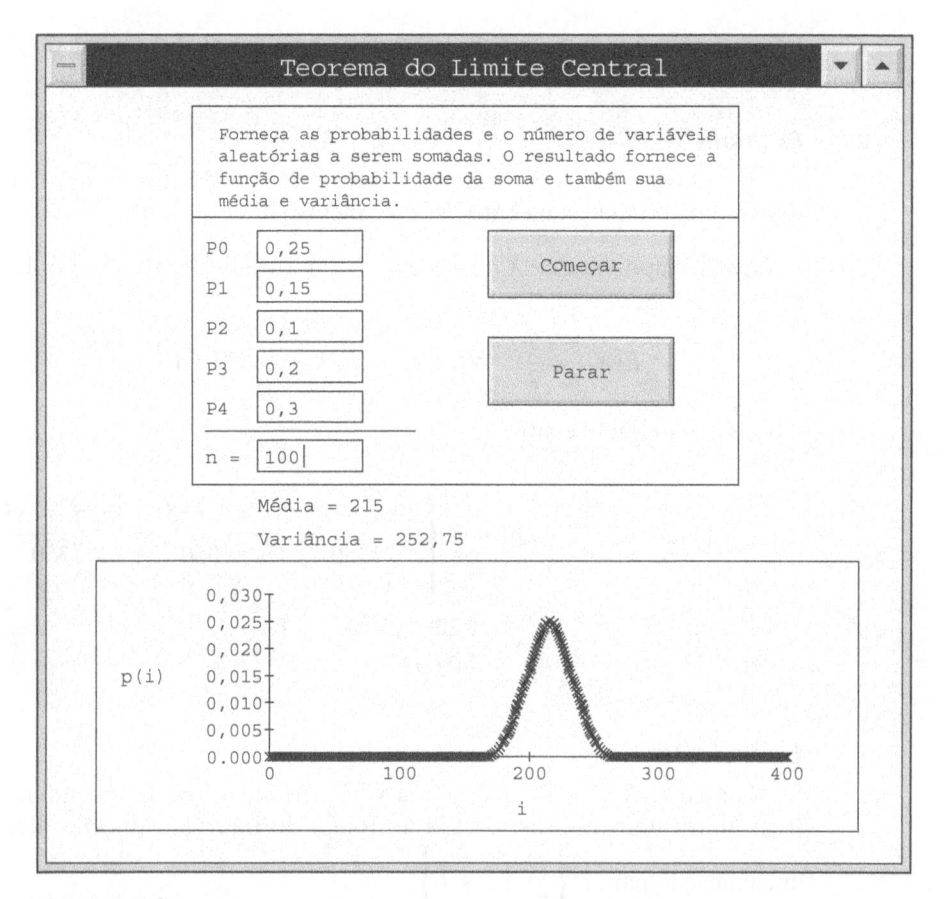

Forneça as probabilidades e o número de variáveis aleatórias a serem somadas. O resultado fornece a função de probabilidade da soma e também sua média e variância.

P0 0,25
P1 0,15
P2 0,1
P3 0,2
P4 0,3

n = 100

Começar

Parar

Média = 215
Variância = 252,75

Figura 8.1(d)

Solução A solução exata

$$e^{-100} \sum_{i=120}^{\infty} \frac{(100)^i}{i!}$$

não fornece diretamente uma resposta numérica. Entretanto, lembrando que uma variável aleatória de Poisson com média 100 é a soma de 100 variáveis aleatórias independentes, cada uma com média 1, podemos usar o teorema do limite central para obter uma solução aproximada. Se X representa o número de estudantes que se matriculam no curso, temos

$$P\{X \geq 120\} = P\{X \geq 119{,}5\} \quad \text{(a correção de continuidade)}$$

$$= P\left\{ \frac{X - 100}{\sqrt{100}} \geq \frac{119{,}5 - 100}{\sqrt{100}} \right\}$$

$$\approx 1 - \Phi(1{,}95)$$

$$\approx 0{,}0256$$

onde usamos o fato de que a variância de uma variável aleatória de Poisson é igual à sua média. ∎

Exemplo 3c
Se 10 dados honestos são rolados, determine a probabilidade aproximada de que a soma obtida esteja entre 30 e 40, inclusive.

Solução Suponha que X_i represente o valor do i-ésimo dado, $i = 1, 2,..., 10$. Já que

$$E(X_i) = \frac{7}{2}, \quad \text{Var}(X_i) = E[X_i^2] - (E[X_i])^2 = \frac{35}{12},$$

o teorema do limite central resulta em

$$P\{29,5 \leq X \leq 40,5\} = P\left\{\frac{29,5 - 35}{\sqrt{\frac{350}{12}}} \leq \frac{X - 35}{\sqrt{\frac{350}{12}}} \leq \frac{40,5 - 35}{\sqrt{\frac{350}{12}}}\right\}$$
$$\approx 2\Phi(1,0184) - 1$$
$$\approx 0,692$$
∎

Exemplo 3d
Suponha que X_i, $i = 1,..., 10$, sejam variáveis aleatórias independentes, cada uma uniformemente distribuída ao longo do intervalo $(0, 1)$. Calcule uma aproximação para $P\left\{\sum_{i=1}^{10} X_i > 6\right\}$.

Solução Como $E[X_i] = \frac{1}{2}$ e $\text{Var}(X_i) = \frac{1}{12}$, temos, pelo teorema do limite central,

$$P\left\{\sum_{1}^{10} X_i > 6\right\} = P\left\{\frac{\sum_{1}^{10} X_i - 5}{\sqrt{10(\frac{1}{12})}} > \frac{6 - 5}{\sqrt{10(\frac{1}{12})}}\right\}$$
$$\approx 1 - \Phi(\sqrt{1,2})$$
$$\approx 0,1367$$

Portanto, $\sum_{i=1}^{10} X_i$ será maior que 6 apenas 14% do tempo. ∎

Exemplo 3e
Um professor tem 50 provas para corrigir. O tempo necessário para corrigir cada uma das 50 provas é uma variável aleatória independente com distribuição que possui média de 20 minutos e desvio padrão de 4 minutos. Aproxime

a probabilidade de que o professor corrija pelo menos 25 provas nos primeiros 450 minutos de trabalho.

Solução Se X_i é o tempo necessário para corrigir a i-ésima prova,

$$X = \sum_{i=1}^{25} X_i$$

é o tempo necessário para corrigir as primeiras 25 provas. Como o professor corrigirá as primeiras 25 provas nos primeiros 450 minutos de trabalho se o tempo necessário para corrigi-las for menor ou igual a 450, vemos que a probabilidade desejada é $P\{X \leq 450\}$. Para aproximar esta probabilidade, usamos o teorema do limite central. Agora,

$$E[X] = \sum_{i=1}^{25} E[X_i] = 25(20) = 500$$

e

$$\text{Var}(X) = \sum_{i=1}^{25} \text{Var}(X_i) = 25(16) = 400$$

Consequentemente, sendo Z uma variável aleatória normal padrão, temos

$$\begin{aligned}
P\{X \leq 450\} &= P\{\frac{X - 500}{\sqrt{400}} \leq \frac{450 - 500}{\sqrt{400}}\} \\
&\approx P\{Z \leq -2,5\} \\
&= P\{Z \geq 2,5\} \\
&= 1 - \Phi(2,5) = 0,006
\end{aligned}$$

Teoremas do limite central também existem quando as variáveis aleatórias X_i são independentes mas não necessariamente identicamente distribuídas. Uma versão, que não é de forma alguma a mais geral, é a seguinte.

Teorema 3.2 Teorema do limite central para variáveis aleatórias independentes

Suponha que $X_1, X_2,...$ seja uma sequência de variáveis aleatórias independentes com respectivas médias e variâncias $\mu_i = E[X_i]$ e $\sigma_i^2 = \text{Var}(X_i)$. Se (a) as variáveis aleatórias X_i forem limitadas uniformemente, isto é, para algum M, $P\{|X_i| < M\} = 1$ para todo i, e (b) $\sum_{i=1}^{\infty} \sigma_i^2 = \infty$ – então

$$P\left\{\frac{\sum_{i=1}^{n}(X_i - \mu_i)}{\sqrt{\sum_{i=1}^{n}\sigma_i^2}} \leq a\right\} \to \Phi(a) \quad \text{quando} \quad n \to \infty$$

> **Nota Histórica**
>
> **Pierre-Simon, Marquês de Laplace**
>
> O teorema do limite central foi originalmente proposto e demonstrado pelo matemático francês Pierre-Simon, Marquês de Laplace, que chegou ao teorema a partir de suas observações de que erros de medição (que podem usualmente ser considerados como sendo a soma de um grande número de pequenas forças) tendem a ser normalmente distribuídos. Laplace, que também era um famoso astrônomo (e de fato chamado de "Newton francês") trouxe grandes contribuições à teoria da probabilidade e à estatística. Laplace também popularizou o uso da probabilidade na vida cotidiana. Ele acreditava fortemente na importância disso, conforme indicado nas seguintes citações retiradas de seu libro *Teoria Analítica da Probabilidade*: "Vemos que a teoria da probabilidade é no fundo somente o senso comum reduzido ao cálculo; ela nos faz apreciar com exatidão o que mentes pensantes percebem como que por instinto, muitas vezes sem se dar conta disso. (...) É extraordinário que esta ciência, que surgiu da análise dos jogos de azar, tenha se tornado o mais importante objeto do conhecimento humano. (...) As mais importantes questões da vida são, em sua grande maioria, apenas problemas de probabilidade".
>
> A aplicação do teorema do limite central para mostrar que os erros de medição possuem praticamente uma distribuição normal é vista como uma importante contribuição para a ciência. De fato, nos séculos dezessete e dezoito, o teorema do limite central era frequentemente chamado de *lei da frequência de erros*. Veja as palavras de Francis Galton (retiradas de seu livro *Herança Natural*, publicado em 1889): "Não conheço nada tão capaz de impressionar a imaginação quanto a maravilhosa forma de ordem cósmica descrita pela 'Lei da Frequência do Erro'. A Lei poderia ter sido personificada e deificada pelos gregos, se eles a tivessem conhecido. Ela reina com serenidade e discrição no meio da mais selvagem confusão. Quanto maior forem a multidão e a aparente anarquia, mais perfeito é o seu poder. É a lei suprema da irracionalidade".

8.4 A LEI FORTE DOS GRANDES NÚMEROS

A *lei forte dos grandes números* é provavelmente o resultado mais famoso na teoria da probabilidade. Ela diz que a média de uma sequência de variáveis aleatórias independentes com mesma distribuição converge, com probabilidade 1, para a média daquela distribuição.

> **Teorema 4.1. A lei forte dos grandes números**
> *Seja $X_1, X_2,...$ uma sequência de variáveis aleatórias independentes e identicamente distribuídas, cada uma com média finita $\mu = E[X_i]$. Então, com probabilidade 1,*

$$\frac{X_1 + X_2 + \cdots + X_n}{n} \to \mu \text{ quando } n \to \infty^*$$

Como uma aplicação da lei forte dos grandes números, suponha que seja realizada uma sequência de tentativas independentes de um experimento. Suponha que E seja um evento fixo do experimento e que $P(E)$ represente a probabilidade de que E ocorra em qualquer tentativa particular. Fazendo

$$X_i = \begin{cases} 1 & \text{se } E \text{ ocorrer na } i\text{-ésima tentativa} \\ 0 & \text{se } E \text{ não ocorrer na } i\text{-ésima tentativa} \end{cases}$$

temos, pela lei forte dos grandes números, que, com probabilidade 1,

$$\frac{X_1 + \cdots + X_n}{n} \to E[X] = P(E) \qquad (4.1)$$

Como $X_1 + \cdots + X_n$ representa o número de vezes em que o evento E ocorre nas primeiras n tentativas, podemos interpretar a Equação (4.1) como se ela dissesse que, com probabilidade 1, a proporção limite do tempo de ocorrência do evento E é justamente $P(E)$.

Embora o teorema possa ser demonstrado sem essa hipótese, nossa demonstração da lei forte dos grandes números supõe que as variáveis aleatórias X_i possuem um quarto momento finito. Isto é, supomos que $E[X_i^4] = K < \infty$.

Demonstração da Lei Forte dos Grandes Números: Para começar, suponha que μ, a média de X_i, seja igual a 0. Faça $S_n = \sum_{i=1}^{n} X_i$ e considere

$$E[S_n^4] = E[(X_1 + \cdots + X_n)(X_1 + \cdots + X_n) \\ \times (X_1 + \cdots + X_n)(X_1 + \cdots + X_n)]$$

A expansão do lado direito da equação anterior resulta em termos da forma

$$X_i^4, \quad X_i^3 X_j, \quad X_i^2 X_j^2, \quad X_i^2 X_j X_k \quad \text{e} \quad X_i X_j X_k X_l$$

onde i, j, k e l são todos diferentes. Como todas as variáveis aleatórias X_i têm média 0, resulta da independência dessas variáveis que

$$E[X_i^3 X_j] = E[X_i^3]E[X_j] = 0$$
$$E[X_i^2 X_j X_k] = E[X_i^2]E[X_j]E[X_k] = 0$$
$$E[X_i X_j X_k X_l] = 0$$

Agora, para um dado par i e j, haverá $\binom{4}{2} = 6$ termos na expansão que serão iguais a $X_i^2 X_j^2$. Com isso, expandindo o produto anterior e calculando as esperanças termo a termo, obtemos

---

* Isto é, a lei forte dos grandes números diz que
$$P\{\lim_{n \to \infty}(X_1 + \cdots + X_n)/n = \mu\} = 1$$

$$E[S_n^4] = nE[X_i^4] + 6\binom{n}{2}E[X_i^2 X_j^2]$$
$$= nK + 3n(n-1)E[X_i^2]E[X_j^2]$$

onde uma vez mais utilizamos a hipótese de independência. Agora, como

$$0 \leq \text{Var}(X_i^2) = E[X_i^4] - (E[X_i^2])^2$$

temos

$$(E[X_i^2])^2 \leq E[X_i^4] = K$$

Portanto, do desenvolvimento anterior, obtemos

$$E[S_n^4] \leq nK + 3n(n-1)K$$

o que implica que

$$E\left[\frac{S_n^4}{n^4}\right] \leq \frac{K}{n^3} + \frac{3K}{n^2}$$

Portanto,

$$E\left[\sum_{n=1}^{\infty} \frac{S_n^4}{n^4}\right] = \sum_{n=1}^{\infty} E\left[\frac{S_n^4}{n^4}\right] < \infty$$

Mas isso implica que, com probabilidade 1, $\sum_{n=1}^{\infty} S_n^4/n^4 < \infty$ (pois se houver uma probabilidade positiva de que a soma seja infinita, então o seu valor esperado é infinito). Mas a convergência da série implica que seu n-ésimo termo tenda a 0; portanto, podemos concluir que, com probabilidade 1,

$$\lim_{n \to \infty} \frac{S_n^4}{n^4} = 0$$

Mas se $S_n^4/n^4 = (S_n/n)^4$ tende a zero, então S_n/n também tende a zero; portanto, provamos que, com probabilidade 1,

$$\frac{S_n}{n} \to 0 \qquad \text{à medida que } n \to \infty$$

Quando μ, a média de X_i, for diferente de 0, podemos aplicar o argumento anterior às variáveis aleatórias $X_i - \mu$ para obter que, com probabilidade 1,

$$\lim_{n \to \infty} \sum_{i=1}^{n} \frac{(X_i - \mu)}{n} = 0$$

ou, equivalentemente,

$$\lim_{n\to\infty} \sum_{i=1}^{n} \frac{X_i}{n} = \mu$$

o que demonstra o resultado. □

A lei forte é ilustrada em dois módulos presentes na página deste livro na internet. Os módulos consideram variáveis aleatórias independentes e identicamente distribuídas identificadas com os números 0, 1, 2, 3 e 4. Eles simulam os valores de *n* dessas variáveis aleatórias; as proporções de tempo em que cada resultado ocorre, bem como a média amostral resultante $\sum_{i=1}^{n} X_i/n$, são indicadas e apresentadas em formato gráfico. Ao utilizar esses módulos, que diferem somente no tipo de gráfico apresentado, você deve fornecer as probabilidades

```
┌─────────────────────────────────────────────────┐
│              Lei Forte dos Grandes Números      │
├─────────────────────────────────────────────────┤
│  Forneça as probabilidades e o número de        │
│  tentativas a serem simuladas. O resultado      │
│  fornece o número total de vezes que cada       │
│  resultado ocorre e a média de todos os         │
│  resultados.                                    │
│                                                 │
│   P0  [0,1]                                     │
│   P1  [0,2]           ┌──────────┐              │
│                       │ Começar  │              │
│   P2  [0,3]           └──────────┘              │
│   P3  [0,35]                                    │
│   P4  [0,05]          ┌──────────┐              │
│                       │  Parar   │              │
│   n = [100]           └──────────┘              │
└─────────────────────────────────────────────────┘
```

Média Teórica = 2,05
Média Amostral = 1,89

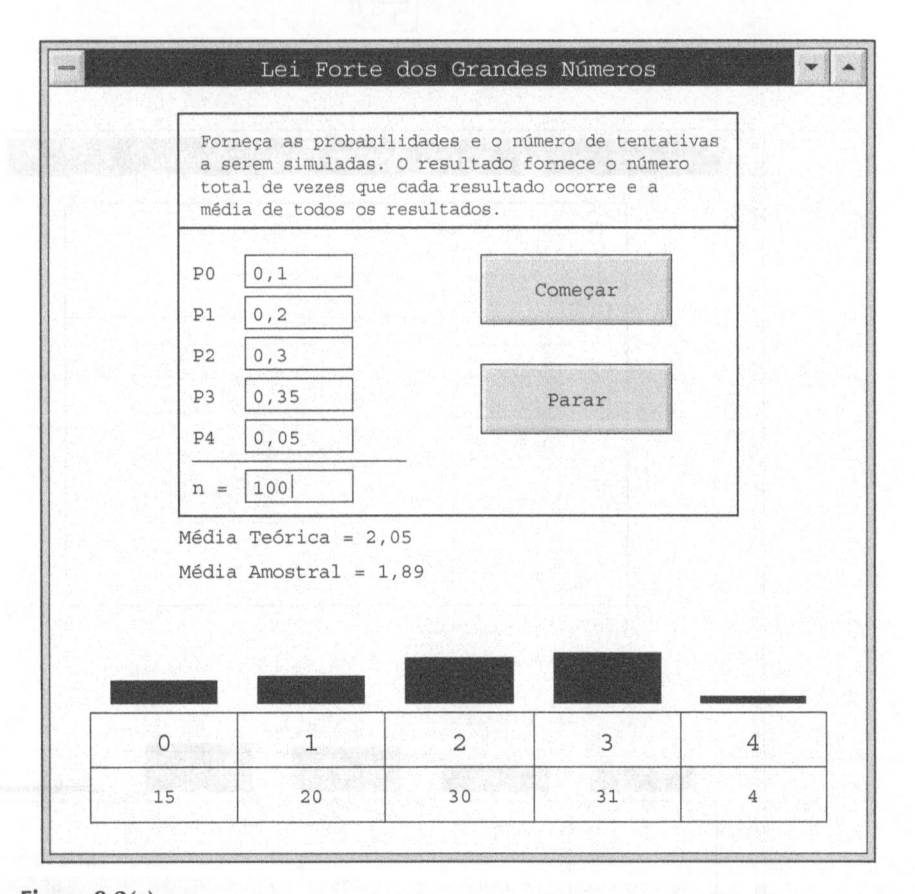

0	1	2	3	4
15	20	30	31	4

Figura 8.2(a)

e o valor desejado de n. A Figura 8.2 ilustra os resultados de uma simulação utilizando uma função de probabilidade específica e (a) $n = 100$, (b) $N = 1000$ e (c) $n = 10.000$.

Muitos estudantes ficam inicialmente confusos com a diferença entre as leis fraca e forte dos grandes números. A lei fraca dos grandes números diz que, para qualquer valor n^* grande específico, é provável que $(X_1 + ... + X_{n^*})/n^*$ esteja próximo de μ. Entretanto, ela não diz que $(X_1 + ... + X_n)/n$ permanecerá próximo de μ para todos os valores de n maiores que n^*. Assim, ela deixa aberta a possibilidade de que grandes valores de $|(X_1 + ... + X_n)/n - \mu|$ possam ocorrer de forma infinitamente frequente (embora em intervalos infrequentes). A lei forte mostra que isso não pode ocorrer. Em particular, ela implica, com probabilidade 1, para qualquer valor positivo ε, que

$$\left| \sum_1^n \frac{X_i}{n} - \mu \right|$$

será maior que ε apenas um número finito de vezes.

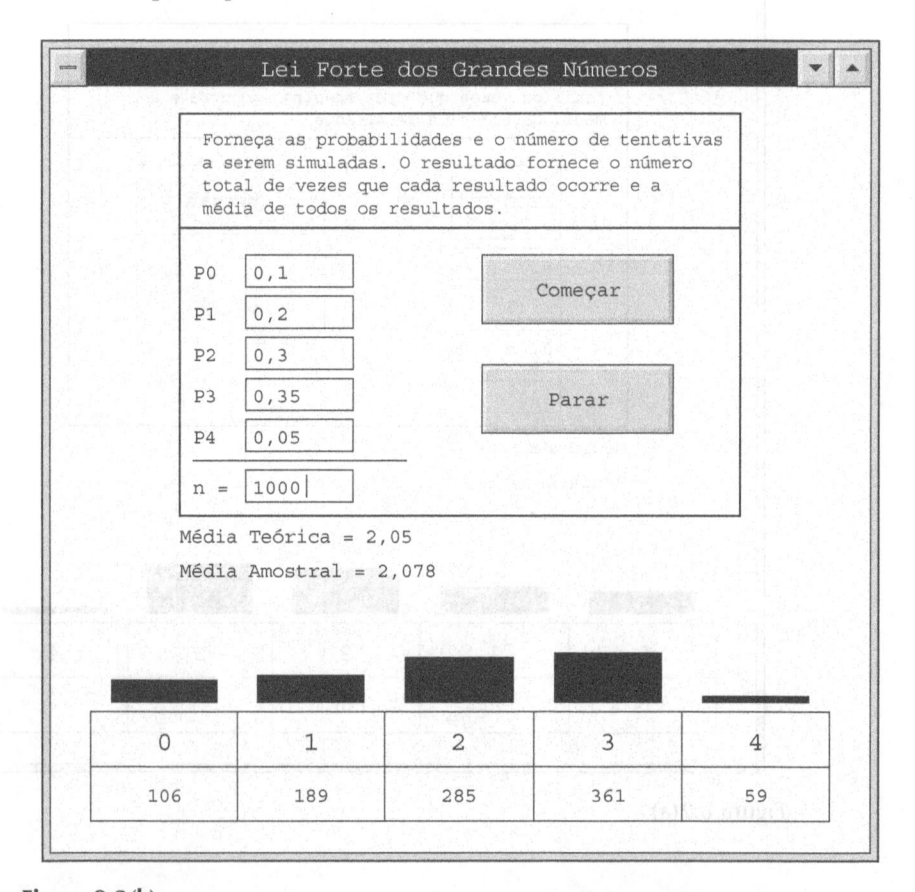

```
┌─────────────────────────────────────────────────────────────┐
│ ─              Lei Forte dos Grandes Números          ▼ ▲  │
├─────────────────────────────────────────────────────────────┤
│   ┌───────────────────────────────────────────────────────┐ │
│   │ Forneça as probabilidades e o número de tentativas    │ │
│   │ a serem simuladas. O resultado fornece o número       │ │
│   │ total de vezes que cada resultado ocorre e a          │ │
│   │ média de todos os resultados.                         │ │
│   └───────────────────────────────────────────────────────┘ │
│                                                             │
│      P0  │ 0,1  │           ┌──────────────┐                │
│                             │   Começar    │                │
│      P1  │ 0,2  │           └──────────────┘                │
│                                                             │
│      P2  │ 0,3  │                                           │
│                             ┌──────────────┐                │
│      P3  │ 0,35 │           │    Parar     │                │
│                             └──────────────┘                │
│      P4  │ 0,05 │                                           │
│                                                             │
│      n = │ 1000 │                                           │
│                                                             │
│   Média Teórica = 2,05                                      │
│   Média Amostral = 2,078                                    │
│                                                             │
│        ▄▄▄    ▄▄▄▄▄   ▄▄▄▄▄▄   ▄▄▄▄▄▄                       │
│   ┌────────┬────────┬────────┬────────┬────────┐            │
│   │   0    │   1    │   2    │   3    │   4    │            │
│   ├────────┼────────┼────────┼────────┼────────┤            │
│   │  106   │  189   │  285   │  361   │   59   │            │
│   └────────┴────────┴────────┴────────┴────────┘            │
└─────────────────────────────────────────────────────────────┘
```

Figura 8.2(b)

A lei forte dos grandes números foi demonstrada originalmente, no caso especial de variáveis aleatórias de Bernoulli, pelo matemático francês Borel. A forma geral da lei forte apresentada no Teorema 4.1 foi demonstrada pelo matemático russo A. N. Kolmogorov.

8.5 OUTRAS DESIGUALDADES

Às vezes enfrentamos situações em que estamos interessados em obter um limite superior para uma probabilidade da forma $P\{X - \mu \geq a\}$ quando conhecemos a média $\mu = E[X]$ e a variância $\sigma^2 = \text{Var}(X)$ da distribuição de X e quando a é algum valor positivo. Naturalmente, como $X - \mu \geq a > 0$ implica que $|X - \mu| \geq a$, resulta de desigualdade de Chebyshev que

$$P\{X - \mu \geq a\} \leq P\{|X - \mu| \geq a\} \leq \frac{\sigma^2}{a^2} \quad \text{quando} \quad a > 0$$

Entretanto, como mostra a proposição a seguir, podemos fazer melhor.

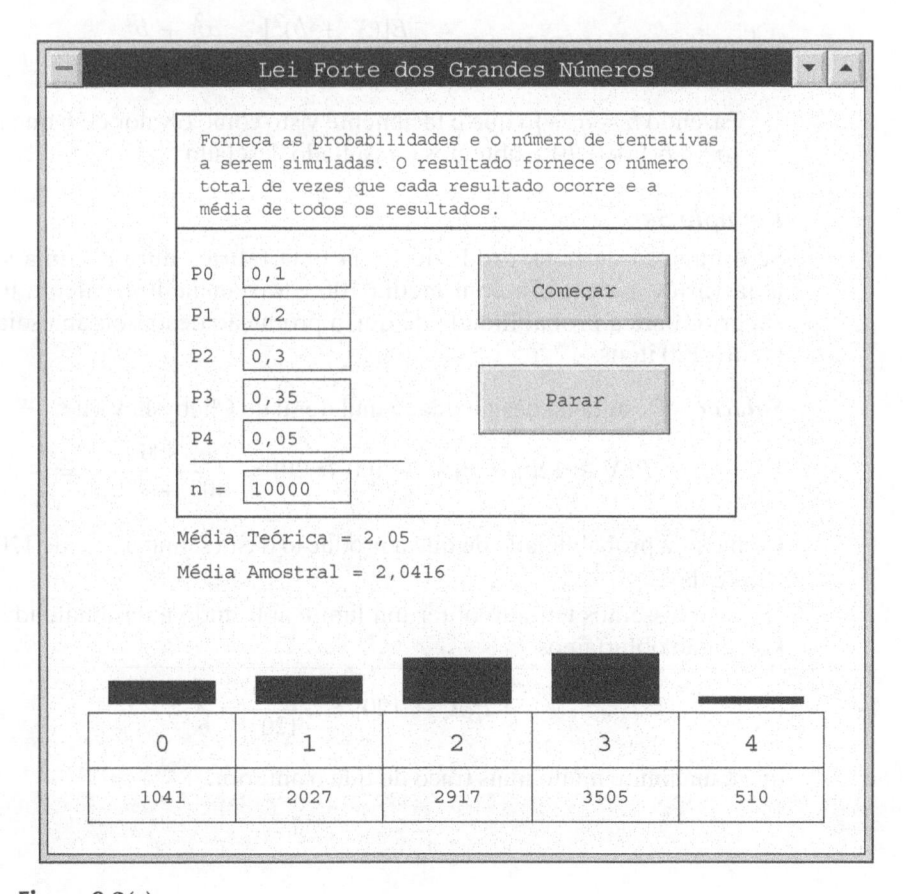

Figura 8.2(c)

Proposição 5.1 Desigualdade de Chebyshev unilateral
Se X é uma variável aleatória com média 0 e variância σ^2, então, para qualquer $a > 0$,

$$P\{X \geq a\} \leq \frac{\sigma^2}{\sigma^2 + a^2}$$

Demonstração Considere $b > 0$ e observe que

$$X \geq a \text{ é equivalente a } X + b \geq a + b$$

Portanto,

$$P\{X \geq a\} = P\{X + b \geq a + b\}$$
$$\leq P\{(X + b)^2 \geq (a + b)^2\}$$

onde se obtém a desigualdade observando-se que, como $a + b > 0$, $X + b \geq a + b$ implica que $(X + b)^2 \geq (a + b)^2$. Aplicando-se a desigualdade de Markov, a equação anterior resulta em

$$P\{X \geq a\} \leq \frac{E[(X + b)^2]}{(a + b)^2} = \frac{\sigma^2 + b^2}{(a + b)^2}$$

Fazendo $b = \sigma^2/a$ [o que é facilmente visto como o valor de b que minimiza $(\sigma^2 + b^2)/(a + b)^2$], obtemos o resultado desejado. □

Exemplo 5a

Se o número de itens produzidos em uma fábrica durante uma semana é uma variável aleatória com média 100 e variância 400, calcule um limite superior para a probabilidade de que a produção desta semana seja de pelo menos 120 itens.

Solução Resulta da desigualdade unilateral de Chebyshev que

$$P\{X \geq 120\} = P\{X - 100 \geq 20\} \leq \frac{400}{400 + (20)^2} = \frac{1}{2}$$

Com isso, a probabilidade de que a produção desta semana seja de 120 ou mais itens é de $\frac{1}{2}$.

Se tivéssemos tentado obter um limite aplicando a desigualdade de Markov, então obteríamos

$$P\{X \geq 120\} \leq \frac{E(X)}{120} = \frac{5}{6}$$

que é um limite muito mais fraco do que o anterior. ■

Suponha que X possua média μ e variância σ^2. Como $X - \mu$ e $\mu - X$ possuem ambos média 0 e variância σ^2, resulta da desigualdade de Chebyshev unilateral que, para $a > 0$,

$$P\{X - \mu \geq a\} \leq \frac{\sigma^2}{\sigma^2 + a^2}$$

e

$$P\{\mu - X \geq a\} \leq \frac{\sigma^2}{\sigma^2 + a^2}$$

Assim, temos o seguinte corolário.

Corolário 5.1 Se $E[X] = \mu$ e $\text{Var}(X) = \sigma^2$, então, para $a > 0$,

$$P\{X \geq \mu + a\} \leq \frac{\sigma^2}{\sigma^2 + a^2}$$

$$P\{X \leq \mu - a\} \leq \frac{\sigma^2}{\sigma^2 + a^2}$$

Exemplo 5b

Um conjunto de 200 pessoas formado por 100 homens e 100 mulheres é dividido aleatoriamente em 100 pares. Forneça um limite superior para a possibilidade de que no máximo 30 desses pares sejam formados por um homem e uma mulher.

Solução Numere os homens arbitrariamente de 1 a 100 e, para $i = 1, 2, \ldots 100$, suponha

$$X_i = \begin{cases} 1 & \text{se o homem } i \text{ forma um par com uma mulher} \\ 0 & \text{caso contrário} \end{cases}$$

Então X, o número de pares homem-mulher, pode ser escrito como

$$X = \sum_{i=1}^{100} X_i$$

Como o i-ésimo homem tem a mesma probabilidade de formar um par com as demais 199 pessoas, das quais 100 são mulheres, temos

$$E[X_i] = P\{X_i = 1\} = \frac{100}{199}$$

Similarmente, para $i \neq j$,

$$E[X_i X_j] = P\{X_i = 1, X_j = 1\}$$

$$= P\{X_i = 1\} P\{X_j = 1 | X_i = 1\} = \frac{100}{199} \frac{99}{197}$$

onde $P\{X_j = 1 | X_i = 1\} = 99/197$, já que, dado que o homem i forma um par com uma mulher, o homem j tem a mesma probabilidade de formar um par com qualquer uma das 197 pessoas restantes, das quais 99 são mulheres. Com isso, obtemos

$$E[X] = \sum_{i=1}^{100} E[X_i]$$
$$= (100)\frac{100}{199}$$
$$\approx 50{,}25$$

$$\text{Var}(X) = \sum_{i=1}^{100} \text{Var}(X_i) + 2\sum\sum_{i<j} \text{Cov}(X_i, X_j)$$
$$= 100\frac{100}{199}\frac{99}{199} + 2\binom{100}{2}\left[\frac{100}{199}\frac{99}{197} - \left(\frac{100}{199}\right)^2\right]$$
$$\approx 25{,}126$$

A desigualdade de Chebyshev fornece então

$$P\{X \le 30\} \le P\{|X - 50{,}25| \ge 20{,}25\} \le \frac{25{,}126}{(20{,}25)^2} \approx 0{,}061$$

Assim, há menos de 6 chances em cem de que menos de 30 homens formem pares com mulheres. Entretanto, podemos melhorar esse limite usando a desigualdade de Chebyshev unilateral, que fornece

$$P\{X \le 30\} = P\{X \le 50{,}25 - 20{,}25\}$$
$$\le \frac{25{,}126}{25{,}126 + (20{,}25)^2}$$
$$\approx 0{,}058 \qquad \blacksquare$$

Quando a função geratriz de momentos da variável aleatória X é conhecida, podemos obter limites ainda melhores para $P\{X \ge a\}$. Suponha que

$$M(t) = E[e^{tX}]$$

seja a função geratriz de momentos da variável aleatória X. Então, para $t > 0$,

$$P\{X \ge a\} = P\{e^{tX} \ge e^{ta}\}$$
$$\le E[e^{tX}]e^{-ta} \text{ pela desigualdade de Markov}$$

Similarmente, para $t < 0$,

$$P\{X \le a\} = P\{e^{tX} \ge e^{ta}\}$$
$$\le E[e^{tX}]e^{-ta}$$

Temos portanto as seguintes desigualdades, que são conhecidas como *limites de Chernoff*.

Proposição 5.2   Limites de Chernoff

$$P\{X \geq a\} \leq e^{-ta}M(t) \text{ para todo } t > 0$$
$$P\{X \leq a\} \leq e^{-ta}M(t) \text{ para todo } t < 0$$

Como os limites de Chernoff são válidos em todo t, seja no quadrante positivo ou negativo, obtemos o melhor limite em $P\{X \geq a\}$ usando o t que minimiza $e^{-ta}M(t)$.

Exemplo 5c   Limites de Chernoff para a variável aleatória normal padrão

Se Z é uma variável aleatória normal padrão, então sua função geratriz de momentos é $M(t) = e^{t^2/2}$. Assim, o limite de Chernoff em $P\{Z \geq a\}$ é dado por

$$P\{Z \geq a\} \leq e^{-ta}e^{t^2/2} \quad \text{para todo} \quad t > 0$$

Agora o valor de $t, t > 0$, que minimiza $\exp^{t^2/2-ta}$ é o valor que minimiza $t^2/2 - ta$, que é $t = a$. Assim, para $a > 0$, temos

$$P\{Z \geq a\} \leq e^{-a^2/2}$$

Similarmente, podemos mostrar que, para $a < 0$,

$$P\{Z \leq a\} \leq e^{-a^2/2}$$ ∎

Exemplo 5d   Limites de Chernoff para a variável aleatória de Poisson

Se X é uma variável aleatória de Poisson com parâmetro λ, então sua função geratriz de momentos é $M(t) = e^{\lambda(e^t-1)}$. Portanto, o limite de Chernoff em $P\{X \geq i\}$ é

$$P\{X \geq i\} \leq e^{\lambda(e^t-1)}e^{-it} \quad t > 0$$

Minimizar o lado direito da última equação é o mesmo que minimizar $\lambda(e^t - 1) - it$, e é possível mostrar que o valor mínimo ocorre quando $e^t = i/\lambda$. Se $i/\lambda > 1$, o valor de t será positivo. Portanto, supondo que $i > \lambda$ e fazendo $e^t = i/\lambda$ no limite de Chernoff, obtemos

$$P\{X \geq i\} \leq e^{\lambda(i/\lambda - 1)}\left(\frac{\lambda}{i}\right)^i$$

ou, equivalentemente,

$$P\{X \geq i\} \leq \frac{e^{-\lambda}(e\lambda)^i}{i^i}$$ ∎

Exemplo 5e

Considere um jogador que tenha a mesma probabilidade de ganhar ou perder 1 unidade em cada aposta, independentemente de seus resultados anteriores.

Isto é, se X_i representa o ganho do jogador na i-ésima aposta, então os X_i's são independentes e

$$P\{X_i = 1\} = P\{X_i = -1\} = \frac{1}{2}$$

Suponha que $S_n = \sum_{i=1}^{n} X_i$ represente o ganho acumulado pelo jogador após n jogadas. Vamos usar o limite de Chernoff em $P\{S_n \geq a\}$. Para começar, observe que a função geratriz de momentos de X_i é

$$E[e^{tX}] = \frac{e^t + e^{-t}}{2}$$

Agora, usando as expansões de e^t e e^{-t} em séries de McLaurin, vemos que

$$e^t + e^{-t} = 1 + t + \frac{t^2}{2!} + \frac{t^3}{3!} + \cdots + \left(1 - t + \frac{t^2}{2!} - \frac{t^3}{3!} + \cdots\right)$$

$$= 2\left\{1 + \frac{t^2}{2!} + \frac{t^4}{4!} + \cdots\right\}$$

$$= 2\sum_{n=0}^{\infty} \frac{t^{2n}}{(2n)!}$$

$$\leq 2\sum_{n=0}^{\infty} \frac{(t^2/2)^n}{n!} \quad \text{já que } (2n)! \geq n!2^n$$

$$= 2e^{t^2/2}$$

Portanto,

$$E[e^{tX}] \geq e^{t^2/2}$$

Como a função geratriz de momentos da soma de variáveis aleatórias independentes é o produto de suas funções geratrizes de momentos, temos

$$E[e^{tS_n}] = (E[e^{tX}])^n$$

$$\leq e^{nt^2/2}$$

Usando o resultado anterior juntamente com o limite de Chernoff, obtemos

$$P\{S_n \geq a\} \leq e^{-ta}e^{nt^2/2} \quad t > 0$$

O valor de t que minimiza o lado direito da última expressão é o valor que minimiza $nt^2/2 - ta$, e esse valor é $t = a/n$. Supondo que $a > 0$ (de forma que t que minimiza a expressão seja positivo) e fazendo $t = a/n$ na última desigualdade, obtemos

$$P\{S_n \geq a\} \leq e^{-a^2/2n} \quad a > 0$$

A última desigualdade resulta, por exemplo, em

$$P\{S_{10} \geq 6\} \leq e^{-36/20} \approx 0{,}1653$$

enquanto a probabilidade exata é

$P\{S_{10} \geq 6\} = P\{\text{jogador ganha pelo menos 8 das 10 primeiras apostas}\}$

$$= \frac{\binom{10}{8} + \binom{10}{9} + \binom{10}{10}}{2^{10}} = \frac{56}{1024} \approx 0{,}0547 \qquad \blacksquare$$

A próxima desigualdade tem a ver com esperanças e não com probabilidades. Antes de enunciá-la, precisamos da definição a seguir.

Definição

Uma função $f(x)$ real duplamente diferenciável é chamada de *convexa* se $f''(x) \geq 0$ para todo x; similarmente, ela é chamada de *côncava* se $f''(x) \leq 0$.

Alguns exemplos de funções convexas são $f(x) = x^2, f(x) = e^{ax}$ e $f(x) = -x^{1/n}$ para $x \geq 0$. Se $f(x)$ é convexa, então $g(x) = -f(x)$ é côncava, e vice-versa.

Proposição 5.3 Desigualdade de Jensen
Se $f(x)$ é uma função convexa, então

$$E[f(x)] \geq f(E[X])$$

desde que as esperanças existam e sejam finitas.

Demonstração Expandindo $f(x)$ na série de Taylor em torno de $\mu = E[X]$, obtemos

$$f(x) = f(\mu) + f'(\mu)(x - \mu) + \frac{f''(\xi)(x - \mu)^2}{2}$$

onde ξ é algum valor entre x e μ. Já que $f''\xi \geq 0$, obtemos

$$f(x) \geq f(\mu) + f'(\mu)(x - \mu)$$

Portanto,

$$f(X) \geq f(\mu) + f'(\mu)(X - \mu)$$

O cálculo das esperanças resulta em

$$E[f(X)] \geq f(\mu) + f'(\mu)E[X - \mu] = f(\mu)$$

e a desigualdade está demonstrada. $\qquad \square$

Exemplo 5f

Uma investidora se depara com as seguintes opções: ou ela investe todo o seu dinheiro em uma carteira de risco que leva a um retorno aleatório X com média m, ou ela põe todo o seu dinheiro em uma poupança de risco zero que leva a um retorno m com probabilidade 1. Suponha que a sua decisão seja tomada com base na maximização do valor esperado de $u(R)$, onde R é seu retorno e

u é sua função utilidade. Pela desigualdade de Jensen, vê-se que, se u é uma função côncava, então $E[u(X)] \leq u(m)$, e nesse caso a poupança seria a melhor alternativa. Por outro lado, se u é uma função convexa, então $E[u(X)] \geq u(m)$, e com isso o investimento de risco seria a melhor alternativa. ∎

8.6 LIMITANDO A PROBABILIDADE DE ERRO QUANDO APROXIMAMOS UMA SOMA DE VARIÁVEIS ALEATÓRIAS DE BERNOULLI INDEPENDENTES POR UMA VARIÁVEL ALEATÓRIA DE POISSON

Nesta seção, estabelecemos limites que dizem quão boa é a aproximação de uma soma de variáveis aleatórias de Bernoulli independentes por uma variável aleatória de Poisson com a mesma média. Suponha que queiramos aproximar a soma de variáveis aleatórias de Bernoulli independentes com respectivas médias $p_1, p_2, ..., p_n$. Começando com uma sequência $Y_1, ..., Y_n$ de variáveis aleatórias de Poisson independentes, com Y_i possuindo média p_i, vamos construir uma sequência de variáveis aleatórias de Bernoulli independentes $X_1, ..., X_n$ com parâmetros $p_1, ..., p_n$ tais que

$$P\{X_i \neq Y_i\} \leq p_i^2 \quad \text{para cada } i$$

Considerando $X = \sum_{i=1}^{n} X_i$ e $Y = \sum_{i=1}^{n} Y_i$, vamos usar a última desigualdade para concluir que

$$P\{X \neq Y\} \leq \sum_{i=1}^{n} p_i^2$$

Finalmente, vamos mostrar que a última desigualdade implica, para qualquer conjunto de números reais A,

$$|P\{X \in A\} - P\{Y \in A\}| \leq \sum_{i=1}^{n} p_i^2$$

Como X é a soma de variáveis aleatórias independentes de Bernoulli e Y é uma variável aleatória de Poisson, a última igualdade fornece o limite desejado.

Para mostrar como a tarefa é realizada, suponha que Y_i, $i = 1, ..., n$, sejam variáveis aleatórias de Poisson independentes com respectivas médias p_i. Agora, suponha que $U_1, ..., U_n$ sejam variáveis aleatórias independentes (também independentes de Y_i) definidas como

$$U_i = \begin{cases} 0 & \text{com probabilidade } (1-p_i)e^{p_i} \\ 1 & \text{com probabilidade } 1 - (1-p_i)e^{p_i} \end{cases}$$

Essa definição utiliza implicitamente a desigualdade

$$e^{-p} \geq 1 - p$$

ao supor que $(1-p_i)e^{p_i} \leq 1$.

Em seguida, defina as variáveis aleatórias $X_i, i = 1,..., n$, como

$$X_i = \begin{cases} 0 & \text{se } Y_i = U_i = 0 \\ 1 & \text{caso contrário} \end{cases}$$

Observe que

$$P\{X_i = 0\} = P\{Y_i = 0\}P\{U_i = 0\} = e^{-p_i}(1 - p_i)e^{p_i} = 1 - p_i$$
$$P\{X_i = 1\} = 1 - P\{X_i = 0\} = p_i$$

Agora, se $X_i = 0$, então Y_i também deve ser igual a 0 (pela definição de X_i). Portanto,

$$\begin{aligned} P\{X_i \neq Y_i\} &= P\{X_i = 1, Y_i \neq 1\} \\ &= P\{Y_i = 0, X_i = 1\} + P\{Y_i > 1\} \\ &= P\{Y_i = 0, U_i = 1\} + P\{Y_i > 1\} \\ &= e^{-p_i}[1 - (1 - p_i)e^{p_i}] + 1 - e^{-p_i} - p_i e^{-p_i} \\ &= p_i - p_i e^{-p_i} \\ &\leq p_i^2 \quad \text{(já que } 1 - e^{-p} \leq p\text{)} \end{aligned}$$

Agora considere $X = \sum_{i=1}^{n} X_i$ e $Y = \sum_{i=1}^{n} Y_i$ e note que X é a soma de variáveis aleatórias de Bernoulli independentes e que Y é Poisson com o valor esperado $E[Y] = E[X] = \sum_{i=1}^{n} p_i$. Note também que a desigualdade $X \neq Y$ implica $X_i \neq Y_i$ para algum i, então,

$$\begin{aligned} P\{X \neq Y\} &\leq P\{X_i \neq Y_i \text{ para algum } i\} \\ &\leq \sum_{i=1}^{n} P\{X_i \neq Y_i\} \quad \text{(desigualdade de Boole)} \\ &\leq \sum_{i=1}^{n} p_i^2 \end{aligned}$$

Para qualquer evento B, suponha que I_B, a variável indicadora do evento B, seja definida como

$$I_B = \begin{cases} 1 & \text{se } B \text{ ocorre} \\ 0 & \text{caso contrário} \end{cases}$$

Note que, para qualquer conjunto de números reais A,

$$I_{\{X \in A\}} - I_{\{Y \in A\}} \leq I_{\{X \neq Y\}}$$

Essa expressão é obtida porque, como uma variável indicadora é igual a 0 ou 1, o lado esquerdo da desigualdade é igual a 1 somente quando $I_{\{X \in A\}} = 1$ e $I_{\{Y \in A\}} = 0$. Mas isso implicaria $X \in A$ e $Y \notin A$, o que significa que $X \neq Y$, então o seu lado direito também seria igual a 1. Calculando as esperanças dessa desigualdade, obtemos

$$P\{X \in A\} - P\{Y \in A\} \le P\{X \ne Y\}$$

Invertendo X e Y, obtemos, da mesma maneira,

$$P\{Y \in A\} - P\{X \in A\} \le P\{X \ne Y\}$$

Com isso, podemos concluir que

$$|P\{X \in A\} - P\{Y \in A\}| \le P\{X \ne Y\}$$

Portanto, provamos que, com $\lambda = \sum_{i=1}^{n} p_i$,

$$\left| P\left\{ \sum_{i=1}^{n} X_i \in A \right\} - \sum_{i \in A} \frac{e^{-\lambda} \lambda^i}{i!} \right| \le \sum_{i=1}^{n} p_i^2$$

Observação: Quando todos os p_i's são iguais a p, X é uma variável aleatória binomial. Assim, a desigualdade anterior mostra que, para qualquer conjunto A de inteiros não negativos,

$$\left| \sum_{i \in A} \binom{n}{i} p^i (1-p)^{n-i} - \sum_{i \in A} \frac{e^{-np}(np)^i}{i!} \right| \le np^2$$

∎

RESUMO

Dois importantes limites utilizados na teoria da probabilidade são fornecidos pelas desigualdades de *Markov* e *Chebyshev*. A desigualdade de Markov envolve variáveis aleatórias não negativas e diz que, para uma variável aleatória X desse tipo,

$$P\{X \ge a\} \le \frac{E[X]}{a}$$

para todo valor positivo a. A desigualdade de Chebyshev, que é uma simples consequência da desigualdade de Markov, diz que, se X possui média μ e variância σ^2, então, para cada k positivo,

$$P\{|X - \mu| \ge k\sigma\} \le \frac{1}{k^2}$$

Os dois mais importantes resultados teóricos na teoria da probabilidade são o *teorema do limite central* e a *lei forte dos grandes números*. Ambos estão relacionados a sequências de variáveis aleatórias independentes e identicamente distribuídas. O teorema do limite central diz que se as variáveis aleatórias possuem média μ e variância σ^2, então a distribuição da soma das n primeiras variáveis é, para n grande, aproximadamente igual àquela de uma variável aleatória normal com média $n\mu$ e variância $n\sigma^2$. Isto é, se $X_i, i \geq 1$, é cada elemento da sequência em questão, então o teorema do limite central diz que, para todo a real,

$$\lim_{n \to \infty} P\left\{\frac{X_1 + \cdots + X_n - n\mu}{\sigma\sqrt{n}} \leq a\right\} = \frac{1}{\sqrt{2\pi}} \int_{-\infty}^{a} e^{-x^2/2} dx$$

A *lei forte dos grandes números* requer apenas que as variáveis aleatórias possuam média finita μ. Ela diz que, com probabilidade 1, a média das n primeiras variáveis converge para μ à medida que n tende ao infinito. Isso implica que, se A é qualquer evento específico de um experimento no qual repetições independentes são realizadas, então a proporção limite de experimentos cujos resultados estão em A será, com probabilidade 1, igual a $P(A)$. Portanto, se aceitarmos a interpretação de que "com probabilidade 1" signifique "com certeza", obtemos uma justificativa teórica para a interpretação da probabilidade como uma frequência relativa de longo prazo.

PROBLEMAS

8.1 Suponha que X seja uma variável aleatória com média e variância iguais a 20. O que é possível dizer sobre $P\{0 < X < 40\}$?

8.2 Com sua experiência, um professor sabe que a nota de um estudante na prova final é uma variável aleatória com média 75.
 (a) Forneça um limite superior para a probabilidade de que a nota de um estudante exceda 85. Suponha, além disso, que o professor saiba que a variância da nota de um estudante é igual a 25.
 (b) O que se pode dizer sobre a probabilidade de que a nota de um estudante esteja entre 65 e 85?
 (c) Quantos estudantes teriam que fazer a prova para assegurar, com probabilidade mínima de 0,9, que a média da turma esteja entre 75 ± 5? Não use o teorema do limite central.

8.3 Use o teorema do limite central para resolver a letra (c) do Problema 8.2.

8.4 Sejam $X_1, \ldots, X_{20}$ variáveis aleatórias de Poisson independentes com média 1.
 (a) Use a desigualdade de Markov para obter um limite em

$$P\left\{\sum_{1}^{20} X_i > 15\right\}$$

 (b) Use o teorema do limite central para aproximar

$$P\left\{\sum_{1}^{20} X_i > 15\right\}.$$

8.5 Cinquenta números são arredondados para o inteiro mais próximo e somados. Se os erros de arredondamento individuais são uniformemente distribuídos ao longo de (-0,5, 5), obtenha uma aproximação para a probabilidade de que a soma resultante difira da soma exata em mais de 3.

8.6 Um dado é jogado continuamente até que a soma total das jogadas exceda 300. Obtenha uma aproximação para a probabilidade de que pelo menos 80 jogadas sejam necessárias.

8.7 Uma pessoa possui 100 lâmpadas cujos tempos de vida são exponenciais independentes com média de 5 horas. Se as lâmpadas são usadas uma de cada vez, sendo a lâmpada queimada imediatamente substituída por uma nova, obtenha uma aproximação para a probabilidade de que ainda exista uma lâmpada funcionando após 525 horas.

8.8 No problema anterior suponha que seja necessário um tempo aleatório, uniformemente distribuído em (0, 0,5), para que a lâmpada queimada seja substituída. Obtenha uma aproximação para a probabilidade de que todas as lâmpadas tenham queimado após 550 horas.

8.9 Se X é uma variável aleatória gama com parâmetros $(n, 1)$, quão grande deve ser n para que

$$P\left\{\left|\frac{X}{n} - 1\right| > 0{,}01\right\} < 0{,}01?$$

8.10 Engenheiros civis acreditam que W, a quantidade de peso (em unidades de toneladas) que certo vão de uma ponte pode suportar sem sofrer danos estruturais seja normalmente distribuído com média 400 e desvio padrão 40. Suponha que o peso (novamente em toneladas) de um carro seja uma variável aleatória com média 3 e desvio padrão 0,3. Aproximadamente quantos carros devem estar sobre a ponte para que a probabilidade de dano estrutural exceda 0,1?

8.11 Muitas pessoas acreditam que a variação diária no preço das ações de uma companhia na bolsa de valores é uma variável aleatória com média 0 e variância σ^2. Isto é, se Y_n representa o preço da ação no n-ésimo dia, então

$$Y_n = Y_{n-1} + X_n \quad n \geq 1$$

onde $X_1, X_2, \ldots$ são variáveis aleatórias independentes identicamente distribuídas com média 0 e variância σ^2. Suponha que o preço atual de uma ação seja 100. Se $\sigma^2 = 1$, o que pode ser dito a respeito da probabilidade de que o preço da ação exceda 105 após 10 dias?

8.12 Dispomos de 100 componentes que colocaremos em funcionamento de forma sequencial. Isto é, o componente 1 é utilizado primeiro e, se falhar, será substituído pelo componente 2, que, em caso de falha, será substituído pelo componente 3, e assim por diante. Se o tempo de vida de um componente i é distribuído exponencialmente com média $10 + i/10$, $i = 1,\ldots, 100$, estime a probabilidade de que o tempo de vida total de todos os componentes supere 1200. Repita agora quando a distribuição do tempo de vida do componente i é uniformemente distribuído ao longo de $(0, 20 + i/5)$, $i = 1,\ldots, 100$.

8.13 As notas dos alunos nas provas aplicadas por certo professor têm média 74 e desvio padrão 14. Esse professor vai aplicar duas provas, uma para uma turma de 25 alunos e outra para uma turma de 64 alunos.
(a) Obtenha uma aproximação para a probabilidade de que a média das notas dos alunos na prova da turma de tamanho 25 exceda 80.
(b) Repita a letra (a) para uma turma de 64 alunos.
(c) Obtenha uma aproximação para a probabilidade de que a média das notas dos alunos na maior turma supere aquela da outra classe em 2,2 pontos.
(d) Obtenha uma aproximação para a probabilidade de que a média das notas dos alunos na turma menor supere aquela da outra classe em 2,2 pontos.

8.14 Certo componente é crítico para a operação de um sistema elétrico e deve ser substituído imediatamente após a sua falha. Se o tempo de vida médio deste tipo de componente é de 100 horas e seu desvio padrão é de 30 horas, quantos desses componentes devem estar em estoque de forma que a probabilidade de que o sistema permaneça em operação contínua nas próximas 2000 horas seja de pelo menos 0,95?

8.15 Uma companhia de seguros tem 10.000 carros segurados. O valor esperado reclamado por cada segurado em um ano é de R\$240,00, com um desvio padrão de R\$800. Obtenha uma aproximação para a probabilidade de que o total reclamado em um ano supere R\$2,7 milhões.

8.16 A. J. tem 20 tarefas que deve realizar em sequência, com os tempos necessários para cada tarefa sendo variáveis aleatórias independentes com média 50 minutos e desvio padrão 10 minutos. M. J tem 20 tarefas que deve realizar em sequência, com os tempos necessários para realizar cada tarefa sendo variáveis aleatórias independentes com média 52 minutos e desvio padrão 15 minutos.
(a) Determine a probabilidade de que A. J. termine em menos de 900 minutos.

(b) Determine a probabilidade de que M. J. termine em menos de 900 minutos.
(c) Determine a probabilidade de que A. J. termine antes de M. J.

8.17 Repita o Exemplo 5b considerando que o número de pares homem-mulher seja (aproximadamente) uma variável aleatória normal. Esta parece ser uma suposição razoável?

8.18 Repita a letra (a) do Problema 8.2 quando se sabe que a variância da nota de um estudante é igual a 25.

8.19 Um lago contém 4 tipos de peixes. Suponha que cada peixe pescado tenha a mesma probabilidade de ser de qualquer um desses tipos, e que Y represente o número de peixes que precisam ser pescados para que se obtenha pelo menos um peixe de cada tipo.
(a) Forneça um intervalo (a, b) tal que $P\{a \leq Y \leq b\} \geq 0{,}90$.
(b) Usando a desigualdade de Chebyshev unilateral, quantos peixes precisamos pescar para que tenhamos pelo menos 90% de certeza de que pescaremos um peixe de cada tipo?

8.20 Se X é uma variável aleatória não negativa com média 25, o que se pode dizer sobre
(a) $E[X^3]$?
(b) $E[\sqrt{X}]$?
(c) $E[\log X]$?
(d) $E[e^{-X}]$?

8.21 Seja X uma variável aleatória não negativa. Demonstre que
$$E[X] \leq (E[X^2])^{1/2} \leq (E[X^3])^{1/3} \leq \ldots$$

8.22 Os resultados do Exemplo 5f mudariam se a investidora pudesse dividir o seu dinheiro e investir a fração α, $0 < \alpha < 1$, na carteira de risco e o restante na poupança? Seu retorno em tal investimento dividido seria de $R = \alpha X + (1 - \alpha)m$.

8.23 Seja X uma variável aleatória de Poisson com média 20.
(a) Use a desigualdade de Markov para obter um limite superior para
$$p = P\{X \geq 26\}$$
(b) Use a desigualdade de Chebyshev unilateral para obter um limite superior para p.
(c) Use o limite de Chernoff para obter um limite superior para p.
(d) Obtenha uma aproximação para p usando o teorema do limite central.
(e) Determine p rodando um programa apropriado.

EXERCÍCIOS TEÓRICOS

8.1 Se X tem variância σ^2, então σ, a raiz quadrada positiva da variância, é chamada de *desvio padrão*. Se X tem média μ e desvio padrão σ, mostre que
$$P\{|X - \mu| \geq k\sigma\} \leq \frac{1}{k^2}$$

8.2 Se X tem média μ e desvio padrão σ, a razão $r \equiv |\mu|/\sigma$ é chamada de *relação sinal-ruído* de X. A ideia é que a variável aleatória X pode ser escrita como $X = \mu + (X - \mu)$, com μ representando o sinal e $X - \mu$, o ruído. Se definimos $|(X - \mu)/\mu| \equiv D$ como sendo o desvio de X de seu o sinal (ou média) μ, mostre que, para $\alpha > 0$,
$$P\{D \leq \alpha\} \geq 1 - \frac{1}{r^2\alpha^2}$$

8.3 Calcule a relação sinal-ruído — isto é $|\mu|/\sigma$, onde $\mu = E[X]$ e $\sigma^2 = \text{Var}(X)$ – das variáveis aleatórias a seguir:
(a) Poisson com média λ;
(b) binomial com parâmetros n e p;
(c) geométrica com média $1/p$;
(d) uniforme no intervalo (a, b);
(e) exponencial com média $1/\lambda$;
(f) normal com parâmetros μ, σ^2.

8.4 Suponha que $Z_n, n \geq 1$, seja uma sequência de variáveis aleatórias e c, uma constante tal que, para cada $\varepsilon > 0$, $P\{|Zn - c| > \varepsilon\} \to 0$ quando $n \to \infty$. Mostre que, para qualquer função contínua limitada g,

$$E[g(Zn)] \to g(c) \text{ quando } n \to \infty$$

8.5 Seja $f(x)$ uma função contínua definida em $0 \leq x \leq 1$. Considere as funções

$$B_n(x) = \sum_{k=0}^{n} f\left(\frac{k}{n}\right)\binom{n}{k} x^k (1-x)^{n-k}$$

(chamadas de *polinômios de Bernstein*) e demonstre que

$$\lim_{n \to \infty} B_n(x) = f(x)$$

Dica: Suponha que $X_1, X_2, \ldots$ sejam variáveis aleatórias de Bernoulli independentes com média x. Mostre que

$$B_n(x) = E\left[f\left(\frac{X_1 + \cdots + X_n}{n}\right)\right]$$

e então use o Exercício Teórico 8.4.

Como é possível mostrar que a convergência de $B_n(x)$ em $f(x)$ é uniforme em x, o raciocínio anterior fornece uma demonstração probabilística do famoso teorema da análise de Weierstrass, que diz que qualquer função contínua em um intervalo fechado pode ser aproximada por um polinômio.

8.6 (a) Seja X uma variável aleatória discreta cujos valores possíveis são $1, 2, \ldots$. Se $P\{X = k\}$ é não decrescente em $k = 1, 2, \ldots$, demonstre que

$$P\{X = k\} \leq 2 \frac{E[X]}{k^2}$$

(b) Seja X uma variável aleatória contínua não negativa com função densidade não decrescente. Mostre que

$$f(x) \leq \frac{2E[X]}{x^2} \text{ para todo } x > 0$$

8.7 Suponha que um dado seja jogado 100 vezes. Seja X_i o valor obtido na i-ésima jogada. Calcule uma aproximação para

$$P\left\{\prod_{1}^{100} X_i \leq a^{100}\right\} \quad 1 < a < 6$$

8.8 Explique por que uma função aleatória gama com parâmetros (t, λ) tem aproximadamente uma distribuição normal quando t é grande.

8.9 Suponha que uma moeda honesta seja jogada 1000 vezes. Se as 100 primeiras jogadas resultam em cara, que proporção de caras você espera nas 900 jogadas finais?

8.10 Se X é uma variável aleatória com média λ, mostre que, para $i < \lambda$,

$$P\{X \leq i\} \leq \frac{e^{-\lambda}(e\lambda)^i}{i^i}$$

8.11 Seja X uma variável aleatória binomial com parâmetros n e p. Mostre que, para $i > np$,

(a) o mínimo de $e^{-ti}E[e^{tX}]$ ocorre quando t é tal que $e^t = \frac{iq}{(n-i)p}$, onde $q = 1 - p$.

(b) $P\{X \geq i\} \leq \frac{n^n}{i^i(n-i)^{n-i}} p^i (1-p)^{n-i}$.

8.12 O limite de Chernoff para uma variável aleatória normal padrão Z fornece $P\{Z > a\} \leq e^{-a^2/2}, a > 0$. Mostre, considerando a densidade de Z, que o lado direito da desigualdade pode ser reduzido pelo fator 2. Isto é, mostre que

$$P\{Z > a\} \leq \frac{1}{2} e^{-a^2/2} \quad a > 0$$

8.13 Mostre que, se $E[X] < 0$ e $\theta \neq 0$ é tal que $E[e^{\theta X}] = 1$, então $\theta > 0$.

PROBLEMAS DE AUTOTESTE E EXERCÍCIOS

8.1 O número de carros vendidos semanalmente em uma concessionária é uma variável aleatória com valor esperado 16. Forneça um limite superior para a probabilidade de que

(a) as vendas feitas na próxima semana excedam 18;

(b) as vendas feitas na próxima semana excedam 25.

8.2 Suponha no Problema 1 que a variância do número de carros vendidos semanalmente seja igual a 9.
  (a) Forneça um limite inferior para a probabilidade de que o número de vendas na próxima semana esteja entre 10 e 22, inclusive.
  (b) Forneça um limite superior para a probabilidade de que as vendas da próxima semana excedam 18.

8.3 Se

$E[X] = 75 \quad E[Y] = 75 \quad \text{Var}(X) = 10$
$\text{Var}(Y) = 12 \quad \text{Cov}(X, Y) = -3$

forneça um limite superior para
  (a) $P\{|X - Y| > 15\}$
  (b) $P\{X > Y + 15\}$
  (c) $P\{Y > X + 15\}$

8.4 Suponha que o número de unidades produzidas diariamente na fábrica A seja uma variável aleatória com média 20 e desvio padrão 3, e que o número produzido na fábrica B seja uma variável aleatória com média 18 e desvio padrão 6. Supondo independência, deduza um limite superior para a probabilidade de que mais unidades sejam produzidas hoje na fábrica B do que na fábrica A.

8.5 A quantidade de tempo que certo tipo de componente funciona antes de falhar é uma variável aleatória com função densidade de probabilidade

$$f(x) = 2x \quad 0 < x < 1$$

Assim que o componente falha, ele é imediatamente substituído por outro do mesmo tipo. Se X_i representa o tempo de vida do i-ésimo componente utilizado, então $S_n = \sum_{i=1}^{n} X_i$ representa o instante da n-ésima falha. A taxa de falhas r a longo prazo é definida por

$$r = \lim_{n \to \infty} \frac{n}{S_n}$$

Supondo que as variáveis aleatórias X_i, $i \geq 1$, sejam independentes, determine r.

8.6 No Problema de Autoteste 8.5, quantos componentes devem estar disponíveis para que se tenha 90% de certeza de que o estoque dure pelo menos 35 dias?

8.7 A manutenção de uma máquina requer dois passos separados, sendo o tempo necessário para o primeiro passo uma variável aleatória exponencial com média 0,2 horas, e o tempo necessário para o segundo passo uma variável aleatória exponencial independente com média 0,3 horas. Se um técnico tem que fazer a manutenção de 20 máquinas, obtenha um valor aproximado para a probabilidade de que todo o trabalho possa ser finalizado em 8 horas.

8.8 Em cada aposta, um jogador perde 1 com probabilidade 0,7, perde 2 com probabilidade 0,2 ou ganha 10 com probabilidade 0,1. Obtenha uma aproximação para a probabilidade de que o jogador esteja perdendo após suas 100 primeiras apostas.

8.9 Determine t de forma que a probabilidade de que o técnico do Problema de Autoteste 8.7 termine os 20 trabalhos de manutenção em um tempo t aproximadamente igual a 0,95.

8.10 Uma companhia de cigarros alega que a quantidade de nicotina em um de seus cigarros é uma variável aleatória com média 2,2 mg e variância 0,3 mg. Entretanto, verificou-se um conteúdo médio de 3,1 mg em 100 cigarros escolhidos aleatoriamente. Obtenha uma aproximação para a probabilidade de que a média seja de 3,1 mg ou mais se a alegação da companhia for verdadeira.

8.11 Cada uma das pilhas em um conjunto de 40 pilhas tem a mesma probabilidade de ser do tipo A ou do tipo B. Uma pilha do tipo A dura um tempo total com média 50 e desvio padrão 15; pilhas do tipo B duram um tempo total com média 30 e desvio 6.
  (a) Obtenha uma aproximação para a probabilidade de que o tempo de vida total das 40 pilhas exceda 1700.
  (b) Suponha que se saiba que 20 das pilhas são do tipo A e 20 são do tipo B. Agora, obtenha uma aproximação para a probabilidade de que o tempo de vida total das 40 pilhas exceda 1700.

8.12 Uma clínica tem a mesma probabilidade de ter 2, 3 ou 4 médicos voluntários trabalhando certo dia. Independentemente do número de médicos voluntários presentes, o número de pacientes atendidos por esses médicos é uma variável aleatória de Poisson com média 30. Suponha que X represente o número de pacientes atendidos na clinica em um dado dia.
(a) Determine $E[X]$.
(b) Determine $\text{Var}(X)$.
(c) Use uma tabela de distribuições normais padrão para obter uma aproximação para $P\{X > 65\}$.

8.13 A lei forte dos grandes números diz que, com probabilidade 1, as médias aritméticas sucessivas de uma sequência de variáveis aleatórias independentes e identicamente distribuídas convergem para sua média comum μ. Para que convergem as médias geométrica? Isto é, qual é

$$\lim_{n \to \infty} (\prod_{i=1}^{n} X_i)^{1/n}?$$

Tópicos Adicionais em Probabilidade

Capítulo 9

9.1 O PROCESSO DE POISSON
9.2 CADEIAS DE MARKOV
9.3 SURPRESA, INCERTEZA E ENTROPIA
9.4 TEORIA DA CODIFICAÇÃO E ENTROPIA

9.1 O PROCESSO DE POISSON

Antes de definirmos um processo de Poisson, vamos lembrar que uma função f é chamada de $o(h)$ se

$$\lim_{h \to 0} \frac{f(h)}{h} = 0.$$

Isto é, f é $o(h)$ se, para valores pequenos de h, $f(h)$ é pequeno mesmo em relação a h. Suponha agora que "eventos" ocorram em instantes aleatórios de tempo e que $N(t)$ represente o número de eventos ocorridos no intervalo $[0, t]$. O conjunto de variáveis aleatórias $\{N(t), t \geq 0\}$ é chamado de *processo de Poisson com taxa* $\lambda, \lambda > 0$, se

(i) $N(0) = 0$.
(ii) Os números de eventos ocorridos em intervalos de tempo disjuntos forem independentes.
(iii) A distribuição do número de eventos ocorridos em certo intervalo de tempo depender somente da extensão do intervalo e não de sua localização.
(iv) $P\{N(h) = 1\} = \lambda h + o(h)$.
(v) $P\{N(h) \geq 2\} = o(h)$.

Assim, a condição (i) diz que o processo começa no instante 0. A condição (ii), a hipótese de *incrementos independentes*, diz, por exemplo, que o número de eventos ocorridos até o tempo t [isto é, $N(t)$] é independente do número de eventos ocorridos entre t e $t + s$ [isto é, $N(t + s) - N(t)$]. A condição (iii), a hipótese de *incrementos estacionários*, diz que a distribuição de probabilidade de $N(t + s) - N(t)$ é a mesma para todos os valores de t.

No Capítulo 4, apresentamos um argumento que mostrou que as condições anteriores determinam que $N(t)$ possui distribuição de Poisson com média λt. Este argumento se baseava no fato da distribuição de Poisson ser uma versão limite da distribuição binomial. Vamos agora obter esse resultado por um método diferente.

Lema 1.1
Para uma variável aleatória de Poisson com taxa λ,

$$P\{N(t) = 0\} = e^{-\lambda t}$$

Demonstração Seja $P_0(t) = P\{N(t) = 0\}$. Deduzimos uma equação diferencial para $P_0(t)$ da seguinte maneira:

$$\begin{aligned}P_0(t + h) &= P\{N(t + h) = 0\} \\ &= P\{N(t) = 0, N(t + h) - N(t) = 0\} \\ &= P\{N(t) = 0\}P\{N(t + h) - N(t) = 0\} \\ &= P_0(t)[1 - \lambda h + o(h)]\end{aligned}$$

onde as duas últimas equações resultam da condição (ii) mais o fato de que as condições (iv) e (v) implicam $P\{N(h) = 0\} = 1 - \lambda h + o(h)$. Portanto,

$$\frac{P_0(t + h) - P_0(t)}{h} = -\lambda P_0(t) + \frac{o(h)}{h}$$

Agora, fazendo $h \to 0$, obtemos

$$P_0'(t) = -\lambda P_0(t)$$

ou, equivalentemente,

$$\frac{P_0'(t)}{P_0(t)} = -\lambda$$

o que resulta, por integração, em

$$\log P_0(t) = -\lambda t + c$$

ou

$$P_0(t) = Ke^{-\lambda t}$$

Como $P_0(0) = P\{N(0) = 0\} = 1$, obtemos

$$P_0(t) = e^{-\lambda t} \qquad \square$$

Em um processo de Poisson, suponha que T_1 represente o instante de ocorrência do primeiro evento. Além disso, para $n > 1$, suponha que T_n represente o tempo decorrido entre o $(n-1)$-ésimo e o n-ésimo evento. A sequência $\{T_n, n = 1, 2, ...\}$ é chamada de *sequência de tempos interchegada*. Por exemplo, se T_1

= 5 e $T_2 = 10$, então o primeiro evento do processo de Poisson terá ocorrido no instante 5 e o segundo, no instante 10.

Vamos agora determinar a distribuição de T_n. Para fazer isso, primeiro notamos que o evento $\{T_1 > t\}$ ocorre se e somente se nenhum dos eventos do processo de Poisson ocorrer no intervalo $[0, t]$; assim,

$$P\{T_1 > t\} = P\{N(t) = 0\} = e^{-\lambda t}$$

Portanto, T_1 possui distribuição exponencial com média $1/\lambda$. Agora,

$$P\{T_2 > t\} = E[P\{T_2 > t | T_1\}]$$

Entretanto,

$$P\{T_2 > t | T_1 = s\} = P\{0 \text{ eventos em } (s, s+t] | T_1 = s\}$$
$$= P\{0 \text{ eventos em } (s, s+t]\}$$
$$= e^{-\lambda t}$$

onde as duas últimas equações resultam das hipóteses de independência e de incrementos estacionários. Daí, concluímos que T_2 também é uma variável aleatória exponencial com média $1/\lambda$ e, além disso, que T_2 é independente de T_1. A repetição do mesmo argumento leva à Proposição 1.1.

Proposição 1.1 $T_1, T_2,\ldots$ são variáveis aleatórias exponenciais independentes, cada uma com média $1/\lambda$.

Outra quantidade de interesse é S_n, o tempo de chegada do n-ésimo evento, também chamado de *tempo de espera* até o n-ésimo evento. Vê-se facilmente que

$$S_n = \sum_{i=1}^{n} T_i \quad n \geq 1$$

com isso, da Proposição 1.1 e dos resultados da Seção 5.6.1, tem-se que S_n possui distribuição gama com parâmetros n e λ. Isto é, a densidade de probabilidade de S_n é dada por

$$f_{S_n}(x) = \lambda e^{-\lambda x} \frac{(\lambda x)^{n-1}}{(n-1)!} \quad x \geq 0$$

Estamos agora prontos para demonstrar que $N(t)$ é uma variável aleatória de Poisson com média λt.

Teorema 1.1 *Em um processo de Poisson com taxa* λ,

$$P\{N(t) = n\} = \frac{e^{-\lambda t}(\lambda t)^n}{n!}$$

Demonstração Note que o n-ésimo evento do processo de Poisson ocorrerá antes do tempo t ou neste exato instante se e somente se o número de eventos ocorridos até t for maior ou igual a n. Isto é,

$$N(t) \geq n \Leftrightarrow S_n \leq t$$

assim,

$$P\{N(t) = n\} = P\{N(t) \geq n\} - P\{N(t) \geq n+1\}$$
$$= P\{S_n \leq t\} - P\{S_{n+1} \leq t\}$$
$$= \int_0^t \lambda e^{-\lambda x} \frac{(\lambda x)^{n-1}}{(n-1)!} dx - \int_0^t \lambda e^{-\lambda x} \frac{(\lambda x)^n}{n!} dx$$

Mas a fórmula de integração por partes $\int u\, dv = uv - \int v\, du$ com $u = e^{-\lambda x}$ e $dv = \lambda[(\lambda x)^{n-1}/(n-1)!]dx$ resulta em

$$\int_0^t \lambda e^{-\lambda x} \frac{(\lambda x)^{n-1}}{(n-1)!} dx = e^{-\lambda t}\frac{(\lambda t)^n}{n!} + \int_0^t \lambda e^{-\lambda x} \frac{(\lambda x)^n}{n!} dx$$

o que completa a demonstração. □

9.2 CADEIAS DE MARKOV

Considere uma sequência de variáveis aleatórias $X_0, X_1,...$ e suponha que o conjunto de valores possíveis dessas variáveis seja $\{0, 1,..., M\}$. É útil interpretar X_n como o estado de algum sistema no tempo n e, de acordo com essa interpretação, dizer que o sistema está no estado j no tempo n se $X_n = i$. Diz-se que a sequência de variáveis aleatórias forma uma *cadeia de Markov* se, cada vez que o sistema estiver no estado i, existir alguma probabilidade fixa – vamos chamá-la de P_{ij} – de que o sistema esteja a seguir no estado j. Isto é, para $i_0,..., i_{n-1}, i, j$,

$$P\{X_{n+1} = j | X_n = i, X_{n-1} = i_{n-1},\ldots, X_1 = i_1, X_0 = i_0\} = P_{ij}$$

Os valores de $P_{ij}, 0 \leq i \leq M, 0 \leq j \leq N$, são chamados de *probabilidades de transição* da cadeia de Markov e satisfazem

$$P_{ij} \geq 0 \qquad \sum_{j=0}^{M} P_{ij} = 1 \qquad i = 0, 1,\ldots, M$$

(Por quê?) É conveniente arranjar as probabilidades de transição P_{ij} em um arranjo quadrado da seguinte forma:

$$\left\| \begin{array}{cccc} P_{00} & P_{01} & \cdots & P_{0M} \\ P_{10} & P_{11} & \cdots & P_{1M} \\ \vdots & & & \\ P_{M0} & P_{M1} & \cdots & P_{MM} \end{array} \right\|$$

Tal arranjo é chamado de *matriz*.

O conhecimento da matriz de probabilidades de transição e da distribuição de X_0 nos permite, em tese, calcular todas as probabilidades de interesse. Por exemplo, a função de probabilidade conjunta de $X_0,...,X_n$ é dada por

$$P\{X_n = i_n, X_{n-1} = i_{n-1},\ldots,X_1 = i_1, X_0 = i_0\}$$
$$= P\{X_n = i_n | X_{n-1} = i_{n-1},\ldots,X_0 = i_0\}P\{X_{n-1} = i_{n-1},\ldots,X_0 = i_0\}$$
$$= P_{i_{n-1},i_n}P\{X_{n-1} = i_{n-1},\ldots,X_0 = i_0\}$$

e a repetição contínua desse argumento demonstra que

$$P_{i_{n-1},i_n}P_{i_{n-2},i_{n-1}}\cdots P_{i_1,i_2}P_{i_0,i_1}P\{X_0 = i_0\}$$

Exemplo 2a

Suponha que a possibilidade de chuva amanhã dependa somente do fato de estar chovendo ou não no dia de hoje. Suponha também que, se hoje está chovendo, então amanhã choverá com probabilidade α; se hoje não estiver chovendo, então amanhã choverá com probabilidade β.

Se dissermos que o sistema está no estado 0 quando chove e no estado 1 quando não chove, então o sistema anterior é uma cadeia de Markov de dois estados com matriz de transição de probabilidades

$$\left\| \begin{array}{cc} \alpha & 1 - \alpha \\ \beta & 1 - \beta \end{array} \right\|$$

Isto é, $P_{00} = \alpha = 1 - P_{01}, P_{10} = \beta = 1 - P_{11}$. ∎

Exemplo 2b

Considere um jogador que, em cada rodada, ganhe 1 unidade com probabilidade p ou perca 1 unidade com probabilidade $1 - p$. Se considerarmos que o jogador desiste do jogo quando sua riqueza chega a 0 ou M, então a sua sequência de riquezas é uma cadeia de Markov com probabilidades de transição

$$P_{i,i+1} = p = 1 - P_{i,i-1} \quad i = 1,\ldots,M - 1$$
$$P_{00} = P_{MM} = 1$$

∎

Exemplo 2c

Os físicos Paul e Tatyana Ehrenfest consideraram um modelo conceitual para o movimento de moléculas no qual M moléculas estavam distribuídas entre 2 urnas. Em cada instante de tempo uma das moléculas era escolhida aleatoriamente, removida de sua urna e colocada na outra. Se X_n representa o número de moléculas na primeira urna imediatamente após a n-ésima mudança, então $\{X_0, X_1,...\}$ é uma cadeia de Markov com probabilidades de transição

$$P_{i,i+1} = \frac{M - i}{M} \quad 0 \le i \le M$$
$$P_{i,i-1} = \frac{i}{M} \quad 0 \le i \le M$$
$$P_{ij} = 0 \quad \text{se } |j - i| > 1$$

∎

Assim, em uma cadeia de Markov, P_{ij} representa a probabilidade de que um sistema no estado i mude para o estado j na próxima transição. Também podemos definir a probabilidade de transição de dois estágios $P_{ij}^{(2)}$ de que um sistema atualmente no estado i mude para o estado j após duas transições adicionais. Isto é,

$$P_{ij}^{(2)} = P\{X_{m+2} = j | X_m = i\}$$

A probabilidade $P_{ij}^{(2)}$ pode ser calculada a partir de P_{ij} da seguinte forma:

$$\begin{aligned}P_{ij}^{(2)} &= P\{X_2 = j | X_0 = i\} \\ &= \sum_{k=0}^{M} P\{X_2 = j, X_1 = k | X_0 = i\} \\ &= \sum_{k=0}^{M} P\{X_2 = j | X_1 = k, X_0 = i\} P\{X_1 = k | X_0 = i\} \\ &= \sum_{k=0}^{M} P_{kj} P_{ik}\end{aligned}$$

Em geral, definimos a probabilidade de transição de n estágios, representada por $P_{ij}^{(n)}$, como

$$P_{ij}^{(n)} = P\{X_{n+m} = j | X_m = i\}$$

A Proposição 2.1, conhecida como equações de Chapman-Kolmogorov, mostra como $P_{ij}^{(n)}$ pode ser calculada.

Proposição 2.1 As equações de Chapman-Kolmogorov

$$P_{ij}^{(n)} = \sum_{k=0}^{M} P_{ik}^{(r)} P_{kj}^{(n-r)} \quad \text{para todo } 0 < r < n$$

Demonstração

$$\begin{aligned}P_{ij}^{(n)} &= P\{X_n = j | X_0 = i\} \\ &= \sum_{k} P\{X_n = j, X_r = k | X_0 = i\} \\ &= \sum_{k} P\{X_n = j | X_r = k, X_0 = i\} P\{X_r = k | X_0 = i\} \\ &= \sum_{k} P_{kj}^{(n-r)} P_{ik}^{(r)}\end{aligned}$$

□

Exemplo 2d Uma caminhada aleatória

Um exemplo de cadeia de Markov com um número finito de espaços de estados é a caminhada aleatória, que segue o caminho de uma partícula à medida que ela se move ao longo de um eixo unidimensional. Suponha que, em cada instante de tempo, a partícula se mova um passo para a direita ou para a esquerda com respectivas probabilidades p e $1-p$. Isto é, suponha que o caminho da partícula seja uma cadeia de Markov com probabilidades de transição

$$P_{i,i+1} = p = 1 - P_{i,i-1} \quad i = 0, \pm 1, \ldots$$

Se a partícula está no estado i, então a probabilidade de que ela esteja no estado j após n transições é a probabilidade de que $(n - i + j)/2$ desses passos sejam dados para a direita e $n - [(n - i + j)/2] = (n + i - j)/2$ sejam dados para a esquerda. Como cada passo será dado para a direita, independentemente dos demais, com probabilidade p, resulta que esta é justamente a probabilidade binomial

$$P_{ij}^n = \binom{n}{(n - i + j)/2} p^{(n-i+j)/2} (1 - p)^{(n+i-j)/2}$$

onde $\binom{n}{x}$ é igual a 0 quando x não é um inteiro não negativo menor ou igual a n. A última fórmula pode ser reescrita como

$$P_{i,i+2k}^{2n} = \binom{2n}{n+k} p^{n+k}(1-p)^{n-k} \quad k = 0, \pm 1, \ldots, \pm n$$

$$P_{i,i+2k+1}^{2n+1} = \binom{2n+1}{n+k+1} p^{n+k+1}(1-p)^{n-k}$$

$$k = 0, \pm 1, \ldots, \pm n, -(n+1)$$ ∎

Embora $P_{ij}^{(n)}$ represente probabilidades condicionais, podemos usá-la para deduzir expressões para probabilidades incondicionais se condicionarmos no estado inicial. Por exemplo,

$$P\{X_n = j\} = \sum_i P\{X_n = j | X_0 = i\} P\{X_0 = i\}$$

$$= \sum_i P_{ij}^{(n)} P\{X_0 = i\}$$

Para um grande número de cadeias de Markov, $P_{ij}^{(n)}$ converge, à medida que $n \to \infty$, para um valor π_j que depende somente de j. Isto é, para grandes valores de n, a probabilidade de se estar em um estado j após n transições é aproximadamente igual a π_j, não importando qual tenha sido o estado inicial. Pode-se mostrar que uma condição suficiente para que uma cadeia de Markov possua essa propriedade é que, para algum $n > 0$,

$$P_{ij}^{(n)} > 0 \quad \text{para todo } i, j = 0, 1, \ldots, M \tag{2.1}$$

Cadeias de Markov que satisfazem a Equação (2.1) são chamadas de *ergódicas*. Como a Proposição 2.1 resulta em

$$P_{ij}^{(n+1)} = \sum_{k=0}^{M} P_{ik}^{(n)} P_{kj}$$

tem-se como resultado que, fazendo $n \to \infty$, para cadeias ergódicas,

$$\pi_j = \sum_{k=0}^{M} \pi_k P_{kj} \qquad (2.2)$$

Além disso, como $1 = \sum_{j=0}^{M} P_{ij}^{(n)}$, também obtemos, fazendo $n \to \infty$,

$$\sum_{j=0}^{M} \pi_j = 1 \qquad (2.3)$$

De fato, pode-se mostrar que π_j, $0 \le j \le M$, são as únicas soluções não negativas das Equações (2.2) e (2.3). Tudo isso é resumido no Teorema 2.1, que enunciamos sem demonstrações.

Teorema 2.1 *Para uma cadeia de Markov ergódica,*

$$\pi_j = \lim_{n \to \infty} P_{ij}^{(n)}$$

existe, e π_j, $0 \le j \le M$, são as únicas soluções não negativas de

$$\pi_j = \sum_{k=0}^{M} \pi_k P_{kj}$$

$$\sum_{j=0}^{M} \pi_j = 1$$

Exemplo 2e

Considere o Exemplo 2a, no qual supomos que, se hoje está chovendo, então amanhã choverá com probabilidade α; e se hoje não está chovendo, então amanhã choverá com probabilidade β. Do Teorema 2.1, resulta que as probabilidades π_0 e π_1 de chuva e de não chuva são dadas, respectivamente, por

$$\pi_0 = \alpha \pi_0 + \beta \pi_1$$
$$\pi_1 = (1 - \alpha)\pi_0 + (1 - \beta)\pi_1$$
$$\pi_0 + \pi_1 = 1$$

o que dá

$$\pi_0 = \frac{\beta}{1 + \beta - \alpha} \qquad \pi_1 = \frac{1 - \alpha}{1 + \beta - \alpha}$$

Por exemplo, se $\alpha = 0{,}6$ e $\beta = 0{,}3$, então a probabilidade limite de chuva no n-ésimo dia é $\pi_0 = \frac{3}{7}$. ∎

A grandeza π_j também é igual à proporção de tempo a longo prazo na qual a cadeia de Markov está no estado j, $j = 0,\ldots, M$. Para ver intuitivamente por que isso ocorre, suponha que P_j represente uma proporção de tempo a longo prazo no qual a cadeia está no estado j (pode-se demonstrar, usando-se a lei forte dos grandes números, que, para uma cadeia ergódica, tais proporções a longo prazo existem e são constantes). Agora, como a proporção de tempo em que a cadeia está no estado k é P_k, e como, quando no estado k, a cadeia vai para o estado j com probabilidade P_{kj}, vemos que a proporção de tempo em que a cadeia de Markov entra no estado j vinda do estado k é igual a $P_k P_{kj}$. A soma ao longo de todos os k's mostra que P_j, a proporção de tempo em que a cadeia de Markov entra no estado j, satisfaz

$$P_j = \sum_k P_k P_{kj}$$

Como também é claramente verdade que

$$\sum_j P_j = 1$$

obtemos, já que pelo Teorema 2.1 π_j, $j = 0,..., M$, são as únicas soluções das equações anteriores, que $P_j = \pi_j$, $j = 0,..., M$. A interpretação de proporção a longo prazo de π_j é geralmente válida mesmo quando a cadeia não é ergódica.

Exemplo 2f
Suponha no Exemplo 2c que estejamos interessados na proporção de tempo em que há j moléculas entrando na urna 1, $j = 0,..., M$. Pelo Teorema 2.1, essas grandezas serão as únicas soluções de

$$\pi_0 = \pi_1 \times \frac{1}{M}$$
$$\pi_j = \pi_{j-1} \times \frac{M - j + 1}{M} + \pi_{j+1} \times \frac{j + 1}{M} \quad j = 1, \ldots, M$$
$$\pi_M = \pi_{M-1} \times \frac{1}{M}$$
$$\sum_{j=0}^{M} \pi_j = 1$$

Entretanto, como é fácil verificar que

$$\pi_j = \binom{M}{j} \left(\frac{1}{2}\right)^M \quad j = 0, \ldots, M$$

satisfaz as equações anteriores, vemos que estas são as proporções de tempo a longo prazo nas quais a cadeia de Markov está em cada um dos estados (veja o Problema 9.11 para uma explicação de como seria possível adivinhar essa solução). ■

9.3 SURPRESA, INCERTEZA E ENTROPIA

Considere um evento E que pode ocorrer quando um experimento é realizado. Quão surpresos ficaríamos ao saber que E de fato ocorreu? Parece razoável supor que a quantidade de surpresa causada pela informação de que E ocorreu deve depender da probabilidade de E. Por exemplo, se o experimento consiste em jogar um par de dados, então não ficaríamos muito surpresos ao ouvir que E ocorreu quando E representa o evento em que a soma dos pares é par (e portanto tem probabilidade $\frac{1}{2}$). Por outro lado, certamente ficaríamos mais surpresos ao ouvir que E ocorreu quando E é o evento em que a soma dos dados é 12 (e portanto tem probabilidade $\frac{1}{36}$).

Nesta seção, tentamos quantificar o conceito de surpresa. Para começar, vamos concordar que a surpresa que alguém sente ao saber da ocorrência do evento E depende somente da probabilidade de E, e vamos representar $S(p)$ como a surpresa causada por um evento que tem probabilidade de ocorrência p. Determinamos a forma funcional de $S(p)$ primeiramente formulando um conjunto razoável de condições que $S(p)$ deve satisfazer e depois demonstrando que os axiomas decorrentes requerem que $S(p)$ tenha uma forma especificada. Supomos ao longo do texto que $S(p)$ seja definida para todo $0 < p \leq 1$, mas que não seja definida para eventos com $p = 0$.

Nossa primeira condição é somente um enunciado do fato intuitivo de que não há surpresa ao ouvirmos que um evento cuja ocorrência é certa tenha de fato ocorrido.

Axioma 1

$$S(1) = 0$$

Nossa segunda condição diz que, quanto mais improvável é a ocorrência de um evento, maior é a surpresa causada por sua ocorrência.

Axioma 2

$S(p)$ é uma função estritamente decrescente de p; isto é, se $p < q$, então $S(p) > S(q)$.

A terceira condição é um enunciado matemático do fato de que esperamos intuitivamente que uma pequena mudança em p corresponda a uma pequena mudança em $S(p)$.

Axioma 3

$S(p)$ é uma função contínua de p.

Para motivar a condição final, considere dois eventos independentes E e F com respectivas probabilidades $P(E) = p$ e $P(F) = q$. Como $P(EF) = pq$, a surpresa causada pela informação de que E e F ocorreram é $S(pq)$. Agora, suponha que primeiro saibamos que E ocorreu e então, um tempo depois, que F também ocorreu. Como $S(p)$ é a surpresa causada pela ocorrência de E, tem-se que $S(pq) - S(p)$ representa a surpresa adicional causada pela informação de que F também ocorreu. Entretanto, como F é independente de E, saber que E ocorreu não muda a probabilidade de F; com isso, a surpresa adicional deve ser somente $S(q)$. Esse raciocínio leva à condição final.

Axioma 4

$$S(pq) = S(p) + S(q) \qquad 0 < p \leq 1, 0 < q \leq 1$$

Agora, estamos prontos para o Teorema 3.1, que fornece a estrutura de $S(p)$.

Teorema 3.1 *Se $S(\cdot)$ satisfaz os Axiomas 1 a 4, então*

$$S(p) = -C \log_2 p$$

onde C é um inteiro positivo arbitrário.

Demonstração Resulta do Axioma 4 que

$$S(p^2) = S(p) + S(p) = 2S(p)$$

e por indução que

$$S(p^m) = mS(p) \tag{3.1}$$

Também, já que, para cada n inteiro, $S(p) = S(p^{1/n} \ldots p^{1/n}) = n\,S(p^{1/n})$, resulta que

$$S(p^{1/n}) = \frac{1}{n} S(p) \tag{3.2}$$

Assim, das Equações (3.1) e (3.2), obtemos

$$S(p^{m/n}) = mS(p^{1/n})$$
$$= \frac{m}{n} S(p)$$

o que é equivalente a

$$S(p^x) = xS(p) \tag{3.3}$$

sempre que x é um número positivo racional. Mas, pela continuidade de S (Axioma 3), vemos que a Equação (3.3) é válida para todos os valores de x não negativos (justifique isso).

Agora, para qualquer p, $0 < p \leq 1$, seja $x = -\log_2 p$. Então $p = \left(\frac{1}{2}\right)^x$, e, da Equação (3.3),

$$S(p) = S\left(\left(\frac{1}{2}\right)^x\right) = xS\left(\frac{1}{2}\right) = -C \log_2 p$$

onde $C = S\left(\frac{1}{2}\right) > S(1) = 0$ pelos Axiomas 2 e 1. □

É comum fazer $C = 1$, e nesse caso diz-se que a surpresa é representada em bits (abreviação para *binary digits*, ou dígitos binários).

A seguir, considere a variável aleatória X que deve receber um dos valores $x_1,\ldots, x_n$ com respectivas probabilidades $p_1,\ldots, p_n$. Como $-\log p_i$ representa a surpresa causada se X recebe o valor x_i,* vemos que a quantidade esperada de surpresa com a qual devemos receber o valor de X é dada por

$$H(X) = -\sum_{i=1}^{n} p_i \log p_i$$

---

* No restante deste capítulo, escrevemos $\log_2 x$ como $\log x$. Além disso, usamos $\ln x$ para representar $\log_e x$.

A grandeza $H(X)$ é conhecida na teoria da informação como a *entropia* da variável aleatória X (caso uma das probabilidades p_i seja igual a 0, consideramos $0 \log 0 = 0$). Pode-se mostrar (e deixamos isso como exercício) que $H(X)$ é maximizada quando todos os p_i's são iguais (isso é intuitivo?).

Como $H(X)$ representa a quantidade média da surpresa de alguém ao ficar sabendo o valor de X, ela também pode ser interpretada como se representasse a quantidade de *incerteza* que existe a respeito do valor de X. De fato, na teoria da informação, $H(X)$ é interpretada como a quantidade média de *informação* recebida quando o valor de X é observado. Logo, a surpresa média causada por X, a incerteza de X e a quantidade média de informação associada a X representam o mesmo conceito visto de três pontos de vistas ligeiramente diferentes.

Agora considere duas variáveis aleatórias X e Y que assumam respectivos valores $x_1,...,x_n$ e $y_1,...,y_m$ com função de probabilidade conjunta

$$p(x_i, y_j) = P\{X = x_i, Y = y_j\}$$

Resulta que a incerteza quanto ao valor do vetor aleatório (X, Y), representado por $H(X, Y)$, é dada por

$$H(X, Y) = -\sum_i \sum_j p(x_i, y_j) \log p(x_i, y_j)$$

Suponha agora que Y tenha sido observado como sendo igual a y_j. Nessa situação, a quantidade de incerteza que permanece em X é dada por

$$H_{Y=y_j}(X) = -\sum_i p(x_i|y_j) \log p(x_i|y_j)$$

onde

$$p(x_i|y_j) = P\{X = x_i|Y = y_j\}$$

Com isso, a quantidade média de incerteza que permanecerá em X após se observar Y é dada por

$$H_Y(X) = \sum_j H_{Y=y_j}(X) p_Y(y_j)$$

onde

$$p_Y(y_j) = P\{Y = y_j\}$$

A proposição 3.1 relaciona $H(X, Y)$ a $H(Y)$ e $H_Y(X)$. Ela diz que a incerteza quanto ao valor de X e Y é igual à incerteza de Y mais a incerteza média remanescente em X quando Y é observado.

Proposição 3.1

$$H(X, Y) = H(Y) + H_Y(X)$$

Demonstração Usando a identidade $p(x_i, y_j) = p_Y(y_j)p(x_i|y_j)$, obtém-se

$$H(X, Y) = -\sum_i \sum_j p(x_i, y_j) \log p(x_i, y_j)$$

$$= -\sum_i \sum_j p_Y(y_j)p(x_i|y_j)[\log p_Y(y_j) + \log p(x_i|y_j)]$$

$$= -\sum_j p_Y(y_j) \log p_Y(y_j) \sum_i p(x_i|y_j)$$

$$- \sum_j p_Y(y_j) \sum_i p(x_i|y_j) \log p(x_i|y_j)$$

$$= H(Y) + H_Y(X) \qquad \square$$

É um resultado fundamental na teoria da informação o fato de que a quantidade de incerteza em uma variável aleatória X irá, em média, decrescer quando uma segunda variável aleatória Y for observada. Antes de demonstrar esse enunciado, precisamos do lema a seguir, cuja demonstração é deixada como exercício.

Lema 3.1

$$\ln x \leq x - 1 \qquad x > 0$$

com igualdade somente em $x = 1$.

Teorema 3.2

$$H_Y(X) \leq H(X)$$

com igualdade se e somente se X e Y são independentes.

Demonstração

$$H_Y(X) - H(X) = -\sum_i \sum_j p(x_i|y_j) \log[p(x_i|y_j)]p(y_j)$$

$$+ \sum_i \sum_j p(x_i, y_j) \log p(x_i)$$

$$= \sum_i \sum_j p(x_i, y_j) \log \left[\frac{p(x_i)}{p(x_i|y_j)} \right]$$

$$\leq \log e \sum_i \sum_j p(x_i, y_j) \left[\frac{p(x_i)}{p(x_i|y_j)} - 1 \right] \qquad \text{pelo Lema 3.1}$$

$$= \log e \left[\sum_i \sum_j p(x_i)p(y_j) - \sum_i \sum_j p(x_i, y_j) \right]$$

$$= \log e[1 - 1]$$

$$= 0 \qquad \square$$

9.4 TEORIA DA CODIFICAÇÃO E ENTROPIA

Suponha que o valor de um vetor discreto X deva ser observado no ponto A e então transmitido para o ponto B por meio de uma rede de comunicações que trabalhe com os sinais 0 e 1. Para fazer isso, primeiro é necessário codificar cada valor possível de X em termos de uma sequência de 0's e 1's. Para se evitar qualquer ambiguidade, requer-se normalmente que nenhuma sequência codificada possa ser obtida de uma sequência codificada menor a partir da adição de termos a esta sequência menor.

Por exemplo, se X pode assumir quatro valores possíveis x_1, x_2, x_3 e x_4, então uma codificação possível seria

$$\begin{align} x_1 &\leftrightarrow 00 \\ x_2 &\leftrightarrow 01 \\ x_3 &\leftrightarrow 10 \\ x_4 &\leftrightarrow 11 \end{align} \tag{4.1}$$

Isto é, se $X = x_1$, então a mensagem 00 é enviada ao ponto B; por outro lado, se $X = x_2$, a mensagem 01 é enviada, e assim por diante. Uma segunda codificação possível seria

$$\begin{align} x_1 &\leftrightarrow 0 \\ x_2 &\leftrightarrow 10 \\ x_3 &\leftrightarrow 110 \\ x_4 &\leftrightarrow 111 \end{align} \tag{4.2}$$

Entretanto, uma codificação como

$$\begin{align} x_1 &\leftrightarrow 0 \\ x_2 &\leftrightarrow 1 \\ x_3 &\leftrightarrow 00 \\ x_4 &\leftrightarrow 01 \end{align}$$

não é permitida porque as sequências codificadas de x_3 e x_4 são ambas extensões daquela referente a x_1.

Um dos objetivos ao fazer-se uma codificação é minimizar o número esperado de bits que precisam ser enviados do ponto A para o ponto B. Por exemplo, se

$$P\{X = x_1\} = \frac{1}{2}$$
$$P\{X = x_2\} = \frac{1}{4}$$
$$P\{X = x_3\} = \frac{1}{8}$$
$$P\{X = x_4\} = \frac{1}{8}$$

então o código dado pela Equação (4.2) enviaria $\frac{1}{2}(1) + \frac{1}{4}(2) + \frac{1}{8}(3) + \frac{1}{8}(3) = 1{,}75$ bits, enquanto o código dado pela Equação (4.1) enviaria 2 bits. Portanto, para esse conjunto de probabilidades, a codificação feita pela Equação (4.2) é mais eficiente do que aquela feita pela Equação (4.1).

A discussão anterior dá origem à seguinte questão: para um dado vetor X, qual é a máxima eficiência que se pode obter por meio de um esquema de codificação? A resposta é que, para qualquer codificação, o número médio de bits enviados é pelo menos igual à entropia de X. Para demonstrar esse resultado, que é conhecido na teoria da informação como o *teorema da codificação sem ruído*, vamos precisar do Lema 4.1.

Lema 4.1
Suponha que X assuma os valores possíveis $x_1,...,x_N$. Então, para que possamos codificar os valores de X em sequências binárias (nenhuma das quais sendo uma extensão de outra) de respectivos tamanhos $n_1,...,n_N$, é necessário e suficiente que

$$\sum_{i=1}^{N} \left(\frac{1}{2}\right)^{n_i} \le 1$$

Demonstração Para um conjunto fixo de N inteiros positivos $n_1,...,n_N$, suponha que w_j represente o número de n_i's que são iguais a j, $j = 1,....$ Para que exista um código que atribua n_i bits ao valor x_i, $i = 1,..., N$, é claramente necessário que $w_1 \le 2$. Além disso, como nenhuma sequência binária pode ser uma extensão da outra, devemos ter $w_2 \le 2^2 - 2w_1$ (obtém-se essa desigualdade porque 2^2 é o número de sequências binárias de tamanho 2, enquanto $2w_1$ é o número de sequências que são extensões da sequência binária w_1 de tamanho 1). Em geral, o mesmo raciocínio mostra que devemos ter

$$w_n \le 2^n - w_1 2^{n-1} - w_2 2^{n-2} - \cdots - w_{n-1} 2 \qquad (4.3)$$

para todo $n = 1,....$ De fato, um pouco de raciocínio convence o leitor de que essas condições não são somente necessárias, mas também suficientes para que exista um código que atribua n_i bits a x_i, $i = 1,..., N$.

Reescrevendo a desigualdade (4.3) como

$$w_n + w_{n-1} 2 + w_{n-2} 2^2 + \cdots + w_1 2^{n-1} \le 2^n \qquad n = 1,\ldots$$

e dividindo por 2^n, obtemos as condições necessárias e suficientes, isto é,

$$\sum_{j=1}^{n} w_j \left(\frac{1}{2}\right)^j \le 1 \quad \text{para todo } n \qquad (4.4)$$

Entretanto, como $\sum_{j=1}^{n} w_j \left(\frac{1}{2}\right)^j$ é crescente em n, resulta que a Equação (4.4) será verdade se e somente se

$$\sum_{j=1}^{\infty} w_j \left(\frac{1}{2}\right)^j \le 1$$

Prova-se agora o resultado, pois, da definição de w_j como o número de n_i's que são iguais a j, resulta que

$$\sum_{j=1}^{\infty} w_j \left(\frac{1}{2}\right)^j = \sum_{i=1}^{N} \left(\frac{1}{2}\right)^{n_i} \qquad \square$$

Agora estamos prontos para demonstrar o Teorema 4.1.

Teorema 4.1   O teorema da codificação sem ruído
Suponha que X receba os valores $x_1, \ldots, x_N$ com respectivas probabilidades $p(x_1), \ldots, p(x_N)$. Então, para qualquer codificação que atribua n_i bits a x_i,

$$\sum_{i=1}^{N} n_i p(x_i) \geq H(X) = -\sum_{i=1}^{N} p(x_i) \log p(x_i)$$

Demonstração   Seja $P_i = p(x_i), q_i = 2^{-n_i} / \sum_{j=1}^{N} 2^{-n_j}$, $i = 1, \ldots, N$. Então,

$$-\sum_{i=1}^{N} P_i \log \left(\frac{P_i}{q_i}\right) = -\log e \sum_{i=1}^{N} P_i \ln \left(\frac{P_i}{q_i}\right)$$

$$= \log e \sum_{i=1}^{N} P_i \ln \left(\frac{q_i}{P_i}\right)$$

$$\leq \log e \sum_{i=1}^{N} P_i \left(\frac{q_i}{P_i} - 1\right) \quad \text{pelo Lema 3.1}$$

$$= 0 \text{ já que } \sum_{i=1}^{N} P_i = \sum_{i=1}^{N} q_i = 1$$

Portanto,

$$-\sum_{i=1}^{N} P_i \log P_i \leq -\sum_{i=1}^{N} P_i \log q_i$$

$$= \sum_{i=1}^{N} n_i P_i + \log \left(\sum_{j=1}^{N} 2^{-n_j}\right)$$

$$\leq \sum_{i=1}^{N} n_i P_i \quad \text{pelo Lema 4.1} \qquad \square$$

Exemplo 4a
Considere uma variável aleatória X com função de probabilidade

$$p(x_1) = \frac{1}{2} \quad p(x_2) = \frac{1}{4} \quad p(x_3) = p(x_4) = \frac{1}{8}$$

Já que

$$H(X) = -\left[\frac{1}{2}\log\frac{1}{2} + \frac{1}{4}\log\frac{1}{4} + \frac{1}{4}\log\frac{1}{8}\right]$$
$$= \frac{1}{2} + \frac{2}{4} + \frac{3}{4}$$
$$= 1{,}75$$

resulta do Teorema 4.1. que não há esquema de codificação mais eficiente que

$$x_1 \leftrightarrow 0$$
$$x_2 \leftrightarrow 10$$
$$x_3 \leftrightarrow 110$$
$$x_4 \leftrightarrow 111$$

■

Para a maioria dos vetores aleatórios, não existe uma codificação para a qual o número médio de bits enviados atinja o limite inferior $H(X)$. Entretanto, é sempre possível elaborar um código tal que o número médio de bits esteja em 1 de $H(X)$. Para demonstrar isso, defina n_i como o inteiro satisfazendo

$$-\log p(x_i) \leq n_i < -\log p(x_i) + 1$$

Agora,

$$\sum_{i=1}^{N} 2^{-n_i} \leq \sum_{i=1}^{N} 2^{\log p(x_i)} = \sum_{i=1}^{N} p(x_i) = 1$$

então, pelo Lema 4.1, podemos associar a x_i sequências de bits com tamanhos $n_i, i = 1,..., N$. O comprimento médio de tal sequência,

$$L = \sum_{i=1}^{N} n_i p(x_i)$$

satisfaz

$$-\sum_{i=1}^{N} p(x_i)\log p(x_i) \leq L < -\sum_{i=1}^{N} p(x_i)\log p(x_i) + 1$$

ou

$$H(X) \leq L < H(X) + 1$$

Exemplo 4b

Suponha que 10 jogadas independentes de uma moeda com probabilidade p de dar cara sejam feitas no ponto A, e que o resultado seja transmitido para o ponto B. O resultado deste experimento é um vetor aleatório $X = (X_1,..., X_{10})$, onde X_i é igual a 1 ou 0 dependendo do resultado obtido com a moeda. Pelos resultados desta seção, vemos que L, o número médio de bits transmitidos por qualquer código, satisfaz

$$H(X) \leq L$$

com

$$L \leq H(X) + 1$$

em pelo menos um código. Agora como os X_i's são eventos independentes, resulta da Proposição 3.1 e do Teorema 3.2 que

$$H(X) = H(X_1, \ldots, X_n) = \sum_{i=1}^{N} H(X_i)$$
$$= -10[p \log p + (1-p) \log(1-p)]$$

Se $p = \frac{1}{2}$, então $H(X) = 10$, e com isso resulta que não há nada melhor a ser feito do que codificar X por seu valor real. Por exemplo, se as 5 primeiras jogadas derem cara e as 5 últimas derem coroa, então a mensagem 1111100000 é transmitida para o ponto B.

Entretanto, se $p \neq \frac{1}{2}$, podemos muitas vezes fazer melhor usando um esquema de codificação diferente. Por exemplo, se $p = \frac{1}{4}$, então

$$H(X) = -10 \left(\frac{1}{4} \log \frac{1}{4} + \frac{3}{4} \log \frac{3}{4} \right) = 8{,}11$$

Logo, existe uma codificação para a qual o comprimento médio da mensagem codificada não é maior que 9,11.

Uma codificação que é, neste caso, mais eficiente do que o código identidade consiste em dividir $(X_1, \ldots, X_{10})$ em 5 pares de duas variáveis aleatórias cada e então, para $i = 1, 3, 5, 7, 9$, codificar cada um dos pares da seguinte maneira:

$$X_i = 0, X_{i+1} = 0 \leftrightarrow 0$$
$$X_i = 0, X_{i+1} = 1 \leftrightarrow 10$$
$$X_i = 1, X_{i+1} = 0 \leftrightarrow 110$$
$$X_i = 1, X_{i+1} = 1 \leftrightarrow 111$$

A mensagem total transmitida corresponde à codificação sucessiva desses pares.

Por exemplo, se o resultado $TTTHHTTTTH$ é observado (H = cara, T = coroa), então a mensagem 010110010 é enviada. O número médio de bits necessários para transmitir essa mensagem é

$$5 \left[1 \left(\frac{3}{4} \right)^2 + 2 \left(\frac{1}{4} \right) \left(\frac{3}{4} \right) + 3 \left(\frac{1}{4} \right) \left(\frac{3}{4} \right) + 3 \left(\frac{1}{4} \right)^2 \right] = \frac{135}{16}$$
$$\approx 8{,}44 \quad \blacksquare$$

Até este ponto, consideramos que a mensagem enviada no ponto A é recebida sem erros no ponto B. Entretanto, sempre há erros que podem ocorrer por causa de distúrbios aleatórios ao longo do canal de comunicação. Tais distúrbios poderiam fazer, por exemplo, com que a mensagem 00101101, enviada do ponto A, chegasse ao ponto B na forma 01101101.

Vamos supor que um bit transmitido no ponto A seja recebido corretamente no ponto B com probabilidade p, independentemente de bit a bit. Tal sistema de comunicações é chamado de *canal binário simétrico*. Suponha, além disso, que $p = 0{,}8$ e que queiramos transmitir uma mensagem formada por um grande número de bits de A para B. Assim, a transmissão direta da mensagem resultará em uma probabilidade de erro de 0,2 para cada bit, o que é bastante elevado. Uma maneira de reduzir esta probabilidade de erro seria transmitir cada bit 3 vezes e então fazer a sua decodificação usando a regra da maioria. Isto é, poderíamos usar o seguinte esquema:

Codificar	Decodificar	Codificar	Decodificar
$0 \to 000$	$\left.\begin{array}{l}000\\001\\010\\100\end{array}\right\} \to 0$	$1 \to 111$	$\left.\begin{array}{l}111\\110\\101\\011\end{array}\right\} \to 1$

Observe que, se não ocorrer mais de um erro na transmissão, o bit será decodificado corretamente. Com isso, a probabilidade de erro é reduzida a

$$(0{,}2)^3 + 3(0{,}2)^2(0{,}8) = 0{,}104$$

o que é uma melhora considerável. De fato, está claro que podemos fazer a probabilidade de erro tão pequena quanto quisermos simplesmente repetindo o bit muitas vezes e então decodificando-o pela regra da maioria. Por exemplo, o esquema

Codificar	Decodificar
0→sequência de 17 0's 1→sequência de 17 1's	Pela regra da maioria

reduzirá a probabilidade de erro a um valor menor que 0,01.

O problema com este tipo de esquema de codificação é que, embora reduza a probabilidade de erro de bits, isso é feito comprometendo-se a taxa efetiva de bits enviados por sinal (veja a Tabela 9.1).

De fato, neste momento pode parecer inevitável para o leitor que reduzir a probabilidade de erro para 0 *sempre* resulta na redução da taxa efetiva de transmissão de bits por sinal para 0. Entretanto, um extraordinário resultado da teoria da informação conhecido como *teorema da codificação com ruído*, formulado por Claude Shannon, demonstra que este não é o caso. Enunciamos esse resultado no Teorema 4.2.

Tabela 9.1 Esquema de codificação por repetição de bits

Probabilidade de erro (por bit)	Taxa (bits transmitidos por sinal)
0,20	1
0,10	$0{,}33 \left(= \frac{1}{3}\right)$
0,01	$0{,}06 \left(= \frac{1}{17}\right)$

Teorema 4.2 O teorema da codificação com ruído
Há um número C tal que, para qualquer valor R menor ou igual a C, e para qualquer $\varepsilon > 0$, existe um esquema de codificação e decodificação que transmite a uma taxa média de R bits enviados por sinal com uma probabilidade de erro (por bit) menor que ε. O maior valor de C – vamos chamá-lo de C^{**} – é chamado de capacidade de canal, e, para um canal binário simétrico,

$$C^* = 1 + p \log p + (1 - p) \log(1 - p)$$

RESUMO

O *processo de Poisson* com taxa λ consiste em um conjunto de variáveis aleatórias $\{N(t), t \geq 0\}$ que estão relacionadas a um processo em que eventos ocorrem aleatoriamente. Por exemplo, $N(t)$ representa o número de eventos ocorridos entre os tempos 0 e t. As características que definem o processo de Poisson são as seguintes:

(i) O número de eventos que ocorrem em intervalos de tempos disjuntos é uma variável aleatória independente;
(ii) A distribuição do número de eventos que ocorrem em um intervalo depende somente do tamanho do intervalo.
(iii) Eventos ocorrem um de cada vez.
(iv) Eventos ocorrem a uma taxa λ.

Pode-se mostrar que $N(t)$ é uma variável aleatória de Poisson com média λt. Além disso, se as variáveis aleatórias $T_i, i \geq 1$, correspondem aos intervalos de tempo entre eventos sucessivos, então essas variáveis aleatórias são independentes e possuem distribuição exponencial com taxa λ.

Uma sequência de variáveis aleatórias $X_n, n \geq 0$, cada uma das quais assumindo um dos valores $0,..., M$, é chamada de cadeia de Markov com probabilidades de transição $P_{i,j}$ se, para todo $n, i_0,..., i_n, i, j$,

$$P\{X_{n+1} = j | X_n = i, X_{n-1} = i_{n-1}, \ldots, X_0 = i_0\} = P_{i,j}$$

Se interpretarmos X_n como sendo o estado de algum processo no tempo n, então uma cadeia de Markov corresponde à sequência de estados sucessivos de um processo que possui a propriedade de que, sempre que entrar no estado i, então, independentemente de todos os estados passados, o próximo estado seja

---

* Para uma interpretação de entropia de C^*, veja o Exercício Teórico 9.18.

j com probabilidade $P_{i,j}$ para todos os estados i e j. Em muitas cadeias de Markov, a probabilidade de estar no estado j no tempo n converge para um valor limite que não depende do estado inicial. Se $\pi_j, j = 0,...M$, representa esse conjunto de probabilidades limites, as probabilidades que formam esse conjunto são a única solução das equações

$$\pi_j = \sum_{i=0}^{M} \pi_i P_{i,j} \quad j = 0, \ldots, M$$

$$\sum_{j=1}^{M} \pi_j = 1$$

Além disso, π_j é igual à proporção de tempo a longo prazo no qual a cadeia fica no estado j.

Suponha que X seja uma variável aleatória que recebe um de n possíveis valores de acordo com o conjunto de probabilidades $\{p_1,...,p_n\}$. A grandeza

$$H(X) = -\sum_{i=1}^{n} p_i \log_2(p_i)$$

é chamada de *entropia* de X. Ela pode ser interpretada como a quantidade média de incerteza que existe com relação ao valor de X, ou como a informação média recebida quando X é observado. A entropia tem importantes implicações na codificação binária de X.

PROBLEMAS E EXERCÍCIOS TEÓRICOS

9.1 Clientes chegam em um banco a uma taxa λ de Poisson. Suponha que dois clientes tenham chegado durante a primeira hora. Qual é a probabilidade de que
(a) ambos tenham chegado durante os primeiros 10 minutos?
(b) pelo menos um tenha chegado durante os primeiros 10 minutos?

9.2 Carros atravessam certo ponto em uma rodovia de acordo com um processo de Poisson com taxa $\lambda = 3$ por minuto. Se Paulo atravessa a rodovia sem olhar para os lados, qual é a probabilidade de que ele não seja atropelado se o tempo necessário para que ele atravesse a rodovia seja s segundos? (Suponha que ele será atropelado se estiver na rodovia quando um carro passar.) Faça este exercício para $s = 2, 5, 10, 20$.

9.3 Suponha que, no Problema 9.2, Paulo seja ágil o suficiente para escapar de um único carro, mas não de dois. Qual é a probabilidade de que ele não seja atropelado se ele levar s segundos para atravessar a rodovia? Faça este exercício para $s = 5, 10, 20, 30$.

9.4 Suponha que 3 bolas brancas e 3 bolas pretas sejam distribuídas entre duas urnas de forma tal que cada urna contenha 3 bolas. Dizemos que o sistema está no estado i se a primeira urna contém i bolas brancas, $i = 0, 1, 2, 3$. Em cada rodada, 1 bola é retirada de cada urna. A bola retirada da primeira urna é colocada na segunda urna e vice-versa. Suponha que X_n represente o estado do sistema após a n-ésima rodada e compute as probabilidades de transição da cadeia de Markov $\{X_n, n \geq 0\}$.

9.5 Considere o Exemplo 2a. Se há uma chance de 50% de chover hoje, calcule a probabilidade de que chova daqui a três dias se $\alpha = 0{,}7$ e $\beta = 0{,}3$.

9.6 Calcule as probabilidades limites para o modelo do Problema 9.4.

9.7 Uma matriz de transição de probabilidades é chamada de duplamente estocástica se

$$\sum_{i=0}^{M} P_{ij} = 1$$

para todos os estados $j = 0, 1, ..., M$. Mostre que, se essa cadeia de Markov é ergódica, então $\Pi_j = 1/(M+1), j = 0, 1, ..., M$.

9.8 Em certo dia, Sara está de bom humor (c), mais ou menos (s) ou de mau humor (g). Se hoje ela está de bom humor, então amanhã ela estará c, s, ou g com respectivas probabilidades 0,7, 0,2 e 0,1. Se hoje ela está mais ou menos, então amanhã ela estará c, s, ou g com respectivas probabilidades 0,4, 0,3 e 0,3. Se hoje ela está mal-humorada, então amanhã ela estará c, s, ou g com respectivas probabilidades 0,2, 0,4 e 0,4. Que proporção de tempo Sara está bem-humorada?

9.9 Suponha que a possibilidade de chuva no próximo dia dependa somente das condições de tempo nos dois dias anteriores. Especificamente, suponha que, se choveu ontem e hoje, então amanhã choverá com probabilidade 0,8; se choveu ontem mas não hoje, então amanhã choverá com probabilidade 0,3; se choveu hoje mas não ontem, então choverá amanhã com probabilidade 0,4; e se não choveu nem ontem, nem hoje, então choverá amanhã com probabilidade 0,2. Em que proporção de dias há chuva?

9.10 Certa pessoa pratica corrida todas as manhãs. Ao deixar sua casa para a corrida matinal, ela tem a mesma probabilidade de sair pela porta da frente ou dos fundos. Da mesma maneira, ao voltar, ela tem a mesma probabilidade de entrar pela porta da frente ou dos fundos. A corredora possui 5 pares de sapatos de corrida, os quais ela retira assim que entra em casa, não importando por qual porta entre. Se não há sapatos na porta por onde ela sai de casa para correr, então ela corre descalça. Queremos determinar a proporção de tempo na qual a corredora corre descalça.
  (a) Formule este problema como uma cadeia de Markov. Forneça os estados e as probabilidades de transição.
  (b) Determine a proporção de dias em que ela corre descalça.

9.11 Este problema se refere ao Exemplo 2f.
  (a) Verifique que o valor proposto de Π_j satisfaz as equações necessárias.
  (b) Para qualquer molécula dada, o que você pensa a respeito da probabilidade (limite) de que ela esteja na urna 1?
  (c) Você acha que os eventos em que a molécula $j, j \geq 1$, fica na urna 1 por um longo tempo seriam independentes (no limite)?
  (d) Explique por que as probabilidades limites são aquelas fornecidas.

9.12 Determine a entropia da soma que se obtém quando um par de dados honestos é jogado.

9.13 Prove que, se X pode assumir qualquer um dos n valores possíveis com respectivas probabilidades $P_1, ..., P_n$, então $H(X)$ é maximizada quando $P_i = 1/n, i = 1, ..., n$. $H(X)$ é igual a que neste caso?

9.14 Joga-se um par de dados honestos. Seja

$$X = \begin{cases} 1 & \text{se a soma dos dados é 6} \\ 0 & \text{caso contrário} \end{cases}$$

e suponha que Y é igual ao valor do primeiro dado. Calcule (a) $H(Y)$, (b) $H_Y(X)$ e (c) $H(X, Y)$.

9.15 Uma moeda com probabilidade $p = \frac{2}{3}$ de dar cara é jogada 6 vezes. Calcule a entropia do resultado desse experimento.

9.16 Uma variável aleatória pode assumir qualquer um de n valores possíveis $x_1, ..., x_n$ com respectivas probabilidades $p(x_i), i = 1, ..., n$. Vamos tentar determinar o valor de X fazendo uma série de questões, para as quais as respostas são do tipo "sim" ou "não". Por exemplo, podemos perguntar "X é igual a x_1?" ou "X é igual a x_1, x_2 ou x_3?", e assim por diante. O que você pode dizer sobre o número médio de questões desse tipo que você precisará fazer para determinar o valor de X?

9.17 Mostre que, para qualquer variável aleatória X e qualquer função f,

$$H(f(X)) \leq H(X)$$

9.18 Ao transmitir um bit do ponto A para o ponto B, se fizermos com que X represente o valor do bit enviado e Y, o valor do bit recebido, então $H(X) - H_Y(X)$ é a *taxa de transmissão de informação de A para B*.

A taxa de transmissão máxima, em função de $P\{X = 1\} = 1 - P\{X = 0\}$, é chamada de *capacidade de canal*. Mostre que, para um canal binário simétrico com $P\{Y = 1|X = 1\} = P\{Y = 0|X = 0\} = p$, a capacidade de canal é atingida pela taxa de transmissão de informação quando $P\{X = 1\} = \frac{1}{2}$ e seu valor é $1 + p \log p + (1 - p)\log(1 - p)$.

PROBLEMAS DE AUTOTESTE E EXERCÍCIOS

9.1 Eventos ocorrem de acordo com um processo de Poisson com taxa $\lambda = 3$ por hora.
(a) Qual é a probabilidade de que nenhum evento ocorra entre 8 e 10 da manhã?
(b) Qual é o valor esperado do número de eventos que ocorrem entre 8 e 10 da manhã?
(c) Qual é a hora de ocorrência esperada do quinto evento após as 14:00?

9.2 Clientes chegam em determinada loja de acordo com um processo de Poisson com taxa λ por hora. Suponha que dois clientes cheguem durante a primeira hora. Determine a probabilidade de que
(a) ambos cheguem nos primeiros 30 minutos;
(b) pelo menos um chegue nos primeiros 20 minutos.

9.3 Quatro em cada cinco caminhões em uma estrada são seguidos por um carro, enquanto um em cada seis carros é seguido por um caminhão. Que proporção de veículos na estrada é de caminhões?

9.4 O tempo em certa cidade é classificado como chuvoso, ensolarado ou encoberto. Se um dia está chuvoso, então tem-se a mesma probabilidade de que o próximo dia seja ensolarado ou encoberto. Se não está chuvoso, então há uma chance em três de que o tempo permaneça como está no próximo dia, e, se o tempo mudar, então tem-se a mesma probabilidade de que ele mude para qualquer um dos outros dois estados. A longo prazo, qual é a proporção de dias ensolarados? Qual é a proporção de dias chuvosos?

9.5 Suponha que X seja uma variável aleatória que assuma 5 valores possíveis com respectivas probabilidades 0,35, 0,2, 0,2, 0,2 e 0,05. Além disso, seja X uma variável aleatória que assuma 5 valores possíveis com respectivas probabilidades 0,05, 0,35, 0,1, 0,15 e 0,35.
(a) Mostre que $H(X) > H(Y)$.
(b) Usando o resultado do Problema 9.13, forneça uma explicação intuitiva para a desigualdade acima.

REFERÊNCIAS

Seções 9.1 e 9.2

[1] KEMENY, J., L. SNELL, and A. KNAPP, *Denumerable Markov Chains*. New York: D. Van Nostrand Company, 1966.
[2] PARZEN, E., *Stochastic Processes*. San Francisco: Holden-Day, 1962.
[3] ROSS, S. M. *Introduction to Probability Models*, 9th ed. San Diego: Academic Press, Inc., 2007.
[4] ROSS, S. M. *Stochastic Processes*, 2nd ed. New York: John Wiley & Sons, Inc., 1996.

Seções 9.3 e 9.4

[5] ABRAMSON, N. *Information Theory and Coding*. New York: McGraw-Hill Book Company, 1963.
[6] McELIECE, R. *Theory of Information and Coding*. Reading, MA: Addison-Weasley Publishing Co., Inc., 1977.
[7] PETERSON, W. and E. WELDON, *Error Correcting Codes*. 2d Ed. Cambridge, MA: MIT Press, 1972.

Simulação

Capítulo 10

10.1 INTRODUÇÃO
10.2 TÉCNICAS GERAIS PARA SIMULAR VARIÁVEIS ALEATÓRIAS CONTÍNUAS
10.3 SIMULAÇÕES A PARTIR DE DISTRIBUIÇÕES DISCRETAS
10.4 TÉCNICAS DE REDUÇÃO DE VARIÂNCIA

10.1 INTRODUÇÃO

Como podemos determinar a probabilidade de ganharmos uma partida de paciência jogada com um baralho de 52 cartas? Uma abordagem possível seria começar com a hipótese razoável de que todos os 52! arranjos de cartas possíveis tenham a mesma probabilidade de ocorrência, e então tentar determinar quantos desses arranjos resultam em vitórias. Infelizmente, parece não haver um método sistemático que permita a determinação do número de arranjos que resultem em vitórias, e 52! é um número bastante grande. Como a única maneira de determinarmos se um determinado arranjo de cartas levaria a uma vitória ou não seria jogar uma partida, vemos que a abordagem proposta não funciona.

De fato, parece que a determinação da probabilidade de vencermos uma partida de paciência é matematicamente intratável. Entretanto, nem tudo está perdido, pois a probabilidade não transita somente na área da matemática, mas também na área da ciência aplicada; e, como em todas as ciências aplicadas, a realização de experimentos é uma técnica valiosa. Em nosso exemplo da paciência, experimentos podem ser realizados jogando-se um grande número de jogos ou, melhor ainda, programando-se um computador para fazer isso. Após, digamos, n jogos terem sido jogados, se fizermos

$$X_i = \begin{cases} 1 & \text{se a } i\text{-ésima partida resultar em vitória} \\ 0 & \text{caso contrário} \end{cases}$$

então $X_i = 1,..., n$ serão variáveis aleatórias de Bernoulli independentes para as quais

$$E[X_i] = P\{\text{vitória na paciência}\}$$

Portanto, pela lei forte dos grandes números, sabemos que

$$\sum_{i=1}^{n} \frac{X_i}{n} = \frac{\text{número de partidas vencidas}}{\text{número de partidas jogadas}}$$

convergirá, com probabilidade 1, para $P\{$vencer na paciência$\}$. Isto é, ao jogar um grande número de jogos, podemos usar a proporção de jogos vencidos como uma estimativa para a probabilidade de vitória. Este método empírico que determina probabilidades por meio de experimentos é conhecido como *simulação*.

Para iniciar um trabalho de simulação no computador, precisamos gerar uma variável aleatória uniforme no intervalo $(0, 1)$; tais variáveis são chamadas de *números aleatórios*. Para isso, a maioria dos computadores possui uma sub-rotina interna chamada de *gerador de números aleatórios*, cuja saída é uma sequência da números *pseudoaleatórios* – uma sequência de números que é, para todos os efeitos, impossível de se distinguir de uma amostra da distribuição uniforme no intervalo $(0, 1)$. A maioria dos geradores de números aleatórios começa com um valor inicial X_0, chamado de *semente*, e então especifica inteiros positivos a, c e m e faz cálculos recursivos usando

$$X_{n+1} = (aX_n + c) \text{ módulo } m \qquad n \geq 0 \qquad (1.1)$$

onde a expressão acima significa que o termo $aX_n + c$ é dividido por m, sendo o resto da operação atribuído a X_{n+1}. Assim, cada X_n é igual a $0, 1,..., m - 1$, e se supõe que a grandeza X_n/m seja uma aproximação para uma variável aleatória no intervalo $(0, 1)$. Pode-se mostrar que, desde que escolhas adequadas sejam feitas para a, c e m, a Equação (1.1) dá origem a uma sequência de números que parecem ter sido gerados a partir de variáveis aleatórias uniformes no intervalo $(0, 1)$.

Como ponto de partida, vamos supor que podemos simular uma distribuição uniforme no intervalo $(0, 1)$ e usar o termo *números aleatórios* para representar as variáveis aleatórias dessa distribuição.

No exemplo da paciência, precisaríamos programar o computador para jogar cada partida começando com uma dada sequência de cartas. Entretanto, como se supõe que a sequência inicial possa ser, com mesma probabilidade, qualquer uma das 52! permutações possíveis, também é necessário gerar uma permutação aleatória. Usando somente números aleatórios, o algoritmo a seguir mostra como fazer isso. O algoritmo começa escolhendo aleatoriamente um dos elementos e depois coloca-o na posição n; em seguida, ele escolhe aleatoriamente um dos elementos restantes e coloca-o na posição $n - 1$, e assim por diante. O algoritmo faz uma escolha aleatória eficiente entre os elementos restantes mantendo esses elementos em uma lista ordenada e então escolhendo aleatoriamente uma posição na lista.

Exemplo 1a

Suponha que queiramos gerar uma permutação dos inteiros $1, 2,..., n$ tal que todas as $n!$ sequências possíveis sejam igualmente prováveis. Então, começando com qualquer permutação inicial, faremos isso em um total de $n - 1$ passos; em cada passo, promoveremos o intercâmbio de dois dos números da permutação. Ao longo do processo, vamos acompanhar a permutação fazendo com que $X(i), i = 1,..., n$ represente o número atualmente na posição i. O algoritmo opera da seguinte maneira:

1. Considere qualquer permutação arbitrária e suponha que $X(i)$ represente o elemento na posição $i, i = 1,..., n$ [por exemplo, poderíamos usar $X(i) = i$, $i = 1,..., n$].
2. Gere uma variável aleatória N_n que seja igual a qualquer um dos valores 1, 2,..., n com mesma probabilidade.
3. Faça o intercâmbio dos valores de $X(N_n)$ e $X(n)$. O valor de $X(n)$ agora ficará fixo [por exemplo, suponha que $n = 4$ e inicialmente $X(i) = i, i = 1$, 2, 3, 4. Se $N_4 = 3$, então a nova permutação é $X(1) = 1, X(2) = 2, X(3) = 4$, $X(4) = 3$, e o elemento 3 ficará na posição 4 ao longo de todo o processo].
4. Gere uma variável aleatória N_{n-1} que tenha a mesma probabilidade de ser igual a 1, 2,..., $n - 1$.
5. Realize o intercâmbio dos valores de $X(N_{n-1})$ e $X(n-1)$ [se $N_3 = 1$, então a nova permutação é $X(1) = 4, X(2) = 2, X(3) = 1, X(4) = 3$].
6. Gere N_{n-2}, que tem a mesma probabilidade de ser igual a 1, 2,..., $n - 2$.
7. Faça o intercâmbio dos valores $X(N_{n-2})$ e $X(n-2)$. [Se $N_2 = 1$, então a nova permutação é $X(1) = 2, X(2) = 4, X(3) = 1, X(4) = 3$, e esta é a permutação final.]
8. Gere N_{n-3} e assim por diante. O algoritmo continua até que N_2 seja gerado, e após o último intercâmbio a permutação resultante é a permutação final.

Para implementar esse algoritmo, é necessário gerar uma variável aleatória que tenha a mesma probabilidade de assumir qualquer um dos valores 1, 2,..., k. Para fazer isso, suponha que U represente um número aleatório – isto é, U é uniformemente distribuído no intervalo (0, 1) – e observe que kU é uniforme em $(0, k)$. Portanto,

$$P\{i - 1 < kU < i\} = \frac{1}{k} \quad i = 1, \ldots, k$$

assim, se escolhermos $N_k = [kU] + 1$, onde $[x]$ é a parte inteira de x (isto é, o maior número inteiro menor ou igual a x), então N_k terá a distribuição desejada.

O algoritmo pode agora ser escrito sucintamente como:

Passo 1. Seja $X(1),..., X(n)$ qualquer permutação de 1, 2,..., n [por exemplo, podemos fazer $X(i) = i, i = 1,..., n$].
Passo 2. Faça $I = n$.
Passo 3. Gere um número aleatório U e faça $N = [IU] + 1$.
Passo 4. Faça o intercâmbio dos valores de $X(N)$ e $X(I)$.
Passo 5. Subtraia 1 do valor I e, se $I > 1$, vá para o passo 3.
Passo 6. $X(1),..., X(n)$ é a permutação aleatória desejada.

O algoritmo anterior para a geração de uma permutação aleatória é extremamente útil. Por exemplo, suponha que um estatístico realize um experimento no qual compara o efeito de m diferentes tratamentos em um conjunto de n diferentes cobaias. Ele decide separar as cobaias em m diferentes grupos de respectivos tamanhos $n_1, n_2,..., n_m$, onde $\sum_{i=1}^{m} n_i = n$, com os membros do i-ésimo grupo recebendo o tratamento i. Para eliminar qualquer possibilidade de desequilíbrio na escolha das cobaias para os tratamentos (por exemplo, se todas as "melhores" cobaias forem colocadas no mesmo grupo, isso afetará o significado dos resultados experimentais), é imperativo que a distribuição das cobaias entre os grupos seja feita "aleatoriamente". Como isso pode ser feito?*

Um procedimento simples e eficiente é numerar as cobaias 1 a n e então gerar uma permutação aleatória $X(1),..., X(n)$ de 1, 2,..., n. Depois, colocamos as cobaias $X(1), X(2),..., X(n_1)$ no grupo 1, $X(n_1 + 1),..., X(n_1 + n_2)$ no grupo 2, e, em geral, o grupo j fica sendo formado pelas cobaias numeradas $X(n_1 + n_2 +... + n_{j-1} + k), k = 1,..., n_j$. ∎

10.2 TÉCNICAS GERAIS PARA SIMULAR VARIÁVEIS ALEATÓRIAS CONTÍNUAS

Nesta seção, apresentamos dois métodos gerais que permitem o uso de números aleatórios para simular variáveis aleatórias contínuas.

10.2.1 O método da transformação inversa

Um método geral para simular uma variável aleatória com distribuição contínua, chamado de *método da transformação inversa*, baseia-se na seguinte proposição.

Proposição 2.1 Seja U uma variável aleatória uniforme no intervalo $(0, 1)$. Para qualquer distribuição contínua F, se definirmos a variável aleatória Y como

$$Y = F^{-1}(U)$$

então Y tem função distribuição F [define-se $F^{-1}(x)$ como sendo o valor de y para o qual $F(y) = x$].

Demonstração

$$F_Y(a) = P\{Y \leq a\}$$
$$= P\{F^{-1}(U) \leq a\} \tag{2.1}$$

Agora, como $F(x)$ é uma função monotônica, $F^{-1}(U) \leq a$ se e somente se $U \leq F(a)$. Portanto, da Equação (2.1), temos

$$F_Y(a) = P\{U \leq F(a)\}$$
$$= F(a) \qquad \square$$

Resulta da Proposição 2.1 que, para simular uma variável aleatória X com uma distribuição contínua F, geramos um número aleatório U e fazemos $X = F^{-1}(U)$.

---

* Outra técnica para dividir aleatoriamente as cobaias quando $m = 2$ foi apresentada no Exemplo 2g do Capítulo 6. O procedimento desta seção é mais rápido, mas requer mais espaço do que aquele do Exemplo 2g.

Exemplo 2a   Simulando uma variável aleatória exponencial
Se $F(x) = 1 - e^{-x}$, então $F^{-1}(u)$ é o valor de x tal que

$$1 - e^{-x} = u$$

ou

$$x = -\log(1 - u)$$

Portanto, se U é uma variável aleatória uniforme no intervalo $(0,1)$, então,

$$F^{-1}(U) = -\log(1 - U)$$

é exponencialmente distribuída com média 1. Como $1 - U$ também é uniformemente distribuída em $(0, 1)$, tem-se que $-\log U$ é exponencial com média 1. Como cX é exponencial com média c quando X é exponencial com média 1, tem-se que $-c \log U$ é exponencial com média c. ∎

Os resultados do Exemplo 2a também podem ser utilizados para simular uma variável aleatória gama.

Exemplo 2b   Simulando uma variável aleatória gama (n, λ)
Para simular uma distribuição gama com parâmetros (n, λ) quando n é inteiro, usamos o fato de que a soma de n variáveis aleatórias exponenciais, cada uma delas com taxa λ, possui essa distribuição. Portanto, se $U_1, ..., U_n$ são variáveis aleatórias independentes e uniformes no intervalo $(0, 1)$, então

$$X = -\sum_{i=1}^{n} \frac{1}{\lambda} \log U_i = -\frac{1}{\lambda} \log \left(\prod_{i=1}^{n} U_i \right)$$

possui a distribuição desejada. ∎

10.2.2 O método da rejeição

Suponha que tenhamos um método para simular uma variável aleatória com função densidade $g(x)$. Podemos usar esse método como base para simular uma distribuição contínua com densidade $f(x)$ fazendo a simulação de Y a partir de g e então aceitando o valor simulado com uma probabilidade proporcional a $f(Y)/g(Y)$.

Especificamente, seja c uma constante tal que

$$\frac{f(y)}{g(y)} \leq c \quad \text{para todo } y$$

Temos a seguinte técnica para simular uma variável aleatória com densidade f.

Método da rejeição

Passo 1.   Simule Y com densidade g e simule um número aleatório U.
Passo 2.   Se $U \leq f(Y)/cg(Y)$, faça $X = Y$. Do contrário, retorne ao passo 1.

O método da rejeição é expresso graficamente na Figura 10.1. Vamos agora demonstrar que ele funciona.

Proposição 2.2 A variável aleatória X gerada pelo método da rejeição possui função densidade f.

Demonstração Seja X o valor obtido e suponha que N represente o número de iterações necessárias. Então

$$P\{X \leq x\} = P\{Y_N \leq x\}$$
$$= P\left\{Y \leq x \mid U \leq \frac{f(Y)}{cg(Y)}\right\}$$
$$= \frac{P\left\{Y \leq x, U \leq \frac{f(Y)}{cg(Y)}\right\}}{K}$$

onde $K = P\{U \leq f(Y)/cg(Y)\}$. Agora, pela independência, a função densidade conjunta de Y e U é

$$f(y,u) = g(y) \qquad 0 < u < 1$$

Assim, temos

$$P\{X \leq x\} = \frac{1}{K} \iint\limits_{\substack{y \leq x \\ 0 \leq u \leq f(y)/cg(y)}} g(y)\,du\,dy$$
$$= \frac{1}{K} \int_{-\infty}^{x} \int_{0}^{f(y)/cg(y)} du\, g(y)\, dy$$
$$= \frac{1}{cK} \int_{-\infty}^{x} f(y)\, dy \qquad (2.2)$$

Fazendo $X \to \infty$ e usando o fato de que f é uma função densidade, obtemos

$$1 = \frac{1}{cK} \int_{-\infty}^{\infty} f(y)\, dy = \frac{1}{cK}$$

Portanto, da Equação (2.2), obtemos

$$P\{X \leq x\} = \int_{-\infty}^{x} f(y)\, dy$$

o que completa a demonstração. □

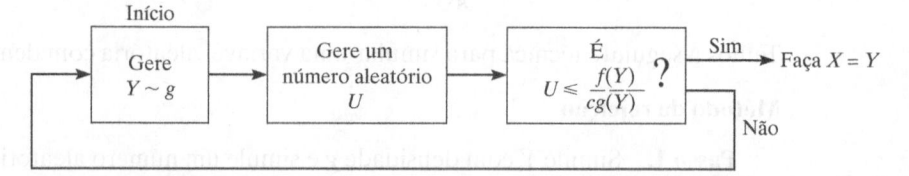

Figura 10.1 Método da rejeição para simular uma variável aleatória X com função densidade f.

Observações: (a) Note que, para "aceitar o valor Y com probabilidade $f(Y)/cg(Y)$", geramos um número aleatório U e aceitamos Y se $U \leq f(Y)/cg(Y)$.

(b) Como cada iteração resultará independentemente em um valor aceito com probabilidade $P\{U \leq f(Y)/cg(Y)\} = K = 1/c$, tem-se como consequência que o número de iterações possui distribuição geométrica com média c. ∎

Exemplo 2c Simulando uma variável aleatória normal

Para simularmos uma variável aleatória normal unitária (isto é, uma variável normal com média 0 e variância 1), note primeiro que o valor absoluto de Z tem função densidade de probabilidade

$$f(x) = \frac{2}{\sqrt{2\pi}} e^{-x^2/2} \quad 0 < x < \infty \tag{2.3}$$

Vamos começar com uma simulação a partir dessa função densidade usando o método da rejeição, com g sendo a função densidade exponencial com média 1 – isto é,

$$g(x) = e^{-x} \quad 0 < x < \infty$$

Agora, observe que

$$\frac{f(x)}{g(x)} = \sqrt{\frac{2}{\pi}} \exp\left\{\frac{-(x^2 - 2x)}{2}\right\}$$

$$= \sqrt{\frac{2}{\pi}} \exp\left\{\frac{-(x^2 - 2x + 1)}{2} + \frac{1}{2}\right\}$$

$$= \sqrt{\frac{2e}{\pi}} \exp\left\{\frac{-(x - 1)^2}{2}\right\}$$

$$\leq \sqrt{\frac{2e}{\pi}} \tag{2.4}$$

Com isso, podemos considerar $c = \sqrt{2e/\pi}$; então, da Equação (2.4),

$$\frac{f(x)}{cg(x)} = \exp\left\{\frac{-(x - 1)^2}{2}\right\}$$

Portanto, usando o método da rejeição, podemos simular o valor absoluto de uma variável aleatória normal unitária da seguinte forma:

(a) Gere variáveis aleatórias independentes Y e U, sendo Y exponencial com taxa 1 e U uniforme no intervalo $(0, 1)$.

(b) Se $U \leq \exp\{-(Y-1)^2/2\}$, faça $X = Y$. Do contrário, retorne para (a).

Assim que simularmos uma variável aleatória X tendo como função densidade a Equação (2.3), poderemos gerar uma variável aleatória normal unitária Z fazendo com que Z tenha a mesma probabilidade de ser igual a X ou $-X$.

No passo (b), o valor Y é aceito se $U \leq \exp\{-(Y-1)^2/2\}$, o que é equivalente a $-\log U \geq (Y-1)^2/2$. Entretanto, no Exemplo 2a mostrou-se que $-\log U$ é exponencial com taxa 1. Com isso, os passos (a) e (b) são equivalentes a

(a') Gere exponenciais independentes Y_1 e Y_2, cada um com taxa 1.
(b') Se $Y_2 \geq (Y_1 - 1)^2/2$, faça $X = Y_1$. Caso contrário, retorne para (a').

Suponha agora que os passos anteriores resultem na aceitação dos Y_1's – então saberemos que Y_2 é maior que $(Y_1 - 1)^2/2$. Mas quantas vezes uma variável é maior do que a outra? Para responder a essa questão, vamos lembrar que Y_2 é exponencial com taxa 1; portanto, dado que ela exceda algum valor, o tanto que Y_2 é maior que $(Y_1 - 1)^2/2$ [isto é, sua "vida adicional" além do tempo $(Y_1 - 1)^2/2$] também é (pela propriedade da falta de memória) exponencialmente distribuído com taxa 1. Isto é, quando aceitamos o passo (b'), não somente obtemos X (o valor absoluto de uma normal unitária), mas, computando $Y_2 - (Y_1 - 1)^2/2$, também podemos gerar uma variável aleatória exponencial (que é independente de X) com taxa 1.

Em resumo, temos o seguinte algoritmo que gera uma variável aleatória exponencial com taxa 1 e uma variável aleatória normal unitária independente.

Passo 1. Gere Y_1, uma variável aleatória exponencial com taxa 1.
Passo 2. Gere Y_2, uma variável aleatória exponencial com taxa 1.
Passo 3. Se $Y_2 - (Y_1 - 1)^2/2 > 0$, faça $Y = Y_2 - (Y_1 - 1)^2/2$ e vá para o passo 4. Caso contrário, vá para o passo 1.
Passo 4. Gere um número aleatório U e faça

$$Z = \begin{cases} Y_1 & \text{se } U \leq \frac{1}{2} \\ -Y_1 & \text{se } U > \frac{1}{2} \end{cases}$$

As variáveis aleatórias Z e Y geradas por esse algoritmo são independentes, com Z normal com média 0 e variância 1, e Y exponencial com taxa 1 (se desejarmos uma variável aleatória normal com média μ e variância σ^2, simplesmente fazemos $\mu + \sigma Z$).

Observações: (a) Como $c = \sqrt{2e/\pi} \approx 1{,}32$, o algoritmo requer um número geometricamente distribuído de iterações no passo 2 com média 1,32.

(b) Se quisermos gerar uma sequência de variáveis aleatórias normais unitária, então podemos usar a variável aleatória exponencial Y obtida no passo 3 como a exponencial inicial necessária no passo 1 para gerar a próxima normal. Portanto, em média, podemos simular uma normal unitária gerando 1,64($= 2 \times 1{,}32 - 1$) exponenciais e calculando 1,32 quadrados. ∎

Exemplo 2d Simulando variáveis aleatórias normais: o método polar

Foi mostrado no Exemplo 7b do Capítulo 6 que, se X e Y são variáveis aleatórias normais independentes unitárias, então suas coordenadas polares $R = \sqrt{X^2 + Y^2}$ e $\Theta = \text{tg}^{-1}(Y/X)$ são independentes, sendo R^2 exponencialmente distribuída com média 2, e Θ uniformemente distribuída em $(0, 2\pi)$. Portanto, se U_1 e U_2 são números aleatórios, então, usando o resultado do Exemplo 2a, podemos fazer

$$R = (-2 \log U_1)^{1/2}$$
$$\Theta = 2\pi U_2$$

de onde resulta que

$$X = R \cos \Theta = (-2 \log U_1)^{1/2} \cos(2\pi U_2)$$
$$Y = R \operatorname{sen} \Theta = (-2 \log U_1)^{1/2} \operatorname{sen}(2\pi U_2) \qquad (2.5)$$

são variáveis aleatórias normais unitárias independentes. ■

Esta é a chamada *abordagem de Box-Muller*. Sua eficiência sofre um pouco da necessidade de se fazer o cálculo de senos e cossenos. Há, no entanto, uma maneira de se evitar essa potencial dificuldade, que pode resultar em um aumento relativo do tempo de simulação. Para começar, observe que, se U é uniforme em $(0, 1)$, então $2U$ é uniforme em $(0, 2)$. Assim, $2U - 1$ é uniforme em $(-1, 1)$. Logo, se gerarmos os números aleatórios U_1 e U_2 e fizermos

$$V_1 = 2U_1 - 1$$
$$V_2 = 2U_2 - 1$$

então o par (V_1, V_2) é uniformemente distribuído no quadrado de área 4 centrado em $(0, 0)$ (veja a Figura 10.2).

Suponha agora que geremos continuamente pares (V_1, V_2) até que obtenhamos um que esteja contido no disco de raio 1 centrado em $(0, 0)$ – isto é, até que $V_1^2 + V_2^2 \leq 1$. Tem-se então como consequência que tal par (V_1, V_2) é uniformemente distribuído no disco. Agora, suponha que $\overline{R}$ e $\overline{\Theta}$ representem as

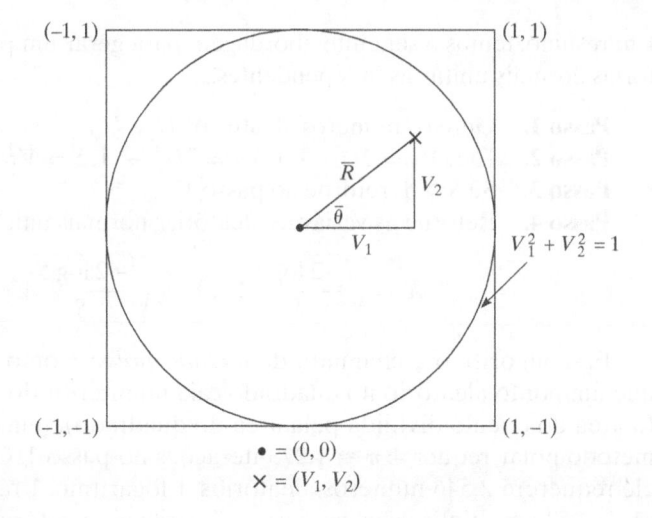

Figura 10.2

coordenadas polares deste par. Nesse caso é fácil verificar que $\overline{R}$ e $\overline{\Theta}$ são independentes, sendo $\overline{R}^2$ uniformemente distribuído em $(0,1)$ e $\overline{\Theta}$ uniformemente distribuído em $(0, 2\pi)$ (veja o Problema 10.13).

Como

$$\operatorname{sen} \overline{\Theta} = \frac{V_2}{\overline{R}} = \frac{V_2}{\sqrt{V_1^2 + V_2^2}}$$

$$\cos \overline{\Theta} = \frac{V_1}{\overline{R}} = \frac{V_1}{\sqrt{V_1^2 + V_2^2}}$$

resulta da Equação (2.5) que podemos gerar as variáveis aleatórias normais unitárias independentes X e Y gerando um outro número aleatório U e fazendo

$$X = (-2 \log U)^{1/2} V_1 / \overline{R}$$
$$Y = (-2 \log U)^{1/2} V_2 / \overline{R}$$

De fato, como (condicionado a $V_1^2 + V_2^2 \leq 1$) $\overline{R}^2$ é uniforme em $(0,1)$ e independente de $\overline{\theta}$, podemos usar essa variável para gerar um novo número aleatório U, o que mostra que

$$X = (-2 \log \overline{R}^2)^{1/2} \frac{V_1}{\overline{R}} = \sqrt{\frac{-2 \log S}{S}} V_1$$

$$Y = (-2 \log \overline{R}^2)^{1/2} \frac{V_2}{\overline{R}} = \sqrt{\frac{-2 \log S}{S}} V_2$$

são variáveis aleatórias normais unitárias independentes, onde

$$S = \overline{R}^2 = V_1^2 + V_2^2$$

Em resumo, temos a seguinte abordagem para gerar um par de variáveis aleatórias normais unitárias independentes:

Passo 1. Gere os números aleatórios U_1 e U_2.
Passo 2. Faça $V_1 = 2U_1 - 1, V_2 = 2U_2 - 1, S = V_1^2 + V_2^2$.
Passo 3. Se $S > 1$, retorne ao passo 1.
Passo 4. Retorne as variáveis aleatórias normais unitárias independentes

$$X = \sqrt{\frac{-2 \log S}{S}} V_1, Y = \sqrt{\frac{-2 \log S}{S}} V_2$$

Esse algoritmo é chamado de *método polar*. Como a probabilidade de que um ponto aleatório no quadrado caia no interior do círculo é igual a $\pi/4$ (a área do círculo dividida pela área do quadrado), tem-se que, na média, o método polar requer $4/\pi \approx 1,273$ iterações no passo 1. Com isso, em média, ele requererá 2,546 números aleatórios, 1 logaritmo, 1 raiz quadrada, 1 divisão e 4,546 multiplicações para gerar 2 variáveis aleatórias normais unitárias independentes.

Exemplo 2e Simulando uma variável aleatória qui-quadrado

A distribuição qui-quadrado com n graus de liberdade é a distribuição de $\chi_n^2 = Z_1^2 + \cdots + Z_n^2$, onde $Z_i, i = 1,\ldots, n$ são variáveis aleatórias normais unitárias independentes. Agora lembre que, da Seção 6.3 do Capítulo 6, $Z_1^2 + Z_2^2$ possui distribuição exponencial com taxa $\frac{1}{2}$. Portanto, quando n é par (digamos, $n = 2k$), χ_{2k}^2 possui distribuição gama com parâmetros $\left(k, \frac{1}{2}\right)$. Assim, $-2\log(\prod_{i=1}^{k} U_i)$ possui distribuição qui-quadrado com $2k$ graus de liberdade. Da mesma forma, podemos simular uma variável aleatória qui-quadrado com $2k + 1$ graus de liberdade primeiro simulando uma variável aleatória normal unitária Z e depois somando Z^2 à expressão anterior. Isto é,

$$\chi_{2k+1}^2 = Z^2 - 2\log\left(\prod_{i=1}^{k} U_i\right)$$

onde Z e $U_1,\ldots, U_n$ são independentes [Z é uma variável aleatória normal unitária e $U_1,\ldots, U_n$ são variáveis aleatórias uniformes no intervalo $(0, 1)$].

10.3 SIMULAÇÕES A PARTIR DE DISTRIBUIÇÕES DISCRETAS

Todos os métodos gerais para simular variáveis aleatórias a partir de distribuições contínuas possuem análogos no caso discreto. Por exemplo, se quisermos simular uma variável aleatória Z com função de probabilidade

$$P\{X = x_j\} = P_j, \quad j = 0, 1, \ldots, \quad \sum_j P_j = 1$$

podemos usar o seguinte análogo da técnica da transformada inversa.

Para simular X para a qual $P\{X = x_j\} = P_j$, suponha que U seja uniformemente distribuída ao longo de $(0, 1)$ e faça

$$X = \begin{cases} x_1 & \text{se } U \leq P_1 \\ x_2 & \text{se } P_1 < U \leq P_1 + P_2 \\ \vdots \\ x_j & \text{se } \sum_1^{j-1} P_i < U \leq \sum_i^{j} P_i \\ \vdots \end{cases}$$

Como

$$P\{X = x_j\} = P\left\{\sum_1^{j-1} P_i < U \leq \sum_1^{j} P_i\right\} = P_j$$

resulta que X é a distribuição desejada.

Exemplo 3a A distribuição geométrica

Suponha que tentativas independentes, cada uma com probabilidade de sucesso $p, 0 < p < 1$, sejam continuamente realizadas até que um sucesso ocorra. Supondo que X represente o número necessário de tentativas, então

$$P\{X = i\} = (1 - p)^{i-1}p \quad i \geq 1$$

o que é visto notando-se que $X = 1$ se as primeiras $i - 1$ tentativas são todas fracassadas e a i-ésima tentativa é um sucesso. Suponha que X represente o número necessário de tentativas. Como

$$\sum_{i=1}^{j-1} P\{X = i\} = 1 - P\{X > j - 1\}$$
$$= 1 - P\{\text{primeiros } j - 1 \text{ são fracassos}\}$$
$$= 1 - (1 - p)^{j-1} \quad j \geq 1$$

podemos simular tal variável aleatória gerando um número aleatório U e então fazendo X igual ao valor j para o qual

$$1 - (1 - p)^{j-1} < U \leq 1 - (1 - p)^j$$

ou, equivalentemente, para o qual

$$(1 - p)^j \leq 1 - U < (1 - p)^{j-1}$$

Como $1 - U$ tem a mesma distribuição que U, podemos definir X como

$$X = \min\{j : (1 - p)^j \leq U\}$$
$$= \min\{j : j\log(1 - p) \leq \log U\}$$
$$= \min\left\{j : j \geq \frac{\log U}{\log(1 - p)}\right\}$$

onde a desigualdade muda de sinal porque $\log(1 - p)$ é negativo [pois $\log(1 - p) < \log 1 = 0$]. Usando a notação $[x]$ para representar a parte inteira de x (isto é, $[x]$ é o maior inteiro menor ou igual a x), podemos escrever

$$X = 1 + \left[\frac{\log U}{\log(1 - p)}\right]$$

Como no caso contínuo, técnicas de simulação especial foram desenvolvidas para as distribuições discretas mais comuns. Agora apresentamos duas dessas técnicas.

Exemplo 3b Simulando uma variável aleatória binomial

Uma variável aleatória binomial pode ser facilmente simulada se lembrarmos que ela pode ser expressa como a soma de n variáveis aleatórias de Bernoulli independentes. Isto é, se $U_1, \ldots, U_n$ são variáveis aleatórias independentes e uniformes no intervalo $(0, 1)$ e se fizermos

$$X_i = \begin{cases} 1 & \text{se } U_i < p \\ 0 & \text{caso contrário} \end{cases}$$

resulta que $X \equiv \sum_{i=1}^{n} X_i$ é uma variável aleatória binomial com parâmetros n e p.

Exemplo 3c   Simulando uma variável aleatória de Poisson

Para simular uma variável aleatória de Poisson com média λ, gere variáveis aleatórias $U_1, U_2, \ldots$ independentes e uniformes no intervalo $(0, 1)$ e pare quando

$$N = \min \left\{ n : \prod_{i=1}^{n} U_i < e^{-\lambda} \right\}$$

A variável aleatória $X \equiv N - 1$ possui a distribuição desejada. Em outras palavras, se gerarmos números aleatórios continuamente até que seu produto seja menor que $e^{-\lambda}$, então o número necessário, menos 1, é Poisson com média λ.

Que $X \equiv N - 1$ é de fato uma variável aleatória de Poisson com média λ talvez possa ser visto mais facilmente se observarmos que

$$X + 1 = \min \left\{ n : \prod_{i=1}^{n} U_i < e^{-\lambda} \right\}$$

é equivalente a

$$X = \max \left\{ n : \prod_{i=1}^{n} U_i \geq e^{-\lambda} \right\} \quad \text{onde} \quad \prod_{i=1}^{0} U_i \equiv 1$$

ou, usando-se logaritmos, a

$$X = \max \left\{ n : \sum_{i=1}^{n} \log U_i \geq -\lambda \right\}$$

ou

$$X = \max \left\{ n : \sum_{i=1}^{n} -\log U_i \leq \lambda \right\}$$

Entretanto, $-\log U_i$ é exponencial com taxa 1, e com isso X pode ser visto como o número máximo de exponenciais com taxa 1 que podem ser somadas e ainda assim o resultado ser menor que λ. Mas lembrando que os tempos entre eventos sucessivos de um processo de Poisson com taxa 1 são exponenciais independentes com taxa 1, resulta que X é igual ao número de eventos até o tempo λ de um processo de Poisson com taxa 1; assim, X tem uma distribuição de Poisson com média λ. ∎

10.4 TÉCNICAS DE REDUÇÃO DE VARIÂNCIA

Suponha que as variáveis aleatórias $X_1,\ldots,X_n$ possuam uma dada função distribuição conjunta e suponha que estejamos interessados em calcular

$$\theta \equiv E[g(X_1,\ldots,X_n)]$$

onde g é alguma função específica. Às vezes sucede ser extremamente difícil computar θ analiticamente, e quando este é o caso, podemos tentar estimar esse parâmetro por meio de uma simulação. Isso é feito da seguinte maneira: gere $X_1^{(1)},\ldots,X_n^{(1)}$ com a mesma distribuição conjunta de $X_1,\ldots,X_n$ e faça

$$Y_1 = g(X_1^{(1)},\ldots,X_n^{(1)})$$

Agora, seja $X_1^{(2)},\ldots,X_n^{(2)}$ um segundo conjunto de variáveis aleatórias (independente do primeiro) tendo a distribuição de $X_1,\ldots,X_n$, e faça

$$Y_2 = g(X_1^{(2)},\ldots,X_n^{(2)})$$

Continue com isso até que você tenha gerado k (algum número predeterminado) conjuntos e calculado $Y_1, Y_2,\ldots, Y_k$. Agora, $Y_1,\ldots, Y_k$ são variáveis aleatórias independentes e identicamente distribuídas, cada uma com a mesma distribuição de $g(X_1,\ldots,X_n)$. Logo, se $\overline{Y}$ representa a média dessas k variáveis aleatórias – isto é, se

$$\overline{Y} = \sum_{i=1}^{k} \frac{Y_i}{k}$$

então

$$E[\overline{Y}] = \theta$$
$$E[(\overline{Y} - \theta)^2] = \text{Var}(\overline{Y})$$

Portanto, podemos usar $\overline{Y}$ como uma estimativa de θ. Como o valor esperado do quadrado da diferença entre $\overline{Y}$ e θ é igual à variância de $\overline{Y}$, é interessante que essa grandeza tenha o menor valor possível [no caso estudado, $\text{Var}(\overline{Y}) = \text{Var}(Y_i)/k$, o que usualmente não se sabe de antemão mas pode ser determinado a partir dos valores gerados $Y_1,\ldots, Y_n$]. Agora, apresentamos três técnicas gerais que permitem reduzir a variância de nosso estimador.

10.4.1 Uso de variáveis antitéticas

Na situação anterior, suponha que tenhamos gerado Y_1 e Y_2, que são variáveis aleatórias identicamente distribuídas com média θ. Agora,

$$\text{Var}\left(\frac{Y_1 + Y_2}{2}\right) = \frac{1}{4}[\text{Var}(Y_1) + \text{Var}(Y_2) + 2\text{Cov}(Y_1, Y_2)]$$
$$= \frac{\text{Var}(Y_1)}{2} + \frac{\text{Cov}(Y_1, Y_2)}{2}$$

Com isso, seria vantajoso (no sentido de reduzir-se a variância) que Y_1 e Y_2 fossem negativamente correlacionadas em vez de serem independentes. Para ver como podemos fazer isso, suponhamos que as variáveis aleatórias $X_1,...,X_n$ sejam independentes e, além disso, que cada uma delas seja simulada por meio da técnica da transformada inversa. Isto é, X_i é simulada a partir de $F_i^{-1}(U_i)$, onde U_i é um número aleatório e F_i é a distribuição de X_i. Logo, Y_1 pode ser expressa como

$$Y_1 = g(F_1^{-1}(U_1),\ldots,F_n^{-1}(U_n))$$

Agora, como $1 - U$ também é uniforme em $(0, 1)$ sempre que U é um número aleatório (e negativamente correlacionada com U), resulta que Y_2 definida como

$$Y_2 = g(F_1^{-1}(1 - U_1),\ldots,F_n^{-1}(1 - U_n))$$

terá a mesma distribuição de Y_1. Com isso, se Y_1 e Y_2 são negativamente correlacionadas, a geração de Y_2 por meio desse procedimento leva a uma menor variância do que aquela que teríamos se essa variável aleatória fosse gerada a partir de um novo conjunto de números aleatórios (além disso, há reduções no tempo computacional associado, porque em vez de gerar n números aleatórios adicionais, precisamos apenas subtrair de 1 cada um dos n números anteriores). Embora não possamos, em geral, assegurar que Y_1 e Y_2 sejam negativamente correlacionadas, frequentemente este é o caso, e, de fato, pode-se demonstrar que isso ocorrerá sempre que g for uma função monotônica.

10.4.2 Redução da variância usando condições

Vamos começar relembrando a fórmula da variância condicional (veja a Seção 7.5.4):

$$\text{Var}(Y) = E[\text{Var}(Y|Z)] + \text{Var}(E[Y|Z])$$

Agora, suponha que estejamos interessados em estimar $E[g(X_1,...,X_n)]$ primeiro simulando $\mathbf{X} = (X_1,...,X_n)$ e depois calculando $Y = g(\mathbf{X})$. Se, para alguma variável aleatória Z, pudermos calcular $E[Y|Z]$, então, como $\text{Var}(Y|Z) \geq 0$, resulta da fórmula da variância condicional que

$$\text{Var}(E[Y|Z]) \leq \text{Var}(Y)$$

Assim, como $E[E[Y|Z]] = E[Y]$, resulta que $E[Y|Z]$ é um melhor estimador de $E[Y]$ do que Y.

Exemplo 4a Estimação de π

Suponha que U_1 e U_2 sejam números aleatórios, e faça $V_i = 2U_i - 1$, $i = 1, 2$. Como notado no Exemplo 2d, o par (V_1, V_2) estará uniformemente distribuído no quadrado de área 4 centrado em $(0, 0)$. A probabilidade de que este ponto caia no interior do círculo inscrito de raio 1 centrado em $(0, 0)$ (veja a Figura 10.2) é igual a $\pi/4$ (a relação entre as áreas do círculo e do quadrado).

Portanto, simulando um grande número n de pares com essas características e fazendo

$$I_j = \begin{cases} 1 & \text{se o } j\text{-ésimo par cair no interior do círculo} \\ 0 & \text{caso contrário} \end{cases}$$

resulta que $I_j, j = 1,..., n$, serão variáveis aleatórias independentes e identicamente distribuídas com $E[I_j] = \pi/4$. Assim, pela lei forte dos grandes números,

$$\frac{I_1 + \cdots + I_n}{n} \to \frac{\pi}{4} \quad \text{quando } n \to \infty$$

Portanto, simulando um grande número de pares (V_1, V_2) e multiplicando por 4 a proporção destes que caem no interior do círculo, podemos estimar π com boa precisão.

Esse estimador pode, no entanto, ser melhorado com o uso da esperança condicional. Se I for a variável indicadora do par (V_1, V_2), então, em vez de usar o valor observado de I, é melhor condicionar em V_1 e utilizar

$$E[I|V_1] = P\{V_1^2 + V_2^2 \le 1 | V_1\}$$
$$= P\{V_2^2 \le 1 - V_1^2 | V_1\}$$

Agora,

$$P\{V_2^2 \le 1 - V_1^2 | V_1 = v\} = P\{V_2^2 \le 1 - v^2\}$$
$$= P\{-\sqrt{1 - v^2} \le V_2 \le \sqrt{1 - v^2}\}$$
$$= \sqrt{1 - v^2}$$

então

$$E[I|V_1] = \sqrt{1 - V_1^2}$$

Assim, uma possível melhoria em relação ao uso do valor médio de I para estimar $\pi/4$ é usar o valor médio de $\sqrt{1 - V_1^2}$. De fato, como

$$E[\sqrt{1 - V_1^2}] = \int_{-1}^{1} \frac{1}{2}\sqrt{1 - v^2}dv = \int_{0}^{1} \sqrt{1 - u^2}du = E[\sqrt{1 - U^2}]$$

onde U é uniforme no intervalo $(0, 1)$, podemos gerar n números aleatórios U e usar o valor médio de $\sqrt{1 - U^2}$ como nossa estimativa para $\pi/4$ (o Problema 10.14 mostra que este estimador tem a mesma variância que a média dos n valores, $\sqrt{1 - V^2}$).

Esse estimador de π pode ser melhorado ainda mais se notarmos que a função $g(u) = \sqrt{1 - u^2}, 0 \le u \le 1$, é uma função monotonicamente decrescente de u, e com isso o método das variáveis antitéticas reduz a variância do estimador de $E[\sqrt{1 - U^2}]$. Isto é, em vez de gerar n números aleatórios e usar o valor médio de $\sqrt{1 - U^2}$ como um estimador de $\pi/4$, obteríamos um melhor estimador gerando somente $n/2$ números aleatórios U e então usando metade da média de $\sqrt{1 - U^2} + \sqrt{1 - (1 - U)^2}$ como o estimador de $\pi/4$.

A tabela a seguir fornece os valores de π obtidos a partir de simulações realizadas com os três estimadores usando $n = 10.000$.

Método	Valor estimado de π
Proporção de pontos aleatórios no interior do círculo	3,1662
Valor médio de $\sqrt{1 - U^2}$	3,128448
Valor médio de $\sqrt{1 - U^2} + \sqrt{1 - (1 - U)^2}$	3,139578

Uma simulação adicional utilizando a última abordagem e $n = 64.000$ resultou em um valor estimado de 3,143288. ∎

10.4.3 Variáveis de controle

Novamente, suponha que queiramos usar uma simulação para estimar $E[g(\mathbf{X})]$, onde $\mathbf{X} = (X_1,..., X_n)$. Mas suponha agora que, para alguma função f, o valor esperado de $f(\mathbf{X})$ seja conhecido – digamos que ele seja $E[f(\mathbf{X})] = \mu$. Então, para qualquer constante a, também podemos usar

$$W = g(\mathbf{X}) + a[f(\mathbf{X}) - \mu]$$

como um estimador de $E[g(\mathbf{X})]$. Agora,

$$\text{Var}(W) = \text{Var}[g(\mathbf{X})] + a^2 \text{Var}[f(\mathbf{X})] + 2a\,\text{Cov}[g(\mathbf{X}), f(\mathbf{X})] \quad (4.1)$$

Um pouco de cálculo elementar mostra que essa expressão é minimizada quando

$$a = \frac{-\text{Cov}[f(\mathbf{X}), g(\mathbf{X})]}{\text{Var}[f(\mathbf{X})]} \quad (4.2)$$

e, para esse valor de a,

$$\text{Var}(W) = \text{Var}[g(\mathbf{X})] - \frac{[\text{Cov}[f(\mathbf{X}), g(\mathbf{X})]]^2}{\text{Var}[f(\mathbf{X})]} \quad (4.3)$$

Infelizmente, não é usual que conheçamos nem $\text{Var}[f(\mathbf{X})]$, nem $\text{Cov}[f(\mathbf{X}), g(\mathbf{X})]$, e portanto em geral não podemos obter uma redução na variância usando o método anterior. Uma abordagem que é empregada na prática consiste no uso de dados simulados para estimar tais grandezas. Geralmente essa abordagem permite a maior redução teórica possível no valor da variância.

RESUMO

Seja F uma função distribuição contínua, e U uma variável aleatória uniforme no intervalo $(0, 1)$. Então, a variável aleatória $F^{-1}(U)$ tem função distribuição F, onde $F^{-1}(u)$ é o valor de x tal que $F(x) = u$. Aplicando esse resultado, podemos usar os valores de variáveis aleatórias uniformes, chamados de *números aleatórios*, para gerar os valores de outras variáveis aleatórias. Essa técnica é chamada de método da *transformação inversa*.

Outra técnica utilizada para gerar variáveis aleatórias baseia-se no método da *rejeição*. Suponha que tenhamos um procedimento eficiente para gerar uma variável aleatória a partir da função densidade g e que queiramos gerar uma variável aleatória com função densidade f. O método da rejeição faz isso primeiramente determinando uma constante c tal que

$$\max \frac{f(x)}{g(x)} \leq c$$

e depois segue os seguintes passos:

1. Gera Y com densidade g.
2. Gera um número aleatório U.
3. Se $U \leq f(Y)/cg(Y)$, faz $X = Y$ e para.
4. Retorna para o passo 1.

O número de passagens pelo passo 1 é uma variável aleatória geométrica com média c.

Variáveis aleatórias normais padrão podem ser simuladas eficientemente pelo método da rejeição (com g exponencial com média 1), ou pela técnica conhecida como o *algoritmo polar*.

Para estimar uma grandeza θ, muitas vezes é necessário gerar os valores de uma sequência parcial de variáveis aleatórias cujo valor esperado é θ. A eficiência dessa abordagem é aumentada quando tais variáveis aleatórias possuem uma variância pequena. Três técnicas que, com frequência, podem ser utilizadas para especificar variáveis aleatórias com média θ e variâncias relativamente pequenas são

1. o uso de variáveis antitéticas,
2. o uso de esperanças condicionais, e
3. o uso de variáveis de controle.

PROBLEMAS

10.1 O seguinte algoritmo gera uma permutação aleatória dos elementos $1, 2,..., n$. Ele é um pouco mais rápido do que aquele apresentado no Exemplo 1a, mas é tal que nenhuma posição é fixada até o término da execção. Neste algoritmo, $P(i)$ pode ser interpretado como o elemento na posição i.

Passo 1. Faça $k = 1$.
Passo 2. Faça $P(1) = 1$.
Passo 3. Se $k = n$, pare. Caso contrário, faça $k = k + 1$.
Passo 4. Gere um número aleatório U e faça

$$P(k) = P([kU] + 1)$$
$$P([kU] + 1) = k$$

Volte para o passo 3.

(a) Explique com palavras o que faz esse algoritmo.
(b) Mostre que na iteração k – isto é, quando o valor de $P(k)$ é inicialmente ajustado – $P(1), P(2),..., P(k)$ é uma permutação aleatória de $1, 2,..., k$.

Dica: Use indução e mostre que

$$P_k\{i_1, i_2, \ldots, i_{j-1}, k, i_j, \ldots, i_{k-2}, i\}$$
$$= P_{k-1}\{i_1, i_2, \ldots, i_{j-1}, i, i_j, \ldots, i_{k-2}\}\frac{1}{k}$$
$$= \frac{1}{k!} \text{ pela hipótese de indução}$$

10.2 Desenvolva uma técnica para simular uma variável aleatória com função densidade

$$f(x) = \begin{cases} e^{2x} & -\infty < x < 0 \\ e^{-2x} & 0 < x < \infty \end{cases}$$

10.3 Proponha uma técnica para simular uma variável aleatória com função densidade de probabilidade

$$f(x) = \begin{cases} \frac{1}{2}(x - 2) & 2 \leq x \leq 3 \\ \frac{1}{2}\left(2 - \frac{x}{3}\right) & 3 < x \leq 6 \\ 0 & \text{caso contrário} \end{cases}$$

10.4 Apresente um método para simular uma variável aleatória com função distribuição

$$F(x) = \begin{cases} 0 & x \leq -3 \\ \frac{1}{2} + \frac{x}{6} & -3 < x < 0 \\ \frac{1}{2} + \frac{x^2}{32} & 0 < x \leq 4 \\ 1 & x > 4 \end{cases}$$

10.5 Use o método da transformação inversa para gerar uma variável aleatória a partir da distribuição de Weibull

$$F(t) = 1 - e^{-at^\beta} \quad t \geq 0$$

10.6 Forneça um método para simular uma variável aleatória com função taxa de falhas
(a) $\lambda(t) = c$;
(b) $\lambda(t) = ct$;
(c) $\lambda(t) = ct^2$;
(d) $\lambda(t) = ct^3$.

10.7 Seja F a função distribuição

$$F(x) = x^n \quad 0 < x < 1$$

(a) Forneça um método para simular uma variável aleatória com distribuição F que use somente um número aleatório.

(b) Seja $U_1, \ldots, U_n$ um conjunto de números aleatórios. Mostre que

$$P\{\text{máx}(U_1, \ldots, U_n) \leq x\} = x^n$$

(c) Use a letra (b) para propor um segundo método para simular uma variável aleatória com distribuição F.

10.8 Suponha que seja relativamente fácil simular F_i para cada $i = 1, \ldots, n$. Como podemos simular a partir de
(a) $F(x) = \prod_{i=1}^{n} F_i(x)$?
(b) $F(x) = 1 - \prod_{i=1}^{n}[1 - F_i(x)]$

10.9 Suponha que tenhamos um método para simular variáveis aleatórias a partir das distribuições F_1 e F_2. Explique como podemos simular a partir da distribuição

$$F(x) = pF_1(x) + (1 - p)F_2(x) \quad 0 < p < 1$$

Forneça um método para simular a partir de

$$F(x) = \begin{cases} \frac{1}{3}(1 - e^{-3x}) + \frac{2}{3}x & 0 < x \leq 1 \\ \frac{1}{3}(1 - e^{-3x}) + \frac{2}{3} & x > 1 \end{cases}$$

10.10 No Exemplo 2c, simulamos o valor absoluto de uma variável aleatória normal unitária usando o método da rejeição baseado em variáveis aleatórias exponenciais com taxa 1. Isso suscita a pergunta: seria possível ou não obter um algoritmo mais eficiente usando uma densidade exponencial diferente – isto é, poderíamos usar a densidade $g(x) = \lambda e^{-\lambda x}$? Mostre que o número médio de iterações necessárias no esquema de rejeição é minimizado quando $\lambda = 1$.

10.11 Use o método da rejeição com $g(x) = 1$, $0 < x < 1$, para formular um algoritmo que simule uma variável aleatória com função densidade

$$f(x) = \begin{cases} 60x^3(1 - x)^2 & 0 < x < 1 \\ 0 & \text{caso contrário} \end{cases}$$

10.12 Explique como você poderia usar números aleatórios para aproximar $\int_0^1 k(x)\,dx$, onde $k(x)$ é uma função arbitrária.
Dica: Se U é uniforme no intervalo $(0, 1)$, o que é $E[k(U)]$?

10.13 Seja o par (X, Y) uniformemente distribuído no círculo de raio 1 centrado na origem. Sua densidade conjunta é portanto

$$f(x,y) = \frac{1}{\pi} \quad 0 \le x^2 + y^2 \le 1$$

Suponha que $R = (X^2 + Y^2)^{1/2}$ e $\theta = \text{tg}^{-1}(Y/X)$ representem as coordenadas polares de (X, Y). Mostre que R e θ são independentes, com R^2 uniforme em $(0, 1)$ e θ uniforme em $(0, 2\pi)$.

10.14 No Exemplo 4a, mostramos que

$$E[(1 - V^2)^{1/2}] = E[(1 - U^2)^{1/2}] = \frac{\pi}{4}$$

quando V é uniforme em $(-1, 1)$ e U é uniforme em $(0, 1)$. Mostre agora que

$$\text{Var}[(1 - V^2)^{1/2}] = \text{Var}[(1 - U^2)^{1/2}]$$

e determine seu valor comum.

10.15 (a) Verifique que o mínimo de (4.1) ocorre quando a é dado por (4.2).
(b) Verifique que o mínimo de (4.1) é dado por (4.3).

10.16 Seja X uma variável aleatória em $(0,1)$ cuja densidade é $f(x)$. Mostre que podemos estimar $\int_0^1 g(x)\,dx$ simulando X e então tomando $g(X)/f(X)$ como nossa estimativa. Esse método, chamado de *amostragem por importância*, tenta escolher uma função f que tenha forma similar àquela de g de forma que $g(X)/f(X)$ tenha variância pequena.

PROBLEMAS DE AUTOTESTE E EXERCÍCIOS

10.1 A variável aleatória X tem função densidade de probabilidade

$$f(x) = Ce^x \quad 0 < x < 1$$

(a) Determine o valor da constante C.
(b) Forneça um método para simular tal variável aleatória.

10.2 Forneça uma abordagem para simular uma variável aleatória com função densidade de probabilidade

$$f(x) = 30(x^2 - 2x^3 + x^4) \quad 0 < x < 1$$

10.3 Forneça um algoritmo eficiente para simular o valor de uma variável aleatória com função de probabilidade

$$p_1 = 0{,}15 \quad p_2 = 0{,}2 \quad p_3 = 0{,}35 \quad p_4 = 0{,}30$$

10.4 Se X é uma variável aleatória normal com média μ e variância σ^2, defina uma variável aleatória Y que possua a mesma distribuição que X e que lhe seja negativamente correlacionada.

10.5 Sejam X e Y variáveis aleatórias exponenciais independentes com média 1.
(a) Explique como poderíamos usar uma simulação para estimar $E[e^{XY}]$.
(b) Mostre como poderíamos aprimorar a abordagem da letra (a) usando uma variável de controle.

REFERÊNCIA

[1] ROSS, S. M., *Simulation*. 4th ed. San Diego: Academic Press, Inc., 2006.

Respostas para Problemas Selecionados

CAPÍTULO 1
1. 67.600.000; 19.656.000 **2.** 1296 **4.** 24; 4 **5.** 144; 18 **6.** 2401 **7.** 720; 72; 144; 72 **8.** 120; 1260; 34.650 **9.** 27.720 **10.** 40.320; 10.080; 1152; 2880; 384 **11.** 720; 72; 144 **12.** 24.300.000; 17.100.720 **13.** 190 **14.** 2.598.960 **16.** 42; 94 **17.** 604.800 **18.** 600 **19.** 896; 1000; 910 **20.** 36; 26 **21.** 35 **22.** 18 **23.** 48 **25.** $52!/(13!)^4$ **27.** 27.720 **28.** 65.536; 2520 **29.** 12.600; 945 **30.** 564.480 **31.** 165; 35 **32.** 1287; 14.112 **33.** 220; 572

CAPÍTULO 2
9. 74 **10.** 0,4; 0,1 **11.** 70; 2 **12.** 0,5; 0,32; 149/198 **13.** 20.000; 12.000; 11.000; 68.000; 10.000 **14.** 1,057 **15.** 0,0020; 0,4226; 0,0475; 0,0211; 0,00024 **17.** $9,10947 \times 10^{-6}$ **18.** 0,048 **19.** 5/18 **20.** 0,9052 **22.** $(n + 1)/2^n$ **23.** 5/12 **25.** 0,4 **26.** 0,492929 **27.** 0,0888; 0,2477; 0,1243; 0,2099 **30.** 1/18; 1/6; 1/2 **31.** 2/9; 1/9 **33.** 70/323 **36.** 0,0045; 0,0588 **37.** 0,0833; 0,5 **38.** 4 **39.** 0,48 **40.** 1/64; 21/64; 36/64; 6/64 **41.** 0,5177 **44.** 0,3; 0,2; 0,1 **46.** 5 **48.** $1,0604 \times 10^{-3}$ **49.** 0,4329 **50.** $2,6084 \times 10^{-6}$ **52.** 0,09145; 0,4268 **53.** 12/35 **54.** 0,0511 **55.** 0,2198; 0,0343

CAPÍTULO 3
1. 1/3
2. 1/6; 1/5; 1/4; 1/3; 1/2; 1 **3.** 0,339 **5.** 6/91 **6.** 1/2 **7.** 2/3 **8.** 1/2 **9.** 7/11 **10.** 0,22 **11.** 1/17; 1/33 **12.** 0,504; 0,3629 **14.** 35/768; 210/768 **15.** 0,4848 **16.** 0,9835 **17.** 0,0792; 0,264 **18.** 0,331; 0,383; 0,286; 48,62 **19.** 44,29; 41,18 **20.** 0,4; 1/26 **21.** 0,496; 3/14; 9/62 **22.** 5/9; 1/6; 5/54 **23.** 4/9; 1/2 **24.** 1/3; 1/2 **26.** 20/21; 40/41 **28.** 3/128; 29/1536 **29.** 0,0893 **30.** 7/12; 3/5 **33.** 0,76, 49/76 **34.** 27/31 **35.** 0,62, 10/19 **36.** 1/2 **37.** 1/3; 1/5; 1 **38.** 12/37 **39.** 46/185 **40.** 3/13; 5/13; 5/52; 15/52 **41.** 43/459 **42.** 34,48 **43.** 4/9 **45.** 1/11 **48.** 2/3 **50.** 17,5; 38/165; 17/33 **51.** 0,65; 56/65; 8/65; 1/65; 14/35; 12/35; 9/35 **52.** 0,11; 16/89; 12/27; 3/5; 9/25 **55.** 9 **57.** (c) 2/3 **60.** 2/3; 1/3; 3/4 **61.** 1/6; 3/20 **65.** 9/13; 1/2 **69.** 9; 9; 18; 110; 4; 4; 8; 120 até 128 **70.** 1/9; 1/18 **71.** 38/64; 13/64; 13/64

73. 1/16; 1/32; 5/16; 1/4; 31/32 **74.** 9/19 **75.** 3/4, 7/12 **78.** $p^2/(1 - 2p + 2p^2)$
79. 0,5550 **81.** 0,9530 **73.** 0,5; 0,6; 0,8 **74.** 9/19; 6/19; 4/19; 7/15; 53/165; 7/33 **89.** 97/142; 15/26; 33/102

CAPÍTULO 4

1. $p(4) = 6/91; p(2) = 8/91; p(1) = 32/91; p(0) = 1/91; p(-1) = 16/91; p(-2) = 28/91$ **4.** 1/2; 5/18; 5/36; 5/84; 5/252; 1/252; 0; 0; 0; 0 **5.** $n - 2i; i = 0, ..., n$
6. $p(3) = p(-3) = 1/8; p(1) = p(-1) = 3/8$ **12.** $p(4) = 1/16; p(3) = 1/8; p(2) = 1/16; p(0) = 1/2; p(-i) = p(i); p(0) = 1$ **13.** $p(0) = 0,28; p(500) = 0,27; p(1000) = 0,315; p(1500) = 0,09; p(2000) = 0,045$ **14.** $p(0) = 1/2; p(1) = 1/6; p(2) = 1/12; p(3) = 1/20; p(4) = 1/5$ **17.** 1/4; 1/6; 1/12; 1/2 **19.** 1/2; 1/10; 1/5; 1/10; 1/10 **20.** 0,5918; não; $-0,108$ **21.** 39,28; 37 **24.** $p = 11/18$; máximo = 23/72 **25.** 0,46, 1,3 **26.** 11/2; 17/5 **27.** $A(p + 1/10)$ **28.** 3/5
31. p^* **32.** $11 - 10(0,9)^{10}$ **33.** 3 **35.** $-0,067; 1,089$ **37.** 82,2; 84,5
39. 3/8 **40.** 11/243 **42.** $p \geq 1/2$ **45.** 3 **50.** 1/10; 1/10 **51.** $e^{-0,2}; 1 - 1,2e^{-0,2}$
53. $1 - e^{-0,6}; 1 - e^{-219,18}$ **56.** 253 **57.** 0,5768; 0,6070 **59.** 0,3935; 0,3033; 0,0902 **60.** 0,8886 **61.** 0,4082 **63.** 0,0821; 0,2424 **65.** 0,3935; 0,2293; 0,3935 **66.** $2/(2n + 1); 2/(2n - 2); e^{-1}$ **67.** $2/n; (2n - 3)/(n - 1)^2; e^{-2}$
68. $(1 - e^{-5})^{80}$ **70.** $p + (1 - p)e^{-\lambda t}$ **71.** 0,1500; 0,1012 **73.** 5,8125
74. 32/243; 4864/6561; 160/729; 160/729 **78.** $18(17)^{n-1}/(35)^n$ **81.** 3/10; 5/6; 75/138 **82.** 0,3439 **83.** 1,5

CAPÍTULO 5

2. $3,5e^{-5/2}$ **3.** não; não **4.** 1/2 **5.** $1 - (0,01)^{1/5}$ **6.** 4, 0, ∞ **7.** 3/5; 6/5
8. 2 **10.** 2/3; 2/3 **11.** 2/5 **13.** 2/3; 1/3 **15.** 0,7977; 0,6827; 0,3695; 0,9522; 0,1587 **16.** $(0,9938)^{10}$ **18.** 22,66 **19.** (c) 1/2, (d) 1/4 **20.** 0,9994; 0,75; 0,977 **22.** 9,5; 0,0019 **23.** 0,9258; 0,1762 **26.** 0,0606; 0,0525
28. 0,8363 **29.** 0,9993 **32.** $e^{-1}; e^{-1/2}$ **34.** $e^{-1}; 1/3$ **38.** 3/5 **40.** $1/y$

CAPÍTULO 6

2. (a) 14/39; 10/39; 10/39; 5/39 (b) 84; 70; 70; 70; 40; 40; 40; 15 tudo dividido por 429 **3.** 15/26; 5/26; 5/26; 1/26 **4.** 25/169; 40/169; 40/169; 64/169
7. $p(i,j) = p^2(1 - p)^{i+j}$ **8.** $c = 1/8; E[X] = 0$ **9.** $(12x^2 + 6x)/7; 15/56; 0,8625$; 5/7; 8/7 **10.** 1/2; $1 - e^{-a}$ **11.** 0,1458 **12.** $39,3e^{-5}$ **13.** 1/6; 1/2 **15.** $\pi/4$
16. $n(1/2)^{n-1}$ **17.** 1/3 **18.** 7/9 **19.** 1/2 **21.** 2/5; 2/5 **22.** não; 1/3 **23.** 1/2; 2/3; 1/20; 1/18 **25.** $e^{-1}/i!$ **28.** $\frac{1}{2}e^{-t}; 1 - 3e^{-2}$ **29.** 0,0326 **30.** 0,3772; 0,2061
31. 0,0829; 0,3766 **32.** $e^{-2}; 1 - 3e^{-2}$ **35.** 5/13; 8/13 **36.** 1/6; 5/6; 1/4; 3/4
41. $(y + 1)^2 xe^{-x(y+1)}; xe^{-xy}; e^{-x}$ **42.** $1/2 + 3y/(4x) - y^3/(4x^3)$ **46.** $(1 - 2d/L)^3$
47. 0,79297 **48.** $1 - e^{-5\lambda a}; (1 - e^{-\lambda a})^5$ **52.** r/π **53.** r **56.** (a) $u/(v + 1)^2$

CAPÍTULO 7

1. 52,5/12 **2.** 324; 199,6 **3.** 1/2; 1/4; 0 **4.** 1/6; 1/4; 1/2 **5.** 3/2 **6.** 35
7. 0,9; 4,9; 4,2 **8.** $(1 - (1 - p)^N)/p$ **10.** 0,6; 0 **11.** $2(n - 1)p(1 - p)$
12. $(3n^2 - n)/(4n - 2)$, $3n^2/(4n - 2)$ **14.** $m/(1 - p)$ **15.** 1/2 **18.** 4
21. 0,9301; 87,5755 **22.** 14,7 **23.** 147/110 **26.** $n/(n + 1); 1/(n + 1)$
29. $\frac{437}{35}$; 12; 4; $\frac{123}{35}$ **31.** 175/6 **33.** 14 **34.** 20/19; 360/361 **35.** 21,2; 18,929;
49,214 **36.** $-n/36$ **37.** 0 **38.** 1/8 **41.** 6; 112/33 **42.** 100/19; 16.200/6137;
10/19; 3240/6137 **45.** 1/2; 0 **47.** $1/(n - 1)$ **48.** 6; 7; 5,8192 **49.** 6,06
50. $2y^2$ **51.** $y^3/4$ **53.** 12 **54.** 8 **56.** $N(1 - e^{-10/N})$ **57.** 12,5 **63.** $-96/145$
65. 5,16 **66.** 218 **67.** $x[1 + (2p - 1)^2]^n$ **69.** 1/2; 1/16; 2/81 **70.** 1/2, 1/3
72. $1/i; [i(i + 1)]^{-1}; \infty$ **73.** $\mu; 1 + \sigma^2; \text{sim}; \sigma^2$ **79.** 0,176; 0,141

CAPÍTULO 8

1. $\geq 19/20$ **2.** 15/17; $\geq 3/4$; ≥ 10 **3.** ≥ 3 **4.** $\leq 4/3$; 0,8428 **5.** 0,1416
6. 0,9431 **7.** 0,3085 **8.** 0,6932 **9.** $(327)^2$ **10.** 117 **11.** $\geq,057$ **13.** 0,0162;
0,0003; 0,2514; 0,2514 **14.** $n \geq 23$ **16.** 0,013; 0,018; 0,691 **18.** $\leq 0,2$
23. 0,769; 0,357; 0,4267; 0,1093; 0,112184

CAPÍTULO 9

1. 1/9; 5/9 **3.** 0,9735; 0,9098; 0,7358; 0,5578 **10.** (b) 1/6 **14.** 2,585; 0,5417;
3,1267 **15.** 5,5098

Soluções para os Problemas de Autoteste e Exercícios

CAPÍTULO 1

1.1 (a) Há 4! sequências diferentes das letras C, D, E, F. Para cada uma dessas sequências, podemos obter uma sequência com A e B uma ao lado da outra inserindo A e B nas ordens A, B ou B, A em qualquer uma das cinco posições, isto é, antes da primeira letra da permutação C, D, E, F, ou entre a primeira e a segunda letra, e assim por diante. Com isso, há 2 · 5 · 4! = 240 arranjos diferentes. Outra maneira de resolver este problema é imaginar que B está colado nas costas de A. Existem então 5! sequências em que A está imediatamente antes de B. Como também há 5! sequências nas quais B está imediatamente antes de A, obtemos novamente um total de 2 · 5! = 240 arranjos diferentes.

(b) Há 6! = 720 arranjos possíveis, e, como existem tantos arranjos com A na frente de B como o contrário, existem 360 arranjos.

(c) Dos 720 arranjos possíveis, há tantos arranjos com A antes de B antes de C quanto qualquer uma das 3! possíveis sequências de A, B, e C. Com isso, há 720/6 = 120 sequências possíveis.

(d) Dos 360 arranjos com A antes de B, metade terá C antes de D, e metade terá D antes de C. Portanto, há 180 arranjos com A antes de B e C antes de D.

(e) Colando B nas costas de A, e D nas costas de C, obtemos 4! = 24 sequências diferentes em que B está logo após A, e D logo após C. Como a ordem de A e B e de C e D pode ser invertida, há 4 · 24 = 96 arranjos diferentes.

(f) Há 5! sequências em que E é a última letra. Portanto, há 6! − 5! = 600 sequências nas quais E não é a última letra.

1.2 3!4!3!3!, já que existem 3! possíveis ordens de países e depois ainda é necessário ordenar os compatriotas.

1.3 (a) 10 · 9 · 8 = 720

(b) 8 · 7 · 6 + 2 · 3 · 8 · 7 = 672. O resultado da letra (b) é obtido porque há 8 · 7 · 6 escolhas que não incluem A ou B, e 3 · 8 · 7 escolhas nas quais um de A ou B sirva, mas não o outro. Isto resulta porque o membro de um par pode ser designado para qualquer um dos 3 escritórios, sendo a próxima posição preenchida por qualquer uma das 8 pessoas restantes e a posição final preenchida por qualquer uma 7 pessoas restantes.

(c) 8 · 7 · 6 + 3 · 2 · 8 = 384.

(d) 3 · 9 · 8 = 216.

(e) 9 · 8 · 7 + 9 · 8 = 576.

1.4 (a) $\binom{10}{7}$

(b) $\binom{5}{3}\binom{5}{4} + \binom{5}{4}\binom{5}{3} + \binom{5}{5}\binom{5}{2}$

1.5 $\binom{7}{3,2,2} = 210$

1.6 Há $\binom{7}{3} = 35$ escolhas para as três posições das letras. Para cada uma delas, há $(26)^3(10)^4$ placas diferentes. Portanto, existem no total $35 \cdot (26)^3 \cdot (10)^4$ placas diferentes.

1.7 Qualquer escolha de r dos n itens é equivalente a uma escolha de $n - r$, isto é, de itens não selecionados.

1.8 (a) $10 \cdot 9 \cdot 9 \cdots 9 = 10 \cdot 9^{n-1}$

(b) $\binom{n}{i} 9^{n-i}$, já que há $\binom{n}{i}$ escolhas para as i posições nas quais os zeros serão colocados e cada uma das demais $n - i$ posições pode conter quaisquer algarismos $1,..., 9$.

1.9 (a) $\binom{3n}{3}$

(b) $3\binom{n}{3}$

(c) $\binom{3}{1}\binom{2}{1}\binom{n}{2}\binom{n}{1} = 3n^2(n-1)$

(d) n^3

(e) $\binom{3n}{3} = 3\binom{n}{3} + 3n^2(n-1) + n^3$

1.10 Há $9 \cdot 8 \cdot 7 \cdot 6 \cdot 5$ números nos quais não se repete nenhum algarismo. Como há $\binom{5}{2} \cdot 8 \cdot 7 \cdot 6$ números nos quais apenas um algarismo específico aparece duas vezes, então há $9\binom{5}{2} \cdot 8 \cdot 7 \cdot 6$ números nos quais apenas um único algarismo aparece duas vezes. Como há $7 \cdot \frac{5!}{2!2!}$ números nos quais dois algarismos específicos aparecem duas vezes, então há $\binom{9}{2} 7 \cdot \frac{5!}{2!2!}$ números nos quais dois algarismos aparecem duas vezes. Logo, a resposta é

$$9 \cdot 8 \cdot 7 \cdot 6 \cdot 5 + 9\binom{5}{2} \cdot 8 \cdot 7 \cdot 6 + \binom{9}{2} 7 \cdot \frac{5!}{2!2!}$$

1.11 (a) Podemos encarar este problema como um experimento em sete etapas. Primeiro escolha 6 casais que possuam um representante no grupo, e depois selecione um dos membros de cada um desses casais. Pelo princípio básico da contagem generalizado, há $\binom{10}{6} 2^6$ escolhas diferentes.

(b) Primeiro selecione os 6 casais que possuam um representante no grupo e então selecione 3 desses casais que vão contribuir com um homem. Portanto, há $\binom{10}{6}\binom{6}{3} = \frac{10!}{4!3!3!}$ escolhas diferentes. Outra maneira de resolver este problema é selecionar primeiro 3 homens e depois 3 mulheres que não estejam relacionadas a eles. Isso mostra que há $\binom{10}{3}\binom{7}{3} = \frac{10!}{3!3!4!}$ escolhas diferentes.

1.12 $\binom{8}{3}\binom{7}{3} + \binom{8}{4}\binom{7}{2} = 3430$. O primeiro termo fornece o número de comitês que possuem 3 mulheres e 3 homens; o segundo fornece o número de comitês que possuem 4 mulheres e 2 homens.

1.13 (número de soluções de $x_1 + ... + x_5 = 4$)(número de soluções de $x_1 + ... + x_5 = 5$) (número de soluções de $x_1 + ... + x_5 = 6$) = $\binom{8}{4}\binom{9}{4}\binom{10}{4}$.

1.14 Como há $\binom{j-1}{n-1}$ vetores positivos cuja soma é j, deve haver $\sum_{j=n}^{k}\binom{j-1}{n-1}$ vetores como esse. Mas $\binom{j-1}{n-1}$ é o número de subconjuntos de tamanho n do conjunto de números $\{1,...,k\}$ no qual j é o maior elemento no subconjunto. Consequentemente, $\sum_{j=n}^{k}\binom{j-1}{n-1}$ é justamente o número total de subconjuntos de tamanho n de um conjunto de tamanho k, o que mostra que a resposta anterior é igual a $\binom{k}{n}$.

1.15 Vamos primeiro determinar o número de resultados diferentes nos quais k pessoas são aprovadas. Como há $\binom{n}{k}$ diferentes grupos de tamanho k, e $k!$ possíveis sequências de notas, tem-se que há $\binom{n}{k}k!$ resultados possíveis nos quais k pessoas são aprovadas. Consequentemente, há $\sum_{k=0}^{n}\binom{n}{k}k!$ resultados possíveis.

1.16 O número de subconjuntos de tamanho 4 é $\binom{20}{4} = 4845$. Como o número de subconjuntos que não contém nenhum dos primeiros cinco elementos é $\binom{15}{4} = 1365$, o número daqueles que contêm pelo menos um é 3480. Outra maneira de resolver este problema é observar que há $\binom{5}{i}\binom{15}{4-i}$ subconjuntos que contêm exatamente i dos primeiros cinco elementos e calcular a soma para $i = 1, 2, 3, 4$.

1.17 Multiplicando ambos os lados por 2, devemos mostrar que

$$n(n-1) = k(k-1) + 2k(n-k) + (n-k)(n-k-1)$$

Obtém-se a expressão acima porque o lado direito é igual a

$$k^2(1-2+1) + k(-1+2n-n-n+1) + n(n-1)$$

Para um argumento combinatório, considere um grupo de n itens e um subgrupo contendo k dos n itens. Então $\binom{k}{2}$ é o número de subconjuntos de tamanho 2 que contêm 2 itens do subgrupo de tamanho k, $k(n-k)$ é o número de subconjuntos que contêm 1 item do subgrupo, e $\binom{n-k}{2}$ é o número de subconjuntos que contêm 0 itens do subgrupo. A soma desses termos fornece o número total de subgrupos de tamanho 2, isto é, $\binom{n}{2}$.

1.18 Há 3 escolhas que podem ser feitas de famílias formadas por um único pai e 1 filho; $3 \cdot 1 \cdot 2 = 6$ escolhas que podem ser feitas de famílias formadas por um único pai e 2 filhos; $5 \cdot 2 \cdot 1 = 10$ escolhas que podem ser feitas de famílias formadas por 2 pais e um único filho; $7 \cdot 2 \cdot 2 = 28$ escolhas que podem ser feitas de famílias formadas por 2 pais e 2 filhos; $6 \cdot 2 \cdot 3 = 36$ escolhas que podem ser feitas de famílias formadas por 2 pais e 3 filhos. Há, portanto, 80 escolhas possíveis.

1.19 Escolha primeiro as 3 posições dos números e depois distribua as letras e os números. Assim, há $\binom{8}{3} \cdot 26 \cdot 25 \cdot 24 \cdot 23 \cdot 22 \cdot 10 \cdot 9 \cdot 8$ placas diferentes. Se os números devem ser consecutivos, então há 6 posições possíveis para os números. Nesse caso, há $6 \cdot 26 \cdot 25 \cdot 24 \cdot 23 \cdot 22 \cdot 10 \cdot 9 \cdot 8$ placas diferentes.

CAPÍTULO 2

2.1 (a) $2 \cdot 3 \cdot 4 = 24$
(b) $2 \cdot 6 = 6$
(c) $3 \cdot 4 = 12$
(d) $AB = \{$(galinha, massa, sorvete), (galinha, arroz, sorvete), (galinha, batatas, sorvete)$\}$
(e) 8
(f) $ABC = \{$(galinha, arroz, sorvete)$\}$

2.2 Seja A o evento em que um terno é comprado, B o evento em que uma camisa é comprada, e C o evento em que uma gravata é comprada. Então

$$P(A \cup B \cup C) = 0{,}22 + 0{,}30 + 0{,}28 - 0{,}11 - 0{,}14 - 0{,}10 + 0{,}06 = 0{,}51$$

(a) $1 - 0{,}51 = 0{,}49$
(b) A probabilidade de que dois ou mais itens sejam comprados é

$$P(AB \cup AC \cup BC) = 0{,}11 + 0{,}14 + 0{,}10 - 0{,}06 - 0{,}06 - 0{,}06 + 0{,}06 = 0{,}23$$

Com isso, a probabilidade de que exatamente 1 item seja comprado é $0{,}51 - 0{,}23 = 0{,}28$.

2.3 Por simetria, a décima quarta carta tem a mesma probabilidade de ser qualquer uma das 52 cartas; logo, a probabilidade é igual a 4/52. Um argumento mais formal é contar o número dos 52! resultados para os quais a décima quarta carta é um ás. Isso resulta em

$$p = \frac{4 \cdot 51 \cdot 50 \cdots 2 \cdot 1}{(52)!} = \frac{4}{52}$$

Fazendo com que A seja o evento em que o primeiro ás ocorre na décima quarta carta, temos

$$P(A) = \frac{48 \cdot 47 \cdots 36 \cdot 4}{52 \cdot 51 \cdots 40 \cdot 39} = 0{,}0312$$

2.4 Seja D o evento em que a temperatura mínima é de 21ºC. Então
$$P(A \cup B) = P(A) + P(B) - P(AB) = 0{,}7 - P(AB)$$
$$P(C \cup D) = P(C) + P(D) - P(CD) = 0{,}2 + P(D) - P(DC)$$

Como $A \cup B = C \cup D$ e $AB = CD$, subtraindo uma equação da outra obtemos

$$0 = 0{,}5 - P(D)$$

ou $P(D) = 0{,}5$.

2.5 (a) $\dfrac{52 \cdot 48 \cdot 44 \cdot 40}{52 \cdot 51 \cdot 50 \cdot 49} = 0{,}6761$

(b) $\dfrac{52 \cdot 39 \cdot 26 \cdot 13}{52 \cdot 51 \cdot 50 \cdot 49} = 0{,}1055$

2.6 Seja R o evento em que ambas as bolas são vermelhas, e B o evento em que ambas são pretas. Então

$$P(R \cup B) = P(R) + P(B) = \frac{3 \cdot 4}{6 \cdot 10} + \frac{3 \cdot 6}{6 \cdot 10} = 0{,}5$$

3.7 (a) $\dfrac{1}{\binom{40}{8}} = 1{,}3 \times 10^{-8}$

(b) $\dfrac{\binom{8}{7}\binom{32}{1}}{\binom{40}{8}} = 3{,}3 \times 10^{-6}$

(c) $\dfrac{\binom{8}{6}\binom{32}{2}}{\binom{40}{8}} + 1{,}3 \times 10^{-8} + 3{,}3 \times 10^{-6} = 1{,}8 \times 10^{-4}$

2.8 (a) $\dfrac{3 \cdot 4 \cdot 4 \cdot 3}{\binom{14}{4}} = 0{,}1439$

(b) $\dfrac{\binom{4}{2}\binom{4}{2}}{\binom{14}{4}} = 0{,}0360$

(c) $\dfrac{\binom{8}{4}}{\binom{14}{4}} = 0{,}0699$

2.9 Seja $S = \bigcup_{i=1}^{n} A_i$, e considere o experimento de escolher aleatoriamente um elemento de S. Então $P(A) = N(A)/N(S)$, e o resultado é obtido a partir das Proposições 4.3 e 4.4.

2.10 Como há $5! = 120$ resultados nos quais a posição do cavalo número 1 é especificada, tem-se $N(A) = 360$. Similarmente, $N(B) = 120$, e $N(AB) = 2 \cdot 4! = 48$. Portanto, do Problema de Autoteste 2.9, obtemos $N(A \cup B) = 432$.

2.11 Uma maneira de resolver este problema é começar com a probabilidade complementar de que pelo menos um naipe não apareça. Seja A_i, $i = 1, 2, 3, 4$, o evento em que nenhuma carta do i-ésimo naipe aparece. Então

$$P\left(\bigcup_{i=1}^{4} A_i\right) = \sum_{i} P(A_i) - \sum_{j}\sum_{i: i<j} P(A_i A_j) + \cdots - P(A_1 A_2 A_3 A_4)$$

$$= 4\frac{\binom{39}{5}}{\binom{52}{5}} - \binom{4}{2}\frac{\binom{26}{5}}{\binom{52}{5}} + \binom{4}{3}\frac{\binom{13}{5}}{\binom{52}{5}}$$

$$= 4\frac{\binom{39}{5}}{\binom{52}{5}} - 6\frac{\binom{26}{5}}{\binom{52}{5}} + 4\frac{\binom{13}{5}}{\binom{52}{5}}$$

A probabilidade desejada é igual a 1 menos a expressão anterior. Outra maneira de resolver o problema é fazer com que A seja o evento em que todos os 4 naipes são representados, e então usar

$$P(A) = P(n,n,n,n,o) + P(n,n,n,o,n) + P(n,n,o,n,n) + P(n,o,n,n,n)$$

onde $P(n,n,n,o,n)$ é, por exemplo, a probabilidade de que a primeira, a segunda e a terceira cartas sejam de um novo naipe, a quarta carta seja de um naipe velho (isto é, de um naipe que já tenha aparecido), e a quinta carta seja de um novo naipe. Isso resulta em

$$P(A) = \frac{52 \cdot 39 \cdot 26 \cdot 13 \cdot 48 + 52 \cdot 39 \cdot 26 \cdot 36 \cdot 13}{52 \cdot 51 \cdot 50 \cdot 49 \cdot 48}$$
$$+ \frac{52 \cdot 39 \cdot 24 \cdot 26 \cdot 13 + 52 \cdot 12 \cdot 39 \cdot 26 \cdot 13}{52 \cdot 51 \cdot 50 \cdot 49 \cdot 48}$$
$$= \frac{52 \cdot 39 \cdot 26 \cdot 13(48 + 36 + 24 + 12)}{52 \cdot 51 \cdot 50 \cdot 49 \cdot 48}$$
$$= 0{,}2637$$

2.12 Há $(10)!/2^5$ diferentes divisões de 10 jogadores em um par, um segundo par, e assim por diante. Há, portanto, $(10)!/(5!2^5)$ divisões em 5 pares. Existem $\binom{6}{2}\binom{4}{2}$ maneiras de se escolher o atacante e o defensor que ficarão juntos, e 2 maneiras de ordenar os respectivos pares. Como existe 1 maneira de formar um par com os dois defensores restantes e $4!/(2!2^2) = 3$ maneiras de se formar dois pares com os atacantes restantes, a probabilidade desejada é

$$P\{2 \text{ pares mistos}\} = \frac{\binom{6}{2}\binom{4}{2}(2)(3)}{(10)!/(5!2^5)} = 0{,}5714$$

2.13 Suponha que R represente o evento em que a letra R é repetida; similarmente, defina os eventos E e V. Então

$$P\{\text{mesma letra}\} = P(R) + P(E) + P(V) = \frac{2}{7}\frac{1}{8} + \frac{3}{7}\frac{1}{8} + \frac{1}{7}\frac{1}{8} = \frac{3}{28}$$

2.14 Sejam $B_1 = A_1, B_i = A_i \left(\bigcup_{j=1}^{i-1} A_j \right)^c$, $i > 1$. Então,

$$P\left(\bigcup_{i=1}^{\infty} A_i \right) = P\left(\bigcup_{i=1}^{\infty} B_i \right)$$

$$= \sum_{i=1}^{\infty} P(B_i)$$

$$\leq \sum_{i=1}^{\infty} P(A_i)$$

Onde a última igualdade usa o fato de que os B_i's são mutuamente exclusivos. A desigualdade é então obtida porque $B_i \subset A_i$.

2.15

$$P\left(\bigcap_{i=1}^{\infty} A_i \right) = 1 - P\left(\left(\bigcap_{i=1}^{\infty} A_i \right)^c \right)$$

$$= 1 - P\left(\bigcup_{i=1}^{\infty} A_i^c \right)$$

$$\geq 1 - \sum_{i=1}^{\infty} P(A_i^c)$$

$$= 1$$

2.16 O número de partições nas quais $\{1\}$ é um subconjunto é igual ao número de partições dos $n-1$ elementos restantes em $k-1$ subconjuntos não vazios, isto é, $T_{k-1}(n-1)$. Como existem $T_k(n-1)$ partições de $\{2,..., n-1\}$ elementos em k subconjuntos não vazios, e k possibilidades de alocação para o elemento 1, tem-se que existem $kT_k(n-1)$ partições para as quais $\{1\}$ não é um subconjunto. Com isso, obtém-se o resultado desejado.

2.17 Suponha que R, W e B representem os eventos em que, respectivamente, nenhuma bola vermelha, branca ou azul é escolhida. Então

$P(R \cup W \cup B) = P(R) + P(W) + P(B) - P(RW) - P(RB)$
$\qquad - P(WB) + P(RWB)$

$$= \frac{\binom{13}{5}}{\binom{18}{5}} + \frac{\binom{12}{5}}{\binom{18}{5}} + \frac{\binom{11}{5}}{\binom{18}{5}} - \frac{\binom{7}{5}}{\binom{18}{5}} - \frac{\binom{6}{5}}{\binom{18}{5}}$$

$$- \frac{\binom{5}{5}}{\binom{18}{5}}$$

$$\approx 0{,}2933$$

Logo, a probabilidade de que todas as cores apareçam no subconjunto escolhido é de aproximadamente $1 - 0{,}2933 = 0{,}7067$.

2.18 (a) $\frac{8 \cdot 7 \cdot 6 \cdot 5 \cdot 4}{17 \cdot 16 \cdot 15 \cdot 14 \cdot 13} = \frac{2}{221}$

(b) Como há 9 bolas não azuis, a probabilidade é $\frac{9 \cdot 8 \cdot 7 \cdot 6 \cdot 5}{17 \cdot 16 \cdot 15 \cdot 14 \cdot 13} = \frac{9}{442}$.

(c) Como há 3! sequências possíveis de cores diferentes, e todas as possibilidades para as 3 últimas bolas são igualmente prováveis, a probabilidade é $\frac{3! \cdot 4 \cdot 8 \cdot 5}{17 \cdot 16 \cdot 15} = \frac{4}{17}$.

(d) A probabilidade de que as bolas vermelhas estejam em 4 posições específicas é igual a $\frac{4 \cdot 3 \cdot 2 \cdot 1}{17 \cdot 16 \cdot 15 \cdot 14}$. Como há 14 possíveis alocações de bolas vermelhas nas quais elas estão juntas, a probabilidade é $\frac{14 \cdot 4 \cdot 3 \cdot 2 \cdot 1}{17 \cdot 16 \cdot 15 \cdot 14} = \frac{1}{170}$.

2.19 (a) A probabilidade de que as 10 cartas sejam formadas por 4 espadas, 3 copas, 2 ouros e 1 paus é $\frac{\binom{13}{4}\binom{13}{3}\binom{13}{2}\binom{13}{1}}{\binom{52}{10}}$. Como há 4! escolhas possíveis dos naipes para que eles tenham 4, 3, 2, e 1 cartas, respectivamente, resulta que a probabilidade é igual a $\frac{24\binom{13}{4}\binom{13}{3}\binom{13}{2}\binom{13}{1}}{\binom{52}{10}}$.

(b) Como há $\binom{4}{2} = 6$ escolhas para os dois naipes que vão contribuir com 3 cartas, e 2 escolhas para o naipe que vai contribuir com 4 cartas, a probabilidade é $\frac{12\binom{13}{3}\binom{13}{3}\binom{13}{4}}{\binom{52}{10}}$.

2.20 Todas as bolas vermelhas são retiradas antes de todas as bolas azuis se e somente se a última bola retirada for azul. Como todas as 30 bolas tem a mesma probabilidade de serem a última bola retirada, a probabilidade é igual a 10/30.

CAPÍTULO 3

3.1 (a) $p(\text{não há ases}) = \binom{35}{13} \Big/ \binom{39}{13}$

(b) $1 - P(\text{não há ases}) - \frac{4\binom{35}{12}}{\binom{39}{13}}$

(c) $P(i \text{ ases}) = \frac{\binom{3}{i}\binom{36}{13-i}}{\binom{39}{13}}$

3.2 Suponha que L_i represente o evento em que o tempo de vida útil seja maior que $10.000 \times i$ km.

(a) $P(L_2|L_1) = P(L_1L_2)/P(L_1) = P(L_2)/P(L_1) = 1/2$
(b) $P(L_3|L_1) = P(L_1L_3)/P(L_1) = P(L_3)/P(L_1) = 1/8$

3.3 Coloque 1 bola branca e 0 bolas pretas em uma urna, e as 9 bolas brancas e as 10 bolas pretas restantes na segunda urna.

3.4 Seja T o evento em que a bola transferida é branca, e W o evento em que uma bola branca é retirada da urna B. Então

$$P(T|W) = \frac{P(W|T)P(T)}{P(W|T)P(T) + P(W|T^c)P(T^c)}$$

$$= \frac{(2/7)(2/3)}{(2/7)(2/3) + (1/7)(1/3)} = 4/5$$

3.5 (a) $\frac{r}{r+w}$, porque cada uma das $r + w$ bolas tem a mesma probabilidade de ser a bola retirada.

(b), (c)

$$P(R_j|R_i) = \frac{P(R_iR_j)}{P(R_i)}$$

$$= \frac{\binom{r}{2}}{\binom{r+w}{2}} \bigg/ \frac{r}{r+w}$$

$$= \frac{r-1}{r+w-1}$$

Um argumento mais simples é notar que, para $i \neq j$, dado que a i-ésima bola retirada é vermelha, a j-ésima bola retirada tem a mesma probabilidade de ser qualquer uma das $r + w - 1$ bolas restantes, das quais $r - 1$ são vermelhas.

3.6 Suponha que B_i represente o evento em que a bola i é preta, e considere $R_i = B_i^c$. Então

$$P(B_1|R_2) = \frac{P(R_2|B_1)P(B_1)}{P(R_2|B_1)P(B_1) + P(R_2|R_1)P(R_1)}$$

$$= \frac{[r/(b+r+c)][b/(b+r)]}{[r/(b+r+c)][b/(b+r)] + [(r+c)/(b+r+c)][r/(b+r)]}$$

$$= \frac{b}{b+r+c}$$

3.7 Suponha que B represente o evento em que ambas as cartas são ases.

(a)

$$P\{B|\text{sim para o ás de espadas}\} = \frac{P\{B, \text{sim para o ás de espadas}\}}{P\{\text{sim para o ás de espadas}\}}$$

$$= \frac{\binom{1}{1}\binom{3}{1}}{\binom{52}{2}} \bigg/ \frac{\binom{1}{1}\binom{51}{1}}{\binom{52}{2}}$$

$$= 3/51$$

(b) Como a segunda carta tem a mesma probabilidade de ser qualquer uma das 51 cartas restantes, das quais 3 são ases, vemos que a resposta nesta situação também é 3/51.

(c) Como sempre podemos trocar qual carta é considerada a primeira e qual é considerada a segunda, o resultado deve ser o mesmo da letra (b). Um argumento mais formal é dado a seguir:

$$P\{B|\text{a segunda carta é um ás}\} = \frac{P\{B, \text{a segunda carta é um ás}\}}{P\{\text{a segunda carta é um ás}\}}$$

$$= \frac{P(B)}{P(B) + P\{\text{a primeira não é um ás, a segunda é um ás}\}}$$

$$= \frac{(4/52)(3/51)}{(4/52)(3/51) + (48/52)(4/51)}$$

$$= 3/51$$

(d)
$$P\{B|\text{pelo menos uma}\} = \frac{P(B)}{P\{\text{pelo menos uma}\}}$$

$$= \frac{(4/52)(3/51)}{1 - (48/52)(47/51)}$$

$$= 1/33$$

3.8
$$\frac{P(H|E)}{P(G|E)} = \frac{P(HE)}{P(GE)} = \frac{P(H)P(E|H)}{P(G)P(E|G)}$$

A hipótese H é 1,5 vezes mais provável.

3.9 Suponha que A represente o evento em que a planta esteja viva e W represente o evento em que ela tenha sido regada.

(a)
$$P(A) = P(A|W)P(W) + P(A|W^c)P(W^c)$$
$$= (0,85)(0,9) + (0,2)(0,1) = 0,785$$

(b)
$$P(W^c|A^c) = \frac{P(A^c|W^c)P(W^c)}{P(A^c)}$$
$$= \frac{(0,85)(0,1)}{0,215} = \frac{16}{43}$$

3.10 (a) $1 - P(\text{não há bolas vermelhas}) = 1 - \dfrac{\binom{22}{6}}{\binom{30}{6}}$

(b) Dado que nenhuma bola vermelha tenha sido sorteada, as seis bolas sorteadas podem ser, com mesma probabilidade, qualquer uma das 22 bolas não vermelhas. Logo,

$$P(2 \text{ verdes}|\text{nenhuma vermelha}) = \frac{\binom{10}{2}\binom{12}{4}}{\binom{22}{6}}$$

3.11 Seja W o evento em que a pilha funciona, e suponha que C e D representem os eventos em que a pilha é dos tipos C e D, respectivamente.

(a) $P(W) = P(W|C)P(C) + P(W|D)P(D) = 0{,}7(8/14) + 0{,}4(6/14) = 4/7$

(b)
$$P(C|W^c) = \frac{P(CW^c)}{P(W^c)} = \frac{P(W^c|C)P(C)}{3/7} = \frac{0{,}3(8/14)}{3/7} = 0{,}4$$

3.12 Seja L_i o evento em que Maria gosta do livro i, $i = 1, 2$. Então
$$P(L_2|L_1^c) = \frac{P(L_1^c L_2)}{P(L_1^c)} = \frac{P(L_1^c L_2)}{0{,}4}$$

Usando o fato de L_2 ser a união dos eventos mutuamente exclusivos $L_1 L_2$ e $L_1^c L_2$, vemos que
$$0{,}5 = P(L_2) + P(L_1 L_2) + P(L_1^c L_2) = 0{,}4 + P(L_1^c L_2)$$

Logo,
$$P(L_2|L_1^c) = \frac{0{,}1}{0{,}4} = 0{,}25$$

3.13 (a) Esta é a probabilidade de que a bola retirada seja azul. Como cada uma das 30 bolas tem a mesma probabilidade de ser a última bola retirada, a probabilidade é de 1/3.

(b) Esta é a probabilidade de que a última bola vermelha ou azul a ser retirada seja uma bola azul. Como é igualmente provável que ela seja qualquer uma das 30 bolas vermelhas ou azuis, a probabilidade de que ela seja azul é de 1/3.

(c) Suponha que B_1, R_2 e G_3 representem, respectivamente, os eventos em que a primeira bola retirada é azul, a segunda é vermelha, e a terceira é verde. Então
$$P(B_1 R_2 G_3) = P(G_3)P(R_2|G_3)P(B_1|R_2 G_3) = \frac{8}{38}\frac{20}{30} = \frac{8}{57}$$

onde $P(G_3)$ é justamente a probabilidade de que a última bola seja verde. $P(R_2|G_3)$ é calculada observando-se que, dado que a última bola é verde, cada uma das vinte bolas vermelhas e 10 bolas azuis tem a mesma probabilidade de ser a última do grupo a ser retirada. Assim, a probabilidade de que ela seja uma das bolas vermelhas é igual a 20/30 (naturalmente, $P(B_1|R_2 G_3) = 1$).

(d) $P(B_1) = P(B_1 G_2 R_3) + P(B_1 R_2 G_3) = \frac{20}{38}\frac{8}{18} + \frac{8}{57} = \frac{64}{171}$

3.14 Seja H o evento em que a moeda dá cara, T_h o evento em que B recebe a informação de que a moeda deu cara, F o evento em que A se esquece do resultado, e C o evento em que B recebe a informação correta. Então

(a)
$$P(T_h) = P(T_h|F)P(F) + P(T_h|F^c)P(F^c)$$
$$= (0{,}5)(0{,}4) + P(H)(0{,}6)$$
$$= 0{,}68$$

(b)
$$P(C) = P(C|F)P(F) + P(C|F^c)P(F^c)$$
$$= (0{,}5)(0{,}4) + 1(0{,}6) = 0{,}80$$

(c)
$$P(H|T_h) = \frac{P(HT_h)}{P(T_h)}$$

Agora,
$$P(HT_h) = P(HT_h|F)P(F) + P(HT_h|F^c)P(F^c)$$
$$= P(H|F)P(T_h|HF)P(F) + P(H)P(F^c)$$
$$= (0{,}8)(0{,}5)(0{,}4) + (0{,}8)(0{,}6) = 0{,}64$$

o que dá o resultado $P(H|T_h) = 0{,}64/0{,}68 = 16/17$

3.15 Como o rato preto tem uma cria marrom, podemos concluir que seus dois pais possuem um gene preto e um marrom.

(a)
$$P(2\text{ pretos}|\text{pelo menos um}) = \frac{P(2)}{P(\text{pelo menos um})} = \frac{1/4}{3/4} = \frac{1}{3}$$

(b) Seja F o evento em que todas as crias são pretas, B_2 o evento em que o rato preto possui 2 genes pretos, e B_1 o evento em que ele possui 1 gene preto e 1 gene marrom. Então
$$P(B_2|F) = \frac{P(F|B_2)P(B_2)}{P(F|B_2)P(B_2) + P(F|B_1)P(B_1)}$$
$$= \frac{(1)(1/3)}{(1)(1/3) + (1/2)^5(2/3)} = \frac{16}{17}$$

3.16 Suponha que F seja o evento em que a corrente flui de A para B, e C_i o evento em que o relé i é fechado. Então
$$P(F) = P(F|C_1)p_1 + P(F|C_1^c)(1 - p_1)$$

Agora,
$$P(F|C_1) = P(C_4 \cup C_2C_5)$$
$$= P(C_4) + P(C_2C_5) - P(C_4C_2C_5)$$
$$= p_4 + p_2p_5 - p_4p_2p_5$$

Também,
$$P(F|C_1^c) = P(C_2C_5 \cup C_2C_3C_4)$$
$$= p_2p_5 + p_2p_3p_4 - p_2p_3p_4p_5$$

Portanto, para a letra (a), obtemos
$$P(F) = p_1(p_4 + p_2p_5 - p_4p_2p_5) + (1 - p_1)p_2(p_5 + p_3p_4 - p_3p_4p_5)$$

Para a letra (b), faça $q_i = 1 - p_i$. Então
$$P(C_3|F) = P(F|C_3)P(C_3)/P(F)$$
$$= p_3[1 - P(C_1^c C_2^c \cup C_4^c C_5^c)]/P(F)$$
$$= p_3(1 - q_1q_2 - q_4q_5 + q_1q_2q_4q_5)/P(F)$$

3.17 Suponha que A seja o evento em que o componente 1 está funcionando, e F seja o evento em que o sistema funciona.

(a)
$$P(A|F) = \frac{P(AF)}{P(F)} = \frac{P(A)}{P(F)} = \frac{1/2}{1 - (1/2)^2} = \frac{2}{3}$$

onde $P(F)$ foi calculada notando-se que esta probabilidade é igual a 1 menos a probabilidade de que ambos os componentes apresentem falhas.

(b)
$$P(A|F) = \frac{P(AF)}{P(F)} = \frac{P(F|A)P(A)}{P(F)} = \frac{(3/4)(1/2)}{(1/2)^3 + 3(1/2)^3} = \frac{3}{4}$$

onde $P(F)$ foi calculada notando-se que esta probabilidade é igual à probabilidade de que 3 componentes funcionem mais as três probabilidades relacionadas a exatamente 2 dos componentes funcionando.

3.18 Se supomos que os resultados das rodadas sucessivas são independentes, então a probabilidade condicional do próximo resultado não é alterada pelo resultado das 10 rodadas anteriores.

3.19 Condicione no resultado das jogadas iniciais
$$P(A \text{ ímpar}) = P_1(1 - P_2)(1 - P_3) + (1 - P_1)P_2P_3 + P_1P_2P_3(A \text{ ímpar})$$
$$+ (1 - P_1)(1 - P_2)(1 - P_3)P(A \text{ ímpar})$$

então,
$$P(A \text{ ímpar}) = \frac{P_1(1 - P_2)(1 - P_3) + (1 - P_1)P_2P_3}{P_1 + P_2 + P_3 - P_1P_2 - P_1P_3 - P_2P_3}$$

3.20 Suponha que A e B sejam os eventos em que a primeira e a segunda tentativa são as maiores, respectivamente. Também, suponha que E seja o evento em que os resultados das tentativas são iguais. Então
$$1 = P(A) + P(B) + P(E)$$
Mas, por simetria, $P(A) = P(B)$; logo,
$$P(B) = \frac{1 - P(E)}{2} = \frac{1 - \sum_{i=1}^{n} p_i^2}{2}$$

Outra maneira de se resolver o problema é notar que
$$P(B) = \sum_{i} \sum_{j>i} P\{\text{primeira tentativa resulta em } i, \text{segunda tentativa resulta em } j\}$$
$$= \sum_{i} \sum_{j>i} p_i p_j$$

Para ver que as duas expressões deduzidas para $P(B)$ são iguais, observe que
$$1 = \sum_{i=1}^{n} p_i \sum_{j=1}^{n} p_j$$
$$= \sum_{i} \sum_{j} p_i p_j$$
$$= \sum_{i} p_i^2 + \sum_{i} \sum_{j \neq i} p_i p_j$$
$$= \sum_{i} p_i^2 + 2 \sum_{i} \sum_{j>i} p_i p_j$$

3.21 Suponha que $E = \{A \text{ obtém mais caras que } B\}$; então

$P(E) = P(E|A \text{ lidera após ambos jogarem } n \text{ vezes})P(A \text{ lidera após ambos jogarem } n \text{ vezes})$
$+ P(E|\text{empate após ambos jogarem } n \text{ vezes})P(\text{empate após ambos jogarem } n \text{ vezes})$
$+ P(E|B \text{ lidera após ambos jogarem } n \text{ vezes})P(B \text{ lidera após ambos jogarem } n \text{ vezes})$

$= P(A \text{ lidera}) + \dfrac{1}{2}P(\text{empate})$

Agora, por simetria,

$$P(A \text{ lidera}) = P(B \text{ lidera})$$
$$= \dfrac{1 - P(\text{empate})}{2}$$

Portanto,

$$P(E) = \dfrac{1}{2}$$

3.22 (a) Falso: Lançados 2 dados, suponha que $E = \{\text{soma} = 7\}$, $F = \{\text{não aparece um 4 no 1º dado}\}$, e $G = \{\text{não aparece um 3 no 2º dado}\}$. Então,

$$P(E|F \cup G) = \dfrac{P\{7, \text{não } (4,3)\}}{P\{\text{não } (4,3)\}} = \dfrac{5/36}{35/36} = 5/35 \neq P(E)$$

(b)

$$P(E(F \cup G)) = P(EF \cup EG)$$
$$= P(EF) + P(EG) \quad \text{já que } EFG = \emptyset$$
$$= P(E)[P(F) + P(G)]$$
$$= P(E)P(F \cup G) \quad \text{já que } FG = \emptyset$$

(c)

$$P(G|EF) = \dfrac{P(EFG)}{P(EF)}$$
$$= \dfrac{P(E)P(FG)}{P(EF)} \quad \text{já que } E \text{ é independente de } FG$$
$$= \dfrac{P(E)P(F)P(G)}{P(E)P(F)} \quad \text{pela independência}$$
$$= P(G).$$

3.23 (a) necessariamente falso; se eles fossem mutuamente exclusivos, então teríamos

$$0 = P(AB) \neq P(A)P(B)$$

(b) necessariamente falso; se eles fosse independentes, então teríamos

$$P(AB) = P(A)P(B) > 0$$

(c) necessariamente falso; se eles fossem mutuamente exclusivos, então teríamos

$$P(A \cup B) = P(A) + P(B) = 1{,}2$$

(d) possivelmente verdade

3.24 As probabilidades nas letras (a), (b) e (c) são 0,5, $(0,8)^3 = 0,512$, e $(0,9)^7 \approx 0,4783$, respectivamente.

3.25 Suponha que D_i, $i = 1, 2$, represente o evento em que o rádio i apresenta defeito. Suponha também que A e B sejam os eventos em que os rádios tenham sido produzidos pelas fábricas A e B, respectivamente. Então,

$$P(D_2|D_1) = \frac{P(D_1 D_2)}{P(D_1)}$$
$$= \frac{P(D_1 D_2|A)P(A) + P(D_1 D_2|B)P(B)}{P(D_1|A)P(A) + P(D_1|B)P(B)}$$
$$= \frac{(0,05)^2(1/2) + (0,01)^2(1/2)}{(0,05)(1/2) + (0,01)(1/2)}$$
$$= 13/300$$

3.26 Sabemos que $P(AB) = P(B)$, e devemos mostrar que isso implica que $P(B^c A^c) = P(A^c)$. Uma maneira é a seguinte:

$$P(B^c A^c) = P((A \cup B)^c)$$
$$= 1 - P(A \cup B)$$
$$= 1 - P(A) - P(B) + P(AB)$$
$$= 1 - P(A)$$
$$= P(A^c)$$

3.27 O resultado é verdadeiro para $n = 0$. Com A_i representando o evento em que há i bolas vermelhas na urna após a n-ésima rodada, suponha que

$$P(A_i) = \frac{1}{n+1}, \quad i = 1, \ldots, n+1$$

Agora, suponha que B_j, $j = 1, \ldots, n+2$, represente o evento em que há j bolas vermelhas na urna após a $(n+1)$-ésima rodada. Então,

$$P(B_j) = \sum_{i=1}^{n+1} P(B_j|A_i)P(A_i)$$
$$= \frac{1}{n+1} \sum_{i=1}^{n+1} P(B_j|A_i)$$
$$= \frac{1}{n+1}[P(B_j|A_{j-1}) + P(B_j|A_j)]$$

Como há $n + 2$ bolas na urna após a n-ésima rodada, tem-se que $P(B_j|A_{j-1})$ é a probabilidade de que uma bola vermelha seja escolhida quando $j - 1$ das $n + 2$ bolas na urna são vermelhas, e $P(B_j|A_j)$ é a probabilidade de que uma bola vermelha não seja escolhida quando j das $n + 2$ bolas na urna são vermelhas. Consequentemente,

$$P(B_j|A_{j-1}) = \frac{j-1}{n+2}, \quad P(B_j|A_j) = \frac{n+2-j}{n+2}$$

Substituindo esses resultados na equação para $P(B_j)$, obtemos

$$P(B_j) = \frac{1}{n+1}\left[\frac{j-1}{n+2} + \frac{n+2-j}{n+2}\right] = \frac{1}{n+2}$$

o que completa a demonstração por indução.

3.28 Se A_i é o evento em que o jogador i recebe um ás, então

$$P(A_i) = 1 - \frac{\binom{2n-2}{n}}{\binom{2n}{n}} = 1 - \frac{1}{2}\frac{n-1}{2n-1} = \frac{3n-1}{4n-2}$$

Numerando os ases arbitrariamente e observando que o jogador que não recebe o primeiro ás receberá n das $2n-1$ cartas restantes, vemos que

$$P(A_1 A_2) = \frac{n}{2n-1}$$

Portanto,

$$P(A_2^c|A_1) = 1 - P(A_2|A_1) = 1 - \frac{P(A_1 A_2)}{P(A_1)} = \frac{n-1}{3n-1}$$

Podemos considerar o resultado da divisão de cartas como o resultado de duas tentativas, onde se diz que a tentativa i, $i = 1, 2$, é um sucesso se o ás número i vai para o primeiro jogador. Como as posições dos dois ases se tornam independentes à medida que n tende a infinito, com cada um deles possuindo a mesma probabilidade de ser dado a qualquer jogador, tem-se que as tentativas se tornam independentes, cada uma com probabilidade de sucesso 1/2. Portanto, no caso limite onde $n \to \infty$, o problema se torna aquele de determinar a probabilidade condicional de que se obtenham duas caras, dado que pelo menos uma seja obtida, quando duas moedas são jogadas. Como $\frac{n-1}{3n-1}$ converge para 1/3, a resposta concorda com aquela do Exemplo 2b.

3.29 (a) Para qualquer permutação $i_1, ..., i_n$ de $1, 2, ..., n$, a probabilidade de que os tipos sucessivos coletados sejam do tipo $i_1, ..., i_n$ é igual a $p_{i_1} \cdots p_{i_n} = \prod_{i=1}^{n} p_i$. Consequentemente, a probabilidade desejada é igual a $n! \prod_{i=1}^{n} p_i$.

(b) Para $i_1, ..., i_k$ todos distintos,

$$P(E_{i_1} \cdots E_{i_k}) = \left(\frac{n-k}{n}\right)^n$$

o que se obtém porque não há cupons de tipos $i_1, ..., i_k$ quando cada uma das n seleções independentes envolve um dos demais $n - k$ tipos. Obtém-se agora pela identidade inclusão-exclusão que

$$P(\cup_{i=1}^{n} E_i) = \sum_{k=1}^{n}(-1)^{k+1}\binom{n}{k}\left(\frac{n-k}{n}\right)^n$$

Como $1 - P(\cup_{i=1}^{n} E_i)$ é a probabilidade de que um de cada tipo seja obtido, pela letra (b) tem-se que ela é igual a $\frac{n!}{n^n}$. Substituindo esse resultado na equação anterior, obtemos

$$1 - \frac{n!}{n^n} = \sum_{k=1}^{n}(-1)^{k+1}\binom{n}{k}\left(\frac{n-k}{n}\right)^n$$

ou

$$n! = n^n - \sum_{k=1}^{n}(-1)^{k+1}\binom{n}{k}(n-k)^n$$

ou

$$n! = \sum_{k=0}^{n}(-1)^{k}\binom{n}{k}(n-k)^n$$

3.30

$P(E|E \cup F) = P(E|F(E \cup F))P(F|E \cup F) + P(E|F^c(E \cup F))P(F^c|E \cup F)$

Usando

$F(E \cup F) = F \text{ e } F^c(E \cup F) = F^c E$

obtemos

$P(E|E \cup F) = P(E|F)P(F|E \cup F) + P(E|EF^c)P(F^c|E \cup F)$
$= P(E|F)P(F|E \cup F) + P(F^c|E \cup F)$
$\geq P(E|F)P(F|E \cup F) + P(E|F)P(F^c|E \cup F)$
$= P(E|F)$

CAPÍTULO 4

4.1 Como a soma das probabilidades é igual a 1, devemos ter $4P\{X = 3\} + 0{,}5 = 1$, o que implica que $P\{X = 0\} = 0{,}375$, $P\{X = 3\} = 0{,}125$. Portanto, $E[X] = 1(0{,}3) + 2(0{,}2) + 3(0{,}125) = 1{,}075$.

4.2 A relação implica que $p_i = c^i p_0$, $i = 1, 2$, onde $p_i = P\{X = i\}$. Como a soma dessas probabilidades é igual a 1, tem-se que

$$p_0(1 + c + c^2) = 1 \Rightarrow p_0 = \frac{1}{1 + c + c^2}$$

Portanto,

$$E[X] = p_1 + 2p_2 = \frac{c + 2c^2}{1 + c + c^2}$$

4.3 Seja X o número de jogadas. Então a função de probabilidade de X é

$$p_2 = p^2 + (1-p)^2, \qquad p_3 = 1 - p_2 = 2p(1-p)$$

Portanto,

$$E[X] = 2p_2 + 3p_3 = 2p_2 + 3(1 - p_2) = 3 - p^2 - (1-p)^2$$

4.4 A probabilidade de que uma família escolhida aleatoriamente tenha i filhos é n_i/m. Logo,

$$E[X] = \sum_{i=1}^{r} i n_i / m$$

Também, como há in_i filhos em famílias com i filhos, tem-se que a probabilidade de que um filho aleatoriamente escolhido seja de uma família com i filhos é dada por $in_i / \sum_{i=1}^{r} in_i$. Portanto,

$$E[Y] = \frac{\sum_{i=1}^{r} i^2 n_i}{\sum_{i=1}^{r} in_i}$$

Logo, devemos mostrar que

$$\frac{\sum_{i=1}^{r} i^2 n_i}{\sum_{i=1}^{r} in_i} \geq \frac{\sum_{i=1}^{r} in_i}{\sum_{i=1}^{r} n_i}$$

ou, equivalentemente, que

$$\sum_{j=1}^{r} n_j \sum_{i=1}^{r} i^2 n_i \geq \sum_{i=1}^{r} in_i \sum_{j=1}^{r} jn_j$$

ou, equivalentemente, que

$$\sum_{i=1}^{r} \sum_{j=1}^{r} i^2 n_i n_j \geq \sum_{i=1}^{r} \sum_{j=1}^{r} ij n_i n_j$$

Mas, para um par fixo i, j, o coeficiente de $n_i n_j$ no lado esquerdo da soma da desigualdade anterior é $i^2 + j^2$, enquanto o coeficiente no lado direito da soma é $2ij$. Portanto, é suficiente mostrar que

$$i^2 + j^2 \geq 2ij$$

o que procede porque $(i-j)^2 \geq 0$.

4.5 Seja $p = P\{X = 1\}$. Então $E[X] = p$ e $\text{Var}(X) = p(1-p)$, assim

$$p = 3p(1-p)$$

o que implica que $p = 2/3$. Portanto, $P\{X = 0\} = 1/3$.

4.6 Se você aposta x podendo ganhar a quantia apostada com probabilidade p e perder esta quantia com probabilidade $1 - p$, então seu ganho esperado é

$$xp - x(1-p) = (2p-1)x$$

que é positivo (e crescente em x) se e somente se $p > 1/2$. Assim, se $p \leq 1/2$, maximiza-se o retorno esperado apostando-se 0, e se $p > 1/2$, maximiza-se o retorno esperado apostando-se o máximo valor possível. Portanto, se é sabido que a moeda de 0,6 foi escolhida, então você deve apostar 10. Por outro lado, se é sabido que a moeda de 0,3 foi escolhida, então você deve apostar 0. Com isso, seu retorno esperado é

$$\frac{1}{2}(1,2-1)10 + \frac{1}{2}0 - C = 1 - C$$

Como o seu retorno esperado é 0 caso você não tenha a informação (porque nesse caso a probabilidade de vitória é de $\frac{1}{2}(0,6) + \frac{1}{2}(0,3) < \frac{1}{2}$), tem-se que, se a informação custar menos que 1, então ela vale a compra.

4.7 (a) Se você virar o papel vermelho e ver o valor x, então o seu retorno esperado se você mudar para o papel azul é

$$2x(1/2) + x/2(1/2) = 5x/4 > x$$

Assim, é sempre melhor mudar de papel.

(b) Suponha que o filantropo escreva o valor x no papel vermelho. Então o valor no papel azul é $2x$ ou $x/2$. Observe que, se $x/2 \geq y$, então o valor no papel azul será pelo menos igual a y, e com isso será aceito. Neste caso, portanto, a recompensa tem a mesma probabilidade de ser $2x$ ou $x/2$. Assim,

$$E[R_y(x)] = 5x/4, \quad \text{se } x/2 \geq 2$$

Se $x/2 < y \leq 2x$, então o papel azul será aceito se o seu valor for $2x$ e rejeitado se o seu valor for $x/2$. Portanto,

$$E[R_y(x)] = 2x(1/2) + x(1/2) = 3x/2 \quad \text{se } x/2 < y \leq 2x$$

Finalmente, se $2x < y$, então o papel azul será rejeitado. Neste caso, portanto, a recompensa é x. Assim,

$$R_y(x) = x, \quad \text{se } 2x < y$$

Isto é, mostramos que quando o valor x está escrito no papel vermelho, o retorno esperado é

$$E[R_y(x)] = \begin{cases} x & \text{se } x < y/2 \\ 3x/2 & \text{se } y/2 \leq x < 2y \\ 5x/4 & \text{se } x \geq 2y \end{cases}$$

4.8 Suponha que n tentativas independentes, cada uma com probabilidade de sucesso p, sejam realizadas. Então, o número de sucessos será menor ou igual a i se e somente se o número de fracassos for maior ou igual a $n - i$. Mas como cada tentativa é um fracasso com probabilidade $1 - p$, resulta que o número de fracassos é uma variável aleatória binomial com parâmetros n e $1 - p$. Portanto,

$$P\{\text{cesto}(n,p) \leq i\} = P\{\text{cesto}(n, 1 - p) \geq n - i\}$$
$$= 1 - P\{\text{cesto}(n, 1 - p) \leq n - i - 1\}$$

A igualdade final resulta do fato de que a probabilidade do número de fracassos ser maior ou igual a $n - i$ é igual a 1 menos a probabilidade de que ela seja menor que $n - i$.

4.9 Como $E[X] = np$, $\text{Var}(X) = np(1 - p)$ e sabemos que $np = 6$, temos $np(1 - p) = 2,4$. Assim, $1 - p = 0,4$, ou $p = 0,6$, $n = 10$. Com isso,

$$P\{X = 5\} = \binom{10}{5}(0,6)^5(0,4)^5$$

4.10 Suponha que X_i, $i = 1,...,m$, represente o número da i-ésima bola retirada. Então,

$$P\{X \leq k\} = P\{X_1 \leq k, X_2 \leq k, \ldots, X_m \leq k\}$$
$$= P\{X_1 \leq k\}P\{X_2 \leq k\} \cdots P\{X_m \leq k\}$$
$$= \left(\frac{k}{n}\right)^m$$

Portanto,
$$P\{X = k\} = P\{X \le k\} - P\{X \le k - 1\} = \left(\frac{k}{n}\right)^m - \left(\frac{k-1}{n}\right)^m$$

4.11 (a) Dado que o time A vença a primeira partida, ele vencerá a série se, a partir daí, vencer 2 partidas antes do time B vencer 3 partidas. Assim,

$$P\{A \text{ vence}|A \text{ vence primeiro}\} = \sum_{i=2}^{4} \binom{4}{i} p^i (1-p)^{4-i}$$

(b)
$$P\{A \text{ vence primeiro}|A \text{ vence}\} = \frac{P\{A \text{ vence}|A \text{ vence primeiro}\}P\{A \text{ vence primeiro}\}}{P\{A \text{ vence}\}}$$

$$= \frac{\sum_{i=2}^{4} \binom{4}{i} p^{i+1} (1-p)^{4-i}}{\sum_{i=3}^{5} \binom{5}{i} p^i (1-p)^{5-i}}$$

4.12 Para obter a solução, condicione no time vencer ou não neste final de semana

$$0{,}5 \sum_{i=3}^{4} \binom{4}{i} (0{,}4)^i (0{,}6)^{4-i} + 0{,}5 \sum_{i=3}^{4} \binom{4}{i} (0{,}7)^i (0{,}3)^{4-i}$$

4.13 Suponha que C seja o evento em que os jurados tomam a decisão correta e F o evento em que quatro dos juízes tem a mesma opinião que os jurados. Então,

$$P(C) = \sum_{i=4}^{7} \binom{7}{i} (0{,}7)^i (0{,}3)^{7-i}$$

Além disso,

$$P(C|F) = \frac{P(CF)}{P(F)}$$

$$= \frac{\binom{7}{4}(0{,}7)^4(0{,}3)^3}{\binom{7}{4}(0{,}7)^4(0{,}3)^3 + \binom{7}{3}(0{,}7)^3(0{,}3)^4}$$

$$= 0{,}7$$

4.14 Supondo que o número de furacões possa ser aproximado por uma variável aleatória de Poisson, obtemos a solução

$$\sum_{i=0}^{3} e^{-5{,}2} (5{,}2)^i / i!$$

4.15

$$E[Y] = \sum_{i=1}^{\infty} iP\{X = i\}/P\{X > 0\}$$
$$= E[X]/P\{X > 0\}$$
$$= \frac{\lambda}{1 - e^{-\lambda}}$$

4.16 (a) $1/n$

(b) Suponha que D seja o evento em que as garotas i e j selecionam garotos diferentes. Então

$$P(G_i G_j) = P(G_i G_j | D) P(D) + P(G_i G_j | D^c) P(D^c)$$
$$= (1/n)^2 (1 - 1/n)$$
$$= \frac{n-1}{n^3}$$

Portanto,

$$P(G_i | G_j) = \frac{n-1}{n^2}$$

(c), (d) Como, quando n é grande, $P(G_i | G_j)$ é pequena e aproximadamente igual a $P(G_i)$, resulta do paradigma de Poisson que o número de casais tem aproximadamente uma distribuição de Poisson com média $\sum_{i=1}^{n} P(G_i) = 1$. Portanto, $P_0 \approx e^{-1}$ e $P_k \approx e^{-1}/k!$.

(e) Para determinar a probabilidade de que um dado conjunto de k garotas possua garotas que tenham todas elas formado pares, condicione na ocorrência de D, onde D é o evento em que todas elas escolhem garotos diferentes. Isso dá

$$P(G_{i_1} \cdots G_{i_k}) = P(G_{i_1} \cdots G_{i_k} | D) P(D) + P(G_{i_1} \cdots G_{i_k} | D^c) P(D^c)$$
$$= P(G_{i_1} \cdots G_{i_k} | D) P(D)$$
$$= (1/n)^k \frac{n(n-1) \cdots (n-k+1)}{n^k}$$
$$= \frac{n!}{(n-k)! n^{2k}}$$

Portanto,

$$\sum_{i_1 < \ldots < i_k} P(G_{i_1} \cdots G_{i_k}) = \binom{n}{k} P(G_{i_1} \cdots G_{i_k}) = \frac{n!n!}{(n-k)!(n-k)!k!n^{2k}}$$

e a identidade da inclusão-exclusão implica

$$1 - P_0 = P(\cup_{i=1}^{n} G_i) = \sum_{k=1}^{n} (-1)^{k+1} \frac{n!n!}{(n-k)!(n-k)!k!n^{2k}}$$

4.17 (a) Como uma mulher i tem a mesma probabilidade de formar um par com qualquer uma das $2n-1$ pessoas, $P(W_i) = \frac{1}{2n-1}$

(b) Como, dado W_j, a mulher i tem a mesma probabilidade de formar um par com qualquer uma das $2n-3$ pessoas, $P(W_i|W_j) = \frac{1}{2n-3}$

(c) Quando n é grande, o número de esposas que formam pares com seus maridos é aproximadamente uma variável de Poisson com média $\sum_{i=1}^{n} P(W_i) = \frac{n}{2n-1} \approx 1/2$. Portanto, a probabilidade de que não ocorra tal par é aproximadamente igual a $e^{-1/2}$.

(d) Ele se reduz ao problema do pareamento.

4.18 (a) $\binom{8}{3}(9/19)^3(10/19)^5(9/19) = \binom{8}{3}(9/19)^4(10/19)^5$

(b) Se W é o seu número final de vitórias e X é o número de apostas que ela faz, então, como ela terá ganhado 4 apostas e perdido $X - 4$, tem-se que

$$W = 20 - 5(X-4) = 40 - 5X$$

Portanto,

$$E[W] = 40 - 5E[X] = 40 - 5[4/(9/19)] = -20/9$$

4.19 A probabilidade de que uma rodada não resulte em alguém obtendo um resultado diferente dos demais é igual a 1/4, que é a probabilidade de que todas as três moedas caiam no mesmo lado.

(a) $(1/4)^2(3/4) = 3/64$

(b) $(1/4)^4 = 1/256$

4.20 Seja $q = 1 - p$. Então

$$\begin{aligned}
E[1/X] &= \sum_{i=1}^{\infty} \frac{1}{i} q^{i-1} p \\
&= \frac{p}{q} \sum_{i=1}^{\infty} q^i/i \\
&= \frac{p}{q} \sum_{i=1}^{\infty} \int_0^q x^{i-1} dx \\
&= \frac{p}{q} \int_0^q \sum_{i=1}^{\infty} x^{i-1} dx \\
&= \frac{p}{q} \int_0^q \frac{1}{1-x} dx \\
&= \frac{p}{q} \int_p^1 \frac{1}{y} dy \\
&= -\frac{p}{q} \log(p)
\end{aligned}$$

4.21 Como $\frac{X-b}{a-b}$ será igual a 1 com probabilidade p ou 0 com probabilidade $1-p$, verificamos que ela é uma variável aleatória de Bernoulli com parâmetro p. Como a variância de tal variável aleatória é $p(1-p)$, temos

$$p(1-p) = \operatorname{Var}\left(\frac{X-b}{a-b}\right) = \frac{1}{(a-b)^2} \operatorname{Var}(X-b) = \frac{1}{(a-b)^2} \operatorname{Var}(X)$$

Portanto,
$$\text{Var}(X) = (a-b)^2 p(1-p)$$

4.22 Suponha que X represente o número partidas que você joga, e Y, o número de partidas perdidas.
(a) Após o seu quarto jogo, você continua a jogar até perder. Portanto, $X - 4$ é uma variável aleatória geométrica com parâmetro $1 - p$. Assim,
$$E[X] = E[4 + (X - 4)] = 4 + E[X - 4] = 4 + \frac{1}{1-p}$$
(b) Se Z representa o número de perdas que você tem nas primeiras 4 partidas, então Z é uma variável aleatória binomial com parâmetros 4 e $1 - p$. Como $Y = Z + 1$, temos
$$E[Y] = E[Z + 1] = E[Z] + 1 = 4(1 - p) + 1$$

4.23 Um total de n bolas brancas serão retiradas antes de m bolas pretas se e somente se houver pelo menos n bolas brancas nas primeiras $n + m - 1$ bolas retiradas (compare com o *problema dos pontos*, Exemplo 4j do Capítulo 3). Com X igual ao número de bolas brancas entre as primeiras $n + m - 1$ bolas retiradas, X é uma variável aleatória hipergeométrica. Com isso, obtemos
$$P\{X \geq n\} = \sum_{i=n}^{n+m-1} P\{X = i\} = \sum_{i=n}^{n+m-1} \frac{\binom{N}{i}\binom{M}{n+m-1-i}}{\binom{N+M}{n+m-1}}$$

4.24 Como cada bola vai independentemente para a urna i com uma mesma probabilidade p_i, verificamos que X_i é uma variável aleatória binomial com parâmetros $n = 10, p = p_i$.

Note primeiro que $X_i + X_j$ é o número de bolas que vão para a urna i ou j. Então, como cada uma das 10 bolas vai independentemente para uma dessas urnas com probabilidade $p_i + p_j$, é possível concluir que $X_i + X_j$ é uma variável aleatória binomial com parâmetros 10 e $p_i + p_j$.

Pela mesma lógica, $X_1 + X_2 + X_3$ é uma variável aleatória binomial com parâmetros 10 e $p_1 + p_2 + p_3$. Portanto,
$$P\{X_1 + X_2 + X_3 = 7\} = \binom{10}{7}(p_1 + p_2 + p_3)^7(p_4 + p_5)^3$$

4.25 Seja $X_i = 1$ se a pessoa i achar o seu chapéu, e $X_i = 0$ caso contrário. Então,
$$X = \sum_{i=1}^{n} X_i$$
é o número de pareamentos. Calculando esperanças, obtemos
$$E[X] = E[\sum_{i=1}^{n} X_i] = \sum_{i=1}^{n} E[X_i] = \sum_{i=1}^{n} P\{X_i = 1\} = \sum_{i=1}^{n} 1/n = 1$$

onde a última igualdade é obtida porque a pessoa i tem a mesma probabilidade de ficar com qualquer um dos n chapéus.

Para calcular Var(X), usamos a Equação (9.1), que diz que

$$E[X^2] = \sum_{i=1}^{n} E[X_i] + \sum_{i=1}^{n}\sum_{j \neq i} E[X_i X_j]$$

Agora, para $i \neq j$,

$$E[X_i X_j] = P\{X_i = 1, X_j = 1\} = P\{X_i = 1\}P\{X_j = 1 | X_i = 1\} = \frac{1}{n}\frac{1}{n-1}$$

Portanto,

$$E[X^2] = 1 + \sum_{i=1}^{n}\sum_{j \neq i} \frac{1}{n(n-1)}$$

$$= 1 + n(n-1)\frac{1}{n(n-1)} = 2$$

o que resulta em

$$\text{Var}(X) = 2 - 1^2 = 1$$

4.26 Com $q = 1 - p$, temos, por um lado,

$$P(E) = \sum_{i=1}^{\infty} P\{X = 2i\}$$

$$= \sum_{i=1}^{\infty} pq^{2i-1}$$

$$= pq \sum_{i=1}^{\infty} (q^2)^{i-1}$$

$$= pq \frac{1}{1 - q^2}$$

$$= \frac{pq}{(1-q)(1+q)} = \frac{q}{1+q}$$

Por outro lado,

$$P(E) = P(E|X=1)p + P(E|X>1)q = qP(E|X>1)$$

Entretanto, dado que a primeira tentativa não é um sucesso, o número de tentativas necessárias para que ocorra um sucesso é 1 mais o número geometricamente distribuído de tentativas adicionais necessárias. Portanto,

$$P(E|X > 1) = P(X + 1 \text{ é par}) = P(E^c) = 1 - P(E)$$

o que resulta em $P(E) = q/(1 + q)$.

CAPÍTULO 5

5.1 Seja X o número de minutos jogados.
(a) $P\{X > 15\} = 1 - P\{X \leq 15\} = 1 - 5(0,025) = 0,875$
(b) $P\{20 < X < 35\} = 10(0,05) + 5(0,025) = 0,625$
(c) $P\{X < 30\} = 10(0,025) + 10(0,05) = 0,75$
(d) $P\{X > 36\} = 4(0,025) = 0,1$

5.2 (a) $1 = \int_0^1 cx^n dx = c/(n+1) \Rightarrow c = n+1$

(b) $P\{X > x\} = (n+1)\int_x^1 x^n dx = x^{n+1}\big|_x^1 = 1 - x^{n+1}$

5.3 Primeiro, vamos determinar c usando

$$1 = \int_0^2 cx^4 dx = 32c/5 \Rightarrow c = 5/32$$

(a) $E[X] = \frac{5}{32}\int_0^2 x^5 dx = \frac{5}{32}\frac{64}{6} = 5/3$

(b) $E[X^2] = \frac{5}{32}\int_0^2 x^6 dx = \frac{5}{32}\frac{128}{7} = 20/7 \Rightarrow \text{Var}(X) = 20/7 - (5/3)^2 = 5/63$

5.4 Como

$$1 = \int_0^1 (ax + bx^2)dx = a/2 + b/3$$

$$0{,}6 = \int_0^1 (ax^2 + bx^3)dx = a/3 + b/4$$

obtemos $a = 3{,}6$ e $b = -2{,}4$. Portanto,

(a) $P\{X < 1/2\} = \int_0^{1/2}(3{,}6x - 2{,}4x^2)dx = (1{,}8x^2 - 0{,}8x^3)\big|_0^{1/2} = 0{,}35$

(b) $E[X^2] = \int_0^1(3{,}6x^3 - 2{,}4x^4)dx = 0{,}42 \Rightarrow \text{Var}(X) = 0{,}06$

5.5 Para $i = 1,\ldots, n$,

$$P\{X = i\} = P\{\text{Int}(nU) = i - 1\}$$
$$= P\{i - 1 \le nU < i\}$$
$$= P\left\{\frac{i-1}{n} \le U < \frac{i}{n}\right\}$$
$$= 1/n$$

5.6 Se você faz uma proposta x, $70 \le x \le 140$, então ou você ganhará a concorrência e terá um lucro de $x - 100$ com probabilidade $(140 - x)/70$, ou perderá a concorrência e fará um lucro de 0, caso contrário. Portanto, o seu lucro esperado se você fizer uma proposta x é

$$\frac{1}{70}(x-100)(140-x) = \frac{1}{70}(240x - x^2 - 14000)$$

Derivando e igualando a 0, obtemos

$$240 - 2x = 0$$

Portanto, você deve fazer uma proposta de 120 mil reais. Seu lucro esperado será de 40/7 mil reais.

5.7 (a) $P\{U > 0{,}1\} = 9/10$

(b) $P\{U > 0{,}2|U > 0{,}1\} = P\{U > 0{,}2\}/P\{U > 0{,}1\} = 8/9$

(c) $P\{U > 0{,}3|U > 0{,}2, U > 0{,}1\} = P\{U > 0{,}3\}/P\{U > 0{,}2\} = 7/8$

(d) $P\{U > 0{,}3\} = 7/10$

A resposta para a letra (d) também poderia ter sido obtida multiplicando-se as probabilidades das letras (a), (b) e (c).

5.8 Suponha que X seja a nota do teste, e considere $Z = (X - 100)/15$. Note que Z é uma variável aleatória normal padrão.
(a) $P\{X > 125\} = P\{Z > 25/15\} \approx 0{,}0478$
(b)
$$P\{90 < X < 110\} = P\{-10/15 < Z < 10/15\}$$
$$= P\{Z < 2/3\} - P\{Z < -2/3\}$$
$$= P\{Z < 2/3\} - [1 - P\{Z < 2/3\}]$$
$$\approx 0{,}4950$$

5.9 Suponha que X seja o tempo de viagem. Queremos determinar x tal que
$$P\{X > x\} = 0{,}05$$
o que é equivalente a
$$P\left\{\frac{X - 40}{7} > \frac{x - 40}{7}\right\} = 0{,}05$$
Isto é, precisamos determinar x tal que
$$P\left\{Z > \frac{x - 40}{7}\right\} = 0{,}05$$
onde Z é uma variável aleatória normal padrão. Mas
$$P\{Z > 1{,}645\} = 0{,}05$$
Logo,
$$\frac{x - 40}{7} = 1{,}645 \text{ ou } x = 51{,}515$$
Portanto, você não deve sair depois de 8,485 minutos após o meio-dia.

5.10 Seja X o tempo de vida do pneu em unidades de milhares de km, e suponha que $Z = (X - 34)/4$. Note que Z é uma variável aleatória normal padrão.
(a) $P\{X > 40\} = P\{Z > 1{,}5\} \approx 0{,}0668$
(b) $P\{30 < X < 35\} = P\{-1 < Z < 0{,}25\} = P\{Z < 0{,}25\} - P\{Z > 1\} \approx 0{,}44$
(c)
$$P\{X > 40 | X > 30\} = P\{X > 40\}/P\{X > 30\}$$
$$= P\{Z > 1{,}5\}/P\{Z > -1\} \approx 0{,}079$$

5.11 Suponha que X seja o índice pluviométrico do próximo ano e que $Z = (X - 40{,}2)/8{,}4$.
(a) $P\{X > 44\} = P\{Z > 3{,}8/8{,}4\} \approx P\{Z > 0{,}4524\} \approx 0{,}3255$
(b) $\binom{7}{3}(0{,}3255)^3(0{,}6745)^4$

5.12 Suponha que M_i e W_i representem, respectivamente, os números de homens e mulheres nas amostras que ganham, em milhares de reais, pelo menos i por ano. Também, seja Z uma variável aleatória normal padrão.

(a)
$$P\{W_{25} \geq 70\} = P\{W_{25} \geq 69,5\}$$
$$= P\left\{\frac{W_{25} - 200(0,34)}{\sqrt{200(0,34)(0,66)}} \geq \frac{69,5 - 200(0,34)}{\sqrt{200(0,34)(0,66)}}\right\}$$
$$\approx P\{Z \geq 0,2239\}$$
$$\approx 0,4114$$

(b)
$$P\{M_{25} \leq 120\} = P\{M_{25} \leq 120,5\}$$
$$= P\left\{\frac{M_{25} - (200)(0,587)}{\sqrt{(200)(0,587)(0,413)}} \leq \frac{120,5 - (200)(0,587)}{\sqrt{(200)(0,587)(0,413)}}\right\}$$
$$\approx P\{Z \leq 0,4452\}$$
$$\approx 0,6719$$

(c)
$$P\{M_{20} \geq 150\} = P\{M_{20} \geq 149,5\}$$
$$= P\left\{\frac{M_{20} - (200)(0,745)}{\sqrt{(200)(0,745)(0,255)}} \geq \frac{149,5 - (200)(0,745)}{\sqrt{(200)(0,745)(0,255)}}\right\}$$
$$\approx P\{Z \geq 0,0811\}$$
$$\approx 0,4677$$
$$P\{W_{20} \geq 100\} = P\{W_{20} \geq 99,5\}$$
$$= P\left\{\frac{W_{20} - (200)(0,534)}{\sqrt{(200)(0,534)(0,466)}} \geq \frac{99,5 - (200)(0,534)}{\sqrt{(200)(0,534)(0,466)}}\right\}$$
$$\approx P\{Z \geq -1,0348\}$$
$$= \approx 0,8496$$

Portanto,
$$P\{M_{20} \geq 150\}P\{W_{20} \geq 100\} \approx 0,3974$$

5.13 A propriedade de falta de memória da distribuição exponencial resulta em $e^{-4/5}$.

5.14 (a) $e^{-2^2} = e^{-4}$
(b) $F(3) - F(1) = e^{-1} - e^{-9}$
(c) $\lambda(t) = 2te^{-t^2}/e^{-t^2} = 2t$
(d) Seja Z uma variável aleatória normal padrão. Use a identidade $E[X] = \int_0^\infty P\{X > x\}\,dx$ para obter
$$E[X] = \int_0^\infty e^{-x^2}\,dx$$
$$= 2^{-1/2}\int_0^\infty e^{-y^2/2}\,dy$$
$$= 2^{-1/2}\sqrt{2\pi}P\{Z > 0\}$$
$$= \sqrt{\pi}/2$$

(e) Use o resultado do Exercício Teórico 5.5 para obter

$$E[X^2] = \int_0^\infty 2xe^{-x^2}\,dx = -e^{-x^2}\Big|_0^\infty = 1$$

Portanto, $\text{Var}(X) = 1 - \pi/4$.

5.15 (a) $P\{X > 6\} = \exp\{-\int_0^6 \lambda(t)dt\} = e^{-3,45}$

(b)
$$\begin{aligned}P\{X < 8 | X > 6\} &= 1 - P\{X > 8 | X > 6\} \\ &= 1 - P\{X > 8\}/P\{X > 6\} \\ &= 1 - e^{-5,65}/e^{-3,45} \\ &\approx 0,8892\end{aligned}$$

5.16 Para $x \geq 0$,

$$\begin{aligned}F_{1/X}(x) &= P\{1/X \leq x\} \\ &= P\{X \leq 0\} + P\{X \geq 1/x\} \\ &= 1/2 + 1 - F_X(1/x)\end{aligned}$$

O cálculo da derivada fornece

$$\begin{aligned}f_{1/X}(x) &= x^{-2}f_X(1/x) \\ &= \frac{1}{x^2\pi(1 + (1/x)^2)} \\ &= f_X(x)\end{aligned}$$

A demonstração para $x < 0$ é similar.

5.17 Se X representa o número das primeiras n apostas que você ganha, então a quantia que você ganhará após n apostas é

$$35X - (n - X) = 36X - n$$

Logo, queremos determinar

$$p = P\{36X - n > 0\} = P\{X > n/36\}$$

onde X é uma variável aleatória binomial com parâmetros n e $p = 1/38$.

(a) Quando $n = 34$,

$$\begin{aligned}p &= P\{X \geq 1\} \\ &= P\{X > 0,5\} \quad \text{(a correção da continuidade)} \\ &= P\left\{\frac{X - 34/38}{\sqrt{34(1/38)(37/38)}} > \frac{0,5 - 34/38}{\sqrt{34(1/38)(37/38)}}\right\} \\ &= P\left\{\frac{X - 34/38}{\sqrt{34(1/38)(37/38)}} > -0,4229\right\} \\ &\approx \Phi(0,4229) \\ &\approx 0,6638\end{aligned}$$

(Como você estará na frente após 34 apostas se ganhar pelo menos 1 aposta, a probabilidade exata neste caso é $1 - (37/38)^{34} = 0,5961$).

(b) Quando $n = 1000$,

$$p = P\{X > 27,5\}$$
$$= P\left\{\frac{X - 1000/38}{\sqrt{1000(1/38)(37/38)}} > \frac{27,5 - 1000/38}{\sqrt{1000(1/38)(37/38)}}\right\}$$
$$\approx 1 - \Phi(0,2339)$$
$$\approx 0,4075$$

A probabilidade exata – isto é, a probabilidade de que uma variável aleatória binomial com $n = 1000$ e $p = 1/38$ seja maior que 27 – é igual a 0,3961.

(c) Quando $n = 100.000$,

$$p = P\{X > 2777,5\}$$
$$= P\left\{\frac{X - 100000/38}{\sqrt{100000(1/38)(37/38)}} > \frac{2777,5 - 100000/38}{\sqrt{100000(1/38)(37/38)}}\right\}$$
$$\approx 1 - \Phi(2,883)$$
$$\approx 0,0020$$

A probabilidade exata é neste caso igual a 0,0021.

5.18 Se X representa o tempo de vida da pilha, então a probabilidade desejada, $P\{X > s + t | X > t\}$, pode ser determinada da maneira a seguir:

$$P\{X > s + t | X > t\} = \frac{P\{X > s + t, X > t\}}{P\{X > t\}}$$
$$= \frac{P\{X > s + t\}}{P\{X > t\}}$$
$$= \frac{P\{X>s+t| \text{pilha é tipo 1}\}p_1 + P\{X>s+t| \text{pilha é tipo 2}\}p_2}{P\{X>t| \text{pilha é tipo 1}\}p_1 + P\{X>t| \text{pilha é tipo 2}\}p_2}$$
$$= \frac{e^{-\lambda_1(s+t)}p_1 + e^{-\lambda_2(s+t)}p_2}{e^{-\lambda_1 t}p_1 + e^{-\lambda_2 t}p_2}$$

Outra abordagem é condicionar diretamente no tipo de pilha e então usar a propriedade da falta de memória das variáveis aleatórias exponenciais. Isto é, poderíamos fazer o seguinte:

$$P\{X > s + t | X > t\} = P\{X > s + t | X > t, \text{tipo 1}\}P\{\text{tipo 1} | X > t\}$$
$$+ P\{X > s + t | X > t, \text{tipo 2}\}P\{\text{tipo 2} | X > t\}$$
$$= e^{-\lambda_1 s}P\{\text{tipo 1} | X > t\} + e^{-\lambda_2 s}P\{\text{tipo 2} | X > t\}$$

Agora, para $i = 1, 2$, use

$$P\{\text{tipo } i | X > t\} = \frac{P\{\text{tipo } i, X > t\}}{P\{X > t\}}$$

$$= \frac{P\{X > t | \text{tipo } i\}p_i}{P\{X > t | \text{tipo 1}\}p_1 + P\{X > t | \text{tipo 2}\}p_2}$$
$$= \frac{e^{-\lambda_i t}p_i}{e^{-\lambda_1 t}p_1 + e^{-\lambda_2 t}p_2}$$

5.19 Seja X_i uma variável aleatória exponencial com média i, $i = 1, 2$.
(a) O valor de c deve ser tal que $P\{X_1 > c\} = 0{,}05$. Portanto,
$$e^{-c} = 0{,}05 = 1/20$$
ou $c = \log(20) = 2{,}996$.
(b)
$$P\{X_2 > c\} = e^{-c/2} = \frac{1}{\sqrt{20}} = 0{,}2236$$

5.20 (a)
$$\begin{aligned}E[(Z-c)^+] &= \frac{1}{\sqrt{2\pi}}\int_{-\infty}^{\infty}(x-c)^+ e^{-x^2/2}\,dx \\ &= \frac{1}{\sqrt{2\pi}}\int_{c}^{\infty}(x-c)e^{-x^2/2}\,dx \\ &= \frac{1}{\sqrt{2\pi}}\int_{c}^{\infty} xe^{-x^2/2}\,dx - \frac{1}{\sqrt{2\pi}}\int_{c}^{\infty} ce^{-x^2/2}\,dx \\ &= -\frac{1}{\sqrt{2\pi}}e^{-x^2/2}\Big|_{c}^{\infty} - c(1-\Phi(c)) \\ &= \frac{1}{\sqrt{2\pi}}e^{-c^2/2} - c(1-\Phi(c))\end{aligned}$$

(b) Usando o fato de que X possui a mesma distribuição que $\mu + \sigma Z$, onde Z é uma variável aleatória normal padrão, obtemos
$$\begin{aligned}E[(X-c)^+] &= E[(\mu + \sigma Z - c)^+] \\ &= E\left[\left(\sigma\left(Z - \frac{c-\mu}{\sigma}\right)\right)^+\right] \\ &= E\left[\sigma(Z - \frac{c-\mu}{\sigma})^+\right] \\ &= \sigma E\left[\left(Z - \frac{c-\mu}{\sigma}\right)^+\right] \\ &= \sigma\left[\frac{1}{\sqrt{2\pi}}e^{-a^2/2} - a(1-\Phi(a))\right]\end{aligned}$$
onde $a = \frac{c-\mu}{\sigma}$.

CAPÍTULO 6

6.1 (a) $3C + 6C = 1 \Rightarrow C = 1/9$
(b) Seja $p(i,j) = P\{X=i, Y=j\}$. Então
$$p(1,1) = 4/9, p(1,0) = 2/9, P(0,1) = 1/9, p(0,0) = 2/9$$
(c) $\dfrac{(12)!}{2^6}(1/9)^6(2/9)^6$

(d) $\dfrac{(12)!}{(4!)^3}(1/3)^{12}$

(e) $\displaystyle\sum_{i=8}^{12}\binom{12}{i}(2/3)^i(1/3)^{12-i}$

6.2 (a) Com $p_j = P\{XYZ = j\}$, temos
$$p_6 = p_2 = p_4 = p_{12} = 1/4$$
Portanto,
$$E[XYZ] = (6 + 2 + 4 + 12)/4 = 6$$

(b) Com $q_j = P\{XY + XZ + YZ = j\}$, temos
$$q_{11} = q_5 = q_8 = q_{16} = 1/4$$
Portanto,
$$E[XY + XZ + YZ] = (11 + 5 + 8 + 16)/4 = 10$$

6.3 Nesta solução, fazemos uso da identidade
$$\int_0^\infty e^{-x} x^n \, dx = n!$$
que é obtida porque $e^{-x} x^n/n!, x > 0$, é a função densidade de uma variável aleatória gama com parâmetros $n + 1$ e λ, e sua integral é igual a 1.

(a)
$$1 = C \int_0^\infty e^{-y} \int_{-y}^{y} (y - x)\, dx\, dy$$
$$= C \int_0^\infty e^{-y} 2y^2\, dy = 4C$$

Portanto, $C = 1/4$.

(b) Como a densidade conjunta é diferente de zero somente quando $y > x$ e $y > -x$, temos, para $x > 0$,
$$f_X(x) = \frac{1}{4} \int_x^\infty (y - x)e^{-y}\, dy$$
$$= \frac{1}{4} \int_0^\infty u e^{-(x+u)}\, du$$
$$= \frac{1}{4} e^{-x}$$

Para $x < 0$,
$$f_X(x) = \frac{1}{4} \int_{-x}^\infty (y - x)e^{-y}\, dy$$
$$= \frac{1}{4}[-ye^{-y} - e^{-y} + xe^{-y}]_{-x}^\infty$$
$$= (-2xe^x + e^x)/4$$

(c) $f_Y(y) = \frac{1}{4}e^{-y} \int_{-y}^{y}(y - x)\, dx = \frac{1}{2}y^2 e^{-y}$
(d)
$$E[X] = \frac{1}{4}\left[\int_0^\infty xe^{-x}dx + \int_{-\infty}^0 (-2x^2 e^x + xe^x)\, dx\right]$$
$$= \frac{1}{4}\left[1 - \int_0^\infty (2y^2 e^{-y} + ye^{-y})\, dy\right]$$
$$= \frac{1}{4}[1 - 4 - 1] = -1$$

(e) $E[Y] = \frac{1}{2}\int_0^\infty y^3 e^{-y}\, dy = 3$

6.4 As variáveis aleatórias multinomiais X_i, $i = 1,...,r$, representam os números de cada um dos tipos de resultados $1,...,r$ que ocorrem em n tentativas independentes quando cada tentativa leva a um desses resultados com respectivas probabilidades $p_1,...,p_r$. Agora, digamos que uma tentativa leve a um resultado de categoria 1 se ela tiver levado a qualquer um dos resultados tipo $1,...,r_1$; digamos que a tentativa leve a um resultado de categoria 2 se ela tiver levado a qualquer um dos resultados tipo $r_1 + 1,...,r_1 + r_2$; e assim por diante. Com essas definições, $Y_1,...,Y_k$ representam os números de resultados das categorias $1, 2,... k$ quando n tentativas independentes que resultam cada uma delas em uma das categorias $1,..., k$ com respectivas probabilidades $\sum_{j=r_{i-1}+1}^{r_{i-1}+r_i} p_j$, $i = 1,...,k$, são realizadas. Mas, por definição, tal vetor tem uma distribuição multinomial.

6.5 (a) Fazendo $p_j = P\{XYZ = j\}$, temos
$$p_1 = 1/8, p_2 = 3/8, p_4 = 3/8, p_8 = 1/8$$

(b) Fazendo $p_j = P\{XY + XZ + YZ = j\}$, temos
$$p_3 = 1/8, p_5 = 3/8, p_8 = 3/8, p_{12} = 1/8$$

(c) Fazendo $p_j = P\{X^2 + YZ = j\}$, temos
$$p_2 = 1/8, p_3 = 1/4, p_5 = 1/4, p_6 = 1/4, p_8 = 1/8$$

6.6 (a)
$$1 = \int_0^1 \int_1^5 (x/5 + cy)\, dy\, dx$$
$$= \int_0^1 (4x/5 + 12c)\, dx$$
$$= 12c + 2/5$$

Portanto, $c = 1/20$.

(b) Não, não é possível fatorar a densidade.

(c)
$$P\{X + Y > 3\} = \int_0^1 \int_{3-x}^5 (x/5 + y/20)\, dy\, dx$$
$$= \int_0^1 [(2 + x)x/5 + 25/40 - (3 - x)^2/40]\, dx$$
$$= 1/5 + 1/15 + 5/8 - 19/120 = 11/15$$

6.7 (a) Sim, é possível fatorar a função densidade conjunta.

(b) $f_X(x) = x \int_0^2 y\,dy = 2x, 0 < x < 1$

(c) $f_Y(y) = y \int_0^1 x\,dx = y/2, 0 < y < 2$

(d)
$$P\{X < x, Y < y\} = P\{X < x\}P\{Y < y\}$$
$$= \min(1, x^2)\min(1, y^2/4), \quad x > 0, y > 0$$

(e) $E[Y] = \int_0^2 y^2/2\,dy = 4/3$

(f)
$$P\{X + Y < 1\} = \int_0^1 x \int_0^{1-x} y\,dy\,dx$$
$$= \frac{1}{2}\int_0^1 x(1-x)^2\,dx = 1/24$$

6.8 Suponha que T_i represente o instante de ocorrência de um choque do tipo i, $i = 1, 2, 3$. Para $s > 0, t > 0$,
$$P\{X_1 > s, X_2 > t\} = P\{T_1 > s, T_2 > t, T_3 > \text{máx}(s,t)\}$$
$$= P\{T_1 > s\}P\{T_2 > t\}P\{T_3 > \text{máx}(s,t)\}$$
$$= \exp\{-\lambda_1 s\}\exp\{-\lambda_2 t\}\exp\{-\lambda_3 \text{máx}(s,t)\}$$
$$= \exp\{-(\lambda_1 s + \lambda_2 t + \lambda_3 \text{máx}(s,t))\}$$

6.9 (a) Não, classificados em páginas com muitos classificados têm probabilidade menor de serem escolhidos do que aqueles em páginas com poucos classificados.

(b) $\frac{1}{m}\frac{n(i)}{n}$

(c) $\dfrac{\sum_{i=1}^{m} n(i)}{nm} = \bar{n}/n$, onde $\bar{n} = \sum_{i=1}^{m} n(i)/m$

(d) $(1 - \bar{n}/n)^{k-1}\dfrac{1}{m}\dfrac{n(i)}{n}\dfrac{1}{n(i)} = (1 - \bar{n}/n)^{k-1}/(nm)$

(e) $\sum_{k=1}^{\infty} \dfrac{1}{nm}(1 - \bar{n}/n)^{k-1} = \dfrac{1}{\bar{n}m}$.

(f) O número de iterações é uma variável aleatória geométrica com média $n\sqrt{n}$.

6.10 (a) $P\{X = i\} = 1/m, \quad i = 1,...,m$.

(b) **Passo 2.** Gere uma variável aleatória U uniforme no intervalo $(0,1)$. Se $U < n(X)/n$, siga para o passo 3. Caso contrário, volte para o passo 1.

Passo 3. Gere uma variável aleatória uniforme U no intervalo $(0,1)$ e selecione o elemento na página X na posição $[n(X)U] + 1$.

6.11 Sim, elas são independentes. Isso pode ser visto facilmente se perguntarmos, de forma equivalente, se X_N é independente de N. Mas isso é de fato verdade, já que saber quando ocorre a primeira variável aleatória maior que c não afeta a distribuição de probabilidade de seu valor, que é uniforme em $(c, 1)$.

6.12 Suponha que p_i represente a probabilidade de se obter i pontos em uma única jogada de dardo. Então

$$p_{30} = \pi/36$$
$$p_{20} = 4\pi/36 - p_{30} = \pi/12$$
$$p_{10} = 9\pi/36 - p_{20} - p_{30} = 5\pi/36$$
$$p_0 = 1 - p_{10} - p_{20} - p_{30} = 1 - \pi/4$$

(a) $\pi/12$
(b) $\pi/9$
(c) $1 - \pi/4$
(d) $\pi(30/36 + 20/12 + 50/36) = 35\pi/9$
(e) $(\pi/4)^2$
(f) $2(\pi/36)(1 - \pi/4) + 2(\pi/12)(5\pi/36)$

6.13 Seja Z uma variável aleatória normal padrão.

(a)
$$P\left\{\sum_{i=1}^{4} X_i > 0\right\} = P\left\{\frac{\sum_{i=1}^{4} X_i - 6}{\sqrt{24}} > \frac{-6}{\sqrt{24}}\right\}$$
$$\approx P\{Z > -1{,}2247\} \approx 0{,}8897$$

(b)
$$P\left\{\sum_{i=1}^{4} X_i > 0 \;\bigg|\; \sum_{i=1}^{2} X_i = -5\right\} = P\{X_3 + X_4 > 5\}$$
$$= P\left\{\frac{X_3 + X_4 - 3}{\sqrt{12}} > 2/\sqrt{12}\right\}$$
$$\approx P\{Z > 0{,}5774\} \approx 0{,}2818$$

(c)
$$P\left\{\sum_{i=1}^{4} X_i > 0 \;\bigg|\; X_1 = 5\right\} = P\{X_2 + X_3 + X_4 > -5\}$$
$$= P\left\{\frac{X_2 + X_3 + X_4 - 4{,}5}{\sqrt{18}} > -9{,}5/\sqrt{18}\right\}$$
$$\approx P\{Z > -2{,}239\} \approx 0{,}9874$$

6.14 No desenvolvimento a seguir, C não depende de n.
$$P\{N = n | X = x\} = f_{X|N}(x|n)P\{N = n\}/f_X(x)$$
$$= C\frac{1}{(n-1)!}(\lambda x)^{n-1}(1 - p)^{n-1}$$
$$= C(\lambda(1 - p)x)^{n-1}/(n - 1)!$$

o que mostra que, dado que $X = x$, $N - 1$ é uma variável aleatória de Poisson com média $\lambda(1 - p)x$. Isto é,

$$P\{N = n | X = x\} = P\{N - 1 = n - 1 | X = x\}$$
$$= e^{-\lambda(1-p)x}(\lambda(1 - p)x)^{n-1}/(n - 1)!, n \geq 1.$$

6.15 (a) O Jacobiano da transformação é

$$J = \begin{vmatrix} 1 & 0 \\ 1 & 1 \end{vmatrix} = 1$$

Como as equações $u = x$, $v = x + y$ implicam que $x = u$, $y = v - u$, obtemos

$$f_{U,V}(u,v) - f_{X,Y}(u, v - u) = 1, \quad 0 < u < 1, \quad 0 < v - u < 1$$

ou, equivalentemente,

$$f_{U,V}(u,v) = 1, \quad \text{máx}(v - 1, 0) < u < \text{mín}(v, 1)$$

(b) Para $0 < v < 1$,

$$f_V(v) = \int_0^v du = v$$

Para $1 \leq v \leq 2$,

$$f_V(v) = \int_{v-1}^1 du = 2 - v$$

6.16 Seja U uma variável aleatória uniforme no intervalo $(7, 11)$. Se o seu lance for x, $7 \leq x \leq 10$, a probabilidade de que ele seja o maior é dada por

$$(P\{U < x\})^3 = \left(P\left\{\frac{U - 7}{4} < \frac{x - 7}{4}\right\}\right)^3 = \left(\frac{x - 7}{4}\right)^3$$

Portanto, o seu lucro esperado – chame-o de $E[G(x)]$ – se o seu lance é x é dado por

$$E[G(x)] = \frac{1}{4}(x - 7)^3(10 - x)$$

Essa função é maximizada quando $x = 37/4$.

6.17 Seja $i_1, i_2, ..., i_n$ uma permutação de $1, 2, ..., n$. Então,

$$P\{X_1 = i_1, X_2 = i_2, ..., X_n = i_n\} = P\{X_1 = i_1\}P\{X_2 = i_2\} \cdots P\{X_n = i_n\}$$
$$= p_{i_1}p_{i_2} \cdots p_{i_n}$$
$$= p_1 p_2 \cdots p_n$$

Portanto, a probabilidade desejada é $n! p_1 p_2 ... p_n$, que reduz-se a $\frac{n!}{n^n}$ quando todos os p_i's são iguais a $1/n$.

6.18 (a) Como $\sum_{i=1}^n X_i = \sum_{i=1}^n Y_i$, obtemos $N = 2M$.

(b) Considere as $n - k$ coordenadas cujos valores Y são iguais a 0, e chame-as de coordenadas vermelhas. Como as k coordenadas cujos valores X são iguais a 1 têm a mesma probabilidade de serem qualquer um dos $\binom{n}{k}$ conjuntos de k

coordenadas, resulta que o número de coordenadas vermelhas entre essas k coordenadas tem a mesma distribuição que o número de bolas vermelhas obtidas quando alguém sorteia k bolas de um conjunto de n bolas das quais $n - k$ são vermelhas. Portanto, M é uma variável aleatória hipergeométrica.

(c) $E[N] = E[2M] = 2E[M] = \frac{2k(n-k)}{n}$

(d) Usando a fórmula para a variância de uma variável aleatória hipergeométrica dada no Exemplo 8j do Capítulo 4, obtemos

$$\text{Var}(N) = 4\,\text{Var}(M) = 4\frac{n-k}{n-1}k(1 - k/n)(k/n)$$

6.19 (a) Note primeiro que $S_n - S_k = \sum_{i=k+1}^{n} Z_i$ é uma variável aleatória normal independente de S_k com média 0 e variância $n - k$. Consequentemente, dado que $S_k = y$, S_n é uma variável aleatória normal com média y e variância $n - k$.

(b) Como a função densidade condicional de S_k dado que $S_n = x$ possui argumento y, tudo o que não depende de y pode ser considerado uma constante (por exemplo, x é considerado uma constante). No desenvolvimento a seguir, as grandezas C_i, $i = 1, 2, 3, 4$ são constantes que não dependem de y:

$$f_{S_k|S_n}(y|x) = \frac{f_{S_k,S_n}(y,x)}{f_{S_n}(x)}$$

$$= C_1 f_{S_n|S_k}(x|y) f_{S_k}(y) \quad \left(\text{onde } C_1 = \frac{1}{f_{S_n}(x)}\right)$$

$$= C_1 \frac{1}{\sqrt{2\pi}\sqrt{n-k}} e^{-(x-y)^2/2(n-k)} \frac{1}{\sqrt{2\pi}\sqrt{k}} e^{-y^2/2k}$$

$$= C_2 \exp\left\{-\frac{(x-y)^2}{2(n-k)} - \frac{y^2}{2k}\right\}$$

$$= C_3 \exp\left\{\frac{2xy}{2(n-k)} - \frac{y^2}{2(n-k)} - \frac{y^2}{2k}\right\}$$

$$= C_3 \exp\left\{-\frac{n}{2k(n-k)}\left(y^2 - 2\frac{k}{n}xy\right)\right\}$$

$$= C_3 \exp\left\{-\frac{n}{2k(n-k)}\left[\left(y - \frac{k}{n}x\right)^2 - \left(\frac{k}{n}x\right)^2\right]\right\}$$

$$= C_4 \exp\left\{-\frac{n}{2k(n-k)}\left(y - \frac{k}{n}x\right)^2\right\}$$

Mas a última expressão é a função densidade de uma variável aleatória normal com média $\frac{k}{n}x$ e variância $\frac{k(n-k)}{n}$.

6.20 (a)

$$P\{X_6 > X_1 | X_1 = \text{máx}(X_1, \ldots, X_5)\}$$
$$= \frac{P\{X_6 > X_1, X_1 = \text{máx}(X_1, \ldots, X_5)\}}{P\{X_1 = \text{máx}(X_1, \ldots, X_5)\}}$$

$$= \frac{P\{X_6 = \text{máx}(X_1,\ldots,X_6),\ X_1 = \text{máx}(X_1,\ldots,X_5)\}}{1/5}$$

$$= 5\frac{1}{6}\frac{1}{5} = \frac{1}{6}$$

Logo, a probabilidade de que X_6 seja o maior valor é independente de qual é o maior dentre os outro cinco valores (claramente, isso não seria verdade se os X_i's tivessem distribuições diferentes).

(b) Uma maneira de resolver este problema é condicionar em $X_6 > X_1$. Agora

$$P\{X_6 > X_2 | X_1 = \text{máx}(X_1,\ldots,X_5), X_6 > X_1\} = 1$$

Também, por simetria,

$$P\{X_6 > X_2 | X_1 = \text{máx}(X_1,\ldots,X_5), X_6 < X_1\} = \frac{1}{2}$$

Da letra (a),

$$P\{X_6 > X_1 | X_1 = \text{máx}(X_1,\ldots,X_5)\ \} = \frac{1}{6}$$

Logo, condicionando em $X_6 > X_1$, obtemos

$$P\{X_6 > X_2 | X_1 = \text{máx}(X_1,\ldots,X_5)\ \} = \frac{1}{6} + \frac{1}{2}\frac{5}{6} = \frac{7}{12}$$

CAPÍTULO 7

7.1 (a) $d = \sum_{i=1}^{m} 1/n(i)$

(b) $P\{X = i\} = P\{[mU] = i-1\} = P\{i-1 \leq mU < i\} = 1/m, \quad i = 1,\ldots,m$

(c) $E\left[\dfrac{m}{n(X)}\right] = \sum_{i=1}^{m} \dfrac{m}{n(i)} P\{X = i\} = \sum_{i=1}^{m} \dfrac{m}{n(i)} \dfrac{1}{m} = d$

7.2 Faça $I_j = 1$ se a j-ésima bola retirada for branca e a $(j + 1)$-ésima for preta, e $I_j = 0$ caso contrário. Se X é o número de vezes nas quais uma bola branca é imediatamente seguida por uma bola preta, então podemos representar X como

$$X = \sum_{j=1}^{n+m-1} I_j$$

Logo,

$$E[X] = \sum_{j=1}^{n+m-1} E[I_j]$$

$$= \sum_{j=1}^{n+m-1} P\{j\text{-ésima bola retirada é branca},\ (j+1)\text{-ésima é preta}\}$$

$$= \sum_{j=1}^{n+m-1} P\{j\text{-ésima bola retirada é branca}\}P\{(j+1)\text{-ésima bola retirada é branca}\}$$

$$= \sum_{j=1}^{n+m-1} \frac{n}{n+m} \frac{m}{n+m-1}$$

$$= \frac{nm}{n+m}$$

O desenvolvimento anterior usou o fato de que cada uma das $n + m$ bolas tem a mesma probabilidade de ser a j-ésima bola retirada e, dado que esta bola seja branca, cada uma das demais $n + m - 1$ bolas tem a mesma probabilidade de ser a próxima bola escolhida.

7.3 Numere arbitrariamente os casais e então faça $I_j = 1$ se o casal número $j, j = 1,...,$ 10, se sentar na mesma mesa. Então, se X representa o número de casais sentados na mesma mesa, temos

$$X = \sum_{j=1}^{10} I_j$$

então

$$E[X] = \sum_{j=1}^{10} E[I_j]$$

(a) Para computar $E[I_j]$ neste caso, considere a esposa número j. Como cada um dos $\binom{19}{3}$ grupos de tamanho 3 que não a incluem tem a mesma probabilidade de completar a sua mesa, concluímos que a probabilidade de que seu marido esteja em sua mesa é

$$\frac{\binom{1}{1}\binom{18}{2}}{\binom{19}{3}} = \frac{3}{19}$$

Portanto, $E[I_j] = 3/19$ e assim

$$E[X] = 30/19$$

(b) Neste caso, como os 2 homens na mesa da esposa j têm a mesma probabilidade de serem qualquer um dos 10 homens, tem-se que a probabilidade de que um deles seja o seu marido é igual a 2/10, assim

$$E[I_j] = 2/10 \text{ e } E[X] = 2$$

7.4 Do Exemplo 2i, sabemos que o número esperado de vezes que um dado precisa ser rolado até que todas as suas faces apareçam pelo menos uma vez é $6(1 + 1/2 + 1/3 + 1/4 + 1/5 + 1/6) = 14,7$. Agora, se fizermos com que X represente o número total de vezes em que a face i aparece, então, como $\sum_{i=1}^{6} X_i$ é igual ao número total de jogadas, temos

$$14{,}7 = E\left[\sum_{i=1}^{6} X_i\right] = \sum_{i=1}^{6} E[X_i]$$

Mas, por simetria, $E[X_i]$ será o mesmo para todo i, e com isso resulta da expressão anterior que $E[X_1] = 14{,}7/6 = 2{,}45$.

7.5 Faça $I_j = 1$ se ganharmos 1 quando a j-ésima carta for virada, e $I_j = 0$ caso contrário (por exemplo I_1 será igual a 1 se a primeira carta virada for vermelha). Portanto, se X é o nosso número total de vitórias, então

$$E[X] = E\left[\sum_{j=1}^{n} I_j\right] = \sum_{j=1}^{n} E[I_j]$$

Agora, I_j será igual a 1 se j cartas vermelhas aparecerem antes de j cartas pretas. Por simetria, a probabilidade deste evento é igual a 1/2; portanto, $E[I_j] = 1/2$ e $E[X] = n/2$.

7.6 Para ver que $N \leq n - 1 + I$, note que, se todos os eventos ocorrerem, então ambos os lados dessa desigualdade serão iguais a n. Do contrário, se eles não ocorrerem, então a desigualdade reduz-se a $N \leq n - 1$, o que é claramente verdade nesse caso. Calculando as esperanças, obtemos

$$E[N] \leq n - 1 + E[I]$$

Entretanto, se fizermos $I_i = 1$ se A_i ocorrer, e $I_i = 0$ caso contrário, então

$$E[N] = E\left[\sum_{i=1}^{n} I_i\right] = \sum_{i=1}^{n} E[I_i] = \sum_{i=1}^{n} P(A_i)$$

Como $E[I] = P(A_1, \ldots, A_n)$, o resultado é obtido.

7.7 Imagine que os valores $1, 2, \ldots, n$ sejam ordenados e que todos os k valores selecionados sejam considerados especiais. Do Exemplo 3e, a posição do primeiro valor especial, que é igual ao menor valor escolhido, tem média $1 + \dfrac{n-k}{k+1} = \dfrac{n+1}{k+1}$.

Para um argumento mais formal, note que $X \geq j$ se nenhum dos $j - 1$ menores valores forem escolhidos. Portanto,

$$P\{X \geq j\} = \dfrac{\binom{n-j+1}{k}}{\binom{n}{k}} = \dfrac{\binom{n-k}{j-1}}{\binom{n}{j-1}}$$

o que mostra que X tem a mesma distribuição que a variável aleatória do Exemplo 3e (com uma mudança de notação na qual o número total de bolas agora é n, e o número de bolas especiais é k).

7.8 Seja X o número de famílias que saem depois da família Sanchez. Numere arbitrariamente todas as $N-1$ famílias que não sejam a família Sanchez e faça $I_r = 1, 1 \leq r \leq N-1$, se a família r sair depois da família Sanchez. Então,

$$X = \sum_{r=1}^{N-1} I_r$$

Calculando as esperanças, obtemos

$$E[X] = \sum_{r=1}^{N-1} P\{\text{família } r \text{ sai depois da família Sanchez}\}$$

Considere agora qualquer família que não seja a família Sanchez que tenha despachado k malas. Como cada uma das $k + j$ malas despachadas por essa família ou pela família Sanchez tem a mesma probabilidade de ser a última das $k + j$ malas a aparecer, a probabilidade de que essa família saia depois da família Sanchez é dada por $k/(k+j)$. Como o número de famílias (que não são a família Sanchez) que despacham k malas é n_k quando $k \neq j$, ou $n_j - 1$ quando $k = j$, obtemos

$$E[X] = \sum_k \frac{kn_k}{k+j} - \frac{1}{2}$$

7.9 Suponha que a vizinhança de qualquer ponto na borda do círculo seja definida pelo arco que começa naquele ponto e se estende por um comprimento 1. Considere um ponto uniformemente distribuído na borda do círculo – isto é, a probabilidade de que este ponto esteja situado em um arco específico de comprimento x é $x/2\pi$ – e suponha que X represente o número de pontos localizados em sua vizinhança. Com $I_j = 1$ se o item número j está na vizinhança do ponto aleatório, e $I_j = 0$ caso contrário, temos

$$X = \sum_{j=1}^{19} I_j$$

Calculando as esperanças, obtemos

$$E[X] = \sum_{j=1}^{19} P\{\text{item } j \text{ está localizado na vizinhança do ponto aleatório}\}$$

Mas como o item j estará localizado em sua vizinhança se o ponto aleatório estiver sobre o arco de comprimento 1 que sai do item j no sentido anti-horário, temos que

$$P\{\text{item } j \text{ está localizado na vizinhança do ponto aleatório}\} = \frac{1}{2\pi}$$

Portanto,

$$E[X] = \frac{19}{2\pi} > 3$$

Como $E[X] > 3$, pelo menos um dos valores possíveis de X deve exceder 3, o que demonstra o resultado.

7.10 Se $g(x) = x^{1/2}$, então
$$g'(x) = \frac{1}{2}x^{-1/2}, \quad g''(x) = -\frac{1}{4}x^{-3/2}$$

Assim, a expansão em série de Taylor de $\sqrt{x}$ em λ dá

$$\sqrt{X} \approx \sqrt{\lambda} + \frac{1}{2}\lambda^{-1/2}(X - \lambda) - \frac{1}{8}\lambda^{-3/2}(X - \lambda)^2$$

Calculado as esperanças, obtemos

$$E[\sqrt{X}] \approx \sqrt{\lambda} + \frac{1}{2}\lambda^{-1/2}E[X - \lambda] - \frac{1}{8}\lambda^{-3/2}E[(X - \lambda)^2]$$
$$= \sqrt{\lambda} - \frac{1}{8}\lambda^{-3/2}\lambda$$
$$= \sqrt{\lambda} - \frac{1}{8}\lambda^{-1/2}$$

Portanto,
$$\text{Var}(\sqrt{X}) = E[X] - (E[\sqrt{X}])^2$$
$$\approx \lambda - \left(\sqrt{\lambda} - \frac{1}{8}\lambda^{-1/2}\right)^2$$
$$= 1/4 - \frac{1}{64\lambda}$$
$$\approx 1/4$$

7.11 Numere as mesas de forma que as mesas 1, 2 e 3 possuam 4 cadeiras, e as mesas 4, 5, 6 e 7 possuam duas cadeiras. Além disso, numere as mulheres e considere $X_{i,j} = 1$ se a mulher i estiver sentada com o seu marido na mesa j. Observe que

$$E[X_{i,j}] = \frac{\binom{2}{2}\binom{18}{2}}{\binom{20}{4}} = \frac{3}{95}, \quad j = 1, 2, 3$$

e

$$E[X_{i,j}] = \frac{1}{\binom{20}{2}} = \frac{1}{190}, \quad j = 4, 5, 6, 7$$

Agora, X representa o número de casais que estão sentados nas mesmas mesas. Com isso, temos

$$E[X] = E\left[\sum_{i=1}^{10}\sum_{j=1}^{7} X_{i,j}\right]$$
$$= \sum_{i=1}^{22}\sum_{j=1}^{3} E[X_{i,j}] + \sum_{i=1}^{19}\sum_{j=4}^{7} E[X_{i,j}]$$

7.12 Faça $X_i = 1$ se o indivíduo i não recrutar ninguém, e $X_i = 0$ caso contrário. Então,

$$E[X_i] = P\{i \text{ não recruta ninguém de } i+1, i+2, \ldots n\}$$
$$= \frac{i-1}{i} \frac{i}{i+1} \cdots \frac{n-2}{n-1}$$
$$= \frac{i-1}{n-1}$$

Portanto,

$$E\left[\sum_{i=1}^{n} X_i\right] = \sum_{i=1}^{n} \frac{i-1}{n-1} = \frac{n}{2}$$

Da equação anterior, também obtemos

$$\text{Var}(X_i) = \frac{i-1}{n-1}\left(1 - \frac{i-1}{n-1}\right) = \frac{(i-1)(n-i)}{(n-1)^2}$$

Agora, para $i < j$,

$$E[X_i X_j] = \frac{i-1}{i} \cdots \frac{j-2}{j-1} \frac{j-2}{j} \frac{j-1}{j+1} \cdots \frac{n-3}{n-1}$$
$$= \frac{(i-1)(j-2)}{(n-2)(n-1)}$$

Logo,

$$\text{Cov}(X_i, X_j) = \frac{(i-1)(j-2)}{(n-2)(n-1)} - \frac{i-1}{n-1}\frac{j-1}{n-1}$$
$$= \frac{(i-1)(j-n)}{(n-2)(n-1)^2}$$

Portanto,

$$\text{Var}\left(\sum_{i=1}^{n} X_i\right) = \sum_{i=1}^{n} \text{Var}(X_i) + 2\sum_{i=1}^{n-1}\sum_{j=i+1}^{n} \text{Cov}(X_i, X_j)$$
$$= \sum_{i=1}^{n} \frac{(i-1)(n-i)}{(n-1)^2} + 2\sum_{i=1}^{n-1}\sum_{j=i+1}^{n} \frac{(i-1)(j-n)}{(n-2)(n-1)^2}$$
$$= \frac{1}{(n-1)^2}\sum_{i=1}^{n}(i-1)(n-i)$$
$$- \frac{1}{(n-2)(n-1)^2}\sum_{i=1}^{n-1}(i-1)(n-i)(n-i-1)$$

7.13 Considere $X_i = 1$ se a i-ésima trinca for formada por um de cada tipo de jogadores. Então,

$$E[X_i] = \frac{\binom{2}{1}\binom{3}{1}\binom{4}{1}}{\binom{9}{3}} = \frac{2}{7}$$

Portanto, para a letra (a), obtemos

$$E\left[\sum_{i=1}^{3} X_i\right] = 6/7$$

Resulta da equação anterior que

$$\text{Var}(X_i) - (2/7)(1 - 2/7) = 10/49$$

Também, para $i \neq j$,

$$E[X_i X_j] = P\{X_i = 1, X_j = 1\}$$
$$= P\{X_i = 1\}P\{X_j = 1 | X_i = 1\}$$
$$= \frac{\binom{2}{1}\binom{3}{1}\binom{4}{1}}{\binom{9}{3}} \frac{\binom{1}{1}\binom{2}{1}\binom{3}{1}}{\binom{6}{3}}$$
$$= 6/70$$

Portanto, obtemos para a letra (b)

$$\text{Var}\left(\sum_{i=1}^{3} X_i\right) = \sum_{i=1}^{3} \text{Var}(X_i) + 2\sum\sum_{j>1} \text{Cov}(X_i, X_j)$$
$$= 30/49 + 2\binom{3}{2}\left(\frac{6}{70} - \frac{4}{49}\right)$$
$$= \frac{312}{490}$$

7.14 Seja X_i, $i = 1,..., 13$, igual a 1 se a i-ésima carta for um ás e 0 caso contrário. Considere $Y_j = 1$ se a j-ésima carta, $j = 1,..., 13$, for do naipe de espadas, e suponha que i seja 0 caso contrário. Agora,

$$\text{Cov}(X, Y) = \text{Cov}\left(\sum_{i=1}^{n} X_i, \sum_{j=1}^{n} Y_j\right)$$
$$= \sum_{i=1}^{n}\sum_{j=1}^{n} \text{Cov}(X_i, Y_j)$$

Entretanto, X_i é claramente independente de Y_j porque saber o naipe de uma determinada carta não fornece informações sobre o seu tipo (se é um ás, um dois, etc.) e portanto não afeta a probabilidade de que uma outra carta específica seja um ás. Mas, formalmente, suponha que $A_{i,s}$, $A_{i,h}$, $A_{i,d}$ e $A_{i,c}$ sejam os eventos em que, respectivamente, a i-ésima carta é de espadas, copas, ouros e paus. Então

$$P\{Y_j = 1\} = \frac{1}{4}(P\{Y_j = 1 | A_{i,s}\} + P\{Y_j = 1 | A_{i,h}\}$$
$$+ P\{Y_j = 1 | A_{i,d}\} + P\{Y_j = 1 | A_{i,c}\})$$

Mas, por simetria, temos

$$P\{Y_j = 1 | A_{i,s}\} = P\{Y_j = 1 | A_{i,h}\} = P\{Y_j = 1 | A_{i,d}\} = P\{Y_j = 1 | A_{i,c}\}$$

Portanto,
$$P\{Y_j = 1\} = P\{Y_j = 1|A_{i,s}\}$$
Como a expressão anterior implica que
$$P\{Y_j = 1\} = P\{Y_j = 1|A_{i,s}^c\}$$
vemos que Y_j e X_i são independentes. Portanto, $\text{Cov}(X_i, Y_j) = 0$, e assim $\text{Cov}(X, Y) = 0$.

As variáveis aleatórias X e Y, embora sejam não correlacionadas, não são independentes. É possível concluir isso, por exemplo, a partir de
$$P\{Y = 13|X = 4\} = 0 \neq P\{Y = 13\}$$

7.15 (a) Seu ganho esperado sem qualquer informação é 0.
(b) Você deveria dar o palpite "cara" se $p > 1/2$, e "coroa" caso contrário.
(c) Condicionando em V, que é o valor da moeda, obtemos

$$\begin{aligned} E[\text{ganho}] &= \int_0^1 E[\text{ganho}|V = p]\,dp \\ &= \int_0^{1/2} [1(1 - p) - 1(p)]\,dp + \int_{1/2}^1 [1(p) - 1(1 - p)]\,dp \\ &= 1/2 \end{aligned}$$

7.16 Dado que o nome escolhido aparece em $n(X)$ posições diferentes na lista, e como cada uma dessas posições tem a mesma probabilidade de ser escolhida, obtemos
$$E[I|n(X)] = P\{I = 1|n(X)\} = 1/n(X)$$
Portanto,
$$E[I] = E[1/n(X)]$$
Logo, $E[mI] = E[m/n(X)] = d$.

7.17 Fazendo $X_i = 1$ se uma colisão ocorrer quando o i-ésimo item é guardado, e $X_i = 0$ caso contrário, podemos expressar o número total de colisões X como
$$X = \sum_{i=1}^m X_i$$
Portanto,
$$E[X] = \sum_{i=1}^m E[X_i]$$
Para determinar $E[X_i]$, condicione na prateleira na qual o item é colocado.
$$\begin{aligned} E[X_i] &= \sum_j E[X_i|\text{colocado na prateleira } j]p_j \\ &= \sum_j P\{i \text{ causa colisão}|\text{colocado na prateleira } j\}p_j \\ &= \sum_j [1 - (1 - p_j)^{i-1}]p_j \\ &= 1 - \sum_j (1 - p_j)^{i-1} p_j \end{aligned}$$

A penúltima igualdade usou o fato de que, tendo como condição a colocação do item i na prateleira j, esse item causará uma colisão se qualquer um dos $i-1$ itens anteriores tiver sido colocado na prateleira j. Logo,

$$E[X] = m - \sum_{i=1}^{m}\sum_{j=1}^{n}(1-p_j)^{i-1}p_j$$

Trocando a ordem da soma, obtemos

$$E[X] = m - n + \sum_{j=1}^{n}(1-p_j)^m$$

Olhando para o resultado, percebemos que poderíamos tê-lo deduzido mais facilmente ao calcular as esperanças de ambos os lados da identidade

número de prateleiras não vazias $= m - X$

O número esperado de prateleiras não vazias é então obtido definindo-se uma variável indicadora para cada prateleira (igual a 1 se a prateleira não estiver vazia e igual a 0 caso contrário) e em seguida calculando-se a esperança da soma dessas variáveis indicadoras.

7.18 Suponha que L represente a extensão da série inicial. Condicionando no primeiro valor, obtemos

$$E[L] = E[L|\text{primeiro valor é 1}]\frac{n}{n+m} + E[L|\text{primeiro valor é 0}]\frac{m}{n+m}$$

Agora, se o primeiro valor é 1, a extensão da série será a posição do primeiro zero quando considerarmos os $n+m-1$ valores restantes, dos quais $n-1$ são 1's e m são 0's (por exemplo, se o valor inicial dos $n+m-1$ valores restantes for igual a 0, então $L=1$). Como temos um resultado similar se o primeiro valor for um 0, obtemos, da equação anterior e usando o resultado do Exemplo 3e, que

$$E[L] = \frac{n+m}{m+1}\frac{n}{n+m} + \frac{n+m}{n+1}\frac{m}{n+m}$$
$$= \frac{n}{m+1} + \frac{m}{n+1}$$

7.19 Suponha que X seja o número de jogadas necessárias para que ambas as caixas sejam esvaziadas e Y seja o número de caras nas primeiras $n+m$ jogadas. Então,

$$E[X] = \sum_{i=0}^{n+m} E[X|Y=i]P\{Y=i\}$$
$$= \sum_{i=0}^{n+m} E[X|Y=i]\binom{n+m}{i}p^i(1-p)^{n+m-i}$$

Agora, se o número de caras nas primeiras $n+m$ jogadas é i, $i \leq n$, o número de jogadas adicionais é igual ao número de jogadas necessárias para que $n-i$ caras adicionais sejam obtidas. Similarmente, se o número de caras nas primeiras $n+m$ jogadas é i, $i > n$, então, como haveria um total de $n+m-i < m$ coroas, o número de jogadas adicionais é igual ao número necessário para que $i-n$ caras adicionais sejam obtidas. Como o número de jogadas necessárias para que se obtenham j resultados de um tipo particular é uma variável aleatória binomial negativa cuja média é a divisão de j pela probabilidade daquele resultado, obtemos

$$E[X] = \sum_{i=0}^{n} \frac{n-i}{p} \binom{n+m}{i} p^i (1-p)^{n+m-i}$$

$$+ \sum_{i=n+1}^{n+m} \frac{i-n}{1-p} \binom{n+m}{i} p^i (1-p)^{n+m-i}$$

7.20 Calculando as esperanças de ambos os lados da identidade fornecida na dica, obtemos

$$E[X^n] = E\left[n \int_0^\infty x^{n-1} I_X(x)\, dx\right]$$
$$= n \int_0^\infty E[x^{n-1} I_X(x)]\, dx$$
$$= n \int_0^\infty x^{n-1} E[I_X(x)]\, dx$$
$$= n \int_0^\infty x^{n-1} \overline{F}(x)\, dx$$

O cálculo da esperança no lado de dentro da integral é justificado porque todas as variáveis aleatórias $I_X(x), 0 < x < \infty$, são não negativas.

7.21 Considere uma permutação aleatória $I_1, ..., I_n$ que tem a mesma probabilidade de ser qualquer uma das $n!$ permutações. Então,

$$E[a_{I_j} a_{I_{j+1}}] = \sum_k E[a_{I_j} a_{I_{j+1}} | I_j = k] P\{I_j = k\}$$
$$= \frac{1}{n} \sum_k a_k E[a_{I_{j+1}} | I_j = k]$$
$$= \frac{1}{n} \sum_k a_k \sum_i a_i P\{I_{j+1} = i | I_j = k\}$$
$$= \frac{1}{n(n-1)} \sum_k a_k \sum_{i \neq k} a_i$$
$$= \frac{1}{n(n-1)} \sum_k a_k(-a_k)$$
$$< 0$$

onde a igualdade final foi obtida a partir da hipótese de que $\sum_{i=1}^n a_i = 0$. Como a equação anterior mostra que

$$E\left[\sum_{j=1}^n a_{I_j} a_{I_{j+1}}\right] < 0$$

conclui-se que deve haver alguma permutação $i_1,\ldots, i_n$ para a qual

$$\sum_{j=1}^{n} a_{i_j} a_{i_{j+1}} < 0$$

7.22 (a) $E[X] = \lambda_1 + \lambda_2$, $E[X] = \lambda_2 + \lambda_3$
(b)
$$\begin{aligned}
\text{Cov}(X, Y) &= \text{Cov}(X_1 + X_2, X_2 + X_3) \\
&= \text{Cov}(X_1, X_2 + X_3) + \text{Cov}(X_2, X_2 + X_3) \\
&= \text{Cov}(X_2, X_2) \\
&= \text{Var}(X_2) \\
&= \lambda_2
\end{aligned}$$

(c) Condicionando em X_2, obtemos

$$\begin{aligned}
P\{X = i, Y = j\} &= \sum_k P\{X = i, Y = j | X_2 = k\} P\{X_2 = k\} \\
&= \sum_k P\{X_1 = i - k, X_3 = j - k | X_2 = k\} e^{-\lambda_2} \lambda_2^k / k! \\
&= \sum_k P\{X_1 = i - k, X_3 = j - k\} e^{-\lambda_2} \lambda_2^k / k! \\
&= \sum_k P\{X_1 = i - k\} P\{X_3 = j - k\} e^{-\lambda_2} \lambda_2^k / k! \\
&= \sum_{k=0}^{\min(i,j)} e^{-\lambda_1} \frac{\lambda_1^{i-k}}{(i-k)!} e^{-\lambda_3} \frac{\lambda_3^{j-k}}{(j-k)!} e^{-\lambda_2} \frac{\lambda_2^k}{k!}
\end{aligned}$$

7.23

$$\begin{aligned}
\text{Corr}\left(\sum_i X_i, \sum_j Y_j\right) &= \frac{\text{Cov}(\sum_i X_i, \sum_j Y_j)}{\sqrt{\text{Var}(\sum_i X_i)\text{Var}(\sum_j Y_j)}} \\
&= \frac{\sum_i \sum_j \text{Cov}(X_i, Y_j)}{\sqrt{n\sigma_x^2 n\sigma_y^2}} \\
&= \frac{\sum_i \text{Cov}(X_i, Y_i) + \sum_i \sum_{j \neq i} \text{Cov}(X_i, Y_j)}{n\sigma_x \sigma_y} \\
&= \frac{n\rho \sigma_x \sigma_y}{n\sigma_x \sigma_y} \\
&= \rho
\end{aligned}$$

onde a penúltima igualdade usou o fato de que $\text{Cov}(X_i, Y_i) = \rho \sigma_x \sigma_y$.

7.24 Seja $X_i = 1$ se a i-ésima carta escolhida for um ás, e $X_i = 0$ igual a zero caso contrário. Como

$$X = \sum_{i=1}^{3} X_i$$

e $E[X_i] = P\{X_i = 1\} = 1/13$, obtemos $E[X] = 3/13$. Mas, com A sendo o evento em que o ás de espadas é escolhido, temos

$$E[X] = E[X|A]P(A) + E[X|A^c]P(A^c)$$
$$= E[X|A]\frac{3}{52} + E[X|A^c]\frac{49}{52}$$
$$= E[X|A]\frac{3}{52} + \frac{49}{52}E\left[\sum_{i=1}^{3}X_i|A^c\right]$$
$$= E[X|A]\frac{3}{52} + \frac{49}{52}\sum_{i=1}^{3}E[X_i|A^c]$$
$$= E[X|A]\frac{3}{52} + \frac{49}{52}3\frac{3}{51}$$

Usando $E[X] = 3/13$, obtemos o resultado

$$E[X|A] = \frac{52}{3}\left(\frac{3}{13} - \frac{49}{52}\frac{3}{17}\right) = \frac{19}{17} = 1{,}1176$$

Similarmente, fazendo L ser o evento em que pelo menos um ás é escolhido, temos

$$E[X] = E[X|L]P(L) + E[X|L^c]P(L^c)$$
$$= E[X|L]P(L)$$
$$= E[X|L]\left(1 - \frac{48 \cdot 47 \cdot 46}{52 \cdot 51 \cdot 50}\right)$$

Logo,

$$E[X|L] = \frac{3/13}{1 - \frac{48 \cdot 47 \cdot 46}{52 \cdot 51 \cdot 50}} \approx 1{,}0616$$

Outra maneira de resolver este problema é numerar os quatro ases, com o ás de espadas recebendo o número 1, e então fazer $Y_i = 1$ se o ás número i for escolhido e $Y_i = 0$ caso contrário. Então,

$$E[X|A] = E\left[\sum_{i=1}^{4}Y_i|Y_1 = 1\right]$$
$$= 1 + \sum_{i=2}^{4}E[Y_i|Y_1 = 1]$$
$$= 1 + 3 \cdot \frac{2}{51} = 19/17$$

onde usamos o fato de que, dado que o ás de espadas seja escolhido, as outras duas cartas têm a mesma probabilidade de formar qualquer par entre as 51 cartas restantes; então, a probabilidade condicional de que qualquer carta específica (diferente do ás de espadas) seja escolhida é igual a 2/51. Também,

$$E[X|L] = E\left[\sum_{i=1}^{4}Y_i|L\right] = \sum_{i=1}^{4}E[Y_i|L] = 4P\{Y_1 = 1|L\}$$

Como

$$P\{Y_1 = 1|L\} = P(A|L) = \frac{P(AL)}{P(L)} = \frac{P(A)}{P(L)} = \frac{3/52}{1 - \frac{48 \cdot 47 \cdot 46}{52 \cdot 51 \cdot 50}}$$

obtemos o mesmo resultado anterior.

7.25 (a) $E[I|X = x] = P\{Z < X|X = x\} = P\{Z < x|X = x\} = P\{Z < x\} = \Phi(x)$

(b) Resulta da letra (a) que $E[I|X] = \Phi(X)$. Portanto,

$$E[I] = E[E[I|X]] = E[\Phi(X)]$$

E o resultado é obtido porque $E[I] = P\{I = 1\} = P\{Z < X\}$.

(c) Como $X - Z$ é normal com média μ e variância 2, temos

$$P\{X > Z\} = P\{X - Z > 0\}$$
$$= P\left\{\frac{X - Z - \mu}{2} > \frac{-\mu}{2}\right\}$$
$$= 1 - \Phi\left(\frac{-\mu}{2}\right)$$
$$= \Phi\left(\frac{\mu}{2}\right)$$

7.26 Seja N o número de caras nas primeiras $n + m - 1$ jogadas. Suponha que $M = $ máx(X, Y) seja o número de jogadas necessárias para se acumular pelo menos n caras e pelo menos m coroas. Condicionando em N, obtemos

$$E[M] = \sum_i E[M|N = i]P\{N = i\}$$
$$= \sum_{i=0}^{n-1} E[M|N = i]P\{N = i\} + \sum_{i=n}^{n+m-1} E[M|N = i]P\{N = i\}$$

Agora, suponha que saibamos que há um total de i caras nas primeiras $n + m - 1$ tentativas. Se $i < n$, então já teremos obtido pelo menos m coroas. Com isso, o número de jogadas adicionais necessárias é igual ao número de $n - i$ caras que ainda precisamos obter; similarmente, se $i \geq n$, então já teremos obtido pelo menos n caras. Com isso, o número de jogadas adicionais necessárias é igual ao número de $m - (n + m - 1 - i)$ coroas que ainda precisamos obter. Consequentemente, temos

$$E[M] = \sum_{i=0}^{n-1}\left(n + m - 1 + \frac{n - i}{p}\right)P\{N = i\}$$
$$+ \sum_{i=n}^{n+m-1}\left(n + m - 1 + \frac{i + 1 - n}{1 - p}\right)P\{N = i\}$$
$$= n + m - 1 + \sum_{i=0}^{n-1}\frac{n - i}{p}\binom{n + m - 1}{i}p^i(1 - p)^{n+m-1-i}$$
$$+ \sum_{i=n}^{n+m-1}\frac{i + 1 - n}{1 - p}\binom{n + m - 1}{i}p^i(1 - p)^{n+m-1-i}$$

O número esperado de jogadas necessárias para que obtenhamos n caras ou m coroas, $E[\text{mín}(X, Y)]$, é dado agora por

$$E[\text{mín}(X,Y)] = E[X + Y - M] = \frac{n}{p} + \frac{m}{1-p} - E[M]$$

7.27 Este é justamente o tempo necessário para que recolhamos $n - 1$ dos n tipos de cupons no Exemplo 2i. Pelos resultados daquele exemplo, a solução é

$$1 + \frac{n}{n-1} + \frac{n}{n-2} + \cdots + \frac{n}{2}$$

7.28 Com $q = 1 - p$,

$$E[X] = \sum_{i=1}^{\infty} P\{X \geq i\} = \sum_{i=1}^{n} P\{X \geq i\} = \sum_{i=1}^{n} q^{i-1} = \frac{1-q^n}{p}$$

7.29

$$\text{Cov}(X, Y) = E[XY] - E[X]E[Y] = P(X = 1, Y = 1) - P(X = 1)P(Y = 1)$$

Portanto,

$$\text{Cov}(X, Y) = 0 \Leftrightarrow P(X = 1, Y = 1) = P(X = 1)P(Y = 1)$$

Como

$$\text{Cov}(X, Y) = \text{Cov}(1 - X, 1 - Y) = -\text{Cov}(1 - X, Y) = -\text{Cov}(X, 1 - Y)$$

o desenvolvimento anterior mostra que todas as igualdades a seguir são equivalentes quando X e Y são Bernoulli:

1. $\text{Cov}(X, Y) = 0$
2. $P(X = 1, Y = 1) = P(X = 1)P(Y = 1)$
3. $P(1 - X = 1, 1 - Y = 1) = P(1 - X = 1)P(1 - Y = 1)$
4. $P(1 - X = 1, Y = 1) = P(1 - X = 1)P(Y = 1)$
5. $P(X = 1, 1 - Y = 1) = P(X = 1)P(1 - Y = 1)$

7.30 Numere os indivíduos e considere $X_{i,j} = 1$ se o j-ésimo indivíduo com tamanho de chapéu i escolher um chapéu com o seu tamanho, e $X_{i,j} = 0$ caso contrário. Então, o número de indivíduos que escolhem um chapéu de seu tamanho é

$$X = \sum_{i=1}^{r} \sum_{j=1}^{n_i} X_{i,j}$$

Portanto,

$$E[X] = \sum_{i=1}^{r} \sum_{j=1}^{n_i} E[X_{i,j}] = \sum_{i=1}^{r} \sum_{j=1}^{n_i} \frac{h_i}{n} = \frac{1}{n} \sum_{i=1}^{r} h_i n_i$$

CAPÍTULO 8

8.1 Suponha que X represente o número de vendas feitas na próxima semana, e observe que X é inteiro. Da desigualdade de Markov, obtemos:

(a) $P\{X > 18\} = P\{X \geq 19\} \leq \dfrac{E[X]}{19} = 16/19$

(b) $P\{X > 25\} = P\{X \geq 26\} \leq \dfrac{E[X]}{26} = 16/26$

8.2 (a)
$$P\{10 \leq X \leq 22\} = P\{|X - 16| \leq 6\}$$
$$= P\{|X - \mu| \leq 6\}$$
$$= 1 - P\{|X - \mu| > 6\}$$
$$\geq 1 - 9/36 = 3/4$$

(b) $P\{X \geq 19\} = P\{X - 16 \geq 3\} \leq \dfrac{9}{9 + 9} = 1/2$

Na letra (a), usamos a desigualdade de Chebyshev; na letra (b), usamos sua versão unilateral (veja a Proposição 5.1).

8.3 Observe primeiro que $E[X - Y]$ e
$$\text{Var}(X - Y) = \text{Var}(X) + \text{Var}(Y) - 2\text{Cov}(X, Y) = 28$$

Usando a desigualdade de Chebyshev na letra (b) e sua versão unilateral nas letras (b) e (c), obtemos os seguintes resultados:

(a) $P\{|X - Y| > 15\} \leq 28/225$

(b) $P\{X - Y > 15\} \leq \dfrac{28}{28 + 225} = 28/253$

(c) $P\{Y - X > 15\} \leq \dfrac{28}{28 + 225} = 28/253$

8.4 Se X é o número produzido na fábrica A e Y é o número produzido na fábrica B, então
$$E[Y - X] = -2, \quad \text{Var}(Y - X) = 36 + 9 = 45$$
$$P\{Y - X > 0\} = P\{Y - X \geq 1\} = P\{Y - X + 2 \geq 3\} \leq \dfrac{45}{45 + 9} = 45/54$$

8.5 Note primeiro que
$$E[X_i] = \int_0^1 2x^2 \, dx = 2/3$$

Use agora a lei forte dos grandes números para obter
$$r = \lim_{n \to \infty} \dfrac{n}{S_n}$$
$$= \lim_{n \to \infty} \dfrac{1}{S_n/n}$$
$$= \dfrac{1}{\lim_{n \to \infty} S_n/n}$$
$$= 1/(2/3) = 3/2$$

8.6 Como $E[X_i] = 2/3$ e
$$E[X_i^2] = \int_0^1 2x^3 \, dx = 1/2$$

temos $\text{Var}(X_i) = 1/2 - (2/3)^2 = 1/18$. Assim, se há n componentes disponíveis, então

$P\{S_n \geq 35\} = P\{S_n \geq 34{,}5\}$ (a correção da continuidade)

$$= P\left\{\frac{S_n - 2n/3}{\sqrt{n/18}} \leq \frac{34{,}5 - 2n/3}{\sqrt{n/18}}\right\}$$

$$\approx P\left\{Z \geq \frac{34{,}5 - 2n/3}{\sqrt{n/18}}\right\}$$

onde Z é uma variável aleatória normal padrão. Já que

$$P\{Z > -1{,}284\} = P\{Z < 1{,}284\} \approx 0{,}90$$

vemos que n deve ser escolhido de forma que

$$(34{,}5 - 2n/3) \approx -1{,}284\sqrt{n/18}$$

Resolvendo numericamente, obtemos $n = 55$.

8.7 Se X é o tempo necessário para a manutenção de uma máquina, então

$$E[X] = 0{,}2 + 0{,}3 = 0{,}5$$

Também, como a variância de uma variável aleatória exponencial é igual ao quadrado de sua média, temos

$$\text{Var}(X) = (0{,}2)^2 + (0{,}3)^2 = 0{,}13$$

Portanto, com X_i sendo o tempo necessário para realizar um trabalho de manutenção i, $i = 1,\ldots, 20$, e Z sendo uma variável aleatória normal padrão, obtemos

$$P\{X_1 + \cdots + X_{20} < 8\} = P\left\{\frac{X_1 + \cdots + X_{20} - 10}{\sqrt{2{,}6}} < \frac{8 - 10}{\sqrt{2{,}6}}\right\}$$

$$\approx P\{Z < -1{,}24035\}$$

$$\approx 0{,}1074$$

8.8 Note primeiro que, se X é o ganho do jogador em uma única aposta, então

$$E[X] = -0{,}7 - 0{,}4 + 1 = -0{,}1, E[X^2] = 0{,}7 + 0{,}8 + 10 = 11{,}5$$

$$\rightarrow \text{Var}(X) = 11{,}49$$

Portanto, com Z possuindo uma distribuição normal padrão,

$$P\{X_1 + \cdots + X_{100} \leq -0{,}5\} = P\left\{\frac{X_1 + \cdots + X_{100} + 10}{\sqrt{1149}} \leq \frac{-0{,}5 + 10}{\sqrt{1149}}\right\}$$

$$\approx P\{Z \leq 0{,}2803\}$$

$$\approx 0{,}6104$$

8.9 Usando a notação do Problema 8.7, temos

$$P\{X_1 + \cdots + X_{20} < t\} = P\left\{\frac{X_1 + \cdots + X_{20} - 10}{\sqrt{2{,}6}} < \frac{t - 10}{\sqrt{2{,}6}}\right\}$$

$$\approx P\left\{Z < \frac{t - 10}{\sqrt{2{,}6}}\right\}$$

Agora, $P\{Z < 1{,}645\} \approx 0{,}95$, então t deve ser tal que

$$\frac{t - 10}{\sqrt{2{,}6}} \approx 1{,}645$$

o que resulta em $t \approx 12{,}65$.

8.10 Se a alegação fosse verdadeira, então, pelo teorema do limite central, o conteúdo médio de nicotina (chame-o de X) teria aproximadamente uma distribuição normal com média 2,2 e desvio padrão 0,03. Assim, a probabilidade de que ele seja de 3,1 é

$$\begin{aligned}P\{X > 3{,}1\} &= P\left\{\frac{X - 2{,}2}{\sqrt{0{,}03}} > \frac{3{,}1 - 2{,}2}{\sqrt{0{,}03}}\right\} \\ &\approx P\{Z > 5{,}196\} \\ &\approx 0\end{aligned}$$

onde Z é uma variável aleatória normal padrão.

8.11 (a) Se numerarmos as pilhas arbitrariamente e fizermos com que X_i represente o tempo de vida da pilha i, $i = 1,\ldots, 40$, então os X_i's são variáveis aleatórias independentes e identicamente distribuídas. Para calcular a média e a variância do tempo de vida da pilha 1, condicionamos em seu tipo. Fazendo $I = 1$ se a bateria 1 for do tipo A, e $I = 0$ se ela for do tipo B, temos

$$E[X_1|I = 1] = 50, \qquad E[X_1|I = 0] = 30$$

o que resulta em

$$E[X_1] = 50P\{I = 1\} + 30P\{I = 0\} = 50(1/2) + 30(1/2) = 40$$

Além disso, usando o fato de que $E[W^2] = (E[W])^2 + \text{Var}(W)$, temos

$$E[X_1^2|I = 1] = (50)^2 + (15)^2 = 2725, \qquad E[X_1^2|I = 0] = (30)^2 + 6^2 = 936$$

o que resulta em

$$E[X_1^2] = (2725)(1/2) + (936)(1/2) = 1830{,}5$$

Assim, $X_1,\ldots, X_{40}$ são variáveis aleatórias independentes e identicamente distribuídas com média 40 e variância $1830{,}5 - 1600 = 230{,}5$. Portanto, com $S = \sum_{i=1}^{40} X_i$, temos

$$E[S] = 40(40) = 1600, \qquad \text{Var}(S) = 40(230{,}5) = 9220$$

e o teorema do limite central resulta em

$$\begin{aligned}P\{S > 1700\} &= P\left\{\frac{S - 1600}{\sqrt{9220}} > \frac{1700 - 1600}{\sqrt{9220}}\right\} \\ &\approx P\{Z > 1{,}041\} \\ &= 1 - \Phi(1{,}041) = 0{,}149\end{aligned}$$

(b) Suponha que S_A seja o tempo de vida total de todas as pilhas do tipo A e que S_B seja o tempo de vida total de todas as pilhas do tipo B. Então, pelo teorema do limite central, S_A tem aproximadamente uma distribuição normal com média $20(50) = 1000$ e variância $20(225) = 4500$, e S_B tem aproximadamente uma distribuição normal com média $20(30) = 600$ e variância $20(36) = 720$. Como a soma de variáveis aleatórias normais independentes também é uma variável aleatória normal, vemos que $S_A + S_B$ é aproximadamente normal com média 1600 e variância 5220. Consequentemente, com $S = S_A + S_B$,

$$P\{S > 1700\} = P\left\{\frac{S - 1600}{\sqrt{5220}} > \frac{1700 - 1600}{\sqrt{5220}}\right\}$$
$$\approx P\{Z > 1{,}384\}$$
$$= 1 - \Phi(1{,}384) = 0{,}084$$

8.12 Suponha que N represente o número de médicos voluntários. Dado o evento $N = i$, o número de pacientes atendidos tem como distribuição a soma de i variáveis aleatórias de Poisson independentes com média 30 (cada uma delas). Como a soma de variáveis aleatórias de Poisson também é uma variável aleatória de Poisson, resulta que a distribuição condicional de X dado que $N = i$ é uma distribuição de Poisson com média $30i$. Portanto,

$$E[X|N] = 30N \quad \text{Var}(X|N) = 30N$$

Como resultado,

$$E[X] = E[E[X|N]] = 30E[N] = 90$$

Também, pela fórmula da variância condicional,

$$\text{Var}(X) = E[\text{Var}(X|N)] + \text{Var}(E[X|N]) = 30E[N] + (30)^2\text{Var}(N)$$

Como

$$\text{Var}(N) = \frac{1}{3}(2^2 + 3^2 + 4^2) - 9 = 2/3$$

obtemos $\text{Var}(X) = 690$.

Para obtermos uma aproximação para $P\{X > 65\}$, não seria justificável supor que a distribuição de X seja aproximadamente aquela de uma variável aleatória normal com média 90 e variância 690. O que sabemos, no entanto, é que

$$P\{X > 65\} = \sum_{i=2}^{4} P\{X > 65|N = i\}P\{N = i\} = \frac{1}{3}\sum_{i=2}^{4} \overline{P}_i(65)$$

onde $\overline{P}_i(65)$ é a probabilidade de que uma variável aleatória de Poisson com média $30i$ seja maior que 65. Isto é,

$$\overline{P}_i(65) = 1 - \sum_{j=0}^{65} e^{-30i}(30i)^j/j!$$

Como uma variável aleatória de Poisson tem distribuição idêntica à da soma de $30i$ variáveis aleatórias de Poisson independentes com média 1, resulta do teorema do limite central que sua distribuição é aproximadamente normal com média e variância iguais a $30i$. Consequentemente, com X_i sendo uma variável aleatória de

Poisson com média $30i$, e Z sendo uma variável aleatória normal padrão, podemos aproximar $\overline{P}_i(65)$ da seguinte maneira:

$$\overline{P}_i(65) = P\{X > 65\}$$
$$= P\{X \geq 65{,}5\}$$
$$= P\left\{\frac{X - 30i}{\sqrt{30i}} \geq \frac{65{,}5 - 30i}{\sqrt{30i}}\right\}$$
$$\approx P\left\{Z \geq \frac{65{,}5 - 30i}{\sqrt{30i}}\right\}$$

Portanto,

$$\overline{P}_2(65) \approx P\{Z \geq 0{,}7100\} \approx 0{,}2389$$
$$\overline{P}_3(65) \approx P\{Z \geq -2{,}583\} \approx 0{,}9951$$
$$\overline{P}_4(65) \approx P\{Z \geq -4{,}975\} \approx 1$$

o que leva ao resultado

$$P\{X > 65\} \approx 0{,}7447$$

Se tivéssemos equivocadamente assumido X como sendo aproximadamente normal, teríamos obtido a resposta aproximada 0,8244 (a probabilidade exata é 0,7440).

8.13 Calcule os logaritmos e então aplique a lei forte dos grandes números para obter

$$\log\left[\left(\prod_{i=1}^{n} X_i\right)^{1/n}\right] = \frac{1}{n}\sum_{i=1}^{n} \log(X_i) \to E[\log(X_i)]$$

Portanto,

$$\left(\prod_{i=1}^{n} X_i\right)^{1/n} \to e^{E[\log(X_i)]}$$

CAPÍTULO 9

9.1 Do axioma (iii), resulta que o número de eventos que ocorrem entre os instantes 8 e 10 tem a mesma distribuição que o número de eventos que ocorrem até o instante 2, e portanto é uma variável aleatória de Poisson com média 6. Com isso, obtemos as seguintes soluções para as letras (a) e (b):

(a) $P\{N(10) - N(8) = 0\} = e^{-6}$
(b) $E[N(10) - N(8)] = 6$
(c) Resulta dos axiomas (ii) e (iii) que, a partir de um instante de tempo, a ocorrência dos eventos é uma variável aleatória de Poisson com média λ. Com isso, o instante de ocorrência esperado para o quinto evento após 14:00 é $2 + E[S_5] = 2 + 5/3$. Isto é, o instante de ocorrência esperado é 15:40.

9.2 (a)
$$P\{N(1/3) = 2|N(1) = 2\}$$
$$= \frac{P\{N(1/3) = 2, N(1) = 2\}}{P\{N(1) = 2\}}$$
$$= \frac{P\{N(1/3) = 2, N(1) - N(1/3) = 0\}}{P\{N(1) = 2\}}$$
$$= \frac{P\{N(1/3) = 2\}P\{N(1) - N(1/3) = 0\}}{P\{N(1) = 2\}} \quad \text{(pelo axioma (ii))}$$
$$= \frac{P\{N(1/3) = 2\}P\{N(2/3) = 0\}}{P\{N(1) = 2\}} \quad \text{(pelo axioma (iii))}$$
$$= \frac{e^{-\lambda/3}(\lambda/3)^2/2! \, e^{-2\lambda/3}}{e^{-\lambda}\lambda^2/2!}$$
$$= 1/9$$

(b)
$$P\{N(1/2) \geq 1|N(1) = 2\} = 1 - P\{N(1/2) = 0|N(1) = 2\}$$
$$= 1 - \frac{P\{N(1/2) = 0, N(1) = 2\}}{P\{N(1) = 2\}}$$
$$= 1 - \frac{P\{N(1/2) = 0, N(1) - N(1/2) = 2\}}{P\{N(1) = 2\}}$$
$$= 1 - \frac{P\{N(1/2) = 0\}P\{N(1) - N(1/2) = 2\}}{P\{N(1) = 2\}}$$
$$= 1 - \frac{P\{N(1/2) = 0\}P\{N(1/2) = 2\}}{P\{N(1) = 2\}}$$
$$= 1 - \frac{e^{-\lambda/2} e^{-\lambda/2}(\lambda/2)^2/2!}{e^{-\lambda}\lambda^2/2!}$$
$$= 1 - 1/4 = 3/4$$

9.3 Fixe um ponto na estrada e suponha $X_n = 0$ se o n-ésimo veículo que passar for um carro e $X_n = 1$ se for um caminhão, $n \geq 1$. Supomos agora que a sequência X_n, $n \geq 1$, é uma cadeia de Markov com probabilidades de transição
$$P_{0,0} = 5/6, P_{0,1} = 1/6, P_{1,0} = 4/5, P_{1,1} = 1/5$$
Então a proporção de tempos a longo prazo é a solução de
$$\pi_0 = \pi_0(5/6) + \pi_1(4/5)$$
$$\pi_1 = \pi_0(1/6) + \pi_1(1/5)$$
$$\pi_0 + \pi_1 = 1$$
Resolvendo esse conjunto de equações, obtemos
$$\pi_0 = 24/29 \quad \pi_1 = 5/29$$
Assim, $2400/29 \approx 83\%$ dos veículos na estrada são carros.

9.4 As sucessivas classificações de tempo constituem uma cadeia de Markov. Se os estados são 0 para chuvoso, 1 para ensolarado e 2 para encoberto, então a matriz de probabilidades de transição é:

$$\mathbf{P} = \begin{matrix} 0 & 1/2 & 1/2 \\ 1/3 & 1/3 & 1/3 \\ 1/3 & 1/3 & 1/3 \end{matrix}$$

As proporções de longo prazo satisfazem

$$\pi_0 = \pi_1(1/3) + \pi_2(1/3)$$
$$\pi_1 = \pi_0(1/2) + \pi_1(1/3) + \pi_2(1/3)$$
$$\pi_2 = \pi_0(1/2) + \pi_1(1/3) + \pi_2(1/3)$$
$$1 = \pi_0 + \pi_1 + \pi_2$$

A solução desse sistema de equações é

$$\pi_0 = 1/4, \pi_1 = 3/8, \pi_2 = 3/8$$

Portanto, três oitavos dos dias são ensolarados e um quarto é chuvoso.

9.5 (a) Um cálculo direto dá

$$H(X)/H(Y) \approx 1{,}06$$

(b) Ambas as variáveis aleatórias assumem dois de seus valores com mesmas probabilidades 0,35 e 0,05. A diferença é que, se elas não assumirem nenhum desses valores, então X, mas não Y, tem a mesma probabilidade de assumir qualquer um de seus três valores restantes. Com isso, do Exercício Teórico 9.13, esperaríamos o resultado da letra (a).

CAPÍTULO 10

10.1 (a)

$$1 = C \int_0^1 e^x dx \Rightarrow C = 1/(e-1)$$

(b)

$$F(x) = C \int_0^x e^y dy = \frac{e^x - 1}{e - 1}, \quad 0 \le x \le 1$$

Portanto, se fizermos $X = F^{-1}(U)$, então

$$U = \frac{e^X - 1}{e - 1}$$

ou

$$X = \log(U(e-1) + 1)$$

Logo, podemos simular a variável aleatória X gerando um número aleatório U e fazendo $X = \log(U(e-1) + 1)$.

10.2 Use o método de aceitação-rejeição com $g(x) = 1, 0 < x < 1$. O emprego da teoria do cálculo mostra que o valor máximo de $f(x)/g(x)$ ocorre em um valor de x, $0 < x < 1$, tal que

$$2x - 6x^2 + 4x^3 = 0$$

ou, equivalentemente, quando

$$4x^2 - 6x + 2 = (4x - 2)(x - 1) = 0$$

O máximo ocorre, portanto, quando $x = 1/2$. Daí resulta que

$$C = \max f(x)/g(x) = 30(1/4 - 2/8 + 1/16) = 15/8$$

Com isso, o algoritmo é o seguinte:
Passo 1. Gere um número aleatório U_1.
Passo 2. Gere um número aleatório U_2.
Passo 3. Se $U_2 \leq 16(U_1^2 - 2U_1^3 + U_1^4)$, faça $X = U_1$; do contrário, retorne para o Passo 2.

10.3 É mais eficiente verificar primeiro os valores com maiores probabilidades, como no algoritmo a seguir:
Passo 1. Gere um número aleatório U.
Passo 2. Se $U \leq 0{,}35$, faça $X = 3$ e pare.
Passo 3. Se $U \leq 0{,}65$, faça $X = 4$ e pare.
Passo 4. Se $U \leq 0{,}85$, faça $X = 2$ e pare.
Passo 5. $X = 1$.

10.4 $2\mu - X$

10.5 (a) Gere $2n$ variáveis aleatórias exponenciais com média 1, X_i, Y_i, $i = 1, ..., n$, e depois use o estimador $\sum_{i=1}^{n} e^{X_i Y_i}/n$.

(b) Podemos usar XY como variável de controle para obter um estimador do tipo

$$\sum_{i=1}^{n}(e^{X_i Y_i} + cX_i Y_i)/n$$

Outra possibilidade seria usar $XY + X^2 Y^2/2$ como variável de controle e assim obter um estimador do tipo

$$\sum_{i=1}^{n}(e^{X_i Y_i} + c[X_i Y_i + X_i^2 Y_i^2/2 - 1/2])/n$$

A motivação para a última fórmula se baseia no fato de que os primeiros três termos da expansão de e^{xy} em uma série de MacLaurin são $1 + xy + (x^2 y^2)/2$.

Índice

A

Algoritmo da ordenação rápida, analisando, 365-368
Algoritmo polar, 533-534
Amostragem por importância, 535
Amostras aleatórias, distribuição do alcance de, 328-330
Análise combinatória, 15-38
  coeficientes multinomiais, 24-28
  combinações, 19-24
  permutações, 17-20
  princípio da contagem, 15-18
  soluções inteiras de equações, número de, 27-31
Arquimedes, 255-256
Ars Conjectandi (A Arte da Conjectura), 179-180, 462-463
Atualização sequencial de informações, 128-131
Atualizando informações sequencialmente, 128-131
Axioma, definido, 44-45
Axiomas da probabilidade, 43-47

B

Bayes, Thomas, 99-100
Bell, E. T., 255-256
Bernoulli, Jacques, 179-181
Bernoulli, James, 170-171, 180-181, 462-463
Bernoulli, Nicholas, 462-463
Bernoulli, tentativas de, 144-145
Bernoulli, variáveis aleatórias de, 170-176, 476-477
Bernstein, polinômios de, 489
Bertrand, Joseph L. F., 243-244
Bertrand, paradoxo de, 243-244

Bits, 503-504
Borel, É., 476-477
Box-Muller, abordagem de, 524-525
Buffon, problema da agulha de, 295-299

C

Cadeia de Markov, 495-501, 512-513
  caminhada aleatória, 498-499
  equações de Chapman-Kolmogorov, 497-499
  ergódica, 499-501
  matriz, 496-497
  probabilidades de transição, 496-497
Caminhada aleatória, 498-499
Caminho Hamiltoniano,
  definição, 371-372
  máximo número de, em um torneio, 371-373
Canal binário simétrico, 510-511
Cantor, distribuição de, 450-451
Capacidade de canal, 512-514
Cauchy, distribuição de, 265-267
Centro de gravidade, 163
Chances de um evento, 130-131
Chapman-Kolmogorov, equações de, 497-500
Chernoff, limites de, 481-484
Coeficiente de correlação, 384-395
Coeficientes binomiais, 21-22, 30-31
Coeficientes multinomiais, 24-28
  definição, 26-27
Complemento, 41-42, 46-47
Conceito de surpresa, 501-504
Condições,
  calculando condições usando, 396-408
  calculando probabilidades usando, 409-413
  redução de variância usando, 531-533
Conjunta, função distribuição de probabilidade cumulativa, 283-292, 338-342
Conjunto vazio, 69-70

Contagem, princípio básico da, 15-18
  demonstração do, 16-17
Convolução, 305-306
Correção de continuidade, 252-253
Correlação, 439
Covariância, 384-386, 439
Cupons únicos no problema do recolhimento de cupons, 383-385
Curva Gaussiana, 254-255
Curva normal, 254-255
Custo de boa vontade, definição, 219-220

D

DeMoivre, Abraham, 244, 254-256, 464-465
DeMoivre-Laplace, teorema limite de, 251-252
DeMorgan, leis de, 43-44
Desigualdade:
  de Boole, 358-360
  de Chebyshev, 459-463
  de Jensen, 484
  de Markov, 459
Desigualdade de Chebyshev unilateral, 476-481
Desvio padrão, 489
Desvio padrão de X, 170-171, 213-214
Desvios, 386-387
Diagrama de Venn, 41-43
Distribuições:
  beta, 267-269
  binomial, aproximação normal para, 251-255
  de Cantor, 450-451
  de Cauchy, 265-267
  de Erlang, 264-265
  gama, 263-265
  Gaussiana, 254-255
  geométrica, 527-529, 404-405
  hipergeométrica negativa, 380-381
  Laplace, 259
  marginal, 284-285
  multinomial, 292
  multivariada, 440
  normal, 422-424
  normal bivariada, 323-325
  normal multivariada, 432-435
  probabilidade contínua, 425
  probabilidade discreta, 424, 426
  qui-quadrado, 264-265, 308-309
  Weibull, 264-266
  zeta (Zipf), 204-205

Distribuições condicionais:
  caso contínuo, 321-330
    distribuição normal bivariada, 323-325
  caso discreto, 317-321
Distribuições discretas:
  simulação de, 527-530
    distribuição geométrica, 527-529
    variável aleatória binomial, 528-529
    variável aleatória de Poisson, 529-530
Duração do jogo, problema da, 117-119

E

Edges, 119-120
Ehrenfest, 503-506, 513
  e teoria da codificação, 506-513
Equações, número de soluções inteiras de, 27-31
Ergódica, cadeia de Markov, 499-501
Espaços amostrais:
  e eventos, 39-44, 69-70
  possuindo resultados igualmente prováveis, 51-64
Esperança, *veja* Variáveis aleatórias contínuas
  condicional, *veja* Esperança condicional
  correlações, 384-395
  covariância, 384-386
  de somas de variáveis aleatórias, 356-377
    algoritmo de ordenação rápida, analisando, 365-368
    caminhada aleatória em um plano, 364-366
    desigualdade de Boole, 358-360
    esperança de uma variável aleatória binomial, 359-360
    identidade dos máximos e mínimos, 373-376
    média amostral, 358-359
    número esperado de pareamentos, 362-363
    número esperado de séries, 363-365
    probabilidade de uma união de eventos, 368-371
    problemas de recolhimento de cupons, 362-363
    problemas de recolhimento de cupons com probabilidades desiguais, 362-363
    variável aleatória binomial negativa, média de, 359-361
    variável aleatória hipergeométrica, média de, 360-361
  definição geral de, 436-438

funções geratrizes de momentos, 420-432
  conjuntas, 430-432
  da soma de um número aleatório de
    variáveis aleatórias, 427-430
  determinação da distribuição, 424, 426
  distribuição binomial com parâmetros n e
    p, 421-422
  distribuição de Poisson com média λ, 421-423
  distribuição de probabilidade contínua,
    425
  distribuição de probabilidade discreta,
    424, 426
  distribuição exponencial com parâmetro
    λ, 422-423
  distribuição normal, 422-424
  variáveis aleatórias binomiais
    independentes, somas de, 426-427
  variáveis aleatórias de Poisson
    independentes, somas de, 426-427
  variáveis aleatórias normais
    independentes, somas de, 426-427
método probabilístico, obtendo limites a
  partir de esperanças, 371-373
momentos do número de eventos ocorridos,
  376-385, 380-381
  momentos no problema do pareamento,
    379-380
  problema do recolhimento de cupons,
    379-381, 383-385
  variáveis aleatórias binomiais, momentos
    de, 377-379
  variáveis aleatórias hipergeométricas,
    momentos de, 378-380
  variáveis aleatórias hipergeométricas
    negativas, 380-384
  propriedades da, 355-458
  variância de somas, 384-395
Esperança condicional, 394-415, 439
  calculando esperanças usando condições,
    396-408
  calculando probabilidades usando
    condições, 409-413
  definições, 394-397
  e predição, 414-420
  problema do melhor prêmio, 409-412
  variância condicional, 412-415
Estatísticas de ordem, 325-330, 343
  distribuição do alcance de uma amostra
    aleatória, 328-330
  função densidade conjunta, 325-326

Estimação por máxima verossimilhança, 200-201
Estratégia Kelley, 447-448
Evento vazio, 41-42
Eventos, 40-44
  chance de, 130-131
  independentes, 105-122, 130-131
  independentes por pares, 185-186
  mutuamente exclusivos, 41-42, 69-70
Eventos mensuráveis, 46-47
Extensão da mais longa série (exemplo), 186-194

F

Faixa central de uma sequência, 351-352
Falta de memória, uso do termo, 272-273
Fermat, identidade combinatória de, 34
Fermat, Pierre de, 112-113, 117-118
Fórmula da covariância condicional, 440, 450-451
Fórmula da variância condicional, 440
Fórmula de Bayes, 89-106, 130-131
Função de probabilidade, 157-158, 213-214, 284-285
Função de probabilidade condicional, 343
Função de probabilidade conjunta, 284-286
Função densidade conjunta de ordem
  estatística, 325-326
Função densidade de probabilidade, 271-272
  definição, 231-232
Função densidade de probabilidade
  condicional, 343
Função densidade de probabilidade conjunta,
  286-291, 341-342
Função densidade de Rayleigh, 279-280
Função distribuição cumulativa (função
  distribuição), 157-160
  propriedades, 209-212
Função distribuição de Poisson, calculando a,
  193-195
Função distribuição de probabilidade (função
  de distribuição), 157-158, 212
Função gama, 263-273
Função taxa de falha, 260-261, 272-273
Funções de probabilidade marginais, 285-286
Funções distribuição conjuntas, 283-292
  distribuição multinomial, 292
  distribuições marginais, 284-285
  função de probabilidade conjunta, 284-286

função densidade de probabilidade
  cumulativa conjunta, 283-292, 338-342
Funções geratrizes de momentos, 420-432, 440
  conjuntas, 430-432
  da soma de um número aleatório de
    variáveis aleatórias, 427-430
  determinação da distribuição, 424, 426
  distribuição binomial com parâmetros n e p,
    421-422
  distribuição de Poisson com média λ, 421-423
  distribuição de probabilidade contínua, 425
  distribuição de probabilidade discreta, 424,
    426
  distribuição exponencial com parâmetro λ,
    422-423
  distribuição normal, 422-424
  variáveis aleatórias binomiais
    independentes, somas de, 426-427
  variáveis aleatórias de Poisson
    independentes, somas de, 426-427
  variáveis aleatórias normais independentes,
    somas de, 426-427
Funções geratrizes de momentos conjuntas,
  430-432
Funções taxa de risco, 260-263, 272-273

G

Galton, Francis, 471-472
Gauss, Karl Friedrich, 254-256
Gerador de números aleatórios, 518-519
  semente, 518-519

H

Herança Natural (Galton), 471-472
Hipótese de incrementos estacionários, 493-494
Hipótese do incremento independente, 493-494
Homens da Matemática (Bell), 255-256

I

Identidade combinatória, 21-22
Identidade de máximos e mínimos, 373-376
Incerteza, 503-505
Independência condicional, 127-128
Interseção, 40-42, 69-70

J

Jacobiano, determinante do, 336
Jensen, desigualdade de, 484
Jogo de roleta (exemplo), 172-173

K

Khinchine, A. Y., 462-463
Kolmogorov, A. N., 476-477

L

L'Hôpital, regra de, 463-464
Laplace, distribuição de, 259
Laplace, Pierre-Simon, 471-472
Laplace, regra de sucessão de, 127-129
Legendre, teorema de, 357-358
Lei da frequência de erros, 471-472
Lei forte dos grandes números, 472-477, 486-487
Lei fraca dos grandes números, 459-463
Leis associativas, 42-43
Leis comutativas, 42-43
Leis de grandes números, 459
Leis distributivas, 42-43
Liapounoff, A., 464-465
Log-normal, variável aleatória, 312

M

Matriz, 496-497
Média, 168, 213-214
Média amostral, 327-328
Média amostral, 358-359, 440
  distribuição conjunta de, 434-437
  distribuição da variância amostral e da, 434-437
Método da estimação pela máxima
  verossimilhança, 224-225
Método da rejeição, 521-524, 533-534
  simulando uma variável aleatória normal,
    522-524
    método polar, 524-527
  simulando uma variável aleatória qui-quadrado, 526-528
Método da transformação inversa, 520-522,
  533-534
  variável aleatória exponencial, simulando,
    520-521
  variável aleatória gama, simulando, 520-522

Método polar, 524-527
Método probabilístico, 121-122
  número máximo de caminhos hamiltonianos em um torneio, 371-373
  obtendo limites a partir de esperanças, 371-373
Modelo de urna de Polya, 340-341

N

n-ésimo momento de X, 168
Newton, Isaac, 255-256
Notação/terminologia, 20-21, 25
Número pseudoaleatórios, 518-519
Números aleatórios, 455-456, 518-519, 533-534

O

O Método Probabilístico, (Alon/Spencer/Erdos), 121-122

P

Paradigma de Poisson, 186-187
Paradoxo de São Petersburgo, 218-219
Pareamento, problema do (exemplo), 60-62, 86-87
Pareto, V., 205
Pascal, Blaise, 112-114
Pearson, Karl, 254-256
Permutação aleatória, geração, 518-520
Permutações, 17-20
Pierre-Simon, Marquês de Laplace, 471-472
Poisson, Siméon Denis, 180-181
Pontos, problema dos, 113-114
População finita, amostragem de uma, 389-395
Primeiro momento de X, 168
Princípio básico da contagem, 15-18
  demonstração do, 16-17
Princípio básico da contagem generalizado, 16-17
Princípio da contagem, 15-18
Probabilidade:
  axiomas da, 43-47
  como uma função contínua de um conjunto, 64-69
  como uma medida de crença, 68-70
  de um evento, 44-45
  definindo, 43-44
  espaço amostral e eventos, 39-44
  geométrica, 243-244
  proposições simples, 46-52
  regra da multiplicação 85-87, 130-131
  visão pessoal da, 68-69
  visão subjetiva da, 68-69
Probabilidade atualizada, 128-130
Probabilidade condicional, 81-89
  eventos independentes, 105-122
  fórmula de Bayes, 89-106
Probabilidade posterior, 128-130
Probabilidades *a priori*, 128-129
Probabilidades de negligência, 99-100
Probabilidades de transição, cadeias de Markov, 496-497
Probabilidades iniciais, 128-129
Problema da duração do jogo, 117-119
Problema da ruína do jogador, 114-116
Problema de pareamento de Banach, 197-200
Problema do melhor prêmio, 409-412
Problema do recolhimento de cupons, 379-381
  cupons únicos no, 383-385
Problemas selecionados, respostas para, 536-537
Problemas/exercícios de autoteste, 537-598
Processo de Poisson, 493-496
  definição, 493-494, 512-513
  hipótese do incremento independente, 493-494
  hipótese do incremento estacionário, 493-494
  sequência de tempos interchegada, 494-495
  tempo de espera, 495-496
Processo de ramificação, 453-454

R

Recherches sur la probabilité de jugements en matière criminelle et en matière civile (Investigações sobre a probabilidade de veredictos em matérias criminais e civis), 180-181
Recolhimento de cupons com probabilidades desiguais, 375-377
Redução de variância:
  técnicas, 529-534
  usando condições, 531-533
  variáveis antitéticas, uso de, 530-532
  variáveis de controle, 532-534
Regra da multiplicação, 85-87, 130-131
Relação sinal-ruído, 489

Respostas para problemas selecionados, 536-537
Riemann, G. F. B., 205

S

Semente, 518-519
Sequência de tempos interchegada, 494-495
Shannon, Claude, 510-511
Simulação, 517-536
   a partir de distribuições discretas, 527-530
   de variáveis aleatórias contínuas:
      método da rejeição, 521-524, 533-534
      método da transformação inversa, 520-522, 533-534
      técnicas gerais para, 519-528
   definição, 517-518
   números aleatórios, 518-519, 533-534
   números pseudoaleatórios, 518-519
   permutação aleatória, geração (exemplo), 518-520
   raiz, 518-519
   técnicas de redução de variância, 529-534
Simulação, definição, 298-299
Sistema funcional, 15-16
Soluções inteiras de equações, número de, 27-31
Somas de variáveis aleatórias
   algoritmo de ordenação rápida, analisando, 365-368
   caminhada aleatória em um plano, 364-366
   esperança de, 356-377
      desigualdade de Boole, 358-360
      esperança de uma variável aleatória binomial, 359-360
      número esperado de pareamentos, 362-363
      problemas de recolhimento de cupons, 362-363
      recolhimento de cupons com probabilidades desiguais, 375-377
      variável aleatória binomial, 358-360
   identidade de máximos mínimos, 373-376
   média amostral, 358-359
   número esperado de séries, 363-365
   probabilidade de uma união de eventos, 368-371
   variáveis aleatórias binomiais negativas, média de, 359-361
   variáveis aleatórias hipergeométricas, média de, 360-361
Stieltjies, integrais de, 436-438
Superconjunto, 41-42

T

Tamanho da zerésima geração, 453-454
Taxa de transmissão de informação, 514
Tempo de espera, 495-496
Tempo de meia-vida, interpretação probabilística do (exemplo), 302-305
Tempos interchegada, sequência de, 494-495
Tentativas, 108-109
Teorema binomial, 21-22
   demonstração combinatória do, 22-23
   demonstração por indução matemática, 22-23
Teorema da codificação sem ruído, 506-513
Teorema do limite central, 244, 486-487
Teorema minimax, 218-219
Teorema multinomial, 26-27
Teoremas limites, 459-494
   desigualdade de Chebyshev, 459-463
   lei forte dos grandes números, 472-477, 486-487
   lei fraca dos grandes números, 459-463
   teorema do limite central, 462-472, 486-487
Teoria Analítica da Probabilidade (Laplace), 471-472
Teoria da codificação:
   canal binário simétrico, 510-511
   e entropia, 506-513
   teorema da codificação sem ruído, 506-513
Teoria dos jogos, 218-219
Teste da soma de posições de Wilcoxon, 444-445

U

União, 40-42, 69-70
Utilidade, 166-167

V

Valor esperado (esperança), 159-163, 213-214
Varáveis aleatórias conjuntamente contínuas, 286-287, 290-291, 341-342
Variância, 213-214
   amostra, 386-387, 440

condicional, 412-415
covariância, 384-386
da distribuição geométrica, 404-405
Variância amostral, 386-387, 440
 distribuição conjunta da média amostral e da, 434-437
Variância condicional, 412-415
 variância de uma soma de um número aleatório de variáveis, 414-415
Variáveis, 204-205. *Veja também* variáveis aleatórias
 antitéticas, 530-532
Variáveis aleatórias, 151-232, 170-176
 Bernoulli, 170-176
 binomiais negativas, 196-201
 binomial, 170-176, 313-315
 conjuntamente contínuas, 290-291
 contínuas, 231-282
 de Poisson, 180-183, 213-214, 313
 definição, 151, 212
 dependentes, 293-294
 discretas, 157-160, 213-214
 distribuição de probabilidade conjunta de, 330-339
 distribuição de uma função de, 268-270
 distribuição zeta (Zipf), 204-205
 esperança de somas de, 356-377
 esperança de uma função de, 163-168
 esperança de uma soma de uma função de, 398-399
 estatísticas de ordem, 325-330, 343
 exponenciais, 255-256
 função distribuição cumulativa, 157-160
 funções geratrizes de momentos, 420-432
  da soma de um número aleatório de, 427-430
 gama, 307-309
 geométricas, 194-197, 314-318
 hipergeométricas, 200-204
 independentes, 292-305
 intercambiáveis, 338-342
 normais, 244-252, 309-313
 propriedades da, 209-212
 somas de, 205-210
 uniformes, 239-244
 uniformes identicamente distribuídas, 305-308
 valor esperado (esperança), 159-163
 variância, 213-214
 variância de uma soma de um número aleatório de, 414-415
 Weibul, 265-266
Variáveis aleatórias binomiais, 170-176, 313-315
 função distribuição binomial, calculando, 179-181
 momentos de, 377-379
 propriedades de, 175-179
 simulando, 528-529
 variância de, 387-395
Variáveis aleatórias binomiais independentes, somas de, 314-315, 426-427
Variáveis aleatórias binomiais negativas, 196-201
Variáveis aleatórias conjuntamente distribuídas, 283-355
 função densidade de probabilidade conjunta, 286-291, 341-342
 funções densidade de probabilidade marginais, 285-286
 funções distribuição conjuntas, 283-292
Variáveis aleatórias contínuas, 231-282
 distribuição beta, 267-269
 distribuição de Cauchy, 265-267
 distribuição de Weibull, 264-266
 distribuição gama, 263-265
 esperança de, 235-240
 simulação de:
  método da rejeição, 521-524, 533-534
  método da transformação inversa, 520-522, 533-534
  técnicas gerais para, 519-528
Variáveis aleatórias de Bernoulli independentes, probabilidade de erro de aproximação, 484-487
Variáveis aleatórias de Poisson, 180-183, 213-214, 313-315
 simulando, 529-530
Variáveis aleatórias de Poisson independentes, somas de, 313-315, 426-427
Variáveis aleatórias de Weibull, 265-266
Variáveis aleatórias dependentes, 293-294
Variáveis aleatórias discretas, 157-160, 213-214
Variáveis aleatórias exponenciais, 255-263, 272-273
 funções taxa de risco, 260-263
Variáveis aleatórias gama, 307-309
Variáveis aleatórias geométricas, 194-197, 314-318
Variáveis aleatórias hipergeométricas, 200-204
 momentos de, 378-380
Variáveis aleatórias hipergeométricas negativas, 380-384

Variáveis aleatórias identicamente distribuídas, 305-308
  variáveis aleatórias
Variáveis aleatórias independentes, 292-305, 343
  distribuições condicionais:
    caso contínuo, 321-330
    caso discreto, 317-321
  problema da agulha de Buffon, 295-299
  somas de, 305-318
  subconjuntos aleatórios, 298-302
  tempo de meia-vida, interpretação probabilística do (exemplo), 302-305
  variáveis aleatórias binomiais, 313-315
  variáveis aleatórias de Poisson, 313-315
  variáveis aleatórias gama, 307-309
  variáveis aleatórias geométricas, 314-318
  variáveis aleatórias normais, 309-313
  variáveis aleatórias uniformes identicamente distribuídas, 305-308
Variáveis aleatórias intercambiáveis, 338-342
Variáveis aleatórias normais, 309-313
  distribuição conjunta da média e da variância amostrais, 434-437
  distribuição normal multivariada, 432-435
  método polar, 524-527
  simulando, 522-524
Variáveis aleatórias normais independentes, somas de, 426-427
Variáveis aleatórias uniformes, 239-244
Variáveis aleatórias uniformes independentes, soma de, 305-307
Variáveis antitéticas, redução de variância, 530-532
Variáveis de controle, redução da variância, 532-534
Variável aleatória dupla exponencial, 259
Variável aleatória geométrica com parâmetro p, 528-529
Variável aleatória qui-quadrado, simulando, 526-528
Vértices, 119-120
Visão pessoal da probabilidade, 68-69
Visão subjetiva da probabilidade, 68-69

Z

Zerésima geração, tamanho da, 453-454
Zeta (Zipf) distribuição, 204-205
Zipf, G. K., 205